Grundstudium Mathematik

Weitere Bände in der Reihe http://www.springer.com/series/5008

Michael Barot · Juraj Hromkovič

Stochastik 2

Von der Standardabweichung bis zur
Beurteilenden Statistik

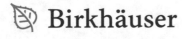 Birkhäuser

Michael Barot
Kantonsschule Schaffhausen
Schaffhausen, Schweiz

Juraj Hromkovič
Departement Informatik
ETH Zürich
Zürich, Schweiz

ISSN 2504-3641 ISSN 2504-3668 (eBook)
Grundstudium Mathematik
ISBN 978-3-030-45552-1 ISBN 978-3-030-45553-8 (eBook)
https://doi.org/10.1007/978-3-030-45553-8

Die Deutsche Nationalbibliothek verzeichnet diese Publikation in der Deutschen Nationalbibliografie; detaillierte bibliografische Daten sind im Internet über http://dnb.d-nb.de abrufbar.

Birkhäuser

Birkhäuser ist ein Imprint der eingetragenen Gesellschaft Springer Nature Switzerland AG und ist ein Teil von Springer Nature.
Die Anschrift der Gesellschaft ist: Gewerbestrasse 11, 6330 Cham, Switzerland

Danksagung

Die Autoren bedanken sich bei der Fachschaft Mathematik der Kantonsschule Schaffhausen, insbesondere bei Alex Alder, Daniel Baumgartner, Giancarlo Copetti, Michael Gerike, David Maletinsky und Ueli Manz, für Beispiele, Anregungen und kritische Diskussionen. Der erstgenannte Autor bedankt sich auch bei der Schulleitung der Kantonsschule Schaffhausen und bei der ETH, die wesentlich dazu beigtragen haben, die Erstellung des Buches zu erleichtern. Ganz herzlichen Dank geht auch an Elke Bülow für das sorgfältige Korrekturlesen.

Inhaltsverzeichnis

Einleitung

In Band 1 dieses Werkes haben wir die grundlegenden Begriffe der Wahrscheinlichkeitstheorie kennen gelernt. Ausgegangen sind wir dabei von Zufallsexperimenten, das sind Experimente, welche am Ende verschiedene Auflösungen hervorbringen können: verschiedene Resultate (Ergebnisse oder elementare Ereignisse). Wir haben dazu die zugehörigen mathematischen Modelle studiert: die Wahrscheinlichkeitsräume. Außerdem haben wir kennen gelernt, was Zufallsvariablen sind und wie diese eingesetzt werden können, um Vorhersagen in Zufallsexeprimenten zu berechnen, wie zum Beispiel den durchschnittlichen Gewinn bei einem Glücksspiel.

Zusammenfassend können wir sagen, dass alle Berechnungen im 1. Band immer vollständig durchgeführt werden konnten, auch wenn diese etwas aufwändig waren und der Einsatz eines guten Taschenrechners hilfreich war.

In diesem 2. Band wird sich dies ändern. Wir werden wesentlich häufiger Situationen betrachten, bei denen wir ein Resultat nur durch eine Ungleichung abschätzen können. Ganz wichtig ist dabei der Begriff der Approximation, der Annäherung. Die ganze Mathematik birgt in sich diese zwei Ansätze: die exakte Rechnung einerseits und die annähernde Abschätzung andererseits. In diesem Band wird nun der zweite Charakter stärker zum Tragen kommen. In beiden Fällen wollen wir aus bestimmten Tatsachen gewisse Vorhersagen machen.

In der Folge fassen wir den Inhalt dieses Bandes in aller Kürze zusammen.

Wir starten im nächsten Kapitel mit der Einführung eines neuen Begriffs: der sogenannten *Standardabweichung*. Diese Standardabweichung misst bei einer gegebenen Zufallsvariablen, wie stark die Werte im Mittel vom Erwartungswert abweichen. Das ist eine wichtige Vorhersage. Sie sagt uns, welche Resultate eines Experiments als typisch oder als unerwartet betrachtet werden können. Im Kap. 3 wird der Erwartungswert, den wir bereits im Band 1 eingeführt haben, und die Standardabweichung eingesetzt, um den

M. Barot, J. Hromkovič, *Stochastik 2*, Grundstudium Mathematik,
https://doi.org/10.1007/978-3-030-45553-8_1

Aufwand abzuschätzen, der bei einer Suche von Daten in einem Datenspeicher geleistet werden muss.

Im Kap. 4 wird die zuvor eingeführte Standardabweichung eine wichtige Rolle spielen, wenn wir abschätzen können, wie (un)wahrscheinlich große Abweichungen vom Erwartungswert maximal sein können. Die zugehörige Ungleichung heißt *Tschebyschowsche Ungleichung* und ist benannt nach dem russischen Mathematiker *Pafnuti Lwowitsch Tschebyschow* (1821–1894).

In Kap. 5 werden wir das erste Approximationsgesetz kennen lernen: das sogenannte *Gesetz der großen Zahlen*. Die mathematisch exakte Formulierung dieses Gesetzes wird uns einige Anstrengung kosten. Der Inhalt ist uns allen jedoch intuitiv vertraut: Wiederholt man ein Experiment oft, wirft man etwa eine Münze oft, so wird die Anzahl Male, die Kopf erscheint, häufig nahe bei der Hälfte der Würfe liegen. Man hat das Gefühl, dass dem immer so sei. Aber hier versagt unsere Intuitition, denn es wäre ja durchaus möglich, dass bei 100 Münzwürfen ausschließlich Kopf fallen würde, es wäre aber eben nicht wahrscheinlich, sondern nur möglich. Daher ist die korrekte Formulierung dieses Gesetzes anspruchsvoll und sollte mit genügender Genauigkeit analysiert werden.

Nachher werden wir uns einer Einschränkung entledigen, welche bis jetzt in allen Beispielen erfüllt war: Wir betrachten Zufallsexperimente, bei denen unendlich viele Ergebnisse möglich sind. Als Beispiel wird uns hier der radioaktive Zerfall leiten: Ein radioaktives Atom zerfällt zufällig und der Zeitpunkt kann nicht vorhergesehen werden. Das Einzige, was angegeben werden kann, ist die sogenannte *Halbwertszeit*. Dies ist die Zeit, die verstreichen muss, bis die Wahrscheinlichkeit, dass das Teilchen zerfällt, genau $\frac{1}{2}$ ist. Das Zufallsexperiment „Radioaktives Atom zerfallen lassen" hat unendlich viele Ergebnisse: Jeder Zeitpunkt ab $t = 0$, dem aktuellen Zeitpunkt, ist möglich. Wie wir dies in den Griff bekommen, ist der Inhalt des Kap. 6. Es wird sich zeigen, dass wir uns mit einer recht seltsamen Situation konfrontiert sehen: Die Lösung besteht darin, jedem einzelnen Zeitpunkt die Wahrscheinlichkeit 0 zuzuweisen und nur ganzen Zeitspannen eine positive Wahrscheinlichkeit zuzuschreiben.

Nebst dem exponentiellen Zerfall werden wir auch andere Verteilungen kennen lernen, worunter eine sich als besonders wichtig herausstellen wird: die sogenannte *Normalverteilung*. Diese ist definiert über eine sogenannte *Dichtefunktion*. Die Abb. 1.1 zeigt rechts diese Dichtefunktion. Links zu sehen ist die Binomialverteilung zum Bernoulli-Prozess zu den Parametern $n = 50$, $p = 0.5$.

In beiden Situationen kann die Wahrscheinlichkeit für einen Wertebereich als Fläche betrachtet werden. Die zur Normalverteilung zugehörige Zufallsvariable X_{norm} ist ein Beispiel einer *stetigen* Zufallsvariablen.

Im Kap. 7 werden wir den Erwartungswert und die Standardabweichung von stetigen Zufallsvariablen definieren und für wichtige Verteilungen, wie jene, welche zum exponentiellen Zerfall gehören oder zur Normalverteilung, auch berechnen. Damit können wir aus der Normalverteilung eine ganze Familie von Verteilungen ableiten, die sich an die Vorgabe eines Erwartungswertes und einer Standardabweichung anpassen lässt.

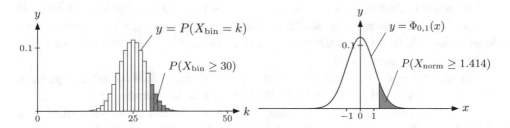

Abb. 1.1 Links: die Binomialverteilung zu $n = 50$ und $p = 0.5$, rechts: die Dichtefunktion der sogenannten *Normalverteilung*

Dies ermöglicht es uns im Kap. 8, ein ganz wichtiges Gesetz zu formulieren, den sogenannten *Zentralen Grenzwertsatz*. Dieser Satz besagt, dass unter milden Voraussetzungen die Summe von unabhängigen Zufallsvariablen sich einer Normalverteilung annähert. Dies streicht die zentrale Rolle hervor, welche die Normalverteilungen in der Wahrscheinlichkeitstheorie spielen.

In den letzten vier Kapiteln betrachten wir vier Anwendungen. Drei davon entstammen einem Gebiet, welches *beurteilende Statistik* genannt wird. Die erste Anwendung, in Kap. 9 behandelt, beleuchtet die Situation, in der einer Bevölkerung eine zufällige Stichprobe entnommen wird und die Personen dieser Gruppe dann befragt werden. Die dabei zentrale Frage ist: Was lässt sich aus den Ergebnissen der Befragung über die ganze Bevölkerung schließen? Geben zum Beispiel bei einer Umfrage 40% aller Befragten an, für eine bestimmte Partei zu stimmen, wie groß ist dann wohl der Anteil p der ganzen Bevölkerung, welche diese Partei unterstützen wird? Erwarten darf man nicht ein exaktes Resultat, aber doch eine Abschätzung, für welche Werte p das Resultat der Befragung sehr wahrscheinlich wird. Umfragen werden heutzutage ständig erhoben. In diesem Kapitel werden die Grundlagen für diese Methode diskutiert.

Kap. 10 betrifft sogenannte *Hypothesentests*. Hier geht es darum, dass wir aus Beobachtungen etwas über ein Zufallsexperiment lernen wollen. Wir kennen die Resultate des Zufallsexperiments, aber nicht die zu Grunde liegende Wahrscheinlichkeit. Grob gesprochen handelt es sich bei einem solchen Test um einen wahrscheinlichkeitstheoretischen Widerspruchsbeweis. Dabei formuliert man zuerst eine Hypothese über eine unbekannte Wahrscheinlichkeit p, zum Beispiel, ob ein geworfener Reißnagel mit dem Stift nach oben liegen werde. Die Hypothese könnte zum Beispiel $p = 0.5$ sein. Dann führt man ein Experiment durch, man wirft den Reißnagel wiederholt und zählt die relative Häufigkeit der Position „Stift nach oben". Ist dann das Resultat des Experiments unter der Annahme $p = 0.5$ sehr unwahrscheinlich, so wird die Hypothese verworfen. Damit hat man aber nichts mit Sicherheit festgestellt. Man hat nur für die Annahme $p = 0.5$ ein unwahrscheinliches Verhalten beobachtet und deswegen begründete Zweifel an der Annahme $p = 0.5$ bekommen. Man schließt die Hypothese also aus, kann dies aber nur mit einer gewissen Wahrscheinlichkeit tun. Hypothesentests werden in der heutigen

Wissenschaft vielfach eingesetzt, zum Beispiel in der Biologie oder der Medizin. Sie sind ein wichtiges Hilfsmittel geworden, um in Situationen, in denen die Wahrscheinlichkeit eine wichtige Rolle spielt, zu Erkenntnissen zu kommen, die, wenn auch nicht sicher, so doch sehr wahrscheinlich sind.

Im letzten Kapitel, dem Kap. 12, werden wir zwei stetige Zufallsvariablen vergleichen und uns die Frage stellen, ob und wie die eine Variable als Vorhersage für die andere Variable dienen kann. Es geht also darum, Zusammenhänge zwischen zwei Variablen zu formulieren. Hier wird das Konzept des Modells wieder eine wichtige Rolle spielen. Eine physikalische Gesetzmäßigkeit wird oft durch eine Gleichung beschrieben. Löst man eine solche Gleichung nach einer der darin verwendeten Variablen auf, so hat man ein sicheres Modell, wie man aus der Kenntnis der anderen Variablen auf diese eine schließen kann. Das physikalische Gesetz ist das Modellbeispiel, das man vor Augen haben sollte. Da aber Zufallsvariablen verschiedene Werte annehmen können, müssen wir diesem Sachverhalt Rechnung tragen. Wichtig wird auch sein, wie wir die Güte eines Modells beurteilen können. Auch diese Technik wird heute vielfach eingesetzt. Einerseits, weil Modelle ein tieferes Verständnis der Zusammenhänge liefern können, andererseits, weil Modelle es erlauben, Vorhersagen zu treffen.

Im vorletzten Kapitel, dem Kap. 11, betrachten wir Einsatzmöglichkeiten einer Methode, die man Monte Carlo Methode nennt. Sie kann dann zum Einsatz kommen, wenn die Komplexität einer Situation so groß ist, dass eine direkte Berechnung zu aufwändig wird, jedoch die Simulation möglicher Fälle durchgeführt werden kann. Die häufige Wiederholung dieser Simulation ermöglicht dann eine Abschätzung der zu erwartenden Durchschnittswerte.

Standardabweichung

2

2.1 Zielsetzung

In diesem Kapitel soll ein Konzept eines Maßes vorgestellt werden, mit dem gemessen werden kann, wie stark in Beobachtungen gesammelte oder in Experimenten festgestellte Daten verstreut liegen. Wir werden dieses Maßkonzept in der Terminologie der Zufallsvariablen umsetzen und erhalten somit einen abstrakten Begriff für die theoretisch zu erwartende Streuung einer Zufallsvariablen. Wir stellen zwei unterschiedliche Ansätze vor, mit denen man ein Streuungsmaß berechnen kann. Schließlich werden wir einige Gesetze über dieses Maß ableiten und dabei sehen, dass einer der beiden Ansätze rechnerische Vorteile mit sich bringt. Dies rechtfertigt es im Nachhinein, sich auf einen der zwei vorgängig betrachteten Ansätze zu beschränken.

2.2 Ein Maß für die Streuung

Der Erwartungswert gibt eine wichtige Information an über die Verteilung einer Zufallsvariablen, aber er gibt nicht alles wieder. Vergleichen wir dazu die Tab. 2.1. Sie gibt die (über mehrere Jahre gemittelte) maximale Temperatur in den Städten Athen und Mexiko City pro Monat an.

Bei beiden Städten liegt der Durchschnittswert der Maximaltemperatur bei 23°. Jedoch sollte auffallen, dass in Athen im Winter viel tiefere und im Sommer viel höhere Maximaltemperaturen gemessen wurden als in Mexiko City. Betrachten wir die zugehörigen Histogramme in der Abb. 2.1, die die relative Häufigkeit der Maximaltemperaturen angeben. Die Messungen der Maximaltemperaturen in Athen sind viel breiter gestreut als jene von Mexiko City, die sich enger um den Durchschnittswert gruppieren, d. h. in

© Der/die Herausgeber bzw. der/die Autor(en), exklusiv lizenziert durch
Springer Nature Switzerland AG 2020
M. Barot, J. Hromkovič, *Stochastik 2*, Grundstudium Mathematik,
https://doi.org/10.1007/978-3-030-45553-8_2

Tab. 2.1 Maximaltemperatur pro Monat in den Städten Athen und Mexiko City

	Jan	Feb	Mär	Apr	Mai	Jun	Jul	Aug	Sep	Okt	Nov	Dez
Athen	13°	14°	17°	20°	26°	32°	34°	35°	28°	24°	18°	15°
Mexiko City	20°	22°	25°	26°	27°	26°	23°	23°	23°	22°	20°	19°

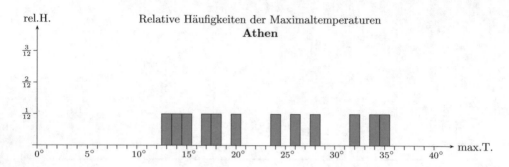

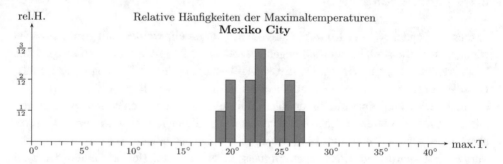

Abb. 2.1 Relative Häufigkeiten der Maximaltemperaturen

Tab. 2.2 Differenz $T_i - 23$ der Maximaltemperatur T_i minus deren Durchschnittstemperatur von 23° pro Monat i in Athen

	Jan	Feb	Mär	Apr	Mai	Jun	Jul	Aug	Sep	Okt	Nov	Dez
T_i (in °C)	13	14	17	20	26	32	34	35	28	24	18	15
$T_i - 23$	−10	−9	−6	−3	3	9	11	12	5	1	−5	−8

Athen weichen die monatlichen Maximaltemperaturen stärker von der durchschnittlichen Maximaltemperatur ab als in Mexiko City.

Wir möchten nun ein Maß für diese Streuung finden, also eine Zahl, die angibt, wie weit im Mittel die Werte vom Durchschnittswert abweichen. Berechnen wir die Abweichung vom Mittelwert der einzelnen Temperaturen, die in Athen gemessen wurden. Sie sind in der Tab. 2.2 dargestellt. Der Durchschnittswert dieser Differenzen ist

$$\frac{(-10) + (-9) + (-6) + (-3) + 3 + 9 + 11 + 12 + 5 + 1 + (-5) + (-8)}{12} = \frac{0}{12} = 0,$$

da die positiven und die negativen Differenzen sich gegenseitig aufheben.

Tab. 2.3 Der Betrag und das Quadrat der Differenz $T_i - 23$ der Maximaltemperatur T_i minus deren Durchschnittstemperatur von $23°$ pro Monat i in Athen

	Jan	Feb	Mär	Apr	Mai	Jun	Jul	Aug	Sep	Okt	Nov	Dez
T_i (in °C)	13	14	17	20	26	32	34	35	28	24	18	15
$T_i - 23$	−10	−9	−6	−3	3	9	11	12	5	1	−5	−8
$\lvert T_i - 23\rvert$	10	9	6	3	3	9	11	12	5	1	5	8
$(T_i - 23)^2$	100	81	36	9	9	81	121	144	25	1	25	64

Wir haben zwei Möglichkeiten dieses Problem der gegenseitigen Aufhebung zu beheben: Wir lassen entweder die negativen Vorzeichen weg, d. h. wir nehmen den Betrag oder das Quadrat dieser Differenzen, siehe die Tab. 2.3, also entweder

$$\lvert T_i - 23\rvert \qquad \text{oder} \qquad (T_i - 23)^2,$$

und bilden dann den Durchschnitt dieser Werte. Wenn wir den Betrag nehmen, so erhalten wir als Streuungsmaß

$$s_{\text{Betrag}} = \frac{10 + 9 + 6 + 3 + 3 + 9 + 11 + 12 + 5 + 1 + 5 + 8}{12} = \frac{82}{12} \approx 6.833.$$

Wählen wir hingegen die Quadrate, so erhalten wir

$$\frac{100 + 81 + 36 + 9 + 9 + 81 + 121 + 144 + 25 + 1 + 25 + 64}{12} = 58.$$

Im letzteren Fall sollten wir dann aber noch die Wurzel ziehen, da jeder Summand $(T_i - 23)^2$ – und daher dann auch deren Summe – eine seltsame Einheit hat: nämlich $(°C)^2$, also „Quadratcelsius". Wir haben eine Vorstellung von „Quadratmeter", aber nicht von „Quadratcelsius". Somit erhalten wir das zweite Streuungsmaß

$$s_{\text{Quadrate}} = \sqrt{58} \approx 7.616.$$

Obwohl vielleicht die zweite Variante weniger natürlich scheint, birgt sie doch gewisse Vorteile, auf die wir aber erst später eingehen können, wenn wir das Streuungsmaß für die Bernoulli-Prozesse betrachten werden.

Nun berechnen wir dieselben Streuungsmaße für die monatlichen Maximaltemperaturen in Mexiko City. Wir könnten in gleicher Weise vorgehen und die Abweichung vom Mittelwert $23°$ Monat für Monat aufschreiben. Da sich aber viele Werte wiederholen, können wir diese auch zusammenfassen und die Rechnung pro Wert einmal durchführen. Wir müssen dann jedoch die relativen Häufigkeiten dieser Werte mitberücksichtigen.

In der Tab. 2.4 sind diese Berechnungen aufgeführt. Nun lassen sich die Streuungsmaße einfach bestimmen. Anstatt dass wir $\lvert T_i - 23\rvert$ bzw. $(T_i - 23)^2$ über alle Monate

Tab. 2.4 Die verschiedenen monatlichen Maximaltemperaturen in Mexiko City mit ihren relativen Häufigkeiten und daraus abgeleiteten Berechnungen

Maximaltemperatur T_i (in °C)	19	20	22	23	25	26	27
relative Häufigkeit	$\frac{1}{12}$	$\frac{2}{12}$	$\frac{2}{12}$	$\frac{3}{12}$	$\frac{1}{12}$	$\frac{2}{12}$	$\frac{1}{12}$
$T_i - 23$	-4	-3	-1	0	2	3	4
$\mid T_i - 23 \mid$	4	3	1	0	2	3	4
$(T_i - 23)^2$	16	9	1	0	4	9	16

mitteln, können wir diese Werte mit den realitven Häufigkeiten multiplizieren und dann zusammenzählen:

$$s_{\text{Betrag}} = \frac{1}{12} \cdot 4 + \frac{2}{12} \cdot 3 + \frac{2}{12} \cdot 1 + \frac{3}{12} \cdot 0 + \frac{1}{12} \cdot 2 + \frac{2}{12} \cdot 3 + \frac{1}{12} \cdot 4$$

$$= \frac{20}{12} \approx 1.67.$$

Und ähnlich:

$$s_{\text{Quadrat}} = \sqrt{\frac{1}{12} \cdot 4^2 + \frac{2}{12} \cdot 3^2 + \frac{2}{12} \cdot 1^2 + \frac{3}{12} \cdot 0^2 + \frac{1}{12} \cdot 2^2 + \frac{2}{12} \cdot 3^2 + \frac{1}{12} \cdot 4^2}$$

$$= \sqrt{\frac{73}{12}} \approx \sqrt{6.083} \approx 2.47.$$

Diese Streuungsmaße liegen deutlich tiefer als jene von Athen. Das drückt die Tatsache aus, dass die Verteilung der Temperatur in Athen und in Mexiko City tatsächlich sehr unterschiedlich ist und dass man diesen Unterschied gut mit dem Streuungsmaß ausdrücken kann.

Man soll aber auch gleich wahrnehmen, dass es Unterschiede in Verteilungen gibt, die man mit dem Streuungsmaß nicht wahrnehmen kann. Eine Permutation der Reihenfolge der Resultate (den Monaten in unserem Beispiel) verursacht keine Änderung des Streuungsmaßes. Somit ist das Streuungsmaß nur eine Charakteristik der Verteilungen, die durch eine einzige Zahl ausgedrückt wird. Wenn man die Beschreibung eines Objektes nur auf eine Zahl reduziert, muss man damit rechnen, dass man viel Information über das Objekt verliert. Im Folgenden werden wir aber sehen, dass diese eine Zahl in sich eine wichtige und somit nützliche Charakteristik der Verteilungen festhält.

Aufgabe 2.1 Betrachte die Notenbilder der Abb. 2.2, welche zwei extreme Situationen aufweist: Bei der fiktiven Klasse A gibt es nur durchschnittliche Noten, bei der ebenso fiktiven Klasse B nur extrem tiefe oder extrem hohe Noten. Beide Klassen haben 20 Schüler und erreichen den Notendurchschnitt 4.

Berechne das Streuungsmaß s_{Quadrat} für beide Klassen.

Aufgabe 2.2 Extreme Notenbilder, wie sie in Abb. 2.2 dargestellt sind, kommen in der Praxis nicht vor. Dennoch wäre es für einen (fiktiven) Lehrer einfach, durch die Anlage der Prüfung solche Notenbilder zu erzwingen, und dies ohne zu tricksen, also etwa einen Teil der Schüler zu bevorteilen.

Diskutiere: Wie müsste der fiktive Lehrer vorgehen? Oder anders und interessanter gefragt: Was muss ein realer Lehrer beachten, damit solche extremen Notenbilder nicht entstehen?

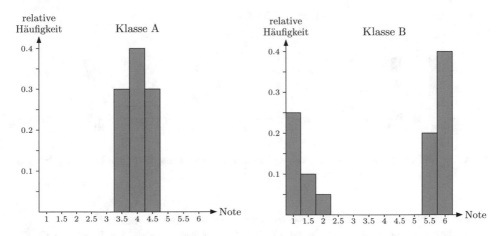

Abb. 2.2 Zwei (fiktive) Notenbilder: die Histogramme der Noten von zwei Klassen mit dem Notendurchschnitt 4

2.3   Übertragung auf Zufallsvariablen

Im vorhergehenden Abschnitt sind wir von konkreten Daten ausgegangen und haben zwei Möglichkeiten betrachtet, zu messen, wie stark die Datenwerte um den Durchschnitt gestreut liegen. So haben wir die *Streuungsmaße* s_{Betrag} und s_{Quadrat} eingeführt.

Nun sollen diese Überlegungen auf Zufallsvariablen übertragen werden. Wir beginnen dabei mit konkreten Beispielen.

Beispiel 2.1 Pierre und Blaise spielen folgendes Glücksspiel: Zu Beginn zahlt Blaise an Pierre den Einsatz von 15 Franken. Daraufhin würfelt Pierre mit einem fairen Spielwürfel. Fällt eine Augenzahl k größer als 1, so zahlt Pierre an Blaise k^2 Franken, im verbleibenden Fall, wenn also eine Eins fällt, zahlt Pierre nichts zurück.

Sei X der Gewinn von Blaise. Die möglichen Werte von X sind -15, -11, -6, 1, 10 und 21. Das Histogramm, das diese Verteilung wiedergibt, ist in Abb. 2.3 wiedergegeben.

Man kann sich leicht davon überzeugen, dass der erwartete Gewinn $\mathrm{E}(X)$ gleich Null ist, und es sich somit um ein faires Glücksspiel handelt, denn

$$\mathrm{E}(X) = \frac{(-15) + (-11) + (-6) + 1 + 10 + 21}{6} = \frac{0}{6} = 0.$$

Der Erwartungswert spielt bei Zufallsvariablen die Rolle des Durchschnitts bei konkret gemessenen Daten.

Wenn wir nun die relative Häufigkeit von gemessenen Vorkommnissen durch die theoretischen Wahrscheinlichkeiten im Histogramm ersetzen, so können wir die Streuungsmaße s_{Quadrat} und s_{Betrag} auf den Gewinn X anwenden.

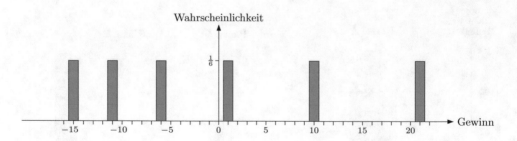

Abb. 2.3 Die Wahrscheinlichkeitsverteilung des Gewinns von Blaise beim von Pierre angebotenen fairen Spiel

Wir beginnen mit dem rechnerisch einfacheren Streuungsmaß s_{Betrag}. Da $E(X) = 0$, so vereinfachen sich die Rechnungen beträchtlich. Es gilt, $s_{\text{Betrag}} = E(|X - E(X)|) = E(|X|)$ zu berechnen:

$$
\begin{aligned}
E(|X - E(X)|) &= \frac{|-15 - E(X)|}{6} + \frac{|-11 - E(X)|}{6} + \frac{|-6 - E(X)|}{6} \\
&\quad + \frac{|1 - E(X)|}{6} + \frac{|10 - E(X)|}{6} + \frac{|21 - E(X)|}{6} \\
&= \frac{|-15| + |-11| + |-6| + |1| + |10| + |21|}{6} \\
&= \frac{15 + 11 + 6 + 1 + 10 + 21}{6} = \frac{32}{3} \\
&\approx 10.67.
\end{aligned}
$$

Beim zweiten Streuungsmaß müssen wir das Quadrat der Abweichung vom Erwartungswert berechnen. Auch hier, weil $E(X) = 0$, ist die Rechnung bedeutend einfacher. Wir haben erst $E((X - E(X))^2) = E(X^2)$ zu berechnen und danach die Wurzel zu ziehen. Es ergibt sich

$$
\begin{aligned}
E((X - E(X))^2) &= \frac{(-15 - E(X))^2}{6} + \frac{(-11 - E(X))^2}{6} + \frac{(-6 - E(X))^2}{6} \\
&\quad + \frac{(1 - E(X))^2}{6} + \frac{(10 - E(X))^2}{6} + \frac{(21 - E(X))^2}{6} \\
&= \frac{(-15)^2 + (-11)^2 + (-6)^2 + 1^2 + 10^2 + 21^2}{6} \\
&= \frac{225 + 121 + 36 + 1 + 100 + 441}{6} = \frac{924}{6} \\
&= 154.
\end{aligned}
$$

Daher gilt

$$s_{\text{Quadrat}} = \sqrt{154} \approx 12.41.$$

◊

Beispiel 2.2 Pierre und Blaise spielen folgendes Glücksspiel: Zu Beginn zahlt Blaise an Pierre den Einsatz von 10 Franken. Dann darf er einmal an Pierres Drehrad drehen, siehe Abb. 2.4.

Das Drehrad bleibt zufällig stehen. Zeigt der Zeiger auf den Sektor „Gewonnen!", so zahlt ihm Pierre 50 Franken, ansonsten nichts. Der Gewinnsektor hat den Winkel $\frac{1}{5} \cdot 360° = 72°$ und damit ist die Wahrscheinlichkeit, dass Blaise gewinnt, gleich $\frac{1}{5} = 0.2$.

Sei X der Gewinn von Blaise, also die Auszahlung minus Einsatz. Die möglichen Werte von X sind -10 und 40. Das zugehörige Histogramm ist in Abb. 2.5 abgebildet. Es ist nun leicht einzusehen, dass das Spiel von Pierre fair ist, denn

$$\text{E}(X) = \frac{4}{5} \cdot (-1) + \frac{1}{5} \cdot 40 = 0.$$

Der Erwartungswert einer Zufallsvariablen ist die theoretisch zu erwartende Durchschnittsgröße.

Abb. 2.4 Das Drehrad von Pierre

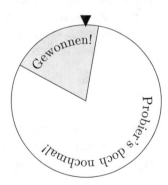

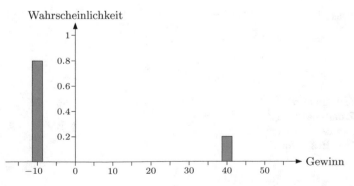

Abb. 2.5 Das Histogramm beim von Pierre angebotenen fairen Spiel

Wir berechnen wiederum die Streuungsmaße s_{Quadrat} und s_{Betrag} des Gewinns X.

Wir beginnen mit dem Streuungsmaß s_{Betrag}. Da $E(X) = 0$, vereinfachen sich die Rechnungen beträchtlich. Es gilt $s_{\text{Betrag}} = E(|X - E(X)|) = E(|X|)$ zu berechnen:

$$E(|X|) = \frac{4}{5} \cdot |-10| + \frac{1}{5} \cdot |40| = \frac{80}{5} = 16.$$

Beim zweiten Streuungsmaß müssen wir das Quadrat der Abweichung vom Erwartungswert berechnen. Auch hier, weil $E(X) = 0$, ist die Rechnung bedeutend einfacher. Wir haben erst $E((X - E(X))^2) = E(X^2)$ zu berechnen und danach die Wurzel zu ziehen. Es ergibt sich

$$E(X^2) = \frac{4}{5} \cdot (-10)^2 + \frac{1}{5} \cdot 40^2 = \frac{2000}{5} = 400.$$

Daher gilt

$$s_{\text{Quadrat}} = \sqrt{400} = 20.$$

$\Diamond$

Beispiel 2.3 Pierre modifiziert nun das Spiel. Er benutzt dasselbe Glücksrad der Abb. 2.4 und gibt dieselbe Auszahlung, aber er verlangt von Blaise einen Einsatz von 15 Franken.

Der Gewinn X von Blaise kann daher die Werte -15 oder 35 annehmen. Nun ist das Spiel nicht mehr fair, denn

$$E(X) = \frac{4}{5} \cdot (-15) + \frac{1}{5} \cdot 35 = \frac{-25}{5} = -5.$$

Ziehen wir diesen Erwartungswert von den möglichen Werten ab, so erhalten wir die Differenzen, deren Beträge und Quadrate so aussehen, wie sie in Tab. 2.5 dargestellt sind. Die Streuungsmaße sind nun einfach zu berechnen:

$$s_{\text{Betrag}} = P(X = -15) \cdot |-15 - E(X)| + P(X = 35) \cdot |35 - E(X)|$$

$$= 0.8 \cdot |-10| + 0.2 \cdot |40| = 16,$$

Tab. 2.5 Die möglichen Werte k der Zufallsvariablen X, deren Wahrscheinlichkeiten, die Beträge $|k - E(X)|$ sowie die Quadrate $(k - E(X))^2$

k	-15	35
$P(X = k)$	0.8	0.2
$|k - E(X)|$	10	40
$(k - E(X))^2$	100	1600

und

$$s_{\text{Quadrat}} = \sqrt{\mathrm{E}((X - \mathrm{E}(X))^2)}$$
$$= \sqrt{P(X = -15) \cdot (-15 - \mathrm{E}(X))^2 + P(X = 35) \cdot (35 - \mathrm{E}(X))^2}$$
$$= \sqrt{0.8 \cdot (-10)^2 + 0.2 \cdot 40^2} = \sqrt{400} = 20.$$

$\Diamond$

Beachte: Die Streuungsmaße sind genau gleich groß wie im fairen Spiel von Pierre aus Beispiel 2.2. Das zeigt, dass man aus dem Streuungsmaß nichts über den Erwartungswert erfahren kann. Deswegen streben wir es an, die Verteilungen durch beide Maße, Erwartungswert und Streuung, zu charakterisieren.

Wie schon gesagt wurde und wir später noch besser sehen werden (siehe Kommentar 2.5) hat das Streuungsmaß s_{Quadrat} bessere Eigenschaften als s_{Betrag}. Wir betrachten daher vorrangig s_{Quadrat}. Bei Zufallsvariablen hat dieses Streuungsmaß einen eigenen Namen: Es heißt **Standardabweichung** der Zufallsvariable X und wird mit σ oder $\sigma(X)$ bezeichnet.

Wie haben wir das Streuungsmaß $\sigma(X) = s_{\text{Quadrat}}$ berechnet? Betrachten wir noch einmal das Beispiel 2.3. Wir haben für die zwei möglichen Werte $k_1 = -15$ und $k_2 = 35$ deren Wahrscheinlichkeiten angegeben, also

$$P(X = k_1) = 0.8 \qquad \text{und} \qquad P(X = k_2) = 0.2.$$

Danach haben wir die Quadrate $(k_i - \mathrm{E}(X))^2$ gebildet:

$$(k_1 - \mathrm{E}(X))^2 = 100 \qquad \text{und} \qquad (k_2 - \mathrm{E}(X))^2 = 1600$$

und schließlich haben wir den über die Wahrscheinlichkeiten gewichteten Durchschnitt gebildet und davon die Wurzel gezogen:

$$\sigma(X) = \sqrt{P(X = k_1) \cdot (k_1 - \mathrm{E}(X))^2 + P(X = k_2) \cdot (k_2 - \mathrm{E}(X))^2} = 20.$$

Bemerke, dass für alle Zufallsvariablen X der Erwartungswert $\mathrm{E}(X)$ eine Zahl ist. Somit sind auch $|X - \mathrm{E}(X)|$ sowie $(X - \mathrm{E}(X))^2$ wieder Zufallsvariablen, die den Abstand vom Erwartungswert auf unterschiedliche Art und Weise ausdrücken.

Dies führt zu folgender Begriffsbildung.

Begriffsbildung 2.1 *Die **Varianz** $\mathrm{V}(X)$ der Zufallsvariablen X ist der Erwartungswert der Zufallsvariablen $(X - E(X))^2$. Es gilt also*

$$\mathrm{V}(X) = \sum_{e \in S} P(e) \cdot (X(e) - \mathrm{E}(X))^2.$$

Carl Friedrich Gauß (Springer)   Karl Pearson (sciencephoto.com)

Abb. 2.6 Die Portraits von Pearson und Gauß

*Die **Standardabweichung** $\sigma(X)$ einer Zufallsvariablen ist die Wurzel der Varianz:*

$$\sigma(X) = \sqrt{V(X)}.$$

Auszug aus der Geschichte Der Begriff *Standardabweichung* wurde 1894 zum ersten Mal vom englischen Statistiker Karl Pearson (1857–1936) verwendet. Schon früher hat man diese Größe betrachtet, so sprach der deutsche Mathematiker Carl Friedrich Gauß (1777–1855) vom *durchschnittlichen Fehler*. Die Entwicklung von immer präziseren Messgeräten im 18. Jahrhundert lenkte die Aufmerksamkeit auf ein Maß für die Messgenauigkeit, aus dem sich dann schließlich die Standardabweichung ergab. Die Abb. 2.6 zeigt die Portraits von Pearson und Gauß.

Aufgabe 2.3 Fink bietet Anna folgendes faires Glücksspiel an: Anna darf, nach Zahlung von 10 Franken Einsatz, ein Glücksrad drehen, das danach zufällig stoppt. Das Glücksrad hat 5 gleich große Sektoren, zwei davon führen zu einer Auszahlung von 25 Franken. In allen anderen Fällen behält Fink den Einsatz.

Berechne die Varianz und die Standardabweichung des Gewinns von Anna.

Aufgabe 2.4 Betrachte das Zufallsexperiment des zweifachen Würfelns. Berechne die Standardabweichung der Zufallsvariablen X, die die Summe der zwei Augenzahlen angibt.

Aufgabe 2.5 Am Eingang eines Einkaufszentrums wird für ein neues Erfrischungsgetränk geworben. Dazu wurde ein Glücksrad aufgebaut, wie es in Abb. 2.7 dargestellt ist.

Jeder, der möchte, darf hier sein Glück versuchen: Man dreht am Rad und wartet bis dieses wieder still steht. Eine Gummilasche oben bremst die Drehung leicht und bewirkt, dass ein einzelnes Feld eindeutig ausgewählt wird. Das Feld zeigt an, wie viele Dosen gratis mitgenommen werden dürfen.

Abb. 2.7 Ein Glücksrad vor
einem Einkaufszentrum

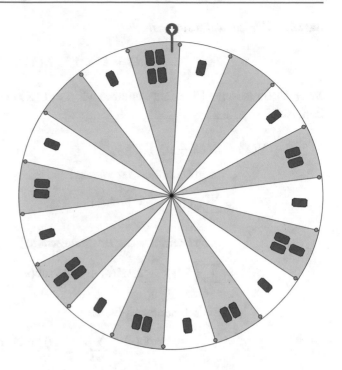

Sei X die Zufallsvariable, die die Anzahl Dosen angibt, die man beim einmaligen Drehen gewinnt. Berechne den Erwartungswert $E(X)$, die Varianz $V(X)$ und die Standardabweichung $\sigma(X)$.

Bemerkung Die Standardabweichung als Streuungsmaß hat eine tiefere Bedeutung, als es diese Beispiele vorerst erahnen lassen. Wie wir im Kap. 4 sehen werden, macht sie es möglich abzuschätzen, wie wahrscheinlich es ist, dass eine Zufallsvariable stark vom Erwartungswert abweicht. Dies macht die Standardabweichung zu einem wichtigen Werkzeug zur Erstellung von Vorhersagen und aus diesem Grund werden wir noch einige weitere Resultate darüber herleiten. Die Beispiele, die wir dabei benutzen, zeigen diese Relevanz noch nicht auf und mögen erst einmal recht konstruiert scheinen.

2.4 Eine alternative Berechnungsmöglichkeit

Zur Berechnung der Varianz und daher auch der Standardabweichung einer Zufallsvariablen X muss von jedem möglichen Wert k der Erwartungswert $E(X)$ abgezogen werden, danach werden diese Differenzen quadriert.

Im Folgenden stellen wir einen Berechnungsweg vor, der etwas anders vorgeht und manchmal zu bevorzugen ist. Dazu berechnet man erst die Quadrate k^2 der möglichen Werte k, mit anderen Worten, man berechnet die möglichen Werte der Zufallsvariablen X^2. Danach berechnet man den Erwartungswert $E(X^2)$ und zieht davon das Quadrat von $E(X)$ ab.

Satz 2.1 *Für jede Zufallsvariable gilt*

$$V(X) = E(X^2) - E(X)^2.$$

Beweis. Zur besseren Übersicht schreiben wir $\mu = E(X)$ und erinnern daran, dass μ eine Zahl ist.

$$V(X) = E((X - \mu)^2)$$

{nach Definition der Varianz}

$$= \sum_{e \in S} (X(e) - \mu)^2 \operatorname{Prob}(e)$$

{nach Definition des Erwartungswerts}

$$= \sum_{e \in S} \left(X(e)^2 - 2\mu X(e) + \mu^2 \right) \operatorname{Prob}(e)$$

{die 2. binomische Formel}

$$= \sum_{e \in S} X(e)^2 \operatorname{Prob}(e) - \sum_{e \in S} 2\mu X(e) \operatorname{Prob}(e) + \sum_{e \in S} \mu^2 \operatorname{Prob}(e)$$

{die Summanden wurden anders zusammengefasst}

$$= \underbrace{\sum_{e \in S} X(e)^2 \operatorname{Prob}(e)}_{=E(X^2)} - 2\mu \underbrace{\sum_{e \in S} X(e) \operatorname{Prob}(e)}_{=\mu} + \mu^2 \underbrace{\sum_{e \in S} \operatorname{Prob}(e)}_{=1}$$

{nach dem Distributivgesetz}

$$= E(X^2) - 2\mu \cdot \mu + \mu^2$$

$$= E(X^2) - \mu^2.$$

Ersetzen wir nun μ wieder durch $E(X)$, so erhalten wir das besagte Gesetz. □

Beispiel 2.4 Wir betrachten die Zufallsvariable X, die die Augenzahl beim einfachen Würfeln angibt. Es soll die Varianz $V(X)$ und die Standardabweichung $\sigma(X)$ berechnet werden.

Der Erwartungswert von X berechnet sich leicht:

$$E(X) = \frac{1 + 2 + 3 + 4 + 5 + 6}{6} = \frac{21}{6} = 3.5.$$

Um $V(X) = E((X - 3.5)^2)$ gemäß der Definition zu berechnen, müssten wir die Quadrate von „halbzahligen" Zahlen wie zum Beispiel -2.5 berechnen. Mit dem Satz 2.1 können wir die Rechnung einfacher durchführen:

$$\mathrm{E}(X^2) = \frac{1^2 + 2^2 + 3^2 + 4^2 + 5^2 + 6^2}{6} = \frac{91}{6} \approx 15.167$$

und daher

$$\mathrm{V}(X) = \mathrm{E}(X^2) - \mathrm{E}(X)^2 \approx \frac{91}{6} - \left(\frac{7}{2}\right)^2 = \frac{35}{12} \approx 2.917$$

und schließlich

$$\sigma(X) = \sqrt{\mathrm{V}(X)} \approx \sqrt{2.917} \approx 1.708.$$

Man sieht: Die Berechnungen sind etwas weniger aufwändig, als wenn wir direkt der Definition folgend rechnen würden. $\diamond$

Aufgabe 2.6 Sei X die Zufallsvariable beim vierfachen Münzwurf, die angibt, wie oft Kopf gefallen ist. Berechne die Standardabweichung $\sigma(X)$.

Aufgabe 2.7 Ein Holzwürfel wird zuerst rot bemalt und danach in $4 \times 4 \times 4 = 64$ kleine, gleich große Würfelchen zersägt. Diese 64 Würfelchen werden gut gemischt in eine Urne gelegt. Danach wird eines davon zufällig gezogen. Die Zufallsvariable X gibt die Anzahl roter Seitenflächen dieses Würfelchens an.

Bestimme den Erwartungswert $\mathrm{E}(X)$, die Varianz $\mathrm{V}(X)$ sowie die Standardabweichung $\sigma(X)$.

Aufgabe 2.8 Betrachte das Zufallsexperiment des einfachen Würfelns. Sei X die Zufallsvariable, die die geworfene Augenzahl angibt. Berechne die Varianz $\mathrm{V}(X)$ und die Standardabweichung $\sigma(X)$.

Aufgabe 2.9 Seien X eine Zufallsvariable, λ eine Zahl. Dann definieren wir eine neue Zufallsvariable Y durch $Y = \lambda \cdot X$, das heißt, es gilt $Y(e) = \lambda X(e)$ für jedes Ergebnis e.

Zeige, dass $\mathrm{V}(Y) = \lambda^2 \, \mathrm{V}(X)$.

Was kann man über die Zufallsvariable X aussagen, wenn man weiss, dass ihre Varianz Null ist? Gemäß Definition ist die Varianz eine Summe von Quadraten:

$$V(X) = \sum_{e \in S} P(e) \cdot (X(e) - \mathrm{E}(X))^2.$$

Ist $V(X) = 0$, so muss für jedes Ereignis e die Gleichheit $P(e) \cdot (X(e) - \mathrm{E}(X))^2 = 0$ gelten. Dies bedeutet: $X(e) = \mathrm{E}(X)$ gilt für jedes Ereignis e. Das heißt aber nichts anderes, als dass X konstant ist.

Wir halten dies als Resultat fest.

Satz 2.2 *Sei X eine Zufallsvariable. Dann gilt: $V(X) = 0 \Leftrightarrow X$ ist konstant.*

Beweis. Wir haben bereits gesehen, dass $V(X) = 0$ impliziert, dass X konstant ist. Sei nun umgekehrt X konstant. Dann gibt es eine Konstante μ mit der Eigenschaft, dass $X(e) = \mu$

für jedes Ereignis $e \in S$. Daher gilt

$$E(X) = \sum_{e \in S} P(e)X(e) = \sum_{e \in S} P(e)\mu = \mu \sum_{e \in S} P(e) = \mu.$$

Daraus folgt nun $X(e) - E(X) = \mu - \mu = 0$ für jedes Ereignis $e \in S$ und daher $V(X) = 0$.

□

Nun sind wir in der Lage, die Streuungsmaße $E(|X - E(X)|)$ und $\sigma(X)$ für eine beliebige Zufallsvariable X zu vergleichen.

Satz 2.3 *Sei X eine Zufallsvariable. Ist $|X - E(X)|$ konstant, so gilt $E(|X - E(X)|) = \sigma(X)$. Ist $|X - E(X)|$ nicht konstant, so gilt $E(|X - E(X)|) < \sigma(X)$.*

Beweis. Wir setzen $Y = X - E(X)$ und beachten, dass $E(Y) = 0$ und $V(Y) = V(X)$. Die Varianz von Y berechnet sich als $V(Y) = E(Y^2) - E(Y)^2 = E(Y^2)$, letzteres weil $E(Y) = 0$. Wir bestimmen nun die Varianz von $|Y|$:

$$V(|Y|) = E(|Y|^2) - E(|Y|)^2$$
$$= E(Y^2) - E(|Y|)^2$$
$$\left\{ \text{da } Y^2 = |Y|^2 \right\}$$
$$= V(Y) - E(|Y|)^2.$$

Folglich gilt

$$E(|Y|)^2 = V(Y) - V(|Y|) \leq V(Y) = V(X)$$

mit Gleichheit dann und nur dann wenn $V(|Y|) = 0$ ist, was gleichbedeutend dazu ist, dass $|Y| = |X - E(X)|$ konstant ist. Folglich folgt nach Wurzelziehen

$$E(|X - E(X)|) \leq \sigma(X)$$

mit Gleichheit dann und nur dann wenn $|X - E(X)|$ konstant ist.   □

2.5   Die Standardabweichung bei Bernoulli-Prozessen

Hinweis für die Lehrperson.
Wenn der Satz 7.2 von Band 1 besprochen wurde, so können die Beweise in diesem Abschnitt übersprungen werden.

Wir erinnern daran, dass bei einem Bernoulli-Prozess ein einfaches Zufallsexperiment mit nur zwei Ereignissen, dem Erfolg und Misserfolg, mehrfach wiederholt wird. Die sogenannte Erfolgswahrscheinlichkeit (das heißt die Wahrscheinlichkeit in einem Versuch Erfolg zu haben) ändert sich dabei von Versuch zu Versuch nicht. Wir bezeichnen mit n die Anzahl der Versuche und mit p die Erfolgswahrscheinlichkeit.

Sei X die Zufallsvariable, die angibt, wie viele Erfolge insgesamt in den n Versuchen erzielt wurden. Im Abschnitt über Bernoulli-Prozesse in Band 1 haben wir den Erwartungswert von X berechnet

$$E(X) = np.$$

Satz 2.4 *Bei einem Bernoulli-Prozess mit n Versuchen und einer Erfolgswahrscheinlichkeit p ist die Varianz* $V(X)$ *der Zufallsvariablen X, die angibt, wie viele Erfolge erzielt wurden, gleich*

$$V(X) = np(1 - p)$$

und daher die Standardweichung

$$\sigma(X) = \sqrt{np(1 - p)}.$$

Beweis. Nach Satz 2.1 können wir die Varianz $V(X)$ dadurch berechnen, dass wir den Erwartunsgwert $E(X^2)$ bestimmen. Da X jeden Wert von 0 bis n annehmen kann, so kann X^2 die Werte von $0^2, 1^2, \ldots, n^2$ annehmen.

$$E(X^2) = \sum_{k=0}^{n} k^2 \operatorname{Prob}(X^2 = k^2)$$

$$\left\{ \text{der Summand für } k=0 \text{ ist Null, außerdem gilt } \operatorname{Prob}(X^2 = k^2) = \operatorname{Prob}(X=k) \right\}$$

$$= \sum_{k=1}^{n} k^2 \operatorname{Prob}(X = k)$$

$$\{\operatorname{Prob}(X = k) \text{ wurde eingesetzt}\}$$

$$= \sum_{k=0}^{n} k^2 \frac{n!}{(n-k)!k!} p^k (1-p)^{n-k}$$

$$\left\{ \frac{k^2}{k!} = \frac{k}{(k-1)!} \text{ gekürzt, und } np \text{ ausgeklammert} \right\}$$

$$= np \sum_{k=1}^{n} k \frac{(n-1)!}{(n-k)!(k-1)!} p^{k-1} (1-p)^{n-k}.$$

Nun werden wir diese Formel mit Hilfe einer Substitution umschreiben. Wir setzen $K = k - 1$ und $N = n - 1$. Dann gilt $n - k = N - K$. Die Summe, die ursprünglich über $k = 1, 2, \ldots n$ läuft, muss ebenfalls umgeschrieben werden: Wenn $k = 1$, dann ist $K = 0$ und wenn $k = n$, dann ist $K = N$. Somit gilt

$$E(X^2) = np \sum_{k=1}^{n} k \frac{(n-1)!}{(n-k)!(k-1)!} p^{k-1}(1-p)^{n-k}$$

{Substitution $K = k - 1$, $N = n - 1$}

$$= np \sum_{K=0}^{N} (1+K) \frac{N!}{(N-K)!K!} p^K (1-p)^{N-K}$$

{$(1 + K)$ ausmultipliziert und die Summanden anders zusammengefasst}

$$= np \underbrace{\sum_{K=0}^{N} \binom{N}{K} p^K (1-p)^{N-K}}_{S_1} + np \underbrace{\sum_{K=0}^{N} K \binom{N}{K} p^K (1-p)^{N-K}}_{S_2}.$$

Wir betrachten nun die zwei Summen S_1 und S_2 genauer. Dazu benutzen wir die Zufallsvariable X_N, die bei einem Bernoulli-Prozess mit N Versuchen und der Erfolgswahrscheinlichkeit p angibt, wie viele Erfolge man hatte. Es gilt

$$\text{Prob}(X_N = K) = \binom{N}{K} p^K (1-p)^{N-K}$$

und daher

$$S_1 = \sum_{K=0}^{N} \text{Prob}(X_N = K) = 1,$$

da X_N ja irgendeinen der Werte von 0 bis K mit Sicherheit annimmt. Wenn wir den Erwartungswert $E(X_N)$ berechnen, so zeigt sich

$$E(X_N) = \sum_{K=0}^{N} K \cdot \text{Prob}(X_N = K) = \sum_{K=0}^{N} K \binom{N}{K} p^K (1-p)^{N-K} = S_2.$$

Daher gilt $S_1 = 1$ und $S_2 = Np$. Setzen wir dies ein, so erhalten wir

$$E(X^2) = np \cdot 1 + np \cdot Np$$

$$= np + np^2(n-1)$$

$$= np - np^2 + n^2 p^2.$$

Schließlich können wir die Varianz $V(X)$ berechnen. Es ergibt sich

$$V(X) = E(X^2) - E(X)^2 = np - np^2 + n^2 p^2 - (np)^2 = np - np^2 = np(1 - p).$$

Daraus folgt nach Definition der Standardabweichung, dass $\sigma(X) = \sqrt{np(1-p)}$, womit der Satz vollständig bewiesen ist. $\square$

Beispiel 2.5 Wirft man gleichzeitig 100 Münzen, so zeigen im Mittel $E(X) = np = 100 \cdot 0.5 = 50$ der Münzen Kopf. Hier ist X die Zufallsvariable, die angibt, wie viele Münzen „Kopf" zeigen. Deren Standardabweichung ist

$$\sigma(X) = \sqrt{np(1-p)} = \sqrt{100 \cdot 0.5 \cdot 0.5} = \sqrt{25} = 5.$$

Sie gibt an, wie weit die Anzahl Köpfe im Mittel vom Erwartungswert abweicht.

Interessant ist es nun, diesen Wert zu vergleichen mit jenem für $n' = 100n = 10'000$. Dann ist $E(X') = 5'000 = 100\,E(X)$, d. h. der Erwartungswert wird linear mitskaliert. Nicht so jedoch die Standardabweichung, denn

$$\sigma(X') = \sqrt{n'p(1-p)} = \sqrt{100np(1-p)} = 10\sqrt{np(1-p)} = 10\sigma(X) = 50.$$

Die Standardabweichung wächst nur um den Faktor 10 bei der Erhöhung der Wiederholungen auf das Hundertfache. $\Diamond$

Das Beispiel 2.5 zeigt ein allgemeines Phänomen, das wir in dem folgenden Satz 2.5 festhalten.

Satz 2.5 *Man betrachte Bernoulli-Prozesse mit derselben Erfolgswahrscheinlichkeit p. Sei X_n die Zufallsvariable, die die Anzahl Gewinne bei n Versuchen angibt. Dann gilt für jede natürliche Zahl λ:*

$$E(X_{\lambda \cdot n}) = \lambda \cdot E(X_n),$$

$$\sigma(X_{\lambda \cdot n}) = \sqrt{\lambda} \cdot \sigma(X_n).$$

Beweis. Es gilt $E(X_{\lambda \cdot n}) = \lambda \cdot n \cdot p = \lambda \cdot E(X_n)$ und ebenso $\sigma(X_{\lambda \cdot n}) = \sqrt{\lambda np(1-p)} = \sqrt{\lambda} \cdot \sqrt{np(1-p)} = \sqrt{\lambda} \cdot \sigma(X_n).$ $\square$

Bemerkung Der Grund, weshalb man als Streuungsmaß die Berechnung über Quadrate bevorzugt, liegt an der Möglichkeit, die Standardabweichung bei Bernoulli-Prozessen berechnen zu können. Eine analoge Formel für s_{Betrag} scheint leider nicht zu existieren.

Eine direkte Berechnung für $p = 0.5$ zeigt

$$\sum_{k=0}^{100} \text{Prob}(X_{100} = k) \cdot |k - 50| \approx 3.979,$$

$$\sum_{k=0}^{10'000} \text{Prob}(X_{10'000} = k) \cdot |k - 5000| \approx 39.893.$$

Auch hier scheint eine $\sqrt{\lambda}$-Gesetzmäßigkeit in recht guter Näherung zu gelten. Jedoch gilt diese sicherlich nicht genau. Im Folgenden werden wir die genaue Berechnung aus Satz 2.4 immer wieder verwenden und ziehen es daher vor, mit der Standardabweichung σ zu arbeiten.

Aufgabe 2.10 In einem kleinen Stück Stoff gibt es $n = 10^6$ radioaktive ^{14}C-Atome. Jedes einzelne dieser Atome hat die Wahrscheinlichkeit $p = 0.5$ in der Zeit von $T = 5730\,$J zu zerfallen.

(a) Sei X die Zufallsvariable, die angibt, wie viele Atome tatsächlich nach dieser Zeit zerfallen sind. Berechne den Erwartungswert $\text{E}(X)$ sowie die Standardabweichung $\sigma(X)$.
(b) Wie ändern sich $\text{E}(X)$ und $\sigma(X)$, wenn 10-, 100- oder 1000-mal so viele radioaktive ^{14}C-Atome im Stoff enthalten sind?

2.6 Nützliches über Erwartungswerte

Die Varianz einer Zufallsvariablen X berechnet sich als Erwartungswert einer anderen Zufallsvariablen, nämlich von $(X - \text{E}(X))^2$. Für das Folgende wird es nützlich sein, einige bereits im Band 1 erarbeitete und einige neue nützliche Eigenschaften von Erwartungswerten zusammenzustellen.

Sei (S, P) ein Wahrscheinlichkeitsraum. Sind dann X und Y zwei Zufallsvariablen, so ist auch $X + Y$ eine Zufallsvariable und es gilt immer

$$\text{E}(X + Y) = \text{E}(X) + \text{E}(Y). \tag{2.1}$$

Sind die Zufallsvariablen unabhängig, so gilt auch

$$\text{E}(X \cdot Y) = \text{E}(X) \cdot \text{E}(Y). \tag{2.2}$$

Ist λ eine Zahl, so ist $\lambda \cdot X$ wieder eine Zufallsvariable und es gilt immer

$$\text{E}(\lambda \cdot X) = \lambda \cdot \text{E}(X). \tag{2.3}$$

2.7   Die Varianz bei unabhängigen Experimenten

Ziel dieses Abschnitts ist es aufzuzeigen, wie sich die Varianz einer Summe von Zufallsvariablen verhält. Die allgemeine Untersuchung ist dabei schwierig und wir beschränken
uns auf den Fall, bei dem die verschiedenen Zufallsvariablen voneinander unabhängig
sind. Eine der wichtigsten Spezialfälle ist es zu untersuchen, wie sich die Varianz der
Summe verhält, wenn die einzelnen Summanden eine identische Wiederholung desselben
Zufallsexperimentes sind, wie etwa beim Werfen eines Würfels. Wir beginnen jedoch
vorerst unser Studium mit der Summe zweier beliebiger Zufallsvariablen.

Satz 2.6 *Sind X und Y unabhängige Zufallsvariablen, so gilt*

$$V(X + Y) = V(X) + V(Y).$$

Beweis. Wir können $V(X + Y)$ gemäß Satz 2.1 wie folgt berechnen:

$$V(X + Y) = E((X + Y)^2) - E(X + Y)^2.$$

Berechnen wir beide Summanden separat:

$$E((X + Y)^2) = E(X^2 + 2XY + Y^2)$$

$$\{1.\ \text{binomische Formel}\}$$

$$= E(X^2) + 2\,E(XY) + E(Y^2)$$

$$\left\{\text{Gesetz 2.1, weil } X^2,\ XY \text{ und } Y^2 \text{ Zufallsvariablen sind}\right\}$$

Da X und Y unabhängig sind, gilt $E(XY) = E(X)\,E(Y)$ nach Satz 7.2 aus Band 1. Somit
erhalten wir

$$E((X + Y)^2) = E(X^2) + 2\,E(X)\,E(Y) + E(Y^2).$$

Andererseits gilt

$$(E(X + Y))^2 = (E(X) + E(Y))^2$$

$$\{\text{Gesetz 2.1}\}$$

$$= E(X)^2 + 2\,E(X)\,E(Y) + E(Y)^2$$

$$\{1.\ \text{binomische Formel}\}$$

Setzen wir diese zwei Formeln ein, so ergibt sich

$$
\begin{aligned}
V(X + Y) &= \Big(E(X^2) + 2\,E(X)\,E(Y) + E(Y^2)\Big) - \Big(E(X)^2 + 2\,E(X)\,E(Y) + E(Y)^2\Big) \\
&= E(X^2) + E(Y^2) - E(X)^2 - E(Y)^2 \\
&= \Big(E(X^2) - E(X)^2\Big) + \Big(E(Y^2) - E(Y)^2\Big) \\
&= V(X) + V(Y),
\end{aligned}
$$

womit die Aussage bewiesen ist.   □

Für die Standardabweichung kann daraus das folgende Resultat abgeleitet werden.

Satz 2.7 *Sind X und Y unabhängige Zufallsvariablen, so gilt*

$$
\sigma(X + Y) = \sqrt{\sigma(X)^2 + \sigma(Y)^2}.
$$

Den Beweis belassen wir als Aufgabe 2.13. Diese Formel lässt sich jedoch viel schwerer merken als die Aussage $V(X + Y) = V(X) + V(Y)$ von Satz 2.6. Wir empfehlen daher, sich nur die Aussage über die Varianz zu merken.

Beispiel 2.6 Karl wirft gleichzeitig drei Würfel und sechs Münzen. Die Zufallsvariable Z gibt an, wie viele Würfel eine Sechs und Münzen einen Kopf zeigen. Er möchte sowohl den Erwartungswert als auch die Standardabweichung von Z bestimmen.

Wir könnten dieses Zufallsexperiment natürlich durch einen einzigen Wahrscheinlichkeitsraum modellieren, bei dem die Ereignisse 9-Tupel sind. Die Berechnung wäre aber recht kompliziert.

Einfacher ist es, wenn wir das Zufallsexperiment durch einen zweistufigen Vorgang modellieren und uns vorstellen, dass Karl zuerst die drei Würfel und danach erst die sechs Münzen wirft. Bei beiden Stufen handelt es sich um Bernoulli-Prozesse, und zwar zu folgenden Parametern: $n_1 = 3$ und $p_1 = \frac{1}{6}$ bzw. $n_2 = 6$ und $p_2 = \frac{1}{2}$. Die Zufallsvariable Z ist die Summe $Z = X_1 + X_2$, wobei X_1 die Anzahl Sechser und X_2 die Anzahl Köpfe zählt.

Der Erwartungswert und die Varianz von X_1 und X_2 berechnen sich nun wie folgt:

$$
E(X_1) = n_1 p_1 = 3 \cdot \frac{1}{6} = \frac{1}{2}, \qquad V(X_1) = n_1 p_1 (1 - p_1) = 3 \cdot \frac{1}{6} \cdot \frac{5}{6} = \frac{5}{12},
$$

$$
E(X_2) = n_2 p_2 = 6 \cdot \frac{1}{2} = 3, \qquad V(X_2) = n_2 p_2 (1 - p_2) = 6 \cdot \frac{1}{2} \cdot \frac{1}{2} = \frac{3}{2}.
$$

Abb. 2.8 Die zwei
Glücksräder beim fairen Spiel
von Blaise

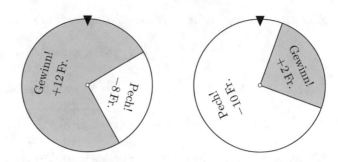

Damit folgt

$$E(Z) = E(X_1 + X_2) = E(X_1) + E(X_2) = \tfrac{1}{2} + 3 = 3.5.$$

Da die beiden Zufallsvariablen unabhängig sind, folgt auch

$$V(Z) = V(X_1 + X_2) = V(X_1) + V(X_2) = \tfrac{5}{12} + \tfrac{3}{2} = \tfrac{23}{12}$$

und mithin $\sigma(Z) = \sqrt{V(Z)} = \sqrt{\tfrac{23}{12}} \approx 1.38.$ $\qquad\qquad \diamond$

Aufgabe 2.11 Karl wirft fünf Würfel und fünf Münzen gleichzeitig. Er möchte wissen, welcher Erwartungswert und welche Standardabweichung die Zufallsvariable Z hat, die angibt, wie viele Male Kopf bei den Münzen, die Eins oder die Zwei bei den Würfeln gefallen ist.

Aufgabe 2.12 Blaise hat ein faires Glücksspiel entworfen. Bei diesem müssen zwei Glücksräder gedreht werden, wie sie in der Abb. 2.8 gezeigt werden. Die Räder bleiben dann zufällig stehen und der Gewinn oder Verlust kann pro Rad abgelesen werden. Bei einem der Räder gewinnt man 12 Franken mit der Wahrscheinlichkeit $\tfrac{3}{4}$ und verliert 8 Franken mit der Wahrscheinlichkeit $\tfrac{1}{4}$, beim anderen Rad gewinnt man 2 Franken mit der Wahrscheinlichkeit $\tfrac{1}{4}$ und verliert 10 Franken mit der Wahrscheinlichkeit $\tfrac{3}{4}$.

Beweise, dass das Glücksspiel fair ist und berechne die Standardabweichung des Gewinns beim einmaligen Mitspielen.

Aufgabe 2.13 Beweise Satz 2.7, nämlich, dass für unabhängige Zufallsvariablen X und Y folgende Formel gilt:

$$\sigma(X + Y) = \sqrt{\sigma(X)^2 + \sigma(Y)^2}.$$

Aufgabe 2.14 Sei c eine beliebige Zahl und X eine Zufallsvariable. Beweise: $V(c \cdot X) = c^2 \cdot V(X)$.

Nun sollen dieselben Überlegungen auf eine Familie von n Zufallsvariablen $X_1, X_2, \ldots, X_n$ verallgemeinert werden. Wir beginnen damit, den Satz 2.6 auszudehnen. Obwohl die Rechnungen vollständig analog sind, werden wir sie wiederholen.

Satz 2.8 *Seien $X_1, \ldots, X_n$ unabhängige Zufallsvariablen. Dann gilt*

$$V(X_1 + \ldots + X_n) = V(X_1) + \ldots + V(X_n).$$

Beweis. Nach Satz 2.1 kann $V(X_1 + \ldots + X_n)$ wie folgt berechnet werden:

$$V(X_1 + \ldots + X_n) = E((X_1 + \ldots + X_n)^2) - E(X_1 + \ldots + X_n)^2.$$

Wiederum berechnen wir beide Summanden separat. Zuerst beachten wir jedoch, dass

$$(X_1 + \ldots + X_n)^2 = \sum_i X_i^2 + \sum_{i<j} 2X_i X_j,$$

wobei hier (und im Rest des Beweises) die Summe i über $i = 1, \ldots, n$ und die Summe über $i < j$ über alle Paare $i, j = 1, \ldots, n$ mit $i < j$ läuft. Daher gilt

$$E((X_1 + \ldots + X_n)^2) = E\left(\sum_i X_i^2 + \sum_{i<j} 2X_i X_j \right)$$

$$= E\left(\sum_i X_i^2 \right) + E\left(\sum_{i<j} 2X_i X_j \right)$$

$$\{\text{Gesetz 2.1}\}$$

$$= \sum_i E(X_i^2) + \sum_{i<j} E(2X_i X_j).$$

$$\{\text{wieder Gesetz 2.1}\}$$

Da für $i < j$ die Zufallsvariablen X_i und X_j unabhängig sind, so gilt $E(2X_i X_j) = 2 E(X_i) E(X_j)$ und daher

$$E((X_1 + \ldots + X_n)^2) = \sum_i E(X_i^2) + \sum_{i<j} 2 E(X_i) E(X_j).$$

Andererseits ist

$$E(X_1 + \ldots + X_n)^2 = (E(X_1) + \ldots + E(X_n))^2$$

$$= \sum_i E(X_i)^2 + \sum_{i<j} 2 E(X_i) E(X_j).$$

Somit erhält man

$$V(X_1 + \ldots + X_n) = \left[\sum_i E(X_i^2) + \sum_{i<j} 2\,E(X_i)\,E(X_j) \right] -$$

$$\left[\sum_i E(X_i)^2 + \sum_{i<j} 2\,E(X_i)\,E(X_j) \right]$$

$$= \sum_i E(X_i^2) - \sum_i E(X_i)^2$$

$$= \sum_i \left(E(X_i^2) - E(X_i)^2 \right)$$

$$= \sum_i V(X_i),$$

womit die Aussage bewiesen ist. □

Eine andere alternative Beweisstrategie besteht darin, den Satz mit der vollständigen Induktion über die Anzahl Zufallsvariablen zu beweisen. Der Induktionsanfang legen wir mit $n = 2$ und wir haben ihn schon bewiesen: $V(X_1 + X_2) = V(X_1) + V(X_2)$.

Für den Induktionsschritt betrachten wir die Behauptung des Satzes für $n - 1$ Zufallsvariablen als Induktionsannahme. Wir nehmen also an, dass

$$V(X_1 + X_2 + \ldots + X_{n-1}) = V(X_1) + V(X_2) + \ldots + V(X_{n-1})$$

gilt. Wir sollen die Behauptung für n Zufallsvariablen beweisen. Offensichtlich ist

$$Y = X_1 + X_2 + \ldots + X_{n-1}$$

eine Zufallsvariable. Somit gilt:

$$V(X_1 + X_2 + \ldots + X_{n-1} + X_n) = V(Y + X_n)$$

{nach Satz 2.6 und weil Y unabhängig ist von X_n}

$$= V(Y) + V(X_n)$$

{weil $Y = X_1 + X_2 + \ldots + X_{n-1}$}

$$= V(X_1 + X_2 + \ldots + X_{n-1}) = V(X_n)$$

{nach der Induktionsannahme}

$$= V(X_1) + V(X_2) + \ldots + V(X_{n-1}) + V(X_n).$$

Der für uns wichtigste Spezialfall ist jener, bei dem die Zufallsvariablen unabhängig und identisch verteilt sind, d. h. die Zufallsvariablen sind einerseits unabhängig und andererseits gilt

$$\text{Prob}(X_i = k) = \text{Prob}(X_j = k)$$

für alle i, j und jedes k. Dies tritt zum Beispiel dann ein, wenn dasselbe Zufallsexperiment mehrfach hintereinander wiederholt wird und der Ausgang bei einem Versuch keinen Einfluss hat auf die Wahrscheinlichkeiten beim nächsten Versuch.

Sei dann $X = X_1 + \ldots + X_n$. Setzen wir noch $\mu = \text{E}(X_1)$ und $v = \text{V}(X_1)$, so gilt dann $\text{E}(X_i) = \mu$ und $v = \text{V}(X_i)$ für jedes i und daher

$$\text{E}(X) = n\mu \qquad \text{und} \qquad \text{V}(X) = nv$$

und daher

$$\sigma(X) = \sqrt{nv} = \sqrt{n} \cdot \sigma,$$

wobei $\sigma = \sigma(X_1) = \ldots = \sigma(X_n)$.

Beispiel 2.7 In Aufgabe 2.5 wurde ein Glücksrad betrachtet, bei dem je nach Ausgang des Drehens eine gewisse Anzahl Dosen gewonnen werden kann. Sei Z_n die Zufallsvariable, die angibt, wie viele Dosen beim n-maligen Drehen gewonnen werden. Dabei soll angenommen werden, dass der Ausgang bei der i-ten Drehung keinen Einfluss hat auf den Ausgang der nachfolgenden (und schon gar nicht der vorhergehenden) Drehungen.

Es gilt dann $Z_n = X_1 + X_2 + \ldots + X_n$, wobei die Zufallsvariable X_i angibt, wie viele Dosen beim i-ten Drehen gewonnen werden. Da angenommen wird, dass die i-te Drehung keinen Einfluss auf die anderen Drehungen hat, sind die Zufallsvariablen unabhängig. Andererseits sind sie identisch verteilt. Daher folgt

$$\text{E}(Z_n) = n\,\text{E}(Z_1) = 1.5n, \qquad \text{da } \text{E}(Z_1) = 1.5$$

und

$$\text{V}(Z_n) = n\,\text{V}(Z_1) \approx 1.028n, \qquad \text{da } \text{V}(Z_1) \approx 1.028$$

und daher

$$\sigma(Z_n) = \sqrt{\text{V}(Z_n)} = 1.014\sqrt{n}.$$

Aufgabe 2.15 Berechne Erwartungswert und Standardabweichung der Zufallsvariablen, die die Summe der Augenzahlen beim gleichzeitigen Werfen von 25 Spielwürfeln angibt.

Aufgabe 2.16 Philippa offeriert folgendes Glücksspiel: Es werden 30 schwarze Spielwürfel und 7 rote Spielwürfel geworfen. Die Augenzahlen der schwarzen Würfel bedeuten Gewinn (in Franken), aber die Augenzahlen der roten Würfel werden quadriert und diese Quadrate sind des Spielers Verlust (ebenfalls in Franken). Berechne den zu erwartenden Gewinn eines Spielers sowie dessen Standardabweichung.

Bemerkung Die Bedingung der Unabhängigkeit an die Zufallsvariablen ist wichtig! Denn es gilt

$$V(2X) = 4\,V(X),$$

gemäß Aufgabe 2.9 und daher gilt

$$V(X + X) \neq V(X) + V(X).$$

Die Zufallsvariable X ist nicht unabhängig von X, denn wenn k eine Zahl ist mit $0 < P(X = k) < 1$ dann gilt

$$P(X = k \text{ und } X \neq k) = 0,$$

da $X = k$ und $X \neq k$ nicht gleichzeitig möglich ist, aber andererseits gilt mit $q = P(X = k)$

$$P(X = k) \cdot P(X \neq k) = q(1 - q) \neq 0.$$

Daher gilt: X ist nur dann unabhängig von X, wenn X konstant ist, also unabhängig vom Ausgang des Zufallsexperiments. Solche Zufallsvariablen sind jedoch nicht von Interesse.

Betrachten wir dazu ein Beispiel: Beim einfachen Würfeln ist die Varianz etwa $V(X) \approx 2.917$, siehe Beispiel 2.4. Die Zufallsvariable $2X$ bedeutet „das Doppelte der geworfenen Augenzahl". Diese Zufallsvariable hat die Varianz $V(2X) = 4\,V(X) \approx 11.667$. Beim Werfen von zwei unterscheidbaren Würfeln sind die Augenzahlen X_1, X_2 zwei voneinander unabhängige Zufallsvariablen. Ihre Summe $X_1 + X_2$ ist wieder eine Zufallsvariable mit der Bedeutung „die Summe der Augenzahlen beim gleichzeitigen Werfen von zwei Würfeln". Ihre Varianz ist $V(X_1 + X_2) = V(X_1) + V(X_2) \approx 5.833$, siehe auch die Aufgabe 2.4.

2.8   Zusammenfassung

Wir verwenden die Zufallsvariable als Instrument um gewisse Eigenschaften von Zufallsexperimenten oder Datensammlungen quantitativ auszudrücken. Die Wahrscheinlichkeitsverteilungen von Zufallsexperimenten können sehr unterschiedlich sein und dies
überträgt sich entsprechend auf die Verteilungen der Werte der Zufallsvariablen. Um diese
relativ große Komplexität der Beschreibung der Verteilungen zu vereinfachen, versucht
man die ganzen Verteilungen einfach durch aussagekräftige Zahlen zu charakterisieren.
Natürlich verliert man dabei einiges an Information (man kann aus diesen Zahlen die
Verteilungen nicht rückwärts rekonstruieren), aber man erhält wichtige Informationen über
die Verteilungen, die für die meisten Wahrscheinlichkeitsrechnungen hinreichend sind.

Im ersten Band haben wir den Erwartungswert $E(X)$ einer Zufallsvariablen X eingeführt als die erste, zentrale Charakteristik einer Verteilung. Diese Charakteristik alleine
reicht nicht aus, weil sie die Streuung der Werte der Zufallsvariablen vollständig vernach-
lässigt. Deswegen haben wir in diesem Kapitel eine zweite Charakteristik der Verteilung
von Zufallsvariablen eingeführt, die die „erwartete" Abweichung der Werte der Zufallsvariablen von ihrem Erwartungswert ausdrückt. Die Varianz $V(X)$ der Zufallsvariablen X
ist die durch Wahrscheinlichkeiten gewichtete Summe der Quadrate der Abweichungen
der Werte von X vom Erwartungswert $E(X)$. Die Standardabweichung $\sigma(X)$ von X ist
die Wurzel der Varianz von X. Alternativ kann man $V(X)$ effizienter als $E(X^2) - E(X)^2$
berechnen.

Bei einem Bernoulli-Prozess mit n Versuchen und einer Erfolgswahrscheinlichkeit p
und der Zufallsvariablen X_n, die die Erfolge zählt, gilt $E(X_n) = np$ und $V(X_n) = np(1 - p)$. Die Standardabweichung ist $\sigma(X_n) = \sqrt{np(1 - p)}$. Somit wächst die
Standardabweichung nur mit der Wurzel des Erwartungswertes $E(X) = np$. Daher wird
die Streuung von X_n mit wachsendem n immer kleiner relativ zu n.

Im ersten Band haben wir die Linearität der Erwartungswerte von zwei Zufallsvariablen
X und Y bewiesen, das heißt $E(X+Y) = E(X)+E(Y)$. Für eine Zahl c gilt weiter $E(c\,\dot{X}) = c\,E(X)$. Für zwei unabhängige Zufallsvariablen X und Y zeigen wir hier für die Varianz,
dass $V(X + Y) = V(X) + V(Y)$ gilt. Allgemeiner gilt: Die Varianz ist für unabhängige
Zufallsvariablen $X_1, \ldots, X_n$ additiv, denn es gilt $V(X_1+\ldots+X_n) = V(X_1)+\ldots+V(X_n)$.
Die Varianz ist jedoch nicht linear im allgemeinen Sinn, denn es gilt $V(\lambda \cdot X) = \lambda^2\,V(X)$.

2.9   Kontrollfragen

1. Wozu dienen Zufallsvariablen als Konzept in der Wahrscheinlichkeitstheorie? Nenne mindes-
    tens drei Beispiele, bei denen man mit Hilfe von Zufallsvariablen interessante, realitätsbezogene
    Problemstellungen untersuchen kann.
2. Welche Information offeriert uns der Erwartungswert einer Zufallsvariable über ein Zufallsex-
    periment und welche nicht?
3. Welche Möglichkeiten hat man, die Streuung der Werte einer Zufallsvariablen rund um den
    Erwartungswert durch eine einzige Zahl auszudrücken?

4. Warum nehmen wir als Standardabweichung einer Zufallsvariable nicht die gewichtete Summe der positiven und negativen Abweichungen vom Erwartungswert? Welche Information könnte dabei verloren gehen? Könnte dabei die vollständige Information über die Streuung der Werte der Zufallsvariable verloren gehen?
5. Wie definieren wir die Varianz und die Standardabweichung einer Zufallsvariablen?
6. Welche Möglichkeiten haben wir, die Varianz zu berechnen?
7. Unter welchen Bedingungen kann man zeigen, dass für zwei Zufallsvariablen X und Y die Gleichung $V(X + Y) = V(X) + V(Y)$ gilt?
8. Wie groß ist die Varianz für Bernoulli-Prozesse mit n Versuchen und einer Erfolgswahrscheinlichkeit p? Wie verhält sich die Streuung bezüglich der Anzahl n der Wiederholungen des Experiments? Ist dies für uns willkommen oder bedeutet es ein zusätzliches Problem?

2.10   Lösungen zu ausgewählten Aufgaben

Aufgabe 2.1 Für die Klasse A ist

$$s_{\text{Quadrat}} = \sqrt{0.3(3.5 - 4)^2 + 0.4(4 - 4)^2 + 0.3(4.5 - 4)^2} = \sqrt{0.15} \approx 0.387$$

und für die Klasse B:

$$s_{\text{Quadrat}} = \sqrt{0.25 \cdot (1 - 4)^2 + 0.1(1.5 - 4)^2 + 0.05(2 - 4)^2 + 0.2(5.5 - 4)^2 + 0.4(6 - 4)^2}$$

$$= \sqrt{5.125} \approx 2.26.$$

Aufgabe 2.2 Für das Notenbild der Klasse A reicht es, drei sehr einfache Aufgaben zu stellen (die fast alle lösen können) und zwei extrem schwierige (die fast niemand lösen kann).

Für das Notenbild der Klasse B reicht es, die Aufgaben so zu stellen, dass zur Lösung immer derselbe, nicht ganz einfache Trick benötigt wird.

Daher resultiert: Ein realer Lehrer sollte sowohl die Schwierigkeit wie auch den Aufgabentyp gut variieren.

Aufgabe 2.4 Die folgende Tabelle zeigt in den ersten zwei Zeilen die möglichen Werte k und deren Wahrscheinlichkeiten $P(X = k)$.

k	2	3	4	5	6	7	8	9	10	11	12
$P(X = k)$	$\frac{1}{36}$	$\frac{2}{36}$	$\frac{3}{36}$	$\frac{4}{36}$	$\frac{5}{36}$	$\frac{6}{36}$	$\frac{5}{36}$	$\frac{4}{36}$	$\frac{3}{36}$	$\frac{2}{36}$	$\frac{1}{36}$
$(k - E(X))^2$	25	16	9	4	1	0	1	4	9	16	25

Daraus berechnet sich der Erwartungswert $E(X) = 7$. In der dritten Zeile der obigen Tabelle sind die Werte $(k - E(X))^2$ eingetragen.

Nun kann die Varianz berechnet werden. Wir beachten dazu, dass sowohl $(k - E(X))^2$ als auch $P(X = k)$ symmetrisch ist bezüglich $k = 7$. Daher können wir immer je zwei Summanden zusammenfassen:

$$V(X) = \sum_{k=2}^{12} P(X = k) \cdot (k - \mathrm{E}(X))^2 = 2 \cdot \left(\tfrac{1}{36}25 + \tfrac{2}{36}16 + \tfrac{3}{36}9 + \tfrac{4}{36}4 + \tfrac{5}{36}1 \right) = \tfrac{35}{6} \approx 5.83.$$

Damit ist $\sigma(X) = \sqrt{\tfrac{35}{6}} \approx 2.42$.

Aufgabe 2.5 Die folgende Tabelle gibt die Anzahl Dosen k, die Wahrscheinlichkeit k Dosen zu gewinnen sowie $(k - E(X))^2$ an. Verwendet wurde dabei, dass der Erwartungswert $E(X) = 1.5$ ist.

k	0	1	2	3	4
$P(X = k)$	$\tfrac{2}{18}$	$\tfrac{9}{18}$	$\tfrac{4}{18}$	$\tfrac{2}{18}$	$\tfrac{1}{18}$
$(k - E(X))^2$	2.25	0.25	0.25	2.25	6.25

Daher gilt $V(X) = E((X - E(X))^2) = \tfrac{2}{18}2.25 + \tfrac{9}{18}0.25 + \tfrac{4}{18}0.25 + \tfrac{2}{18}2.25 + \tfrac{1}{18}6.25 = 1.028$ und daher $\sigma(X) = \sqrt{18.5} = 1.014$.

Aufgabe 2.6 Es handelt sich um einen Bernoulli-Prozess mit $n = 4$ und $p = 0.5$. Die folgende Tabelle gibt die möglichen Werte k von X an, deren Wahrscheinlichkeiten, also $P(X = k)$.

k	0	1	2	3	4
$P(X = k)$	$\tfrac{1}{16}$	$\tfrac{4}{16}$	$\tfrac{6}{16}$	$\tfrac{4}{16}$	$\tfrac{1}{16}$

Der Erwartungswert ist $\mathrm{E}(X) = np = 2$ und $\mathrm{E}(X^2) = \tfrac{1}{16}0 + \tfrac{4}{16}1 + \tfrac{6}{16}4 + \tfrac{4}{16}9 + \tfrac{1}{16}16 = 5$. Somit ist $V(X) = \mathrm{E}(X^2) - \mathrm{E}(X)^2 = 5 - 4 = 1$ und daher $\sigma(X) = 1$.

Aufgabe 2.7 Die folgende Tabelle gibt die möglichen Werte k sowie deren Wahrscheinlichkeit $P(X = k)$ an. Zur Berechnung der Anzahl Würfelchen mit k roten Seiten bedient man sich der Kombinatorik. Der Würfel hat 8 Ecken und damit gibt es 8 Würfelchen mit 3 roten Seiten. Damit ein Würfelchen $k = 2$ rote Seiten hat, muss es an einer Kante des ursprünglichen Würfels gelegen haben. Da es insgesamt 12 Kanten und entlang jeder Kante $4 - 2 = 2$ Würfelchen gibt, so gibt es 24 Würfelchen mit 2 roten Seitenflächen. Die Würfelchen mit einer roten Seite entstammen der Seitenmitte des ursprünglichen Würfels. Da der Würfel 6 Seitenflächen hat und auf jeder im Innern $(4 - 2)^2$ Würfelchen Platz haben, gibt es 24 Würfelchen mit einer roten Seite. Die Würfelchen ohne rote Seite entstammen dem Innern des Würfels. Dort gibt es $(4 - 2)^3 = 8$ solcher Würfelchen.

k	0	1	2	3
$P(X = k)$	$\tfrac{8}{64}$	$\tfrac{24}{64}$	$\tfrac{24}{64}$	$\tfrac{8}{64}$

Nun lassen sich $\mathrm{E}(X)$ und $\mathrm{E}(X^2)$ berechnen:

$$\mathrm{E}(X) = \tfrac{8}{64}0 + \tfrac{24}{64}1 + \tfrac{24}{64}2 + \tfrac{8}{64}3 = 1.5,$$

$$\mathrm{E}(X^2) = \tfrac{8}{64}0 + \tfrac{24}{64}1 + \tfrac{24}{64}4 + \tfrac{8}{64}9 = 3.$$

Nun lässt sich die Varianz berechnen

$$V(X) = E(X^2) - E(X)^2 = 3 - 1.5^2 = 0.75$$

und somit $\sigma(X) = \sqrt{0.75} \approx 0.87$.

Aufgabe 2.8 Es gilt $E(X) = \frac{1+2+3+4+5+6}{6} = \frac{7}{2}$ und $E(X^2) = \frac{1^2+2^2+3^2+4^2+5^2+6^2}{6} = \frac{91}{6}$. Daher ergibt sich für die Varianz $V(X) = E(X^2) - E(X)^2 = \frac{91}{6} - \frac{49}{4} = \frac{35}{12} \approx 2.92$. Daraus berechnet sich die Standardabweichung als $\sigma(X) = \sqrt{\frac{35}{12}} \approx 1.71$.

Aufgabe 2.9 Es gilt $E(Y) = \lambda E(X)$ und daher $E(Y^2) = E(\lambda^2 \cdot X^2) = \lambda^2 E(X^2)$. Somit folgt

$$V(Y) = E(Y^2) - E(Y)^2 = \lambda^2 E(X^2) - (\lambda E(X))^2 = \lambda^2 \left(E(X^2) - E(X)^2 \right) = \lambda^2 V(X).$$

Aufgabe 2.13 Man berechnet dies wie folgt:

$$\sigma(X + Y) = \sqrt{V(X + Y)} = \sqrt{V(X) + V(Y)} = \sqrt{\sigma(X)^2 + \sigma(Y)^2}.$$

Aufgabe 2.16 Wir modellieren das Glücksspiel durch ein zweistufiges Zufallsexperiment. In der ersten Stufe werden nur die schwarzen Würfel geworfen. Sei X_1 die Summe der Augenzahlen dieser Würfel. Es gilt $E(X_1) = 30 \cdot 3.5 = 105$ und $V(X_1) = 30 \cdot \frac{35}{12} = 87.5$, da die Varianz der Augenzahl beim einfachen Würfeln gleich $\frac{35}{12}$ ist, wie in Aufgabe 2.8 berechnet wurde.

In der zweiten Stufe werden die roten Würfel geworfen. Sei X_2 die Zufallsvariable, die die Summe der Quadrate der Augenzahlen dieser Würfel angibt. Außerdem sei Y die Zufallsvariable, die das Quadrat der Augenzahl eines einzigen geworfenen Spielwürfels angibt. Es reicht $E(Y)$ und $V(Y)$ zu berechnen, da $E(X_2) = 7 \cdot E(Y)$ und $V(X_2) = 7 \cdot V(Y)$.

Wir haben $E(Y) = \frac{1^2+2^2+3^2+4^2+5^2+6^2}{6} = \frac{91}{6}$ und

$$E(Y^2) = \frac{(1^2)^2 + (2^2)^2 + (3^2)^2 + (4^2)^2 + (5^2)^2 + (6^2)^2}{6} = \frac{2275}{6}.$$

Somit ist $V(Y) = E(Y^2) - (E(Y))^2 = \frac{2275}{6} - \left(\frac{91}{6} \right)^2 = \frac{5369}{36} \approx 149.14$.

Damit erhalten wir $E(X_2) = 7\,E(Y) \approx 106.17$ und $V(X_2) = 7\,V(Y) \approx 7 \cdot 149.14 = 1043.98$. Der Gewinn des Spielers X ist gleich $X = X_1 - X_2 = X_1 + (-X_2)$. Dessen Erwartungswert ist gleich $E(X) = E(X_1) + E(-X_2) \approx 105 - 106.16 = -1.17$. Der Spieler verliert im Mittel also etwa einen Franken.

Da X_1 und X_2 unabhängig sind, lässt sich die Varianz von X einfach berechnen $V(X) = V(X_1) + V(-X_2) = V(X_1) + V(X_2) \approx 87.5 + 1043.98 = 1131.48$. Hier wurde Aufgabe 2.9 verwendet, nämlich dass $V(-X_2) = (-1)^2 V(X_2) = V(X_2)$. Die Standardabweichung ist daher gleich $\sigma(X) \approx \sqrt{1131.48} \approx 33.64$.

Anwendungen in der Datenverwaltung

3

Hier zeigen wir, dass der Erwartungswert sowie die Varianz wichtige Forschungs- und Entwicklungsinstrumente für die Bewältigung von realen Problemen in der Praxis sind. Die Zielsetzung des Kapitels ist aufzuzeigen, wie uns die Wahrscheinlichkeitstheorie helfen kann, richtige Entscheidungen und Vorgehensweisen zu wählen und Softwareprodukte herzustellen, die qualitativ hochstehende Dienstleistungen an der Grenze des Erreichbaren ermöglichen.

Wir betrachten zuerst die Suche in geordneten Daten und untersuchen dort eine besonders effiziente Methode, die binäre Suche genannt wird. Dann betrachten wir die Suche in ungeordneten Daten, um den Suchaufwand zu vergleichen. In beiden Fällen benutzen wir den Erwartungswert der Anzahl Vergleiche der Namen der Datenelemente, um den mittleren Aufwand der Suche abzuschätzen. Zusätzlich analysieren wir die Standardabweichung, um anzugeben, wie stark im Mittel der Aufwand vom Erwartungswert abweichen wird. Wir beobachten, dass der Aufwand für die Suche in ungeordneten Daten exponentiell höher ist als in durch Sortieren vollständig geordneten Daten. Wenn man aber oft sucht, ist der Aufwand in der Herstellung der Ordnung eine lohnenswerte Investition. Dies ist dann der Fall, wenn wir eine recht stabile Menge von Datenelementen haben. Wir investieren dann einmal in das Sortieren der Daten und können danach immer auf eine sehr effiziente Suche zählen.

Die Situation ändert sich, wenn sich die Menge der zu verwaltenden Daten stänig ändert, wenn einerseits alte Dokumente gelöscht und andererseits ständig neue hinzukommen. Wir sprechen dann von einer dynamischen Datenverwaltung. Will man die Ordnung stetig durch eine vollständige Neuordnung aufrechterhalten, so bringt jede Änderung einen großen Aufwand mit sich. In einer solchen Situation lohnen sich das Sortieren zur Datenverwaltung und die binäre Suche nicht mehr. Den Ausweg bietet das sogenannte Hashing. Hier verwendet man „Hashingfunktionen", die aus den Namen der

M. Barot, J. Hromkovič, *Stochastik 2*, Grundstudium Mathematik,
https://doi.org/10.1007/978-3-030-45553-8_3

Datenelemente effizient die Speicheradresse berechnen, an der das Datenelement abgelegt und dann auch wiedergefunden wird. Wenn man das Element sucht, so erhält man durch Auswerten der Hashingfunktion direkt die Speicheradresse, an der das Datenelement zu finden ist. Dies funktioniert so lange gut, wie nicht zu viele Datenelemente derselben Speicheradresse zugeordnet werden. In diesem Fall wäre die Zuordnung der Namen der Datenelemente auf die Speicheradressen ungünstig. In diesem Kapitel nutzen wir die stochastischen Instrumente, um für gegebene Datenmengen effiziente Hashfunktionen zu finden, die die Datenmengen gleichmäßig auf die Speicheradressen verteilen.

3.1   Datenverwaltung mit vollständig sortierten Daten

Eine der grundlegendsten Aufgaben der Informatik ist die Verwaltung von Daten. Man soll die Daten überlegt so im Speicher ablegen, dass man ein gesuchtes Datenelement schnell finden kann. Wenn man eine stabile Datenmenge hat, in der selten Änderungen vorkommen, kann man die Datenmenge nach einem gewählten Kriterium sortieren und dann sortiert abspeichern.

Wenn wir ein Wort wie zum Beispiel **Komplex** im Wörterbuch nachschlagen wollen, so öffnen wir das Wörterbuch irgendwo in der Mitte. Lesen wir dann das Wort **genial**, so wissen wir, dass wir weiter hinten, also nach dem Wort **genial** suchen müssen, da **G** vor **K** im Alphabet steht. Lesen wir hingegen das Wort **Minigolf**, so wissen wir, dass wir weiter vorne suchen müssen, da **K** vor **M** kommt. Im Wörterbuch sind die Einträge alphabetisch geordnet. Dies macht die Suche einfach: Es reicht aus, die Reihenfolge der Buchstaben zu kennen.

Diese Idee führt zu einer Suchmethode, welche **binäre Suche** genannt wird. Bei der binären Suche vergleicht man das gesuchte Datenelement mit dem Element, das in der Mitte der Liste aller Datenelemente steht. Ist das mittlere Element nicht das gesuchte, so erhält man die Information, ob sich das gesuchte Datenelement in der ersten oder in der zweiten Hälfte befindet. Die binäre Suche ist daher eine sehr effiziente Methode bei der Suche nach Datenelementen, weil sie mit der Inspektion des Inhaltes einer Speicherzelle den Suchraum halbiert.

Beispiel 3.1 Wir starten mit einem kleinen Beispiel, bei dem $n = 8$ ist, siehe die Abb. 3.1.

Die Speicherzellen sind durchnummeriert: $1, \ldots, 8$. Diese Nummern sind die Adressen der Speicherzellen. Verglichen wird das Kriterium, das in unserem Beispiel ein Wort ist. Gesucht wird der Inhalt, der zu diesem Wort passt. Uns wird also ein Datenelement s gegeben, das ist eines der Suchwörter, die im Wörterbuch vorkommen. Dieses vergleichen wir mit dem Element, das in der Mitte der Liste steht.

Da es kein mittleres Element gibt, müssen wir mit dem vierten oder fünften Element vergleichen. Um keine Unklarheiten im Vorgehen zuzulassen, vergleichen wir s, im Falle daß es kein mittleres Element gibt, immer mit dem Element, welches die kleinere Adresse

Adresse	Suchwort	Inhalt
1	Aal	ein Fisch, der wie eine Schlange aussieht
2	Adresse	die Angaben zur eindeutigen Lokalisierung
3	Daten	die Zahlen und Informationen zu einem Thema
4	Datenbank	eine große Sammlung von Daten
5	Gold	wertvolles Metall mit gelblichem Glanz
6	Komplex	eine Verbindung aus mehreren Dingen
7	Speicher	der Teil des Computers mit den Daten
8	Zylinder	geometrischer Körper in Form eines Rohrs

Abb. 3.1 Ein Wörterbuch mit 8 Einträgen. Gesucht wird nach dem Kriterium, die Adressen dienen zur eindeutigen Lokalisierung

Abb. 3.2 Das Baumdiagramm stellt die binäre Suche in einem sehr kleinen Verzeichnis dar. Dabei ist X die Zufallsvariable, die angibt, wie viele Vergleiche angestellt werden müssen, um mit Sicherheit ein gesuchtes Datenelement zu finden

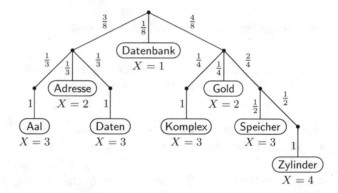

hat, hier also mit dem vierten Element. Haben wir Glück, so gilt $s =$ Datenbank. Andernfalls wissen wir, ob $s <$ Datenbank oder ob $s >$ Datenbank gilt. Im ersten Fall vergleichen wir s mit dem Element in der Mitte der Liste 1, 2, 3, also mit dem Suchwort Adresse. Dies wird so fortgesetzt, bis der Eintrag gefunden wird oder andernfalls wird die Rückmeldung ausgegeben, dass das Element nicht verzeichnet ist.

Wie viele Vergleiche müssen wir im Mittel anstellen? Im Mittel bedeutet hier, dass man den Aufwand der Suche in der Anzahl Vergleiche der Suchwörter (dies entspricht hier der Anzahl der Zugriffe auf die Inhalte konkreter Speicherzellen) misst und diese Anzahl Vergleiche mittelt über alle 8 Elemente in der Datenbank. Bei der Modellierung gehen wir davon aus, dass s mit derselben Wahrscheinlichkeit eines der $n = 8$ verzeichneten Wörter ist:

$$s \in S = \{\text{Aal, Adresse, Daten, Datenbank, Gold, Komplex, Speicher, Zylinder}\}.$$

Unser Wahrscheinlichkeitsraum ist also (S, P), wobei P die Gleichverteilung über S ist. Wir bezeichnen mit $X(s)$ die Anzahl Vergleiche, die wir anstellen müssen, bis wir sicher sind, den Eintrag von s mit dem Algorithmus der binären Suche gefunden zu haben. Somit ist X eine Zufallsvariable. Die Abb. 3.2 zeigt die möglichen Werte von X. Der Abb. 3.2 entnehmen wir, dass tatsächlich jedes Element dieselbe Wahrscheinlichkeit hat. So können wir die Wahrscheinlichkeiten $P(X = k)$ bestimmen. Es gilt zum Beispiel $P(X = 2) = \frac{2}{8}$ und $P(X = 3) = \frac{4}{8}$. Damit lässt sich der zu erwartende Suchaufwand leicht berechnen:

$$E(X) = \sum_{i=1}^{4} i \cdot P(X = i)$$

$$= 1 \cdot \frac{1}{8} + 2 \cdot \frac{2}{8} + 3 \cdot \frac{4}{8} + 4 \cdot \frac{1}{8}$$

$$= \frac{18}{8} = \frac{9}{4} = 2.25.$$

Die mittlere Suchdauer benötigt also 2.25 Vergleiche.   ◊

Aufgabe 3.1 Bestimme den mittleren Aufwand, wenn die Anzahl n der Suchwörter $n = 13$ und $n = 14$ ist. Zeichne dazu die entsprechenden Baumdiagramme wie in Abb. 3.2.

Das Beispiel 3.1 zeigt die allgemeine Regel, dass bei der binären Suche immer höchstens $\log_2(n) + 1$ Anfragen reichen, um ein gesuchtes Datenelement im Speicher mit n Speicherzellen zu finden: Bei $n = 8$ ist $\log_2(8) = 3$ und daher 4 die größte Länge in der binären Suche. Im Mittel benötigt die Suche im Beispiel mit $n = 8$ jedoch deutlich weniger Anfragen.

Das Beispiel 3.1 erklärt die Funktionsweise der binären Suche. Für große Datenmengen benötigen wir jedoch eine bessere Übersicht über die Anzahl Anfragen, die im Mittel nötig sind, um ein gesuchtes Datenelement sicher zu finden. Wir betrachten dazu die Situation, in der es immer ein Element in der Mitte gibt. Die kürzeste Liste mit einem Element in der Mitte hat die Länge $L(1) = 1$. Die nächstlängere Liste mit einem mittleren Element hat die Länge $L(2) = 3$. Bei $n = 5$ erreichen wir jedoch nach dem ersten Schritt Teillisten mit einer geraden Anzahl Elemente. Erst $L(3) = 7$ erfüllt wieder die Eigenschaft, dass nach Entfernung des mittleren Elements zwei Teillisten entstehen, bei denen dieser Prozess weiter wiederholt werden kann. Allgemein müssen bei einer Liste der Länge $L(k)$ nach Entfernung des mittleren Elements zwei Listen der Länge $L(k - 1)$ entstehen. Daher können wir $L(k)$ rekursiv definieren:

$$L(1) = 1,$$

$$L(k) = 2L(k - 1) + 1 \qquad \text{für } k > 1.$$

Es gilt

$$L(1) = 1, \ L(2) = 3, \ L(3) = 7, \ L(4) = 15, \ L(5) = 31, \ L(6) = 63, \ldots$$

Wer aufmerksam beobachtet, sollte feststellen, dass immer gerade 1 fehlt zur nächsten Zweierpotenz. Wir vermuten daher, dass $L(k) = 2^k - 1$ gilt.

Aufgabe 3.2 Weise mittels der vollständigen Induktion nach, dass die rekursive definierte Folge $L(k)$ tatsächlich $L(k) = 2^k - 1$ erfüllt.

Wir fragen uns nun, wie viele Vergleiche im Mittel nötig sind, um ein gesuchtes Datenelement in einer vorgegebenen Liste der Länge $n = L(k) = 2^k - 1$ sicher zu finden. Wir bezeichnen dazu mit X_k die Zufallsvariable, die angibt, wie viele Versuche wir benötigen, ein zufällig gewähltes Datenelement in einer Liste der Länge $n = L(k)$ zu finden.

Beispiel 3.2 Betrachten wir den Fall $n = L(3) = 7$. Mit der Wahrscheinlichkeit $\frac{1}{7}$ haben wir gleich mit dem ersten Vergleich Glück und finden das gesuchte Element. Mit der Wahrscheinlichkeit $\frac{2}{7}$ sind $i = 2$ Vergleiche erforderlich und in den restlichen 4 Fällen, also mit der Wahrscheinlichkeit $\frac{4}{7}$, benötigen wir $i = 3$ Vergleiche.

Somit haben wir

$$\mathrm{E}(X_3) = 1 \cdot \frac{1}{7} + 2 \cdot \frac{2}{7} + 3 \cdot \frac{4}{7} = \frac{1}{7}(1 + 4 + 12) = \frac{17}{7}.$$

$\Diamond$

Aufgabe 3.3 Berechne die zu erwartende Anzahl Versuche $\mathrm{E}(X_4)$, bei einer Liste der Länge $L(4) = 15$ ein zufällig gewähltes Element sicher zu finden.

Nach Betrachtung der Fälle $k = 3, 4$ und daher $n = 7, 15$ gehen wir nun daran, die Frage allgemein zu klären. Die Abb. 3.3 hilft uns, uns vorzustellen, wie viele der $2^k - 1$ Elemente wie viele Vergleiche notwendig machen, um gefunden zu werden.

Insgesamt gibt es also $L(k) = 2^k - 1$ Elemente in der Liste. Bei $2^0 = 1$ Elementen benötigen wir nur einen Vergleich. Bei $2^1 = 2$ Elementen brauchen wir 2 Versuche. Allgemein gilt: Bei 2^{i-1} Elementen bedarf es i Versuche. Schließlich gibt es 2^{k-1} Elemente, bei denen wir k Versuche benötigen.

Insgesamt erhalten wir daher

$$\mathrm{E}(X_k) = \frac{1}{2^k - 1}(1 \cdot 2^0 + 2 \cdot 2^1 + 3 \cdot 2^2 + \ldots i \cdot 2^{i-1} + \ldots + k \cdot 2^{k-1}).$$

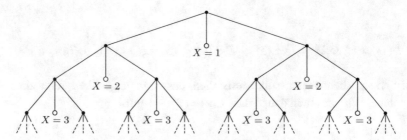

Abb. 3.3 Das Baumdiagramm stellt die ersten Schritte einer binären Suche in einem Verzeichnis mit $n = 2^k - 1$ Suchwörtern dar. Dabei ist X die Zufallsvariable, die angibt, wie viele Vergleiche angestellt werden müssen, um mit Sicherheit ein gesuchtes Datenelement zu finden

Um den Erwartungswert in einer geschlossenen Formel anzugeben, müssen wir den Ausdruck in der Klammer besser untersuchen. Dazu bezeichnen wir diesen Ausdruck mit $W_1(k)$. Es gilt also

$$W_1(k) = 1 \cdot 2^0 + 2 \cdot 2^1 + 3 \cdot 2^2 + \ldots i \cdot 2^{i-1} + \ldots + k \cdot 2^{k-1}.$$

Wie wir später sehen werden, gilt folgende explizite Formel:

$$W_1(k) = (k-1) \cdot 2^k + 1. \tag{3.1}$$

Damit können wir nun den Erwartungswert $E(X_k)$ berechnen:

$$E(X_k) = \frac{1}{2^k - 1} W_1(k)$$

$$= \frac{1}{2^k - 1} \left((k-1)2^k + 1 \right)$$

$$= \frac{1}{2^k - 1} \left(k2^k - 2^k + 1 \right)$$

$$= \frac{1}{2^k - 1} \left(k2^k - (2^k - 1) \right)$$

$$= \frac{k2^k}{2^k - 1} - \frac{2^k - 1}{2^k - 1}$$

$$= \frac{k}{1 - \frac{1}{2^k}} - 1.$$

Für große k gilt daher $E(X_k) \approx k - 1$, da $\frac{1}{2^k} \approx 0$.

Wir gehen nun daran die Varianz der Zufallsvariablen X_k zu bestimmen. Wir benutzen dazu die Formel

$$V(X_k) = E\left((X_k)^2\right) - \left(E(X_k)\right)^2.$$

Da $n = L(k) = 2^k - 1$, gibt es für $i = 1, \ldots, k$ immer genau 2^{i-1} Elemente, die nach i Vergleichen gefunden werden. Somit gilt

$$P(X_k = i) = \frac{2^{i-1}}{2^k - 1}.$$

Nun ist

$$E\left((X_k)^2\right) = \sum_{i=1}^{k} i^2 \cdot P(X_k = i) = \sum_{i=1}^{k} i^2 \cdot \frac{2^{i-1}}{2^k - 1} = \frac{1}{2^k - 1} \sum_{i=1}^{k} i^2 \cdot 2^{i-1}.$$

Die Summe bezeichnen wir als $W_2(k)$:

$$W_2(k) = \sum_{i=1}^{k} i^2 \cdot 2^{i-1}.$$

Auch für diese Folge gibt es ein explizites Bildungsgesetz, wie wir später noch sehen werden:

$$W_2(k) = (k^2 - 2k + 3)2^k - 3. \tag{3.2}$$

Nun können wir die Varianz der Zufallsvariablen X_k berechnen:

$$V(X_k) = E\left((X_k)^2\right) - \left(E(X_k)\right)^2$$
$$= \frac{(k^2 - 2k + 3)2^k - 3}{2^k - 1} - \left(\frac{k2^k}{2^k - 1} - 1\right)^2.$$

Wir ersetzen der Übersichtlichkeit halber $n = 2^k - 1$ und daher $2^k = n + 1$. Terme, die sich gegenseitig aufheben, wurden grau eingefärbt.

$$V(X_k) = \frac{(k^2 - 2k + 3)(n+1) - 3}{n} - \left(\frac{k(n+1) - n}{n}\right)^2$$
$$= \frac{(k^2 - 2k + 3)(n+1)n - 3n}{n^2} - \frac{k^2(n+1)^2 - 2k(n+1)n + n^2}{n^2}$$
$$= \frac{1}{n^2}\left((k^2 + 3)(n+1)n - 2k(n+1)n - 3n - k^2(n+1)^2 + 2k(n+1)n - n^2\right)$$
$$= \frac{1}{n^2}\left((k^2 + 3)(n+1)n - 3n - k^2(n+1)^2 - n^2\right)$$

$$= \frac{1}{n^2}\left(k^2(n+1)n + 3(n+1)n - 3n - k^2(n+1)n - k^2(n+1) - n^2\right)$$

$$= \frac{1}{n^2}\left(3n^2 + 3n - 3n - k^2(n+1) - n^2\right)$$

$$= \frac{1}{n^2}\left(2n^2 - k^2(n+1)\right) = \frac{2n^2 - k^2(n+1)}{n^2}.$$

Schließlich können wir $n = 2^k - 1$ und $n + 1 = 2^k$ wieder ersetzen und erhalten so:

$$V(X_k) = \frac{2(2^k - 1)^2 - k^2 2^k}{(2^k - 1)^2} = 2 - \frac{k^2 2^k}{(2^k - 1)^2} < 2.$$

Die Varianz ist also immer kleiner als 2 und nähert sich 2 bei wachsendem n an. Daher gilt für die Standardabweichung

$$\sigma(X_k) = \sqrt{2 - \frac{k^2 2^k}{(2^k - 1)^2}} < \sqrt{2}.$$

Die zu erwartende Abweichung vom Mittelwert ist also durchschnittlich gering. Dies besagt, dass der Erwartungswert $E(X_k)$ eine sehr zuverlässige Vorhersage über den zu erwartenden Aufwand bei der Suche nach einem Element mit dem Algorithmus der binären Suche ist.

3.2   Exkurs: Gewichtete Summen von Zweierpotenzen

Das Ziel dieses Abschnitts ist es die expliziten Formeln (3.1) und (3.2) herzuleiten. Diese geben eine Summe von Zweierpotenzen an, welche mit den natürlichen Zahlen beziehungsweise mit deren Quadraten gewichtet sind.

3.2.1   Die Summe von Zweierpotenzen

Wir beginnen mit der Summe von Zweierpotenzen:

$$W_0(k) = 2^0 + 2^1 + 2^2 + \ldots + 2^k.$$

Es gilt

$$W_0(k) = 2^{k+1} - 1. \tag{3.3}$$

Dies ist sehr einfach einzusehen, wenn wir beachten, dass eine Zweierpotenz das Doppelte der vorangehenden Zweierpotenz ist. Es gilt zum Beispiel

$$2^5 = 2^4 + 2^4$$
$$= 2^4 + 2^3 + 2^3$$
$$= 2^4 + 2^3 + 2^2 + 2^2$$
$$= 2^4 + 2^3 + 2^2 + 2^1 + 2^1$$
$$= 2^4 + 2^3 + 2^2 + 2^1 + 2^0 + 2^0$$
$$= W_0(4) + 1.$$

3.2.2   Bestimmung der Summe $W_1(k)$ für alle k

Nun gehen wir daran, die Folge

$$W_1(k) = 1 \cdot 2^0 + 2 \cdot 2^1 + 3 \cdot 2^2 + \ldots + k \cdot 2^{k-1}$$

zu untersuchen. Wir können $W_1(k)$ induktiv definieren:

$$W_1(1) = 1 \cdot 2^0 = 1 \cdot 1 = 1$$
$$W_1(k) = W_1(k-1) + k \cdot 2^{k-1} \quad \text{für } k > 1.$$

Aufgabe 3.4 Berechne $W_1(k)$ für $k = 5$ und $k = 6$.

Es ist einfach nachzuweisen, dass ein expliziter Ausdruck für $W_1(k)$ korrekt ist, schwierig ist es, diesen expliziten Ausdruck zu finden. In der folgenden Aufgabe soll erst der Nachweis erbracht werden, dass (3.1) korrekt ist.

Aufgabe 3.5 Zeige mit Hilfe der vollständigen Induktion, dass (3.1):

$$W_1(k) = (k-1)2^k + 1$$

gilt.

Wir wollen uns nun der schwierigeren Frage stellen, wie man eine Formel wie (3.1) überhaupt finden kann.

Wir schreiben dazu $W_1(k)$ als Summe von Zweierpotenzen in Dreiecksgestalt, siehe die Abb. 3.4.

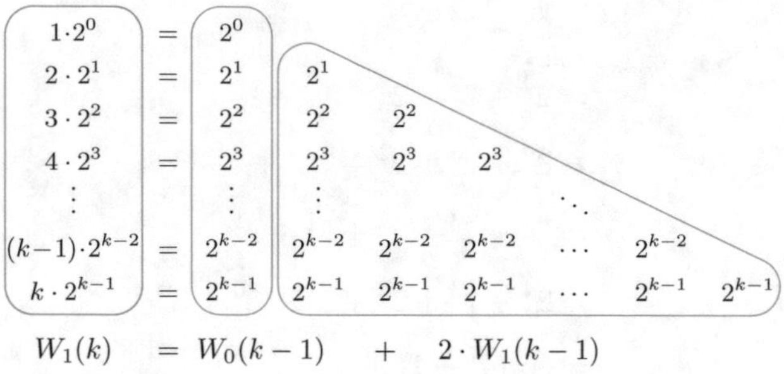

$$
\begin{aligned}
\left. \begin{array}{r}
1 \cdot 2^0 \\
2 \cdot 2^1 \\
3 \cdot 2^2 \\
4 \cdot 2^3 \\
\vdots \\
(k-1) \cdot 2^{k-2} \\
k \cdot 2^{k-1}
\end{array} \right)
&=
\left. \begin{array}{l}
2^0 \\
2^1 \\
2^2 \\
2^3 \\
\vdots \\
2^{k-2} \\
2^{k-1}
\end{array} \right|
\left. \begin{array}{lllll}
& & & & \\
2^1 & & & & \\
2^2 & 2^2 & & & \\
2^3 & 2^3 & 2^3 & & \\
& & & \ddots & \\
2^{k-2} & 2^{k-2} & 2^{k-2} & \cdots & 2^{k-2} \\
2^{k-1} & 2^{k-1} & 2^{k-1} & \cdots & 2^{k-1} \quad 2^{k-1}
\end{array} \right) \\
W_1(k) &= \quad W_0(k-1) \quad + \quad 2 \cdot W_1(k-1)
\end{aligned}
$$

Abb. 3.4 Darstellung der Summe $W_1(k)$: In der linken Spalte stehen die Summanden untereinander. Es gilt zeilenweise Gleichheit. Die erste Spalte rechts ist gleich $W_0(k-1)$. Bei dem Rest rechts davon ist jeder Summand ein Vielfaches von 2. Klammert man diesen Faktor vor, so erhält man $2 \cdot W_1(k-1)$

Dies zeigt die Gültigkeit eines anderen Rekursionsgesetzes:

$$
W_1(k) = W_0(k-1) + 2 \cdot W_1(k-1) = 2^k - 1 + 2 \cdot W_1(k-1).
$$

Somit erhalten wir zum Beispiel:

$$
\begin{aligned}
W_1(5) &= (2^5 - 1) + 2 \cdot W_1(4) \\
&= (2^5 - 1) + 2\left(2^4 - 1 + 2 \cdot W_1(3)\right) = (2^5 - 1) + (2^5 - 2) + 2^2 \cdot W_1(3) \\
&= (2^5 - 1) + (2^5 - 2) + 2^2 \cdot \left(2^3 - 1 + 2 \cdot W_1(2)\right) \\
&= (2^5 - 1) + (2^5 - 2) + (2^5 - 2^2) + 2^3 \cdot W_1(2) \\
&= (2^5 - 1) + (2^5 - 2) + (2^5 - 2^2) + 2^3 \cdot \left(2^2 - 2 \cdot W_1(1)\right) \\
&= (2^5 - 1) + (2^5 - 2) + (2^5 - 2^2) + (2^5 - 2^3) + 2^4 \cdot W_1(1) \\
&\quad \{\text{weil } W_1(1) = 1 = 2 - 1\} \\
&= (2^5 - 1) + (2^5 - 2) + (2^5 - 2^2) + (2^5 - 2^3) + (2^5 - 2^4) \\
&= 5 \cdot 2^5 - (1 + 2 + 2^2 + 2^3 + 2^4) \\
&= 5 \cdot 2^5 - W_0(k-1).
\end{aligned}
$$

Allgemein finden wir so

$$
W_1(k) = k \cdot 2^k - W_0(k-1) = k \cdot 2^k - (2^k - 1) = (k-1)2^k + 1.
$$

Dies erklärt, wie man die Formel (3.1) finden kann.

3.2.3 Bestimmung der Summe $W_2(k)$ für alle k

Nun wenden wir uns der Folge $W_2(k)$ zu. Hier ist es viel schwieriger aufzuzeigen, wie man die explizite Formel

$$W_2(k) = (n^2 - 2n + 3) \cdot 2^k - 3 \tag{3.4}$$

finden kann.

Wir könnten es durch Raten probieren. Auf Grund des Erfolgs mit $W_1(k) = (k-1) \cdot 2^k + 1$ könnten wir $W_2(k)$ vergleichen mit $V(k) = (k-1)^2 \cdot 2^k$. Die Tab. 3.1 zeigt die Werte von $W_2(k)$ und $V(k)$ für $k = 1, \ldots, 10$. Die Tab. 3.1 zeigt, dass die Folgen $W_2(k)$ und $V(k) = (k-1)^2 \cdot 2^k$ nicht übereinstimmen. Jedoch sollte auffallen, dass $V(k)$ eine gute Näherung von $W_2(k)$ angibt: Die Größenordnungen stimmen für alle k gut überein. Daher haben wir in der Tab. 3.1 auch die Differenz $W_2(k) - V(k)$ angegeben.

Tab. 3.1 Die Folge $W_2(k) = \sum_{i=1}^{k} i^2 \cdot 2^{i-1}$ und $V(k) = (k-1)^2 \cdot 2^k$ im Vergleich. In der dritten Spalte ist die Differenz $W_2(k) - V(k)$ angegeben

k	$W_2(k)$	$V(k)$	$W_2(k) - V(k)$
1	1	0	1
2	9	4	5
3	45	32	13
4	173	144	29
5	573	512	61
6	1725	1600	125
7	4861	4608	253
8	13053	12544	509
9	33789	32768	1021
10	84989	82944	2045

Tab. 3.2 Nebst den Folgen $W_2(k)$ und $V(k)$ werden in der Tabelle auch die Differenz $W_2(k) - V(k)$, sowie $W_2(k) - V(k) + 3$ und 2^{k+1} angegeben

k	$W_2(k)$	$V(k)$	$W_2(k) - V(k)$	$W_2(k) - V(k) + 3$	2^{k+1}
1	1	0	1	4	4
2	9	4	5	8	8
3	45	32	13	16	16
4	173	144	29	32	32
5	573	512	61	64	64
6	1725	1600	125	128	128
7	4861	4608	253	256	256
8	13053	12544	509	512	512
9	33789	32768	1021	1024	1024
10	84989	82944	2045	2048	2048

Eine genaue Betrachtung der letzten Spalte in der Tab. 3.1 zeigt, dass sich diese ungefähr immer verdoppelt. So gilt zum Beispiel

$$2 \cdot 509 = 1018 = 1021 - 3,$$

$$2 \cdot 1021 = 2042 = 2045 - 3.$$

Zählen wir zu diesen Gleichungen je $2 \cdot 3$ hinzu, so erhalten wir:

$$2 \cdot (509 + 3) = 1024 = 1021 + 3 \qquad 2 \cdot 512 - 1024$$

$$2 \cdot (1021 + 3) = 2048 = 2045 + 3 \qquad 2 \cdot 1024 = 2048.$$

Jetzt sollte ins Auge stechen, dass es sich um Zweierpotenzen handelt, da $2^9 = 512$, $2^{10} = 1024$ und $2^{11} = 2048$. In der Tab. 3.2 sind daher die Werte von $W_2(k) - V(k) + 3$ und 2^{k+1} für $k = 1, \ldots, 10$ angegeben. Wir sehen so, dass die ersten Folgeglieder folgende Gesetzmäßigkeit erfüllen:

$$W_2(k) - V(k) + 3 = 2^{k+1}$$

$$W_2(k) = V(k) + 2^{k+1} - 3$$

$$W_2(k) = (k - 1)^2 \cdot 2^k + 2 \cdot 2^k - 3$$

$$W_2(k) = (k^2 - 2k + 1) \cdot 2^k + 2 \cdot 2^k - 3$$

$$W_2(k) = (k^2 - 2k + 3) \cdot 2^k - 3. \tag{3.5}$$

So konnten wir das Bildungsgesetz (3.2) auffinden. Doch ist dies schon ein Beweis? Die Antwort ist ganz klar: Nein, denn es ist ja möglich, dass für $k = 11$ die zwei Seiten von (3.2) nicht mehr übereinstimmen. Wir könnten die ersten Millionen Glieder beider Folgen bestimmen und vergleichen. Doch auch dann, wenn beide Seiten für $k = 1, 2, \ldots, 10^6$ übereinstimmen, so können wir nicht sicher sein, dass sich dies nicht ändert für $k = 10^6 + 1$. Jedoch wäre unsere Zuversicht, dass (3.2) für alle k stimmt, enorm gewachsen. Es gibt in der Mathematik viele offene Fragen, das sind Fragen die, noch nicht abschließend beantwortet werden konnten. In vielen Fällen hat man die Eigenschaft in Millionen von Fällen überprüft und kennt kein einziges Gegenbeispiel. Weil man aber keinen Beweis finden konnte, spricht man nur von einer Vermutung und nicht von einer gesicherten Tatsache.

Machen wir uns also auf, einen Nachweis für die Formel (3.2) anzugeben. Zuerst definieren wir die Folge $W_2(k)$ rekursiv:

$$W_2(1) = 1^2 \cdot 2^0 = 1^2 \cdot 1 = 1$$

$$W_2(k) = W_2(k - 1) + k^2 \cdot 2^{k-1} \quad \text{für } k > 1.$$

Wir zeigen nun mit vollständiger Induktion, dass $W_2(k) = (k^2 - 2k + 3)2^k - 3$ für alle k gilt. Die Induktionsvoraussetzung ist leicht geprüft, denn für $k = 1$ gilt:

$$(k^2 - 2k + 3)2^k - 3 = (1^2 - 2 \cdot 1 + 3)2^1 - 3 = 2 \cdot 2 - 3 = 1 = W_2(1).$$

Die Induktionsvoraussetzung lautet $W_2(k) = (k^2 - 2k + 3)2^k - 3$ und wir haben zu zeigen, dass

$$W_2(k + 1) = \big((k + 1)^2 - 2(k + 1) + 3\big)2^{k+1} - 3 \qquad (3.6)$$

gilt. Die linke Seite von (3.6) berechnen wir wie folgt:

$$W_2(k + 1) = W(k) + (k + 1)^2 \cdot 2^k$$

$$\{\text{nach der rekursiven Definition von } W(k)\}$$

$$= (k^2 - 2k + 3)2^k - 3 + (k + 1)^2 \cdot 2^k$$

$$\{\text{nach der Induktionsvoraussetzung}\}$$

$$= k^2 2^k - 2k \cdot 2^k + 3 \cdot 2^k - 3 + k^2 2^k + 2k \cdot 2^k + 2^k$$

$$= 2k^2 2^k + 4 \cdot 2^k - 3$$

$$= k^2 2^{k+1} + 2 \cdot 2^{k+1} - 3$$

$$= (k^2 + 2)2^{k+1} - 3.$$

Die rechte Seite von (3.6) vereinfacht sich durch Ausmultiplizieren der Klammer:

$$\big((k + 1)^2 - 2(k + 1) + 3\big)2^{k+1} - 3 = (k^2 + 2k + 1 - 2k - 2 + 3)2^{k+1} - 3$$

$$= (k^2 + 2)2^{k+1} - 3.$$

Dies beweist den Induktionsschritt. Damit ist gezeigt, dass (3.2) tatsächlich für alle k gilt.

Der Beweis war gar nicht so schwierig, da wir mit der vollständigen Induktion vorgehen konnten. Schwieriger war das Auffinden des Gesetzes. Es gibt auch die Möglichkeit, den Beginn einer Folge, von der man noch kein Bildungsgesetz kennt, mit einer Datenbank abzugleichen. Die Internetseite *The On-Line Encyclopedia of Integer Sequences* ® (https://oeis.org/) erlaubt eine solche Bestimmung in Sekundenschnelle. Für den Folgenanfang

$$1, 9, 45, 173$$

findet man noch zwei Folgen in der Datenbank. Gibt man aber noch ein weiteres Element, also 573, an, so bleibt nur noch eine Folge, die den Namen A036826 hat. Man findet so ein rekursives Bildungsgesetz und das explizite (3.2).

3.2.4   Eine alternative Berechnungsmöglichkeit

Es gibt eine zweite Möglichkeit, die Summen $W_1(k)$ und $W_2(k)$ zu berechnen, die vor allem dann nahe liegt, wenn man die geometrische Reihe

$$1 + x + x^2 + x^3 + \ldots$$

bereits kennt und mit der Differentiation vertraut ist. Die Partialsumme $S_k(x)$ der geometrischen Reihe ist

$$S_k(x) = 1 + x + x^2 + \ldots + x^i + \ldots + x^k. \tag{3.7}$$

Betrachten wir diesen Ausdruck als Funktion in x, dann ergibt deren Ableitung

$$S_k'(x) = 1 \cdot x^0 + 2 \cdot x^1 + 3 \cdot x^2 + \ldots + i \cdot x^{i-1} + \ldots + k \cdot x^{k-1}$$

und wir bemerken, dass wir $W_1(k)$ erhalten, wenn wir $x = 2$ einsetzen:

$$W_1(k) = S_k'(2) = 1 \cdot 2^0 + 2 \cdot 2^1 + 3 \cdot 2^2 + \ldots + i \cdot 2^{i-1} + \ldots + k \cdot 2^{k-1}. \tag{3.8}$$

Die Partialsumme (3.7) hat folgende explizite Darstellung

$$S_k(x) = 1 + x + x^2 + \ldots + x^i + \ldots + x^k = \frac{x^{k+1} - 1}{x - 1}. \tag{3.9}$$

Denn durch Ausmultiplizieren sieht man sofort, dass

$$(x - 1) \cdot (1 + x + x^2 + \ldots + x^i + \ldots + x^k) = x^{k+1} - 1.$$

Nun sollte das Vorgehen klar sein: wir berechnen die Ableitung der rechten Seite von (3.9) und setzen dann $x = 2$ ein. Gemäß (3.8) haben wir dann $W_1(k)$ bestimmt. Bestimmen wir die Ableitung und setzen dann $x = 2$:

$$S_k'(x) = \frac{\left(x^{k+1} - 1\right)' \cdot (x - 1) \; - \; (x^{k+1} - 1) \cdot (x - 1)'}{(x - 1)^2}$$

$$\{\text{nach der Quotientenregel}\}$$

$$= \frac{\left((k + 1)x^k\right) \cdot (x - 1) \; - \; (x^{k+1} - 1) \cdot 1}{(x - 1)^2}$$

$$= \frac{\left((k + 1)x^k\right) \cdot (x - 1) \; - \; x^{k+1} + 1}{(x - 1)^2}.$$

Nun setzen wir $x = 2$:

$$S'_k(2) = \frac{((k+1)2^k) \cdot (2-1) - 2^{k+1} + 1}{(2-1)^2}$$

$$= (k+1)2^k - 2 \cdot 2^k + 1$$

$$= (k-1)2^k + 1.$$

Somit haben wir die Formel (3.1) hergeleitet. Die folgende Aufgabe ist technisch anspruchsvoll. Sie zeigt jedoch, dass mit der Partialsumme der geometrischen Reihe auch die explizite Formel (3.2) von $W_2(k)$ hergeleitet werden kann.

Aufgabe 3.6
(a) Bestimme die zweite Ableitung $S''_k(x)$ von $S_k(x) = 1 + x + x^2 + \ldots + x^k$.
(b) Zeige, dass folgende Gleichung erfüllt ist:

$$2 \cdot S''_k(2) = W_2(k) - W_1(k). \tag{3.10}$$

(c) Bestimme die zweite Ableitung von $S_k(x) = \frac{x^{k+1}-1}{x-1}$. Dabei sollen alle Faktoren $(x-1)$ ohne auszumultiplizieren stehen gelassen werden, da diese beim Einsetzen von $x = 2$ zu Eins werden. Zeige, dass

$$S''_k(x) = \frac{\left(n(n+1)x^n - n(n+1)x^{n-1}\right) \cdot (x-1)^2 - \left(nx^{n+1} - (n+1)x^n + 1\right) \cdot 2(x-1)}{(x-1)^4}$$

gilt.
(d) Setze nun $x = 2$ in die zweite Ableitung aus der vorangehenden Teilaufgabe ein und zeige, dass

$$2 \cdot S''_k(2) = (n^2 - 3n + 4)2^n - 4$$

gilt.
(e) Benutze (3.10) und folgere damit das explizite Gesetz (3.2), nach dem $W_2(k) = (n^2 - 2n + 3)2^n - 3$ gilt.

3.3 Suche in ungeordnet abgespeicherten Daten

Die binäre Suche setzt voraus, dass die Daten vorgängig geordnet wurden. Gibt es jedoch ständig viele Veränderungen in diesen Daten, kommen immer wieder neue hinzu und andere werden eliminiert, so kann der Aufwand zur Erhaltung der Daten in vollständig sortierter Reihenfolge zu groß sein. Wir betrachten nun die Situation, bei der wir in ungeordneten Daten nach einem gegebenen Datenelement suchen.

Im Prinzip kann man sich den Computerspeicher als eine lange Folge von Speicherzellen (Speichereinheiten) vorstellen. Diese Speicherzellen sind nummeriert und ihre Nummern nennen wir auch Adressen der Speicherzellen. Die Situation ist ähnlich wie bei den Häusernummern einer Straße, bei der alle Häuser auf einer Seite stehen. Niemand, auch der Computer nicht, kann gleichzeitig den ganzen Inhalt aller Speicherzellen überblicken. Man kann aber den Inhalt einer Speicherzelle mit einer ausgewählten Adresse anschauen. Dies ist eine der Basisoperationen in der Datenverwaltung und die Frage ist, wie viele solcher Operationen mindestens durchgeführt werden müssen, um das gesuchte Datenelement zu finden.

Beispiel 3.3 Weil es keine Ordnung in der Abspeicherung der Daten gibt, haben wir keine Ahnung, in welcher der n Speicherzellen sich das gesuchte Datenelement befindet. Die Suche kann man als ein mehrstufiges Zufallsexperiment modellieren. Beim ersten Versuch liegt die Wahrscheinlichkeit bei $\frac{1}{n}$, das gesuchte Datenelement in der ersten Speicherzelle zu finden. Mit der Wahrscheinlichkeit $\frac{n-1}{n}$ hat man das Datenelement nicht gefunden und dann besteht die Wahrscheinlichkeit $\frac{1}{n-1}$, das gesuchte Datenelement im zweiten Versuch zu finden. Somit ist die Wahrscheinlichkeit, das gesuchte Datenelement genau im zweiten Versuch zu finden, gleich

$$\frac{n-1}{n} \cdot \frac{1}{n-1} = \frac{1}{n}.$$

Aufgabe 3.7 Wie hoch ist die Wahrscheinlichkeit, das gesuchte Datenelement genau im dritten Versuch zu finden? Kannst du dies verallgemeinern: Mit welcher Wahrscheinlichkeit findet man das gesuchte Datenelement genau im k-ten Versuch?

Es ist klar, dass, wenn wir Glück haben, wir das gesuchte Datenelement beim ersten Versuch finden. Wenn wir Pech haben, müssen wir uns die Inhalte aller Speicherzellen anschauen. Welche Anzahl Versuche würden wir im Durchschnitt erwarten? In den meisten Fällen wird es keiner der zwei Extremfälle sein, sondern eher irgendwann dazwischen passieren, dass wir das gesuchte Datenelement finden. Wir schätzen daher, dass wir ungefähr die Hälfte aller Speicherzellen anschauen müssen. Wie können wir dies genau bestimmen? Wir berechnen dazu den Erwartungswert der Anzahl zu inspizierender Speicherzellen in unserem Experiment.

Um effizient rechnen zu können, modellieren wir unser Zufallsexperiment wie folgt. Wir schauen uns alle Speicherzellen, eine nach der anderen, in einer zufälligen Reihenfolge an. Das bedeutet, dass wir die Inspektion der Speicherzellen fortsetzen, auch wenn wir das gesuchte Datenelement schon gefunden haben.

Somit besteht die Ergebnismenge S unseres Wahrscheinlichkeitsraums (S, Prob) aus $n!$ unterschiedlichen Permutationen, welche der Reihenfolge der Inspektion der Speicherzellen entsprechen. Alle Permutationen sind gleich wahrscheinlich: Sie haben alle jeweils die Wahrscheinlichkeit $\frac{1}{n!}$. Wir definieren die Zufallsvariable X durch

$$X(p) = \text{die Position des gesuchten Elements in der Permutation } p.$$

So gilt zum Beispiel $X(p) = 5$, wenn das gesuchte Datenelement in der Speicherzelle 2 ist und die Permutation die Reihenfolge 6, 1, 3, 4, 2, 5 angibt.

Aufgabe 3.8 Wir nehmen an, dass das gesuchte Element j in der Speicherzelle mit der Nummer i abgespeichert wurde.

Begründe folgende Aussage: Für jedes i (mit $1 \leq i \leq n$) gibt es genau $(n - 1)!$ viele Permutationen, bei denen an der Stelle i die Zahl j steht.

Mit Hilfe der Aufgabe 3.8 können wir die Wahrscheinlichkeit $\text{Prob}(X = i)$, dass das gesuchte Element an der Stelle i steht, einfach berechnen:

$$\text{Prob}(X = i) = \frac{(n-1)!}{n!} = \frac{1}{n},$$

denn es gibt insgesamt $n!$ Permutationen und mit $(n - 1)!$ davon finden wir das gesuchte Datenelement an der i-ten Stelle.

Somit können wir den gesuchten Erwartungswert berechnen:

$$\begin{aligned}
\text{E}(X) &= \sum_{p \in S} \frac{1}{n!} X(p) \\
&= \sum_{i=1}^{n} i \cdot \text{Prob}(X = i) \\
&= \sum_{i=1}^{n} i \cdot \frac{1}{n} \\
&= \frac{1}{n} \sum_{i=1}^{n} i \\
&= \frac{1}{n} \left(\frac{n(n+1)}{2} \right) \\
&= \frac{n+1}{2}.
\end{aligned}$$

Aufgabe 3.9 Berechne den Erwartungswert $\text{E}(X)$, ohne alle Permutationen der möglichen Inspektionen der Speicherzellen als Ergebnismenge des Wahrscheinlichkeitsexperiments zu nehmen. Sobald das gesuchte Datenelement gefunden wird, soll die Suche abgebrochen werden. Der Baum für die Modellierung des Zufallsexperiments sieht somit so aus, wie es die Abb. 3.5 zeigt. Nutze dabei die Lösung der Aufgabe 3.7.

Abb. 3.5 Das Baumdiagramm
bei der Suche nach einem
Datenelement

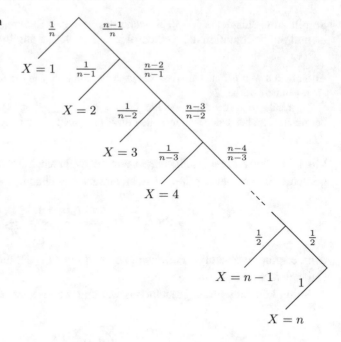

Im Durchschnitt müssen also $\frac{n+1}{2}$ Speicherzellen angeschaut werden, um das gesuchte Datenelement in chaotisch abgespeicherten Daten zu finden. Wie groß ist die Varianz? Intuitiv müssen wir eine größere Varianz erwarten, da alle Möglichkeiten von 1 bis n gleich wahrscheinlich sind. Rechnen wir es nach.

$$V(X) = E(X^2) - (E(X))^2$$

$$= \sum_{i=1}^{n} i^2 \operatorname{Prob}(X = i) - \frac{(n+1)^2}{4}$$

$$\left\{ \text{weil } E(X) = \frac{n+1}{2} \right\}$$

$$= \frac{1}{n} \sum_{i=1}^{n} i^2 - \frac{(n+1)^2}{4}$$

$$\left\{ \text{weil } \operatorname{Prob}(X = i) = \frac{1}{n} \text{ für alle } i \right\}$$

$$= \frac{1}{n} \cdot \frac{n(n+1)(2n+1)}{6} - \frac{(n+1)^2}{4}.$$

Die letzte Umformung gilt, weil die Summe der ersten Quadratzahlen gleich $\frac{1}{6}n(n+1)$ $(2n+1)$ ist. Eine Erklärung dazu schließt sich an. Nun folgt die algebraische Umformung.

$$V(X) = \frac{1}{n} \cdot \frac{n(n+1)(2n+1)}{6} - \frac{(n+1)^2}{4}$$

$$= \frac{(n+1)(2n+1)}{6} - \frac{(n+1)^2}{4}$$

$$= \frac{n+1}{2} \left(\frac{2n+1}{3} - \frac{n+1}{2} \right)$$

{Distributivgesetz}

$$= \frac{1}{2}(n+1) \cdot \frac{4n+2-3n-3}{6}$$

$$= \frac{1}{2}(n+1) \cdot \frac{n-1}{6}$$

$$= \frac{n^2-1}{12}.$$

Somit ist die Standardabweichung

$$\sigma(X) = \sqrt{V(X)} = \frac{1}{2\sqrt{3}} \sqrt{n^2-1} \approx \frac{1}{2\sqrt{3}} n.$$

Sie ist also in guter Näherung linear in der Größe n des Datensets. $\Diamond$

3.4   Exkurs: Die Summe der Quadrate

Es gibt viele Situationen, in der die Mathematik zur Erforschung eingesetzt wird und dabei die Summe der ersten n Quadratzahlen durch eine Formel ausgedrückt werden muss. In unserer Untersuchung tauchte sie ganz natürlich auf, weil wir $E(X^2)$ berechnen wollten und X alle Werte von 1 bis n annimmt.

Zeigen wir zuerst das Einfache. Wie kann man die Behauptung

$$Q(n) = \sum_{i=1}^{n} i^2 = \frac{n(n+1)(2n+1)}{6} \tag{3.11}$$

beweisen, auch ohne zu verstehen, wie sie entdeckt wurde?

Dies kann einfach durch vollständige Induktion gezeigt werden. Für $n = 1$ gilt einerseits $\sum_{i=1}^{1} i^2 = 1^2 = 1$ und andererseits

$$\frac{n(n+1)(2n+1)}{6} = \frac{1 \cdot (1+1) \cdot (2 \cdot 1 + 1)}{6} = \frac{1 \cdot 2 \cdot 3}{6} = 1.$$

Somit stimmt die Behauptung (3.11) für $n = 1$.

Nehmen wir an, die Behauptung (3.11) stimmt für n. Beweisen wir sie für $n + 1$. Es gilt

$$Q(n + 1) = Q(n) + (n + 1)^2$$

$$= \frac{n(n + 1)(2n + 1)}{6} + (n + 1)^2$$

{nach der Induktionsvoraussetzung}

$$= (n + 1)\left(\frac{n(2n + 1)}{6} + (n + 1)\right)$$

{Distributivgesetz}

$$= (n + 1)\left(\frac{2n^2 + n + 6n + 6}{6}\right)$$

$$= (n + 1)\left(\frac{2n^2 + 7n + 6}{6}\right)$$

$$= (n + 1)\left(\frac{(n + 2)(2n + 3)}{6}\right)$$

$$= \frac{1}{6}(n + 1)((n + 1) + 1)(2(n + 1) + 1).$$

Wie aber kann man diese Formel entdecken? Die Basis ist die Beobachtung, dass

$$(n + 1)^2 = n^2 + 2n + 1.$$

Somit ist zum Beispiel:

$$6^2 = 5^2 + 11$$

$$= 4^2 + 9 + 11$$

$$= 3^2 + 7 + 9 + 11$$

$$= 2^2 + 5 + 7 + 9 + 11$$

$$= 1 + 3 + 5 + 9 + 11.$$

Jede quadratische Zahl n^2 ist die Summe der ungeraden Zahlen von 1 bis $2n - 1$:

$$n^2 = 1 + 3 + 5 + \ldots + (2n - 1).$$

Somit ist die Summe der Quadrate $Q(n)$ gleich

$$\begin{aligned} Q(n) = \sum_{i=1}^{n} i^2 &= 1^2 + 2^2 + 3^2 + 5^2 + \ldots + n^2 \\ &= 1 + (1+3) + (1+3+5) + (1+3+5+7) + \\ &\quad \ldots + (1+3+5+\ldots+(2n-1)). \end{aligned}$$

In dieser Summe kommt 1 genau n-mal vor, 3 kommt $(n-1)$-mal vor, 5 kommt $(n-2)$-mal vor und so weiter bis zur Zahl $2n-1$, die nur einmal vorkommt. Alle diese Zahlen können wir in jedem der drei Dreiecke der Abb. 3.6 entsprechend mehrfach finden. Alle drei Dreiecke weisen die gleiche Summe $Q(n)$ aller ihrer Elemente auf. Es ist eigentlich dreimal dasselbe Dreieck, nur wurde es jeweils anders gedreht. Warum zeichnen wir dann alle drei? Der Grund ist der folgende: Wenn man die drei Zahlen, die in den drei Dreiecken in derselben Position stehen, addiert, so erhält man immer dasselbe Resultat, nämlich $2n+1$. So gilt zum Beispiel:

$$(2n-1) + 1 + 1 = 2n + 1,$$
$$(2n-3) + 1 + 3 = 2n + 1.$$

Jetzt wird es einfach. Die Anzahl der Elemente in einem Dreieck ist $\binom{n}{2}$. Somit gilt

$$3Q(n) = \binom{n}{2} \cdot (2n+1) = \frac{n(n+1)(2n+1)}{2}$$

und damit

$$Q(n) = \frac{n(n+1)(2n+1)}{6}.$$

Dies beendet unsere Exkursion.

$$\begin{matrix} & & 2n-1 & & & \\ & 2n-3 & 2n-3 & & & \\ & \iddots & & \ddots & & \\ & 5 & 5 & \cdots & 5 & \\ 3 & 3 & 3 & \cdots & 3 & \\ 1 & 1 & 1 & 1 & \cdots & 1 \end{matrix} \qquad \begin{matrix} & & & 1 & & \\ & & & \iddots & 3 & \\ & & 1 & \iddots & 5 & \\ & 1 & 3 & \iddots & \ddots & \\ 1 & 3 & 5 & & 2n-3 & \\ 1 & 3 & 5 & \cdots 2n-3 & 2n-1 & \end{matrix} \qquad \begin{matrix} & & & & & 1 \\ & & & & 3 & 1 \\ & & & 5 & 3 & 1 \\ & & \iddots & 5 & 3 & 1 \\ & 2n-3 & & \ddots & \ddots & \ddots \\ 2n-1 & 2n-3 & \cdots & 5 & 3 & 1 \end{matrix}$$

Abb. 3.6 Dreiecke mit den Zahlen, die jeweils $Q(n)$ summieren

3.5   Gute Hashfunktionen

Wir haben gesehen, dass beim Suchen in ungeordneten Daten der erwartete Aufwand sowie die Varianz groß sind. Wenn man oft sucht, wird somit der Gesamtaufwand erwartungsgemäß hoch und im Einzelfall (bei einer einmaligen Suche) kann man keine genauere Vorhersage machen.

Die Alternative, die Datenelemente nach einem Kriterium vollständig zu sortieren und dann bei der Suche den Algorithmus der binären Suche anzuwenden, ist nur gut, wenn die Datenmenge stabil ist. Der Aufwand für die Erhaltung der Ordnung bei der Einfügung von neuen Elementen und der Entfernung von vorhandenen Elementen ist in der Regel linear in der Größe der Datenmenge, das heißt vergleichbar mit der Suche in ungeordneten Datenmengen. Wenn also die Änderungen in der Datenmenge häufig vorkommen, so ist der Aufwand für die Erhaltung der Ordnung in der Datenmenge nicht mehr vertretbar. Die Lösung für die Datenverwaltung von sich verändernden Datensets heißt **Hashing**. Aus dem Namen jedes Datenelements berechnet man sehr effizient mit einer sogenannten Hashfunktion[1] die Speicheradresse, an der das Datenelement gespeichert wird. Wenn man ein Datenelement sucht, dann berechnet man schnell aus seinem Namen seine Lage im Speicher und kann somit direkt den Inhalt finden und ansehen.

Beispiel 3.4 Wir betrachten hier den Fall, dass unsere Datenmenge 200 Elementen umfasst und die Namen der Datenelemente aus drei Buchstaben bestehen. Jedem Buchstaben wird seine Position im Alphabet zugewiesen, wobei wir mit der Null beginnen. So erhalten wir drei Zahlen a, b, c. Ist das Datenelement BAU, so erhalten wir die drei Zahlen $a = 1, b = 0$ und $c = 20$. Aus diesen drei Zahlen errechnen wir die Zahl

$$z = a \cdot 26^2 + b \cdot 26 + c.$$

Aus dem Datenelement s =BAU erhalten wir die Zahl $1 \cdot 26^2 + 0 \cdot 26 + 12 = 688$. Im letzten Schritt berechnen wir den Rest dieser Zahl bei der ganzzahligen Division durch $m = 200$. Wir erhalten so die Adresse $h(s) = 88$. Die Abb. 3.7 zeigt, wie einigen Dreibuchstabenketten s je eine Adresse $h(s)$ zugeordnet wird. Die potentiellen Datenelemente reichen von AAA bis ZZZ und somit sind unsere 200 Datenelemente eine Auswahl aus der Menge der 26^3 möglichen Datennamen. Die Werte von $z = a \cdot 26^2 + b \cdot 26 + c$ reichen von 0 bis $26^3 - 1$. Dies sind genau so viele wie mögliche Namen von Datenelmenten. Die Adressen reichen jedoch nur von 0 bis 199, weil wir aktuell nur mit einer Datenmenge von 200 Elementen rechnen.

Daher ist es nicht verwunderlich, dass es Dreibuchstabenketten gibt, die auf dieselbe Adresse abgebildet werden. Wie die Abb. 3.7 zeigt, erhalten zum Beispiel EIN, MAN

---

[1]Einen zugänglichen Einstieg in Hashing findet man in *Einfach Informatik, Daten 7–9* von Juraj Hromkovič.

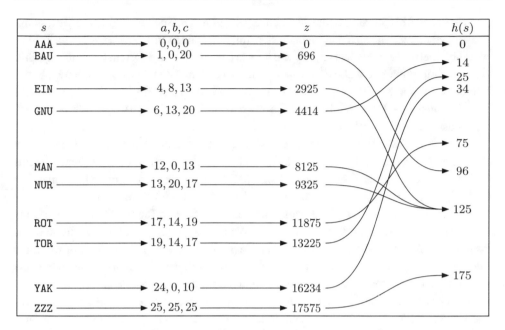

Abb. 3.7 Wie aus dreibuchstabigen Zeichenketten eine Adresse berechnet werden kann

und NUR alle die Adresse 125, weil wir nicht im Voraus wissen müssen, welche 200 Datenelemente zu verwalten sind. Die Hashfunktion ist jedoch für alle potentiellen Datennamen definiert.   ◇

Das einzige Problem ist, wenn die Hashfunktion mehreren (einer größeren Anzahl) Datenelementen die gleiche Speicheradresse zuordnet, obwohl die Anzahl der vorkommenden Speicheradressen ungefähr der Anzahl der vorkommenden Datenelemente in der Datenmenge entspricht. Einerseits muss man sich im schlimmsten Fall alle Elemente dieser Speicheradresse anschauen (erwartungsgemäß etwa die Hälfte), um das gesuchte Element zu finden, und andererseits könnten dort vielleicht nicht alle Elemente hineinpassen. Deswegen ist der erste Schritt in der Datenverwaltung die Wahl einer geeigneten Hashfunktion für die vorhandenen Daten.

Die dynamische Datenverwaltung modellieren wir wie folgt. Man hat eine universelle Datenmenge U der Größe $|U| = u$, aus der die Datenelemente kommen können. Diese nennen wir auch **Universum**. Im Beispiel 3.4 sind dies alle 26^3 Tripel von Buchstaben. Diese universelle Datenmenge ist üblicherweise sehr viel größer als die aktuelle Datenmenge $S \subseteq U$, die zu verwalten ist. Ist $n = |S|$, so ist also n viel viel kleiner als u. Die Menge U könnte zum Beispiel die Menge aller natürlichen Zahlen kleiner als u, also in $\{0, 1, \ldots, u - 1\}$, sein oder die Menge aller Texte bis zu einer gewissen Länge oder aber die Menge aller Listen einer gewissen Länge mit den Einträgen 0 oder 1 (diese bezeichnet man auch als binäre Vektoren).

Wie in der Abb. 3.8 angedeutet, steht ein Speicher mit m Speicherzellen zur Verfügung. Diese Speicherzellen seien durchnummeriert mit den Zahlen $0, 1, \ldots, m - 1$. Die Zahl m wird üblicherweise vergleichbar groß wie $n = |S|$, die Anzahl der Datenelemente, gewählt. Eine Hashfunktion bildet alle Elemente aus der aktuellen Datenmenge S in die Menge der Speicheradressen $T = \{0, 1, \ldots, m - 1\}$ ab. Weil wir die zukünftigen Datenelemente nicht kennen, muss jede Hashfunktion eine Funktion von U nach $T = \{0, 1, \ldots, m - 1\}$ sein, also muss sie für jedes Element aus U definiert sein.

In der Abb. 3.8 sehen wir, dass die Hashfunktion die drei Elemente a_1, a_4 und a_{n-1} der Adresse 4 zuordnet. Üblicherweise ist n sehr viel kleiner als u, eine Tatsache, die mit $n \ll u$ notiert wird. Die Zahlen n und m sind jedoch ungefähr gleich groß. Oft wählen wir auch für unsere Analysen $n = m$ oder belassen n ein bisschen größer als m.

Von der Hashfunktion h wird erwartet, dass man ihren Wert für alle Datenelemente aus U sehr schnell berechnen kann. Der zweite Wunsch ist, dass $h : U \to T$ die meisten Teilmengen S der Größe n gleichmäßig auf die Speicheradressen T verteilt und somit für die meisten S geeignet ist. Wie kann man diese Forderungen erreichen? Schauen wir uns solche Funktionen von U nach T an, die U gleichmäßig auf T verteilen.

Wir erinnern hier an die Bezeichnung der Urbildmenge von der Begriffserklärung 7.2 aus Band I: Ist $h : U \to T$ eine Funktion und $i \in T$ ein Element, so bezeichnen wir mit $h^{-1}(i)$ die Menge aller Elemente $a \in U$, die unter h auf i abgebildet werden. Es gilt also

$$h^{-1}(i) = \{a \in U \mid h(a) = i\}.$$

Man nennt $h^{-1}(i)$ das **Urbild von i unter h** oder auch die **Urbildmenge** um zu verdeutlichen, dass es sich um eine Teilmenge von U handelt.

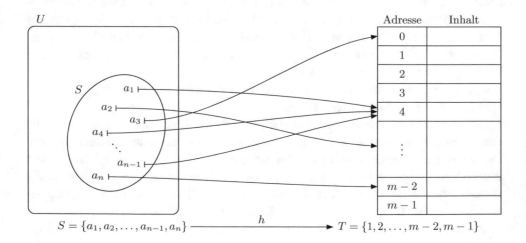

Abb. 3.8 Diagramm einer Hashfunktion h

Optimal für die Hashfunktion h wäre es, wenn für alle $i, j \in T$ die Gleichheit gälte:

$$\left|h^{-1}(i)\right| = \left|h^{-1}(j)\right| = \frac{u}{m}.$$

In der Terminologie des Wahrscheinlichkeitsexperiments, in dem man zufällig ein Element a aus U auswählt, sollte

$$\mathrm{Prob}\,\big(h(a) = i\big) = \frac{1}{m} \tag{3.12}$$

für jedes $i \in T$ gelten. Ein zufällig gewähltes $a \in U$ hat dann die gleiche Wahrscheinlichkeit, jeder Adresse zugeordnet zu werden.

Aufgabe 3.10 Mit $a \bmod m$ bezeichnet man den Rest bei der ganzzahligen Division von a durch m. So gilt zum Beispiel $10 \bmod 3 = 1$ und $46 \bmod 10 = 6$.

Sei $T = \{0, 1, 2, \ldots, m - 1\}$ und $U = \{1, 2, \ldots, d \cdot m\}$ für eine positive ganze Zahl d. Sei $h : U \to T$ die Funktion, die durch

$$h(a) = a \bmod m$$

definiert ist.

Begründe, warum die Funktion h die Eigenschaft (3.12) besitzt.

Im folgenden Satz zeigen wir, dass Hashfunktionen mit der Eigenschaft (3.12) tatsächlich für die überwiegende Mehrheit aller $S \subseteq U$ eine gleichmäßige Verteilung der Elemente aus S in T aufweisen. Wir drücken dies mittels Erwartungswerten für eine zufällig gewählte Menge $S \subseteq U$ aus.

Satz 3.1 *Sei U ein Universum, sei S eine zufällig ausgewählte Teilmenge von U mit $|S| = n$.*

Für jede Hashfunktion $h : U \to T$, die (3.12) erfüllt, und jede Speicheradresse $\ell \in T$ gilt: Die erwartete Anzahl der Elemente mit der Eigenschaft, dass sie durch h der Speicheradresse ℓ zugeordnet werden, ist kleiner als

$$\frac{n}{m} + 1.$$

Wir sollten hier bemerken, dass bei der Verteilung von n Elementen auf m Speicheradressen die durchschnittliche Belegung einer Speicheradresse $\frac{n}{m}$ ist. Somit kann das Resultat von Satz 3.1 kaum besser sein.

Aus diesem Resultat schließen wir sofort das Folgende:

Satz 3.2 *Falls $n = m$, ist die erwartete Anzahl der Elemente in jeder Speicheradresse kleiner als 2.*

Beweis. Betrachten wir das Zufallsexperiment, in dem die Teilmenge S der Größe n aus U gezogen wird. Die Ergebnismenge besteht somit aus allen Teilmengen von U der Größe n. Diese Ergebnismenge bezeichnen wir mit $\mathbf{P}_n(U)$. So gilt zum Beispiel für $U = \{1, 2, 3, 4\}$ und $n = 2$:

$$\mathbf{P}_2(U) = \{\ \{1, 2\},\ \{1, 3\},\ \{1, 4\},\ \{2, 3\},\ \{2, 4\},\ \{3, 4\}\ \}.$$

Die Anzahl Elemente in $\mathbf{P}_n(U)$ ist gleich $\binom{u}{n}$. Jede Teilmenge soll gleich wahrscheinlich sein. Wir erhalten so den Wahrscheinlichkeitsraum $(\mathbf{P}_n(U), P)$, wobei $P(S) = \frac{1}{\binom{u}{n}}$ für jedes $S \in \mathbf{P}_n(U)$ gilt.

Sei nun $S = \{s_1, s_2, \ldots, s_n\}$ ein zufällig gewähltes Element aus $\mathbf{P}_n(U)$, das heißt eine zufällig ausgewählte Teilmenge von U mit n Elementen. Für jedes $\ell \in \{0, 1, \ldots, m - 1\}$ definieren wir nun eine Familie von Zufallsvariablen $X_{i,j}^\ell$ für alle $i, j = 1, 2, \ldots, n$ mit $i < j$:

$$X_{i,j}^\ell(S) = \begin{cases} 1, & \text{falls } h(s_i) = h(s_j) = \ell, \\ 0, & \text{sonst.} \end{cases}$$

Wenn $h(s_i) = h(s_j) = \ell$ gilt, dann sagen wir, dass s_i **und s_j eine Kollision an der Stelle ℓ haben**. Somit zählt die Zufallsvariable

$$X^\ell = \sum_{1 \le i < j \le n} X_{i,j}^\ell$$

die Anzahl aller Kollisionen an der Speicheradresse ℓ. Hier ist Vorsicht geboten: Die Zufallsvariable X^ℓ misst nicht die Anzahl Elemente, die der Speicheradresse ℓ zugewiesen werden. Wenn es k Elemente gibt, die der Speicheradresse ℓ zugeordnet werden, dann gibt es dort $\binom{k}{2}$ Kollisionen, denn jedes Element kollidiert mit $k - 1$ anderen.

Nun berechnen wir den Erwartungswert $\mathrm{E}(X_{i,j}^\ell)$ für $i, j = 1, \ldots, n$ mit $i < j$ und $\ell \in T$:

$$\mathrm{E}(X_{i,j}^\ell) = 1 \cdot P(X_{i,j}^\ell = 1) + 0 \cdot P(X_{i,j}^\ell = 0)$$

$$= P(h(s_i) = \ell \text{ und } h(s_j) = \ell)$$

$$= P(h(s_i) = \ell) \cdot P(h(s_j) = \ell)$$

$$= \frac{1}{m} \cdot \frac{1}{m}$$

$$\left\{ \text{weil } P(h(a) = \ell) = \frac{1}{m} \text{ für ein zufälliges } a \in U \text{ nach (3.12)} \right\}$$

$$= \frac{1}{m^2}.$$

Somit erhalten wir

$$E(X^\ell) = E\left(\sum_{1 \le i < j \le n} X_{i,j}^\ell \right)$$

$$= \sum_{1 \le i < j \le n} E(X_{i,j}^\ell)$$

$$\{\text{nach der Linearität des Erwartungswerts}\}$$

$$= \sum_{1 \le i < j \le n} \frac{1}{m^2}$$

$$= \frac{\binom{n}{2}}{m^2}$$

$$= \frac{n(n-1)}{2m^2} \tag{3.13}$$

$$< \frac{n^2}{2m^2}.$$

An dieser Stelle sollten wir bemerken, dass bei $n = m$ die erwartete Anzahl Kollisionen $E(X^\ell)$ an der Speicheradresse ℓ kleiner als $\frac{1}{2}$ ist. Somit ist bei $n = m$ die erwartete Anzahl der Elemente an der Speicheradresse ℓ kleiner als 2.

Bestimmen wir die Anzahl Elemente an der Speicherstelle ℓ jetzt allgemein für beliebige $m \le n$. Wenn k Elemente an der Speicheradresse ℓ liegen, so gibt es an dieser Stelle genau

$$\binom{k}{2} = \frac{k(k-1)}{2}$$

Kollisionen. Somit erhalten wir

$$\frac{n^2}{2m^2} > E(X^\ell) = \frac{k(k-1)}{2} > \frac{(k-1)^2}{2}.$$

Daraus folgern wir

$$\frac{n^2}{m^2} > (k-1)^2$$

$$\frac{n}{m} > k-1$$

$$k < \frac{n}{m} + 1.$$

Die erwartete Anzahl der Elemente an jeder Speicheradresse ist kleiner als $\frac{n}{m} + 1$. Ein besseres Resultat konnten wir kaum erwarten, weil wir n Elemente an m Adressen verteilen und somit ist die durchschnittliche Anzahl Elemente pro Speicherplatz gleich $\frac{n}{m}$.   □

Aus Sicht der erwarteten Elemente auf den einzelnen Speicheradressen garantiert die Eigenschaft (3.12) einer Hashfunktion eine sehr gute Verteilung für die meisten Teilmengen $S \subseteq U$.

Wie steht es aber mit der Varianz? Wenn diese auch klein wäre, dann wäre auch die erwartete Abweichung von diesem tollen Erwartungswert klein und somit wären Funktionen mit der Eigenschaft (3.12) gut geeignet.

Dies ist tatsächlich der Fall, denn wir zeigen, dass für große $n = m$ die Varianz $V(X^\ell) \approx \frac{3}{2}$ erfüllt. Die erwartete Abweichung vom Mittelwert in der Anzahl Kollisionen ist daher kleiner als 2. Somit ist aber auch die Abweichung in der Anzahl der Elemente in jeder Speicheradresse kleiner als 1.

Wir berechnen $V(X^\ell)$ mit der Formel

$$V(X^\ell) = E\left((X^\ell)^2\right) - \left(E(X^\ell)\right)^2,$$

wobei der anspruchsvolle Teil die Berechnung von $E\left((X^\ell)^2\right)$ sein wird.

$$E((X^\ell)^2) = E\left(\left(\sum_{1 \le i < j \le n} X_{i,j}^\ell\right)^2\right)$$

$$= E\left(\left(\sum_{1 \le i < j \le n} X_{i,j}^\ell\right) \cdot \left(\sum_{1 \le u < v \le n} X_{u,v}^\ell\right)\right)$$

$$= E\left(\sum_{1 \le i < j \le n} X_{i,j}^\ell \cdot \left(\sum_{1 \le u < v \le n} \cdot X_{u,v}^\ell\right)\right) = E\left(\sum_{\substack{1 \le i < j \le n \\ 1 \le u < v \le n}} X_{i,j}^\ell \cdot X_{u,v}^\ell\right)$$

{Distributivgesetz}

$$= \sum_{\substack{1 \le i < j \le n \\ 1 \le u < v \le n}} \mathrm{E}(X_{i,j}^\ell \cdot X_{u,v}^\ell) \tag{3.14}$$

{nach der Linearität des Erwartungswerts}

Wir müssen nun also $\mathrm{E}(X_{i,j}^\ell \cdot X_{u,v}^\ell)$ bestimmen. Dazu müssen wir drei Fälle unterscheiden in Abhängigkeit der Beziehungen zwischen i, j und r, s.

Fall (i): $|\{i, j, u, v\}| = 2$, das heißt, es gilt $u = i$ und $v = j$.

Nach Definition der Zufallsvariablen $X_{i,j}^\ell$ gilt:

$$\left(X_{i,j}^\ell(S)\right)^2 = \begin{cases} 1 & , \quad \text{wenn } X_{i,j}^\ell(S) = 1, \text{ d.\,h. wenn } h(s_i) = h(s_j) = \ell \\ 0 & , \quad \text{sonst.} \end{cases}$$

Daher gilt $\left(X_{i,j}^\ell(S)\right)^2 = X_{i,j}^\ell(S)$ und daher $\mathrm{E}\left((X_{i,j}^\ell)^2\right) = \mathrm{E}(X_{i,j}^\ell) = \dfrac{1}{m^2}$.

Nun zählen wir noch, wie oft dieser Fall in der Summe (3.14) vorkommt. Da $u = i$ und $v = j$, kommt dieser Fall genau so oft vor wie es Paare i, j mit $1 \le i < j \le n$ gibt, also $\binom{n}{2}$-mal.

Fall (ii): $|\{i, j, u, v\}| = 3$. Es ist also zum Beispiel $u = i$ und $v \ne j$ (oder aber $u = j$ und $v \ne j$ und weitere zwei Fälle gibt es mit $u \ne i$ und $v \in \{i, j\}$).

Wir betrachten den ersten Fall mit $u = i$ und $v \ne j$, die restlichen werden durch eine ganz analoge Rechnung gezeigt.

Es gilt

$$X_{i,j}^\ell(S) \cdot X_{u,v}^\ell(S) = X_{i,j}^\ell(S) \cdot X_{i,v}^\ell(S) = \begin{cases} 1, & \text{wenn } h(s_i) = h(s_j) = h(s_v) = \ell, \\ 0, & \text{sonst.} \end{cases}$$

Nun betrachten wir $X_{i,j}^\ell \cdot X_{i,v}^\ell$ als Zufallsvariable. Dank der Eigenschaft (3.12) von h gilt dann

$$\mathrm{E}(X_{i,j}^\ell \cdot X_{i,v}^\ell) = P(h(s_i) = \ell) \cdot P(h(s_j) = \ell) \cdot P(h(s_v) = \ell) = \frac{1}{m} \cdot \frac{1}{m} \cdot \frac{1}{m} = \frac{1}{m^3}.$$

Auch hier zählen wir wieder, wie oft dieser Fall in der Summe (3.14) auftritt. Es gibt $\binom{n}{3}$ Möglichkeiten, drei Elemente $d < e < f$ aus $\{1, \dots, n\}$ auszuwählen. Jede derartige Wahl führt zu 6 verschiedenen Möglichkeiten, diese drei Zahlen auf die Subindizes von $X_{i,j}^\ell \cdot X_{u,v}^\ell$ mit $i < j$ und $u < v$ zu verteilen, siehe die Abb. 3.9. Insgesamt gibt es also $6 \cdot \binom{n}{3}$ Möglichkeiten.

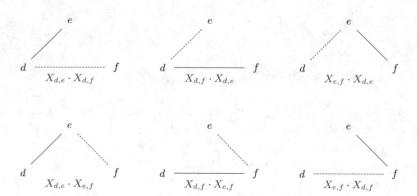

Abb. 3.9 Zu gegebenen $d < e < f$ gibt es 6 Möglichkeiten, Indizes $i < j$ und $u < v$ so auszuwählen, dass $\{i, j\} \neq \{u, v\}$ gilt

Aufgabe 3.11 Liste alle 6 Möglichkeiten systematisch auf, wie drei Zahlen $d < e < f$ auf vier Indizes i, j, u, v mit $i < j,\ u < v$ verteilt werden können, indem die drei Fälle unterschieden werden, bei welchen eine der drei Zahlen d, e bzw. f zweimal vorkommt.

Fall (iii): $|\{i, j, u, v\}| = 4$, das heißt, alle Indizes sind paarweise verschieden.

Jetzt betrachten wir die Zufallsvariable $X^{\ell}_{i,j} \cdot X^{\ell}_{u,v}$:

$$
X^{\ell}_{i,j}(S) \cdot X^{\ell}_{u,v}(S) = \begin{cases} 1, & \text{wenn } X^{\ell}_{i,j}(S) = 1 = X^{\ell}_{u,v}(S),\ \text{d. h.,} \\ & \qquad h(s_i) = h(s_j) = h(s_u) = h(s_v) = \ell, \\ 0, & \text{sonst.} \end{cases}
$$

Dann gilt

$$
E(X^{\ell}_{i,j} \cdot X^{\ell}_{u,v}) = P(h(s_i) = \ell) \cdot P(h(s_j) = \ell) \cdot P(h(s_u) = \ell) \cdot P(h(s_v) = \ell)
$$

$$
= \frac{1}{m} \cdot \frac{1}{m} \cdot \frac{1}{m} \cdot \frac{1}{m} = \frac{1}{m^4}.
$$

Wiederum zählen wir, wie viele Summanden in (3.14) vorkommen, bei denen alle vier Indizes verschieden sind. Wir haben $\binom{n}{2}$ Möglichkeiten die ersten zwei Indizes $i < j$ auszuwählen. Aus den verbleibenden $n - 2$ Elementen können wir dann noch auf $\binom{n-2}{2}$ Arten die Indizes $u < v$ auswählen.

Somit gibt es

$$
\binom{n}{2} \cdot \binom{n-2}{2} = \frac{n(n-1)}{2} \cdot \frac{(n-2)(n-3)}{2} = \frac{1}{4}n^4 - \frac{6}{4}n^3 + \frac{11}{4}n^2 - \frac{1}{6}n
$$

Möglichkeiten.

Aufgabe 3.12 Zeige zuerst, dass $\binom{n}{2} \cdot \binom{n-2}{2} = 6 \cdot \binom{n}{4}$ gilt.

Zähle danach, dass es für jede Wahl $d < e < f < g$ genau 6 Möglichkeiten gibt, diese 4 Zahlen auf die paarweise verschiedenen Indizes i, j, u, v so zu verteilen, dass $i < j$ und $u < v$. Zeige damit direkt, dass die Anzahl Summanden in (3.14) mit paarweise verschiedenen Indizes gleich $6 \cdot \binom{n}{4}$ ist.

Aufgabe 3.13 Die Anzahl Summanden in (3.14) ist $\binom{n}{2}^2$. Weise nach, dass die drei Zahlen, die wir in den Fällen (i), (ii) und (iii) als Anzahl von Fällen bestimmt haben, in der Summe tatsächlich $\binom{n}{2}^2$ ergeben.

Jetzt können wir weiterrechnen:

$$E\left((X^\ell)^2\right) = \sum_{i<j, u<v} E\left(X_{i,j}^\ell \cdot X_{u,v}^\ell\right)$$

$$= \sum_{i<j} E\left(X_{i,j}^\ell \cdot X_{i,j}^\ell\right) + \sum_{\substack{i<j, u<v \\ |\{i,j,u,v\}|=3}} E\left(X_{i,j}^\ell \cdot X_{u,v}^\ell\right) + \sum_{\substack{i<j, u<v \\ |\{i,j,u,v\}|=4}} E\left(X_{i,j}^\ell \cdot X_{u,v}^\ell\right)$$

$$= \sum_{i<j} \frac{1}{m^2} + \sum_{\substack{i<j, u<v \\ |\{i,j,u,v\}|=3}} \frac{1}{m^3} + \sum_{\substack{i<j, u<v \\ |\{i,j,u,v\}|=4}} \frac{1}{m^4}$$

$$= \left(\frac{1}{2}n^2 - \frac{1}{2}n\right)\frac{1}{m^2} + (n^3 - 3n^2 + 2n)\frac{1}{m^3} + \left(\frac{1}{4}n^4 - \frac{6}{4}n^3 + \frac{11}{4}n^2 - \frac{6}{4}n\right)\frac{1}{m^4}.$$

Bei wachsendem m und n ist der maßgebliche Term $\frac{n^2}{2m^2} + \frac{n^3}{m^3} + \frac{n^4}{4m^4}$. Betrachten wir jetzt den Spezialfall, bei dem $m = n$ gilt. Es ist dann

$$E\left((X^\ell)^2\right) = \frac{1}{2} - \frac{1}{2m} + 1 - \frac{3}{m} + \frac{2}{m^2} + \frac{1}{4} - \frac{3}{2m} + \frac{11}{4m^2} - \frac{3}{2m^3}$$

$$= \frac{7}{4} - \frac{5}{m} + \frac{19}{4m^2} - \frac{3}{2m^3}$$

$$\leq \frac{7}{4} \quad \text{für } m \geq 2.$$

Somit erhalten wir

$$V(X^\ell) = E\left((X^\ell)^2\right) - \left(E(X^\ell)\right)^2$$

$$= \left(\frac{7}{4} - \frac{5}{m} + \frac{19}{4m^2} - \frac{3}{2m^3}\right) - \left(\frac{m(m-1)}{2m^2}\right)^2$$

{gemäß (3.13)}

$$= \frac{7}{4} - \frac{5}{m} + \frac{19}{4m^2} - \frac{3}{2m^3} - \left(\frac{1}{2} - \frac{1}{2m}\right)^2$$

$$= \frac{7}{4} - \frac{5}{m} + \frac{19}{4m^2} - \frac{3}{2m^3} - \frac{1}{4} + \frac{1}{2m} - \frac{1}{4m^2}$$

$$= \frac{3}{2} - \frac{9}{2m} + \frac{9}{2m^2} - \frac{3}{2m^3}$$

$$< \frac{3}{2}.$$

Somit ist die Varianz bei $m = n$ gleich $V(X^\ell) < \frac{3}{2}$ und die Standardabweichung erfüllt $\sigma(X^\ell) < \sqrt{\frac{3}{2}} \approx 1.22$.

Weil die Abweichung in der Anzahl der Kollisionen kleiner als 2 ist, ist auch die Abweichung in der Anzahl der zusätzlichen Elemente an der Speicherstelle ℓ kleiner als 1.

Wir schließen daraus, dass die Hashfunktionen mit der Eigenschaft (3.12) sehr gute Eigenschaften für die Verteilung von zufälligen Teilmengen eines gewissen Universums von potentiellen Daten haben.

3.6   Universelles Hashing

Die bisherigen Resultate für die Datenverwaltung mit Hashing sehen sehr optimistisch aus. Jede Hashfunktion mit der Eigenschaft (3.12) verteilt fast alle Datenmengen $S \subseteq U$ gleichmäßig auf die Adressen des Speichers T. Die erwartete Anzahl der Elemente auf jeder Adresse ist kleiner als $\frac{n}{m} + 1$ und die Varianz ist beschränkt durch eine kleine Konstante.

Warum sollten wir hier nicht innehalten und uns zufriedengeben mit dem bereits Erreichten für die Datenverwaltung? Weil die Datenmengen $S \subseteq U$ in vielen Anwendungen nicht die erwartete Eigenschaft einer zufällig gewählten Teilmenge S haben. Betrachten wir zum Beispiel Personaldaten, wobei die Dateinamen das Geburtsdatum und die Angabe des Geschlechts beinhalten. Somit beeinflußen das Geburtsdatum und das Geschlecht die Speicheradresse, in die eine Hashfunktion die einzelnen Daten abbildet. Wenn aber im Betrieb fast nur Frauen arbeiten, kann man diese Bitinformation über die Geschlechterzugehörigkeit nicht durch eine zufällige Wahl simulieren. Das Gleiche passiert, wenn im Betrieb gewisse Jahrgänge stark dominieren. Konkrete Beispiele von Datenmengen S, bei denen konkrete Hashfunktionen versagen und viele Datenelemente an die gleiche Speicheradresse abbilden, findet man in *Einfach Informatik 7–9, Daten*.

Was bedeutet dies in der Praxis? Man stellt fest, dass eine gewählte Hashfunktion mit der Eigenschaft (3.12) für die vorgegebene Datenmenge S nicht geeignet ist. Man muss daher eine andere Hashfunktion suchen. Es könnte sein, dass man lange probieren muss und der Aufwand, eine geeignete Hashfunktion zu finden, zu groß würde. Die Frage ist, ob man die Suche nach einer geeigneten Hashfunktion für eine Datenmenge S (die vielleicht noch nicht ganz bekannt ist oder in der Zukunft noch Änderungen erfahren wird) effizienter machen oder sogar automatisieren kann. Wiederum hilft uns hier das Konzept der Wahrscheinlichkeit und liefert uns eine positive Antwort. Man bestimmt eine Menge von Hashfunktionen H so, dass eine zufällig ausgesuchte Hashfunktion mit hoher Wahrscheinlichkeit jede gegebene Datenmenge S gleichmäßig verteilt.

Die Anwendung in der Praxis sieht wie folgt aus. Man hat eine Datenmenge S, die man gar nicht zu untersuchen braucht. Bei der Abspeicherung von S wendet man einfach eine zufällig gewählte Funktion h aus der Menge H der geeigneten Hashfunktionen an. Die Wahrscheinlichkeit, dass diese Funktion die gegebene Datenmenge S nicht gut im Speicher verteilt, ist sehr gering. Falls diese unwahrscheinliche Situation trotzdem eintritt, wählt man zufällig nochmals eine Hashfunktion aus H und wendet diese zweite an.

Unsere Aufgabe besteht nun darin, zu entdecken, wie man solche Mengen H von Hashfunktionen bauen kann. Dazu nutzen wir die Analogie zur Eigenschaft (3.12) von „guten" Hashfunktionen, die die ganze universelle Menge U gleichmäßig auf die Speicheradressen T verteilen. Seien x und y zwei beliebige Elemente aus U. Wir wollen H so bestimmen, dass die Wahrscheinlichkeit, dass eine zufällig gewählte Funktion h aus H die Datenelemente x und y auf die gleiche Adresse abbildet, nicht größer als $\frac{1}{m}$ ist.

In formaler Sprache bedeutet dies: Wenn (H, P_H) der Wahrscheinlichkeitsraum ist, wobei P_H die Gleichverteilung über die Menge H der Hashfunktionen angibt, dann gilt für alle $x, y \in U$ mit $x \neq y$, dass

$$P_H\big(h(x) \neq h(y)\big) \leq \frac{1}{m}.$$

Wir können dies kombinatorisch wie folgt ausdrücken.

Begriffsbildung 3.1 *Sei H eine endliche Menge von Hashfunktionen der universellen Menge U nach der Menge der Speicheradressen $T = \{0, 1, \ldots, m - 1\}$. Die Menge H heißt **universell**, falls für jedes Paar (x, y) von verschiedenen Elementen x, y aus U die Abschätzung*

$$\left|\{h \in H \mid h(x) = h(y)\}\right| \leq \frac{|H|}{m}$$

gilt, das heißt, höchstens der m-te Teil der Funktionen aus H bildet x und y auf die gleiche Speicheradresse ab. Somit gilt: Beim zufälligen Ziehen einer Hashfunktion h aus H erhalten wir mit höchstens der Wahrscheinlichkeit $\frac{1}{m}$ eine Hashfunktion mit $h(x) = h(y)$.

Wir zeigen zuerst, dass die universelle Menge von Hashfunktionen genau das ist, was wir gesucht haben.

Satz 3.3 *Sei S eine beliebige Menge von Datenelementen eines Universums U. Sei weiter H eine universelle Menge von Hashfunktionen von U nach $T = \{0, 1, \ldots, m - 1\}$.*

Dann ist für jedes $x \in S$ und ein zufällig gewähltes $h \in H$ die erwartete Mächtigkeit der Menge $S_x(h) = \{a \in S \mid a \neq x, h(a) = h(x)\}$ höchstens

$$\frac{|S|}{|T|} = \frac{n}{m}.$$

Beweis. Sei S eine beliebige Teilmenge von U mit $|S| = n$. Wir haben den Wahrscheinlichkeitsraum (H, P_H), wobei H eine universelle Menge von Hashfunktionen ist und P_H die Gleichverteilung über H ist. Für jedes Paar (x, y) von Elementen $x, y \in S$ mit $x \neq y$ definieren wir die Zufallsvariable

$$Z_{x,y}(h) = \begin{cases} 1, & \text{falls } h(x) = h(y), \\ 0, & \text{falls } h(x) \neq h(y). \end{cases}$$

Weil $Z_{x,y}$ eine Zufallsvariable und H universell ist, haben wir

$$E(Z_{x,y}) = P_H\big(h(x) = h(y)\big) \cdot 1 + P_H\big(h(x) \neq h(y)\big) \cdot 0 = P_H\big(h(x) = h(y)\big) = \frac{1}{m}.$$

Die Zufallsvariable

$$Z_x = \sum_{\substack{y \in S \\ y \neq x}} Z_{x,y}$$

zählt die Anzahl der Elemente in

$$S_x(h) = \{a \in S \mid a \neq x \text{ und } h(a) = h(x)\},$$

das heißt die Elemente, die an die gleiche Speicheradresse $h(x)$ wie x abgebildet werden. Dank der Linearität des Erwartungswertes gilt für jedes x

$$E(Z_x) = \sum_{\substack{y \in S \\ y \neq x}} E(Z_{x,y}) = \sum_{\substack{y \in S \\ y \neq x}} \frac{1}{m} = \frac{|S| - 1}{m} < \frac{n}{m}.$$

Somit ist die erwartete Anzahl der Elemente auf jeder Speicheradresse kleiner als $1 + \frac{n}{m}$.
□

Für den Fall $n = m$ ist die erwartete Anzahl der Elemente auf jeder Speicheradresse kleiner als 2, genauer, sie ist gleich $1 + \frac{n-1}{n} = 2 - \frac{1}{n}$.

Aufgabe 3.14 Zeige für $n = m$, dass die Varianz der Zufallsvariablen Z_x für jedes $x \in S$ kleiner als 1 ist und mit wachsendem n gegen 1 konvergiert. Was bedeutet dies für die Standardabeichung $\sigma(Z_x)$?

Somit stellt eine universelle Menge von Hashfunktionen ein wertvolles Instrument für die Datenverwaltung dar. Aber hier ist Vorsicht geboten! Wir haben noch nicht einmal gezeigt, dass eine solche Menge von Hashfunktionen überhaupt existiert. Wir müssen zuerst zeigen, dass es eine universelle Menge von Hashfunktionen gibt. Dies liefert das folgende Resultat.

Satz 3.4 *Sei U eine endliche Menge. Die Menge*

$$H_{U,T} = \{h \mid h : U \to T \text{ ist eine Funktion}\}$$

aller Funktionen von U nach T ist universell.

Beweis. Die Anzahl Elemente von $H_{U,T}$ können wir wie folgt berechnen:

$$\left| H_{U,T} \right| = m^{|U|}.$$

Denn: Jede Funktion $h : U \to T$ können wir als Tabelle darstellen, in der jedem Element aus U eine Adresse in $T = \{0, 1, , \ldots, m - 1\}$ zugeordnet wird. Die Anzahl aller solcher Tabellen ist aber gleich der Anzahl der $|U|$-Tupel mit Elementen aus T. Es handelt sich somit um eine Variation mit Wiederholung von $m = |T|$ Elementen auf $|U|$ Plätzen.

Wir wollen nun zeigen, dass für alle $x, y \in U$ mit $x \neq y$, die Menge

$$H(x, y) = \{h : U \to T \mid h(x) = h(y)\}$$

ein m-ter Teil von $H_{U,T}$ ist. Betrachten wir dazu für alle $x, y \in U$ mit $x \neq y$ und alle $i \in T$ die Menge

$$H(x, y, i) = \{h : U \to T \mid h(x) = h(y) = i\}.$$

Das sind also alle Funktionen, die in der Tabelle (im $|U|$-Tupel) für die Elemente x und y den festen Wert i stehen haben. Die restlichen Werte in der Tabelle sind frei wählbar. Somit gilt

$$\left| H(x, y, i) \right| = m^{|U|-2}.$$

Offensichtlich gilt für $i, j \in T$ mit $i \neq j$, dass

$$H(x, y, i) \cap H(x, y, j) = \varnothing$$

und weiter

$$H(x, y) = \bigcup_{i=0}^{m-1} H(x, y, i).$$

Somit erhalten wir für alle $x, y \in U$ mit $x \neq y$:

$$|H(x, y)| = \sum_{i=0}^{m-1} |H(x, y, i)|$$

$$= \sum_{i=0}^{m-1} m^{|U|-2} = m \cdot m^{|U|-2} = m^{|U|-1} = \frac{m^{|U|}}{m} = \frac{|H_{U,T}|}{m}.$$

□

Wir wissen jetzt, dass das Konzept der Universalität nicht „leer" ist, das heißt, es gibt wirklich universelle Mengen von Hashfunktionen. Die Menge aller Funktionen ist für die Datenverwaltung aus folgenden zwei Gründen nicht brauchbar:

(1) $H_{U,T}$ ist riesig und viele Funktionen besitzen keine kürzere Beschreibung, als mit Hilfe einer Tabelle alle Werte anzugeben. Dazu benötigt man eine Tabelle der Größe $|U|$, wobei $|U|$ viel größer als die zu verwaltende Datenmenge S ist. Eine zufällige Wahl einer Funktion h aus $H_{U,T}$ kann man nicht effizient realisieren.
(2) Die meisten Funktionen aus $H_{U,T}$ kann man nicht effizient berechnen, weil man sie nicht mit einer Formel beschreiben kann. Man muss den Funktionswert in der Tabelle suchen. Dies verursacht bei jeder einzelnen Verwaltungsaktion einen großen Berechnungsaufwand.

Deswegen stellen wir folgende zwei Anforderungen an eine „praktikable" universelle Menge H von Hashfunktionen:

(i) H ist „klein", das heißt: Die Anzahl Elemente von H wächst höchstens polynomiell in $m = |T|$.
(ii) Jede Hashfunktion h aus H kann man für jeden Wert sehr schnell (effizient) berechnen.

Um sich solche Mengen von Funktionen vorstellen zu können, braucht man ein gewisses Wissen aus der Algebra und der Zahlentheorie, das wir uns zuerst aneignen müssen.

3.7 Exkurs in Algebra und Zahlentheorie

Hinweis für die Lehrperson.
Der restliche Teil dieses Kapitels weist einen höheren Schwierigkeitsgrad auf und ist daher nur für die besonders interessierten Schülerinnen und Schüler im Schwerpunktfach zu empfehlen.

Die Wurzeln der Zahlentheorie gehen weit zurück in der Geschichte. Die Pythagoräer dachten, dass man die ganze Welt mit Hilfe der ganzen Zahlen beschreiben kann. Ihr Glaube entsprang ihrem Umgang mit den ihnen bekannten Zahlen: Sie kannten nur die rationalen Zahlen, die als Verhältnis zweier ganzer Zahlen $\frac{p}{q}$ darstellbar sind. Somit waren alle betrachteten Größen durch ganze Zahlen darstellbar. Die Behandlung, die wir hier jedoch einschlagen, ist modern und nur etwa 100 Jahre alt.

Sei $\mathbb{Z} = \{\ldots, -3, -2, -1, 0, 1, 2, 3, \ldots\}$ die Menge der ganzen Zahlen. Betrachten wir nun die arithmetischen Operationen, die aus zwei ganzen Zahlen wieder eine ganze Zahl liefern.

Wenn a und b aus $\mathbb{Z}$ sind, dann sind auch $a + b, a - b$ und $a \cdot b$ wieder aus $\mathbb{Z}$.

Begriffsbildung 3.2 *Sei A eine Menge von Objekten (dies können Zahlen, Vektoren, Matrizen, Funktionen oder auch etwas anderes sein) und ○ eine Operation, die zwei Objekte aus A verknüpft. Wir sagen, dass A **abgeschlossen ist bezüglich der Operation** ○, wenn durch die Verknüpfung von zwei Objekten aus A wieder nur ein Objekt aus A entstehen kann. Um anzudeuten, dass die Operation ○ zwei Objekte verknüpft, sagt man, dass die Operation ○ **binär** ist.*

Mit dieser Terminologie können wir somit feststellen, dass die Menge $\mathbb{Z}$ abgeschlossen ist bezüglich der Addition, der Subtraktion und der Multiplikation.

Wie steht es aber mit der Division? Zum Beispiel sind 1 und 2 beides ganze Zahlen, aber $\frac{1}{2}$ ist es nicht. Also ist $\mathbb{Z}$ nicht abgeschlossen bezüglich der Division. Das hat aber die Pythagoräer nicht gestört. Das Resultat einer Division ist eine rationale Zahl und jede rationale Zahl kann man als $\frac{p}{q}$ darstellen, das heißt, mit Hilfe zweier ganzer Zahlen darstellen.

Wir bezeichnen mit $\mathbb{Q} = \{\frac{p}{q} \mid p, q \in \mathbb{Z}, q \neq 0\}$ die Menge aller rationalen Zahlen. Beachte dabei, dass der Nenner q nicht Null sein darf, denn der Ausdruck $\frac{p}{0}$ **ist nicht definiert**. Dies kann wie folgt begründet werden: Die rationale Zahl $\frac{p}{q}$ ist die Lösung der Gleichung $q \cdot x = p$. Ist nun $q = 0$, so müssten wir die Gleichung $0 \cdot x = p$ nach x lösen. Diese Gleichung hat jedoch keine Lösung, wenn $p \neq 0$ und unendlich viele Lösungen, wenn $p = 0$. In beiden Fällen gibt es jedoch nicht eine eindeutige Zahl, die zugeordnet werden könnte.

Weiter zu beachten ist, dass die Darstellung $\frac{p}{q}$ nicht eindeutig ist. Dies lässt sich ebenfalls leicht erklären: Die Gleichung $q \cdot x = p$ hat sicherlich dieselbe Lösung wie

$2q \cdot x = 2p$ und somit gilt $\frac{p}{q} = \frac{2p}{2q}$ und allgemeiner $\frac{p}{q} = \frac{tp}{tq}$ für jede ganze Zahl t mit $t \neq 0$.

Weil die Division durch 0 nicht definiert ist, macht es Sinn, dass wir die Menge $\mathbb{Q}_* = \mathbb{Q} \setminus \{0\}$ aller rationalen Zahlen ohne die Null betrachten. Diese ist nämlich abgeschlossen bezüglich der Multiplikation und der Division. Seien $\frac{p}{q}$ und $\frac{m}{n}$ zwei rationale Zahlen aus $\mathbb{Q}_*$. Es gilt dann $p \neq 0$, $q \neq 0$, $m \neq 0$ und $n \neq 0$. Somit gilt

$$\frac{p}{q} \cdot \frac{m}{n} = \frac{pm}{qn} \qquad \text{und} \qquad \frac{\frac{p}{q}}{\frac{m}{n}} = \frac{pn}{qm}.$$

Weil p, q, m, n ganze Zahlen ungleich Null sind, so sind auch pm, qn, pn, qm ganze Zahlen ungleich Null. Damit ist gezeigt, dass $\mathbb{Q}_*$ abgeschlossen ist bezüglich der Multiplikation und der Divsion.

Aufgabe 3.15 Zeige, dass $\mathbb{Q}$ abgeschlossen ist bezüglich der Addition, Subtraktion und der Multiplikation.

Aufgabe 3.16 Zeige, dass $\mathbb{Q}$ abgeschlossen ist bezüglich der Operation $\top$, die durch $a \top b = \frac{a+b}{2}$ definiert ist. Zeige auch, dass $\mathbb{Z}$ nicht abgeschlossen ist bezüglich dieser Operation.

Begriffsbildung 3.3 *Sei $(A, \circ)$ ein Paar, wobei A eine Menge und $\circ$ eine binäre Operation auf der Menge A ist. Wenn A abgeschlossen ist bezüglich $\circ$, sagen wir, dass $(A, \circ)$ eine* **algebraische Struktur** *oder einfach eine* **Algebra** *ist.*

Dieser Begriff lässt sich noch verallgemeinern: Man betrachtet dabei ein Paar (A, σ), wobei A eine Menge und σ eine Menge von Operationen auf A ist. Wenn A abgeschlossen ist bezüglich jeder Operation in σ, so nennt man (A, σ) eine **Algebra**.

So ist zum Beispiel $(\mathbb{Z}, \{+, -, \cdot\})$ eine Algebra im allgemeineren Sinne und $(\mathbb{Z}, +)$ oder $(\mathbb{Z}, -)$ je eine Algebra im zuerst genannten Sinn.

Aufgabe 3.17 Entscheide, welche der folgenden Paare Algebren sind:

(a) $(\mathbb{N}_{\text{ger}}, +)$, wobei $\mathbb{N}_{\text{ger}} = \{0, 2, 4, 6, \ldots\}$ die Menge der nichtnegativen geraden Zahlen ist.
(b) $(\mathbb{N}_{\text{ger}}, \cdot)$
(c) $(\mathbb{N}_{\text{unger}}, +)$, wobei $\mathbb{N}_{\text{unger}} = \{1, 3, 5, 7, \ldots\}$ die Menge der ganzen ungeraden Zahlen ist.
(d) $(\mathbb{N}_{\text{unger}}, \cdot)$

Beim Hashing interessieren uns Operationen, die alle Objekte auf die Speicheradressen aus $T = \{0, 1, \ldots, m-1\}$ abbilden. Deswegen arbeiten wir mit arithmetischen Operationen, welche sich auf die Zahlen $0, 1, \ldots, m-1$ beschränken. Man bemerke hier, dass dies gerade die Reste bei der ganzzahligen Division durch m sind. Wir bezeichnen mit $a \bmod m$ den Rest bei der ganzzahligen Division von a durch m. So gilt zum Beispiel

$8 \mod 3 = 2$ oder $47 \mod 10 = 7$. Nun können wir die zwei Operationen $\oplus_m$ und $\odot_m$ auf $T = \{0, 1, \ldots, m-1\}$ definieren:

$$a \oplus_m b = (a+b) \mod m \qquad \text{und} \qquad a \odot_m b = (a \cdot b) \mod m.$$

Die Argumente a und b können aber auch aus $\mathbb{N}_0 = \{0, 1, 2, 3, 4, \ldots\}$ oder aus der Menge aller Vektoren $\mathbb{N}_0^i$ der Größe i mit Einträgen in $\mathbb{N}_0$ sein oder auch T^i, das ist die Menge aller Vektoren der Größe i mit Einträgen aus T.

Für die Konstruktion von universellen Hashfunktionen müssen wir somit Algebren wie $(\mathbb{N}_0, \oplus_m)$, $(\mathbb{N}_0, \odot_m)$ oder $(T, \oplus_m)$, $(T, \odot_m)$ untersuchen.

Begriffsbildung 3.4 *Sei $(A, \circ)$ eine Algebra mit binärer Operation $\circ$ auf A. Ein Element $e \in A$ heißt **neutrales Element**, wenn*

$$\text{für jedes } x \in A \text{ gilt:} \quad x \circ e = e \circ x = x.$$

Für die algebraische Struktur $(\mathbb{N}_0, +)$ ist 0 das neutrale Element, denn für jedes $x \in \mathbb{N}_0$ gilt $x + 0 = 0 + x = x$. Die Algebra $(\mathbb{N}_0, \cdot)$ hat das neutrale Element 1, denn es gilt $x \cdot 1 = 1 \cdot x = x$.

Nicht jede Algebra muss ein neutrales Element besitzen. Ist $\top$ auf der Menge $\mathbb{Q}$ durch $a \top b = \frac{a+b}{2}$ definiert, so besitzt $\mathbb{Q}$ kein neutrales Element, denn aus $e \top x = x$ folgt $e + x = 2x$ und daher $e = x$. Aber x war ein beliebiges Element aus $\mathbb{Q}$. Das neutrale Element kann jedoch nicht gleich jedem beliebigen Element aus $\mathbb{Q}$ sein, ansonsten wären ja alle Elemente aus $\mathbb{Q}$ einander gleich.

Jedoch ist es einfach nachzuweisen, dass, wenn es in der Algebra $(A, \circ)$ ein neutrales Element gibt, dieses eindeutig sein muss. Mit anderen Worten: Es kann nicht zwei verschiedene neutrale Elemente geben. Dies kann man dadurch zeigen, dass man mit zwei neutralen Elementen e_1 und e_2 startet, die möglicherweise verschieden, möglicherweise gleich sind. Dann gilt

$$e_1 = e_1 \circ e_2 = e_2,$$

wobei die erste beziehungsweise die zweite Gleichung gilt, weil e_2 beziehungsweise weil e_1 ein neutrales Element ist. Damit gilt also $e_1 = e_2$. Damit ist gezeigt: Zwei neutrale Elemente müssen übereinstimmen oder eben: es gibt höchstens ein neutrales Element.

Aufgabe 3.18 Gibt es in der Algebra $(\mathbb{N}_0, \oplus_m)$ oder in $(\mathbb{N}_0, \odot_m)$ ein neutrales Element?

Aufgabe 3.19 Sei $T = \{0, 1, \ldots, m-1\}$. Gibt es in der Algebra $(T, \oplus_m)$ oder in $(T, \odot_m)$ ein neutrales Element?

Für alle natürlichen Zahlen n bezeichnen wir mit $\mathbb{Z}_n = \{0, 1, 2, \ldots, n-1\}$ die Menge aller ganzen, nichtnegativen Zahlen, die kleiner sind als n. Dies sind die möglichen Reste, bei der ganzzahligen Division durch n.

Aufgabe 3.20 Die folgenden Algebren besitzen ein neutrales Element. Bestimme es.

(a) $(\mathbb{Q}, +)$
(b) $(\mathbb{Z}_7, \oplus_7)$
(c) $(\mathbb{Z}_{12}, \odot_{12})$

Im Folgenden betrachten wir vor allem Operationen, die die nützlichen Eigenschaften der Kommutativität und der Assoziativät erfüllen. Eine binäre Operation $\circ$ einer Algebra $(A, \circ)$ heißt **kommutativ**, wenn für alle $a, b \in A$ die Gleichheit $a \circ b = b \circ a$ gilt. Eine binäre Operation $\circ$ einer Algebra $(A, \circ)$ heißt **assoziativ**, wenn für alle $a, b, c \in A$ die Gleichheit $a \circ (b \circ c) = (a \circ b) \circ c$ gilt. Ist die Operation $\circ$ assoziativ, so können wir die Klammern weglassen und $a \circ b \circ c$ schreiben, denn es spielt keine Rolle, in welcher Reihenfolge die Operationen ausgeführt werden.

Betrachte zum Beispiel die Operation $\circ$, die auf $\mathbb{Z}$ durch $a \circ b = a - 2b$ definiert ist. Um zu zeigen, dass diese Operation nicht kommutativ ist, reicht es zu zeigen, dass es zwei Zahlen a und b gibt, sodass $a \circ b \neq b \circ a$. Wählen wir $a = 0$ und $b = 2$, so erhalten wir

$$a \circ b = 0 \circ 2 = 0 - 2 \cdot 2 = -4$$

$$b \circ a = 2 \circ 0 = 2 - 2 \cdot 0 = 2.$$

Somit gilt $a \circ b = -4 \neq 2 = b \circ a$.

Aufgabe 3.21 Wir betrachten die Algebra $(\mathbb{Z}, \otimes)$, wobei $\otimes$ durch $a \otimes b = 2a + b$ definiert wird.
Zeige, dass $\otimes$ nicht kommutativ und nicht assoziativ ist.
Wäre der Operator kommutativ, wenn man ihn für alle $a, b \in \mathbb{Z}$ anstatt wie oben durch $a \otimes b = 2a \cdot b$ definieren würde?

Aufgabe 3.22 Wir betrachten die Menge $\mathbb{Z}$ und darauf die Operation der Subtraktion. Diese Operation ist weder kommutativ noch assoziativ. Zeige dies durch geeignete Zahlenbeispiele.

Aufgabe 3.23 Wir betrachten die Menge $\mathbb{N}$ (ohne die Null) und darauf die Operation des Potenzierens $\wedge$, die durch $a \wedge b = a^b$ definiert ist. Diese Operation ist weder kommutativ noch assoziativ. Zeige dies durch geeignete Zahlenbeispiele.

Für die Arbeit mit den Operatoren $\oplus_m$ und $\odot_m$, die man auch **modulare Operatoren** nennt, ist es wichtig, ein gutes Verständnis der Teilbarkeit von ganzen Zahlen zu haben.

Begriffsbildung 3.5 *Seien $a, k \in \mathbb{N}_0$ und $d \in \mathbb{N} = \mathbb{N}_0 \setminus \{0\}$. Wenn*

$$a = k \cdot d$$

*gilt, dann sagen wir, dass **d die Zahl a teilt**, oder auch, dass **d ein Teiler von a ist**. Alle Teiler von a, die verschieden sind von 1 und a, nennen wir **Faktoren von a**.*

*Wenn $a = k \cdot d$ und zusätzlich $k \geq 1$, dann sagen wir, dass **a ein Vielfaches von d ist**.*

Aufgabe 3.24 Welche Zahlen sind Teiler von 12? Welche davon sind Faktoren?

Begriffsbildung 3.6 *Eine Zahl $p > 1$, die keine Faktoren hat, nennt man **Primzahl**. Dazu äquivalent kann man auch sagen, dass eine **Primzahl** eine Zahl p ist, die genau zwei Teiler hat, nämlich 1 und p.*
*Eine Zahl $n > 1$, die keine Primzahl ist, nennt man **zusammengesetzte Zahl**.*

Eine der wichtigsten Rollen in der Mathematik spielen die Primzahlen in ihrer Nützlichkeit zur Produktdarstellung von natürlichen Zahlen $n \geq 1$. So gilt zum Beispiel

$$12 = 2 \cdot 2 \cdot 3,$$

$$210 = 2 \cdot 3 \cdot 5 \cdot 7.$$

Ganz zentral für das Rechnen mit natürlichen Zahlen ist das folgende Resultat, der sogenannte Fundamentalsatz der Arithmetik.

Satz 3.5 (Fundamentalsatz der Arithmetik) *Jede natürliche Zahl $n > 1$ lässt sich als Produkt von Primzahlen schreiben. Zudem ist diese Schreibweise eindeutig bis auf die Reihenfolge der Faktoren.*

Beweis. Zur Existenz der Primfaktorzerlegung.
Sei $n > 1$ eine natürliche Zahl. Dann ist entweder n prim, oder n ist zerlegbar. Im ersten Fall ist n seine eigene Primfaktorzerlegung. Im zweiten Fall gibt es Zahlen $n_1, n_2 > 1$ mit $n = n_1 \cdot n_2$. Es gilt dann $n_1 < n$ und $n_2 < n$. Nun wendet man dieselbe Argumentation auf n_1 und n_2 an. So werden die Faktoren n_1 und n_2 weiter faktorisiert bis alle Faktoren prim sind. Weil die Faktoren immer kleiner werden, muss dieser Prozess irgendwann enden. Man kann den Beweis auch mit vollständiger Induktion führen. Die Induktionshypothese wäre, dass alle Zahlen kleiner als n in Primfaktoren zerlegbar sind.
Zur Eindeutigkeit der Primfaktorzerlegung.
Dieser Beweis erfolgt durch Widerspruch. Wir nehmen also an, dass es eine natürliche Zahl gibt, die auf zwei verschiedene Arten als Produkt von Primzahlen dargestellt werden kann. Wenn es eine solche Zahl gibt, so gibt es auch eine kleinste mit dieser Eigenschaft. Wir nennnen sie n. Alle Zahlen $m < n$ haben also eine eindeutige Primfaktorzerlegung, für n gibt es jedoch zwei verschiedene Schreibweisen

$$n = p_1 p_2 \cdots p_r \qquad \text{und} \qquad n = q_1 q_2 \cdots q_s. \tag{3.15}$$

Wäre $p_i = q_j$ für gewisse i, j, so könnten wir $m = n/p_i$ betrachten:

$$p_1 \cdots p_{i-1}p_{i+1} \cdots p_r = q_1 \cdots q_{j-1}q_{j+1} \cdots q_s. \tag{3.16}$$

Nun gilt $m < n$, also stimmen die Faktoren in (3.16) bis auf die Reihenfolge überein. Daraus würde folgen, dass auch die Faktoren in (3.15) übereinstimmen im Gegensatz zur Annahme, dass dies nicht der Fall sei. Also gilt $p_i \neq q_j$ für alle i, j. Wir nehmen $p_1 < q_1$ an (im Fall $p_1 > q_1$ erfolgt die Argumentation ganz analog).

Nun betrachten wir $m = n - p_1q_2 \cdots q_s$ und finden zwei Darstellungen von m:

$$m = q_1q_2 \cdots q_s - p_1q_2 \cdots q_s = (q_1 - p_1)q_2 \cdots q_s \tag{3.17}$$

$$m = p_1p_2 \cdots p_r - p_1q_2 \cdots q_s = p_1(p_2 \cdots p_r - q_2 \cdots q_s). \tag{3.18}$$

Aus (3.17) folgt, dass $m < n$. Es ist leicht zu sehen, dass $m > 1$ (andernfalls wäre $s = 1$ und $n = q_1 = p_1 \ldots p_r$, also $q_1 = p_1$, was nicht möglich ist). Daher ist die Zerlegung in Primfaktoren von m eindeutig. Es folgt also, dass der Faktor p_1 von (3.18) auch in (3.17) vorkommen muss. Da $p_1 \neq q_j$ muss p_1 den Faktor $q_1 - p_1$ teilen: $q_1 - p_1 = hp_1$ und daraus folgt, dass $q_1 = (h + 1)p_1$ ein Vielfaches von p_1 ist im Widerspruch dazu, dass q_1 prim ist. Dies beendet den Beweis. $\square$

Dieser Satz ermöglicht uns die folgenden zwei Forschungsinstrumente zu erzeugen, die wir später brauchen werden.

Satz 3.6 *Teilt eine Primzahl p ein Produkt $a \cdot b$, so teilt p einen der beiden Faktoren a oder b.*

Beweis. Weil p das Produkt ab teilt, so gibt es ein k so, dass $ab = k \cdot p$. Faktorisieren wir a, b und k in Primfaktoren, so sehen wir sofort, dass wegen der Eindeutigkeit der Primfaktorzerlegung von ab, der Faktor p links vorkommen muss, das heißt, dass er als Faktor von a oder als Faktor von b vorkommen muss. $\square$

Die Voraussetzung in Satz 3.6, dass p prim ist, ist wichtig, denn für zusammengesetzte Zahlen gilt die Aussage nicht mehr: Zum Beispiel teilt 6 das Produkt $4 \cdot 9 = 36$, aber 6 teilt weder 4 noch 9. Weil $6 = 2 \cdot 3$ keine Primzahl ist, teilt das Produkt $6 = 2 \cdot 3$ die Zahl $4 \cdot 9$, weil 2 ein Faktor von 4 und 3 ein Faktor von 9 ist.

Aufgabe 3.25

(a) Finde drei Zahlen n, a, b so, dass $n > 6$ das Produkt $a \cdot b$ teilt, aber n ist weder ein Teiler von a noch einer von b.

(b) Finde vier Zahlen a, b, c, d so, dass $a \cdot b = c \cdot d$ und mit der Eigenschaft, dass c kein Faktor von a und kein Faktor von b und ebenso d kein Faktor von a und keiner von b ist.

Satz 3.7 *Seien $a, b \in \mathbb{N}_0$ und sei p eine Primzahl. Dann gilt: Wenn $a \bmod p = b \bmod p$, so teilt p die Differenz $a - b$.*

Beweis. Der Rest $a \bmod p$ ist eine Zahl r aus $\{0, 1, \ldots, p - 1\}$. Das bedeutet, dass a in der folgenden Form geschrieben werden kann:

$$a = k \cdot p + r,$$

wobei k der Quotient bei der ganzzahligen Division von a durch p ist. Weil $r = a \bmod p = b \bmod p$, gibt es ein j so, dass

$$b = j \cdot p + r.$$

Nun rechnen wir:

$$a - b = (k \cdot p + r) - (j \cdot p + r) = k \cdot p + r - j \cdot p - r = k \cdot p - j \cdot p = (k - j)p.$$

Aus der Definition der Teilbarkeit erhalten wir, dass p die Zahl $a - b$ teilt. □

Begriffsbildung 3.7 *Sei $(A, \circ)$ eine Algebra mit einer kommutativen Operation $\circ$ und mit einem neutralen Element e. Sind $a, b \in A$ zwei Elemente mit der Eigenschaft $a \circ b = b \circ a = e$, so nennt man b **das inverse Element zu a** und schreibt auch $b = a^{-1}$.*

Die Sprechweise legt nahe, dass es nur ein inverses Element zu a geben kann. Dem ist tatsächlich so, wenn die Operation $\circ$ assoziativ ist: Sind b_1 und b_2 zwei zu a inverse Elemente, so gilt also $b_1 \circ a = a \circ b_1 = e$ und $b_2 \circ a = a \circ b_2 = e$ und daher

$$b_1 = b_1 \circ e = b_1 \circ (a \circ b_2) = (b_1 \circ a) \circ b_2 = e \circ b_2 = b_2,$$

womit nachgewiesen ist, dass $b_1 = b_2$ gilt.

Man beachte auch, dass für kommutative Operationen „invers zu sein" eine symmetrische Beziehung ist: Ist b invers zu a, so ist umgekehrt auch a invers zu b.

Beispiel 3.5 In der Algebra $(\mathbb{Z}_6, \oplus_6)$ hat jedes Element ein inverses Element:

$$0 \oplus_6 0 = (0 + 0) \bmod 6 = 0 \qquad \text{0 ist invers zu sich selbst,}$$

$$1 \oplus_6 5 = (1 + 5) \bmod 6 = 0 \qquad \text{5 ist invers zu 1,}$$

$$2 \oplus_6 4 = (2 + 4) \bmod 6 = 0 \qquad \text{4 ist invers zu 2,}$$

$$3 \oplus_6 3 = (3 + 3) \bmod 6 = 0 \qquad \text{3 ist invers zu sich selbst.}$$

◇

Sei p eine positive ganze Zahl. Wir können zu jedem Element $a \in \mathbb{Z}_p$ das inverse Element angeben: Es ist $p - a$, denn

$$a \oplus_p (p - a) = (a + (p - a)) \bmod p = p \bmod p = 0.$$

Aufgabe 3.26

(a) Das neutrale Element der Algebra $(\mathbb{N}_0, +)$ ist 0. Welche Elemente besitzen ein inverses Element?

(b) In der Algebra $(\mathbb{Z}, +)$ ist 0 das neutrale Element. Was ist das inverse Element der Zahl 7? Welche Elemente besitzen ein inverses Element?

Begriffsbildung 3.8 *Eine Algebra* $(A, \circ)$ *heißt eine* **Gruppe**, *wenn folgende Eigenschaften gelten:*

  (i) Die Operation $\circ$ *ist assoziativ.*

  (ii) Es gibt ein neutrales Element in $(A, \circ)$.

  (iii) Für jedes Element $a \in A$ *gibt es ein inverses Element* a^{-1} *in* A.

Ist die Operation $\circ$ *außerdem kommutativ, so nennt man* $(A, \circ)$ *eine* **kommutative Gruppe**.

Beispiele von kommutativen Gruppen sind $(\mathbb{Z}, +)$ und $(\mathbb{Z}_p, \oplus_p)$ für jede positive ganze Zahl p. Auch $(\mathbb{Q}_*, \cdot)$ ist eine kommutative Gruppe mit dem neutralen Element 1, wobei $\frac{q}{p}$ das inverse Element von $\frac{p}{q}$ ist. Die Algebra $(\mathbb{Q}, +)$ ist ebenfalls eine kommutative Gruppe mit dem neutralen Element 0, wobei $-\frac{p}{q}$ das zu $\frac{p}{q}$ inverse Element ist. Hingegen ist $(\mathbb{Z}, \cdot)$ keine kommutative Gruppe. Zwar ist 1 ein neutrales Element, aber außer 1 hat kein anderes Element ein dazu inverses Element. So hat zum Beispiel die Gleichung

$$7 \cdot x = 1$$

die Lösung $x = \frac{1}{7}$, aber $\frac{1}{7} \notin \mathbb{Z}$.

Für das Hashing wird sich das Paar $(\mathbb{Z}_{p,*}, \odot_p)$ als besonders nützlich erweisen, wobei $\mathbb{Z}_{p,*} = \mathbb{Z}_p \setminus \{0\} = \{1, 2, \ldots, p-1\}$ alle Elemente aus $\mathbb{Z}_p$ ohne die Null enthält. Wie wir noch sehen werden, ist jedoch das Paar $(\mathbb{Z}_{p,*}, \odot_p)$ nicht immer eine kommutative Gruppe. Im Folgenden werden wir herausfinden, wann dies der Fall ist und wann nicht.

Beispiel 3.6 Wir betrachten $(\mathbb{Z}_{5,*}, \odot_5)$. Das neutrale Element ist 1, denn

$$x \odot_5 1 = (x \cdot 1) \bmod 5 = x \qquad \text{für alle } x \in \{1, 2, 3, 4\}.$$

Für jedes Element in $\mathbb{Z}_{5,*}$ gibt es ein inverses Element:

$$1 \odot_5 1 = (1 \cdot 1) \bmod 5 = 1 \qquad \text{1 ist zu sich selbst invers,}$$

$$2 \odot_5 3 = (2 \cdot 3) \bmod 5 = 1 \qquad \text{2 ist invers zu 3,}$$

$$4 \odot_5 4 = (4 \cdot 4) \bmod 5 = 1 \qquad \text{4 ist zu sich selbst invers.}$$

Dies zeigt: Die Algebra $(\mathbb{Z}_{5,*}, \odot_5)$ ist eine kommutative Gruppe.   ◊

Aufgabe 3.27 Bestimme für jedes Element aus $\mathbb{Z}_{7,*} = \{1, 2, \ldots, 6\}$ das inverse Element in $(\mathbb{Z}_{7,*}, \odot_7)$. Ist dies eine kommutative Gruppe?

Nun betrachten wir $(\mathbb{Z}_{12,*}, \odot_{12})$ mit dem neutralen Element 1. Für 5 gibt es ein inverses Element:

$$5 \odot_{12} 5 = 25 \bmod 12 = 1.$$

Aufgabe 3.28 Bestimme die inversen Elemente von 7 und von 11 in $(\mathbb{Z}_{12,*}, \odot_{12})$.

Mit etwas Aufwand überprüfen wir, dass es für 2 kein inverses Element gibt:

$$2 \odot_{12} 1 = 2 \bmod 12 = 2,$$

$$2 \odot_{12} 2 = 4 \bmod 12 = 4,$$

$$2 \odot_{12} 3 = 6 \bmod 12 = 6,$$

$$2 \odot_{12} 4 = 8 \bmod 12 = 8,$$

$$2 \odot_{12} 5 = 10 \bmod 12 = 10,$$

$$2 \odot_{12} 6 = 12 \bmod 12 = 0,$$

$$2 \odot_{12} 7 = 14 \bmod 12 = 2,$$

$$2 \odot_{12} 8 = 16 \bmod 12 = 4,$$

$$2 \odot_{12} 9 = 18 \bmod 12 = 6,$$

$$2 \odot_{12} 10 = 20 \bmod 12 = 8,$$

$$2 \odot_{12} 11 = 22 \bmod 12 = 10.$$

Es gibt also kein b so, dass $2 \odot_{12} b = 1$ und somit besitzt 2 kein inverses Element in $(\mathbb{Z}_{12,*}, \odot_{12})$. Schlimmer noch: $(\mathbb{Z}_{12,*}, \odot_{12})$ ist gar keine Algebra, denn die Menge $\mathbb{Z}_{12,*}$

ist nicht abgeschlossen unter der Operation $\odot_{12}$, da $2 \odot_{12} 6 = 0$, aber $0 \notin \mathbb{Z}_{12,*}$. Wir sollten daher korrekterweise $(\mathbb{Z}_{12}, \odot_{12})$ betrachten, das eine Algebra ist.

Aufgabe 3.29 Zeige, dass 4 und 6 ebenfalls kein inverses Element besitzen in $(\mathbb{Z}_{12}, \odot_{12})$.

Aufgabe 3.30 Welche Elemente in $(\mathbb{Z}_9, \odot_9)$ haben ein inverses Element und welche nicht?

Aufgabe 3.31 Welche der folgenden Paare sind Algebren? Welche sind kommutative Gruppen?

(a) $(\mathbb{Z}_{3,*}, \odot_3)$
(b) $(\mathbb{Z}_{4,*}, \odot_4)$
(c) $(\mathbb{Z}_{11,*}, \odot_{11})$
(d) $(\mathbb{Z}_{8,*}, \odot_8)$

Die vorangehende Aufgabe zeigt, dass einige der Paare $(\mathbb{Z}_{p,*}, \odot_p)$ Algebren und dann auch kommutative Gruppen sind.

Satz 3.8 *Für jede positive ganze Zahl p mit $p \geq 2$ gilt:*

p ist eine Primzahl $\Leftrightarrow$ das Paar $(\mathbb{Z}_{p,*}, \odot_p)$ ist eine kommutative Gruppe.

Beweis. Wir zeigen die behauptete Äquivalenz durch die zwei entsprechenden Implikationen.

(i) „$\Rightarrow$": Zuerst der Beweis von links nach rechts.

Sei $p \geq 2$ eine Primzahl. Wir wissen schon, dass $\odot_p$ assoziativ und kommutativ ist, und dass 1 das neutrale Element ist. Wir müssen also nur noch zeigen, dass für jedes $a \in \mathbb{Z}_{p,*}$, also für jedes $a = 1, 2, \ldots, p-1$ ein inverses Element in $\mathbb{Z}_{p,*}$ existiert, also ein Element a^{-1} mit der Eigenschaft $a \odot_p a^{-1} = 1$. Wir zeigen ohne a^{-1} konkret zu konstruieren, dass es ein solches Element geben muss. Dazu betrachten wir die folgenden $p-1$ Elemente

$$m_1 = 1 \odot_p a, \quad m_2 = 2 \odot_p a, \quad \ldots, \quad m_{p-1} = (p-1) \odot_p a.$$

Wir zeigen nun, dass alle diese $p-1$ Elemente paarweise voneinander verschieden sein müssen. Wir tun dies indirekt und nehmen also an, dass es zwei verschiedene Zahlen i und j in $\{1, 2, \ldots, p-1\}$ gibt mit der Eigenschaft

$$m_i = m_j.$$

Wir nehmen an, es gelte $j < i$. Der Fall $i < j$ wird ganz analog behandelt. Weil $m_i = m_j$ gilt

$$i \odot_p a = j \odot_p a,$$

$$(i \cdot a) \bmod p = (j \cdot a) \bmod p.$$

Gemäß Satz 3.7 teilt p dann die Differenz

$$i \cdot a - j \cdot a = (i - j) \cdot a.$$

Nun folgt aber mit Satz 3.6, dass die Primzahl p einen der zwei Faktoren $i - j$ oder a teilen muss. Dies geht aber nicht, da $0 < a < p$ und $0 < i - j < i < p$. Dies ist ein Widerspruch und wir müssen die Annahme, es gäbe $i \neq j$ mit $m_i = m_j$, fallen lassen. Somit gilt $m_i \neq m_j$ wenn $i \neq j$.

Keine der Zahlen m_i kann Null sein, da

$$(i \cdot a) \bmod p = 0$$

bedeutet, dass p die Zahl $i \cdot a$ teilen muss. Wiederum muss dann gemäß Satz 3.6 die Primzahl p einen der Faktoren i oder a teilen. Weil $0 < i < p$ und $0 < a < p$ ist dies jedoch unmöglich.

Jedes der Elemente $m_1, m_2, \ldots, m_{p-1}$ ist also in $\{1, 2, \ldots, p - 1\}$ enthalten und die Elemente sind paarweise voneinander verschieden. Somit sind die beiden Mengen gleich:

$$\{m_1, m_2, \ldots, m_{p-1}\} = \{1, 2, \ldots, p - 1\}.$$

Somit muss es ein i geben, sodass $m_i = 1$ gilt. Weil $m_i = i \odot_p a$ ist i das inverse Element von a.

(ii) „$\Leftarrow$": Nun betrachten wir die Implikation von rechts nach links.

Wir gehen dabei indirekt vor. Wir zeigen also, dass, wenn p keine Primzahl ist, das Paar $(\mathbb{Z}_{p,*}, \odot_p)$ keine kommutative Gruppe sein kann.

Weil p keine Primzahl ist, gibt es Faktoren $b > 1$ und $d > 1$ mit

$$p = b \cdot d.$$

Es gilt $b, d \in \{2, 3, \ldots, p - 1\}$. Dann folgt aber

$$b \odot_p d = (b \cdot d) \bmod p = p \bmod p = 0.$$

Dann ist $(\mathbb{Z}_{p,*}, \odot_p)$ keine Algebra, weil die Menge $\mathbb{Z}_{p,*}$ nicht abgeschlossen ist unter der Operation $\odot_p$. Damit ist gezeigt, dass $(\mathbb{Z}_{p,*}, \odot_p)$ keine kommutative Gruppe sein kann.

□

3.8   Zwei Klassen von Hashfunktionen

Jetzt kehren wir zu unserem Hauptziel zurück, praktisch verwendbare Mengen von Hashfunktionen zu suchen. Hier stellen wir jetzt zwei vor und von einer beweisen wir auch, dass sie universell ist.

3.8.1   Lineare Hashfunktionen

Wir betrachten das Universum $U = \{0, 1, 2, \ldots, p-1\} \subset \mathbb{N}_0$ für eine beliebige große Primzahl p. Unsere Speicheradressen bilden die Menge $T = \{0, 1, \ldots, m-1\}$. Für $a, b \in U$ mit $a \neq 0$ definieren wir die Funktion $h_{a,b} : U \to T$ durch die Funktionsgleichung:

$$h_{a,b}(x) = ((ax + b) \bmod p) \bmod m.$$

Die erste Operation $(ax + b) \bmod p$ bildet das Argument x auf eine Zahl $u = (ax + b) \bmod p$ aus U ab, die dann im zweiten Schritt mit $u \bmod m$ auf eine Speicheradresse in T abgebildet wird.

Nun definieren wir die Klasse H_{lin}^p von Hashfunktionen

$$H_{\text{lin}}^p = \{h_{a,b} \mid a, b \in U, a \neq 0\}.$$

Die Funktionen $h_{a,b}$ kann man effizient berechnen: Die Darstellung einer Zahl $a \in U$ benötigt maximal $\log_2(p)$ Stellen im Binärsystem (die man kurz Bits nennt). Bei der Multiplikation müssen dann alle Stellen von a mit allen Stellen von x multipliziert werden. Dies benötigt $\left(\log_2(p)\right)^2$ Operationen mit dem Schulalgorithmus für die Multiplikation.[2] Die restlichen Operationen wie das Addieren von b sowie die Berechnung des Rests modulo p sind linear in der Anzahl Bits und fallen daher kaum ins Gewicht. Der Aufwand, die Funktion $h_{a,b}$ in x auszuwerten, ist daher in etwa $\left(\log_2(p)\right)^2$. Die Anzahl der Hashfunktionen in H_{lin}^p ist genau $p \cdot (p-1)$, denn jede der Funktionen ist eindeutig durch a und b gegeben und somit mit $2\log_2(p)$ Bits darstellbar. Dies bedeutet auch, dass $2\log_2(p)$ Zufallsbits reichen, um eine Hashfunktion $h_{a,b}$ auszuwählen.

3.8.2   Vektorielle Hashfunktionen

Wir betrachten jetzt das Universum als eine Menge von Vektoren, das heißt, die Dateinamen müssen zuerst auf diese Form gebracht werden.

---

[2] Es gibt auch schnellere Algorithmen, die aber viel mehr algebraisches Wissen erfordern.

Sei m eine Primzahl und r eine positive ganze Zahl. Wie bisher bezeichnen wir mit $T = \{0, 1, \ldots, m-1\}$ die Menge der Speicheradressen. Wir betrachten im Folgenden das Universum $U(m, r)$:

$$U(m, r) = \{x = (x_0, x_1, \ldots, x_r) \mid x_i \in T \text{ für i=0,1,\ldots,r}\}.$$

Es gilt $U(m, r) = T^{r+1}$ und somit hat das Universum $|U(m, r)| = m^{r+1}$ Elemente. Für jeden Vektor $\alpha = (\alpha_0, \alpha_1, \ldots, \alpha_r)$ betrachten wir die Hashfunktion $h_\alpha : U(m, r) \to T$, die durch die Funktionsgleichung

$$h_\alpha(x) = \left(\sum_{i=0}^{r} \alpha_i x_i \right) \bmod m$$

definiert ist. Somit können wir folgende Klasse $H_{\text{vec}}^{m,r}$ von Hashfunktionen definieren:

$$H_{\text{vec}}^{m,r} = \{h_\alpha \mid \alpha \in T^{r+1}\}.$$

Offensichtlich ist $|H_{\text{vec}}^{m,r}| = m^{r+1}$ und somit ist jede Hashfunktion durch $(r+1) \cdot \log_2(m)$ Bits darstellbar. Alle Funktionen können effizient berechnet werden.

Satz 3.9 *Für jede Primzahl m ist die Menge $H_{\text{vec}}^{m,r}$ von Hashfunktionen von $U(m, r)$ nach T universell.*

Beweis. Seien $x = (x_0, x_1, \ldots, x_r)$ und $y = (y_0, y_1, \ldots, y_r)$ zwei unterschiedliche Elemente aus $U(m, r)$. Wir müssen zeigen, dass die Anzahl von Hashfunktionen h_α aus $H_{\text{vec}}^{m,r}$ mit der Eigenschaft

$$h_\alpha(x) = h_\alpha(y)$$

höchstens

$$\frac{|H_{\text{vec}}^{m,r}|}{m} = \frac{m^{r+1}}{m} = m^r$$

ist.

Weil die Vektoren x und y verschieden sind, müssen sie sich in mindestens einer Position unterscheiden. Zur Vereinfachung der Notation nehmen wir an, es gelte $x_0 \neq y_0$. Wir nehmen weiter an, dass $x_0 > y_0$, andernfalls vertauschen wir die Bezeichnungen von x und y. Falls nun $h_\alpha(x) = h_\alpha(y)$ für ein $\alpha = (\alpha_0, \alpha_1, \ldots, \alpha_r)$ gilt, so folgt

$$\left(\sum_{i=0}^{r} \alpha_i x_i\right) \bmod m = \left(\sum_{i=0}^{r} \alpha_i y_i\right) \bmod m$$

$$\left(\alpha_0 x_0 + \sum_{i=1}^{r} \alpha_i x_i\right) \bmod m = \left(\alpha_0 y_0 + \sum_{i=1}^{r} \alpha_i y_i\right) \bmod m$$

$$(\alpha_0 x_0 - \alpha_0 y_0) \bmod m = \left(\sum_{i-1}^{r} \alpha_i y_i - \sum_{i=1}^{r} \alpha_i x_i\right) \bmod m$$

$$(\alpha_0 \cdot (x_0 - y_0)) \bmod m = \left(\sum_{i=1}^{r} \alpha_i (y_i - x_i)\right) \bmod m. \tag{3.19}$$

Da m eine Primzahl ist, so ist das Paar $(Z_{m,*}, \odot_m)$ gemäß Satz 3.8 eine kommutative Gruppe. Die Zahl $x_0 - y_0$ ist positiv und liegt daher in $\mathbb{Z}_{m,*}$. Deswegen gibt es ein inverses Element d zu $x_0 - y_0$. Es gilt dann $(d \cdot (x_0 - y_0)) \bmod m = 1$. Wenn wir beide Seiten der Gleichung (3.19) mit d multiplizieren, so erhalten wir

$$(\alpha_0 \cdot (x_0 - y_0) \cdot d) \bmod m = \left(d \cdot \sum_{i=1}^{r} \alpha_i (y_i - x_i)\right) \bmod m$$

$$\alpha_0 \bmod m = \left(d \cdot \sum_{i=1}^{r} \alpha_i (y_i - x_i)\right) \bmod m$$

$$\{\text{weil } (d \cdot (x_0 - y_0)) \bmod m = 1\}$$

$$\alpha_0 = \left(d \cdot \sum_{i=1}^{r} \alpha_i (y_i - x_i)\right) \bmod m. \tag{3.20}$$

$$\{\text{weil } \alpha_0 < m \text{ und daher } \alpha \bmod m = \alpha_0\}$$

Was sagt uns die Gleichung (3.20)? Sie drückt aus, dass der Wert von α_0 eindeutig durch die Werte von $\alpha_1, \ldots, \alpha_r$ bestimmt ist. Für die Wahl der Zahlen $\alpha_1, \ldots, \alpha_r$ gibt es höchstens m^r Möglichkeiten. Damit $h_\alpha(x) = h_\alpha(y)$ gelten kann, muss dann α_0 gemäß (3.20) berechnet werden. Somit gilt

$$\left|\{h_\alpha \in H_{\text{vec}}^{m,r} \mid h_\alpha(x) = h_\alpha(y)\}\right| \leq m^r = \frac{m^{r+1}}{m} = \frac{|H_{\text{vec}}^{m,r}|}{m}.$$

Damit ist der Beweis erbracht. $\qquad\qquad\qquad\qquad\qquad\qquad\qquad\qquad\qquad\qquad\quad$ $\square$

3.9 Zusammenfassung

Die Wahrscheinlichkeitstheorie mit den Konzepten der Zufallsvariablen, des Erwartungswerts und der Standardabweichung gehört zu den wichtigsten Forschungsinstrumenten
in der Informatik für den Entwurf und die Analyse von Algorithmen. Die Nutzung des
Zufalls ist oft die Quelle der Effizienz von Algorithmen oder ermöglicht Dienstleistungen
mit einer Qualität, die wir ohne Verwendung des Zufalls nicht erreichen werden.

In diesem Kapitel haben wir gezeigt, wie man die Konzepte der Wahrscheinlichkeitstheorie zur Entwicklung von effizienten Systemen zur Datenverwaltung einsetzen kann.

Zuerst haben wir mit Hilfe des Erwartungswerts und der Standardabweichung die
Effizienz der binären Suche untersucht. Für Listen mit n Datenelementen beträgt der
höchstmögliche Aufwand sowie der zu erwartende Aufwand ein Datenelement zu suchen
ungefähr $\log_2(n)$. Der Erwartungswert ist hier eine sehr gute Vorhersage, weil die
Standardabweichung kleiner als $\sqrt{2}$ ist und somit auch unabhängig von der Größe
der Datenmenge ist. Dies steht im starken Kontrast zur Suche in ungeordneten Daten.
Hier ist der zu erwartende Aufwand $\frac{n+1}{2}$ bei Datenmengen mit n Elementen. Dies ist
exponentiell größer als der Aufwand der binären Suche in geordneten Datenmengen. Die
Standardabweichung des Aufwands bei der Suche in ungeordneten Datenmengen ist mit
$\frac{n}{2\sqrt{3}}$ linear in der Größe n der Datenmenge und daher ebenfalls groß.

Die binäre Suche kann man nur dann erfolgreich einsetzen, wenn die Datenmenge
stabil ist. Man sortiert die Datenmenge nur einmal und der Aufwand für das Sortieren
amortisiert sich durch die Durchführung von vielen Suchanfragen mit dem Algorithmus
der binären Suche. Wenn aber die Datenmenge in stetigem Wandel ist, weil neue Elemente
hinzukommen und andere gelöscht werden, dann ist der Aufwand für die Aufrechter-
haltung der Ordnung zu groß. Für die Datenverwaltung von dynamischen Datenmengen
verwenden wir das Konzept von Hashing. Die Idee ist, dass der Name eines Datenelements
die Speicheradresse vollständig bestimmt, an der das Element abgespeichert wird. Die
Zuordnung, die dem Namen des Datenelements ihre Speicheradresse zuordnet, ist eine
Funktion, die Hashfunktion genannt wird. Sie soll so effizient ausgewertet werden können,
dass man vom „Ablesen" der Speicheradresse aus dem Namen des Datenelements spricht.
Mit einer effizienten Hashfunktion sind die Prozesse des Einfügens eines neuen Elements,
des Löschens eines alten Elements und der Suche eines bestimmten Datenelements alle
mit sehr geringem Aufwand durchzuführen.

Ein Problem entsteht dann, wenn die Hashfunktion mehreren Datenelementen dieselbe
Speicheradresse zuweist. Die einfachste Strategie für eine gegebene Datenmenge eine
geeignete Hashfunktion zu suchen ist eine Funktion auszuwählen, die die Datenelemente
gleichmäßig auf die Speicheradressen verteilt. Das geht immer, aber der Aufwand der
Suche nach einer geeigneten Hashfunktion kann zu groß sein. Besonders bei dynamischen
Datenmengen macht es jedoch Sinn, die Hashfunktion unabhängig von der genauen
Kenntnis der Datenmenge auswählen zu können. Hier nimmt man den Zufall zu Hilfe, und

dies nicht nur als Forschungsinstrument zur Effizienzanalyse, sondern für die Entwurfs-methodik in der Wahl einer geeigneten Hashfunktion. Es gibt Mengen von sehr effizient berechenbaren Hashfunktionen, die universelle Mengen von Hashfunktionen genannt werden, bei denen wir für eine beliebig gegebene Datenmenge durch eine Zufallswahl einer Hashfunktion mit großer Wahrscheinlichkeit eine gleichmäßige Verteilung der Daten auf die Speicheradressen erhalten. Die Implementierung einer solchen dynamischen Datenverwaltung ist nicht schwierig. Was anspruchsvoll ist, ist die Analyse der Güte der erhaltenen Streuung der Datenelemente auf die Speicheradressen. Dazu benötigen wir weitere mathematische Konzepte aus der Algebra und der Zahlentheorie, um die Qualität der Verteilung der Daten im Speicher zu garantieren. Wenn die Anzahl der benutzten Speicheradressen gleich der Größe der Datenmenge ist, so resultiert für jede Speicheradresse die erwartete Anzahl der zugeordneten Elemente kleiner als 2. Die Standardabweichung ist kleiner als $\sqrt{\frac{3}{2}}$. Besser kann es kaum sein, weil beide Größen, der Erwartungswert und die Standardabweichung, sehr klein und unabhängig von der Größe n der Datenmenge sind.

3.10   Kontrollfragen

1. Warum kann sich der Aufwand für die Herstellung einer Ordnung in einer Datenmenge lohnen?
2. Wie funktioniert die binäre Suche?
3. Wie groß ist der Suchaufwand der binären Suche im schlechtesten, das heißt im auf aufwän-digsten, Fall? Wie groß ist der zu erwartende Suchaufwand? Wie groß ist der Suchaufwand bestenfalls?
4. Wie groß ist der Suchaufwand in ungeordneten Daten? Wie groß ist dabei die Standardabwei-chung?
5. Worin besteht die Grundidee beim Hashing?
6. Warum löst man nicht alle Probleme der Datenverwaltung durch das Sortieren der Daten und die binäre Suche?
7. Was ist eine Hashfunktion?
8. Gegeben sei ein Speicher der Größe n. Welche Eigenschaft einer Hashfunktion garantiert, dass zufällig gewählte Datenmengen der Größe n mit hoher Wahrscheinlichkeit gleichmäßig auf die Speicheradressen verteilt werden?
9. Sei h eine Hashfunktion, die die Urmenge aller möglichen Daten gleichmäßig auf die m Speicheradressen verteilt. Weiter seien eine zufällig gewählte Teilmenge von n Datenelementen und eine beliebige Speicheradresse ℓ festgelegt. Wie hoch ist die erwartete Anzahl von Datenelementen, die durch h der Speicheradresse ℓ zugewiesen werden? Wie groß ist die Standardabweichung?
10. Was ist eine universelle Menge von Hashfunktionen?
11. Sei S eine beliebige Datenmenge von n Elementen, da man auf m Speicheradressen verteilen will. Welche Qualitätsgarantie haben wir, wenn wir für die Verteilung von S auf den Speicher zufällig eine Hashfunktion aus einer universellen Menge von Hashfunktionen auswählen?
12. Gib ein Beispiel einer universellen Menge von Hashfunktionen, die praktikabel ist.
13. Die Menge aller Funktionen vom Universum U in der Menge der Speicheradressen ist auch universell. Warum verwenden wir sie nicht?

3.11   Lösungen zu ausgewählten Aufgaben

Aufgabe 3.1 Bei $n = 13$ erfolgt die binäre Suche gemäß dem Schema, das in der Abb. 3.10 angegeben ist. Der mittlere Aufwand ist daher gleich $\frac{41}{13} \approx 3.15$.

Bei $n = 14$ ist der mittlere Aufwand gleich $\frac{49}{15} \approx 3.21$.

Aufgabe 3.2 Die Induktionsverankerung ist schnell geprüft: Für $k = 1$ ist $2^k - 1 = 2^1 - 1 = 2 - 1 = 1 = L(1)$.

Nun setzen wir voraus, dass $L(k) = 2^k - 1$ für ein bestimmtes k gilt und wir haben nachzuweisen, dass $L(k+1) = 2^{k+1} - 1$ gilt. Wir berechnen:

$$L(k + 1) = 2L(k) + 1$$

$$\{\text{gemäß Definition}\}$$

$$= 2\left(2^k - 1\right) + 1$$

$$\{\text{gemäß Induktionsvoraussetzung}\}$$

$$= 2 \cdot 2^k - 2 + 1$$

$$= 2^{k+1} - 1.$$

Damit ist der Beweis erbracht.

Aufgabe 3.3 Es gilt:

$$E(X_4) = 1 \cdot \frac{1}{15} + 2 \cdot \frac{2}{15} + 3 \cdot \frac{4}{15} + 4 \cdot \frac{8}{15} = \frac{1}{15}(1 + 4 + 12 + 32) = \frac{49}{15}.$$

Aufgabe 3.4 Es gilt $W_1(5) = W_1(4) + 5 \cdot 2^4 = W_1(3) + 4 \cdot 2^3 + 5 \cdot 2^4 = 17 + 32 + 80 = 129$ und $W_1(6) = W_1(5) + 6 \cdot 2^5 = 129 + 192 = 321$.

Aufgabe 3.5 Die Induktionsverankerung ist einfach, denn es gilt

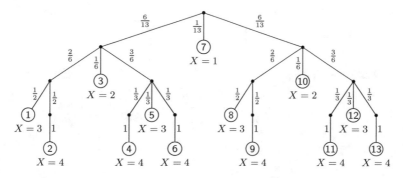

Abb. 3.10 Das Baumdiagramm stellt die binäre Suche in einem sehr kleinen Verzeichnis mit $n = 13$ Suchwörtern dar. Abgebildet sind jedoch die Adressen und nicht die Suchwörter. Dabei ist X die Zufallsvariable, die angibt, wie viele Vergleiche angestellt werden müssen, um mit Sicherheit ein gesuchtes Datenelement zu finden

$$W_1(1) = 1 = 0 + 1 = (1-1)2^1 + 1.$$

Nun werde vorausgesetzt, dass für ein gewisses k die Gleichheit $W_1(k) = (k-1)2^k + 1$ gilt. Wir haben zu zeigen, dass $W_1(k+1) = k2^{k+1} + 1$ gilt. Die Berechnung ergibt:

$$W_1(k+1) = W_1(k) + (k+1)2^k$$

$$\text{\{gemäß der induktiven Definition von } W_1(k)\text{\}}$$

$$= (k-1)2^k + 1 + (k+1)2^k$$

$$\text{\{gemäß Induktionsvoraussetzung\}}$$

$$= 2k \cdot 2^k + 1$$

$$= k2^{k+1} + 1.$$

Damit ist der Induktionsbeweis erbracht.

Aufgabe 3.6

(a) Es ist

$$S_k''(x) = \left(S_k'(x)\right)'$$

$$= \left(1 \cdot x^0 + 2 \cdot x^1 + 3 \cdot x^2 + \ldots + i \cdot x^{i-1} + \ldots + k \cdot x^{k-1}\right)'$$

$$= 0 + 1 \cdot 2 \cdot x^0 + 2 \cdot 3 \cdot x^1 + \ldots + (i-1) \cdot i \cdot x^{i-2} + \ldots (k-1) \cdot k \cdot x^{k-2}.$$

(b) Aus der vorangehenden Teilaufgabe folgt, dass

$$x \cdot S_k''(x) = 1 \cdot 2 \cdot x^1 + 2 \cdot 3 \cdot x^2 + \ldots + (i-1) \cdot i \cdot x^{i-1} + \ldots (k-1) \cdot k \cdot x^{k-1}$$

$$= (2-1) \cdot 2 \cdot x^1 + (3-1) \cdot 3 \cdot x^2 + \ldots + (i-1) \cdot i \cdot x^{i-1} + \ldots (k-1) \cdot k \cdot x^{k-1}$$

$$= (1^2 - 1)x^0 + (2^2 - 2)x^1 + (3^2 - 3)x^2 + \ldots + (i^2 - i)x^{i-1} + \ldots (k^2 - k)x^{k-1}$$

$$\text{\{der erste Summand ist Null\}}$$

$$= \sum_{i=1}^{k} i^2 x^{i-1} - \sum_{i=1}^{k} i x^{i-1}.$$

Für $x = 2$ erhalten wir damit

$$2S_k''(2) = \sum_{i=1}^{k} i^2 2^{i-1} - \sum_{i=1}^{k} i 2^{i-1} = W_2(k) - W_1(k).$$

(c) Es gilt

$$S_k'(x) = \frac{\left((k+1)x^k\right) \cdot (x-1) - x^{k+1} + 1}{(x-1)^2} = \frac{nx^{n+1} - (n+1)x^n + 1}{(x-1)^2}$$

und damit folgt

$$S_k''(x) = \frac{\left(nx^{n+1} - (n+1)x^n + 1\right)'(x-1)^2 - (nx^{n+1} - (n+1)x^n + 1)2(x-1)}{\left((x-1)^2\right)^2}$$

$$= \frac{\left(n(n+1)x^n - n(n+1)x^{n-1}\right)\cdot(x-1)^2 - \left(nx^{n+1} - (n+1)x^n + 1\right)\cdot 2(x-1)}{(x-1)^4}.$$

(d) Wir setzen $x = 2$ ein und erhalten so (da der Nenner Eins wird):

$$S_k''(2) = \left(n(n+1)2^n - n(n+1)2^{n-1}\right)\cdot(2-1)^2 - \left(n2^{n+1} - (n+1)2^n + 1\right)\cdot 2(2-1)$$

$$= n^2 2^n + n2^n - n^2 2^{n-1} - n2^{n-1} - (2n\cdot 2^n - n2^n - 2^n + 1)\cdot 2$$

$$= n^2 2^n + n2^n - n^2 2^{n-1} - n2^{n-1} - 4n\cdot 2^n + 2n\cdot 2^n + 2\cdot 2^n - 2.$$

$$= n^2 2^n + n2^n - n^2 2^{n-1} - n2^{n-1} - 2n\cdot 2^n + 2\cdot 2^n - 2.$$

Somit erhalten wir nach Multiplikation mit 2:

$$2\cdot S_k''(2) = 2n^2 2^n + 2n2^n - n^2 2^n - n2^n - 4n\cdot 2^n + 4\cdot 2^n - 4.$$

$$= n^2\cdot 2^n - 3n\cdot 2^n + 4\cdot 2^n - 4$$

$$= (n^2 - 3n + 4)2^n - 4.$$

(e) Gemäß (3.10) gilt:

$$W_2(k) = 2\cdot S_k''(2) + W_1(k)$$

$$= \left((n^2 - 3n + 4)2^n - 4\right) + \left((n-1)2^n + 1\right)$$

$$= (n^2 - 2n + 3)2^n - 3.$$

Damit ist die Formel (3.2) auch auf diese Weise hergeleitet worden.

Aufgabe 3.7 Damit wir genau im dritten Versuch das gesuchte Datenelement finden, müssen wir in den ersten zwei Versuchen keinen Erfolg gehabt haben, aber im dritten Anlauf erfolgreich sein. Die Wahrscheinlichkeit dazu ist $\frac{n-1}{n}\cdot\frac{n-2}{n-1}\cdot\frac{1}{n-2} = \frac{1}{n}$.

Damit wir genau im k-ten Versuch das gesuchte Datenelement finden, müssen wir in den ersten $k-1$ Versuchen keinen Erfolg gehabt haben. In jedem Versuch haben wir ein Datenelement weniger, das noch zu prüfen ist. Im $k-1$-ten Versuch gibt es noch $n - (k-2) = n - k + 2$ Datenelemente, die wir noch nicht angeschaut haben. Die Wahrscheinlichkeit ergibt sich als Produkt der Wahrscheinlichkeiten der einzelnen Versuche.

$$\frac{n-1}{n}\cdot\frac{n-2}{n-1}\cdot\frac{n-3}{n-2}\cdot\ldots\cdot\frac{n-k+1}{n-k+2} = \frac{n-k+1}{n}.$$

Schließlich müssen wir im k-ten Versuch das Datenelement finden, was mit der Wahrscheinlichkeit $\frac{1}{n-k+1}$ geschieht. Wir erhalten somit, dass die Wahrscheinlichkeit, genau im k-ten Versuch das gesuchte Datenelement zu finden, gleich

$$\frac{n-k+1}{n} \cdot \frac{1}{n-k+1} = \frac{1}{n}$$

ist.

Aufgabe 3.8 Wir zählen, wie viele Permutationen es geben kann, bei denen an der Stelle i die Zahl j steht. Dazu können wir die verbleibenden $n-1$ Stellen mit den $n-1$ Zahlen $1, \ldots, i-1, i+1, \ldots, n$ beliebig auffüllen. Daher gibt es $(n-1)!$ Möglichkeiten.

Aufgabe 3.9 Gemäß der Aufgabe 3.7 hat jedes Element dieselbe Wahrscheinlichkeit, angeschaut zu werden. Die Zufallsvariable X zählt die Anzahl Versuche, die wir vornehmen müssen, um das gesuchte Element zu finden. Daher kann X alle Werte $1, \ldots, n$ annehmen und jeder dieser Werte hat dieselbe Wahrscheinlichkeit $\frac{1}{n}$. Somit gilt:

$$\mathrm{E}(X) = 1 \cdot \frac{1}{n} + 2 \cdot \frac{1}{n} + \ldots + n \cdot \frac{1}{n} = \frac{1}{n}(1 + 2 + \ldots + n) = \frac{1}{n} \cdot \frac{n(n+1)}{2} = \frac{n+1}{2}.$$

Aufgabe 3.10 Die d Zahlen $m, 2m, 3m, \ldots, dm$ haben bei der Division durch m den Rest 0, sie werden daher unter h auf 0 abgebildet. Somit gilt $h^{-1}(0) = \{m, 2m, 3m, \ldots, dm\}$ und daher $\left| h^{-1}(0) \right| = d$. Die Zahlen

$$1, m+1, 2m+1, 3m+1, \ldots, (d-1)m+1$$

haben den Rest 1 und werden daher unter h auf 1 abgebildet. Allgemein gilt für $i = 1, 2, \ldots, m-1$, dass

$$h^{-1}(i) = \{i, m+i, 2m+i, 3m+i+\ldots(d-1)m+i\}.$$

Somit ist $\left| h^{-1}(i) \right| = d$. Damit ist gezeigt, dass für alle i die Urbildmenge $h^{-1}(i)$ dieselbe Anzahl Elemente besitzt.

Aufgabe 3.12 Es gilt

$$\binom{n}{2} \cdot \binom{n-2}{2} = \frac{n(n-1)(n-2)(n-3)}{4} = \frac{6n(n-1)(n-2)(n-3)}{24}$$

$$= 6\frac{n(n-1)(n-2)(n-3)}{4!} = 6\binom{n}{4}.$$

Seien nun vier Zahlen $d < e < f < g$ vorgegeben. Diese sollen auf die (paarweise verschiedenen) Indizes i, j, u, v so verteilt werden, dass $i < j$ und $u < v$ gilt. Hat man aber festgelegt, welche Zahlen für $\{i, j\}$ verwendet werden, dann müssen die restlichen zwei Zahlen dem Paar $u < v$ zugeordnet werden. Somit gibt es $\binom{4}{2} = 6$ Möglichkeiten, die Zahlen $d < e < f < g$ auf die Indizes zu verteilen.

Insgesamt gibt es daher $6 \cdot \binom{n}{4}$ Summanden in (3.14), bei denen $\mathrm{E}(X_{i,j}^{\ell} \cdot X_{u,v}^{\ell}) = \frac{1}{m^4}$.

Aufgabe 3.13 Zu zeigen ist

$$\binom{n}{2} + 6 \cdot \binom{n}{3} + 6 \cdot \binom{n}{4} = \binom{n}{2}^2.$$

Wir rechnen:

$$\binom{n}{2} + 6 \cdot \binom{n}{3} + 6 \cdot \binom{n}{4} = \frac{n(n-1)}{2} + 6 \cdot \frac{n(n-1)(n-2)}{6} + 6 \cdot \frac{n(n-1)(n-2)(n-3)}{24}$$

$$= \frac{2n(n-1)}{4} + \frac{4n(n-1)(n-2)}{4} + \frac{n(n-1)(n-2)(n-3)}{4}$$

$$= \frac{n(n-1)}{4}\Big(2 + 4(n-2) + (n-2)(n-3)\Big)$$

$$= \frac{n(n-1)}{4}\Big(2 + 4n - 8 + n^2 - 5n + 6\Big)$$

$$= \frac{n(n-1)}{4}\Big(n^2 - n\Big)$$

$$= \frac{n(n-1)}{4}n(n-1) = \left(\frac{n(n-1)}{2}\right)^2 = \binom{n}{2}^2.$$

Aufgabe 3.14 Die Varianz $V(Z_x)$ berechnet sich gemäß der Formel

$$V(Z_x) = E\big((Z_x)^2\big) - \big(E(Z_x)\big)^2.$$

Wir beginnen mit der Berechnung von $E\big((Z_x)^2\big)$, welches die größte Schwierigkeit bereitet.

$$E\big((Z_x)^2\big) = E\left(\left(\sum_{\substack{y \in S \\ y \neq x}} Z_{x,y}\right)^2\right) = E\left(\left(\sum_{\substack{y_1 \in S \\ y_1 \neq x}} Z_{x,y_1}\right) \cdot \left(\sum_{\substack{y_2 \in S \\ y_2 \neq x}} Z_{x,y_2}\right)\right)$$

$$= E\left(\sum_{\substack{y_1 \in S \\ y_1 \neq x}} \sum_{\substack{y_2 \in S \\ y_2 \neq x}} Z_{x,y_1} \cdot Z_{x,y_2}\right)$$

{nach dem Distributivgesetz}

Nun spalten wir die Summe auf in zwei Teilsummen. Bei den ersten Summanden soll $y_2 = y_1$ gelten, bei den zweiten jedoch $y_2 \neq y_1$. Somit erhalten wir

$$E\big((Z_x)^2\big) = E\left(\sum_{\substack{y \in S \\ y \neq x}} Z_{x,y}^2 + \sum_{\substack{y_1 \in S \\ y_1 \neq x}} \sum_{\substack{y_2 \in S \\ y_2 \neq x \\ y_2 \neq y_1}} Z_{x,y_1} \cdot Z_{x,y_2}\right)$$

$$= \sum_{\substack{y \in S \\ y \neq x}} E(Z_{x,y}^2) + \sum_{\substack{y_1 \in S \\ y_1 \neq x}} \sum_{\substack{y_2 \in S \\ y_2 \neq x \\ y_2 \neq y_1}} E(Z_{x,y_1} \cdot Z_{x,y_2}).$$

{wegen der Linearität des Erwartungswertes}

Da $Z_{x,y}^2(h) = Z_{x,y}(h)$ für jede Hashfunktion h gilt, folgt $E(Z_{x,y}^2) = E(Z_{x,y}) = \frac{1}{n}$.

Um $E(Z_{x,y_1} \cdot Z_{x,y_2})$ zu bestimmen beachten wir, dass die Zufallsvariable $Z_{x,y_1} \cdot Z_{x,y_2}$ nur die Werte 0 und 1 annehmen kann und im Erwartungswert somit übereinstimmt mit der Wahrscheinlichkeit $P_H(Z_{x,y_1} \cdot Z_{x,y_2} = 1)$. Es gilt also

$$E(Z_{x,y_1} \cdot Z_{x,y_2}) = P_H(Z_{x,y_1} \cdot Z_{x,y_2} = 1) = P_H(Z_{x,y_1} = 1) \cdot P_H(Z_{x,y_2} = 1) = \frac{1}{n} \cdot \frac{1}{n}.$$

Setzen wir dies oben ein, so erhalten wir

$$E\left((Z_x)^2\right) = \sum_{\substack{y \in S \\ y \neq x}} \frac{1}{n} + \sum_{\substack{y_1 \in S \\ y_1 \neq x}} \sum_{\substack{y_2 \in S \\ y_2 \neq x \\ y_2 \neq y_1}} \frac{1}{n^2}$$

$$= (n-1) \cdot \frac{1}{n} + (n-1)(n-2) \cdot \frac{1}{n^2}.$$

Bei der letzten Umformung haben wir benutzt, dass es $n - 1$ mögliche $y \neq x$ gibt, und weiter, dass es $(n - 1)$ mögliche $y_1 \neq x$ und dann noch $(n - 2)$ mögliche $y_2 \notin \{x, y_1\}$ gibt, also insgesamt $(n-1)(n-2)$ viele Summanden. Wir erhalten so

$$E\left((Z_x)^2\right) = \frac{(n-1)n}{n^2} + \frac{(n-1)(n-2)}{n^2} = \frac{n-1}{n^2} \cdot (n + n - 2) = \frac{2(n-1)^2}{n^2}.$$

Nun können wir die Varianz von Z_x bestimmen:

$$V(Z_x) = E\left((Z_x)^2\right) - \left(E(Z_x)\right)^2 = \frac{2(n-1)^2}{n^2} - \left(\frac{n-1}{n}\right)^2 = \frac{(n-1)^2}{n^2} = \left(1 - \frac{1}{n}\right)^2 < 1.$$

Sie ist als Quadrat einer Zahl $1 - \frac{1}{n} < 1$ sicherlich kleiner als 1 und konvergiert mit wachsendem n gegen 1.

Somit ist die Standardabweichung

$$\sigma(Z_x) = \sqrt{V(Z_x)} = 1 - \frac{1}{n} < 1$$

und konvergiert ebenfalls gegen 1.

Aufgabe 3.18 Nein, in beiden Algebren $(\mathbb{N}_0, \oplus_m)$ und $(\mathbb{N}_0, \odot_m)$ gibt es kein neutrales Element. Der Grund ist einfach: Das Resultat von $a \oplus_m b$ und $a \odot_m b$ liegt immer in $T = \{0, 1, \ldots, m - 1\}$. Daher gilt für $b = m$ immer $e \oplus_m m \neq m$ und $e \odot_m m \neq m$, egal wie e gewählt wird.

Aufgabe 3.19 In $(T, \oplus_m)$ ist $e = 0$ ein neutrales Element, da für alle x aus T gilt: $0 \oplus_m x = (0 + x) \bmod m = x \bmod m = x$.

Auch in $(T, \odot_m)$ gibt es ein neutrales Element, und zwar ist dies $e = 1$. Denn für alle $x \in T$ gilt $1 \odot_m x = x \odot_m 1 = x$.

Aufgabe 3.21 Es reicht aus ein Beispiel zu geben, um zu zeigen, dass $\otimes$ nicht kommutativ ist: Es gilt

$$1 \otimes 2 = 2 \cdot 1 + 2 = 4, \text{ aber}$$
$$2 \otimes 1 = 2 \cdot 2 + 1 = 5.$$

Ebenso sieht man, dass $\otimes$ nicht assoziativ ist:

$$1 \otimes (1 \otimes 1) = 1 \otimes 3 = 5, \text{ aber}$$

$$(1 \otimes 1) \otimes 1 = 3 \otimes 1 = 7.$$

Wäre $\otimes$ durch $a \times b = 2a \cdot b$ definiert, so wäre $\otimes$ kommutativ und assoziativ:

$$a \otimes b = 2a \cdot b = 2b \cdot a = b \otimes a$$

$$a \otimes (b \otimes c) = a \otimes (2b \cdot c) = 2a \cdot 2bc = 4abc = 2 \cdot (2a \cdot b) \cdot c = (a \otimes b) \otimes c.$$

Aufgabe 3.22 Zum Beispiel: $2 - 1 = 1 \neq -1 = 1 - 2$ und $(2 - 3) - 1 = -2 \neq 0 = 2 - (3 - 1)$.

Aufgabe 3.23 Zum Beispiel: $2 \wedge 3 = 8 \neq 9 = 3 \wedge 2$ und $2 \wedge (1 \wedge 2) = 2 \wedge 1 = 2 \neq 4 = 2 \wedge 2 = (2 \wedge 1) \wedge 2$.

Aufgabe 3.25

(a) Ein mögliches Beispiel ist $n = 10$, $b = 4$ und $c = 15$. Dann gilt: 10 teilt $4 \cdot 15 = 60$, aber 10 teilt weder 4 noch 15.

(b) Um ein mögliches Beispiel zu kreieren, starten wir mit den vier kleinsten Primzahlen $2, 3, 5, 7$. Diese multiplizieren wir paarweise zu a und b, also zum Beispiel $a = 2 \cdot 3 = 6$ und $b = 5 \cdot 7 = 35$. Andererseits multiplizieren wir sie auf eine andere Weise zu c und d, zum Beispiel mit $c = 3 \cdot 5 = 15$ und $d = 2 \cdot 7 = 14$. So erreichen wir, dass $a \cdot b = 2 \cdot 3 \cdot 5 \cdot 7 = c \cdot d$, aber keine der Zahlen c oder d die anderen Zahlen a oder b teilt.

Die Wahrscheinlichkeit von Wertebereichen

4

4.1 Zielsetzung

Bis jetzt haben wir zu einer gegebenen Zufallsvariablen X zwei Kenngrößen kennen gelernt: den Erwartungswert $E(X)$ sowie die Standardabweichung $\sigma(X)$. Das erste ist ein *Lagemaß*, das zweite ist ein *Streuungsmaß*. Nun soll die Frage angegangen werden, wie wahrscheinlich es ist, dass die Zufallsvariable stärker als ein vorgegebener Wert vom Erwartungswert abweicht. Oder umgekehrt: Zu vorgegebener Wahrscheinlichkeit soll ein Bereich um den Erwartungswert angegeben werden, der mindestens diese Wahrscheinlichkeit hat. Das Ziel dieses Kapitels ist es ein gutes Verständnis herauszuarbeiten für die Tatsache, dass große Abweichungen vom Erwartungswert unwahrscheinlich sind und die Fähigkeit entwickeln dafür auch eine quantitative Abschätzung angeben zu können.

4.2 Bereiche mit großer Wahrscheinlichkeit

Wir wollen zuerst die Wahrscheinlichkeit bestimmen von einem vorgegebenen Bereich von Werten, die eine Zufallsvariable annehmen kann. Wir beginnen mit Beispielen.

Beispiel 4.1 Wir betrachten den zehnfachen Münzwurf. Dies ist ein Bernoulli-Prozess mit den Parametern $n = 10$ und $p = 0.5$. Die Zufallsvariable X zählt die Anzahl Male, die „Kopf" erschienen ist.

Nun können wir für jeden Wertebereich die zugehörige Wahrscheinlichkeit berechnen. So etwa hat der Bereich $[3, 7] = \{3, 4, 5, 6, 7\}$ die Wahrscheinlichkeit

Abb. 4.1 Die
Wahrscheinlichkeit
$P(3 \leq X \leq 7)$ als Fläche

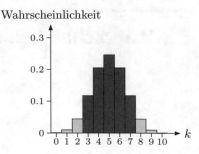

$$P(3 \leq X \leq 7) = \sum_{k=3}^{7} P(X = k) = \sum_{k=3}^{7} \binom{10}{k} \left(\frac{1}{2}\right)^k \left(1 - \frac{1}{2}\right)^{10-k}$$

$$= \sum_{k=3}^{7} \binom{10}{k} \left(\frac{1}{2}\right)^{10}$$

$$\approx 89.06\%.$$

Zeichnen wir das zugehörige Histogramm, so können wir diese Wahrscheinlichkeit als Fläche interpretieren, siehe die Abb. 4.1. Alle verbleibenden Werte zusammen haben damit die Wahrscheinlichkeit 10.94%. ◊

Begriffsbildung 4.1 *Einen Bereich der Form*

$$[a, b] = \{x \mid a \leq x \leq b\}$$

nennt man **Intervall**.

Aufgabe 4.1 Berechne die Wahrscheinlichkeit des Intervalls [0, 2] beim zehnfachen Münzwurf.

Aufgabe 4.2 Beim einfachen Würfeln soll die Sechs als Erfolg gelten, alle anderen Resultate gelten als Misserfolg. Bestimme die Wahrscheinlichkeit, dass beim vierfachen Würfeln die Anzahl Erfolge X zwischen 2 und 4 liegt, also $2 \leq X \leq 4$ erfüllt ist.

Nun soll der Prozess umgekehrt werden. Es soll also von einer vorgegebenen Wahrscheinlichkeit ausgegangen werden, zum Beispiel von $\alpha = 80\%$, und dann ein Bereich gesucht werden, der diese Wahrscheinlichkeit hat. Dabei haben wir aber zwei Probleme zu bewältigen:

- Möglicherweise ist es unmöglich, einen Bereich anzugeben, der genau die vorgegebene Wahrscheinlichkeit hat.
- Es gibt möglicherweise viele Bereiche mit der angegebenen Wahrscheinlichkeit.

Beim zweifachen Münzwurf, bei dem X die Anzahl Male zählt, die „Kopf" fällt, sind folgende Bereiche möglich:

$$\varnothing, \quad \{0\}, \quad \{1\}, \quad \{2\}, \quad \{0, 1\}, \quad \{1, 2\}, \quad \{0, 2\}, \quad \{0, 1, 2\}.$$

Diese haben die Wahrscheinlichkeiten

$$P(X < 0) = 0,$$
$$P(X = 0) \ = \ P(X = 2) = 0.25,$$
$$P(X = 1) \ = \ P(X \neq 1) = 0.5,$$
$$P(X \leq 1) \ = \ P(X \geq 1) = 0.75,$$
$$P(X \geq 0) = 1$$

Somit ist die Wahrscheinlichkeit 0.8 nicht möglich, und für die Wahrscheinlichkeit 0.75 gibt es zwei mögliche Bereiche. Aber so allgemein soll die Frage auch nicht angegangen werden. Vielmehr interessieren uns die Bereiche der „wahrscheinlichen" Fälle oder die Bereiche der „unwahrscheinlichen" Fälle.

Insgesamt betrachten wir 3 verschiedene Situationen, die wir (L), (R) und (Z) nennen werden. Bei allen geht man von einer vorgegebenen Wahrscheinlichkeit $\alpha > 0.5$ aus. Bei (L) sucht man eine Schranke r so, dass die Wahrscheinlichkeit, dass die Zufallsvariable X Werte größer oder gleich r annimmt, mindestens α ist. Die Schranke soll dabei möglichst groß gewählt werden. Bei (R) sucht man eine möglichst kleine Schranke s so, dass die Wahrscheinlichkeit, dass X Werte kleiner oder gleich s annimmt, mindestens α ist. Die Abb. 4.2 zeigt diese zwei Fragen schematisch. Beim dritten Fall, also bei (Z), sucht man zwei Schranken, wie wir später sehen werden.

Wir können die ersten zwei Fälle wie folgt zusammenfassen:

(L) Man bestimme eine möglichst große Schranke r so, dass $P(X \geq r) \geq \alpha$.

(R) Man bestimme eine möglichst kleine Schranke s so, dass $P(X \leq s) \geq \alpha$.

Im Falle (L) sucht man die Schranke r so, dass die Wahrscheinlichkeit $P(X \geq r)$ mindestens α ist. Bei (R) sucht man die Schranke s so, dass die Wahrscheinlichkeit $P(X \leq s)$ mindestens α ist. Nochmals anders formuliert: Bei (L) schließt man die Fälle aus, bei denen X „unwahrscheinlich" kleine Werte annimmt, bei (R) schließt man jene Werte aus bei denen X „unwahrscheinlich" hohe Werte annimmt, wobei „unwahrscheinlich" eine genaue Bedeutung hat, nämlich, dass die Wahrscheinlichkeit höchstens $1 - \alpha$ ist.

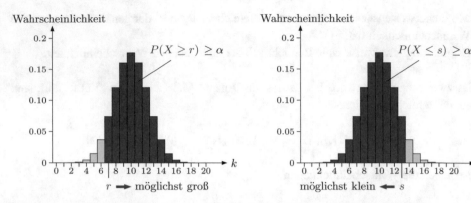

Abb. 4.2 Die Grenze r soll so bestimmt werden, dass sie möglichst groß ist, aber doch so, dass die Wahrscheinlichkeit $P(X \geq r)$ nicht kleiner ist als α. Die Grenze s soll hingegen möglichst klein sein mit der Eigenschaft $P(X \leq s) \geq \alpha$

Beispiel 4.2 Wir betrachten den 20-fachen Münzwurf. Dies ist ein Bernoulli-Experiment mit den Parametern $n = 20$ und $p = 0.5$. Sei X die Zufallsvariable, die angibt, wie oft „Kopf" gefallen ist. Zur Wahrscheinlichkeit $\alpha = 90\% = 0.9$ sollen nun beide Schranken s und r angegeben werden.

Dazu tabellieren wir die Wahrscheinlichkeiten $P(X = k)$, siehe die Tab. 4.1. Jetzt summieren wir die einzelnen Wahrscheinlichkeiten $P(X = k)$ für $k = 0, 1, \ldots$ auf:

$$P(X \leq 0) = P(X = 0) = 0.0000$$

$$P(X \leq 1) = P(X \leq 0) + P(X = 1) = 0.0000$$

$$P(X \leq 2) = P(X \leq 1) + P(X = 2) = 0.0002$$

$$P(X \leq 3) = P(X \leq 2) + P(X = 3) = 0.0013$$

$$P(X \leq 4) = P(X \leq 3) + P(X = 4) = 0.0059 \tag{4.1}$$

$$P(X \leq 5) = P(X \leq 4) + P(X = 5) = 0.0207$$

$$P(X \leq 6) = P(X \leq 5) + P(X = 6) = 0.0577$$

$$P(X \leq 7) = P(X \leq 6) + P(X = 7) = 0.1316.$$

Sobald wir jedoch den Wert $1 - \alpha = 0.1$ überschreiten, stoppen wir. Hier ist dies bei $\ell = 6$ der Fall. Nun gilt:

$$P(X \leq 6) < 1 - \alpha \qquad \text{und} \qquad P(X \leq 7) \geq 1 - \alpha$$

Tab. 4.1 Die Verteilung von $X =$„Anzahl der Male, die Kopf erscheint" beim 20-fachen Münzwurf

k	$P(X = k)$	k	$P(X = k)$	k	$P(X = k)$
0	0.0000	7	0.0739	14	0.0370
1	0.0000	8	0.1201	15	0.0148
2	0.0002	9	0.1602	16	0.0046
3	0.0011	10	0.1762	17	0.0011
4	0.0046	11	0.1602	18	0.0002
5	0.0148	12	0.1201	19	0.0000
6	0.0370	13	0.0739	20	0.0000

und daher ist

$$P(X \geq 7) \geq \alpha \quad \text{und} \quad P(X \geq 8) < \alpha$$

Dies bedeutet: Für $r = 7$ gilt noch $P(X \geq r) \geq \alpha$, aber r kann nicht größer gewählt werden.

Ganz ähnlich findet man s. Hier betrachtet man $P(X \geq k)$ für $k = 20, 19, 18, \ldots$.

$$P(X \geq 20) = P(X = 20) = 0.0000$$

$$P(X \geq 19) = P(X \geq 20) + P(X = 19) = 0.0000$$

$$P(X \geq 18) = P(X \geq 19) + P(X = 18) = 0.0002$$

$$P(X \geq 17) = P(X \geq 18) + P(X = 17) = 0.0013$$

$$P(X \geq 16) = P(X \geq 17) + P(X = 16) = 0.0059 \tag{4.2}$$

$$P(X \geq 15) = P(X \geq 16) + P(X = 15) = 0.0207$$

$$P(X \geq 14) = P(X \geq 15) + P(X = 14) = 0.0577$$

$$P(X \geq 13) = P(X \geq 14) + P(X = 13) = 0.1316.$$

und nun gilt

$$P(X \geq 14) < 1 - \alpha \quad \text{und} \quad P(X \geq 13) \geq 1 - \alpha$$

und daher ist

$$P(X \leq 13) \geq \alpha \quad \text{und} \quad P(X \leq 12) < \alpha,$$

also ist $s = 13$.   ◊

Aufgabe 4.3 Bestimme die Schranken r und s beim 20-fachen Münzwurf zur Wahrscheinlichkeit $\alpha = 99\%$.

Aufgabe 4.4 Betrachte die Summe X der Augensumme beim gleichzeitigen Werfen zweier Würfel. Bestimme die Schranken r und s für die Wahrscheinlichkeit $\alpha = 0.9$.

Nun soll noch die dritte Situation vorgestellt werden.

(Z)   Es werden zwei Schranken $r \leq s$ so gesucht, wobei r möglichst groß und s möglichst klein sein soll, dass $P(X < r) < \frac{1-\alpha}{2}$ und $P(X > s) < \frac{1-\alpha}{2}$. Damit gilt dann $P(r \leq X \leq s) \geq \alpha$.

Die Wahrscheinlichkeit $P(r \leq X \leq s)$ des Bereichs $[r, s]$ ist in der Abb. 4.3 beispielhaft dargestellt.

Beispiel 4.3 Betrachten wir noch einmal den 20-fachen Münzwurf aus Beispiel 4.2. Es sollen in der Situation (M) die Schranken $r < s$ so gefunden werden, dass das Intervall $P(r \leq X \leq s)$ mindestens die Wahrscheinlichkeit $\alpha = 0.9$ hat.

Wir müssen also r und s neu bestimmen, können jedoch auf die Berechnungen (4.1) und (4.2) zurückgreifen. Wir finden $r = 6$ und $s = 14$, denn $P(X \leq 5) = 0.0207$, aber $P(X \leq 6) = 0.0577$ und $P(X \geq 15) = 0.0207$, aber $P(X \geq 14) = 0.0577$ und daher $P(6 \leq X \leq 14) = 1 - P(X \leq 5) - P(X \geq 15) = 1 - 0.0207 - 0.0207 = 0.9586 > 0.9$.   ◇

Beispiel 4.4 Wir betrachten die Summe X der Augenzahlen beim Werfen von vier Spielwürfeln und suchen einen um den Erwartungswert $E(X)$ zentrierten Bereich mit der Wahrscheinlichkeit von mindestens $\alpha = 95\%$.

Wir müssen nun also Schranken $r \leq s$ suchen, und zwar r möglichst groß und s möglichst klein, so, dass $P(X < r) < \frac{1-\alpha}{2} = 2.5\%$ und $P(s < X) < 2.5\%$.

Abb. 4.3 Schema zur Suche der Grenzen in der Situation (Z)

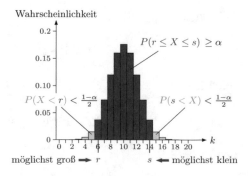

Wir betrachten die vier Spielwürfel als unterschiedlich und notieren ein Ergebnis als 4-Tupel. Somit gibt es $6^4 = 1296$ mögliche Ergebnisse und alle haben die Wahrscheinlichkeit $\frac{1}{1296}$.

Der kleinstmögliche Wert ist $k = 4$. Damit $X = 4$ gilt, müssen alle vier Würfel eine Eins zeigen. Die Wahrscheinlichkeit dafür ist $\frac{1}{6^4} \approx 0.00077 = 0.077\%$. Damit $X = 5$ gilt, müssen drei der Würfel eine Eins und der verbleibende Würfel eine Zwei anzeigen. Daher gibt es 4 mögliche Wurfbilder und $P(X = 5) = \frac{4}{1296} \approx 0.309\%$. Für $X = 6$ gibt es zwei Möglichkeiten: Entweder zeigen drei Würfel eine Eins und der vierte eine Drei oder aber zwei Würfel zigen eine Eins und die verbleibenden zwei Würfel eine Zwei. Typische Wurfbilder sind also $(1, 3, 1, 1)$ und $(1, 2, 2, 1)$. Vom ersten Typ gibt es $\overline{P}_{4|3,1} = 4$ und vom zweiten Typ $\overline{P}_{4|2,2} = 6$ Wurfbilder. Da die Situation recht unübersichtlich wird, haben wir die möglichen Wurfbilder und deren Anzahl in der Tab. 4.2 zusammengefasst. Aus dieser Tabelle entnehmen wir, dass $P(X \leq 6) < 2.5\%$ und $P(X \leq 7) > 2.5\%$, weshalb $r = 7$ folgt. Eine ganz ähnliche Überlegung zeigt $s = 21$, siehe die Tab. 4.3. Der gesuchte Bereich ist daher $[7, 21]$. Wir schließen also: Mit einer Wahrscheinlichkeit von mindestens 95% liegt die Würfelsumme von 4 Spielwürfeln zwischen 7 und 21. Die genaue Wahrscheinlichkeit ist $1 - 2 \cdot 0.01157 = 0.9769 = 97.69\%$.   ◇

Tab. 4.2 Typische Wurfbilder und deren Anzahl, sowie $P(X \leq k)$ für kleine k

k	Typisches Wurfbild	Anzahl	$P(X = k)$	$P(X \leq k)$
4	$(1, 1, 1, 1)$	1	$\frac{1}{1296} = 0.077\%$	$\frac{1}{1296} = 0.077\%$
5	$(1, 2, 1, 1)$	4	$\frac{4}{1296} = 0.309\%$	$\frac{5}{1296} = 0.386\%$
6	$(1, 3, 1, 1)$	4	$\frac{10}{1296} = 0.772\%$	$\frac{15}{1296} = 1.157\%$
	$(1, 2, 2, 1)$	6		
7	$(1, 4, 1, 1)$	4	$\frac{20}{1296} = 1.543\%$	$\frac{35}{1296} = 2.701\%$
	$(1, 3, 2, 1)$	12		
	$(2, 2, 1, 2)$	4		

Tab. 4.3 Typische Wurfbilder und deren Anzahl sowie $P(k \leq X)$ für große k

k	Typisches Wurfbild	Anzahl	$P(X = k)$	$P(k \leq X)$
24	$(6, 6, 6, 6)$	1	$\frac{1}{1296} = 0.077\%$	$\frac{1}{1296} = 0.077\%$
23	$(6, 5, 6, 6)$	4	$\frac{4}{1296} = 0.309\%$	$\frac{5}{1296} = 0.386\%$
22	$(6, 4, 6, 6)$	4	$\frac{10}{1296} = 0.772\%$	$\frac{15}{1296} = 1.157\%$
	$(6, 5, 5, 6)$	6		
21	$(6, 3, 6, 6)$	4	$\frac{20}{1296} = 1.543\%$	$\frac{35}{1296} = 2.701\%$
	$(6, 4, 5, 6)$	12		
	$(5, 5, 6, 5)$	4		

Aufgabe 4.5 Berechne einen zentrierten Bereich, der mindestens die Wahrscheinlichkeit 95% hat bei einem Bernoulli-Prozess zu den Parametern $n = 20$ und $p = 0.3$.

Aufgabe 4.6 Berechne einen zentrierten Bereich, der mindestens die Wahrscheinlichkeit 90% hat beim Werfen von vier Spielwürfeln.

Wozu kann die Bestimmung solcher Intervalle nützlich sein? Zur Klärung dieser Frage betrachten wir das Beispiel eines Bernoulli-Experiments mit einer unbekannten Erfolgswahrscheinlichkeit p. Wir haben jedoch eine Vermutung über den Wert von p. Wir beabsichtigen daher das einfache Bernoulli-Experiment n-mal zu wiederholen und bestimmen dazu ein Intervall mit mindestens 95% für die Anzahl Erfolge bei der n-fachen Durchführung, vorausgesetzt die Erfolgswahrscheinlichkeit wäre tatsächlich die von uns vermutete Zahl. Danach führen wir das Experiment n-mal durch. Liegt die beobachtete Anzahl Erfolge außerhalb des Intervalls, so zweifeln wir an der Gültigkeit unserer Vermutung und werden sie nicht für das Modellieren des Bernoulli-Experiments verwenden.

4.3   Berechnungen bei Bernoulli-Prozessen

Hinweis für die Lehrperson.
Dieser Abschnitt kann übersprungen werden, wenn weder ein Tabellenkalkulationsprogramm noch ein geeigneter Taschenrechner zur Verfügung steht.

Wie die vorangehenden Beispiele zeigen, können die Berechnungen solcher Bereiche recht aufwändig sein. Einigen Taschenrechnern und den meisten Tabellenkalkulationsprogrammen stellen jedoch fest vorprogrammierte Funktionen zur Verfügung, um zumindest im Falle von Bernoulli-Prozessen die resultierenden Berechnungen einfach anstellen zu können.

In Tabellenkalkulationsprogrammen heißt die Funktion häufig `BINOMVERT` oder auch `BINOM.VERT` und nimmt folgende vier Argumente an:

$$\text{BINOM.VERT}(k, \ n, \ p, \ \textit{kumuliert}),$$

wobei *kumuliert* entweder als `WAHR` oder `FALSCH` angegeben werden muss. Im letzteren Fall berechnet `BINOM.VERT` die Wahrscheinlichkeit $P(X = k)$ und im ersten Fall $P(X \leq k)$:

$$P(X = k) = \text{BINOM.VERT}(k, \ n, \ p, \ \text{FALSCH})$$

$$P(X \leq k) = \text{BINOM.VERT}(k, \ n, \ p, \ \text{WAHR}).$$

Auf den Taschenrechnern gibt es meistens zwei Funktionen, die `binomPdf` und `binomCdf` heißen, wobei das `Pdf` vom englischen *probability distribution function*, zu deutsch *Wahrscheinlichkeits-Verteilungs-Funktion*, stammt und das C in Cdf von *cumulative* also *kumulativ*. Die Argumente müssen allerdings in anderer Reihenfolge angegeben werden:

$$P(X = k) = \text{binomPdf}(n,\ p,\ k)$$

$$P(r \leq X \leq s) = \text{binomCdf}(n,\ p,\ r,\ s).$$

Beispiel 4.5 Beim 1000-fachen Würfeln ist zu erwarten, dass man $\frac{1}{6} \cdot 1000 \approx 167$ Sechser macht. Wie wahrscheinlich ist es eine Anzahl zwischen 147 und 187 zu messen?

Wir betrachten das 1000-fache Würfeln als Bernoulli-Prozess mit den Parametern $n = 1000$ und $p = \frac{1}{6}$ und setzen X als die Zufallsvariable, die die Anzahl Sechser angibt. Von Hand müssten wir für die 41 Werte $k = 147, 148, \dots, 187$ je einzeln $P(X = k)$ berechnen und aufsummieren. Mit den angegebenen Funktionen lässt sich dies einfach bewältigen.

In der Tabellenkalkulation kann dies wie folgt berechnet werden:

$P(147 \leq X \leq 187) =$

$= P(X \leq 187) - P(X \leq 146)$

$= \text{BINOM.VERT}(187,\ 1000,\ 1/6,\ \text{WAHR}) - \text{BINOM.VERT}(146,\ 1000,\ 1/6,\ \text{WAHR})$

$= 0.95986 - 0.04175$

$= 0.91810.$

Auf dem Taschenrechner ist die Berechnung noch einfacher:

$$P(147 \leq X \leq 187) = \text{binomCdf}(1000,\ 1/6,\ 147,\ 187) = 0.91810. \qquad \Diamond$$

Aufgabe 4.7 Berechne, wie wahrscheinlich es ist, beim 1000-fachen Würfeln 350 oder mehr Fünfer oder Sechser zu erzielen.

Aufgabe 4.8 Wie viele Doppelsechser darf man erwarten beim 360-fachen Werfen von zwei Spielwürfeln? Wie wahrscheinlich ist es, dass man dabei gerade doppelt so viele oder sogar noch mehr Doppelsechser erzielt?

Aufgabe 4.9 Bei einer Telefonumfrage weiß man aus Erfahrung, dass lediglich 34% der Anrufe zu einem erfolgreichen Abschluss kommen, die restlichen 66% legen den Telefonhörer vor Beendigung der Umfrage auf. Es sollen insgesamt 400 Personen befragt werden. Wie wahrscheinlich ist es, dieses Ziel zu erreichen, wenn 1100 Personen befragt werden?

Mit diesen Funktionen können Berechnungen für große n angestellt werden. Besonders praktisch ist auch die Tabellenkalkulations-Funktion BINOM.INV, die die Schranke s bei der Situation (L) ausrechnet und ein langwieriges Suchen danach erspart. Dabei gibt

$$\text{BINOM.INV}(n, \ p, \ \alpha)$$

das kleinste k aus, so dass $P(X \leq k) \geq \alpha$ gilt.

Beispiel 4.6 Ist $n = 1000$, $p = 0.5$ und zählt X wie üblich die Anzahl Erfolge, so bedeutet die Berechnung

$$\text{BINOM.INV}(1000, 0.5, 0.05) = 474,$$

dass $k = 474$ die kleinste Schranke ist, für die $P(X \leq k) \geq 0.05$ gilt. Dies bedeutet, dass $P(X \leq 473) < 0.05$. Ebenso findet man

$$\text{BINOM.INV}(1000, 0.5, 0.95) = 526$$

und daher gilt $P(474 \leq X \leq 526) \geq 0.9$. Dies bedeutet, dass beim 1000-fachen Münzwurf mit einer Wahrscheinlichkeit von mindestens 0.9 die Anzahl Male, die „Kopf" erscheint, zwischen 474 und 526 liegt.   ◊

Aufgabe 4.10 Berechne ein zentriertes Intervall mit der Wahrscheinlichkeit von mindestens 0.9 beim 10 000-fachen Münzwurf.

Aufgabe 4.11 Gegeben seien $n = 10\,000$ radioaktive Atome. Von diesen zerfallen in der Dauer von zwei Halbwertszeiten im Mittel gerade drei Viertel. Bestimme ein möglichst kleines Intervall für die Anzahl der Atome, die zerfallen, das mindestens die Wahrscheinlichkeit 0.98 haben soll.

Nun betrachten wir Intervalle konstanter Breite und Intervalle proportionaler Breite und beobachten, wie sich deren Wahrscheinlichkeit verändert bei wachsendem n und gleichbleibender Erfolgswahrscheinlichkeit. Die Tab. 4.4 zeigt das Resultat der Berechnungen.

Tab. 4.4 Wahrscheinlichkeiten verschiedener Intervalle I bei verschiedenen Werten von n

n	Intervalle konstanter Breite		Intervalle proportionaler Breite	
	Intervall I	$P(X \in I)$	Intervall I	$P(X \in I)$
50	[15, 35]	0.9974	[24.5, 25.5]	0.2202
100	[40, 60]	0.9648	[49, 51]	0.2356
200	[90, 110]	0.8626	[98, 102]	0.2762
500	[240, 260]	0.6523	[245, 255]	0.3772
1000	[490, 510]	0.4933	[490, 510]	0.4933
2000	[990, 1010]	0.3613	[980, 1020]	0.6407
5000	[2490, 2510]	0.2335	[2450, 2550]	0.8468
10 000	[4990, 5010]	0.1663	[4900, 5100]	0.9556
20 000	[9990, 10010]	0.1180	[9800, 10200]	0.9954

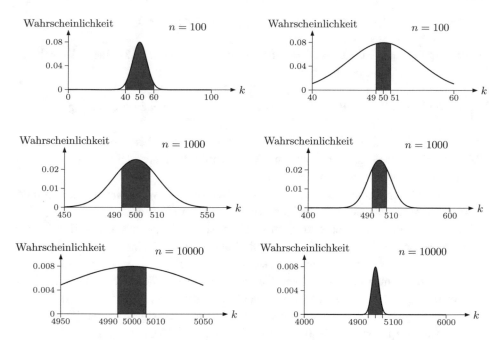

Abb. 4.4 Links Intervalle konstanter Breite 20, rechts Intervalle proportionaler Breite $0.02n$

Im Zentrum der Tabelle steht $n = 1000$ und ein Intervall $I = [490, 510]$. Dies kann auf zwei Arten interpretiert werden: einerseits als $[E(X)-10, E(X)+10]$ mit gleichbleibender Breite 20 oder als $[E(X) - \frac{n}{100}, E(X) + \frac{n}{100}]$, also der Breite $0.02n$, die proportional zum Wertebereich ist. In der Tab. 4.4 wurden beide Ideen für kleinere und größere n betrachtet. Es fällt auf, dass die Intervalle mit konstanter Breite bei kleinem n eine sehr große Wahrscheinlichkeit haben, aber bei großen n eine immer kleinere Wahrscheinlichkeit besteht. Gerade umgekehrt ist es bei den Intervallen mit proportionaler Breite: Bei kleinem n haben sie eine kleine Wahrscheinlichkeit und bei großem n eine sehr große. Wir haben diese Intervalle für $n = 100$, $n = 1000$ und $n = 10\,000$ in der Abb. 4.4 dargestellt. Dabei haben wir die Histogramme nur schematisch durch eine kontinuierliche Kurve angenähert. Beachte die Skalierung der Achsen.

Es stellt sich die Frage, ob es nicht eine Angabe der Breite so gibt, dass die Wahrscheinlichkeit konstant bleibt. Dies soll im nächsten Abschnitt untersucht werden.

4.4 σ-Umgebungen

In diesem Abschnitt betrachten wir eine Zufallsvariable X zu einem Bernoulli-Prozess mit Parametern n und p. Zur Abkürzung bezeichnen wir den Erwartungswert von X mit $\mu = E(X)$ und die Standardabweichung als $\sigma = \sigma(X)$. Wir betrachten nun Intervalle der Form

$$[\mu - \ell\sigma, \mu + \ell\sigma] = \{x \mid \mu - \ell\sigma \leq x \leq \mu + \ell\sigma\}, \tag{4.3}$$

wobei ℓ irgendeine Zahl ist. Bei $\ell = 1$ nennt sich das Intervall (4.3) eine σ-Umgebung, bei $\ell = 2$ heißt es 2σ-Umgebung usw.

Begriffsbildung 4.2 *Den Bereich* $[\mu - \ell\sigma, \mu + \ell\sigma]$ *nennt man* ***$\ell\sigma$-Umgebung****.*

Die Tab. 4.5 zeigt für verschiedene Werte von n und ℓ, aber konstantem $p = 0.5$ die Wahrscheinlichkeit dieser Umgebungen. Dabei wurde die untere Grenze, also $\mu - \ell\sigma$ aufgerundet, die obere Grenze abgerundet.

Die Tab. 4.5 zeigt eine sehr gute Stabilität. Zwar sind die Wahrscheinlichkeiten nicht exakt gleich groß, aber sie variieren innerhalb eher kleiner Grenzen.

Es könnte jedoch sein, dass dies ein recht spezielles Phänomen ist, weil $p = 0.5$ angenommen wurde. Daher haben wir dieselbe Tabelle noch für eine andere Erfolgswahrscheinlichkeit, nämlich $p = \frac{1}{6}$ berechnet, siehe die Tab. 4.6.

Daraus ersieht man, dass für kleine Werte von n etwas andere Wahrscheinlichkeiten entstehen, für große n diese jedoch sehr genau übereinstimmen.

Für das Folgende soll angenommen werden, dass unabhängig von n die Wahrscheinlichkeiten solcher Intervalle wie in der Tab. 4.7 gelten.

Beispiel 4.7 Bei Telefonumfragen ist die Erfolgsquote erfahrungsgemäß gering und schwankt je nach Art der Umfrage zwischen circa 18% und 36%. Die restlichen Personen legen vor Abschluss der Umfrage auf. Hier soll die Erfolgsquote optimistisch als fest bei 36% angenommen werden. Um die Kosten abzuschätzen, soll berechnet werden, wie viele Personen angerufen werden müssen, damit mit einer Wahrscheinlichkeit von mindestens 90% tatsächlich 400 Personen befragt werden können.

Tab. 4.5 Zentrierte Intervalle für $p = 0.5$ und verschiedene Werte von n

n	σ-Umgebung		2σ-Umgebung		3σ-Umgebung	
	Umgebung I	$P(X \in I)$	Umgebung I	$P(X \in I)$	Umgebung I	$P(X \in I)$
50	[22, 28]	0.6778	[18, 32]	0.9672	[15, 35]	0.9974
100	[45, 55]	0.7287	[40, 60]	0.9648	[35, 65]	0.9982
200	[93, 107]	0.7112	[86, 114]	0.9600	[79, 121]	0.9977
500	[239, 261]	0.6963	[228, 272]	0.9559	[217, 283]	0.9973
1000	[485, 515]	0.6857	[469, 531]	0.9537	[453, 547]	0.9974
2000	[978, 1022]	0.6847	[956, 1044]	0.9534	[933, 1067]	0.9975
5000	[2465, 2535]	0.6875	[2430, 2570]	0.9539	[2394, 2606]	0.9974
10 000	[4950, 5050]	0.6812	[4900, 5100]	0.9556	[4850, 5150]	0.9974
20 000	[9930, 10070]	0.6832	[9859, 10141]	0.9546	[9788, 10212]	0.9973

Tab. 4.6 Zentrierte Intervalle für $p = \frac{1}{6}$ und verschiedene Werte von n

n	σ-Umgebung		2σ-Umgebung		3σ-Umgebung	
	Umgebung I	$P(X \in I)$	Umgebung I	$P(X \in I)$	Umgebung I	$P(X \in I)$
50	[6, 10]	0.6598	[4, 13]	0.9455	[1, 16]	0.9977
100	[13, 20]	0.7184	[10, 24]	0.9570	[6, 27]	0.9965
200	[29, 38]	0.6565	[23, 43]	0.9536	[18, 49]	0.9976
500	[75, 91]	0.6925	[67, 100]	0.9589	[59, 108]	0.9973
1000	[155, 178]	0.6916	[144, 190]	0.9540	[132, 202]	0.9974
2000	[317, 350]	0.6922	[300, 366]	0.9556	[284, 383]	0.9973
5000	[807, 859]	0.6854	[781, 886]	0.9557	[755, 912]	0.9973
10 000	[1630, 1703]	0.6792	[1593, 1741]	0.9544	[1555, 1778]	0.9973
20 000	[3281, 3386]	0.6854	[3228, 3438]	0.9547	[3176, 3491]	0.9973

Tab. 4.7 Wahrscheinlichkeiten von $\ell\sigma$-Umgebungen für verschiedene ℓ

ℓ	$\ell\sigma$-Umgebung	Wahrscheinlichkeit
1	$[\mu - \sigma, \ \mu + \sigma]$	0.6827
1.28	$[\mu - 1.28\sigma, \ \mu + 1.28\sigma]$	**0.8**
1.64	$[\mu - 1.64\sigma, \ \mu + 1.64\sigma]$	**0.9**
1.96	$[\mu - 1.96\sigma, \ \mu + 1.96\sigma]$	**0.95**
2	$[\mu - 2\sigma, \ \mu + 2\sigma]$	0.9545
2.33	$[\mu - 2.33\sigma, \ \mu + 2.33\sigma]$	**0.98**
2.58	$[\mu - 2.58\sigma, \ \mu + 2.58\sigma]$	**0.99**
3	$[\mu - 3\sigma, \ \mu + 3\sigma]$	0.9973

Die 1.28σ-Umgebung beinhaltet etwa 80% der Werte. Die restlichen 20% teilen sich etwa zu gleichen Teilen auf die Werte kleiner als $\mu - 1.28\sigma$ und auf die Werte größer als $\mu + 1.28\sigma$ auf. Wir erhalten somit folgende Bedingung:

$$\mu - 1.28\sigma = 400,$$

die wir umschreiben und nach n auflösen können:

$$np - 1.28\sqrt{np(1 - p)} = 400$$

$$0.36n - 1.28\sqrt{n \cdot 0.36 \cdot 0.64} = 400$$

$$0.36n - 1.28\sqrt{n \cdot 0.36 \cdot 0.64} = 400$$

$$0.36n - 1.28\sqrt{n} \cdot 0.6 \cdot 0.8 = 400$$

$$0.36n - 0.6144\sqrt{n} = 400.$$

Setzen wir $t = \sqrt{n}$, so erhalten wir eine quadratische Gleichung

$$0.36t^2 - 0.6144t - 400 = 0,$$

die wir mit der Lösungsformel auflösen können:

$$t_1 = \frac{0.6144 + \sqrt{0.6144^2 + 4 \cdot 0.36 \cdot 400}}{2 \cdot 0.36} \approx 34.2 \qquad \text{und}$$

$$t_2 = \frac{0.6144 + \sqrt{0.6144^2 + 4 \cdot 0.36 \cdot 400}}{2 \cdot 0.36} \approx -32.5.$$

Die zweite Lösung verwerfen wir, da $t = \sqrt{n}$ nicht negativ sein kann. Somit ist

$$n = t^2 = 34.2^2 = 1169.64.$$

Es müssen also 1170 Anrufe geplant werden.

Wir verifizieren diese Angabe durch eine direkte Berechnung. Ist $n = 1170$, so gilt

$$P(X \geq 400) = 1 - P(X \leq 399) = 1 - \text{BINOM.VERT}(399, 1170, 0.36, \text{WAHR}) \approx 0.907.$$

Wir haben die Anzahl n also recht genau getroffen. $\Diamond$

Aufgabe 4.12 Die Aufgabenstellung erfolgt nach dem Muster von Beispiel 4.7, mit dem Unterschied, dass jetzt doppelt so viele, also 800 Personen tatsächlich befragt werden sollen. Wie viele Anrufe müssen jetzt eingeplant werden?

Aufgabe 4.13 Bei Fluglinien ist es üblich, die Flüge zu *überbuchen*, d. h. mehr Flugtickets zu verkaufen, als tatsächlich Sitze im Flugzeug sind. Erfahrungsgemäß treten nämlich nicht alle Passagiere ihren Flug an, sei dies wegen Krankheit oder Unfall oder weil sie mehr als einen Flug gebucht haben, was besonders in der Business Class häufig verbreitet ist. Bei der Lufthansa machen diese Personen die den Flug gar nicht antreten 8.2% aller Passagiere aus. Dieser Prozentsatz soll für die folgenden Berechnungen angenommen werden.

(a) Für einen Jumbo Jet, der 416 Personen fasst, wurden 435 Tickets verkauft. Wie groß ist die Chance, dass mehr Passagiere erscheinen als das Flugzeug transportieren kann?
(b) Die Fluglinie will in Zukunft noch mehr überbuchen. Die Wahrscheinlichkeit, dass alle Passagiere, die erscheinen, auch mitfliegen können, soll aber mindestens 99% betragen. Wie viele Tickets kann sie verkaufen für den Jumbo Jet mit 416 Sitzen?

Aufgabe 4.14 Ein Hotel mit 240 Betten ist für die Feriensaison voll ausgebucht. Aus Erfahrung weiß der Hotelmanager, dass 9% von allen Reservationen noch einen Tag vor Anreise storniert werden. Er erhält nun eine Anfrage von einem Reiseunternehmen, das Übernachtungsmöglichkeiten für eine Gruppe von 15 Touristen sucht. Kann der Manager dem Reiseunternehmen zusagen? Er verlangt eine Sicherheit von 99% dafür, dass nicht mehr Touristen ankommen, als es tatsächlich Betten gibt.

4.5   Die Tschebyschowsche Ungleichung

Die vorangehenden Abschnitte zeigen einerseits, dass eine konkrete Berechnung bei Bernoulli-Prozessen recht aufwändig sein kann, kaum bewältigbar ohne den Einsatz einer vorprogrammierten Funktion. Andererseits haben wir auch gesehen, dass mit den $\ell\sigma$-Umgebungen ein handhabbarer Zusammenhang zwischen Bereichen und deren Wahrscheinlichkeit erstellt wird.

In diesem Abschnitt soll ein derartiger Zusammenhang für beliebige Zufallsvariablen angegeben werden. Dieser Zusammenhang hat den Nachteil, dass er lediglich eine *Abschätzung* der Wahrscheinlichkeit ermöglicht. Der Vorteil liegt darin, dass er immer anwendbar ist.

Die **Tschebyschowsche Ungleichung** besagt, wie unwahrscheinlich große Abweichungen vom Erwartungswert sind.

Sei dazu (S, Prob) ein Wahrscheinlichkeitsraum und sei X eine Zufallsvariable. Wir verwenden in der Folge eine verkürzte Notation. Der Ausdruck

$$\text{Prob}\left(\,|X - E(X)| \geq a\,\right)$$

steht für die Wahrscheinlichkeit des Ereignisses $F \subseteq S$, das aus allen Resultaten $e \in S$ besteht, die die Ungleichung

$$|X(e) - E(X)| \geq a$$

erfüllen. Die Tschebyschowsche Ungleichung gilt für alle Zufallsvariablen.

Satz 4.1 (Tschebyschowsche Ungleichung) *Für jede Zufallsvariable X und jedes positive a gilt*

$$\text{Prob}\big(|X - E(X)| \geq a\big) \leq \frac{\sigma(X)^2}{a^2}. \tag{4.4}$$

Beweis. Die Bedingung $|X(e) - E(X)| \geq a$ ist genau dann erfüllt, wenn $(X(e) - E(X))^2 \geq a^2$. Die linke Seite der Tschebyschowschen Ungleichung ist daher die Wahrscheinlichkeit des Ereignisses $(X - E(X))^2 \geq a^2$, das heißt die Wahrscheinlichkeit der Menge (des Ereignisses)

$$F = \{e \in S \mid (X(e) - E(X))^2 \geq a^2\}.$$

Die rechte Seite der Tschebyschowschen Ungleichung gibt eine obere Schranke an für diese Wahrscheinlichkeit.

Um diese Ungleichung zu beweisen, betrachten wir die Varianz:

$$V(X) = \sigma(X)^2 = \sum_{e \in S} (X(e) - E(X))^2 \operatorname{Prob}(e).$$

Jeder der Summanden ist positiv oder Null, denn es ist ja ein Produkt aus dem Quadrat $(X(e) - E(X))^2$ und der Wahrscheinlichkeit $\operatorname{Prob}(e)$. Beide Zahlen sind positiv oder Null und daher ist auch das Produkt positiv oder Null. Daher gilt: Lässt man Summanden auf der rechten Seite weg, so verkleinert sich die rechte Seite. Es gilt also:

$$\sigma(X)^2 \geq \sum_{e \in F} (X(e) - E(X))^2 \operatorname{Prob}(e).$$

Für alle $e \in F$ gilt aber $(X(e) - E(X))^2 \geq a^2$ und daher

$$\sigma(X)^2 \geq \sum_{e \in F} \underbrace{(X(e) - E(X))^2}_{\geq a^2} \operatorname{Prob}(e)$$

$$\geq \sum_{e \in F} a^2 \operatorname{Prob}(e)$$

$$= a^2 \sum_{e \in F} \operatorname{Prob}(e)$$

$$= a^2 \operatorname{Prob}(F)$$

$$= a^2 \operatorname{Prob}\big((X - E(X))^2 \geq a\big).$$

Insgesamt erhalten wir

$$\sigma(X)^2 \geq a^2 \operatorname{Prob}\big((X - E(X))^2 \geq a^2\big),$$

woraus die Tschebyschowsche Ungleichung durch Division mit a^2 folgt. Damit ist die Tschebyschowsche Ungleichung bewiesen.   □

Auszug aus der Geschichte Die Tschebyschowsche Ungleichung hat ihren Namen vom russischen Mathematiker Pafnuti Lwowitsch Tschebyschow (1821–1894), der sie 1867 veröffentlichte. Das Portrait von Tschebyschow kann man in der Abb. 4.5 betrachten. Die Ungleichung wurde jedoch kurz vor ihm, im Jahre 1853, vom französischen Mathematiker Irénée-Jules Bienaymé (1796–1878) zuerst bewiesen.

Betrachten wir $a = \ell\sigma$, wobei $\sigma = \sigma(X)$. Dann lautet die Tschebyschowsche Ungleichung

$$\operatorname{Prob}\big(|X - E(X)| \geq \ell\sigma\big) \leq \frac{1}{\ell^2}.$$

Abb. 4.5 Das Portrait von
Tschebyschow

Pafnuti Lwowitsch Tschebyschow
(sciencephoto.com)

Für $\ell = 2$ erhalten wir also die Abschätzung

$$\mathrm{Prob}\big(|X - E(X)| \geq 2\sigma\big) \leq \frac{1}{4}$$

und daher ist die Gegenwahrscheinlichkeit

$$\mathrm{Prob}\big(|X - E(X)| < 2\sigma\big) > \frac{3}{4} = 75\%.$$

Vergleicht man diese Abschätzung mit jener, die wir in Tab. 4.7 festgehalten haben:

$$\mathrm{Prob}\big(|X - E(X)| < 2\sigma\big) = 95.45\%,$$

so sieht man, dass die Abschätzung durch die Tschebyschowsche Ungleichung zwar
richtig, aber doch auch weit entfernt von einer Gleichung ist. Wichtig ist jedoch zu
erkennen, dass die Tschebyschowsche Ungleichung für *alle* Zufallsvariablen gültig ist,
die Tab. 4.7 jedoch nur für die Zufallsvariable, die die Anzahl Erfolge in einem Bernoulli-
Prozess zählt.

Beispiel 4.8 Wir betrachten das 100-fache Werfen eines Spielwürfels und dabei die
Summe X der Augenzahlen. Mit welcher Wahrscheinlichkeit liegt X zwischen 250 und
450?

   Sei X_1 die Augenzahl beim einmaligen Werfen eines Würfels. Dann gilt $E(X_1) =$
3.5 und $\sigma(X_1) = 1.708$, siehe Beispiel 2.4. Da die Augenzahlen der einzelnen Würfe
unabhängig voneinander sind, können wir schließen, dass $E(X) = 100E(X_1) = 350$ und
$\sigma(X) = \sqrt{100}\sigma(X_1) = 10 \cdot 1.708 = 17.08$.

Wenn X im Intervall 250, 450 liegt, dann gilt $|X - E(X)| < 101$. Das Gegenereignis ist $|X - E(X)| \geq 101$ und dessen Wahrscheinlichkeit wird durch die Tschebyschowsche Ungleichung abgeschätzt:

$$\mathrm{Prob}\big(|X - E(X)| \geq 101\big) \leq \frac{\sigma(X)^2}{101^2} = 0.0285.$$

Daher liegt X mit der Wahrscheinlichkeit $1 - 0.0285 = 0.9715$ im Intervall $[250, 450]$. $\Diamond$

Beispiel 4.9 Wir betrachten nochmals das 100-fache Werfen eines Spielwürfels und X, die Summe der Augenzahlen. Gesucht ist ein Bereich für X, der mindestens die Wahrscheinlichkeit 90% hat.

Nun können wir die Tschebyschowsche Ungleichung anwenden. Dabei soll $\frac{\sigma(X)^2}{a^2} = 0.1$ gelten, damit die Gegenwahrscheinlichkeit gleich $0.9 = 90\%$ ist. Wir schließen also $a^2 = \frac{\sigma(X)^2}{0.1} = 10\sigma(X)^2 = 2917.26$ und daraus $a = 54.0$. Somit gilt

$$\mathrm{Prob}\big(|X - E(X)| \geq 54\big) \leq 0.1,$$

und daher ist die Gegenwahrscheinlichkeit

$$\mathrm{Prob}\big(|X - E(X)| < 54\big) > 0.9.$$

Dies liefert den Bereich von $350 - 54 = 296$ bis $350 + 54 = 405$. Damit erhalten wir das Intervall $[296, 405]$, das mindestens die Wahrscheinlichkeit 90% hat. $\Diamond$

Aufgabe 4.15 Welche Abschätzung liefert die Tschebyschowsche Ungleichung für $a = \sigma(X)$? Was bedeutet diese Aussage?

Aufgabe 4.16 Betrachte noch einmal das Glücksrad der Abb. 2.7 aus Aufgabe 2.5. Der Getränkehersteller will es vor dem Eingang eines Supermarktes aufstellen, damit jeder, der möchte daran drehen kann und die angezeigte Anzahl Dosen geschenkt bekommt. Er rechnet mit 1000 Kunden, die am Glücksrad drehen werden. Der Dosenfabrikant möchte nun wissen, wie viele Dosen er mitnehmen soll, damit er mit einer Wahrscheinlichkeit von 90% nicht zu wenig Dosen hat.

Aufgabe 4.17 Benutze die Tschebyschowsche Ungleichung, um abzuschätzen, wie wahrscheinlich es ist, dass bei der Dosenaktion der Aufgabe 4.16 zwischen 1000 und 2000 Dosen verschenkt werden.

4.6   Zusammenfassung

Mit dem Konzept der Zufallsvariablen können wir für uns interessante quantitative Eigenschaften eines Zufallsexperiments (oder der Realität, die wir durch ein Zufallsexperiment modellieren) untersuchen. Der Erwartungswert einer Zufallsvariablen gibt uns den durch Wahrscheinlichkeiten gewichteten Durchschnittswert der Zufallsvariablen. Die Standardabweichung der Zufallsvariablen drückt die zu erwartende Abweichung von dem Erwartungswert aus und gibt uns somit eine Information über die Streuung der Werte der Zufallsvariablen. In der Praxis interessiert uns meistens eine andere Fragestellung: Wir stehen vor einem Zufallsexperiment mit unbekannter Wahrscheinlichkeitsverteilung und führen eine Folge von Experimenten durch, um etwas über die Wahrscheinlichkeitsverteilung herauszufinden. Dazu müssen wir wissen, wie groß die Wahrscheinlichkeit gewisser Wertebereiche von bereits bekannten Wahrscheinlichkeitsverteilungen sind. Da wir die tatsächliche Wahrscheinlichkeitsverteilung unseres Zufallsexperiments nicht kennen, können wir verschiedene Wahrscheinlichkeitsverteilungen vorschlagen. Wenn wir unter Voraussetzung einer Wahrscheinlichkeitsverteilung in unserem Experiment ein sehr unwahrscheinliches Resultat erhalten, würden wir nicht glauben, dass die Wahrscheinlichkeitsverteilung tatsächlich vorliegt. So können wir gewisse Möglichkeiten für Wahrscheinlichkeitsverteilungen ausschließen und gewisse andere könnten uns realistisch erscheinen.

Deswegen studieren wir in diesem Kapitel Wertebereiche einer Zufallsvariablen als Intervalle, die meistens rund um den Erwartungswert symmetrisch liegen oder einseitig verlaufen. Wir beobachten dabei bei den Bernoulli-Experimenten, dass die Wahrscheinlichkeit, in einer proportionalen Umgebung des Erwartungswertes zu landen, mit der Anzahl der Wiederholungen des Experiments wächst. Das deutet an, dass mit größerem Aufwand für das Experimentieren unsere Chancen wachsen, gute Schätzungen über die Wahrscheinlichkeitsverteilungen treffen zu können.

Wir haben gesehen, dass der Rechenaufwand für die Berechnung der Wahrscheinlichkeiten für konkrete Intervalle von Werten relativ groß ist. Dazu benützen wir vorweg berechnete Tabellen für gewisse sehr häufig vorkommende Wahrscheinlichkeitsverteilungen, insbesondere für die Bernoulli-Experimente. Somit können wir gute Schätzungen direkt aus den Tabellen ablesen oder schnell ausrechnen. Einen anderen algemeineren Weg, um mit wenig Aufwand eine gute Schätzung der Intervallwahrscheinlichkeiten zu erhalten, liefert uns die Tschebyschowsche Ungleichung. Sie ermöglicht mit Hilfe der Standardabweichung der untersuchten Zufallsvariablen eine obere Schranke für die Wahrscheinlichkeit zu bestimmen, dass der Wert der Zufallsvariablen außerhalb eines vorgegebenen symmetrischen Intervals rund um den Erwartungswert liegt.

4.7   Kontrollfragen

1. Wie kann man bei Bernoulli-Prozessen die Wahrscheinlichkeit eines gewissen Werteintervalls für die Anzahl Erfolge präzise berechnen?
2. Visualisiert man einzelne Werte einer Zufallsvariablen durch vertikale Balken, deren Höhe der Wahrscheinlichkeit des Wertes entsprechen, so entsteht ein Diagramm, das die Wahrscheinlichkeitsverteilung darstellt. Welches Diagramm ist bei einem Bernoulli-Prozess zu erwarten? Welche Rolle spielt dabei der Erwartungswert der Anzahl Erfolge?

3. Welche Angaben über die Wahrscheinlichkeit von Intervallen für Bernoulli-Prozesse findet man
   in vorhandenen, vorausberechneten Tabellen? Wie kann man sie nutzen, um Wahrscheinlichkeiten von beliebigen Intervallen zu bestimmen?
4. Wie definiert man symmetrische σ-Umgebungen um den Erwartungswert?
5. Welche Aussage macht die Tschebyschowsche Ungleichung?
6. Gibt die Tschebyschowsche Ungleichung eine untere oder eine obere Schranke an die Wahrscheinlichkeit eines $\ell\sigma$-Intervalls?
7. Gilt die Tschebyschowsche Ungleichung nur für Bernoulli-Prozesse oder auch für andere
   Wahrscheinlichkeitsräume?

4.8   Lösungen zu ausgewählten Aufgaben

Aufgabe 4.1 Dies ist ein Bernoulli-Prozess mit $n = 10$ und $p = 0.5$. Sei X die Zufallsvariable, die
die Anzahl „Kopf" zählt. Die gesuchte Wahrscheinlichkeit ist dann

$$P(X \leq 2) = P(X = 0) + P(X = 1) + P(X = 2)$$

$$= \binom{10}{0} 0.5^1 0 \cdot 0.5^0 + \binom{10}{1} 0.5^9 \cdot 0.5^1 + \binom{10}{2} 0.5^8 \cdot 0.5^2$$

$$= \frac{56}{2^1 0}$$

$$\approx 0.0557.$$

Aufgabe 4.5 Es müssen zwei Schranken r und s so berechnet werden, dass $P(X < r) \leq 0.025$ und
$P(X > s) \leq 0.025$.

Wir berechnen die Einträge der Tab. 4.8. Dieser Tabelle entnehmen wir, dass $r = 1$ und $s = 11$
und somit [2, 10] ein Bereich ist, in dem X mindestens mit der Wahrscheinlichkeit 0.95 liegen wird.

Aufgabe 4.9 Wir modellieren die Umfrage als Bernoulli-Prozess mit $n = 1100$ und der Erfolgswahrscheinlichkeit $p = 0.34$. Sei X die Anzahl Personen, die tatsächlich befragt werden können.
Gesucht ist die Wahrscheinlichkeit $P(X \geq 400)$, was mit einem Tabellenkalkulationsprogramm wie

Tab. 4.8 Wahr-
scheinlichkeiten einzeln und
aufsummiert für einen
Bernoulli-Prozess mit $n = 20$
und $p = 0.3$

k	$P(X = k)$	$P(X \leq k)$	k	$P(X = k)$	$P(X \geq k)$
0	0.00080	0.00080	20	0.000000	0.000000
1	0.00684	0.00764	19	0.000000	0.000000
2	0.02785	0.03549	18	0.000000	0.000000
			17	0.000000	0.000000
			16	0.000005	0.000005
			15	0.000037	0.000042
			14	0.000218	0.000260
			13	0.001018	0.001278
			12	0.003859	0.005137
			11	0.012007	0.017144
			10	0.030817	0.047961

folgt berechnet werden kann:

$$P(X \geq 400) = 1 - \texttt{BINOM.VERT}(399, 1100, 0.34, \texttt{WAHR}) = 0.0529.$$

Aufgabe 4.13

(a) Wir setzen $n = 435$ und $p = 1 - 0.082 = 0.918$. Sei X die Anzahl Personen, die tatsächlich kommen. Dann haben wir $P(X > 416)$ zu berechnen. Wir tun dies mit der Taschenrechnerfunktion:

$$P(X > 416) = \texttt{binomCdf}(430, 0.918, 416, 435) \approx 0.000567.$$

Die Wahrscheinlichkeit ist mit 0.0567% sehr klein.

(b) Es gilt n so zu bestimmen, dass $P(X \leq 416) \geq 0.99$ gilt. Wir suchen daher eine 2.33σ-Umgebung, denn diese umfasst mindestens 98% aller Werte und die restlichen 2% liegen zur Hälfte über $\mu + 2.33\sigma$ und zur Hälfte unter $\mu - 2.33\sigma$, also je zu 1% Prozent. Wir haben also folgende Bedingung:

$$\mu + 2.33\sigma = 416.$$

Dies können wir umschreiben und dann auflösen nach n:

$$np + 2.33\sqrt{np(1-p)} = 416$$

$$0.918n + 2.33\sqrt{n} \cdot \sqrt{0.918 \cdot 0.082} = 416$$

$$0.918n + 0.6393\sqrt{n} - 416 = 0,$$

was mit $t = \sqrt{n}$ zur quadratischen Gleichung

$$0.918t^2 + 0.6393t - 416 = 0$$

wird, deren positive Lösung $t = 21.639$ ist. Damit erhalten wir $n = t^2 = 468.22$. Die Fluggesellschaft kann also höchstens 468 Tickets verkaufen.

Aufgabe 4.15 Setzt man $a = \sigma(X)$, so ist die rechte Seite der Tschebyschowschen Ungleichung gleich 1. Nun ist aber jede Wahrscheinlichkeit ≤ 1. Daher ist die Tschebyschowsche Ungleichung aussagelos für $a = \sigma(X)$.

Aufgabe 4.16 In der Aufgabe 2.7 wurde $E(X) = 1.5$ und $\sigma(X) = 1.014$ berechnet, wobei X die Anzahl gewonnener Dosen bei einmaligem Drehen ist. Nun sei Y die Anzahl Dosen, die beim 1000-fachen Drehen gewonnen wird. Da die einzelnen Drehungen unabhängig voneinander sind, gilt $E(Y) = 1000E(X) = 1500$ und $\sigma(Y) = \sqrt{1000}\sigma(X) = 32.06$. Wir betrachten die Tschebyschowsche Ungleichung. Die rechte Seite soll also 0.1 werden. Also gilt $\frac{\sigma(X)^2}{a^2} = 0.1$ und damit $a^2 = \frac{\sigma(x)^2}{0.1} = 10278$, woraus $a = 101.4$ folgt. Damit erhalten wir das Intervall $[1500 - 102, 1500 + 102] = [1398, 1602]$, das mindestens die Wahrscheinlichkeit 90% hat. Es reicht also, wenn der Dosenfabrikant 1602 Dosen mitnimmt.

Das Gesetz der großen Zahlen

5

5.1 Zielsetzung

In diesem Kapitel werden wir häufig Situationen betrachten, bei denen ein einfaches Zufallsexperiment mehrfach wiederholt wird. Man stelle sich zum Beispiel vor, man werfe mehrere Reißnägel und beobachte, wie viele in der Position mit der Spitze nach oben liegen werden. Die Wahrscheinlichkeit, die sog. *theoretische Wahrscheinlichkeit*, dass ein Reißnagel in dieser Position liegen wird, ist dabei unbekannt. Bekannt ist hingegen die *relative Häufigkeit*, also das Verhältnis der Anzahl Reißnägel in der flachen Lage, das heißt mit dem Stift nach oben, zur Anzahl aller geworfenen Reißnägel. Intuitiv wird man Folgendes erwarten: Wenn die Anzahl der geworfenen Reißnägel groß ist, dann ist die relative Häufigkeit eine gute Schätzung der theoretischen Wahrscheinlichkeit. Diese einerseits schwierige, andererseits aber sehr wichtige Beziehung steht im Mittelpunkt dieses Kapitels.

Wir werden uns dazu auch mit der Begriffsbildung des Grenzwertes befassen und einen Ausflug in den Unterschied zwischen Zufallszahlen und Pseudozufallszahlen wagen.

5.2 Die Entwicklung relativer Häufigkeiten

Wirft man eine Münze sehr oft, so erwartet man *intuitiv*, dass ungefähr die Hälfte der Würfe eine Zahl und die andere Hälfte Kopf zeigen.

Diese Intuition ist tatsächlich richtig, aber es ist gar nicht so einfach, dies mathematisch korrekt auszudrücken und zu begründen. Denn: *Sicher* ist dies keinesfalls! Es könnte ja sein, dass bei 100 Würfen ausschließlich Zahl fallen würde. *Möglich* ist es, aber eben *sehr*

M. Barot, J. Hromkovič, *Stochastik 2*, Grundstudium Mathematik,
https://doi.org/10.1007/978-3-030-45553-8_5

unwahrscheinlich, das heißt, das Ereignis von 100 aufeinander folgenden Münzen, die ausschließlich Zahlen zeigen, hat eine sehr kleine Wahrscheinlichkeit.

Wir bezeichnen das Ereignis Kopf mit K und Zahl mit Z. Werfen wir die Münze $n = 10$ Mal, so ist ein mögliches Resultat die folgende Serie: ZKKKZ ZZKZZ. Wir haben also nach diesen zehn Würfen die relative Häufigkeit für Kopf von $r_{10} = \frac{4}{10}$, da in der Folge 4 Mal Kopf gefallen ist. Die Tab. 5.1 gibt die Anzahl $A(k)$ der Male an, in denen Kopf gefallen ist nach $k = 1, 2, \ldots, 10$ Würfen und die relative Häufigkeit $r(k) = \frac{A(k)}{k}$. Besser lesbar wird die Entwicklung der relativen Häufigkeit, wenn wir sie graphisch darstellen, wie dies in Abb. 5.1 gemacht wurde.

Aufgabe 5.1 Wirf 10 Mal eine Münze und notiere die Abfolge der Ergebnisse als Wort in den Buchstaben K und Z. Erstelle sodann eine Tabelle der relativen Häufigkeiten wie die Tab. 5.1 und eine Graphik, die der Abb. 5.1 entspricht.

Vergleicht eure Graphiken in der Klasse untereinander. Gibt es zwei Mal dieselbe Graphik?

Aufgabe 5.2 Berechne die Wahrscheinlichkeit, dass in eurer Klasse mindestens eine Graphik mehr als einmal auftritt. Beachte, dass zwei gleiche Graphiken bedeutet, dass zwei identische Folgen von Resultaten in den einzelnen Experimenten erzielt wurden.

Mit einem Computer wurde das Münzwerfen in einer Simulation fortgesetzt. Die Abb. 5.2 zeigt die Entwicklung bis $n = 100$ und die Abb. 5.3 die Entwicklung der relativen Häufigkeit bis $n = 1000$.

Die Abb. 5.2 und 5.3 zeigen sehr schön, dass sich die relative Häufigkeit r_n der theoretischen Wahrscheinlichkeit $p = 0.5$ annähert. Wir haben $r_{1000} = 0.498$ erhalten. War dies nun ein Zufall? Muss dies immer so sein? Dies sind schwierige Fragen! Die korrekte Antwort lautet: Es war kein Zufall und es muss nicht immer so sein. Dies soll genauer erklärt werden.

Zur ersten Frage: Zur Simulation wurde ein *Pseudozufallsgenerator* benutzt und dieser kann keinen „echten" Zufall erzeugen. Solche Pseudozufallsgeneratoren erzeugen jedoch Folgen, die für praktische Belange einen „richtigen" Zufall sehr gut simulieren. Wir werden dies im Abschn. 5.6, genauer untersuchen, aber hätten wir tausend Mal die Münze geworfen, so hätte sehr gut ein ganz ähnliches Bild entstehen können.

Die Antwort auf die zweite Frage, ob dies immer so sei, lautet simpel: Nein. Es wäre ja möglich, dass man zufällig 1000 Mal Kopf wirft. Dies ist zwar enorm unwahrscheinlich, aber eben doch möglich. Die Wahrscheinlichkeit dieses Ereignisses ist $\frac{1}{2^{100}} \approx 7.89 \cdot 10^{-31}$. Der Computer bietet hier die Möglichkeit, diese Simulation zu wiederholen.

Tab. 5.1 Die Entwicklung der relativen Häufigkeit beim Resultat ZKKKZ ZZKZZ des zehnfachen Münzwurfs

k	1	2	3	4	5	6	7	8	9	10
$A(k)$	0	1	2	3	3	3	3	4	4	4
$r(k)$	$\frac{0}{1}$	$\frac{1}{2}$	$\frac{2}{3}$	$\frac{3}{4}$	$\frac{3}{5}$	$\frac{3}{6}$	$\frac{3}{7}$	$\frac{4}{8}$	$\frac{4}{9}$	$\frac{4}{10}$

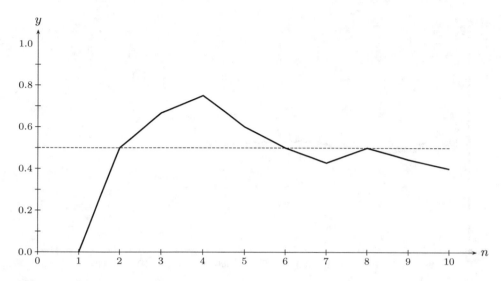

Abb. 5.1 Die Entwicklung der relativen Häufigkeit nach $n = 10$ simulierten Würfen einer fairen Münze

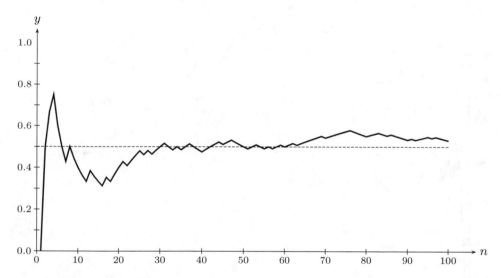

Abb. 5.2 Die Entwicklung der relativen Häufigkeit nach $n = 100$ simulierten Würfen einer fairen Münze

Daher haben wir das gleiche Experiment des 100-fachen Münzwurfs nicht einmal, sondern gleich 100 Mal wiederholt und dabei jene Folge gesucht, bei der die relative Häufigkeit r_{100} am weitesten von $p = 0.5$ abweicht. Die Entwicklung ist in der Abb. 5.4 dargestellt. Sie zeigt, dass es durchaus möglich ist, auch einmal eine „Pechsträhne" oder eine „Glückssträhne" zu haben.

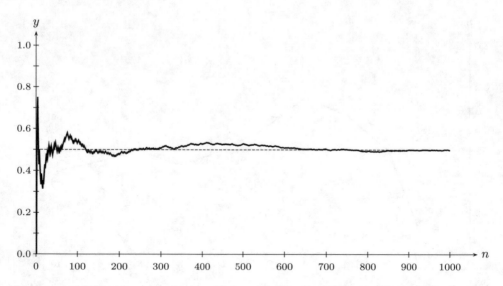

Abb. 5.3 Die Entwicklung der relativen Häufigkeit nach $n = 1000$ simulierten Würfen einer fairen Münze

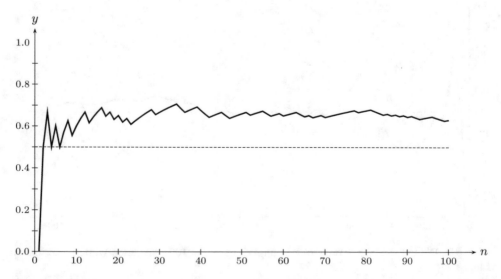

Abb. 5.4 Das Ergebnis einer Simulation: Der hundertfache Münzwurf wurde 100 Mal simuliert und dann wurde von allen Ergebnissen jenes ausgewählt, welches die größte Abweichung der relativen Häufigkeit r_{100} von 0.5 hat. Hier gilt $r_{100} = 0.63$. Also bei einem der 100 simulierten hunderfachen Würfen ist also 63 Mal Kopf gefallen und es gab keine größere Abweichung

Aufgabe 5.3 Betrachte den 20-fachen Münzwurf als ein Basisexperiment. Wie viele Male müsste man dieses Basisexperiment wiederholen, um mit der Wahrscheinlichkeit mindestens $\frac{1}{2}$ mindestens einmal das Ereignis von 20 Mal Kopf zu erhalten?

Wir wollen nun nachrechnen, dass es durchaus zu erwarten war, dass in einem der 100 Fälle auch einmal ein recht extremer Fall auftritt. Die maximale Abweichung war also $63 - 50 = 13$ von der zu erwartenden Anzahl Male, dass Kopf fällt. Es gilt $50 - 13 = 37$ und mit einem Taschenrechner oder der Tabellenkalkulation berechnen wir die Wahrscheinlichkeit q, dass die Anzahl Male X, die Kopf fällt, zwischen 38 und 62 liegt:

$$q = P(38 \leq X \leq 62) =$$

$$= \text{BINOM.VERT}(62,\ 100,\ 0.5,\ \text{WAHR}) - \text{BINOM.VERT}(37,\ 100,\ 0.5,\ \text{WAHR})$$

$$= 0.99398 - 0.00601$$

$$= 0.98797$$

und auf dem Taschenrechner sogar noch einfacher mit

$$q = P(38 \leq X \leq 62) = \text{binomCdf}(100,\ 1/2,\ 38,\ 62) = 0.98797.$$

Dass in 100 Versuchen die Anzahl Erfolge immer, also bei jedem der 100 Versuche, zwischen diesen Grenzen liegt, ist daher

$$q^{100} = 0.98797^{100} = 0.29801 \approx 29.8\%.$$

Würden wir die 100-fache Simulation selbst wieder mehrfach wiederholen, so würden in etwa einem Drittel der Versuche alle relativen Häufigkeiten zwischen 0.38 und 0.62 liegen, in etwa zwei Drittel aller Fälle wird jedoch mindestens einmal eine relative Häufigkeit unter 0.38 oder über 0.63 als Resultat auftreten, eine recht extreme Abweichung. Diese Rechnung bestätigt, was die wiederholte Simulation gefunden hat.

Wir fragen uns nun, wie extrem wir die relative Häufigkeit r_{100} erwarten können, wenn wir den hundertfachen Wurf nicht 100 Mal, sondern gleich eine Million Mal simulieren. Man könnte doch erwarten, dass dann einmal eine noch extremere relative Häufigkeit festgestellt werden kann. Mit derselben Strategie finden wir zu gegebener Abweichung δ die Grenzen $k_1 = 50 - \delta$ und $k_2 = 50 + \delta$, dann die Wahrscheinlichkeit $q = P(k_1 \leq X \leq k_2)$ und schließlich deren millionste Potenz $q^{1,000,000}$. Die Werte sind in Tab. 5.2 für einen interessanten Bereich zusammengetragen.

Der zweite Eintrag der Tab. 5.2 zeigt, dass es recht wahrscheinlich ist (nämlich mit der Wahrscheinlichkeit $1 - 0.19 = 81\%$), mindestens einmal eine relative Häufigkeit unter 0.27 oder über 0.73 zu erhalten. Der zweitletzte Eintrag hingegen zeigt, dass es

Tab. 5.2 Die Berechnung der Wahrscheinlichkeit $q^{1\,000\,000}$, dass bei einer Million Simulationen des hundertfachen Münzwurfs die Anzahl Male Kopf immer zwischen zwei Grenzen k_1 und k_2 bleibt

δ	$k_1 = 50 - \delta$	$k_2 = 50 + \delta$	$q = P(k_1 \leq X \leq k_2)$	$q^{1\,000\,000}$
22	28	72	0.999995308	0.009164448
23	27	73	0.999998333	0.188743932
24	26	74	0.999999436	0.569140266
25	25	75	0.999999819	0.834435126
26	24	76	0.999999945	0.946356615
27	23	77	0.999999984	0.984220493

unwahrscheinlich ist (etwa 1.6%), eine relative Häufigkeit unter 0.24 oder über 0.76 zu erwarten.

Je öfter wir also den hundertfachen Münzwurf wiederholen, desto wahrscheinlicher wird es, einmal eine extreme Situation zu beobachten, bei der die relative Häufigkeit r_{100} stark von der theoretischen Wahrscheinlichkeit $p = 0.5$ abweicht. Man sollte jedoch die Größenordnung beachten. Eine hundertfache Wiederholung ist etwas, was wir uns noch vorstellen können. So etwas kann im alltäglichen Leben, wenn man zum Beispiel ein Spiel spielt, tatsächlich vorkommen. Aber eine millionenfache Wiederholung kaum. Daher sind uns extreme Abweichungen praktisch unbekannt. Sie scheinen nie vorzukommen.

Wir haben das Gefühl, dass die relative Häufigkeit immer gegen die theoretische Wahrscheinlichkeit tendiert, weil dies in den allermeisten Fällen so ist. Wenn wir aber Experimente sehr oft wiederholen, so finden wir immer wieder eine recht extreme Ausnahme, bei der zufällig die relative Wahrscheinlichkeit weit weg von der theoretischen Wahrscheinlichkeit liegt.

Für die aktuelle Forschung ist dies tatsächlich ein ernsthaftes Problem. Denn heutzutage gibt es Forschungszweige, die ihre Untersuchungen auf massives Testen stützen: Es werden millionenweise Tests durchgeführt und nach Abweichungen vom erwarteten Resultat gesucht. Dies geschieht zum Beispiel beim Testen der DNA auf gewisse Merkmale. Mit einem sogenannten *DNA-Chip* lässt sich die DNA einer Person gleichzeitig auf über 100 000 Gene überprüfen. Tritt eine Merkwürdigkeit auf, so kann dies auf eine Krankheit hindeuten. Das Problem ist aber: Eine Merkwürdigkeit könnte auch rein zufällig zustande kommen.

Aufgabe 5.4 Wir betrachten die Simulation des tausendfachen Münzwurfs. Diese Simulation werde 500 Mal wiederholt. Wie groß ist die Wahrscheinlichkeit, wenigstens einmal eine relative Häufigkeit unter 0.45 oder über 0.55 zu beobachten?

Aufgabe 5.5 Wie groß ist die Wahrscheinlichkeit, dass beim hundertfachen Münzwurf die relative Häufigkeit zwischen 0.35 und 0.65 liegt?

Wie wahrscheinlich ist es, dass bei der zehnfachen Simulation des hundertfachen Münzwurfs die relative Häufigkeit kein einziges Mal etwas unter 0.35 oder über 0.65 liegen wird?

Wie oft müsste die Simulation wiederholt werden, damit diese Wahrscheinlichkeit höchstens 50% ausmacht und also mit einer mindestens 50-Prozent-Chance ein extremeres Resultat beobachtet werden kann?

5.3   Exkurs: Der Begriff des Grenzwerts

Wiederum bezeichnen wir mit K beziehungsweise Z das Ergebnis Kopf beziehungsweise Zahl beim einfachen Münzwurf. Eine Folge von 20 Münzwürfen lässt sich dann als Wort in diesen zwei Buchstaben darstellen, also zum Beispiel

1. Folge:	KZKZK ZZKZK ZKZZZ KZKKK
2. Folge:	ZZZZZ ZZZZZ ZZZZZ ZZZZZ
3. Folge:	KZZKZ ZKZZK ZZKZZ KZZKZ

Welche dieser drei Folgen scheint wahrscheinlicher? Zur besseren Lesbarkeit haben wir Z grau eingefärbt. Es zeigt sich: Die zweite Folge scheint überhaupt nicht zufällig. Aber bei genauem Hinsehen ist auch die dritte Folge nicht zufällig, denn es wechselt immer ein K mit zwei Z ab. Sowohl die zweite wie die dritte Folge scheinen also einem festen Muster zu folgen und nicht das Resultat einer „echten" Wurfsimulation zu sein.

Genau hier täuscht uns unsere Intuition. Jede dieser drei konkreten Folgen ist *genau gleich wahrscheinlich*! Besser gesagt: gleich *un*wahrscheinlich! Unser gesunder Menschenverstand scheitert hier an der Erkenntnis, dass die zweite Folge genauso wahrscheinlich ist wie die erste Folge. Was richtig empfunden wird, ist, dass es nur eine einzige Folge gibt, bei der immer nur Z erscheint, aber sehr viele Folgen, bei denen ungefähr gleich viele Zeichen Z wie K erscheinen.

Aufgabe 5.6 Bestimme die Wahrscheinlichkeit dieser drei Folgen.

Aufgabe 5.7 Wie viele Folgen gibt es mit genau 10 K's und 10 Z's? Welchen Prozentsatz aller Folgen von Zeichen K und Z der Länge 20 machen diese Folgen aus?

Nehmen wir an, die zweite und dritte Folge werde nach dem erkennbaren Bildungsprinzip weitergeführt. Dann ist die relative Häufigkeit r_n der zweiten Folge immer Null: Es gilt also $r_n = 0$ für alle n. Bei der dritten Folge hingegen gilt $r_n \approx \frac{1}{3}$, wobei die Übereinstimmung immer besser wird mit zunehmendem n. Wir werden nun unendliche Folgen von Münzwürfen betrachten. Dabei ist jedoch große Vorsicht geboten, denn alle Konzepte, die wir bisher betrachtet haben, beschränken sich auf den Fall, bei dem die Ergebnismenge eines Zufallsexperiments endlich ist. Wir verlassen hier diese vertraute Situation und begeben uns in unbekanntes Terrain.

Die Erweiterung ist jedoch notwendig, wollen wir doch das einfangen, was umgangssprachlich wie folgt formuliert werden könnte: Wenn wir den Münzwurf nur *genügend oft* wiederholen, so pendelt sich die relative Häufigkeit auf die theoretische Wahrscheinlichkeit ein. Das „genügend lange" erzwingt es, dass wir im Prinzip keine Maximalzahl n von Würfen vorschreiben können, nachdem die relative Häufigkeit r_n der theoretischen Wahrscheinlichkeit p genügend nahekommt.

Betrachten wir die obigen zwei Beispiele der zweiten und dritten Folge – ins Unendliche fortgesetzt –, so bergen diese große Sprengkraft: Es kann kein allgemeines Gesetz geben, welches besagt, dass die relative Häufigkeit immer gegen die theoretische Wahrscheinlichkeit strebt.

Zwei Wörter, nämlich „tendieren" und „streben nach", haben wir bisher verwendet, um auszudrücken, dass sich eine unendliche Folge, nämlich die der relativen Häufigkeiten r_n bei wachsendem n, an einen besimmten Wert „annähert". Dieser Begriff soll nun vollständig geklärt werden. Der Fachbegriff in der Mathematik ist der der **Konvergenz**. Man sagt also, dass eine Folge gegen einen Grenzwert konvergiert. Wenn eine Folge nicht konvergiert, also gegen keinen Wert konvergiert, so sprechen wir von einer divergenten Folge.

Stellen wir die Folge

$$\frac{2}{1}, \frac{3}{2}, \frac{4}{3}, \frac{5}{4}, \ldots, \frac{n+1}{n}, \ldots \tag{5.1}$$

graphisch dar, etwa durch Punkte in der jeweiligen Höhe, siehe Abb. 5.5, so ist *anschaulich* klar, dass die Folge *gegen den Wert* 1 *strebt*. Dies ist eine geläufige Sprechweise, in der sich ein *dynamischer* Aspekt der Folge widerspiegelt.

Was heißt es jedoch genau, dass die Folge gegen den Wert 1 konvergiert?

Wir wollen uns im Folgenden schrittweise an den Begriff der Konvergenz herantasten und verschiedene Formulierungen kritisch unter die Lupe nehmen. Dabei verwenden wir gelegentlich Folgen, die auf den ersten Blick recht konstruiert aussehen, geben aber zu bedenken, dass ein endgültiger Begriff der Konvergenz allen Beispielen standhalten muss. Das heißt, der gesuchte Begriff muss auch da zweifelsfrei entscheiden können, ob die gegebene, wie auch immer definierte Folge nun konvergent oder divergent ist.

Abb. 5.5 Darstellung einer Folge durch Punkte

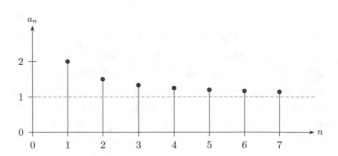

1. **Die Folge kommt dem Wert 1 immer näher.** Dies ist eine erste Annäherung. Äquivalent dazu ist: Die Distanz des Folgenglieds a_n zu 1 *wird immer kleiner* oder auch: Diese Distanz *nimmt in jedem Schritt ab*.

   Kritik: Dies genügt jedoch nicht: Ebenso nimmt auch die Distanz der Folgenglieder zum Wert 0.5 stetig ab. Trotzdem ist klar, dass die Folge nicht gegen 0.5 strebt, weil jedes Mitglied der Folge den Abstand von mindestens 0.5 zum Wert 0.5 hat.

Aufgabe 5.8 Zu welchen Zahlenwerten x, außer 1 und 0.5, nimmt die Distanz der Folgenglieder auch ab?

2. **Die Distanz zum Wert 1 wird beliebig klein.** Genauer gesagt bedeutet dies: Zu jeder noch so kleinen positiven Zahl ε, wie zum Beispiel $\dfrac{1}{10^{10}}$, findet man irgendwann in der Folge Glieder, die weniger als ε von 1 abweichen.

   Dies trifft die Sachlage schon viel besser.

   Kritik: Betrachten wir die Folge:

$$
a_n = \begin{cases} 1 + \frac{1}{n}, & \text{falls } n \text{ gerade,} \\ 2, & \text{falls } n \text{ ungerade.} \end{cases}
$$

Sie ist in der Abb. 5.6 graphisch dargestellt. Man kann mit gutem Recht sagen, dass auch hier die Distanz zu 1 für viele Folgenglieder beliebig klein wird. Das Problem ist, dass es auch andere Folgenglieder gibt, welche dies nicht tun. Für ungerade Indizes ist die Distanz immer 1. Die Folge ist daher nicht konvergent, weil wir von einer konvergenten Folge erwarten, dass sich alle Mitglieder der Folge mit wachsendem Index dem gleichen Wert annähern. Einen wichtigen Teil der Konvergenz haben wir noch immer nicht in unserer Formulierung aufgefangen.

Die Lehre davon ist, dass wir nicht erlauben dürfen, dass auf Dauer wiederholt Folgenglieder vorkommen, die einen festen Abstand von 1 haben.

Abb. 5.6 Beispiel einer divergenten Folge

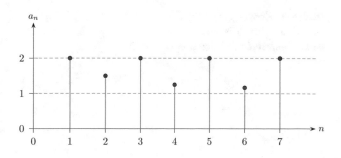

Aufgabe 5.9 Ist die folgende Folge konvergent oder nicht?

$$a_n = \begin{cases} 1 + \frac{1}{n}, & \text{falls } n \text{ gerade ist,} \\ 1 + \frac{1}{1000}, & \text{falls } n \text{ ungerade ist.} \end{cases}$$

Begründe deine Meinung.

3. **Die Distanz der Folgenglieder zum Wert 1 wird mit wachsendem Index immer kleiner und auch beliebig klein.** Anders gesagt: Mit wachsendem Index kommt das Folgeglied immer näher an den Wert 1 und für jede beliebig kleine Zahl $\varepsilon > 0$ werden die Abstände der Folge zum Wert 1 kleiner als ε. Hier wurden die beiden Ideen 1 und 2 verschmolzen. Jetzt haben wir aber ein anderes Problem. Wir schließen Folgen aus, die wir intuitiv als konvergent betrachten sollten.

Kritik: Gemäß dieser Definition ist auch folgende Folge als konvergent ausgeschlossen:

$$a_n = \begin{cases} 1 + \frac{1}{n^2}, & \text{falls } n \text{ gerade,} \\ \frac{n+3}{n+1}, & \text{falls } n \text{ ungerade.} \end{cases}$$

Warum sollte diese Folge konvergent sein? Die Folge $1 + \frac{1}{n^2}$ konvergiert gegen 1. Die Folge $\frac{n+3}{n+1}$ tut dies auch. Wenn wir die Glieder der beiden Folgen mischen, ohne die Reihenfolge innerhalb der Teilfolgen zu ändern, erwarten wir, dass die gemischte Folge auch konvergent ist.

Die graphische Darstellung dieser Folge findet sich in der Abb. 5.7.

Hier handelt es sich offensichtlich um eine Folge, die gegen 1 strebt, jedoch ist es nicht so, dass die Distanz zunehmend abnimmt. Die in 3. formulierte Eigenschaft ist also nicht erfüllt, obwohl die Folge offensichtlich gegen 1 strebt. Bei einer konvergenten Folge darf die Distanz ruhig zwischendurch wieder zunehmen, wenn sie nur danach wieder abnimmt. Man sieht hier, dass es fast unumgänglich ist, wirklich mit den Indizes der Folgenglieder zu arbeiten.

Abb. 5.7 Konvergente Folge, welche aus einer Mischung zweier konvergenten Folgen entsteht

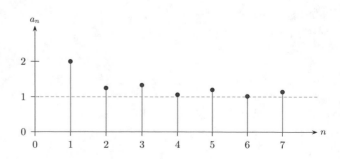

4. **Für genügend großes N wird die Distanz zwischen a_N und 1 beliebig klein und danach nie wieder größer.** Letzteres bedeutet, dass für alle $n \geq N$ die Distanz von a_n zu 1 nie größer ist als die Distanz von a_N zu 1.

   Kritik: Bei dieser Formulierung taucht ein sprachliches Problem auf: Für jedes gegebene N hat das Folgenglied a_N einen festen Abstand zu 1. Es macht also wenig Sinn zu sagen, dass, wenn wir N nur ausreichend groß wählen, dann a_N bereits beliebig nahe an 1 liegt, denn ein Wert der beliebig nahe bei einem anderen liegt, ist mit diesem identisch.

   Wir haben eine kritische Stelle entdeckt: In allen vorangehenden Schritten wurde versucht zu beschreiben, wie sich die Distanz von a_n zu 1 verhält, wenn n wächst. Im letzten Schritt haben wir versucht zu sagen, was mit dieser Distanz passiert nach einem gewissen *Index N*, der ausreichend groß sein soll. In den folgenden Schritten werden wir die Reihenfolge zwischen *Index* und *Distanz* umdrehen: Wir versuchen zu beschreiben, wie zu vorgegebener Distanz ε der Index zu wählen ist, damit die Distanz zwischen a_n und 1 kleiner als ε wird.

5. **Zu jeder beliebig kleinen Distanz ε zu 1 gibt es einen Index N_ε, so dass alle Folgenglieder a_n mit $n > N_\varepsilon$ einen kleineren Abstand als ε zu 1 haben.** Dies ist die Definition. Bemerkenswert ist, dass zuerst die Distanz vorgegeben wird. Erst danach wird die Schranke der Indizes gesucht.

Begriffsbildung 5.1 *Eine unendliche Folge $\{a_n\}_{n=1}^{\infty}$ **konvergiert** gegen den Wert 1, wenn für jedes $\varepsilon > 0$ es ein Index N_ε so gibt, dass $|a_n - 1| < \varepsilon$ für alle $n \geq N_\varepsilon$.*

   Allgemein: *Eine unendliche Folge $\{a_n\}_{n=1}^{\infty}$ **konvergiert** gegen den Wert c, wenn für jedes $\varepsilon > 0$ es ein Index N_ε so gibt, dass $|a_n - c| < \varepsilon$ für alle $n \geq N_\varepsilon$. Der Wert c heißt dann **Grenzwert** der Folge und man schreibt*

$$\lim_{n \to \infty} a_n = c.$$

*Falls es keine Zahl c mit dieser Eigenschaft gibt, so heißt die Folge **divergent**.*

Bemerkung Der Index ε bei der Schranke N_ε deutet an, dass die Schranke N_ε von der Vorgabe von ε abhängt. Typischerweise ist es so: Verkleinert man ε, so erhöht sich N_ε.

Die Abb. 5.8 zeigt schematisch, wie man auf Grund des vorgegebenen $\varepsilon > 0$ die Schranke N_ε findet.

Graphisch, wie in Abb. 5.8, kann die Existenz eines Grenzwertes c wie folgt festgestellt werden: Für jedes beliebig kleine $\varepsilon > 0$ liegen ab einer gewissen Schranke N_ε alle Folgenglieder im Intervall $[c - \varepsilon, c + \varepsilon]$. Anders gesagt: *Für jedes $\varepsilon > 0$ gibt es höchstens endlich viele Folgenglieder, die nicht im Intervall $[c - \varepsilon, c + \varepsilon]$ liegen.*

Wir stellen fest, dass die Definition der Konvergenz einen Gesinnungswandel mit sich bringt: Die Sprechweise „Die Folge *strebt* gegen den Wert c" beinhaltet eine Bewegung,

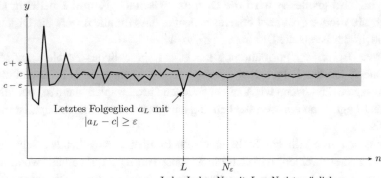

Jeder Index N_ε mit $L < N_\varepsilon$ ist möglich.

Abb. 5.8 Konvergenz einer Folge gegen den Wert c: Zu jedem $\varepsilon > 0$ liegen entweder alle Folgenglieder a_n zwischen $c - \varepsilon$ und $c + \varepsilon$ (als graues Band gezeigt) oder es muss ein letztes Folgenglied a_L geben, das nicht zwischen diesen Schranken liegt. Dann kann man jedes N mit $L < N$ als Schranke wählen

eine dynamische Sichtweise. Diese Sprechweise ist nach wie vor gebräuchlich, jedoch hat es sich vollkommen gewandelt, was wir uns darunter vorstellen: Jetzt ist es etwas Statisches, eine Definition, in der sich nichts mehr bewegt.

Der wesentliche Schritt zur endgültigen Version geschah in Schritt 5, als wir die Reihenfolge von Index N und Distanz $|a_N - 1|$ vertauscht haben. Der Begriff der Konvergenz ist vorerst recht kompliziert, aber in der Anwendung praktisch verwendbar.

Beispiel 5.1 Betrachten wir die Folge $\{a_n\}_{n=1}^\infty$, die durch $a_n = 1 + \frac{4}{n}$ für alle $n = 1, 2, \ldots$ gegeben ist. Jemand gibt uns $\varepsilon = \frac{1}{1000}$ und fragt uns, ab welchem N_ε alle Folgenglieder eine Distanz zu 1 von höchstens ε haben.

Wir wählen $N_\varepsilon = 4000$. Dann gilt für jedes $n \geq N_\varepsilon$, dass

$$|a_n - 1| = 1 + \frac{4}{n} - 1 = \frac{4}{n} \leq \frac{4}{N_\varepsilon} = \frac{4}{4000} = \varepsilon.$$

Aufgabe 5.10 Betrachte die Folge a_n:

$$a_n = \begin{cases} 1 + \frac{1}{n}, & \text{falls } n \text{ ungerade ist,} \\ 1 - \frac{1}{n}, & \text{falls } n \text{ gerade ist.} \end{cases}$$

Vorgegeben ist weiter $\varepsilon = \frac{1}{100}$. Bestimme die Zahl N_ε so, dass alle Folgenglieder a_n mit $n \geq N_\varepsilon$ eine Distanz zu 1 haben, die kleiner gleich $\varepsilon = \frac{1}{100}$ ist.

Aufgabe 5.11 Gegeben ist die Folge a_n durch

$$a_n = 4 + \frac{3}{n} \quad \text{für alle } n = 1, 2, \ldots.$$

Diese Folge konvergiert gegen 4. Bestimme für die folgenden Werte von ε eine Schranke N_ε so, dass alle Folgenglieder a_n mit $n \geq N_\varepsilon$ eine Distanz zu 4 haben, die kleiner oder gleich ε ist.

(a) $\varepsilon = 0.5$,
(b) $\varepsilon = 0.1$,
(c) $\varepsilon = \frac{1}{1000}$.

Beispiel 5.2   Die Folge $a_n = 1 + \dfrac{4}{n^2}$ konvergiert gegen 1. Wir wollen für $\varepsilon = \dfrac{1}{20\,000}$ ein N_ε finden, sodass $|a_n - 1| \leq \varepsilon$ für alle $n \geq N_\varepsilon$ gilt.

Wir rechnen allgemein für beliebiges n:

$$|a_n - 1| \leq \tfrac{1}{20\,000} = \varepsilon$$

$$|1 + \frac{4}{n^2} - 1| \leq \tfrac{1}{20\,000}$$

$$\frac{4}{n^2} \leq \tfrac{1}{20\,000} \qquad\qquad \Big| \cdot 20\,000 n^2$$

$$80\,000 \leq n^2$$

$$\sqrt{80\,000} \leq n$$

$$282.84 \leq n.$$

Es muss also $n \geq 283$ gelten. Somit kann N_ε als beliebige ganze Zahl größer als 283 gewählt werden. $\Diamond$

Aufgabe 5.12   Betrachte die Folge $a_n = 2 + \dfrac{4}{n^3}$, die gegen 2 konvergiert. Sei $\varepsilon = \tfrac{1}{8000}$. Finde ein N_ε so, dass für alle $n \geq N_\varepsilon$ die Distanz $|a_n - 2|$ kleiner gleich $\varepsilon = \tfrac{1}{8000}$ ist.

Beispiel 5.3   Sei $a_n = \frac{n}{n+1}$. Es gilt zu untersuchen, ob die Folge konvergiert und wenn das so ist, dann ergibt sich die Frage gegen welchen Grenzwert. Die ersten Folgenglieder sind also

$$\frac{1}{2}, \frac{2}{3}, \frac{3}{4}, \frac{4}{5}, \dots$$

Die Folge scheint sich 1 anzunähern. Wir wollen dies beweisen. Das bedeutet, dass für jedes $\varepsilon > 0$ ein N_ε so zu finden, dass für alle $n \geq N_\varepsilon$ die Ungleichung $|a_n - 1| < \varepsilon$ erfüllt ist. Geben wir uns also ein beliebiges ε vor. Dann gibt es eine Zahl N_ε so, dass $\frac{1}{N_\varepsilon} \leq \varepsilon$. Anders gesagt, wir wählen $N_\varepsilon \geq \frac{1}{\varepsilon}$. Jetzt gilt für alle $n \geq N_\varepsilon$, dass

$$|a_n - 1| = \left|1 - \frac{n}{n+1}\right| = \left|\frac{n+1-n}{n+1}\right| = \frac{1}{n+1} \leq \frac{1}{n} \leq \frac{1}{N_\varepsilon} \leq \varepsilon.$$

Damit ist nachgewiesen, dass die Folge gegen den Grenzwert 1 konvergiert.

Dies bedeutet allgemein, dass wir für den Beweis der Konvergenz einer Folge gegen einen Grenzwert c für jedes $\varepsilon > 0$ einen von ε abhängigen Wert N_ε finden müssen, sodass für alle $n \geq N_\varepsilon$ die Ungleichung $|a_n - c| \leq \varepsilon$ gilt.

Wie im obigen Beispiel ausgeführt wurde, genügt es jedoch auch, zu zeigen, dass eine solche Schranke N_ε existiert, ohne sie explizit angeben zu müssen. $\diamond$

Aufgabe 5.13 Beweise, dass die Folge $a_n = \dfrac{n+5}{n^2}$ gegen 0 konvergiert, indem du für jedes $\varepsilon > 0$ ein N_ε mit der Eigenschaft angibst, dass $|a_n - 0| \leq \varepsilon$ für alle $n \geq N_\varepsilon$ gilt.

Beispiel 5.4 Wir betrachten die Folge $a_n = (-1)^n$. Die ersten Folgenglieder sind

$$1, -1, 1, -1, 1, -1, \ldots$$

Die Folge konvergiert nicht. Es ist zu zeigen, dass für keine Zahl c die Folge gegen c konvergiert. Wir müssen zeigen, dass es ein ε gibt, so dass unendlich viele Folgeglieder nicht im Intervall $[c - \varepsilon, c + \varepsilon]$ liegen. Betrachten wir zuerst den Fall $c \geq 0$. Dann gilt für $\epsilon = 0.5$, dass für alle ungeraden Indizes (dies sind unendlich viele) n die Distanz $|a_n - c|$ größer ist als ε:

$$|a_n - c| = |-1 - c| = 1 + c > \varepsilon.$$

Daher ist es nicht möglich, für $c \geq 0$ und $\varepsilon = 0.5$ eine Schranke N_ε zu finden mit $|a_n - c| \leq \varepsilon$ für alle $n \geq N_\varepsilon$. Genauso geht man vor, wenn $c < 0$ gilt, nur dann betrachtet man die geraden Indizes. $\diamond$

Aufgabe 5.14 Zeige, dass die Folge $\{a_n\}_{n=1}^{\infty}$, gegeben durch $a_n = (-0.9)^n$, gegen 0 konvergiert.

Aufgabe 5.15 Gegen welchen Wert konvergiert die Folge $\{a_n\}_{n=1}^{\infty}$, wenn $a_n = \frac{n^2}{2n^2+15}$?

Begriffsbildung 5.2 *Gegeben sei eine Folge $\{a_n\}_{n=1}^{\infty}$. Ist die Folge konvergent, so bezeichnen wir den Grenzwert der Folge mit dem Symbol*

$$\lim_{n \to \infty} a_n.$$

Dabei steht lim *für* **Limes**, *das lateinische Wort für* Grenze. *Ist die Folge nicht konvergent, so ist das Symbol* $\lim_{n \to \infty} a_n$ *nicht definiert.*

Beispiel 5.5 In Beispiel 5.3 wurde gezeigt, dass die Folge $\{\frac{n}{n+1}\}_{n=1}^{\infty}$ gegen den Grenzwert 1 strebt. Wir können dies wie folgt angeben:

$$\lim_{n\to\infty} \frac{n}{n+1} = 1.$$

◇

Aufgabe 5.16 Welche der folgenden Gleichungen sind korrekt, welche sind falsch? Gib für die korrekten Aussagen einen Beweis der entsprechenden Konvergenz.

(a) $\lim\limits_{n\to\infty} \dfrac{1}{n} = 0$

(b) $\lim\limits_{n\to\infty} \dfrac{1}{n+2} = \dfrac{1}{2}$

(c) $\lim\limits_{n\to\infty} \left(\dfrac{1}{2} + \dfrac{1}{n}\right) = \dfrac{1}{2}$

(d) $\lim\limits_{n\to\infty} \dfrac{n^2}{2^n} = 1$

Aufgabe 5.17 ⋆ Verallgemeinere Beispiel 5.4: Zeige, dass eine Folge a_n nicht konvergieren kann, wenn sie folgende Eigenschaft erfüllt: Es gibt zwei Schranken $g < h$ so, dass es für alle N immer ein $n > N$ gibt mit $a_n < g$ und ebenso ein $m > N$ mit $a_m > h$. Anders gesagt: Es gibt unendlich viele n mit $a_n < g$ und unendlich viele m mit $a_m > h$.

Aufgabe 5.18 Verwende die Definition um nachzuweisen, dass die Folge $\{a_n\}_{n=1}^{\infty}$ mit $a_n = n$ divergiert.

5.4 Bernoulli-Prozesse, Fortsetzung

Nachdem wir den Begriff der Konvergenz betrachtet haben, können wir zurückkehren zur Folge der relativen Häufigkeiten r_n, welche sich aus einer konkreten Folge von Münzwürfen ergibt.

Wir betrachten nochmals die Folge der relativen Häufigkeiten für die unendliche Folge von Münzwürfen für die Folge KZZKZZKZZ..., bei der sich ein K immer mit zwei Z abwechseln. Es gilt dann $A(n) = k$ falls $3k \leq n \leq 3k + 2$. Daraus können wir die Folge der relativen Häufigkeit ableiten:

$$r_n = \begin{cases} \frac{1}{3}, & \text{falls } n = 3k, \\ \frac{k}{3k+1} = \frac{1}{3} - \frac{1}{3(3k+1)}, & \text{falls } n = 3k + 1, \\ \frac{k}{3k+2} = \frac{1}{3} - \frac{2}{3(3k+2)}, & \text{falls } n = 3k + 2. \end{cases}$$

Die Folge konvergiert gegen $\frac{1}{3}$.

Nun soll noch gezeigt werden, dass auch unendliche Folgen von Münzwürfen möglich sind, dass die entsprechende Folge der relativen Häufigkeiten r_n zu keinem Wert konvergiert. Wir konstruieren eine Null-Eins-Folge wie folgt: Wir starten mit den folgenden 3 Zahlen:

$$1, 0, 0.$$

Man stelle sich vor, die 1 stehe für Kopf und die 0 für Zahl. Jetzt verdreifachen wir die Länge und füllen auf mit Einsen:

$$\underbrace{1, 0, 0, \underbrace{1, 1, 1, 1, 1, 1}_{2\cdot3}}_{3\cdot3}.$$

Wiederum verdreifachen wir die Länge und füllen auf, nun aber mit Nullen:

$$\underbrace{\underbrace{1, 0, 0, 1, 1, 1, 1, 1, 1}_{3\cdot3=3^2}, \underbrace{0, 0, \ldots, 0, 0}_{2\cdot3^2}}_{3\cdot3^2}.$$

So fahren wir fort und wechseln beim Auffüllen immer ab zwischen Einsen und Nullen. Nun betrachten wir die relative Häufigkeit r_n der 1 nach n Folgenglieder. Es gilt $r_1 = 1$, $r_2 = \frac{1}{2}$ und $r_3 = \frac{1}{3}$. Danach steigt die relative Häufigkeit mit zunehmendem n wieder an bis $r_9 > \frac{2}{3}$, da ja $2 \cdot 3 = 6$ Einsen hinzugefügt wurden. Danach folgen $2 \cdot 3^2 = 18$ Nullen und daher fällt die relative Häufigkeit wieder bis $r_{27} < \frac{1}{3}$. So geht es weiter: Die relative Häufigkeit oszilliert hin und her und unterschreitet immer wieder die Schranke $\frac{1}{3}$, ebenso überschreitet sie immer wieder $\frac{2}{3}$.

Die Abb. 5.9 zeigt die ersten 400 Folgenglieder: $y = r_n$.

Die so konstruierte Folge r_n kann nicht konvergieren, wie in Aufgabe 5.17 gezeigt wurde. Denn es gibt unendlich viele Folgenglieder, die kleiner als $\frac{1}{3}$ sind, und unendlich viele, die grösser als $\frac{2}{3}$ sind.

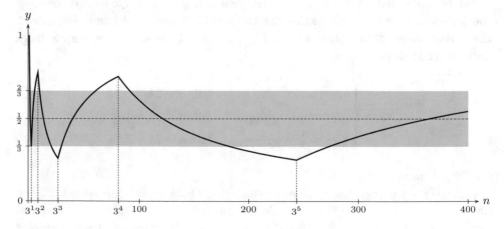

Abb. 5.9 Eine Folge relativer Häufigkeiten, die nicht konvergiert

Aufgabe 5.19 Konstruiere eine Null-Eins-Folge so, dass die zugehörige Folge der relativen Häufigkeiten der Eins immer wieder (unendlich viele Male) $\frac{1}{4}$ unterschreitet, aber auch immer wieder die Schranke $\frac{3}{4}$ überschreitet.

Aufgabe 5.20 Eine Z-K-Folge werde durch Aneinanderreihen von Fünferblöcken aufgebaut, also Wörter in den Buchstaben Z und K mit 5 Buchstaben, wobei jedoch nur solche Fünferblöcke zugelassen werden, bei denen 2 Z's und 3 K's vorkommen, also zum Beispiel ZZKKK oder KZKKZ. Die Fünferblöcke sollen zufällig ausgewählt werden, wobei jeder Block dieselbe Wahrscheinlichkeit hat.

Was kann man über die zugehörige Folge der relativen Häufigkeiten aussagen?

5.5 Formulierung und Beweis des Gesetzes der großen Zahlen

Bisher haben wir gesehen, dass für die möglichen (unendlichen) Folgen r_n der relativen Häufigkeiten beim Münzwurf alle drei möglichen Fälle auftreten können:

- Die Folge r_n konvergiert gegen $p = \frac{1}{2}$.
- Die Folge r_n konvergiert gegen einen Wert $c \neq \frac{1}{2}$.
- Die Folge r_n konvergiert gar nicht.

Wir wissen jedoch, dass die zwei letzten Fälle die Ausnahme bilden, dass sie nur sehr selten auftreten. Es war der Schweizer Mathematiker *Jakob Bernoulli*, der erkannte, dass ein Gesetz nur dann bewiesen werden kann, wenn es wahrscheinlichkeitstheoretisch formuliert wird.

Wir beginnen damit, die Folge der relativen Häufigkeiten als Folge von Zufallsvariablen zu sehen. Sei X_n die Zufallsvariable, die angibt, wie viele Erfolge (bei uns bedeutet dies üblicherweise Kopf) erzielt wurden nach n Versuchen. Die zugehörige relative Häufigkeit $r_n = \frac{X_n}{n}$ ist dann selbst eine Zufallsvariable. So gilt zum Beispiel für $n = 2$, dass r_n die Werte $0, \frac{1}{2}, 1$ annehmen kann und diese Werte mit den Wahrscheinlichkeiten $\frac{1}{4}, \frac{1}{2}$, bzw. $\frac{1}{4}$ annimmt. Die Abb. 5.10 zeigt die Entwicklung der Folge der relativen Häufigkeiten als Folge von Zufallsvariablen.

Werden die relativen Häufigkeiten als Zufallsvariablen gesehen, so wird es noch schwieriger zu verstehen, was denn unter dem Grenzwert derselben vorzustellen sei.

Entscheidend ist jedoch, dass es für ein gegebenes n, das wir uns typischerweise groß vorzustellen haben, sehr viele Folgen gibt, bei denen die relative Häufigkeit nahe bei der theoretischen Wahrscheinlichkeit p liegt. Etwas formaler: Die Wahrscheinlichkeit $\text{Prob}(|r_n - p| \leq \delta)$ nimmt für jedes feste δ mit wachsendem n zu.

Formulieren wir dies präziser: Für jedes noch so kleine $\delta > 0$ konvergiert die Wahrscheinlichkeit, dass die Anzahl der Erfolge mehr als δ vom Erwartungswert abweicht, gegen Null.

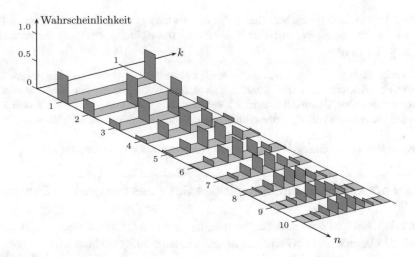

Abb. 5.10 Darstellung der Folge relativer Häufigkeiten r_n als Zufallsvariablen für $n = 1, 2, \ldots, 10$ bei einem Bernoulli-Prozess mit der Erfolgswahrscheinlichkeit $p = \frac{1}{2}$. Die Wahrscheinlichkeiten Prob($r_n = k$) sind durch die Höhe vertikaler Rechtecke dargestellt. Zur besseren Lesbarkeit wurden die Rechtecke zu gemeinsamen n auf ein hellgraues Band gestellt

Satz 5.1 (Gesetz der großen Zahlen für Bernoulli-Prozesse) *Wir betrachten die Wiederholung eines einfachen Zufallsexperiments, bei dem es nur zwei mögliche Ergebnisse, Erfolg und Misserfolg, gibt. Diese haben die Wahrscheinlichkeit p, die Erfolgswahrscheinlichkeit, bzw. 1 − p, die Misserfolgswahrscheinlichkeit. Mit X_n bezeichnen wir die Anzahl Erfolge nach n-maligem Wiederholen dieses Zufallsexperiments und mit $r_n = \frac{X_n}{n}$ die Zufallsvariable, die die relative Häufigkeit des Erfolgs angibt.*

Für ein gegebenes δ > 0 betrachten wir dann die Folge der Wahrscheinlichkeiten q_n:

$$q_n = \mathrm{Prob}(\,|r_n - p| \le \delta\,).$$

Dann gilt: Für jedes δ > 0 konvergiert die Folge der Wahrscheinlichkeiten q_n gegen 1:

$$\lim_{n\to\infty} q_n = \lim_{n\to\infty} \mathrm{Prob}(\,|r_n - p| \le \delta\,) = 1.$$

Es gibt also tatsächlich eine Konvergenz bezüglich der Anzahl n der Wiederholungen des Bernoulli-Experiments, aber nicht von der Folge der relativen Häufigkeiten, sondern von der Folge der Wahrscheinlichkeiten q_n, dass die relative Häufigkeit höchstens δ von p abweicht.

Beweis. Um dieses Gesetz zu beweisen, betrachten wir die Tschebyschowsche Ungleichung 4.4. Sie besagt, dass für jedes $a > 0$ folgende Abschätzung gilt:

$$\text{Prob}\big(\,|X_n - \text{E}(X_n)| \geq a\,\big) \leq \frac{\sigma(X_n)^2}{a^2}.$$

Insbesondere gilt dies also für $a = n\delta$:

$$\text{Prob}\big(\,|X_n - \text{E}(X_n)| \geq n\delta\,\big) \leq \frac{\sigma(X_n)^2}{n^2\delta^2}$$

Nun verwenden wir, dass X_n die Anzahl Erfolge eines Bernoulli-Experiments angibt. Daher gilt $\text{E}(X_n) = np$ und dann $\sigma(X_n)^2 = np(1-p)$. Wir können daher die Gleichung wie folgt umschreiben:

$$\text{Prob}\big(\,|X_n - np| \geq n\delta\,\big) \leq \frac{np(1-p)}{n^2\delta^2} = \frac{p(1-p)}{n\delta^2}$$

Nun ist aber die Bedingung $|X_n - np| > n\delta$ gleichbedeutend mit $\left|\frac{X_n}{n} - p\right| > \delta$. Ersetzen wir noch $\frac{X_n}{n}$ durch r_n, so erhalten wir:

$$\text{Prob}\,(|r_n - p| > \delta) \leq \frac{p(1-p)}{n\delta^2}.$$

Der Ausdruck rechts hat die Gestalt $\frac{c}{n}$, wobei $c = \frac{p(1-p)}{\delta^2}$ eine feste Zahl ist und nicht von n abhängt. Somit gilt $\lim\limits_{n\to\infty} \frac{c}{n} = 0$ und daher:

$$\lim_{n\to\infty} \text{Prob}\,(\,|r_n - p| > \delta\,) \leq \lim_{n\to\infty} \frac{p(1-p)}{n\delta^2} = 0.$$

Das Gegenereignis von $|r_n - p| > \delta$ ist $|r_n - p| \leq \delta$. Für die Wahrscheinlichkeit desselben erhalten wir nun folgende Abschätzung

$$1 - \frac{p(1-p)}{n\delta} \leq \text{Prob}(|r_n - p| \leq \delta) \leq 1.$$

Wir erhalten somit

$$1 = \lim_{n\to\infty} \left(1 - \frac{p(1-p)}{n\delta^2}\right) \leq \lim_{n\to\infty} \text{Prob}\,(\,|r_n - p| \leq \delta\,) \leq 1. \tag{5.2}$$

Weil rechts und links von (5.2) dieselbe Zahl steht, kann keine dieser Ungleichungen eine echte Ungleichung sein. Die Ungleichungen müssen also tatsächlich Gleichungen sein. Damit ist die Aussage des Satzes bewiesen.   □

Auszug aus der Geschichte   Das Gesetz der großen Zahlen wurde zum ersten Mal von Jakob Bernoulli (1655–1705) formuliert. Jakob Bernoulli war ein schweizer Mathematiker, der in Basel lebte und wirkte und die Wahrscheinlichkeitstheorie wesentlich mitentwickelt hat, unter anderem mit seinem Werk *Ars conjecturandi*, das 1713 erschien. In diesem Werk erscheint obiger Satz in leicht anderer Formulierung, aber demselben Inhalt und noch in der auf die Bernoulli-Prozesse zugeschnittenen Formulierung.

Die Familie Bernoulli war eine *Gelehrtenfamilie*, die in mehreren Generationen viele bedeutende Mathematiker und anderen Wissenschaften zugewandte Persönlichkeiten hervorbrachte. Der jüngere Bruder von Jakob Bernoulli war Johann Bernoulli (1667–1748). Zeitweise arbeiteten die Brüder zusammen, aber die meiste Zeit wetteiferten sie verbittert um die Urheberschaft von neuen Ideen. Johann hatte drei Söhne, Nikolaus II. Bernoulli (1695–1726), Daniel Bernoulli (1700–1782) und Johann II. Bernoulli (1710–1790), die allesamt Mathematiker waren. Die Bezeichnung II. bei Nikolaus dient der Unterscheidung von seinem Cousin Nikolaus I. Bernoulli (1687–1759), der ebenfalls Mathematiker war. Siehe die Abb. 5.11 mit der Darstellung einiger Portraits.

Beispiel 5.6 Nehmen für einmal mehr den Münzwurf, d. h. $p=\frac{1}{2}$, womit dann $p(1-p) = \frac{1}{4}$ gilt.

Nun können wir δ vorschreiben, etwa $\delta = 0.01$. Die relative Häufigkeit r_n soll also zwischen $p+\delta = 0.49$ und $p-\delta = 0.51$ liegen. Wir schätzen die Gegenwahrscheinlichkeit

Jakob Bernoulli (HMB-N)   Johann Bernoulli (HMB-N)
HMB-N=Historisches Museum Basel, Foto: N. Jansen

Nikolaus II Bernoulli (alamy)   Daniel Bernoulli (HNB-P)   Johann II Bernoulli (HNB-P)
HMB-P=Historisches Museum Basel, Foto: P. Porter

Abb. 5.11 Einige Mitglieder der Familie Bernoulli: oben die beiden Brüder Jakob und Johann, unten die drei Söhne von Johann: Nikolaus II., Daniel und Johann II

$1 - q_n$ wie im Beweis mit der Tschebyschowschen Ungleichung ab:

$$1 - q_n = \text{Prob}(\,|r_n - p| > 0.01\,) \leq \frac{1}{4n \cdot 0.01^2} = \frac{10\,000}{4n} = \frac{2500}{n}.$$

Zum Beispiel gilt für $n > 2\,500\,000$, dass $1 - q_n \leq \frac{1}{1000} = 0.001$ gilt, mithin $q_n > 0.999$. Nach $N = 2.5$ Millionen Würfe liegt die relative Häufigkeit mit einer Wahrscheinlichkeit von mindestens 99.9% im Bereich zwischen 0.49 und 0.51.   ◊

Aufgabe 5.21 Weiterhin sei $p = \frac{1}{2}$. Ab welcher Schranke N liegt die relative Häufigkeit mit einer Wahrscheinlichkeit von mindestens 99% zwischen 0.499 und 0.501?

Aufgabe 5.22 Nun sei $p = \frac{1}{6}$. Dies ist etwa der Fall, wenn beim Werfen eines Würfels der Sechser als Erfolg betrachtet wird. Ab welcher Schranke N liegt die relative Häufigkeit mit einer Wahrscheinlichkeit von mindestens 99.9% zwischen $\frac{1}{6} - 0.01$ und $\frac{1}{6} + 0.01$?

Das Gesetz der großen Zahlen für Bernoulli-Prozesse kann ohne Probleme verallgemeinert werden. Betrachten wir ein Zufallsexperiment, das wir durch einen Wahrscheinlichkeitsraum mit Ergebnismenge S und Wahrscheinlichkeitsfunktion P modellieren. Weiter sei eine Zufallsvariable X gegeben. Nun wird dieses Experiment mehrfach wiederholt, wobei sich die Wahrscheinlichkeiten der Ergebnisse von Mal zu Mal nicht ändern. Wir erhalten so eine Folge von Zufallsvariablen $X_1, X_2, X_3, \ldots$, welche voneinander unabhängig sind und

$$\text{E}(X_i) = \text{E}(X) \qquad \text{und} \qquad \text{V}(X_i) = \text{V}(X)$$

erfüllen. Nun mitteln wir diese Zufallsvariablen: Wir definieren eine neue Folge von Zufallsvariablen $r_1, r_2, r_3, \ldots$ wobei

$$r_n = \frac{X_1 + X_2 + \ldots + X_n}{n}.$$

Dann gilt nach der Linearität des Erwartungswerts, d. h. (2.1) und (2.3):

$$\begin{aligned}
\text{E}(r_n) &= \text{E}(\tfrac{1}{n}(X_1 + X_2 + \ldots + X_n)) \\
&= \text{E}(\tfrac{1}{n}X_1 + \tfrac{1}{n}X_2 + \ldots + \tfrac{1}{n}X_n) \\
&= \text{E}(\tfrac{1}{n}X_1) + \text{E}(\tfrac{1}{n}X_2) + \ldots + \text{E}(\tfrac{1}{n}X_n) \\
&= \tfrac{1}{n}\,\text{E}(X_1) + \tfrac{1}{n}\,\text{E}(X_2) + \ldots + \tfrac{1}{n}\,\text{E}(X_n) \\
&= \tfrac{1}{n}n\,\text{E}(X) \\
&= \text{E}(X)
\end{aligned} \tag{5.3}$$

und nach Satz 2.8 folgt

$$V(r_n) = V(\tfrac{1}{n}X_1 + \tfrac{1}{n}X_2 + \ldots + \tfrac{1}{n}X_n)$$

$$= V(\tfrac{1}{n}X_1) + V(\tfrac{1}{n}X_2) + \ldots + V(\tfrac{1}{n}X_n)$$

$$= \frac{1}{n^2} V(X_1) + \frac{1}{n^2} V(X_2) + \ldots + \frac{1}{n^2} V(X_n) \tag{5.4}$$

$$= \frac{1}{n^2} n\, V(X)$$

$$= \tfrac{1}{n} V(X).$$

Zu gegebenem $\delta > 0$ betrachten wir nun die Wahrscheinlichkeit

$$q_n = \mathrm{Prob}(\,|r_n - E(X)| \leq \delta\,),$$

dass die Zufallsvariable r_n weniger als δ vom Erwartungswert abweicht. Das Gesetz der großen Zahlen, Satz 5.2, besagt nun, dass die Folge der Wahrscheinlichkeiten $q_1, q_2, q_3, \ldots$ gegen 1 konvergiert.

Beispiel 5.7 Wir betrachten beim Würfeln die Zufallsvariable X, die die Augenzahl angibt. Die Variable r_n hat dann die Bedeutung „Durchschnittliche Augenzahl nach n Würfen". Die Abb. 5.12 gibt die Entwicklung dieser Zufallsvariablen für $n = 1, 2, \ldots, 10$ graphisch wieder.   ◊

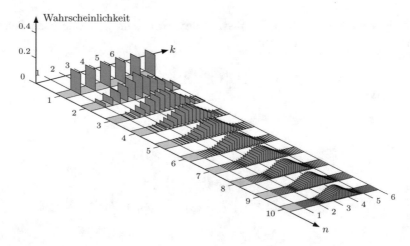

Abb. 5.12 Darstellung der Folge der Zufallsvariablen r_n für $n = 1, 2, \ldots, 10$ beim wiederholten Würfeln. Die Variable r_n hat die Bedeutung „Durchschnittliche Augenzahl nach n Würfen". Die Wahrscheinlichkeiten $\mathrm{Prob}(r_n = k)$ sind durch die Höhe vertikaler Rechtecke dargestellt. Zur besseren Lesbarkeit wurden die Rechtecke zu gemeinsamen n auf ein hellgraues Band gestellt

Beispiel 5.8 Bei einem Glücksrad kann man 1 CHF gewinnen oder 5 CHF verlieren. Die Gewinnwahrscheinlichkeit ist 60%, die Verlustwahrscheinlichkeit 10% und mit der Wahrscheinlichkeit 30% gewinnt und verliert man nichts, siehe die Abb. 5.13.

Der Erwartungswert des Gewinns X ist $E(X) = 0.6 \cdot 1 + 0.3 \cdot 0 + 0.1 \cdot (-5) = 0.1$. Die Abb. 5.14 stellt die Folge der Zufallsvariablen r_n für $n = 1, 2, \ldots, 10$ graphisch dar.

Die Beispiele 5.7 und 5.8 zeigen, dass sich die Verteilung von r_n mit zunehmendem n um den Erwartungswert $E(X)$ „zusammenzieht". Die einzelnen Werte werden zwar bei wachsendem n zunehmend weniger wahrscheinlich, aber es gibt immer mehr Werte rund um den Erwartungswert. Wählt man daher einen festen Abstand δ aus, so wird die Wahrscheinlichkeit $q_n = \mathrm{Prob}(|r_n - E(r_n)| \leq \delta)$ mit wachsendem n immer größer und nähert sich zusehends der sicheren Wahrscheinlichkeit 1 an. Dies soll jetzt zuerst formuliert und dann bewiesen werden.

Abb. 5.13 Ein Glücksrad, mit dem ein Zufallsexperiment praktisch realisiert werden kann, bei dem der Gewinn 1 CHF und der Verlust 5 CHF mit den Wahrscheinlichkeiten 60% bzw. 10% erzielt werden kann

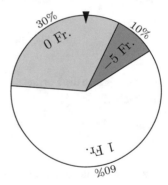

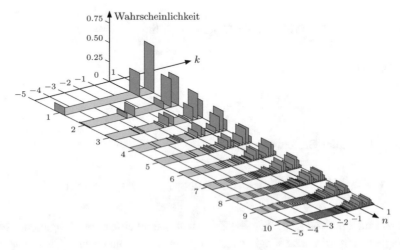

Abb. 5.14 Darstellung der Folge r_n als Zufallsvariablen für $n = 1, 2, \ldots, 10$ beim wiederholten Mitspielen beim Glücksspiel, das durch das Glücksrad der Abb. 5.14 dargestellt ist. Die Variable r_n hat die Bedeutung „Durchschnittlicher Gewinn nach n Würfen"

Satz 5.2 (Gesetz der großen Zahlen)   *Wird ein Zufallsexperiment mit einer Zufallsvariable mehrfach unabhängig wiederholt und die entstehende Folge von Zufallsvariablen $X_1, X_2, X_3, \ldots$ gemittelt*

$$r_n = \frac{X_1 + X_2 + \ldots + X_n}{n},$$

so erfüllt die Folge der gemittelten Zufallsvariablen $r_1, r_2, r_3, \ldots$ folgende Eigenschaft:

Für jedes $\delta > 0$ konvergiert die Folge der Wahrscheinlichkeiten $q_n = \mathrm{Prob}(\,|r_n - \mathrm{E}(X)| \leq \delta\,)$ gegen 1:

$$\lim_{n \to \infty} q_n = \lim_{n \to \infty} \mathrm{Prob}(\,|r_n - \mathrm{E}(X)| \leq \delta\,) = 1.$$

Beweis. Der Beweis verläuft nach dem gleichen Muster wie beim Satz 5.1: Gemäß der Tschebyschowschen Ungleichung gilt

$$\mathrm{Prob}(\,|r_n - \mathrm{E}(r_n)| > \delta\,) \leq \frac{\sigma(r_n)^2}{\delta^2} = \frac{\mathrm{V}(r_n)}{\delta^2}.$$

Setzen wir nun die Formeln (5.3) und (5.4), also $\mathrm{E}(r_n) = \mathrm{E}(X)$ und $\mathrm{V}(r_n) = \frac{1}{n}\mathrm{V}(X)$, ein, so erhalten wir

$$\mathrm{Prob}(\,|r_n - \mathrm{E}(X)| > \delta\,) \leq \frac{\mathrm{V}(X)}{n\delta^2}.$$

Die rechte Seite konvergiert bei wachsendem n gegen 0 und damit

$$\lim_{n \to \infty} \mathrm{Prob}(\,|r_n - \mathrm{E}(X)| > \delta\,) \leq \lim_{n \to \infty} \frac{\mathrm{V}(X)}{n\delta^2} = 0.$$

Für die Gegenereignisse gilt

$$1 - \frac{\mathrm{V}(X)}{n\delta^2} \leq \mathrm{Prob}(\,|r_n - \mathrm{E}(X)| \leq \delta\,) \leq 1$$

und somit folgt bei der Grenzwertbildung

$$1 = \lim_{n \to \infty} \left(1 - \frac{\mathrm{V}(X)}{n\delta^2}\right) \leq \lim_{n \to \infty} \mathrm{Prob}(\,|r_n - \mathrm{E}(X)| \leq \delta\,) \leq 1. \qquad (5.5)$$

Weil rechts und links von (5.5) dieselbe Zahl steht, kann keine dieser Ungleichungen eine echte Ungleichung sein. Die Ungleichungen müssen also tatsächlich Gleichungen sein. Damit ist die Aussage des Satzes bewiesen.   □

Das Gesetz der großen Zahlen ist eher von theoretischer als von praktischer Bedeutung. Aber es wird manchmal auch als *Fundamentalsatz der Wahrscheinlichkeitstheorie* bezeichnet, worin sich seine zentrale Rolle widerspiegelt. In ihm drückt sich aus, dass mit zunehmender Anzahl der Versuche die Wahrscheinlichkeit zunimmt, dass die relative Häufigkeit der Erfolge in die Nähe der theoretischen Wahrscheinlichkeit rücken wird. Und dies kann auch eine große praktische Bedeutung haben, wenn in realen Situationen die Wahrscheinlichkeit unbekannt ist und wir nach einer Schätzung suchen. Betrachten wir unsere Erörterungen rückblickend: Es hat uns ganz schön viel Arbeit gekostet, diese Formulierung herauszuarbeiten. Schauen wir die Aussage noch einmal genauer in einem Beispiel an.

Beispiel 5.9 Wir betrachten die Zufallsvariable X, die den Gewinn beim Drehen des Glücksrads aus Abb. 5.13 angibt. Gemäß dem Gesetz der großen Zahlen können wir ein beliebiges $\delta > 0$ annehmen, zum Beispiel $\delta = 0.001$. Die Folge der Wahrscheinlichkeiten

$$q_n = \text{Prob}(\,|r_n - \text{E}(r_n)| \leq 0.001\,)$$

wird dann gegen 1 streben. Wir können daher ein beliebiges $\varepsilon > 0$ vorgeben, zum Beispiel $\varepsilon = 0.0005$. Dann muss es ein N_ε geben, so dass

$$|q_n - 1| \leq \varepsilon \tag{5.6}$$

für alle $n \geq N_\varepsilon$. Da q_n eine Wahrscheinlichkeit ist, so gilt $q_n \leq 1$ und somit können wir (5.6) wie folgt umschreiben:

$$1 - q_n \leq \varepsilon = 0.0005.$$

Die Wahrscheinlichkeiten müssen also $q_n \geq 99.95\%$ erfüllen.

Das Gesetz der großen Zahlen besagt nur, dass es eine solche Schranke N_ε gibt, nicht aber, wie wir sie finden können. Wir haben jedoch ein Hilfsmittel zur Hand, um mindestens eine gültige Schranke N_ε zu finden und dieses ist die Tschebyschowsche Ungleichung.

Es gilt nämlich

$$1 - q_n = \text{Prob}(\,|r_n - \text{E}(r_n)| \geq 0.001\,) \leq \frac{\sigma(r_n)^2}{0.001^2}.$$

Gemäß (5.4) gilt $\sigma(r_n)^2 = V(r_n) = \frac{1}{n} V(X)$ und $V(X)$ kann direkt berechnet werden:

$$V(X) = E(X^2) - E(X)^2$$

$$= (0.6 \cdot 0^2 + 0.3 \cdot 1^2 + 0.1 \cdot 6^2) - 0.9^2$$

$$= 3.09.$$

Damit folgt $\sigma(r_n)^2 = V(r_n) = \frac{1}{n} \cdot 3.09$ und daher

$$1 - q_n \leq \frac{\sigma(r_n)^2}{0.001^2} = \frac{3.09}{n \cdot 0.001^2} = \frac{1}{n} \cdot 3.09 \cdot 10^6.$$

Für alle n so, dass

$$0.0005 \geq \frac{1}{n} \cdot 3.09 \cdot 10^6$$

$$n \geq \frac{3.09 \cdot 10^6}{0.0005}$$

$$n \geq 7.18 \cdot 10^9,$$

wird daher die Wahrscheinlichkeit q_n kleiner als ε sein. Wir fassen daher zusammen: Für $\delta = 0.001$ und $\varepsilon = 0.0005$ gilt sicher für alle $n \geq N_\varepsilon = 7.18 \cdot 10^9$, dass die Wahrscheinlichkeit q_n größer als $1 - \varepsilon = 99.95\%$ ist.   ◊

Aufgabe 5.23 Wir betrachten die Zufallsvariable r_n aus Beispiel 5.7, die den Durchschnitt der Augenzahlen nach n-maligem Würfeln angibt. Sei $\delta = 0.01$ und $\varepsilon = 0.02$. Bestimme eine Schranke N so, dass für alle $n \geq N$ folgende Abschätzung

$$\text{Prob}(\,|r_n - E(r_n)| \leq \delta\,) \geq 1 - \varepsilon$$

gilt.

Auszug aus der Geschichte Im Jahr 1994 fand der Internationale Mathematikerkongress in Zürich statt. Zu diesem Anlass druckte die Schweizer Post eine Gedenkmarke, siehe die Abb. 5.15.

Auf dieser Briefmarke ist das Porträt von Jakob Bernoulli abgebildet. Außerdem zeigt sie auch eine Formel und einen Zickzackgraphen, welche beide das Gesetz der großen Zahlen symbolisieren. Beim Graphen ist richtig dargestellt, dass die Zacken in der Höhe kleiner werden. Schaut man jedoch genauer hin, wie sich die Zickzacklinie auf- und abwindet, so wird klar, dass dem Designer das Typische eines solchen Kurvenverlaufs unklar war: Die Steigungen der einzelnen Segmente variieren nämlich nicht beliebig, es ist nicht so, dass sie zufällig einmal flacher und dann wieder steiler sind.

Wir haben daher einen möglichen Verlauf aufgezeichnet, der demjenigen entsprechen könnte, der auf der Briefmarke abgebildet ist, siehe die Abb. 5.15 rechts. Typisch am Verlauf ist, dass bei aufeinanderfolgenden Erfolgen oder aufeinanderfolgenden Misserfolgen die Veränderung der

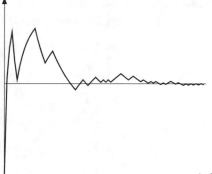

Abb. 5.15 Links die Schweizer Gedenkmarke mit dem Porträt von Jakob Bernoulli und einer Symbolisierung des Gesetzes der großen Zahlen. Rechts ein möglicher echter Kurvenverlauf. Bild der Briefmarke ©Post CH AG

relativen Häufigkeit abnimmt, die Steigung daher flacher wird. Wechselt man nach einer Serie von Erfolgen zu einem Misserfolg, so kann die Steilheit wieder zunehmen. So entstehen Streckenzüge, die nach rechts gebogenen Bögen gleichen.

5.6   Pseudozufallsgeneratoren

Es gibt viele Fragen, die theoretisch nur sehr schwer zu behandeln sind. Die Berechnungen werden zu umfangreich oder zu kompliziert. In solchen Situationen ist man froh, wenn man die gegebene Fragestellung an einem *zufälligen* Beispiel ausprobieren kann, besser noch an vielen zufälligen Beispielen. Wir werden in Kap. 11 ausgiebig davon Gebrauch machen.

Dies war schon zu Anbeginn der ersten Computer bekannt und man hat sich bemüht, Algorithmen zu konzipieren, die *scheinbar* zufällige Zahlen liefern. Dass es sich nicht um „echten Zufall" handelt, sollte sofort klar sein: Ein Algorithmus legt ja einen fest *determinierten* Ablauf fest, an ihm ist nichts Zufälliges. Daher spricht man bei solchen Algorithmen von *Pseudo*zufallsgeneratoren.

Der historisch erste Versuch eines Pseudozufallsgenerators stammt von John von Neumann (1903–1957), einem der bedeutendsten Mathematiker des 20. Jahrhunderts und Pionier der modernen Computerarchitektur. 1946 schlug er folgendes Verfahren vor, das nun unter dem Namen *Middle Square Methode* bekannt ist: Man startet mit einer n-stelligen natürlichen Zahl z_0, die intern abgespeichert wird. Diese quadriert man und wählt die mittleren n Ziffern des Quadrates z_0^2 als nächste Pseudozufallszahl x_1. In der Praxis würde man mit Zahlen starten, die 10 oder mehr Ziffern haben. Wir werden hier aber zur Veranschaulichung nur $n = 3$ betrachten.

Beispiel 5.10 Der Startwert sei $x_0 = 724$. Dann erhalten wir $x_0^2 = 524176$ und daher $x_1 = 417$. Mit einem Taschenrechner können wir weitere Werte berechnen:

$x_0 = 724 \Rightarrow x_0^2 = 524176$	$x_6 = 902 \Rightarrow x_6^2 = 813604$
$x_1 = 417 \Rightarrow x_1^2 = 173889$	$x_7 = 360 \Rightarrow x_7^2 = 129600$
$x_2 = 388 \Rightarrow x_2^2 = 150544$	$x_8 = 960 \Rightarrow x_8^2 = 921600$
$x_3 = 054 \Rightarrow x_3^2 = 002916$	$x_9 = 160 \Rightarrow x_9^2 = 025600$
$x_4 = 291 \Rightarrow x_4^2 = 084681$	$x_{10} = 560 \Rightarrow x_{10}^2 = 313600$
$x_5 = 468 \Rightarrow x_5^2 = 219024$	$x_{11} = 360 \Rightarrow x_{11}^2 = 129600$

Man sieht hier: Die Folge der Pseudozufallszahlen läuft in einen Zyklus. Die Abfolge ist schematisch in Abb. 5.16 dargestellt.   ◊

Das Beispiel 5.10 zeigt, dass ab x_7 die Zahlenfolge 360, 960, 160, 560 immer wiederholt wird. Dies ist natürlich unerwünscht. Wünschenswert wäre eine Folge ohne Wiederholungen. Wie wir noch sehen werden, ist dies jedoch unmöglich.

Aufgabe 5.24 Berechne die Folge der zweistelligen Zahlfolge, die die Middle Square Methode mit dem Startwert $x_0 = 77$ liefert bis zum Folgenglied x_{12}.

Betrachten wir nun ein zweites Beispiel, um Gemeinsamkeiten und Unterschiede zu entdecken.

Beispiel 5.11 Eine zweite Art Pseudozufallsgeneratoren zu konstruieren, beruht auf einem 1948 von Derrick Henry Lehmer (1905–1991) vorgeschlagenen Prinzip, das man heute *lineare Kongruenzmethode* nennt.

Dabei legt man vorerst drei Zahlen a, c und m fest. Jede Wahl von a, c und m definiert einen eigenen Pseudozufallsgenerator. Wir betrachten also eine ganze Familie von Pseudozufallsgeneratoren. Der Pseudozufallsgenerator berechnet dann aus x_0 die nächste Zahl x_1 nach der Regel:

$$x_1 = a \cdot x_0 + c \bmod m.$$

Die Zahl x_1 ist also der Rest bei der ganzzahligen Division von $a \cdot x_0 + c$ durch m.

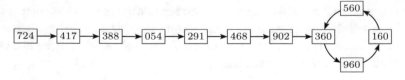

Abb. 5.16 Die Pseudozufallsfolge, die die *Middle Square Methode* ausgehend vom Startwert 724 liefert

Auch hier veranschaulichen wir die Methode zuerst mit kleinen Zahlen. Wir setzen $a = 3$, $c = 0$ und $m = 17$. Dann erhalten wir aus $x_0 = 10$ die Zahl $x_1 = (10 \cdot 3 + 0) \bmod 17 = 30 \bmod 17 = 13$. Die weitere Berechnung findet sich in der Tab. 5.3. Man sieht, dass die Periode hier länger sein muss. Da $m = 17$ eine Primzahl ist, haben die möglichen Folgen die Eigenschaft, dass es nicht möglich ist von aussen in einen kleineren Zyklus hineinzulaufen: Nehmen wir an, x_i und x_j seien Zahlen, so dass $x_{i+1} = x_{j+1}$ gilt. Dies bedeutet, dass $x_i \cdot a + c$ und $x_j \cdot a + c$ denselben Rest haben bei der Division durch 17. Dann folgt, dass deren Differenz, also $(x_i \cdot a + c) - (x_j \cdot a + c) = (x_i - x_j) \cdot a$, durch 17 teilbar ist. Da 17 prim ist, muss 17 entweder a oder $x_i - x_j$ teilen. Da $a = 3$ sicher nicht durch 17 teilbar ist, muss $x_i - x_j$ durch 17 teilbar sein. Nun sind aber x_i und x_j entstanden als Reste bei der Division durch 17 und daher kleiner als 17. Somit muss $x_i = x_j$ gelten. Dies bedeutet, dass man mit jedem Startwert bereits schon in einem Zyklus ist.

Die Abb. 5.17 zeigt, dass es nur zwei Zyklen gibt. $\Diamond$

Aufgabe 5.25 Berechne die Pseudozufallsfolge, die man aus der linearen Kongruenzmethode mit $a = 7$, $c = 0$ und $m = 13$ für den Startwert $x_0 = 10$ erhält.

Aufgabe 5.26 Berechne die Pseudozufallsfolge, die man aus der linearen Kongruenzmethode mit $a = 3$, $c = 4$ und $m = 11$ für den Startwert $x_0 = 10$ erhält.

Eine Pseudozufallsfolge, die man mit der linearen Kongruenzabbildung erhält, hat immer noch den Nachteil, dass sie eine gewisse Eigenschaft einer echten Zufallsfolge nicht aufweist: Es gibt keine unmittelbaren Wiederholungen. Wenn man würfelt, so kann es doch durchaus vorkommen, dass wiederholt dieselbe Zahl erscheint. Bei der linearen

Tab. 5.3 Die Folge der Zahlen, die man mit der linearen Kongruenzmethode erhält, wenn man mit $x_0 = 10$ startet und die Zahlen $a = 3$, $c = 0$ und $m = 17$ wählt	
$x_0 = 10 \Rightarrow 10 \cdot 3 + 0 = 30 \Rightarrow$ Rest: 13	
$x_1 = 13 \Rightarrow 13 \cdot 3 + 0 = 39 \Rightarrow$ Rest: 5	
$x_2 = 5 \Rightarrow 5 \cdot 3 + 0 = 15 \Rightarrow$ Rest: 15	
$x_3 = 15 \Rightarrow 15 \cdot 3 + 0 = 45 \Rightarrow$ Rest: 11	
$x_4 = 11 \Rightarrow 11 \cdot 3 + 0 = 33 \Rightarrow$ Rest: 16	
$x_5 = 16 \Rightarrow 16 \cdot 3 + 0 = 48 \Rightarrow$ Rest: 14	
$x_6 = 14 \Rightarrow 14 \cdot 3 + 0 = 42 \Rightarrow$ Rest: 8	
$x_7 = 8 \Rightarrow 8 \cdot 3 + 0 = 24 \Rightarrow$ Rest: 7	

$\Diamond$

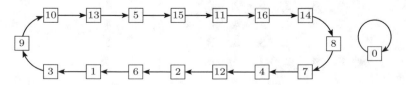

Abb. 5.17 Die Folge, welche die *lineare Kongruenzmethode* für $a = 3$, $c = 0$ und $m = 17$ liefert

Kongruenzmethode, die wir in Beispiel 5.11 betrachtet haben, wiederholt sich eine Zahl jedoch zum ersten Mal, wenn der ganze Zyklus durchlaufen wurde.

Eine einfache Modifikation behebt dieses Problem. Wir stellen es in einem Beispiel vor.

Beispiel 5.12 Wir betrachten dazu die lineare Kongruenzmethode mit $a = 29$, $c = 0$ und $m = 101$. Mit dem Startwert $x_0 = 10$ erhält man so folgende Abfolge mit der Periode 100:

$$
\begin{array}{rrrrrrrrrr}
10, & 88, & 27, & 76, & 83, & 84, & 12, & 45, & 93, & 71, \\
39, & 20, & 75, & 54, & 51, & 65, & 67, & 24, & 90, & 85, \\
41, & 78, & 40, & 49, & 7, & 1, & 29, & 33, & 48, & 79, \\
69, & 82, & 55, & 80, & 98, & 14, & 2, & 58, & 66, & 96, \\
57, & 37, & 63, & 9, & 59, & 95, & 28, & 4, & 15, & 31, \\
91, & 13, & 74, & 25, & 18, & 17, & 89, & 56, & 8, & 30, \\
62, & 81, & 26, & 47, & 50, & 36, & 34, & 77, & 11, & 16, \\
60, & 23, & 61, & 52, & 94, & 100, & 72, & 68, & 53, & 22, \\
32, & 19, & 46, & 21, & 3, & 87, & 99, & 43, & 35, & 5, \\
44, & 64, & 38, & 92, & 42, & 6, & 73, & 97, & 86, & 70, & \ldots
\end{array}
\tag{5.7}
$$

Nach der letzten Zahl, also 70, wiederholt sich die ganze Folge der 100 Zahlen erneut.

In einem zweiten Schritt wird nun bei jedem Element dieser Folge noch einmal der Rest bei der Division durch eine Zahl n berechnet. Wenn wir an das Würfeln denken, so werden wir $n = 6$ wählen und den Rest 0 durch 6 ersetzen. So erhalten wir folgende Pseudozufallsfolge die sich nach der letzten 4 immer wiederholt. Innerhalb der ersten 100 Zahlen gibt es aber jetzt mehrere Stellen, bei denen die gleiche Zahl zweifach, dreifach oder sogar vierfach hintereinander auftritt. Die so konstruierte Sequenz könnte einem tatsächlichen Würfelexperiment entsprungen sein.   ◊

$$
\begin{array}{rrrrrrrrrr}
4, & 4, & 3, & 4, & 5, & 6, & 6, & 3, & 3, & 5, \\
3, & 2, & 3, & 6, & 3, & 5, & 1, & 6, & 6, & 1, \\
5, & 6, & 4, & 1, & 1, & 1, & 5, & 3, & 6, & 1, \\
3, & 4, & 1, & 2, & 2, & 2, & 2, & 4, & 6, & 6, \\
3, & 1, & 3, & 3, & 5, & 5, & 4, & 4, & 3, & 1, \\
1, & 1, & 2, & 1, & 6, & 5, & 5, & 2, & 2, & 6, \\
2, & 3, & 2, & 5, & 2, & 6, & 4, & 5, & 5, & 4, \\
6, & 5, & 1, & 4, & 4, & 4, & 6, & 2, & 5, & 4, \\
2, & 1, & 4, & 3, & 3, & 3, & 3, & 1, & 5, & 5, \\
2, & 4, & 2, & 2, & 6, & 6, & 1, & 1, & 2, & 4, & \ldots,
\end{array}
$$

Begriffsbildung 5.3 *Manchmal lässt man das Präfix bei Pseudozufallsgeneratoren weg und spricht schlicht von **Zufallsgeneratoren**. Dies soll aber nicht andeuten, dass man mit Zufallsgeneratoren echten Zufall erzeugen kann. Wie wir gesehen haben, geht dies nicht. Alle Zufallsgeneratoren verwenden interne Variablen, die dem Benutzer oft nicht bekannt sind. Die Werte dieser internen Variablen nennt man den **Zustand** des Zufallsgenerators. Kennt man den Zustand und die Art, wie der Zufallsgenerator die weiteren Folgeglieder berechnet und den Zustand abändert, so kann die Berechnung der Pseudozufallsfolge nachvollzogen werden.*

Wird der Zufallsgenerator aufgerufen, so berechnet er auf Grund des aktuellen Zustands einen neuen Zustand. In einem zweiten Schritt berechnet er auf Grund des neuen Zustands die Ausgabe. Schematisch ist dies in der Abb. 5.18 dargestellt.

Der interne Zustand kann jedoch beeinflusst werden. Dies ermöglicht es, eine Berechnung mehrfach durchzuführen und dabei immer mit denselben Pseudozufallszahlen zu arbeiten. Die Festlegung des internen Zustands erfolgt durch Angabe eines **Keims** (englisch: **seed**). Auf Grund dieses Startwertes wird der Pseudozufallsgenerator **initialisiert**. Dies erfolgt meist wieder durch eine interne Funktion. Schematisch erfolgt dies wie in der Abb. 5.19.

Danach kann der Zufallsgenerator aufgerufen werden und liefert eine erste Pseudozufallszahl x_1. Beim erneuten Aufruf liefert er eine zweite Pseudozufallszahl x_2. So entsteht eine Folge von Pseudozufallszahlen

$$x_1, x_2, \ldots$$

Abb. 5.18 Schematische Darstellung eines Zufallsgenerators. Die Variable z ist global gespeichert

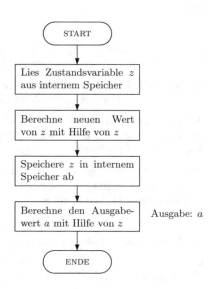

Abb. 5.19 Schematische
Darstellung des Festlegens des
Zustands durch einen Keim

Eingabe: k

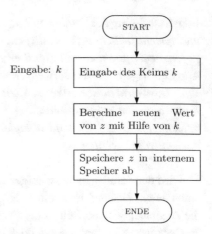

Wird der Pseudozufallsgenerator mit demselben Startwert neu initialisiert, so liefert er wiederum genau dieselbe Zahlenfolge. Da der Zufallsgenerator nur endlich viele Zustände haben kann (dies ist bei jedem Computer der Fall), so muss er früher oder später wieder in einen Zustand geraten, in dem er schon einmal war. Da die Berechnung vollständig deterministisch abläuft, muss er ab dann genau gleich weiter rechnen, wie er es zuvor schon getan hat. Dies bedeutet, dass alle Pseudozufallsgeneratoren immer zyklisch sind: Nach einer gewissen Anzahl Schritte, die man **Periode** nennt, müssen sie sich wiederholen. Die Periodizität ist unvermeidbar. In der Praxis konstruiert man Pseudozufallszahlen, die eine sehr große Periode haben. Gewünscht ist eigentlich eine so lange Periode, dass es in der Anwendung nie zu einer Wiederholung dieser Periode kommt.

Aufgabe 5.27 Benutze obige Zahlenfolge (5.7) und bestimme daraus eine Null-Eins-Folge durch Berechnung der Reste bei der Division durch 2. Gibt es mehr Nullen oder mehr Einsen?

Aufgabe 5.28 Benutze obige Zahlenfolge (5.7) und bestimme daraus eine Folge durch Berechnung der Reste bei der Division durch 10. Welche Ziffer tritt am häufigsten auf?

Aufgabe 5.29 Programmiere einen Pseudozufallsgenerator, der mit der linearen Kongruenzmethode mit $a = 5$, $c = 1$ und $m = 16$ eine Folge von Zuständen $z_0, z_1, z_2, \ldots$ berechnet. Bestimme die Periode für verschiedene Startwerte z_0.

Aufgabe 5.30 Programmiere einen Pseudozufallsgenerator, der mit der linearen Kongruenzmethode mit $a = 3$, $c = 5$ und $m = 72$ eine Folge von Zuständen $z_0, z_1, z_2, \ldots$ berechnet. Bestimme die Periode für verschiedene Startwerte z_0.

Die letzten beiden Beispiele zeigen, dass die Wahl der Parameter a, c und m wesentlich für eine lange Periode sind. Die ersten drei Beispiele sollten die prinzipielle Funktionsweise von Pseudozufallsgeneratoren aufzeigen. Mit zunehmendem Studium dieser Zufallsgeneratoren wurden auch mehrere Mängel aufgedeckt, und um diese zu beheben, wurden fortlaufend komplexere Zufallsgeneratoren konstruiert.

5.7   Zusammenfassung

Wir haben den Münzwurf mit der Gleichverteilung als das Basisexperiment genommen. Wir hielten fest, dass bei n-facher Wiederholung dieses Basisexperiments jede Folge von n Resultaten, also jede Folge der Buchstaben K und Z der Länge n, möglich ist und mit derselben Wahrscheinlichkeit $\frac{1}{2^n}$ eintreten kann. Dies stellte uns vor folgende Frage, wenn ein Experiment mit unbekannter Wahrscheinlichkeitsverteilung vorliegt: Wenn alle Resultate möglich sind, besteht die Chance ein Basisexperiment durch wiederholte Experimente zu untersuchen, um die unbekannte Wahrscheinlichkeitsverteilung zu erforschen. Zum Beispiel können wir durch wiederholtes Münzwerfen schätzen, ob die Münze gezinkt ist oder nicht.

In diesem Kapitel erklärten wir, zu welchem Grad dies möglich ist. Der Ausgangspunkt unserer Untersuchungen ist die Tatsache, dass es auf einer Seite nur eine einzige Folge mit lauter K als Resultate gibt und auf der anderen Seite sehr viele Folgen mit ausgeglichener Anzahl von K und Z. Diese Beobachtung führte uns zum Gesetz der großen Zahlen, das für den fairen Münzwurf besagt, dass für jede beliebig kleine Zahl δ die Wahrscheinlichkeit, dass die relative Häufigkeit mehr als δ von $\frac{1}{2}$ abzuweichen, mit der Anzahl Versuche gegen Null konvergiert. Das bedeutet, dass mit wachsender Anzahl der Wiederholungen des Basisexperiments die Wahrscheinlichkeit gegen 1 geht, dass die relative Häufigkeit sehr nah bei $\frac{1}{2}$ liegt. Das Gesetz der großen Zahlen gilt für beliebige Bernoulli-Experimente. Wenn die Wahrscheinlichkeit von K im Basisexperiment p ist, wird für jedes beliebige $\delta > 0$ mit der Anzahl Wiederholungen des Basisexperiments die Wahrscheinlichkeit zu 1 konvergieren, dass die relative Häufigkeit von K zwischen $p - \delta$ und $p + \delta$ liegt. Das Gesetz der großen Zahlen gibt uns somit ein Forschungsinstrument, mit dem wir mittels Wiederholung eines Experiments die unbekannte Wahrscheinlichkeitsverteilung dieses Experiments abschätzen können.

Das Gesetz der großen Zahlen kann man noch in dem Sinne verallgemeinern, dass man statt der Wahrscheinlichkeitsverteilung des Basisexperiments die Erwartungswerte der Zufallsvariablen untersucht. Die Aussage ist dann, dass mit der Anzahl der Wiederholungen die Wahrscheinlichkeit zu 1 konvergiert, dass der Durchschnittswert der Zufallsvariable X über alle durchgeführten Experimente „nah" am Erwartungswert $E(X)$ von X im Basisexperiment ist.

Um das Gesetz der großen Zahlen genau formulieren zu können, haben wir den Begriff der Konvergenz einer unendlichen Zahlenfolge zu einem Wert c definiert. Eine unendliche Folge konvergiert zum Wert c, wenn für jedes beliebig kleine $\varepsilon > 0$ es höchstens endlich viele Mitglieder der Folge gibt, die nicht im Intervall $[c-\varepsilon, c+\varepsilon]$ liegen. Anders formuliert bedeutet dies, dass ab einer gewissen Stelle (einem gewissen Index) in der Folge alle Mitglieder im Intervall $[c - \varepsilon, c + \varepsilon]$ liegen. Mit der beliebigen Wahl von ε haben wir die Garantie, dass die Mitglieder der Folge beliebig nah bei c liegen. Die oben formulierte Bedingung garantiert dabei, dass sich die Mitglieder ab einer gewissen Stelle nie mehr als ε vom Wert c entfernen können und somit immer in der Nähe von c bleiben.

Am Ende des Kapitels haben wir noch einen kurzen Ausflug in die Erzeugung von Pseudozufallsfolgen gemacht. Wir brauchen bei vielen Anwendungen (siehe zum Beispiel das Kap. 3) Folgen von Zahlen, die wie echte Zufallszahlen aussehen. Wir haben ein paar historische Beispiele gezeigt, wie man Folgen von Zahlen deterministisch erzeugen kann, die wie zufällige Folgen aussehen.

5.8   Kontrollfragen

1. Wie kann uns das Gesetz der großen Zahlen helfen, eine unbekannte Wahrscheinlichkeitsverteilung eines Zufallsexperiments zu untersuchen?
2. Besagt das Gesetz der großen Zahlen, dass man mit mehr Aufwand beim Experimentieren mehr Informationen über das vorliegende Zufallsexperiment erhalten muss? Kann man nach vielen Wiederholungen des Experiments mit Sicherheit gewisse Wahrscheinlichkeitsverteilungen ausschließen?
3. Ist es möglich beim fairen Münzenwurf eine reine Folge von Zahlen für eine beliebig große Anzahl der Würfe zu erhalten?
4. Was genau besagt das Gesetz der großen Zahlen? Kann man behaupten, dass mit wachsender Anzahl der Experimentwiederholung die Wahrscheinlichkeit wächst, dass die relative Häufigkeit des Erfolges eine gute Schätzung der Erfolgswahrscheinlichkeit ist?
5. Bedeutet die Konvergenz einer Zahlenfolge zum Wert c, dass mit ihrer Ordung die Werte der Folge immer näher zu c kommen?
6. Eine Zahlenfolge konvergiert zu einem Wert c. Gilt dann, dass nur endlich viele Mitglieder der Zahlenfolge mehr als ein Promille von c abweichen?
7. Eine unendliche Folge beinhaltet nur Werte aus dem Intervall $[c - 0.0000001, c + 0.0000000000001]$. Muss die Folge dann nach c konvergieren?
8. Sei ϵ eine beliebig kleine, positive Zahl. Erstelle eine Folge, deren Mitglieder alle im Intervall $[-\epsilon, +\epsilon]$ liegen, aber so, dass die Folge divergiert.
9. Was stellt man sich unter Pseudozufallszahlen vor?
10. Warum unterscheidet man Pseudozufallszahlen von echten Zufallszahlen?
11. Welche Möglichkeiten hat man, deterministisch eine Folge von Zahlen so zu erzeugen, dass Wiederholungen so spät wie möglich vorkommen?

5.9   Lösungen zu ausgewählten Aufgaben

Aufgabe 5.2 Es gibt $2^{10} = 1024$ verschiedene Folgen. Die Wahrscheinlichkeit, dass unter 15 Versuchen, alle verschieden sind, ist

$$\frac{1024}{1024} \cdot \frac{1023}{1024} \cdot \ldots \cdot \frac{1011}{1024} \cdot \frac{1010}{1024} \approx 0.9021.$$

Bei 25 Versuchen sind es

$$\frac{1024}{1024} \cdot \frac{1023}{1024} \cdot \ldots \cdot \frac{1001}{1024} \cdot \frac{1000}{1024} \approx 0.7443.$$

Es ist daher in einer Klasse mit 15 bis 25 Schülerinnen und Schülern eher unwahrscheinlich (aber durchaus möglich), dass zweimal dieselbe Folge auftritt.

Aufgabe 5.3 Beim Basisexperiment interessieren uns nur zwei Ergebnisse: Entweder wurde 20 Mal Kopf geworfen, was wir als Erfolg bezeichnen, oder mindestens einmal eine Zahl. Die Wiederholung dieses Basisexperiments kann daher als Bernoulli-Prozess mit Erfolgswahrscheinlichkeit $p = \dfrac{1}{2^{20}}$ betrachtet werden. Die Gegenwahrscheinlichkeit ist $q = 1 - p$. Die Wahrscheinlichkeit in n Versuchen des Basisexperiments kein einziges Mal Erfolg zu haben, berechnet sich nun als q^n. Wir haben also n so zu finden, dass

$$q^n \geq \frac{1}{2}.$$

Wir bestimmen n durch Logarithmieren und Einsetzen von $q = 1 - \dfrac{1}{2^{20}}$:

$$n = \log_q\left(\frac{1}{2}\right) \approx 726\,817.$$

Man muss den 20-fachen Münzwurf also mindestens 726 817 Mal wiederholen, um mit der Wahrscheinlichkeit $\frac{1}{2}$ mindestens einmal 20 Köpfe zu werfen.

Aufgabe 5.4 Damit die relative Häufigkeit unter 0.45 oder über 0.55 liegt, muss man weniger als 450 oder mehr als 550 Male das Ergebnis Kopf beobachten. Die Wahrscheinlichkeit, dass dies nicht passiert, ist $q = P(450 \leq X \leq 550)$. Mit einem Tabellenkalulationsprogramm berechnet sich dies als

$$q = \text{BINOM.VERT}(550, 1000, 0.5, \text{WAHR}) - \text{BINOM.VERT}(449, 1000, 0.5, \text{WAHR})$$

$$= 0.999304 - 0.000696$$

$$= 0.998608.$$

Dass in 500 Versuchen niemals die Schranke 450 unter- oder die Schranke 550 überschritten wird, beträgt

$$q^{500} = 0.998608^{500} = 0.498398 \approx 49.8\%.$$

Also ist diese Wahrscheinlichkeit etwa 50%.

Aufgabe 5.5 Damit die relative Häufigkeit zwischen 0.35 und 0.65 liegt, muss die Anzahl Male, die das Ergebnis Kopf beobachtet wird, zwischen 35 und 65 liegen. Diese Wahrscheinlichkeit ist $q = P(35 \leq X \leq 65)$. Diese kann zum Beispiel mit einem Taschenrechner bestimmt werden:

$$q = \text{binomCdf}(100, 0.5, 35, 65) = 0.99821.$$

Wenn wir diesen hundertfachen Münzwurf 10 Mal wiederholen, dann ist die Wahrscheinlichkeit, dass jedes Mal, die relative Häufigkeit zwischen 0.35 und 0.65 liegt, gleich $q^{10} = 0.982243 \approx 98.2\%$.

Nun werde die Simulation des hundertfachen Münzwurfs m Mal wiederholt. Die Wahrscheinlichkeit, dass jedes Mal die relative Häufigkeit zwischen 0.35 und 0.65 liegt, beträgt q^m. Wir müssen also die Gleichung $q^m = 0.5$ lösen. Diese erhalten wir durch Logarithmieren:

$$m = \log_q(0.5) = 386.901.$$

Da q^m mit wachsendem m abnimmt, muss aufgerundet werden: Man muss die Simulation mindestens 387 Mal wiederholen.

Aufgabe 5.6 Jede der drei Folgen hat die Wahrscheinlichkeit $\left(\frac{1}{2}\right)^{20} = \frac{1}{1\,048\,576} \approx 9.54 \cdot 10^{-7}$.

Aufgabe 5.7 Aus den 20 Stellen müssen 10 ausgewählt werden. Daher gibt es $\binom{20}{10} = 184\,756$ Folgen mit 10 K's und 10 Z's. Diese machen daher

$$\frac{\binom{20}{10}}{2^{20}} = \frac{184\,756}{1\,048\,576} \approx 17.62\%$$

aller Folgen der Länge 20 aus.

Aufgabe 5.8 Zu allen Zahlen x mit $x < 1$.

Aufgabe 5.9 Die Folge ist nicht konvergent. Die Folgenglieder mit geradem Index konvergieren gegen 1, die Folgenglieder zu ungeradem Index haben jedoch einen festen Abstand von 1, nämlich $\frac{1}{1000}$.

Aufgabe 5.14 Es sei ein $\varepsilon > 0$ beliebig vorgegeben. Dann sei m die Lösung der Gleichung

$$0.9^m = \varepsilon.$$

Sei N eine natürliche Zahl mit $N > m$, zum Beispiel kann man m aufrunden. Somit folgt für alle $n \geq N$:

$$\left|(-0.9)^n - 0\right| = \left|(-0.9)^n\right| = 0.9^n \leq 0.9^N \leq 0.9^m = \varepsilon.$$

Aufgabe 5.15 Um den Grenzwert zu erraten kann man ein paar Folgenglieder für große Indizes n einsetzen. Zum Beispiel erhält man für $n = 100$:

$$a_{100} = \frac{100^2}{2 \cdot 100^2 + 15} = \frac{10\,000}{20\,015} \approx 0.499625.$$

Für $n = 1000$ erhält man

$$a_{1000} = \frac{1000^2}{2 \cdot 1000^2 + 15} = \frac{1\,000\,000}{2\,000\,015} \approx 0.499996.$$

Diese Beispiele legen die Vermutung nahe, dass der Grenzwert gleich 0.5 ist. Eine algebraische Umformung hilft, dies weiter zu klären:

$$a_n = \frac{n^2}{2n^2 + 15} = \frac{1}{2} \cdot \frac{n^2}{n^2 + 7,5} = \frac{1}{2} \cdot \frac{n^2 + 7.5 - 7.5}{n^2 + 7,5} = \frac{1}{2}\left(1 - \frac{7.5}{n^2 + 7.5}\right)$$

Der Term $\dfrac{7.5}{n^2 + 7.5}$ strebt sicherlich bei wachsendem n gegen 0. Daher strebt a_n gegen $\frac{1}{2} = 0.5$.

Eine alternative Methode wäre von Anfang die Folge der Kehrwerte, als

$$b_n = \frac{1}{a_n} = \frac{2n^2 + 15}{n^2} = 2 + \frac{15}{n^2}$$

zu untersuchen und festzustellen, dass $\lim\limits_{n\to\infty} b_n = 2$ gilt.

Aufgabe 5.16

(a) $\lim\limits_{n\to\infty} \dfrac{1}{n} = 0$: Richtig.

(b) $\lim\limits_{n\to\infty} \dfrac{1}{n+2} = \dfrac{1}{2}$: Falsch, der Grenzwert ist 0.

(c) $\lim\limits_{n\to\infty} \dfrac{1}{2} + \dfrac{1}{n} = \dfrac{1}{2}$: Richtig.

(d) $\lim\limits_{n\to\infty} \dfrac{n^2}{2^n} = 1$: Falsch, der Grenzwert ist 0, da der Zähler quadratisch, der Nenner jedoch exponentiell wächst. Der Nenner wird bei diesem Rennen immer gewinnen. Um dies einzusehen, nehmen wir an, wir hätten für ein gewisses n das Folgenglied $a_n = \frac{n^2}{2^n}$ berechnet. Nun vergleichen wir dieses mit $a_{2n} = \frac{(2n)^2}{2^{2n}} = \frac{4n^2}{(2^n)^2}$. Im Vergleich zu a_n hat sich der Zähler vervierfacht, der Nenner hingegen quadriert. Dies erklärt, warum der Nenner schneller wächst als der Zähler.

Aufgabe 5.17 Es gilt zu zeigen, dass die Folge gegen keinen Wert c konvergieren kann. Wir setzen $m = \frac{g+h}{2}$, die Mitte zwischen g und h, außerdem betrachten wir $\varepsilon = \frac{h-m}{2} = \frac{m-g}{2}$, dies ist der halbe Abstand zwischen g und h von m.
   Ist $c \geq m$, dann gibt es für jedes N immer ein $n > N$, sodass $a_n < g$. Daher folgt $|a_n - c| = c - a_n \geq c - g \geq m - g > \frac{m-g}{2} = \varepsilon$, was zeigt, dass die Folge nicht gegen c konvergieren kann. Gilt aber $c < m$, so gibt es für jedes N ein $n' > N$ mit $a_{n'} > h$ und daher $|a_n - c| = a_n - c \geq a_n - m \geq h - m > \frac{h-m}{2} = \varepsilon$, was wiederum zeigt, dass die Folge nicht gegen c konvergieren kann.

Aufgabe 5.18 Angenommen, die Folge konvergiere gegen den Wert c. Dann gibt es für jedes $\varepsilon > 0$ eine natürliche Zahl m, so dass $m > c + \varepsilon$. Für alle $n \geq m$ gilt dann auch $n > c + \varepsilon$ und daher kann c nicht Grenzwert sein.

Aufgabe 5.19 Man kann die Folge mit $a_1 = 1$ starten und dann in ihrer Länger vervierfachen. Die entstehenden drei Viertel der Stellen werden mit Nullen gefüllt. Wiederum wird die Länge vervierfacht und die entstehenden drei Viertel mit Einsen gefüllt. Die so entstehende Folge erfüllt die angegebene Bedingung.

Aufgabe 5.20 Wir betrachten die Folge r_n der relativen Häufigkeiten (der K) der so entstandenen Folge. Diese erfüllt $r_{5k} = \dfrac{3k}{5k} = \dfrac{3}{5}$ für alle k. Für die Indizes $n = 5k + \ell$ mit $\ell = 1, 2, 3, 4$ gilt

$$\frac{3k}{5k + \ell} \leq r_{5k+\ell} \leq \frac{3k + 3}{5k + \ell}.$$

Je größer k, desto genauer stimmen diese Werte mit $\frac{3}{5}$ überein. Es gilt daher, dass die relative Häufigkeit gegen $\dfrac{3}{5}$ konvergiert.

Aufgabe 5.21 Die Gegenwahrscheinlichkeit ist Prob($|r_n - p| > 0.001$) und diese soll kleiner als 1% werden. Nach der Tschebyschowschen Ungleichung gilt

$$1 - q_n = \text{Prob}(\,|r_n - p| > 0.001\,) \leq \frac{1}{4n \cdot 0.001^2} = \frac{1\,000\,000}{4n} = \frac{250\,000}{n}.$$

Wir müssen n so bestimmen, dass $\frac{250\,000}{n} = 0.01$, was $n = 25\,000\,000$. Also nach $N = 25$ Millionen, liegt die relative Häufigkeit mit der Wahrscheinlichkeit 99% zwischen 0.499 und 0.501.

Aufgabe 5.23 Wir betrachten die Gegenwahrscheinlichkeit und müssen daher N so finden, dass für alle $n \geq N$

$$\text{Prob}(\,|r_n - \text{E}(r_n)| \geq \delta\,) \leq \varepsilon$$

gilt. Dazu betrachten wir die Tschebyschowsche Ungleichung

$$\text{Prob}(\,|r_n - \text{E}(r_n)| \geq \delta\,) \leq \frac{\sigma(r_n)^2}{\delta^2}.$$

Gleichsetzen der rechten Seiten liefert

$$\frac{\sigma(r_n)^2}{\delta^2} = \varepsilon. \tag{5.8}$$

Gemäß (5.4) gilt $\sigma(r_n)^2 = \text{V}(r_n) = \frac{1}{n}\,\text{V}(X)$, wobei X die Zufallsvariable ist, die die Augenzahl beim einmaligen Würfeln angibt. Diese Varianz wurde in Beispiel 2.4 berechnet: $\text{V}(X) = \frac{35}{12}$. Setzen wir dies sowie $\delta = 0.01$ und $\varepsilon = 0.02$ in (5.8) ein, so erhalten wir

$$\frac{\frac{35}{12n}}{0.01^2} = 0.02,$$

eine Gleichung, die wir nach n auflösen:

$$n = \frac{35}{12 \cdot 0.01^2 \cdot 0.02} \approx 1\,458\,333.3.$$

Für alle $n > N_\varepsilon = 1\,458\,334$ wird daher die gegebene Wahrscheinlichkeit q_n größer als $1 - \varepsilon$ sein.

Aufgabe 5.24 Wir geben die Berechnung ohne Kommentar an. $x_0 = 77$, $x_0^2 = 5929$, $x_1 = 92$, $x_1^2 = 8464$, $x_2 = 46$, $x_2^2 = 2116$, $x_3 = 11$, $x_3^2 = 121$, $x_4 = 12$, $x_4^2 = 144$, $x_5 = 14$, $x_5^2 = 196$, $x_6 = 19$, $x_6^2 = 361$, $x_7 = 36$, $x_7^2 = 1296$, $x_8 = 29$, $x_8^2 = 841$, $x_9 = 84$, $x_9^2 = 7056$, $x_{10} = 5$, $x_{10}^2 = 25$, $x_{11} = 2$, $x_{11}^2 = 4$, $x_{12} = 0$.

Aufgabe 5.25 Man erhält $x_0 = 10$, $x_1 = 5$, $x_2 = 9$, $x_3 = 11$, $x_4 = 12$, $x_5 = 6$, $x_6 = 3$, $x_7 = 8$, $x_8 = 4$, $x_9 = 2$, $x_{10} = 1$, $x_{11} = 7$, $x_{12} = 10$.

Aufgabe 5.27 Die Null und die Eins kommen je genau 50 Mal vor.

Aufgabe 5.28 Jede der Zahlen $0, \ldots, 10$ kommt je genau 10 Mal vor.

Aufgabe 5.29 Die Periode ist unabhängig vom Startwert immer 16. Dies ist das Maximum, da es ja nur 16 mögliche Reste bei der ganzzahligen Divsion durch 16 ist.

Aufgabe 5.30 Die Periode ist abhängig vom Startwert, aber nie größer als 6.

Stetige Zufallsvariablen

6

6.1 Zielsetzung

Dieses Kapitel wird eine wichtige Neuerung bringen: Wir betrachten Situationen, in denen eine Zufallsvariable unendliche viele Werte annehmen kann, wie es zum Beispiel der Fall ist bei einer Zeitdauer, bis etwas eintritt. Im Prinzip ist jeder Zeitpunkt möglich und daher gibt es derer unendlich viele. Wir werden sehen, dass unsere bisherige Definition eines Wahrscheinlichkeitsraums nicht ausreicht, um eine solche Situation angemessen zu modellieren. Erst ganz am Ende des Kapitels werden wir sehen, wie wir zu einer neuen Definition vorstossen können.

Entlang dieses Kapitels werden wir drei wichtige Fälle solcher Zufallsvariablen betrachten, die auch später mehrfach wieder auftreten.

6.2 Modellierung des exponentiellen Zerfalls

Wir betrachten ein radioaktives Atom, zum Beispiel ein ^{14}C-Isotop. Es ist unmöglich anzugeben, wann genau das Atom zerfällt, aber wir wissen, dass die Wahrscheinlichkeit in der Zeit $T = 5730\,\mathrm{J}$ – die sog. *Halbwertszeit* – zu zerfallen, genau $\frac{1}{2}$ beträgt.

Wir betrachten den Zerfall dieses Isotops nun als Zufallsexperiment. Die zugehörige Zufallsvariable X gibt uns an, wie lange es dauert, bis das Isotop zerfällt. Die Zufallsvariable X liefert uns also eine Zahl, nämlich die Zeitdauer bis zum Zerfall, gemessen in Jahren. Als mögliche Resultate kommen alle reellen Zahlen in Frage, die nicht negativ sind.

Die Ergebnismenge S besteht daher aus $\mathbb{R}_{\geq 0}$, den nichtnegativen reellen Zahlen.

Nun stellt sich folgendes Problem: Es gibt so viele Zeitpunkte wie positive reelle Zahlen. Nicht jeder Zeitpunkt kann eine Wahrscheinlichkeit haben, die positiv ist, da sonst die Summe aller dieser Wahrscheinlichkeiten die Zahl 1 übersteigen würde. Unser Modell des Wahrscheinlichkeitsraums stösst an eine Grenze.

Man muss es sich so vorstellen: Wenn man als Ereignisse nur natürliche Zahlen betrachten würde, wäre es noch möglich, jedem Ereignis eine positive Wahrscheinlichkeit zuzuweisen, obwohl es unendlich viele sind. Wenn jede positive ganze Zahl die Wahrscheinlichkeit $\frac{1}{2^n}$ hat, so gilt wegen

$$\sum_{n=1}^{N} \frac{1}{2^n} = 1 - \frac{1}{2^N}, \quad \text{dass} \quad \sum_{n=1}^{\infty} \frac{1}{2^n} = \lim_{N \to \infty} \sum_{n=1}^{N} \frac{1}{2^n} = 1.$$

Wir dürfen in diesem Fall von einer Wahrscheinlichkeitsverteilung sprechen. Obwohl die reellen und die natürlichen Zahlen beide unendliche Mengen bilden, können wir sagen, dass es unvergleichbar mehr reelle Zahlen gibt als natürliche, denn es ist unmöglich die reellen Zahlen aufzulisten. Die Menge der reellen Zahlen ist derart groß, dass, wenn wir auch nur einem Bruchteil davon eine positive Wahrscheinlichkeit zuordnen, deren Summe unendlich groß würde. Über den Unterschied unendlicher Mengen kann man zum Beispiel in Gymnasiallehrbuch „Berechenbarkeit" von J. Hromkovič nachlesen.

Die lange gesuchte Lösung zu diesem konzeptionellen Problem sieht wie folgt aus: Jeder einzelne Zeitpunkt hat die Wahrscheinlichkeit 0. Nur Zeit*intervallen* kann eine positive Wahrscheinlichkeit zugewiesen werden.

Begriffsbildung 6.1 *Ein **Intervall** ist eine Teilmenge der reellen Zahlen $\mathbb{R}$ der Form*

$$[a, b] = \{t \in \mathbb{R} \mid a \leq t \leq b\},$$

wobei $a < b$.

Es ist zu Beginn recht seltsam, dass jedes einzelne Resultat, also jede einzelne Zeitangabe t, die Wahrscheinlichkeit 0 hat, die Vereinigung all dieser Zeitangaben jedoch eine positive Wahrscheinlichkeit hat. Es gilt also

$$\text{Prob}(X = t) = 0 \qquad \text{für alle } t \in [0, T],$$

aber

$$\text{Prob}(X \leq T) = \text{Prob}(X \in [0, T]) = \tfrac{1}{2}.$$

Der tiefere Grund dieser seltsamen Umstände liegt in der Definition der reellen Zahlen, die unserer Intuition und dem praktischen Messen mit beschränkter Genauigkeit nicht wirklich gerecht werden. Würden wir die reellen Zahlen nur mit einer beschränkten Genauigkeit angeben, etwa bis auf 10 Stellen nach dem Komma, so hätte jede einzelne Zeitangabe eine positive Wahrscheinlichkeit: Die Angabe der Zeit als $X = 3.523\,144\,699\,5$ bedeutet dann

$$X \in [3.523\,144\,699\,45, \ 3.523\,144\,699\,55].$$

In der Praxis werden alle Messungen mit einer gewissen Genauigkeit gemacht. Man erhält dann für jede Angabe eine positive Wahrscheinlichkeit. Im mathematischen Modell möchte man aber diese Genauigkeit nicht von vornherein festlegen und mit der „unendlichen Präzision" arbeiten, die den reellen Zahlen zu Grunde liegt. Dass wir in unserem Modell an dieser „unendlichen Präzision" festhalten wollen, hat die zuerst seltsam anmutende Konsequenz, dass genaue Zeitangaben die Wahrscheinlichkeit Null haben.

Nach Obigem gilt also

$$\mathrm{Prob}(X \leq T) = \tfrac{1}{2}.$$

Genauso gilt aber auch

$$\mathrm{Prob}(X < T) = \tfrac{1}{2}.$$

Nun betrachten wir weitere Zeitintervalle und deren Wahrscheinlichkeiten. Wie wahrscheinlich ist es, dass $X \leq 2T$? Dazu betrachten wir das Gegenereignis $X > 2T$, dass das Atom zwei Halbwertszeiten „überlebt". Es muss also zweimal hintereinander nicht zerfallen. Dies tut es in der ersten Zeitdauer von 0 bis T mit der Wahrscheinlichkeit $\tfrac{1}{2}$. Ein Atom altert jedoch nicht. Hat es die erste Halbwertszeit überdauert ohne zu zerfallen, so ist es noch genau so frisch für die nächste Zeitdauer T. Es hat also wieder die Wahrscheinlichkeit $\tfrac{1}{2}$ nicht zu zerfallen für die Zeitspanne von T bis $2T$. Somit gilt

$$\mathrm{Prob}(X > 2T) = \tfrac{1}{2} \cdot \tfrac{1}{2} = \tfrac{1}{4}$$

und daher

$$\mathrm{Prob}(X \leq 2T) = 1 - \mathrm{Prob}(X > 2T) = 1 - \tfrac{1}{4} = \tfrac{3}{4}.$$

Aufgabe 6.1 Berechne folgende Wahrscheinlichkeiten:

(a) $\mathrm{Prob}(X \leq 3T)$
(b) $\mathrm{Prob}(X \geq 4T)$
(c) $\mathrm{Prob}(T \leq X \leq 2T)$
(d) $\mathrm{Prob}(3T \leq X \leq 5T)$

Man darf die Intervalle $[0, kT]$ auch für nicht ganzzahlige k betrachten. Zum Beispiel sind die Intervalle $[0, \frac{T}{2}]$ und $[\frac{T}{2}, T]$ gleich lang und sie bedecken zusammen das Intervall $[0, T]$. Aber, wie wir noch sehen werden, sind sie nicht gleich wahrscheinlich.

Wir können die Wahrscheinlichkeit, dass ein ^{14}C-Atom in den Zeitspannen $[0, T]$, $[T, 2T]$, $[2T, 3T] \ldots$ zerfällt oder nicht zerfällt, in einem Baumdiagramm darstellen, siehe die Abb. 6.1, indem wir – anders als bei unserer üblichen Darstellungsweise – das Baumdiagramm um $90°$ gedreht haben. Wie das Diagramm der Abb. 6.1 nahelegt, gilt ganz allgemein für die Wahrscheinlichkeit Prob$(X \geq kT)$, dass das Atom bis zur Zeit kT noch nicht zerfallen ist:

$$\text{Prob}(X \geq kT) = \left(\frac{1}{2}\right)^{k}.$$

Für die Gegenwahrscheinlichkeit Prob$(X \leq kT)$, also die Wahrscheinlichkeit, dass das Atom bis zur Zeit kT zerfallen ist, gilt:

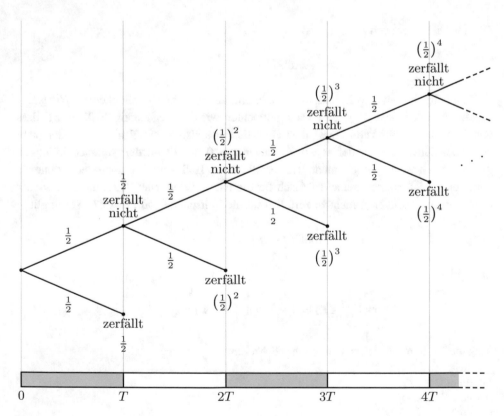

Abb. 6.1 Die Wahrscheinlichkeiten für die Intervalle $[0, T]$, $[T, 2T]$, $[2T, 3T] \ldots$ beim radioaktiven Zerfall. Die Zeit T ist die Halbwertszeit

$$\text{Prob}(X \leq kT) = 1 - \left(\tfrac{1}{2}\right)^{k}. \tag{6.1}$$

Setzen wir $t = kT$ und damit $k = \tfrac{t}{T}$, so erhalten wir aus der Gl. (6.1) das Gesetz

$$\text{Prob}(X \leq t) = 1 - \left(\tfrac{1}{2}\right)^{\frac{t}{T}}. \tag{6.2}$$

Verwenden wir Potenzgesetze, so können wir den Subtrahenden $\left(\tfrac{1}{2}\right)^{k}$ der rechten Seite umschreiben: $\left(\tfrac{1}{2}\right)^{k} = \tfrac{1^{k}}{2^{k}} = \tfrac{1}{2^{k}} = 2^{-k}$. Somit können wir (6.2) auch wie folgt schreiben:

$$\text{Prob}(X \leq t) = 1 - 2^{-\frac{t}{T}}. \tag{6.3}$$

Die Umschreibung von (6.2) zu (6.3) ist kein substanzieller Gewinn, sondern nur ein kleiner, notationeller: Wir haben ein Klammerpaar und einen Bruch eliminiert, uns dafür aber ein zusätzliches Vorzeichen eingehandelt. Es ist reine Geschmackssache, welche der zwei Formeln, (6.2) oder (6.3), man bevorzugt. Sie besagen exakt dasselbe.

Insgesamt erhalten wir

$$\Phi(t) = \text{Prob}(X \leq t) = \begin{cases} 0, & \text{falls } t < 0 \\ 1 - 2^{-\frac{t}{T}}, & \text{falls } t \geq 0. \end{cases}$$

Die Abb. 6.2 zeigt den Graphen der Funktion $\Phi \colon t \mapsto \Phi(t) = \text{Prob}(X \leq t)$.

Dieses Gesetz in der Form (6.2) oder (6.3) ist durchaus nützlich, um Wahrscheinlichkeiten beim radioaktiven Zerfall zu berechnen.

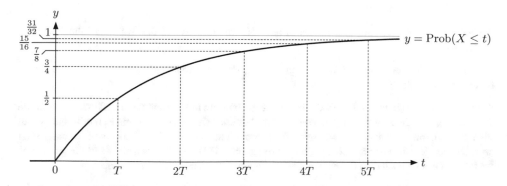

Abb. 6.2 Der Graph der Funktion $\Phi \colon t \mapsto \text{Prob}(X \leq t)$, wobei X die Zufallsvariable ist, die angibt, nach welcher Zeit ein radioaktives Atom mit der Halbwertszeit T zerfallen ist

Beispiel 6.1 Wir sollen berechnen, wie lange man warten muss, bis das Atom mit mindestens der Wahrscheinlichkeit von 80% zerfallen ist.

Wir müssen also herausfinden, für welche Zeit t die Wahrscheinlichkeit Prob$(X \leq t)$ gerade $80\% = 0.8$ beträgt. Gemäß (6.3) müssen wir also die Gleichung

$$0.8 = 1 - 2^{-\frac{t}{T}}$$

nach t auflösen. Wir subtrahieren erst 0.8 und addieren $2^{-\frac{t}{T}}$, so erhalten wir:

$$2^{-\frac{t}{T}} = 0.2.$$

Dies ist eine Exponentialgleichung, d. h. die Unbekannte t befindet sich im Exponenten. Wir lösen sie durch Logarithmieren in der Basis 2:

$$-\frac{t}{T} = \log_2(0.2) \approx -2.322,$$

womit

$$t = 2.322 \cdot T$$

folgt. Für die Halbwertszeit $T = 5730\,\mathrm{J}$ gilt $t = 13\,305\,\mathrm{J}$.   ◊

Aufgabe 6.2 Bestimme die Wahrscheinlichkeit von Prob$(0 < X < kT)$, wenn k folgende Werte annimmt:

(a) $k = \frac{1}{2}$,
(b) $k = \frac{1}{4}$,
(c) $k = \frac{1}{10}$.

Aufgabe 6.3 Nach welcher Zeit ist ein Atom ^{14}C mit mindestens der Wahrscheinlichkeit 99% zerfallen?

Aufgabe 6.4 Wie groß ist die Wahrscheinlichkeit, dass ein radioaktives ^{14}C-Atom schon nach einem Jahr zerfallen ist?

Aufgabe 6.5 Der Hauptabfallstoff, der bei der Kernspaltung in Kernreaktoren anfällt, ist Plutonium 239. Dieses hat eine Halbwertszeit von 24 000 Jahren. Wie lange muss man eine Tonne Abfall überwachen, bis nur noch ein Milligramm davon nicht zerfallen ist? Dabei soll vorausgesetzt werden, dass jeweils während jeder Halbwertszeit genau die Hälfte der noch nicht zerfallenen Atome zerfallen. Dies ist nach dem Gesetz der großen Zahlen eine vernünftige Voraussetzung.

Aufgabe 6.6 In einem alten Ledergürtel misst man, dass noch 41.4% radioaktives ^{14}C von der normal üblichen Konzentration vorhanden ist. Wie alt ist der Ledergürtel?

Aufgabe 6.7 Cäsium 137 ist ein radioaktives Isotop mit einer Halbwertszeit von 30 Jahren. Es kommt in unserer Umwelt nicht natürlich vor, aber durch die Zündung von Atombomben und vor allem durch die Explosion der Kernreaktoren von Tschernobyl im Jahr 1986 ist eine beträchtliche Menge von ^{137}Cs erzeugt und freigesetzt worden.

1987 maß man etwa $1500 \frac{\text{Bq}}{\text{kg}}$ im Rehfleisch in Süddeutschland (1Bq=1 Bequerel= 1 Zerfall pro Sekunde). Wie viele Atome ^{137}Cs enthielt ein Kilogramm Fleisch eines Rehs dazumal, wenn man annimmt, dass die ganze Strahlung allein von ^{137}Cs herrührt?

6.3 Die uniforme Verteilung

Wir haben im Abschn. 5.6 des vorangehenden Kapitels Pseudozufallsgeneratoren behandelt. Diese sollten auf Wunsch eine scheinbar zufällige Zahl erzeugen, wobei jede mögliche Zahl innerhalb eines gewissen Bereichs möglich sein soll. Nicht nur dies: Jede Zahl innerhalb des Bereichs sollte dieselbe Wahrscheinlichkeit haben gewählt zu werden.

Nun soll ein mathematisches Modell für einen Zufallsgenerator konstruiert werden, sei dies nun ein echter oder ein Pseudozufallsgenerator. Den Bereich, aus dem die Zufallsvariablen genommen werden dürfen, legen wir als Intervall

$$[a, b] = \{x \in \mathbb{R} \mid a \leq x \leq b\}$$

fest. Nun soll jede einzelne reelle Zahl dieselbe Wahrscheinlichkeit haben, gewählt zu werden. Wir betrachten also eine Zufallsvariable X, die aus dem Intervall $[a, b]$ eine dieser Zahlen auswählt. Aber wie vorhin beim exponentiellen Zerfall müssen wir einsehen, dass wir einzelnen Zahlen keine positive Wahrscheinlichkeit zuordnen können, da es davon zu viele gibt. Aber wir können Teilbereichen, insbesondere Teilintervallen positive Wahrscheinlichkeiten zuordnen.

So gilt für den Mittelpunkt $m = \frac{a+b}{2}$ des Intervalls, dass $P(X \leq m) = \frac{1}{2}$ und $P(X \geq m) = \frac{1}{2}$, da die Zahlen, die kleiner als m sind, die gleiche Wahrscheinlichkeit haben sollen wie jene, die größer sind. Allgemeiner soll gelten, dass zwei gleich große Teilintervalle von $[a, b]$ dieselbe Wahrscheinlichkeit haben.

Begriffsbildung 6.2 *Ein Intervall* $[s, t]$ *heißt* **Teilintervall** *von* $[a, b]$, *falls* $a \leq s < t \leq b$. *Die* **Größe** *eines Intervalls* $[s, t]$ *ist seine Länge, also die Zahl* $t - s$.

Dass X eine Zahl aus $[a, b]$ liefert, gilt als sicheres Ereignis. Die Wahrscheinlichkeit Prob$(a \leq X \leq b)$ ist daher Eins:

$$\text{Prob}(a \leq X \leq b) = 1.$$

Die Forderung, dass Teilintervalle gleicher Länge die gleiche Wahrscheinlichkeit haben sollen, hat eine unmittelbare Konsequenz: Teilen wir $[a, b]$ in n gleiche Stücke der Größe $\delta = \frac{b-a}{n}$:

$$[a, a + \delta], \quad [a + \delta, a + 2\delta], \quad [a + 2\delta, a + 3\delta], \quad \ldots, \quad [a + (n-1)\delta, a + n\delta],$$

so hat jedes dieser Teilintervalle die Wahrscheinlichkeit $\frac{1}{n}$.

Beispiel 6.2 Wir betrachten die Zufallsvariable X, die aus dem Intervall $[0, 1]$ eine beliebige Zahl zufällig auswählt.

Teilen wir $[0, 1]$ in $n = 100$ gleiche Stücke, so erhalten wir Teilintervalle der Länge $\frac{1}{100}$, die dann die Wahrscheinlichkeit $\frac{1}{100}$ haben.

Wie wahrscheinlich ist es, dass X zwischen 0.36 und 0.39 liegt?

Das Teilintervall $[0.36, 0.39]$ besteht aus drei der obigen Stücke:

$$[0.36, 0.37], \quad [0.37, 0.38], \quad [0.38, 0.39].$$

Jedes dieser Stücke hat die Wahrscheinlichkeit $\frac{1}{100}$. Ist X eine Zahl zwischen 0.36 und 0.39, dann muss es aus einem dieser Intervalle stammen. Daher gilt

$$\text{Prob}(0.36 \leq X \leq 0.39) = \text{Prob}(0.36 \leq X \leq 0.37) + \text{Prob}(0.37 \leq X \leq 0.38) +$$
$$+ \text{Prob}(0.38 \leq X \leq 0.39)$$
$$= \frac{1}{100} + \frac{1}{100} + \frac{1}{100}$$
$$= \frac{3}{100}.$$

Wir müssen hier aber doch etwas vorsichtiger sein: Die zwei Grenzstellen, also 0.37 und 0.38 kommen ja in zwei der Intervalle vor. Haben diese Zahlen dann nicht eine größere Wahrscheinlichkeit?

Diese Frage muss jedoch verneint werden, denn wir wissen, dass einzelne Zahlen immer die Wahrscheinlichkeit 0 haben. Somit gilt

$$\text{Prob}(0.36 \leq X \leq 0.37) = \text{Prob}(0.36 \leq X < 0.37) = \frac{1}{100}$$
$$\text{Prob}(0.37 \leq X \leq 0.38) = \text{Prob}(0.37 \leq X < 0.38) = \frac{1}{100}.$$

Wenn X zwischen 0.36 und 0.39 liegt, so muss genau einer der drei folgenden Fälle gelten:

$$0.36 \leq X < 0.37, \quad 0.37 \leq X < 0.38, \quad \text{oder} \quad 0.38 \leq X \leq 0.39.$$

Wir müssten also obige Rechnung eigentlich korrigieren zu:

$$\text{Prob}(0.36 \leq X \leq 0.39) = \text{Prob}(0.36 \leq X < 0.37) + \text{Prob}(0.37 \leq X < 0.38) +$$
$$+ \text{Prob}(0.38 \leq X \leq 0.39)$$

$$= \tfrac{1}{100} + \tfrac{1}{100} + \tfrac{1}{100}$$

$$= \tfrac{3}{100}.$$

Die obige Überlegung zeigt jedoch, dass diese Feinheiten keine Rolle spielen. Die Grenzen der Teilintervalle dürfen also durchaus in zwei Teilintervallen liegen.   ◊

Aufgabe 6.8 Sei wiederum X die Zufallsvariable, die eine Zahl zufällig aus $[0, 1]$ auswählt. Bestimme die Wahrscheinlichkeit der folgenden Teilintervalle. Beachte dabei, dass die Anzahl n der Unterteilungen eventuell angepasst werden muss.

(a) $[0.63, 0.81]$
(b) $[0.555, 0.559]$
(c) $\left[\tfrac{3}{11}, 1\right]$

Aufgabe 6.9 Sei X eine Zufallsvariable, die zufällig eine Zahl aus $[-30, 100]$ auswählt. Wie wahrscheinlich ist es, dass eine Zahl aus dem Teilintervall $[0, 1]$ ausgewählt wird?

Nun soll die allgemeine Definition gegeben werden.

Begriffsbildung 6.3 *Eine Zufallsvariable X heißt **im Intervall $[a, b]$ uniform verteilt**, wenn für jedes Teilintervall $[s, t]$ von $[a, b]$ gilt, dass*

$$\mathrm{Prob}(s \leq X \leq t) = \frac{t - s}{b - a}.$$

Insbesondere gilt für jedes t mit $a \leq t \leq b$, dass

$$\mathrm{Prob}(X \leq t) = \mathrm{Prob}(a \leq X \leq t) = \frac{t - a}{b - a}.$$

Es gilt also $\mathrm{Prob}(a \leq X \leq b) = 1$.

Aufgabe 6.10 Sei X eine Zufallsvariable, die im Intervall $[a, b]$ (mit $a < b$) uniform verteilt ist. Beweise die folgenden Aussagen. Die Situationen sind in Abb. 6.3 graphisch veranschaulicht.

(a) Für jedes c mit $a \leq c \leq b$ gilt:

$$\mathrm{Prob}(a \leq X \leq c) = 1 - \mathrm{Prob}(c \leq X \leq b).$$

(b) Für alle r, s mit $a \leq r < s \leq b$ gilt:

$$\mathrm{Prob}(r \leq X \leq s) = 1 - \mathrm{Prob}(a \leq X \leq r) - \mathrm{Prob}(s \leq X \leq b).$$

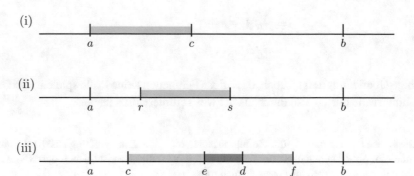

Abb. 6.3 Veranschaulichung der Ereignisse, die in Aufgabe 6.10 eine Rolle spielen

(c) Für alle c, d, e, f mit $a \leq c < d \leq b, a \leq e < f \leq b$ und $c < e, d < f$ gilt:

$$\text{Prob}(c \leq X \leq d \text{ oder } e \leq X \leq f)$$

$$= \text{Prob}(c \leq X \leq f) = \text{Prob}(c \leq X \leq d) + \text{Prob}(e \leq X \leq f) - \text{Prob}(e \leq X \leq d).$$

Wir betrachten auch hier wie schon beim exponentiellen Zerfall die Funktion, die einer Zahl t die Wahrscheinlichkeit $\text{Prob}(X \leq t)$ zuordnet. Diese Funktion ist linear zwischen a und b:

$$\text{Prob}(X \leq t) = \frac{1}{b-a}t - \frac{a}{b-a} \qquad \text{falls } a \leq t \leq b,$$

insgesamt ist sie jedoch stückweise linear:

$$\text{Prob}(X \leq t) = \begin{cases} 0, & \text{falls } t \leq a \\ \frac{1}{b-a}t - \frac{a}{b-a}, & \text{falls } a \leq t \leq b \\ 1, & \text{falls } t \geq b. \end{cases} \qquad (6.4)$$

Die Abb. 6.4 zeigt diese Funktion, wenn $[a, b] = [1, 4]$.

Begriffsbildung 6.4 *Die Funktion, die bei einer Zufallsvariable X zu jedem Wert t die Wahrscheinlichkeit* $\text{Prob}(X \leq t)$ *angibt, heißt* **kumulative Verteilungsfunktion von X**.

Aufgabe 6.11 Skizziere den Graphen der kumulativen Verteilungsfunktion der Zufallsvariablen, die im Intervall $[0, 1]$ uniform verteilt ist.

Aufgabe 6.12 Die Zufallsvariable X sei im Intervall $[0, 20]$ uniform verteilt. Berechne $\text{Prob}(X \leq 17)$.

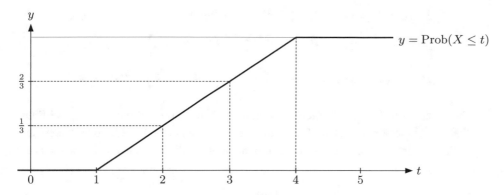

Abb. 6.4 Der Graph der Funktion $t \mapsto \mathrm{Prob}(X \leq t)$, wobei X die Zufallsvariable ist, die im Intervall $[1, 4]$ uniform verteilt ist

Aufgabe 6.13 Die Zufallsvariable X gebe zufällig eine Zahl an, die entweder zwischen 0 und 1 oder zwischen 2 und 3 liegt. Dabei sollen beide Intervalle, also $[0, 1]$ und $[2, 3]$, die Wahrscheinlichkeit 50% haben:

$$P(0 \leq X \leq 1) = P(2 \leq X \leq 3) = 0.5.$$

Skizziere die kumulative Verteilungsfunktion von X.

Aufgabe 6.14 Die Zufallsvariable X gebe zufällig eine Zahl an, die entweder zwischen 0 und 1 oder zwischen 2 und 10 liegt. Dabei sollen beide Intervalle, also $[0, 1]$ und $[2, 10]$, die Wahrscheinlichkeit 50% haben:

$$P(0 \leq X \leq 1) = P(2 \leq X \leq 10) = 0.5.$$

Innerhalb der Intervalle soll die Zufallsvariable X uniform verteilt sein. Skizziere die kumulative Verteilungsfunktion von X.

6.4 Dichtefunktionen

Hinweis für die Lehrperson.
Der Rest dieses Kapitel setzt voraus, dass die Grundbegriffe der Differential- und Integralrechnung bekannt sind.

Eine wichtige Verteilung fehlt uns noch. Doch um diese anzugeben, müssen wir zuerst den Begriff der Dichtefunktion verstehen. Dazu betrachten wir noch einmal den radioaktiven Zerfall, diesmal aber von einem Beryllium-Isotop ^{7}Be, das wie ^{14}C in der Atmosphäre durch kosmische Strahlung erzeugt wird. Das ^{7}Be-Isotop hat eine Halbwertszeit T von 53.1 Tagen, $T = 53.1\,\mathrm{d}$.

Wir könnten nun mit Hilfe (6.3) die Wahrscheinlichkeiten berechnen, dass es am ersten, zweiten, dritten... Tag zerfällt:

$$P(0\,\mathrm{d} \le X \le 1\,\mathrm{d}) = 1 - 2^{-\frac{1\,\mathrm{d}}{53.1\,\mathrm{d}}} = 0.012969$$

$$P(1\,\mathrm{d} \le X \le 2\,\mathrm{d}) = \left(1 - 2^{-\frac{2\,\mathrm{d}}{53.1\,\mathrm{d}}}\right) - \left(1 - 2^{-\frac{1\,\mathrm{d}}{53.1\,\mathrm{d}}}\right) = 0.012801$$

$$P(2\,\mathrm{d} \le X \le 3\,\mathrm{d}) = \left(1 - 2^{-\frac{3\,\mathrm{d}}{53.1\,\mathrm{d}}}\right) - \left(1 - 2^{-\frac{2\,\mathrm{d}}{53.1\,\mathrm{d}}}\right) = 0.012635.$$

Ebenso, aber noch genauer, könnten wir stündliche Werte berechnen oder gar pro Minute die Wahrscheinlichkeit ermitteln. Die resultierenden Wahrscheinlichkeiten tendieren aber gegen 0. Wir können jedoch die Wahrscheinlichkeit durch die Zeitdauer δ dividieren. Dann strebt der Quotient

$$\frac{P(t \le X \le t + \delta)}{\delta}$$

nicht mehr gegen Null, sondern gegen die Ableitung der kumulativen Verteilungsfunktion:

$$\lim_{\delta \to 0} \frac{P(t \le X \le t + \delta)}{\delta} = \frac{\mathrm{d}}{\mathrm{d}t} P(X \le t) = \frac{\mathrm{d}}{\mathrm{d}t} \Phi(t).$$

Begriffsbildung 6.5 *Die Ableitung der kumulativen Verteilungsfunktion* $\Phi\colon t \mapsto \Phi(t) = P(X \le t)$ *einer Zufallsvariablen heißt* **Dichtefunktion**:

$$\varphi\colon t \mapsto \varphi(t) = \frac{d}{dt} \Phi(t).$$

Aus der Dichtefunktion φ lässt sich die kumulative Φ Verteilungsfunktion durch Integration rekonstruieren:

$$\Phi(t) = \int\limits_{-\infty}^{t} \varphi(\tau) d\tau.$$

Beispiel 6.3 Beim exponentiellen Zerfall gilt

$$\Phi(t) = 1 - 2^{-\frac{t}{T}}.$$

Schreiben wir die Basis 2 als Potenz der Eulerschen Zahl **e**, also $2 = e^{\ln(2)}$, so können wir die Ableitung von Φ für $t > 0$ mit der Kettenregel bestimmen:

$$\frac{\mathrm{d}}{\mathrm{d}t}\left(1 - 2^{-\frac{t}{T}}\right) = \frac{\mathrm{d}}{\mathrm{d}t}\left(1 - e^{-\frac{\ln(2)}{T} \cdot t}\right) = \frac{\ln(2)}{T} e^{-\frac{\ln(2)}{T} \cdot t}.$$

Also gilt

$$\varphi(t) = \begin{cases} 0, & \text{falls } t < 0, \\ \frac{\ln(2)}{T}\mathbf{e}^{-\frac{\ln(2)}{T}\cdot t}, & \text{falls } t > 0. \end{cases}$$

An der Stelle $t = 0$ ist die Funktion φ nicht definiert. Dies ist aber kein Problem. Es ist eine Sprungstelle von φ und eine Knickstelle von Φ. Wir können die Definition von φ an der Stelle 0 willkürlich ergänzen. Solch isolierte Stellen haben keinen Einfluss bei der Integration, mit der man Φ aus φ rekonstruiert.

Die Abb. 6.5 zeigt die Graphen der kumulativen Verteilungsfunktion Φ und der Dichtefunktion φ.   ◇

Man kann die Bezeichnung zwischen der Verteilungsfunktion und der Dichtefunktion als eine Analogie zwischen zurückgelegtem Streckenabschnitt und dem Geschwindigkeitsbetrag in der Physik ansehen, wobei eine Schranke 1 an die Länge der zurückgelegten Strecke gegeben ist. Die Verteilungsfunktion sagt im Fall des radioaktiven Zerfalls, welcher Anteil der Teilchen in der Zeit t schon zerfallen ist. Die Dichtefunktion sagt aus, mit welcher Geschwindigkeit aktuell der Zerfall stattfindet. Allgemein kann man es für Zufallsvariablen mit nichtnegativen Werten wie folgt anschauen: Die Verteilungsfunktion $\Phi(t) = \text{Prob}(0 \leq X \leq t)$ sagt aus, wie man sich mit wachsendem t zu 1 (dem sicheren Ereignis) nähert, d. h. in der Physik, welchen Teil der vorgegebenen Strecke man schon durchlaufen hat. Die Dichtefunktion $\varphi(t) = \Phi'(t)$ sagt aus, mit welcher Geschwindigkeit man sich zum Zeitpunkt t dem sicheren Ereignis nähert.

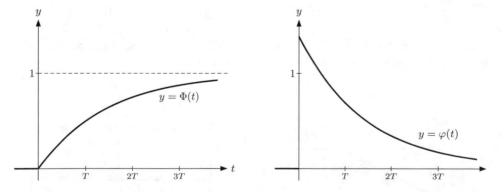

Abb. 6.5 Die Graphen der kumulativen Verteilungsfunktion Φ (links) und der Dichtefunktion φ (rechts) der Zufallsvariablen X, die bei einem radioaktiven Zerfall die Zerfallszeit angibt. Die Graphen sind maßstäblich korrekt abgebildet für $T = 0.5$

Beispiel 6.4 Sei X die Zufallsvariable, die im Intervall $[0, 2]$ uniform verteilt ist. Es gilt dann

$$\Phi(t) = P(X \le t) = \begin{cases} 0, & \text{falls } t < 0 \\ \frac{1}{2} \cdot t, & \text{falls } 0 \le t \le 2 \\ 1, & \text{falls } t > 2. \end{cases}$$

Somit gilt

$$\varphi(t) = \begin{cases} 0, & \text{falls } t < 0 \\ \frac{1}{2}, & \text{falls } 0 < t < 2 \\ 0, & \text{falls } t > 2. \end{cases}$$

Hier gibt es zwei Ausnahmestellen, an denen φ nicht definiert ist, nämlich $t = 0$ und $t = 2$.

Die Abb. 6.6 zeigt die kumulative Verteilungsfunktion und die Dichtefunktion in diesem Beispiel.   ◇

Aufgabe 6.15 Skizziere die Dichtefunktion der Zufallsvariablen, die im Intervall $\left[0, \frac{1}{2}\right]$ uniform verteilt ist.

Aufgabe 6.16 Skizziere die Dichtefunktion der Zufallsvariablen X, die in der Aufgabe 6.14 definiert wurde.

Aufgabe 6.17 Gib die Dichtefunktion jener Zufallsvariablen an, die auf dem Intervall $[a, b]$ uniform verteilt ist.

Man kann den Begriff der Dichtefunktion losgelöst von Beispielen definieren. Die folgende Definition will zwei Sachverhalte ausdrücken:

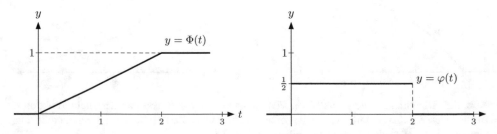

Abb. 6.6 Die Graphen der kumulativen Verteilungsfunktion Φ (links) und der Dichtefunktion φ (rechts) der Zufallsvariablen X, die uniform verteilt ist auf $[0, 2]$

(i) Jede Dichtefunktion einer Zufallsvariablen muss die Eigenschaften (DF1) und (DF2) erfüllen.

(ii) Wenn eine Funktion φ diese zwei Eigenschaften erfüllt, dann gibt es ein Zufallsexperiment und dafür eine Zufallsvariable X, so dass φ die Dichtefunktion von X ist.

Begriffsbildung 6.6 *Eine Funktion* $\varphi \colon \mathbb{R} \longrightarrow \mathbb{R}$ *wird* **Dichtefunktion** *genannt, falls folgende zwei Bedingungen erfüllt sind:*

(DF1) $\varphi(x) \geq 0$ *für alle* x.

(DF2) $\displaystyle\int_{-\infty}^{\infty} \varphi(x)dx = 1.$

   Eine Zufallsvariable X *heißt* **stetig verteilt**, *wenn es eine Dichtefunktion* φ *gibt mit der Eigenschaft, dass*

$$P(a \leq X \leq b) = \int_{a}^{b} \varphi(x)dx$$

für alle $a \leq b$ *gilt.*

   Zum Unterschied nennt man eine Zufallsvariable, die nur einzelne Werte annehmen kann, **diskret**.

Begriffsbildung 6.7 *Eine stetige Zufallsvariable* X, *deren Dichtefunktion* φ *wie folgt definiert ist*

$$\varphi(t) = \begin{cases} 0, & \text{falls } t < 0 \\ \lambda e^{-\lambda t}, & \text{falls } t > 0 \end{cases},$$

heißt **exponentiell verteilt**.

Aufgabe 6.18 Weise nach, dass die Funktion φ, die durch

$$\varphi(t) = \begin{cases} 1+t, & \text{falls } -1 \leq t \leq 0 \\ 1-t, & \text{falls } 0 \leq t \leq 1 \\ 0 & \text{sonst} \end{cases}$$

definiert ist, eine Dichtefunktion ist.

Aufgabe 6.19 Gesucht ist eine Konstante λ, so dass die Funktion φ, die durch

$$\varphi(t) = \begin{cases} \lambda(1 - t^2), & \text{falls } -1 \leq t \leq 1 \\ 0 & \text{sonst} \end{cases}$$

definiert ist, eine Dichtefunktion ist. Bestimme die Zahl λ.

Aufgabe 6.20 Es sei

$$\varphi(t) = \begin{cases} \frac{1}{at}, & \text{falls } 1 \leq t \leq 5, \\ 0, & \text{sonst.} \end{cases}$$

Bestimme die Konstante a so, dass φ eine Dichtefunktion ist.

Skizziere den Graphen von φ.

6.5   Die standardisierte Normalverteilung

Unter den stetigen Verteilungen spielt die sogenannte *Standard-Normalverteilung* eine zentrale Rolle. Um jedoch einzusehen, warum diese Verteilung so wichtig ist, müssen wir noch einige Arbeit leisten. Zuerst müssen wir uns mit einer ganz speziellen Verteilung vertraut machen. Im nächsten Kapitel werden wir daraus eine ganze Familie von Verteilungen ableiten und erst danach werden wir einsehen können, welch wichtige Rolle die hier vorgestellte neue Verteilung spielt. Wir bitten daher den Leser um Geduld. Wir müssen uns vorerst mit der Definition begnügen: Die Standard-Normalverteilung ist durch die Angabe einer Dichtefunktion definiert.

Satz 6.1 *Die Funktion $\varphi_{0,1}$ definiert durch*

$$\varphi_{0,1}(t) = \frac{1}{\sqrt{2\pi}} e^{-\frac{t^2}{2}} \tag{6.5}$$

ist eine Dichtefunktion.

Beweis. Da die Eulersche Zahl **e** positiv ist, so gilt $\mathbf{e}^x > 0$ für alle x. Daraus folgt $\varphi_{0,1}(t) > 0$ für alle t und daher (DF1). Um (DF2) zu zeigen, müssen wir mehr arbeiten. Wir betrachten die Funktion f, die durch

$$f(x) = \mathbf{e}^{-x^2}$$

definiert ist. Nun setzen wir

$$F := \int_{-\infty}^{\infty} f(x)\mathrm{d}x$$

und berechnen F^2:

$$F^2 = \left(\int\limits_{-\infty}^{\infty} f(x)dx \right) \cdot \left(\int\limits_{-\infty}^{\infty} f(y)dy \right)$$

{es werden besser zwei verschiedene Variablen x und y verwendet}

$$= \left(\int\limits_{-\infty}^{\infty} e^{-x^2}dx \right) \cdot \left(\int\limits_{-\infty}^{\infty} e^{-y^2}dy \right)$$

{der zweite Faktor wird bezüglich x als eine Konstante betrachtet}

$$= \int\limits_{-\infty}^{\infty} e^{-x^2} \left(\int\limits_{-\infty}^{\infty} e^{-y^2}dy \right) dx$$

$\left\{ \text{der erste Faktor } e^{-x^2} \text{ wird bezüglich } y \text{ als eine Konstante betrachtet} \right\}$

$$= \int\limits_{-\infty}^{\infty} \int\limits_{-\infty}^{\infty} e^{-(x^2+y^2)}dy\,dx.$$

Der Ausdruck $x^2 + y^2$ ist konstant gleich r^2 entlang eines Kreises mit Radius r und Mittelpunkt $(0, 0)$. Die Kreislinie mit Radius r hat die Länge $2\pi r$. Anstatt über die kartesischen Koordinaten x, y zu integrieren, integriert man vorteilhaft über die Polarkoordinate r. Für festes r ist $-x^2 - y^2$ konstant und die Integration über den Winkel ergibt $2\pi r$:

$$F^2 = \int\limits_{-\infty}^{\infty} \int\limits_{-\infty}^{\infty} e^{-(x^2+y^2)}dy\,dx$$

{es wird über die Polarkoordinaten integriert}

$$= \int\limits_{0}^{\infty} 2\pi r e^{-r^2}dr = \pi \int\limits_{0}^{\infty} 2r e^{-r^2}dr$$

$\left\{ -e^{-r^2} \text{ ist Stammfunktion von } 2r e^{-r^2} \right\}$

$$= \pi \left(-e^{-r^2} \right)\Big|_{r=0}^{r=\infty} = \pi \left(-e^{-r^2} \right)\Big|_{r=\infty} - \pi \left(-e^{-r^2} \right)\Big|_{r=0}$$

$$= 0 - (-\pi) = \pi.$$

Daher folgt $F = \sqrt{\pi}$.

Weil $\varphi_{0,1}(t) = \frac{1}{\sqrt{2\pi}} f(\frac{1}{\sqrt{2}}t)$ gilt, können wir nun (DF2) beweisen:

$$\int\limits_{-\infty}^{\infty} \varphi_{0,1}(t)\mathrm{d}t = \int\limits_{-\infty}^{\infty} \frac{1}{\sqrt{2\pi}} f(\tfrac{1}{\sqrt{2}}t)\mathrm{d}t = \frac{1}{\sqrt{2\pi}} \int\limits_{-\infty}^{\infty} f(\tfrac{1}{\sqrt{2}}t)\mathrm{d}t$$

$$\left\{ \text{Variablensubstitution: } x = \frac{1}{\sqrt{2}}t,\, \mathrm{d}t = \sqrt{2}\mathrm{d}x \right\}$$

$$= \frac{1}{\sqrt{2\pi}} \int\limits_{-\infty}^{\infty} \sqrt{2} f(x)\mathrm{d}x = \frac{1}{\sqrt{\pi}} \int\limits_{-\infty}^{\infty} f(x)\mathrm{d}x = \frac{1}{\sqrt{\pi}}F = 1.$$

Damit ist nachgewiesen, dass $\varphi_{0,1}$ eine Dichtefunktion ist. $\square$

Die Abb. 6.7 zeigt den Graphen der Funktion $\varphi_{0,1}$.

Die wahrscheinlichsten Werte liegen also um 0 und symmetrisch auf beiden Seiten. Die zugehörige kumulative Verteilungsfunktion, d. h. die Stammfunktion von φ, ist:

$$\Phi_{0,1}(t) = \int\limits_{-\infty}^{t} \varphi_{0,1}(x)\mathrm{d}x. \tag{6.6}$$

Diese ist jedoch nicht *explizit darstellbar* im folgenden präzisen Sinne: Sie ist nicht *elementar*.

Begriffsbildung 6.8 *Eine Funktion ist **elementar**, wenn es möglich ist, die Funktion durch einen expliziten Funktionsterm anzugeben, bei dem nur polynomiale, trigonometrische und exponentielle Funktionen vorkommen dürfen sowie deren Umkehrfunktionen, also Wurzeln, Logarithmen und die inversen Funktionen der trigonometrischen Funktionen, und als Verknüpfung die Grundoperationen und die Verkettung verwendet werden.*

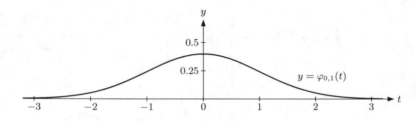

Abb. 6.7 Der Graph der Dichtefunktion $t \mapsto \varphi_{0,1}(t) = \frac{1}{\sqrt{2\pi}} \mathrm{e}^{-\frac{t^2}{2}}$

Die kumulative Verteilungsfunktion $\Phi_{0,1}$ ist nicht elementar. Dies ist ein tiefliegender Satz der Mathematik, der den Umfang dieses Buches weit übersteigt. Als Konsequenz ergibt sich für uns aber, dass sich die kumulative Verteilungsfunktion einer expliziten Darstellung entzieht. Sie kann jedoch angenähert tabellarisch angegeben werden. Die Tab. 6.1 gibt einen guten Überblick über $\Phi_{0,1}(t)$ für Werte $t \geq 0$. Die Abb. 6.8 zeigt den Graphen von $\Phi_{0,1}$.

Begriffsbildung 6.9 *Eine Zufallsvariable X heißt **standardisiert normalverteilt**, wenn* $P(X \leq t) = \Phi_{0,1}(t)$ *für alle t gilt.*

Auszug aus der Geschichte Das Auffinden der Normalverteilung und deren Studium bedurfte der Arbeit mehrerer bedeutender Mathematiker: Abraham de Moivre (1667–1754), Pierre Simon Laplace (1749–1827) und Carl Friedrich Gauß (1777–1855), siehe Abb. 6.9. De Moivre untersuchte wie sich die Binomialverteilung entwickelt, wenn die Anzahl Versuche beim Bernoulli-Prozess

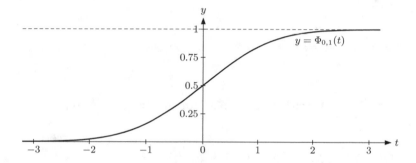

Abb. 6.8 Der Graph der kumulativen Verteilungsfunktion $t \mapsto \Phi_{0,1}(t) = \int_{-\infty}^{t} \varphi_{0,1}(\tau)d\tau$

Abraham De Moivre
(Royal Society)

Pierre Simon Laplace
(sciencephoto.com)

Carl Friedrich Gauß
(Springer)

Abb. 6.9 Abraham de Moivre, Pierre Simon Laplace und Carl Friedrich Gauß (von links nach rechts)

zunehmend größer wird und fand so eine Reihendarstellung. Laplace gelang es zu zeigen, dass das Integral von $e^{-\frac{1}{2}x^2}$ über die ganzen reellen Zahlen gleich $\sqrt{2\pi}$ ist und ermöglichte so die korrekte Normierung, damit $\varphi_{0,1}$ eine Dichtefunktion ist. Gauß beendete die Arbeit von De Moivre und zeigte die dass die Normalverteilung eine herausragende Stellung unter allen Verteilungen einnimmt.

Beispiel 6.5 Sei X eine standardisiert normalverteilte Zufallsvariable. Es soll die Wahrscheinlichkeit $P(0 \leq X \leq 1)$ bestimmt werden.

Nach der Tab. 6.1 gilt $\Phi_{0,1}(1) = 0.841345$ und $\Phi_{0,1}(0) = 0.5$. Somit folgt

$$P(0 \leq X \leq 1) = P(X \leq 1) - P(X \leq 0) = 0.841345 - 0.5 = 0.341345. \qquad \Diamond$$

Aufgabe 6.21 Sei X eine standardisiert normalverteilte Zufallsvariable. Bestimme die folgenden Wahrscheinlichkeiten.

(a) $P(1 \leq X \leq 2)$
(b) $P(2 \leq X \leq 3)$

Aufgabe 6.22 Sei X eine standardisiert normalverteilte Zufallsvariable. Bestimme die Grenze t so, dass $P(X \leq t) = 90\%$.

Das folgende Resultat ermöglicht es, die Funktion $\Phi_{0,1}$ auch für negative Werte auszuwerten.

Satz 6.2 *Für alle $t > 0$ gilt $\Phi_{0,1}(-t) = 1 - \Phi_{0,1}(t)$.*

Ist X eine standardisiert normalverteilte Zufallsvariable, so gilt für $a < b$:

$$P(a \leq X \leq b) = P(-b \leq X \leq -a).$$

Die Abb. 6.10 *und* 6.11 *stellen diese Symmetrien graphisch dar.*

Beweis. Beide Beweise beruhen auf der Symmetrie der Dichtefunktion $\varphi_{0,1}$, genauer, dass

$$\varphi_{0,1}(\tau) = \varphi_{0,1}(-\tau),$$

wie die folgende Rechnung zeigt:

$$\varphi_{0,1}(-\tau) = \frac{1}{\sqrt{2\pi}}e^{-\frac{(-\tau)^2}{2}} = \frac{1}{\sqrt{2\pi}}e^{-\frac{\tau^2}{2}} = \varphi_{0,1}(\tau).$$

Daher gilt für $t > 0$ die linke der zwei folgenden Gleichungen

$$\int_{-\infty}^{-t} \varphi_{0,1}(\tau)d\tau = \int_{t}^{\infty} \varphi_{0,1}(\tau)d\tau = \int_{-\infty}^{\infty} \varphi_{0,1}(\tau)d\tau - \int_{-\infty}^{t} \varphi_{0,1}(\tau)d\tau.$$

Tabelle: standardisierte Normalverteilung $\Phi_{0,1}(t) = w$

t	w	t	w	t	w	t	w	t	w	t	w
0.	**0.5**	0.582842	**0.72**	**1.22**	0.888768	**1.91**	0.971933	2.65207	**0.996**	**3.41**	0.999675
0.01	0.503989	**0.59**	0.722405	1.22653	**0.89**	**1.92**	0.972571	**2.66**	0.996093	**3.42**	0.999687
0.02	0.507978	**0.6**	0.725747	**1.23**	0.890651	**1.93**	0.973197	**2.67**	0.996207	**3.43**	0.999698
0.025069	**0.51**	**0.61**	0.729069	**1.24**	0.892512	**1.94**	0.973810	**2.68**	0.996319	**3.44**	0.999709
0.03	0.511966	0.612813	**0.73**	**1.25**	0.894350	**1.95**	0.974412	**2.69**	0.996427	**3.45**	0.999720
0.04	0.515953	**0.62**	0.732371	**1.26**	0.896165	1.95996	**0.975**	**2.7**	0.996533	**3.46**	0.999730
0.05	0.519939	**0.63**	0.735653	**1.27**	0.897958	**1.96**	0.975002	**2.71**	0.996636	**3.47**	0.999740
0.050154	**0.52**	**0.64**	0.738914	**1.28**	0.899727	**1.97**	0.975581	**2.72**	0.996736	**3.48**	0.999749
0.06	0.523922	0.643345	**0.74**	1.28155	**0.9**	**1.98**	0.976148	**2.73**	0.996833	**3.49**	0.999758
0.07	0.527903	**0.65**	0.742154	**1.29**	0.901475	**1.99**	0.976705	**2.74**	0.996928	**3.5**	0.999767
0.075270	**0.53**	**0.66**	0.745373	**1.3**	0.903200	**2.**	0.977250	2.74778	**0.997**	**3.51**	0.999776
0.08	0.531881	**0.67**	0.748571	**1.31**	0.904902	**2.01**	0.977784	**2.75**	0.997020	**3.52**	0.999784
0.09	0.535856	0.67449	**0.75**	**1.32**	0.906582	**2.02**	0.978308	**2.76**	0.997110	**3.53**	0.999792
0.1	0.539828	**0.68**	0.751748	**1.33**	0.908241	**2.03**	0.978822	**2.77**	0.997197	**3.54**	0.999800
0.100434	**0.54**	**0.69**	0.754903	**1.34**	0.909877	**2.04**	0.979325	**2.78**	0.997282	**3.55**	0.999807
0.11	0.543795	**0.7**	0.758036	1.34076	**0.91**	**2.05**	0.979818	**2.79**	0.997365	**3.56**	0.999815
0.12	0.547758	0.706303	**0.76**	**1.35**	0.911492	2.05375	**0.98**	**2.8**	0.997445	**3.57**	0.999822
0.125661	**0.55**	**0.71**	0.761148	**1.36**	0.913085	**2.06**	0.980301	**2.81**	0.997523	**3.58**	0.999828
0.13	0.551717	**0.72**	0.764238	**1.37**	0.914657	**2.07**	0.980774	**2.82**	0.997599	**3.59**	0.999835
0.14	0.55567	**0.73**	0.767305	**1.38**	0.916207	**2.08**	0.981237	**2.83**	0.997673	**3.6**	0.999841
0.15	0.559618	0.738847	**0.77**	**1.39**	0.917736	**2.09**	0.981691	**2.84**	0.997744	**3.61**	0.999847
0.150969	**0.56**	**0.74**	0.77035	**1.4**	0.919243	**2.1**	0.982136	**2.85**	0.997814	**3.62**	0.999853
0.16	0.563559	**0.75**	0.773373	1.40507	**0.92**	**2.11**	0.982571	**2.86**	0.997882	**3.63**	0.999858
0.17	0.567495	**0.76**	0.776373	**1.41**	0.920730	**2.12**	0.982997	**2.87**	0.997948	**3.64**	0.999864
0.176374	**0.57**	**0.77**	0.779350	**1.42**	0.922196	**2.13**	0.983414	2.87816	**0.998**	**3.65**	0.999869
0.18	0.571424	0.772193	**0.78**	**1.43**	0.923641	**2.14**	0.983823	**2.88**	0.998012	**3.66**	0.999874
0.19	0.575345	**0.78**	0.782305	**1.44**	0.925066	**2.15**	0.984222	**2.89**	0.998074	**3.67**	0.999879
0.2	0.579260	**0.79**	0.785236	**1.45**	0.926471	**2.16**	0.984614	**2.9**	0.998134	**3.68**	0.999883
0.201893	**0.58**	**0.8**	0.788145	**1.46**	0.927855	**2.17**	0.984997	**2.91**	0.998193	**3.69**	0.999888
0.21	0.583166	0.806421	**0.79**	**1.47**	0.929219	2.17009	**0.985**	**2.92**	0.998250	**3.7**	0.999892
0.22	0.587064	**0.81**	0.79103	1.47579	**0.93**	**2.18**	0.985371	**2.93**	0.998305	**3.71**	0.999896
0.227545	**0.59**	**0.82**	0.793892	**1.48**	0.930563	**2.19**	0.985738	**2.94**	0.998359	3.71902	**0.9999**
0.23	0.590954	**0.83**	0.796731	**1.49**	0.931888	**2.2**	0.986097	**2.95**	0.998411	**3.72**	0.999900
0.24	0.594835	**0.84**	0.799546	**1.5**	0.933193	**2.21**	0.986447	**2.96**	0.998462	**3.73**	0.999904
0.25	0.598706	0.841621	**0.8**	**1.51**	0.934478	**2.22**	0.986791	**2.97**	0.998511	**3.74**	0.999908
0.253347	**0.6**	**0.85**	0.802337	**1.52**	0.935745	**2.23**	0.987126	**2.98**	0.998559	**3.75**	0.999912
0.26	0.602568	**0.86**	0.805105	**1.53**	0.936992	**2.24**	0.987455	**2.99**	0.998605	**3.76**	0.999915
0.27	0.606420	**0.87**	0.807850	**1.54**	0.938220	**2.25**	0.987776	**3.**	0.998650	**3.77**	0.999918
0.279319	**0.61**	0.877896	**0.81**	**1.55**	0.939429	**2.26**	0.988089	**3.01**	0.998694	**3.78**	0.999922
0.28	0.610261	**0.88**	0.810570	1.55477	**0.94**	**2.27**	0.988396	**3.02**	0.998736	**3.79**	0.999925
0.29	0.614092	**0.89**	0.813267	**1.56**	0.94062	**2.28**	0.988696	**3.03**	0.998777	**3.8**	0.999928
0.3	0.617911	**0.9**	0.815940	**1.57**	0.941792	**2.29**	0.988989	**3.04**	0.998817	**3.81**	0.999931
0.305481	**0.62**	**0.91**	0.818589	**1.58**	0.942947	**2.3**	0.989276	**3.05**	0.998856	**3.82**	0.999933
0.31	0.621720	0.915365	**0.82**	**1.59**	0.944083	**2.31**	0.989556	**3.06**	0.998893	**3.83**	0.999936
0.32	0.625516	**0.92**	0.821214	**1.6**	0.945201	**2.32**	0.989830	**3.07**	0.998930	**3.84**	0.999938
0.33	0.629300	**0.93**	0.823814	**1.61**	0.946301	2.32635	**0.99**	**3.08**	0.998965	**3.85**	0.999941
0.331853	**0.63**	**0.94**	0.826391	**1.62**	0.947384	**2.33**	0.990097	**3.09**	0.998999	**3.86**	0.999943
0.34	0.633072	**0.95**	0.828944	**1.63**	0.948449	**2.34**	0.990358	3.09023	**0.999**	**3.87**	0.999946
0.35	0.636831	0.954165	**0.83**	**1.64**	0.949497	**2.35**	0.990613	**3.1**	0.999032	**3.88**	0.999948
0.358459	**0.64**	**0.96**	0.831472	1.64485	**0.95**	**2.36**	0.990863	**3.11**	0.999065	**3.89**	0.999950
0.36	0.640576	**0.97**	0.833977	**1.65**	0.950529	**2.37**	0.991106	**3.12**	0.999096	3.89059	**0.99995**
0.37	0.644309	**0.98**	0.836457	**1.66**	0.951543	**2.38**	0.991344	**3.13**	0.999126	**3.9**	0.999952
0.38	0.648027	**0.99**	0.838913	**1.67**	0.952540	**2.39**	0.991576	**3.14**	0.999155	**3.91**	0.999954
0.38532	**0.65**	0.994458	**0.84**	**1.68**	0.953521	**2.4**	0.991802	**3.15**	0.999184	**3.92**	0.999956
0.39	0.651732	**1.**	0.841345	**1.69**	0.954486	**2.41**	0.992024	**3.16**	0.999211	**3.93**	0.999958
0.4	0.655422	**1.01**	0.843752	1.69540	**0.955**	**2.42**	0.992240	**3.17**	0.999238	**3.94**	0.999959
0.41	0.659097	**1.02**	0.846136	**1.7**	0.955435	**2.43**	0.992451	**3.18**	0.999264	**3.95**	0.999961
0.412463	**0.66**	**1.03**	0.848495	**1.71**	0.956367	**2.44**	0.992656	**3.19**	0.999289	**3.96**	0.999963
0.42	0.662757	1.03643	**0.85**	**1.72**	0.957284	**2.45**	0.992857	**3.2**	0.999313	**3.97**	0.999964
0.43	0.666402	**1.04**	0.850830	**1.73**	0.958185	**2.46**	0.993053	**3.21**	0.999336	**3.98**	0.999966
0.439913	**0.67**	**1.05**	0.853141	**1.74**	0.959070	**2.47**	0.993244	**3.22**	0.999359	**3.99**	0.999967
0.44	0.670031	**1.06**	0.855428	**1.75**	0.959941	**2.48**	0.993431	**3.23**	0.999381	**4.**	0.999968
0.45	0.673645	**1.07**	0.857690	1.75069	**0.96**	**2.49**	0.993613	**3.24**	0.999402	**4.05**	0.999974
0.46	0.677242	**1.08**	0.859929	**1.76**	0.960796	**2.5**	0.993790	**3.25**	0.999423	**4.1**	0.999979
0.467699	**0.68**	1.08032	**0.86**	**1.77**	0.961636	**2.51**	0.993963	**3.26**	0.999443	**4.15**	0.999983
0.47	0.680822	**1.09**	0.862143	**1.78**	0.962462	**2.52**	0.994132	**3.27**	0.999462	**4.2**	0.999987
0.48	0.684386	**1.1**	0.864334	**1.79**	0.963273	**2.53**	0.994297	**3.28**	0.999481	**4.25**	0.999989
0.49	0.687933	**1.11**	0.866500	**1.8**	0.964070	**2.54**	0.994457	**3.29**	0.999499	4.26489	**0.99999**
0.495850	**0.69**	**1.12**	0.868643	**1.81**	0.964852	**2.55**	0.994614	3.2908	**0.9995**	**4.3**	0.9999915
0.5	0.691462	1.12639	**0.87**	1.81191	**0.965**	**2.56**	0.994766	**3.3**	0.999517	**4.35**	0.9999932
0.51	0.694974	**1.13**	0.870762	**1.82**	0.965620	**2.57**	0.994915	**3.31**	0.999534	**4.4**	0.9999946
0.52	0.698468	**1.14**	0.872857	**1.83**	0.966375	2.57583	**0.995**	**3.32**	0.999550	**4.45**	0.9999957
0.524401	**0.7**	**1.15**	0.874928	**1.84**	0.967116	**2.58**	0.995060	**3.33**	0.999566	**4.5**	0.9999966
0.53	0.701944	**1.16**	0.876976	**1.85**	0.967843	**2.59**	0.995201	**3.34**	0.999581	**4.55**	0.9999973
0.54	0.705401	**1.17**	0.879000	**1.86**	0.968557	**2.6**	0.995339	**3.35**	0.999596	**4.6**	0.9999979
0.55	0.708840	1.17499	**0.88**	**1.87**	0.969258	**2.61**	0.995473	**3.36**	0.999610	**4.65**	0.9999983
0.553385	**0.71**	**1.18**	0.881000	**1.88**	0.969946	**2.62**	0.995604	**3.37**	0.999624	**4.7**	0.9999989
0.56	0.712260	**1.19**	0.882977	1.88079	**0.97**	**2.63**	0.995731	**3.38**	0.999638	4.75342	**0.999999**
0.57	0.715661	**1.2**	0.884930	**1.89**	0.970621	**2.64**	0.995855	**3.39**	0.999651	**4.8**	0.9999992
0.58	0.719043	**1.21**	0.886861	**1.9**	0.971283	**2.65**	0.995975	**3.4**	0.999663	**5.0**	0.9999997

Tab 6.1 Die Normalverteilung $\Phi_{0,1}(t)$ für gewisse Werte $t \geq 0.5$. Fett gesetzte Zahlen sind exakt, die anderen angenähert

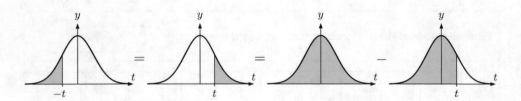

Abb. 6.10 Schematische Darstellung der Symmetrie (a): $\Phi_{0,1}(-t) = 1 - \Phi_{0,1}(t)$. Sie beruht auf der Umrechnung $\int\limits_{-\infty}^{-t} \varphi_{0,1}(\tau)\,d\tau = \int\limits_{t}^{\infty} \varphi_{0,1}(\tau)\,d\tau = \int\limits_{-\infty}^{\infty} \varphi_{0,1}(\tau)\,d\tau - \int\limits_{-\infty}^{t} \varphi_{0,1}(\tau)\,d\tau$

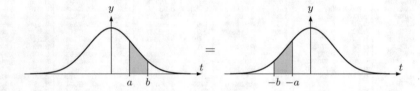

Abb. 6.11 Schematische Darstellung der Symmetrie (b): $P(a \le X \le b) = P(-b \le X \le -a)$. Sie beruht auf der Tatsache, dass $\int\limits_{a}^{b} \varphi_{0,1}(\tau)\,d\tau = \int\limits_{-b}^{-a} \varphi_{0,1}(\tau)\,d\tau$

Die linke Seite ist $\Phi_{0,1}(-t)$, die rechte $1 - \Phi_{0,1}(t)$, womit Teil (a) des Satzes bewiesen ist, siehe auch die Abb. 6.10.

Es gilt

$$P(-b \le X \le -a) = P(X \le -a) - P(X \le -b) = \Phi(-a) - \Phi(-b).$$

Wegen (a) können wir den Ausdruck rechts umschreiben zu

$$\Phi(-a) - \Phi(-b) = (1 - \Phi(a)) - (1 - \Phi(b)) = \Phi(b) - \Phi(a).$$

Genauso gilt

$$P(a \le X \le b) = P(X \le b) - P(X \le a) = \Phi(b) - \Phi(a).$$

Damit ist gezeigt, dass $P(-b \le X \le -a) = P(a \le X \le b)$.   □

Beispiel 6.6 Sei X eine standardisiert normalverteilte Zufallsvariable. Zu berechnen ist die Wahrscheinlichkeit $P(-1.5 \le X \le 1.5)$.

Gemäß der Tab. 6.1 gilt $\Phi_{0,1}(1.5) = 0.933193$. Nach Satz 6.2 folgt somit $\Phi_{0,1}(-1.5) = 1 - 0.933193 = 0.066807$ und damit $P(-1.5 \le X \le 1.5) = \Phi_{0,1}(1.5) - \Phi_{0,1}(-1.5) = 0.933193 - 0.066807 = 0.866386$.   ◊

Beispiel 6.7 Sei X eine standardisiert normalverteilte Zufallsvariable. Gesucht ist eine Grenze $t > 0$ so, dass $P(-t \le X \le t) = 50\%$.

Wir wissen wegen Satz 6.2, dass $P(-c \le X \le 0) = P(0 \le X \le c)$. Daher muss c so bestimmt werden, dass $P(0 \le X \le c) = 25\%$. Wir wissen aber auch, dass $P(X \le 0) = 50\%$. Wir müssen also c so bestimmen, dass $P(X \le c) = 25\% + 50\% = 75\%$. Dies kann durch Sichtung der Tab. 6.1 geschehen. Man findet $c = 0.67449$. $\Diamond$

Aufgabe 6.23 Sei X eine standardisiert normalverteilte Zufallsvariable. Bestimme die folgenden Wahrscheinlichkeiten.

(a) $P(X \le -2)$
(b) $P(-2.5 \le X \le 0)$
(c) $P(-1 \le X \le 3)$

Aufgabe 6.24 Sei X eine standardisiert normalverteilte Zufallsvariable. Gesucht ist eine Grenze $t > 0$ so, dass $P(-t \le X \le t)$ eine vorgegebene Wahrscheinlichkeit annimmt.

(a) Es soll $P(-t \le X \le t) = 90\%$ gelten.
(b) Es soll $P(-t \le X \le t) = 95\%$ gelten.
(c) Es soll $P(-t \le X \le t) = 98\%$ gelten.

6.6   Die Kolmogorowschen Axiome

Wir haben nun zwei Familien von Zufallsexperimenten betrachtet, die beide die Eigenschaft haben, dass sie einzelnen Ergebnissen die Wahrscheinlichkeit 0 zuweisen und nur Ereignissen, die ganze Intervalle sind, eine positive Wahrscheinlichkeit zuordnen. Wir werden daher unsere ursprüngliche Definition des **diskreten Wahrscheinlichkeitsraums** anpassen müssen. Es wird nicht mehr möglich sein, die Wahrscheinlichkeit eines Ereignisses als Summe der Wahrscheinlichkeiten der darin enthaltenen Ergebnisse zu definieren.

Unsere Erklärungen beschränken sich nicht auf das absolut Nötigste, sondern werden etwas ausführlicher ausfallen.

Die Wahrscheinlichkeitstheorie stand lange Zeit auf recht wackligen Füssen. Es gab keine klare Übereinkunft in der Gemeinschaft der Mathematiker, was denn eigentlich unter einer „Wahrscheinlichkeit" zu verstehen sei.

Der deutsche Mathematiker David Hilbert (1862–1943) hatte zu Beginn des 20. Jahrhunderts das Desiderat formuliert, wonach für jede mathematische Theorie klar formulierte, aussagekräftige Grundlagen zu schaffen sind. Das Vorbild war dabei die Geometrie, bei der diese Forderung schon in der Antike eingelöst worden war. Die Geometrie ruht auf wenigen Grundsätzen, den sogenannten *Axiomen*, die selbst nicht weiter begründet werden und aus denen alle bekannten Aussagen der Geometrie abgeleitet werden können.

Begriffsbildung 6.10 *Bei der **axiomatischen Methode** handelt es sich in der Mathematik um eine Trennung der gültigen Aussagen in zwei Gruppen: Einerseits gibt es die **Axiome**,* *das sind jene Grundsätze und Aussagen, die als gegeben hingenommen werden und nicht weiter hinterfragt werden sollen. Hier geht es weniger um glaubwürdige Behauptungen, die man nicht beweisen kann, sondern um Definitionen, die neue Begriffe und Konzepte definieren. Andererseits gibt es die* **Sätze***, dies sind die Aussagen, welche aus den Axiomen durch logische Schlussfolgerungen abgeleitet werden können.*

Die Axiome bilden zusammen das **Axiomensystem***.*

Die *axiomatische Methode* löst die Forderung ein, klar offenzulegen, worauf denn die Argumentation beruht. Akzeptiert man die Grundlagen und gibt es keine Fehler in der logischen Argumentation, so sind auch die Schlussfolgerungen zu akzeptieren. Ein Beweis stützt sich nämlich immer auf gewisse bereits bekannte Tatsachen. Nun kann man sich natürlich fragen, warum denn die bekannten Tatsachen gelten. Man kann nach einer Begründung, einem Beweis dieser Tatsachen selbst suchen. Diese Hinterfragung führt zu einem unendlichen Regress, ähnlich der nicht endenden Fragerei, welche kleine Kinder so wundervoll praktizieren können, wenn sie auf jede Erklärung erneut fragen: „Und warum ist dies so?"

Die *axiomatische Methode* löst somit ein Grundproblem: Sie bricht den unendlichen Regress ab und legt die Karten offen auf den Tisch: „Sieh da, dies sind meine Grundlagen!".

Gemäß Hilbert soll ein Axiomensystem ordentlich proportioniert sein: Einerseits soll es ausreichend groß sein, damit sich alle wahren Aussagen ableiten lassen. Andererseits darf es aber auch nicht zu groß sein: Es soll nicht möglich sein, eines der Axiome aus den anderen herzuleiten, denn dann könnte man dieses Axiom weglassen und als Satz aufnehmen. Weiter soll es nicht möglich sein, einen Widerspruch abzuleiten.

Begriffsbildung 6.11 *Ein Axiomensystem heißt* **widerspruchsfrei***, wenn es nicht möglich ist, eine Aussage und gleichzeitig auch deren Negation aus den Axiomen abzuleiten.*

Es heißt **unabhängig***, wenn keines der Axiome als Folgerung der anderen nachgewiesen werden kann.*

Ein Axiomensystem heißt **vollständig***, wenn jede wahre Aussage aus den Axiomen abgeleitet werden kann.*

Es ist eine der herausragenden intellektuellen Errungenschaften des 20. Jahrhunderts eingesehen zu haben, dass alle drei Forderungen gleichzeitig in der Mathematik nicht erfüllbar sind. Die *Vollständigkeit* ist unerreichbar. Erst 1933 wurde das Desiderat Hilberts in der Wahrscheinlichkeitstheorie erreicht: Der russische Mathematiker Andrej Nikolaevič Kolmogorow für ein Zufallsexperiment (1903–1987), siehe die Abb. 6.12, entwarf das heute gültige Axiomensystem für ein Zufallsexperiment.

Neben der Ergebnismenge S muss auch ein System von Teilmengen F von S ausgezeichnet werden. Nur für die Teilmengen, die in F liegen, muss die Wahrscheinlichkeit angegeben werden. Dies ermöglicht es, auch unendliche Ergebnismengen S zu betrachten aber dem Problem auszuweichen, die Wahrscheinlichkeit von Ereignissen als Summe der Wahrscheinlichkeiten der darin befindlichen Ergebnisse zu definieren.

David Hilbert   Andrei Nikolaevic Kolmogorow
(sciencephoto.com)   (sciencephoto.com)

Abb. 6.12 Links David Hilbert (1862–1943) und rechts Andrej Nikolaevič Kolmogorow (1903–1987)

Begriffsbildung 6.12 *Ein **Wahrscheinlichkeitsraum** besteht aus einem Tripel (S, F, P), wobei S eine Menge, die sog. **Ergebnismenge** ist. Gewisse Teilmengen von S nennt man **Ereignisse**. Alle Ereignisse werden in der Menge F zusammengefasst. Das System der Ereignisse erfüllt folgende Eigenschaften:*

(F1) Die leere Menge $\varnothing$ und S sind Ereignisse.
(F2) Ist E ein Ereignis, dann auch $\overline{E} = S\backslash E$.
(F3) Ist $E_1, E_2, E_3, \ldots$ eine Folge von Ereignissen, dann ist auch

$$\bigcup_{i=1}^{\infty} E_i = \{e \in S \mid \text{es gibt einen Index } i \text{ so, dass } e \in E_i\}$$

ein Ereignis.

Schließlich ist P eine Funktion $P\colon F \longrightarrow \mathbb{R}$, die jedem Ereignis eine reelle Zahl zuordnet. Die Funktion P erfüllt die folgenden Eigenschaften:

(P1) Für jedes Ereignis E gilt $P(E) \geq 0$.
(P2) $P(\varnothing) = 0$ und $P(S) = 1$.
(P3) Ist $E_1, E_2, E_3 \ldots$ eine Folge von Ereignissen, die paarweise disjunkt sind, so gilt für

$$E = \bigcup_{i=1}^{\infty} E_i:$$

$$P(E) = \sum_{i=1}^{\infty} P(E_i),$$

wobei diese „unendliche Summe" definiert ist als Grenzwert:

$$\sum_{i=1}^{\infty} P(E_i) = \lim_{n \to \infty} \big(P(E_1) + P(E_2) + \ldots + P(E_n) \big).$$

Neu ist also, dass nicht jede Teilmenge der Ergebnismenge S ein Ereignis ist, sondern dass man diese separat festlegt und in einer Menge F zusammenfasst. Wichtig ist auch, dass man F nicht beliebig wählen darf. Ist E in F, so muss $\overline{E} = S \setminus E$ auch in F liegen. Wir sagen, dass F abgeschlossen ist bezüglich der Komplementbildung. Weiter muss auch jede Vereinigung von Ereignissen in F wieder ein Ereignis aus F ergeben. Wir sagen, dass F abgeschlossen ist bezüglich der Vereinigung.

Wir zeigen jetzt, dass die Eigenschaften der bekannten diskreten Wahrscheinlichkeitsräume erfüllt sind.

(F4) Sind E_1 und E_2 Ereignisse, dann ist es auch $E_1 \cup E_2$.

Man wähle $E_i = \varnothing$ für alle $i \geq 3$. Dann folgt aus (F3), dass $E_1 \cup E_2 \cup \varnothing \cup \varnothing \cup \varnothing \ldots = E_1 \cup E_2$ ein Ereignis ist.

(P4) Sind E_1 und E_2 zwei disjunkte Ereignisse, so gilt $P(E_1 \cup E_2) = P(E_1) + P(E_2)$.

Wiederum setzen wir $E_i = \varnothing$ für $i \geq 3$. Dann folgt

$$P(E_1 \cup E_2) \overset{(P3)}{=} P(E_1) + P(E_2) + P(\varnothing) + P(\varnothing) + \ldots$$

$$\overset{(P2)}{=} P(E_1) + P(E_2) + 0 + 0 + \ldots$$

$$= P(E_1) + P(E_2).$$

(P5) Für jedes Ereignis E gilt $P(E) + P(\overline{E}) = 1$.

In der Tat, E und $\overline{E}$ sind disjunkte Ereignisse und erfüllen $E \cup \overline{E} = S$. Somit folgt mit (P2) und (P4)

$$P(E) + P(\overline{E}) \overset{(P4)}{=} P(S) \overset{(P2)}{=} 1.$$

Aufgabe 6.25 Zeige folgende Eigenschaft:

(P6) Für jedes Ereignis E gilt $P(E) \leq 1$.

Jetzt zeigen wir, dass die Menge F auch abgeschlossen ist bezüglich der Schnittmengenbildung.

Beispiel 6.8 Falls E_1 und E_2 zu F eines Wahrscheinlichkeitsraums (S, F, P) gehören, so ist auch $E_1 \cap E_2$ ein Element in F.

Abb. 6.13 Die Menge
$\overline{E_1 \cap E_2} = \overline{E_1} \cup \overline{E_2}$

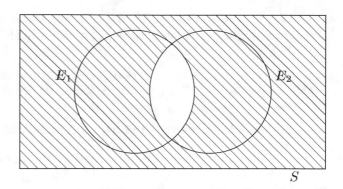

Wir zeigen zuerst, dass $\overline{E_1 \cap E_2} = S \setminus (E_1 \cap E_2)$ zu F gehört. Es gilt, siehe dazu auch die Abb. 6.13:

$$\overline{E_1 \cap E_2} = \overline{E_1} \cup \overline{E_2} = (S \setminus E_1) \cup (S \setminus E_2).$$

Weil E_1 und E_2 in F sind, liegen auch $\overline{E_1}$ und $\overline{E_2}$ in F und somit auch $\overline{E_1} \cup \overline{E_2}$. Weil $\overline{E_1 \cap E_2}$ in F liegt, so tut dies auch $E_1 \cap E_2$. ◊

Satz 6.3 *Ist $E_1, E_2, E_3 \ldots$ eine Folge von Ereignissen, dann ist auch*

$$\bigcap_{i=1}^{\infty} E_i = \{e \in S \mid es\ gilt\ e \in E_i\ für\ alle\ i = 1, 2, 3 \ldots\}$$

ein Ereignis.

Beweis. Weil E_i ein Ereignis ist, so ist es auch $\overline{E_i}$ wegen (F2). Daher ist nach (F3) auch

$$E = \bigcup_{i=1}^{\infty} \overline{E_i}$$

ein Ereignis. Ein Element $s \in S$ gehört genau dann zu E, wenn es einen Index i gibt mit $s \in \overline{E_i}$, d. h. $s \notin E_i$. Nun betrachten wir $\overline{E}$, was wegen (F2) wieder ein Ereignis ist. Diese Menge besteht aus allen $s \in S$, die nicht in E liegen. Ein Element $s \in S$ gehört also zu $\overline{E}$, falls es keinen Index i gibt für den $s \notin E_i$, aber dies bedeutet, dass $s \in E_i$ für alle Indizes $i = 1, 2, 3 \ldots$ gilt. Dies zeigt, dass

$$\overline{E} = \bigcap_{i=1}^{\infty} E_i,$$

womit die Aussage bewiesen ist. □

Die folgende Aufgabe zeigt, dass das bekannte Additionsgesetz der diskreten Wahrscheinlichkeitsräume auch für die allgemeinen Wahrscheinlichkeitsräume gültig ist.

Aufgabe 6.26 Benutze die Axiome (F1), (F2), (F3), (P1), (P2) und (P3) sowie die bereits nachgewiesenen Eigenschaften (F4), (P4), (P5), (P6) und Satz 6.3, um zu zeigen, dass die folgende Eigenschaft erfüllt ist.

(P7) Für je zwei Ereignisse A und B gilt folgendes allgemeines Additionsgesetz:

$$P(A \cup B) = P(A) + P(B) - P(A \cap B).$$

Aufgabe 6.27 Weise nach, dass für zwei Ereignisse A und B mit $A \subseteq B$ Folgendes gilt: $P(A) \leq P(B)$.

Folgender Umstand ist äußerst bemerkenswert. Die Kolmogorowschen Axiome, welche Aussagen über Wahrscheinlichkeiten sind, lassen sich ebenso gut als Aussagen über Flächeninhalte von Figuren interpretieren. Axiom (P1) legt fest, dass der Flächeninhalt einer Grundfigur S den Flächeninhalt 1 haben soll. Axiom (P2) sagt aus, dass der Flächeninhalt jeder Figur E, die in der Figur S enthalten ist, einen Flächeninhalt hat, der nicht negativ ist, während die Folgerung (P6) besagt, dass der Flächeninhalt einer in S enthaltenen Fläche nicht größer als diese, also als 1, sein kann. Axiom (P3) schließlich sagt aus, dass der Gesamtflächeninhalt von paarweise disjunkten Teilfiguren E_i gleich groß ist wie die Summe der Flächeninhalte der einzelnen Teilfiguren.

Dieser Zusammenhang ist nicht zufällig. Es war in der Tat die obige Axiomatisierung, die den Blick auf die Problematik der Flächeninhaltsbestimmung und damit der Integration geschärft hat. Auch hier, wie so oft in der Mathematik, gilt, dass die Gebiete miteinander verwoben sind, und man ein einzelnes Teilgebiet nur teilweise würdigen kann, wenn man versucht, alle anderen Gebiete auszuklammern.

6.7   Zusammenfassung

In diesem Kapitel haben wir einen wichtigen Schritt zur Verallgemeinerung der Wahrscheinlichkeitstheorien für Zufallsexperimente gemacht, deren Anzahl Resultate so groß ist wie die Anzahl der reellen Zahlen. Wenn man jedem Resultat eine positive Wahrscheinlichkeit zuordnen würde, dann wäre die Summe der Wahrscheinlichkeiten der Ergebnisse nicht 1, sondern unendlich.

Die Lösung, um diese Situation angemessen anzugehen, basiert auf zwei Ideen von *Kolmogorow*. Die erste Idee ist mit der Modellierung des radioaktiven Zerfalls verbunden. Als Ereignisse mit positiver Wahrscheinlichkeit erlaubt man nur Zeitintervalle $[a, b]$ mit $a < b$. Für jedes Zeitintervall kann man die Wahrscheinlichkeit bestimmen, dass ein radioaktives Atom in einem Zeitpunkt t mit $t \in [a, b]$ zerfällt. Das Intervall $[0, \infty)$ hat dabei die Wahrscheinlichkeit 1. Alle Intervalle $[a, a]$ haben die Wahrscheinlichkeit 0.

Ferner gelten das Komplementärgesetz $P([a, b]) = 1 - P([0, a]) - P([b, \infty))$ und das Additionsgesetz $P([a, d]) = P([a, c]) + P([b, d]) - P([b, c])$, wenn $a < b < c < d$.

Die zweite Idee von *Kolmogorow* verallgemeinert die Wahrscheinlichkeitstheorie für Experimente mit beliebiger Anzahl von Resultaten. Man legt dabei eine Menge S aller möglichen Ereignisse mit $P(S) = 1$ fest. Dann darf man sich ein System von Teilmengen von S als System F aussuchen. Dabei sollte F alle betrachteten Ereignisse enthalten. Weiter sollte F abgeschlossen sein bezüglich der Mengenoperation der Komplementbildung, der Vereinigung und des Durchschnitts. Wichtig ist jedoch, dass es sich nicht um die Vereinigung von lediglich zwei Mengen handeln muss, es kann sich auch um eine Familie von Mengen handeln, wenn diese durch die natürlichen Zahlen indiziert werden kann. Diese axiomatische Definition von *Kolmogorow* modelliert allgemein den Wahrscheinlichkeitsraum so, dass alle Grundgesetze aus der Modellierung von endlichen Wahrscheinlichkeitsräumen weiterhin gelten.

Wir haben für jede Zufallsvarible in einem Wahrscheinlichkeitsraum die kumulative Verteilungsfunktion definiert als $\phi(t) = P(X \leq t)$ und die Dichtefunktion als die Geschwindigkeit des Wachstums von $\Phi(t)$, das heißt die Ableitung $\Phi'(t)$ von $\Phi(t)$. Somit ist jede Verteilungsfunktion monoton, das heißt, sie erfüllt $\Phi(r) \leq \Phi(s)$, wenn $r \leq s$, und es gilt $\lim_{t \to \infty} P(X \leq t) = 1$.

Deswegen erfüllt die Dichtefunktion $\varphi(t) = \Phi'(t) \geq 0$ für alle t und weiter muss

$$\int_{-\infty}^{\infty} \varphi(t) \mathrm{d}t = 1$$

gelten. Wir haben damit eine allgemeine Aussage gelernt. Zu jeder Funktion $\varphi(t)$ mit diesen Eigenschaften gibt es einen Wahrscheinlichkeitsraum und eine Zufallsvariable X so, dass $\varphi(t)$ die Dichtefunktion von X ist. Die kumulative Verteilungsfunktion und die Dichtefunktion werden wir im folgenden Kapitel als Forschungsinstrumente der Wahrscheinlichkeitstheorie einsetzen.

6.8 Kontrollfragen

1. Betrachten wir einen Wahrscheinlichkeitsraum mit vielen Ergebnissen, so viele, wie es reelle Zahlen gibt. Warum kann man nicht jedem Ereignis eine positive Wahrscheinlichkeit zuordnen? Wie löst man das Problem, wenn man nicht jedem elementaren Ereignis eine positive Wahrscheinlichkeit geben kann?

2. Gebe ein Beispiel eines unendlichen Wahrscheinlichkeitsraums, bei dem die Anzahl der elementaren Ereignisse der Anzahl der natürlichen Zahlen entspricht und jedes Resultat eine positive Wahrscheinlichkeit erhält. Was hat diese Konstruktion mit der Konvergenz zu tun?

3. Wie lautet die allgemeine, axiomatische Definition des Wahrscheinlichkeitsraumes von Kolmogorow?

4. Vergleiche die Definition des diskreten Wahrscheinlichkeitsraums aus dem ersten Band mit der Definition, die Kolmogorow gegeben hat. Was haben diese beide Definitionen gemeinsam und wo unterscheiden sie sich?

5. Was ist die kumulative Verteilungsfunktion einer Zufallsvariable?
6. Was ist die Dichtefunktion einer Zufallsvariable? Welche Beziehung hat die Dichtefunktion zur Verteilungsfunktion und wie kann man sie bestimmen?
7. Warum ist jede Verteilungsfunktion monoton? Was bedeutet diese Monotonie für die Werte der Dichtefunktion?
8. Warum hat die von der Dichtefunktion und der x-Achse eingeschlossene Fläche den Inhalt 1?
9. Wann heißt ein Axiomensystem widerspruchsfrei?
10. Wann heißt ein Axiomensystem unabhängig?

6.9   Lösungen zu ausgewählten Aufgaben

Aufgabe 6.1

(a) $\text{Prob}(X \leq 3T) = 1 - \text{Prob}(X \geq 3T) = 1 - \left(\frac{1}{2}\right)^3 = \frac{7}{8}$.

(b) $\text{Prob}(X \geq 4T) = \left(\frac{1}{2}\right)^4 = \frac{1}{16}$.

(c) $\text{Prob}(T \leq X \leq 2T) = \text{Prob}(X \geq T) - \text{Prob}(X \geq 2T) = \frac{1}{2} - \left(\frac{1}{2}\right)^2 = \frac{1}{4}$.

(d) $\text{Prob}(3T \leq X \leq 5T) = \text{Prob}(X \geq 3T) - \text{Prob}(X \geq 5T) = \left(\frac{1}{2}\right)^3 - \left(\frac{1}{2}\right)^5 = \frac{3}{32}$.

Aufgabe 6.3 Man muss die Gleichung $2^{-\frac{t}{T}} = 0.01$ nach t auflösen. Durch Logarithmieren folgt $-\frac{t}{T} = \log_2(0.01) \approx -6.6439$ und daher $t = 6.6439T = 6.6439 \cdot 5730\,\text{J} = 38\,069.5\,\text{J}$.

Aufgabe 6.4 Hier muss nur $t = 1$ eingesetzt werden in (6.3). Man erhält $\text{Prob}(X \leq 1\,\text{J}) = 1 - 2^{-\frac{1\,\text{J}}{5730\,\text{J}}} \approx 0.000121 = 0.0121\%$.

Aufgabe 6.5 Mit jedem Vergehen der Halbwertszeit zerfällt die Hälfte der noch nicht zerfallenen Atome. Die noch nicht zerfallenen Atome sollen also noch höchstens $\frac{1\,\text{mg}}{1\,\text{t}} = \frac{1}{10^{12}}$ der Menge ausmachen. Es soll also $\left(\frac{1}{2}\right)^k = 10^{-12}$ gelten. Logarithmieren liefert $k = \log_{\frac{1}{2}}(10^{-9}) \approx 39.8631$. Dies ist die Anzahl der Halbwertszeiten, die vergehen müssen, bis sich das Plutonium auf 1% abgebaut hat, dies ist die Zeit $kT = 39.8631 \cdot 24\,000\,\text{J} = 956\,715\,\text{J}$. Das Plutonium muss also eine knappe Million Jahre gelagert werden.

Aufgabe 6.6 Wir lösen die Gleichung $2^{-\frac{t}{T}} = 0.414$ nach t. Es folgt $t = -\log_2(0.414)T \approx 1.2723 \cdot 5730\,\text{J} \approx 7290\,\text{J}$.

Aufgabe 6.7 Sei N die Anzahl der Cäsiumatome, die sich 1986 in einem Kilogramm Rehfleisch befanden. Davon zerfielen in einer Sekunde 1500. Es muss daher

$$N \cdot \left(1 - 2^{-\frac{1\,\text{s}}{30\,\text{J}}}\right) = 1500$$

gelten. Diese Gleichung können wir nach N auflösen:

$$N = \frac{1500}{1 - 2^{-\frac{1\,\text{s}}{30\,\text{J}}}} = \frac{1500}{1 - 2^{-\frac{1\,\text{s}}{30 \cdot 365 \cdot 24 \cdot 60 \cdot 60\,\text{s}}}} \approx 2.0473 \cdot 10^{12}.$$

Es befanden sich etwa 2 Billionen Cäsiumatome in einem Kilogramm Rehfleisch.

Aufgabe 6.8

(a) Das Intervall $[0.63, 0.81]$ besteht aus $81 - 63 = 18$ Teilintervallen der Größe und Wahrschein-lichkeit $\frac{1}{100}$. Das Intervall hat daher die Wahrscheinlichkeit $\frac{18}{100} = 0.18$.

(b) Um die Wahrscheinlichkeit des Intervalls $[0.555, 0.559]$ anzugeben, kann $[0, 1]$ in tausend kleine Intervalle der Wahrscheinlichket $\frac{1}{1000}$ unterteilt werden. Daher hat $[0.555, 0.559]$ die Wahrscheinlichkeit $\frac{4}{1000} = \frac{1}{250}$.

(c) Die Wahrscheinlichkeit des Intervalls $\left[\frac{3}{11}, 1\right]$ bestimmt sich durch Unterteilen von $[0, 1]$ in 11 gleiche Teile der Wahrscheinlichkeit $\frac{1}{11}$. Das Intervall $\left[\frac{3}{11}, 1\right]$ besteht aus 8 dieser Teilintervalle und hat daher die Wahrscheinlichkeit $\frac{8}{11}$.

Aufgabe 6.13 Der Graph der kumulativen Verteilungsfunktion wird in Abb. 6.14 dargestellt.

Aufgabe 6.14 Der Graph der kumulativen Verteilungsfunktion wird in Abb. 6.15 dargestellt.

Aufgabe 6.15 Die Dichtefunktion der Zufallsvariablen X, die in $\left[0, \frac{1}{2}\right]$ uniform verteilt ist, wird in Abb. 6.16 dargestellt.

Aufgabe 6.16 Die Dichtefunktion der Zufallsvariablen X, die in Aufgabe 6.14 definiert wurde, ist in Abb. 6.17 dargestellt.

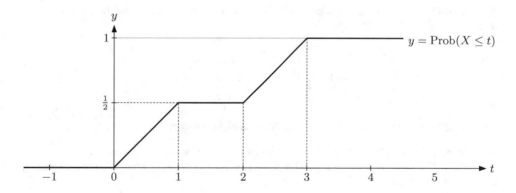

Abb. 6.14 Der Graph der kumulativen Verteilungsfunktion der Zufallsvariablen X aus Aufgabe 6.13

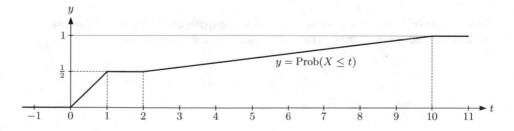

Abb. 6.15 Der Graph der kumulativen Verteilungsfunktion der Zufallsvariablen X aus Aufgabe 6.14

Abb. 6.16 Der Graph der Dichtefunktion der Zufallsvariablen X, die im Intervall $\left[0, \frac{1}{2}\right]$ uniform verteilt ist

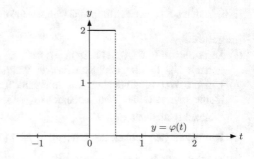

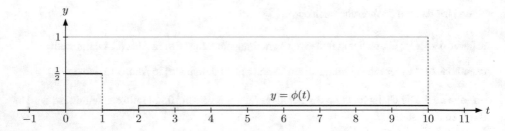

Abb. 6.17 Die Dichtefunktion der Zufallsvariablen X, die in Aufgabe 6.14 definiert wurde

Aufgabe 6.17 Wir leiten die kumulative Verteilungsfunktion (6.4) in den drei Bereichen $t < a$, $a < t < b$ und $t > b$ separat ab. Es gilt

$$\varphi(t) = \begin{cases} 0, & \text{falls } t < a \\ \frac{1}{b-a}, & \text{falls } a < t < b \\ 0, & \text{falls } t > b. \end{cases}$$

An den Stellen $t = a$ und $t = b$ ist die Dichtefunktion nicht definiert.

Aufgabe 6.18 Es gilt $\varphi(t) = 0$ für alle $t < -1$ und alle $t > 1$. Für $-1 \le t \le 0$ gilt $\varphi(t) = 1 + t \ge 0$ und für $0 \le t \le 1$ gilt $\varphi(t) = 1 - t \ge 0$. Damit ist (DF1) nachgewiesen. Um (DF2) nachzuweisen, müssen wir zeigen, dass

$$\int_{-\infty}^{\infty} \varphi(t)\mathrm{d}t = 1.$$

Wenn wir den Graph von φ zeichnen, so erkennen wir sofort, dass die Fläche zwischen dem Graphen und der horizontalen Achse gleich 1 ist. Wir können jedoch auch direkt rechnen:

$$\int_{-\infty}^{\infty} \varphi(t)\mathrm{d}t = \int_{-\infty}^{-1} 0\mathrm{d}t + \int_{-1}^{0} (1+t)\mathrm{d}t + \int_{0}^{1} (1-t)\mathrm{d}t + \int_{1}^{\infty} 0\mathrm{d}t$$

$$= 0 + \left(t + \tfrac{1}{2}t^2\right)\Big|_{t=-1}^{t=0} + \left(t - \tfrac{1}{2}t^2\right)\Big|_{t=0}^{t=1} + 0$$

$$= -\left((-1) + \tfrac{1}{2}(-1)^2\right) + \left(1 - \tfrac{1}{2}1^2\right)$$

$$= \tfrac{1}{2} + \tfrac{1}{2}$$

$$= 1.$$

Aufgabe 6.19 Es gilt $\varphi(t) \geq 0$ für alle t, also (DF1). Aber (DF2) kann benutzt werden, um λ zu bestimmen:

$$\int_{-\infty}^{\infty} \varphi(t)\mathrm{d}t = 1 \quad \Rightarrow \quad \int_{-1}^{1} \lambda\left(1 - t^2\right)\mathrm{d}t = 1 \quad \Rightarrow \quad \lambda\left(t - \tfrac{1}{3}t^3\right)\Big|_{t=-1}^{t=1} = 1$$

Wegen

$$\left(t - \tfrac{1}{3}t^3\right)\Big|_{t=-1}^{t=1} = \left(1 - \tfrac{1}{3}1^3\right) - \left((-1) - \tfrac{1}{3}(-1)^3\right) = \tfrac{2}{3} + \tfrac{2}{3} = \tfrac{4}{3}$$

folgt nun $\lambda = \tfrac{3}{4}$.

Aufgabe 6.20 Es gilt $\int_1^5 \frac{1}{at}\mathrm{d}t = \frac{1}{a}\ln(at)\Big|_{t=1}^{t=5} = \frac{1}{a}\ln(5a) - \frac{1}{a}\ln(a) = \frac{1}{a}\left(\ln(5a) - \ln(a)\right) = \frac{1}{a}\ln\left(\frac{5a}{a}\right) = \frac{1}{a}\ln(5)$. Damit dieses Integral gleich 1 ist, muss $a = \ln(5)$ gelten. Die Abb. 6.18 zeigt den Graphen dieser Dichtefunktion.

Aufgabe 6.21 Aus der Tab. 6.1 kann $\Phi(1) = 0.841345$, $\Phi(2) = 0.977250$, $\Phi(3) = 0.998650$ abgelesen werden.

(a) $P(1 \leq X \leq 2) = P(X \leq 2) - P(X \leq 1) = \Phi(2) - \Phi(1) = 0.977250 - 0.841345 = 0.135905$.
(b) $P(2 \leq X \leq 3) = P(X \leq 3) - P(X \leq 2) = \Phi(3) - \Phi(2) = 0.998650 - 0.977250 = 0.021400$.

Aufgabe 6.22 Man findet in der Tab. 6.1, dass $\Phi(1.28155) = 0.9$. Also gilt $t = 1.28155$.

Aufgabe 6.23 Die Werte $\Phi(2) = 0.977250$, $\Phi(2.5) = 0.993790$, $\Phi(0) = 0.5$, $\Phi(1) = 0.841345$ und $\Phi(3) = 0.998650$ können aus der Tab. 6.1 abgelesen werden.

(a) $P(X \leq -2) = \Phi(-2) = 1 - \Phi(2) = 1 - 0.977250 = 0.02275$.

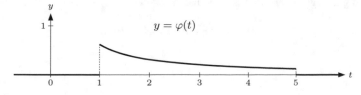

Abb. 6.18 Die Dichtefunktion φ aus Aufgabe 6.20

(b) $P(-2.5 \leq X \leq 0) = P(X \leq 0) - P(X \leq -2.5) = 0.5 - \Phi(-2.5) = 0.5 - (1 - \Phi(2.5)) =$
$0.5 - (1 - 0.993790) = 0.5 - 0.00621 = 0.49379.$

(c) $P(-1 \leq X \leq 3) = P(X \leq 3) - P(X \leq -1) = \Phi(3) - \Phi(-1) = \Phi(3) - (1 - \Phi(1)) =$
$0.998650 - (1 - 0.841345) = 0.998650 - 0.158655 = 0.839995.$

Aufgabe 6.24 Sei $q = P(-t \leq X \leq t)$ die gegebene Wahrscheinlichkeit. Aus der Symmetrie aus
Satz 6.2 folgt, dass $P(-t \leq X \leq 0) = P(0 \leq X \leq t)$ und daher $P(0 \leq X \leq t) = \frac{q}{2}$. Weil
$P(X \leq 0) = 0.5$ folgt also $P(X \leq t) = 0.5 + \frac{q}{2}$. Aus der Tab. 6.1 muss nun t so gesucht werden,
dass $\Phi(t) = 0.5 + \frac{q}{2}$.

(a) Aus $q = 90\%$ folgt $0.5 + \frac{q}{2} = 0.95$. Man findet $t = 1.64485$.
(b) Aus $q = 95\%$ folgt $0.5 + \frac{q}{2} = 0.975$. Man findet $t = 1.95996$.
(c) Aus $q = 98\%$ folgt $0.5 + \frac{q}{2} = 0.99$. Man findet $t = 2.32635$.

Aufgabe 6.25 Nach (P1) gilt $P(\overline{E}) \geq 0$ und daher folgt

$$P(E) \overset{(P5)}{=} 1 - P(\overline{E}) \overset{(P1)}{\leq} 1.$$

Aufgabe 6.26 Da A und B Ereignisse sind, so sind es auch $\overline{A}$ und $\overline{B}$ wegen (F2). Weiter sind auch
$A \cap B$ sowie $A \setminus B = A \cap \overline{B}$ und $B \setminus A = B \cap \overline{A}$ Ereignisse wegen Satz 6.3.

Das Ereignis $A \cup B$ kann in drei disjunkte Teilereignisse zerlegt werden: $A \cap B$, $A \setminus B$ und $B \setminus A$.
Somit gilt

$$P(A \cup B) = P(A \cap B) + P(A \setminus B) + P(B \setminus A).$$

Andererseits ist A die disjunkte Vereinigung von $A \cap B$ und $A \setminus B$, und B ist die disjunkte Vereinigung
von $A \cap B$ und $B \setminus A$, also

$$P(A) = P(A \cap B) + P(A \setminus B)$$
$$P(B) = P(A \cap B) + P(B \setminus A).$$

Somit gilt

$$P(A \cup B) = P(A \cap B) + P(A \setminus B) + P(B \setminus A)$$
$$= P(A) + P(B \setminus A)$$
$$= P(A) + P(B) - P(A \cap B).$$

Aufgabe 6.27 Das Ereignis B kann als disjunkte Vereinigung von A und $B \setminus A = B \cap \overline{A}$ geschrieben
werden. Somit gilt wegen (P1) $P(B \setminus A) \geq 0$ und daher

$$P(B) = P(A) + P(B \setminus A) \geq P(A).$$

Modellieren mit der Normalverteilung

7

7.1 Zielsetzung

In der Realität messen wir viele Eigenschaften und drücken die Resultate quantitativ aus, zum Beispiel die Größe und das Gewicht der Menschen in einer Bevölkerung oder die Zeit der Läufer in einem Wettkampf oder die Noten in einer Prüfung. Beliebig viele weitere Situationen sind vorstellbar. Interessant ist, dass die Verteilung der gemessenen Zahlen sehr häufig die folgende charakteristische Eigenschaft hat: Die meisten Messpunkte liegen in der Nähe des Durchschnittswertes und sie treten zunehmend seltener auf, je weiter man sich davon entfernt. Man kann dies durch eine glatte Kurve beschreiben, welche die relative Häufigkeit der Messpunkte angibt. Die Kurve hat dann in etwa die Gestalt, wie sie in der Abb. 7.18 wiedergegeben ist.

Die Kurve kann steiler oder flacher sein als in Abb. 7.18. Das Gemeinsame ist, dass die Kurve eine Symmetrie bezüglich des Durchschnittswertes aufweist. Das Ziel dieses Kapitels ist es, ein universelles Forschungsinstrument zu entdecken, das es ermöglicht, aus den gemessenen Daten auf die Parameter der Kurve zu schließen und somit zu einer guten Schätzung der Wahrscheinlichkeitsverteilung des beobachteten Zufallsexperiments zu gelangen.

Deswegen soll in diesem Kapitel eine ganze Familie von stetigen Verteilungen, die sogenannten Normalverteilungen, definiert werden, und zwar zu beliebig vorgegebenem Erwartungswert und vorgegebener Standardabweichung. Der große Vorteil wird darin liegen, dass wir mit solchen Normalverteilungen eine große Vielfalt von Zufallsexperimenten sehr gut annähernd modellieren können. Außerdem werden wir in diesem Kapitel Summen von Zufallsvariablen betrachten und werden sehen, dass unter der Voraussetzung, dass die einzelnen Summanden voneinander unabhängig sind, diese sich einer Normalverteilung annähern. Wenn diese Summe von unabhängigen Zufallsvariablen

M. Barot, J. Hromkovič, *Stochastik 2*, Grundstudium Mathematik,
https://doi.org/10.1007/978-3-030-45553-8_7

ein gutes Maß für eine wichtige Eigenschaft eines Objektes oder eines Prozesses ist, gewinnen wir ein Instrument zur Qualitätsmessung oder zur Analyse des betrachteten Objektes oder Prozesses. Die Anzahl der Anwendungen ist in der Praxis so riesig, dass man nicht einmal Musterbeispiele auflisten kann. Zum Beispiel kann man dadurch für eine gegebene Zeitspanne schätzen, welcher Anteil von Produkten einer bestimmten Art noch funktionstüchtig bleibt oder welcher Anteil der Produktion gegebene Qualitätsmerkmale erfüllt.

7.2   Ein typisches Muster bei Messungen

Die Fichte oder Rottanne ist ein in europäischen Wäldern häufig auftretender Baum. Seine weiblichen Blüten stehen zusammen in einem Zapfen, die nach der Befruchtung reifen und dann verholzen. Nach etwa einem Jahr fallen die Zapfen von Baum ab und gelangen so auf den Waldboden. Ist der Zapfen feucht, so liegen die Schuppen eng übereinander und schützen die sich darunter befindenden Samen. Bei großer Trockenheit biegen sich die Schuppen von der Zapfenachse weg und geben so die Samen frei.

Vom feuchten Waldboden wurden einige Fichtenzapfen eingesammelt. Beim Zählen zu Hause stellte sich heraus, dass wir $n = 93$ Fichtenzapfen eingesammelt hatten. Die Fichtenzapfen waren noch feucht und wir haben ihr Gewicht gewogen. Die Abb. 7.1 zeigt die Anzahl der feuchten Zapfen für jedes Gewicht in Gramm. Die Zapfen sind natürlich unterschiedlich groß, aber es variiert auch die Feuchtigkeit derselben. Es ist ein typisches Bild in dem Sinne, dass es wenige sehr leichte und wenige sehr schwere, aber viele mittelschwere Zapfen gibt. Ein Zapfen war im Vergleich zu den anderen mit 72 g extrem schwer. Solche Extremwerte bezeichnet man manchmal auch als **Ausreißer**. Die Daten weisen einen Mittelwert von 39.2 g und eine Standardabweichung von 8.5 g auf.

Wir haben die Zapfen trocknen lassen. Die Abb. 7.2 zeigt sie in trockenem Zustand. In trockenem Zustand haben wir sie erneut gewogen. Die Abb. 7.3 zeigt die gemessenen

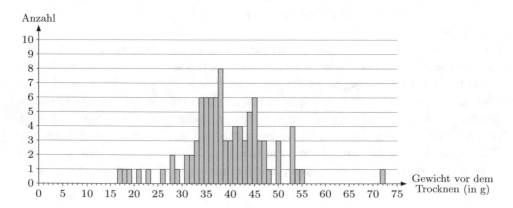

Abb. 7.1 Die Anzahl feuchter Fichtenzapfen, pro Gewicht (in Gramm)

Trockengewichte in Gramm. Wiederum gibt es wenige extrem leichte und wenige extrem schwere Zapfen und viele mittelschwere Zapfen. Man beachte, dass der Ausreißer verschwunden ist. Es muss sich wohl um einen äußerst nassen Zapfen gehandelt haben. In der Tat war er nach dem Trocknen nur noch 40 g schwer. Diese Messungen ergaben den Mittelwert 27.0 g und eine Standardabweichung von 5.5 g. Die Daten liegen also weniger zerstreut und tendenziell weiter links. Vergleicht man die beiden Abb. 7.1 und 7.3, so kann

Abb. 7.2 Die 93 trockenen Fichtenzapfen, Foto: Ipal Barot

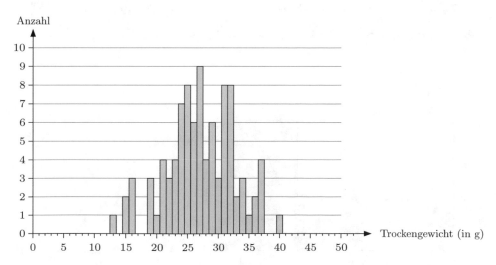

Abb. 7.3 Die Anzahl der trockenen Fichtenzapfen, pro Gewicht (in Gramm)

man beide Diagramme als Berge interpretieren, wobei der Berggipfel bei der Abb. 7.3 nach links gerückt ist.

Man sieht diese Eigenschaft klarer, wenn man die Messungen zu Gruppen zusammenfasst. Wir haben jeweils immer Intervalle von 5 Gramm zusammengenommen. Die Abb. 7.4 und 7.5 zeigen die Graphiken, die man so erhält. Angegeben ist dabei nicht die Anzahl, sondern der Anteil der einzelnen Gruppen von allen Zapfen. Bei den feuchten Zapfen hatten also 29% der Zapfen ein Gewicht zwischen 33 und 37 g.

Die Differenz der beiden Messungen ergibt das Gewicht des Wassers, das durch das Trocknen den Zapfen entwichen ist. Die Abb. 7.6 und 7.7 zeigen die entsprechenden Graphiken. Wir beachten in der Abb. 7.6 wieder das typische Bild eines Berges: Die Extreme kommen wenig häufiger vor als die Werte in der Mitte. Der Mittelwert der Daten liegt bei 12.2 g und die Standardabweichung bei 4.6 g. Man beachte auch wieder den Ausreißer. Der eine Zapfen hat viel Wasser verloren.

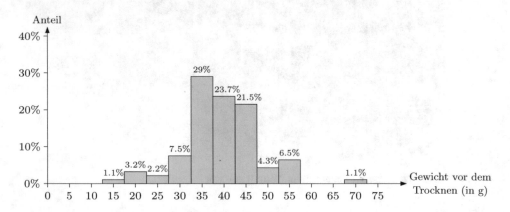

Abb. 7.4 Die Anteile der feuchten Fichtenzapfen, pro 5 Gramm

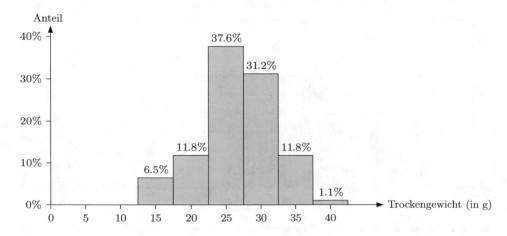

Abb. 7.5 Die Anteile der trockenen Fichtenzapfen, pro 5 Gramm

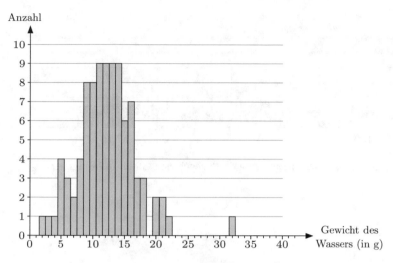

Abb. 7.6 Die Anzahl Fichtenzapfen, bei denen das angegebene Gewicht Wasser entwichen ist

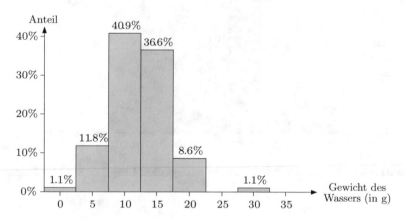

Abb. 7.7 Die Anteile der Fichtenzapfen, bei denen das angegebene Gewicht Wasser entwichen ist, pro 5 Gramm

Schließlich haben wir noch die Länge der Zapfen gemessen. Die Abb. 7.8 zeigt die entprechene Graphik. Da es hier sehr viele mögliche Werte gibt, sind die Angaben über die Anzahl für jede einzelne Längenangabe tiefer als bei den Gewichtsmessungen. Der Mittelwert liegt hier bei 132.0 mm und die Standardabweichung bei 15.1 mm. Daher haben wir hier auch größere Gruppen gebildet und jeweils 10 Millimeterwerte zusammengefasst, das heißt, wir haben die Länge der Zapfen auf Zentimeter gerundet. Die Graphik, die so entsteht ist in der Abb. 7.9 wiedergegeben. Wiederum zeigt sich ein schöner Berg, allerdings mit einer Scharte: es gibt vergleichsweise wenige Zapfen der Länge 11 cm.

Allen diesen Graphiken ist gemein, dass Extremwerte selten auftreten und die Werte um den Mittelwert viel häufiger sind. Natürlich gibt es Unregelmäßigkeiten, da wir die Zapfen

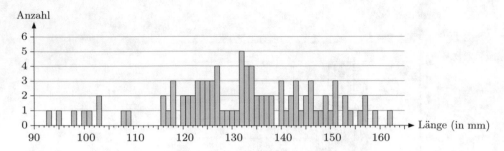

Abb. 7.8 Die Anzahl Fichtenzapfen mit der angegebenen Länge (in Millimeter)

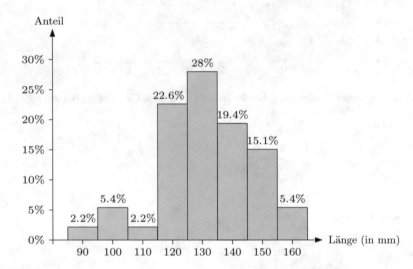

Abb. 7.9 Die Anteile der Fichtenzapfen mit der angegebenen Länge, zu je 10 Millimeter zusammengefasst

zufällig gesammelt haben. Hätten wir sie von anderen Stellen im Wald oder einem ganz anderen Wald gesammelt, so hätten wir möglicherweise zufällig recht viele der Länge 11 cm vorgefunden und nicht, wie jetzt, deutlich weniger. Würden wir das Gewicht der Zapfen mit einer Präzisionswaage messen, so könnten wir unter den 9 Zapfen, die ein Trockengewicht von 27 g aufweisen, sicherlich noch Unterschiede feststellen.

Uns interessiert es, ein theoretisches Modell für das Trockengewicht der Fichtenzapfen zu finden. Wir suchen also eine theoretische Verteilung, die die Verteilung des Gewichts der Fichtenzapfen möglichst gut wiedergibt. Wir können unmöglich alle Fichtenzapfen einsammeln und wägen. Einerseits gibt es einfach viel zu viele Fichtenzapfen. Andererseits sind in unserem Modell auch jene Zapfen eingeschlossen, die erst in der Zukunft wachsen und dann vom Baum fallen werden. Es ist uns also verwehrt, das exakte Modell empirisch, das heißt durch Untersuchung, herauszufinden.

Damit die Messgenauigkeit keine Rolle spielt, werden wir eine stetige Verteilung suchen, die das bisher beobachtete typische Glockenkurven-Muster aufweist. Wir kennen bereits eine stetige Verteilung, nämlich die standardisierte Normalverteilung, die eine solche Glockenkurve zeigt. Wir untersuchen daher zuerst, wie wir eine gegebene Dichtefunktion so modifizieren können, dass der Graph der Funktion sich einerseits verschiebt und andererseits in der Breite ändert.

7.3 Translation und Streckung von Funktionsgraphen

Wir stellen uns also der Frage, wie man aus einer gegebenen Funktion f, es muss hier nicht unbedingt eine Dichtefunktion sein, eine neue Funktion g erhält, so, dass der Graph von g gegebenüber dem Graphen von f horizontal verschoben ist. Betrachten wir dazu ein Beispiel.

Beispiel 7.1 Gegeben sei die Funktion f durch $f(x) = x^2$. Gesucht ist eine Funktion g, die die Eigenschaft hat, dass der Graph von g gleich dem Graphen von f ist, jedoch um 5 Einheiten nach rechts verschoben ist. Die Abb. 7.10 zeigt die Situation der zwei Graphen.

Um die Funktion g zu bestimmen, beachten wir, dass der Funktionswert $g(x)$ an der Stelle x gleich groß ist wie der Funktionswert $f(x - 5)$ der Funktion f, jedoch an der Stelle $x - 5$, siehe die Abb. 7.11.

Wir erhalten so die Beziehung

$$g(x) = f(x - 5) = (x - 5)^2 = x^2 - 10x + 25.$$

$\Diamond$

Aufgabe 7.1 Gegeben ist die Funktion f durch $f(x) = x^2 - 2$. Bestimme die Funktion g so, dass der Graph von g aus dem Graphen von f hervorgeht durch Verschieben um 3 Einheiten nach rechts.

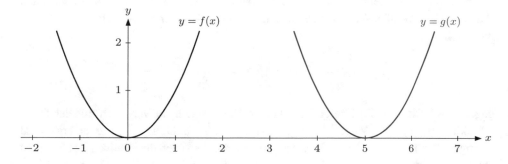

Abb. 7.10 Der Graph der Funktion f, die durch $f(x) = x^2$ definiert ist, sowie der Graph der Funktion g, der horizontal um 5 nach rechts verschobenen ist

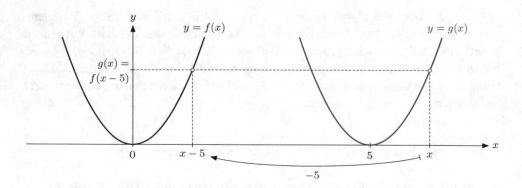

Abb. 7.11 Die Werte $g(x)$ und $f(x - 5)$ stimmen überein. Dies liefert die Beziehung, die wir suchen

Aufgabe 7.2 Gegeben ist die Funktion $\varphi_{0,1}$ durch $\varphi_{0,1}(x) = \frac{1}{\sqrt{2\pi}}e^{-\frac{x^2}{2}}$. Bestimme die Funktion $\varphi_{4,1}$ so, dass der Graph von $\varphi_{4,1}$ aus dem Graphen von $\varphi_{0,1}$ hervorgeht durch Verschieben um 4 Einheiten nach rechts.

Aufgabe 7.3 Gegeben ist die Funktion $\varphi_{0,1}$ durch $\varphi_{0,1}(x) = \frac{1}{\sqrt{2\pi}}e^{-\frac{x^2}{2}}$. Bestimme die Funktion $\varphi_{-4,1}$ so, dass der Graph von $\varphi_{-4,1}$ aus dem Graph von $\varphi_{0,1}$ hervorgeht durch eine horizontale Verschiebung, jedoch diesmal um 4 Einheiten nach *links*.

Aufgabe 7.4 Sei φ eine Funktion und a eine Zahl. Damit definieren wir eine neue Funktion ψ durch

$$\psi(x) = \varphi(x - a).$$

Erkläre, warum Folgendes gilt: Ist φ eine Dichtefunktion, so ist auch ψ eine Dichtefunktion.

Wenden wir dies nun auf die Variable $X = $ verlorenes Wasser der Fichtenzapfen an. Die Zufallsvariable zeigte einen Mittelwert von 12.2 Gramm. Wir vergleichen daher die relativen Häufigkeiten y, das ist der Anteil, den die Zapfen mit einem gewissen Wasserverlust von allen Zapfen ausmachen, mit der verschobenen Dichtefunktion $\varphi_{12.2,1}$, die durch

$$\varphi_{12.2,1}(x) = \varphi_{0,1}(x - 12.2) = \frac{1}{\sqrt{2\pi}}\,e^{-\frac{1}{2}(x-12.2)^2}$$

gegeben ist. Die Abb. 7.12 zeigt die relativen Häufigkeiten im Vergleich mit der Dichtefunktion $\varphi_{12.2,1}$. Der Vergleich zeigt, dass die Dichtefunktion $\varphi_{12.2,1}$ zwar horizontal richtig platziert ist: Die grössten Werte erhält man dort, wo auch die relativen Häufigkeiten am größten sind. Was jedoch nicht stimmt, ist die Höhe und die Breite der Dichtefunktion: Sie sollte breiter und weniger hoch sein, damit sie gut zu den gemessenen Daten passt.

Wir überlegen uns daher, wie wir eine gegebene Funktion horizontal strecken können.

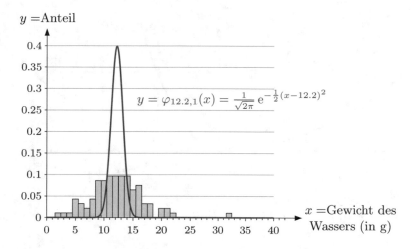

Abb. 7.12 Die relativen Häufigkeiten y der Fichtenzapfen, bei denen das angegebene Gewicht Wasser entwichen ist, im Vergleich zur Dichtefunktion $\varphi_{12.2,1}$

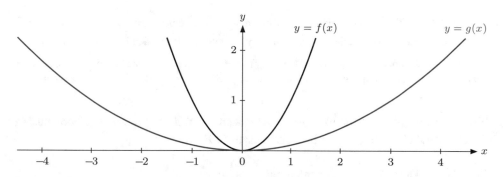

Abb. 7.13 Der Graph der Funktion f, die durch $f(x) = x^2$ definiert ist, sowie der Graph der Funktion g, der horizontal um den Faktor 3 gestreckt wurde

Beispiel 7.2 Gegeben sei erneut die Funktion f, die durch $f(x) = x^2$ definiert ist. Gesucht ist eine Funktion g, bei der der Graph aus dem Graphen von f durch horizontale Streckung um den Faktor 3 hervorgeht, siehe die Abb. 7.13. Die y-Achse bleibt an Ort und Stelle, genauer: Jeder Punkt der y-Achse bleibt an Ort und Stelle. Alle anderen Punkte werden verschoben. Ein Punkt (x, y) wird auf den Punkt $(3x, y)$ abgebildet. Umgekehrt gelangen wir von einem Punkt (x, y) des Graphen von g zum Punkt $(\frac{x}{3}, y)$ des Graphen von f, siehe die Abb. 7.14. Da sich die y-Werte bei der Streckung nicht ändern, liefert uns diese Überlegung die folgende Beziehung:

$$g(x) = f\left(\frac{x}{3}\right) = \left(\frac{x}{3}\right)^2 = \frac{1}{9}x^2.$$

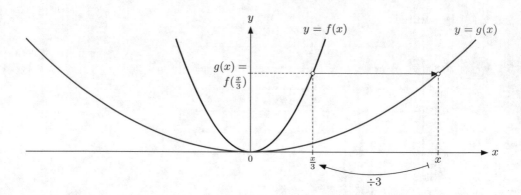

Abb. 7.14 Die Werte $g(x)$ und $f(\frac{x}{3})$ stimmen überein. Dies liefert die Beziehung, die wir suchen

Damit haben wir den gesuchten Ausdruck gefunden.   ◊

Aufgabe 7.5 Der Graph der Funktion f, die durch $f(x) = x^2$ definiert ist, wird um den Faktor $\frac{1}{2}$ horizontal gestaucht. So entsteht ein neuer Graph $y = g(x)$. Bestimme den Funktionsterm $g(x)$.

Aufgabe 7.6 Gegeben ist die Funktion f durch $f(x) = x^3$. Gesucht ist eine Funktion g so, dass der Graph von g aus dem Graphen von f durch horizontale Streckung um den Faktor 1.5 hervorgeht.

Wenn wir uns auf Dichtefunktionen beschränken, so treffen wir mit der horizontalen Streckung auf ein Problem. Wir betrachten dazu ein Beispiel.

Beispiel 7.3 Die Funktion φ, definiert durch

$$\varphi(x) = \begin{cases} 1, & \text{wenn } 0 \le x \le 1, \\ 0, & \text{sonst,} \end{cases}$$

ist eine Dichtefunktion einer uniformen Verteilung auf dem Intervall [0, 1]. Wir strecken diese horizontal um den Faktor 3 und erhalten so die Funktion ψ, die durch

$$\psi(x) = \begin{cases} 1, & \text{wenn } 0 \le x \le 3, \\ 0, & \text{sonst} \end{cases}$$

definiert ist. Nun ist aber ψ keine Dichtefunktion, denn $\int\limits_{-\infty}^{\infty} \psi(x)\,dx = 3$. Wir müssen daher ψ um den Faktor $\frac{1}{3}$ vertikal stauchen, damit wir wieder eine Dichtefunktion $\tilde{\varphi}$ haben: Die Funktion $\tilde{\varphi}$, definiert durch

$$\tilde{\varphi}(x) = \frac{1}{3} \cdot \varphi\left(\frac{x}{3}\right) = \begin{cases} \frac{1}{3}, & \text{wenn } 0 \le x \le 3, \\ 0, & \text{sonst,} \end{cases}$$

ist wieder eine Dichtefunktion, denn $\tilde{\varphi}(x) \ge 0$ gilt für alle x und $\int\limits_{-\infty}^{\infty} \tilde{\varphi}(x)\mathrm{d}x = 1$.   ◇

Wir können dies leicht als allgemeines Gesetz festlegen.

Satz 7.1 *Ist φ eine Dichtefunktion und $a > 0$ eine Zahl, dann ist auch die Funktion φ_a, die durch*

$$\varphi_a(x) = \frac{1}{a} \cdot \varphi\left(\frac{x}{a}\right)$$

defininiert ist, eine Dichtefunktion.

Beweis. Sicherlich gilt $\varphi_a(x) > 0$ für alle x, da $\varphi_a(x) = \frac{1}{a} \cdot \varphi\left(\frac{x}{a}\right) > 0$ und nach Voraussetzung $a > 0$ und $\varphi\left(\frac{x}{a}\right) > 0$ gilt.

Weiter gilt

$$\int\limits_{-\infty}^{\infty} \varphi_a(x)\mathrm{d}x = \int\limits_{-\infty}^{\infty} \frac{1}{a} \cdot \varphi\left(\frac{x}{a}\right)\mathrm{d}x$$

$$= \frac{1}{a} \cdot \int\limits_{-\infty}^{\infty} \varphi\left(\frac{x}{a}\right)\mathrm{d}x$$

$$= \frac{1}{a} \cdot \int\limits_{-\infty}^{\infty} \varphi(z)a\,\mathrm{d}z$$

$$\left\{ \text{Variablensubstitution } z = \frac{x}{a},\, x = az \text{ und daher } \frac{\mathrm{d}x}{\mathrm{d}z} = a \right\}$$

$$= \frac{1}{a} \cdot a \cdot \int\limits_{-\infty}^{\infty} \varphi(z)\mathrm{d}z$$

$$= 1 \cdot 1 = 1.$$

Damit ist nachgewiesen, dass φ_a eine Dichtefunktion ist.   □

Mit den zwei Operationen Strecken und Verschieben können wir nun Dichtefunktionen an gegebene Messwerte anpassen. Die Reihenfolge, in der wir die zwei Operationen ausführen, ist jedoch wichtig: Wenn wir zuerst verschieben und dann strecken, so wird sich die Bergspitze beim Strecken erneut verschieben. Die folgenden Beispiele und Aufgaben sollen das Verständnis für die Wichtigkeit der Reihenfolge der zwei Operationen des Verschiebens und des Streckens schärfen.

Beispiel 7.4 Ausgangspunkt der Überlegungen ist die Funktion f, die wie folgt gegeben ist:

$$f(x) = \begin{cases} \frac{3}{4}(1 - x^2), & \text{wenn } -1 \le x \le 1, \\ 0, & \text{sonst.} \end{cases}$$

Nun betrachten wir die zwei geometrischen Operationen: horizontales Verschieben um zwei Einheiten nach rechts und horizontales Strecken um den Faktor 3 bei gleichzeitigem vertikalen Strecken um den Faktor $\frac{1}{3}$.

Wir sollen beschreiben, welcher algebraische Ausdruck der Verknüpfung, das heißt der Hintereinander-Ausführung, dieser beiden Operationen entspricht.

Wenn wir zuerst strecken, dann betrachten wir die Funktion g_1, die durch $g_1(x) = \frac{1}{3} \cdot f(\frac{x}{3})$ gegeben ist. Wenn wir danach noch verschieben, so betrachten wir die Funktion h_1, die durch $h_1(x) = g_1(x - 2)$ definiert wird. Somit erhalten wir

$$h_1(x) = g_1(x - 2) = \frac{1}{3} \cdot f\left(\frac{x - 2}{3}\right).$$

Die Bedingung $-1 \le \frac{x-2}{3} \le 1$ lässt sich umschreiben zu $-3 \le x - 2 \le 3$ und dann zu $-1 \le x \le 5$. Für diese Werte von x gilt:

$$h_1(x) = \frac{1}{3} \cdot f\left(\frac{x - 2}{3}\right) = \frac{1}{3} \cdot \frac{3}{4} \cdot \left(1 - \left(\frac{x - 2}{3}\right)^2\right)$$

$$= \frac{1}{4} \cdot \left(1 - \frac{x^2 - 4x + 4}{9}\right) = \frac{-x^2 + 4x + 5}{36}.$$

Also gilt

$$h_2(x) = \begin{cases} \frac{-x^2 + 4x + 5}{36}, & \text{wenn } -1 \le x \le 5, \\ 0, & \text{sonst.} \end{cases}$$

Die Graphen der drei Funktionen f, g_1 und h_1 sind in der Abb. 7.15 dargestellt.

Wenn wir hingegen zuerst verschieben, dann betrachten wir die Funktion g_2, die durch $g_2(x) = f(x - 2)$ gegeben ist. Wenn wir danach noch strecken, so betrachten wir die

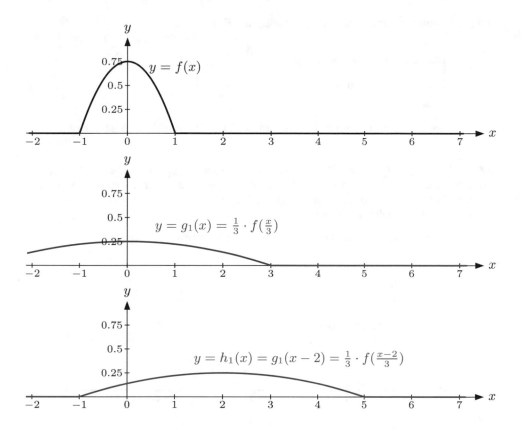

Abb. 7.15 Die Graphen der Ausgangsfunktion f, der gestreckten g_1 und der zusätzlich verschobenen Funktion h_1

Funktion h_2, die durch $h_2(x) = \frac{1}{3} \cdot g_2(\frac{x}{3})$ definiert wird. Somit erhalten wir

$$h_2(x) = \frac{1}{3} \cdot g_2\left(\frac{x}{3}\right) = \frac{1}{3} \cdot f\left(\frac{x}{3} - 2\right).$$

Die Bedingung $-1 \leq \frac{x}{3} - 2 \leq 1$ lässt sich umschreiben zu $1 \leq \frac{x}{3} \leq 3$ und dann zu $3 \leq x \leq 9$. Für diese x gilt:

$$h_2(x) = \frac{1}{3} \cdot g_2\left(\frac{x}{3}\right) = \frac{1}{3} \cdot f\left(\frac{x}{3} - 2\right) = \frac{1}{3} \cdot \frac{3}{4} \cdot \left(1 - \left(\frac{x}{3} - 2\right)^2\right)$$

$$= \frac{1}{4} \cdot \left(1 - \frac{(x-6)^2}{9}\right) = \frac{1}{4} \cdot \left(1 - \frac{x^2 - 12x + 36}{9}\right) = \frac{-x^2 + 12x - 27}{36}.$$

Somit erhalten wir die folgende Beschreibung der Funktion h_2:

$$h_2(x) = \begin{cases} \frac{-x^2+12x-27}{36}, & \text{wenn } 3 \leq x \leq 9, \\ 0, & \text{sonst.} \end{cases} \qquad \Diamond$$

Die Graphen der drei Funktionen f, g_2 und h_2 sind in der Abb. 7.16 dargestellt.

Aufgabe 7.7 Sei f die identische Funktion, das heißt, $f(x) = x$ gilt für alle x. Nun werde sie zuerst horizontal gestreckt mit dem Faktor 3 und dann vertikal gestaucht mit dem Faktor $\frac{1}{3}$. Schließlich werde die so erhaltene Funktion um zwei Einheiten nach rechts verschoben.
Welche Funktion ergibt sich daraus?

Aufgabe 7.8 Sei f wiederum die Funktion, die in Beispiel 7.4 benutzt wurde:

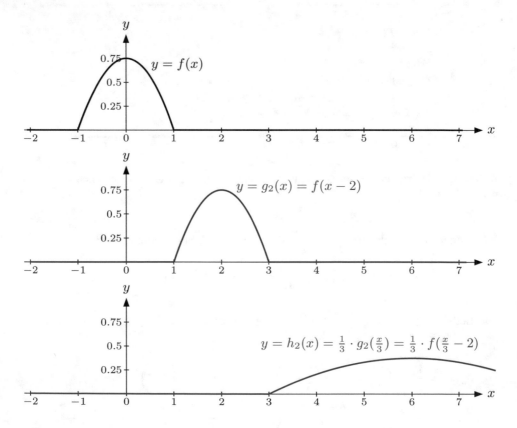

Abb. 7.16 Die Graphen der Ausgangsfunktion f, der verschobenen g_2 und der zusätzlich gestreckten Funktion h_2

$$f(x) = \begin{cases} \frac{3}{4}(1 - x^2), & \text{wenn } -1 \le x \le 1, \\ 0, & \text{sonst.} \end{cases}$$

Zeige: f ist eine Dichtefunktion.

Jetzt haben wir die Hilfsmittel, um die gemessene Verteilung durch eine Dichtefunktion zu modellieren, indem wir zuerst die standardisierte Normalverteilung horizontal und vertikal strecken und dann horizontal verschieben.

Eine wesentliche Frage ist jedoch: Wie stark müssen wir die standardisierte Normalverteilung strecken, damit sie die gemessenen Daten bestmöglich modelliert? Wir werden dies mit Hilfe der Standardabweichung entscheiden. Die zentrale Idee dahinter ist die folgende: Die Streckung soll so erfolgen, dass die gemessenen Daten dieselbe Standardabweichung haben, wie die Dichtefunktion. Dazu müssen wir allerdings zuerst verstehen, wie die Standardabweichung einer Dichtefunktion zu bestimmen ist.

Wir müssen zusätzlich noch eine Korrektur ausführen, denn es zeigt sich, dass man von den gemessenen Daten besser die *Stichproben-Standardabweichung* $\hat{\sigma}$ verwendet. Den Grund dafür geben wir aber erst in Abschn. 8.7 an. Im Beispiel des aus den Fichtenzapfen entwichenen Wassers war die Standardabweichung $\sigma \approx 4.585$. Die Stichproben-Standardabweichung ist fast genau gleich gross: $\hat{\sigma} \approx 4.610$.

Wenn wir $\varphi_{0,1}$ zuerst horizontal mit dem Faktor 4.6 strecken und danach vertikal mit dem Faktor $\frac{1}{4.6}$ stauchen, so erhalten wir eine neue Dichtefunktion, die wir mit $\varphi_{0,4.6}$ bezeichnen:

$$\varphi_{0,4.6}(x) = \frac{1}{4.6} \cdot \varphi\left(\frac{x}{4.6}\right) = \frac{1}{\sqrt{2\pi} \cdot 4.6} \, e^{-\frac{1}{2}\left(\frac{x}{4.6}\right)^2}.$$

Danach verschieben wir $\varphi_{0,4.6}$ horizontal um 12.2 nach rechts und erhalten so erneut eine Dichtefunktion, die wir mit $\varphi_{12.2,4.6}$ bezeichnen:

$$\varphi_{12.2,4.6}(x) = \varphi_{0,4.6}(x - 12.2) = \frac{1}{\sqrt{2\pi} \cdot 4.6} \, e^{-\frac{1}{2}\left(\frac{x-12.2}{4.6}\right)^2}.$$

Die Abb. 7.17 zeigt, dass die Dichtefunktion $\varphi_{12.2,4.6}$ die gemessenen relativen Häufigkeiten recht gut modelliert.

7.4   Der Erwartungswert einer stetigen Zufallsvariable

Unser Ziel ist es zu verstehen, wie die Standardabweichung einer stetigen Verteilung berechnet werden kann. Wir benötigen dazu den Erwartungswert einer stetigen Verteilung. Wir gehen davon aus, dass wir eine stetige Zufallsvariable X haben, die eine Dichtefunktion φ hat. Dies bedeutet, dass die Wahrscheinlichkeit $P(a \le X \le b)$ mit Hilfe einer Integration berechnet werden kann:

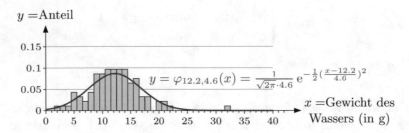

Abb. 7.17 Die relativen Häufigkeiten y der Fichtenzapfen, bei denen das angegebene Gewicht Wasser entwichen ist, im Vergleich zur Dichtefunktion $\varphi_{12.2,4.6}$

$$P(a \leq X \leq b) = \int_a^b \varphi(x)\mathrm{d}x.$$

Um zu verstehen, wie man zur Definition des Erwartungswertes $E(X)$ gelangt, erinnern wir zuerst an die Definition des Erwartungswertes $E(X)$ einer Zufallsvariablen X über einem endlichen Wahrscheinlichkeitsraum, also einem Wahrscheinlichkeitsraum, bei dem es nur endlich viele Ergebnisse $s_1, s_2 \ldots s_n$ gibt:

$$E(X) = \sum_{i=1}^{n} X(s_i) \cdot P(s_i).$$

Betrachten wir nun eine stetige Zufallsvariable X, deren Dichtefunktion wir mit φ bezeichnen, zum Beispiel

$$\varphi(t) = \begin{cases} \lambda \mathbf{e}^{-\lambda t}, & \text{falls } t > 0 \\ 0, & \text{falls } t < 0 \end{cases} \tag{7.1}$$

beim radioaktiven Zerfall. Wir könnten nun die Zeit in kleine Intervalle $[t, t + \delta]$ unterteilen, die zum Beispiel nur $\delta = 1\,\mathrm{s}$ dauern. Diese Intervalle können wir durchnummerieren $[t_i, t_{i+1}]$ mit $t_{i+1} = t_i + \delta$, wobei der Index durch die ganzen Zahlen $\mathbb{Z} = \{\ldots, -2, -1, 0, 1, 2, \ldots\}$ läuft. Die Wahrscheinlichkeit, dass das Atom im Intervall $[t_i, t_{i+1}]$ zerfällt, ist gleich

$$p_i = \int_{t_i}^{t_{i+1}} \varphi(\tau)\mathrm{d}\tau.$$

Der Wert X variiert innerhalb des kleinen Intervalls nur wenig, wir machen daher nur einen kleinen Fehler, wenn wir annehmen, dass X innerhalb des Intervalls $[t_i, t_{i+1}]$ konstant und zum Beispiel gleich t_i sei. Aber ebenso variiert φ nur wenig innerhalb dieses Intervalls, und wir können das Integral p_i durch eine Rechtecksfläche $p_i \approx \varphi(t_i) \cdot \delta$ annähern. Somit erhalten wir eine Näherung für den Erwartungswert:

$$E(X) \approx \sum_{i \in \mathbb{Z}} t_i \cdot \varphi(t_i) \cdot \delta. \tag{7.2}$$

Diese Näherung wird besser, wenn δ kleiner wird. Wir können (7.2) aber auch als Näherung des uneigentlichen Integrals

$$\int_{-\infty}^{\infty} t \cdot \varphi(t) \mathrm{d}t$$

betrachten:

$$\int_{-\infty}^{\infty} t \cdot \varphi(t) \mathrm{d}t = \lim_{\delta \to 0} \sum_{i \in \mathbb{Z}} t_i \cdot \varphi(t_i) \cdot \delta.$$

So gelangen wir schließlich zur Definition des Erwartungswertes einer stetigen Zufallsvariablen.

Begriffsbildung 7.1 *Ist X eine stetige Zufallsvariable mit der Dichtefunktion φ, so wird der **Erwartungswert** $E(X)$ definiert als*

$$E(X) = \int_{-\infty}^{\infty} t \cdot \varphi(t) \mathrm{d}t.$$

Bevor wir den Erwartungswert in einem Beispiel berechnen, betrachten wir eine spezielle Integrationstechnik, die *partielle Integration* genannt wird. Diese ist nützlich, wenn die zu integrierende Funktion als Produkt geschrieben werden kann, bei dem die Stammfunktion eines Faktors bekannt ist. Aus der Kettenregel $(f \cdot h)' = f' \cdot h + f \cdot h'$ folgt durch Integration folgende Regel:

$$\int_{a}^{b} f(x) \cdot h'(x) \,\mathrm{d}x = \int_{a}^{b} (f(x) \cdot h(x))' \,\mathrm{d}x \ - \int_{a}^{b} f'(x) \cdot h(x) \,\mathrm{d}x.$$

Nach dem Fundamentalsatz der Differential- und Integralrechnung lässt sich der erste Summand der rechten Seite umschreiben als

$$\int\limits_{a}^{b} (f(x) \cdot h(x))' \, dx = \Big[f(x) \cdot h(x) \Big]_{x=a}^{x=b}.$$

Es gilt also die Integrationsregel, die man auch *partielle Integration* nennt:

$$\int\limits_{a}^{b} f(x) \cdot h'(x) \, dx = \Big[f(x) \cdot h(x) \Big]_{x=a}^{x=b} - \int\limits_{a}^{b} f'(x) \cdot h(x) \, dx. \tag{7.3}$$

Satz 7.2 *Sind f und g Funktionen und ist G eine Stammfunktion von g, so gilt*

$$\int\limits_{a}^{b} f(x) \cdot g(x) \, dx = \Big[f(x) \cdot G(x) \Big]_{x=a}^{x=b} - \int\limits_{a}^{b} f'(x) \cdot G(x) \, dx. \tag{7.4}$$

Beweis. Wir erhalten (7.4) direkt aus (7.3), wenn wir h durch G und daher h' durch g ersetzen.   □

Beispiel 7.5 Wir betrachten den radioaktiven Zerfall, bei dem X den Zeitpunkt angibt, wann das Atom zerfällt. Die Dichtefunktion ist wie in (7.1) gegeben, wobei $\lambda = \frac{\ln(2)}{T}$ mit der Halbwertszeit T ist.

Wir sollen den Erwartungswert $E(X)$ berechnen:

$$E(X) = \int\limits_{-\infty}^{\infty} t \cdot \varphi(t) dt = \int\limits_{0}^{\infty} t \lambda e^{-\lambda t} dt.$$

Die letzte Gleichung folgt, weil $\varphi(t) = 0$ für $t < 0$. Mit der partiellen Integration können wir dieses Integral lösen. Wir betrachten $t \cdot e^{-\lambda t}$ als Produkt von $f(t) = t$ und $g(t) = \lambda e^{-\lambda t}$. Eine Stammfunktion von $g(t)$ ist $G(t) = -e^{-\lambda t}$, also gilt:

$$\int\limits_{0}^{\infty} t \lambda e^{-\lambda t} dt = \Big[t \cdot (-e^{-\lambda t}) \Big]_{t=0}^{t=\infty} - \int\limits_{0}^{\infty} 1 \cdot (-e^{-\lambda t}) \, dt.$$

Nun ist

$$\Big[t \cdot (-e^{-\lambda t}) \Big]_{t=0}^{t=\infty} = 0,$$

denn beim Einsetzen an der Untergrenze $t = 0$ ist der Wert Null und für die Obergrenze benutzt man $\lim_{x \to \infty} x \cdot e^{-x} = 0$ (mit $x = \lambda t$), da die Exponentialfunktion gegenüber der linearen Funktion immer „gewinnt". Fassen wir zusammen:

$$\mathrm{E}(X) = \int_0^\infty e^{-\lambda t}\, dt = \left[-\frac{1}{\lambda} e^{-\lambda t} \right]_{t=0}^{t=\infty} = (-0) - \left(-\frac{1}{\lambda}\right) = \frac{1}{\lambda}.$$

Setzen wir nun wieder die Bedeutung $\lambda = \frac{\ln(2)}{T}$ ein, so erhalten wir

$$\mathrm{E}(X) = \frac{1}{\ln(2)} T \approx 1.4427 T.$$

Bei einem radioaktiven ^{14}C-Isotop ist der Erwartungswert also 7747.3 J. ◇

Begriffsbildung 7.2 *Man nennt den Erwartungswert $\frac{1}{\lambda} = \frac{1}{\ln(2)} T$ bei der Exponentialverteilung auch die **mittlere Lebensdauer**.*

Aufgabe 7.9 Die Lebensdauer eines elektronischen Bauteils werde modelliert durch eine Exponentialverteilung. Die mittlere Lebensdauer beträgt 8 Jahre.
    Bestimme die Wahrscheinlichkeit, mit der das Bauteil vor Ablauf der ersten 6 Jahre kaputtgeht.

Aufgabe 7.10 Zeige, dass der Erwartungswert der Zufallsvariablen X, die im Intervall $[a, b]$ uniform verteilt ist, gleich

$$\mathrm{E}(X) = \frac{a+b}{2}$$

ist.

Aufgabe 7.11 Zeige, dass der Erwartungswert einer standardisiert normalverteilten Zufallsvariablen X gleich

$$\mathrm{E}(X) = 0$$

ist. Beachte dabei, dass $F(t) = -e^{-\frac{t^2}{2}}$ Stammfunktion von $f(t) = t e^{-\frac{t^2}{2}}$ ist.

Aufgabe 7.12 Die Funktion φ sei gegeben durch:

$$\varphi(t) = \begin{cases} \frac{1}{2} t, & \text{falls } 0 \le t \le 2, \\ 0, & \text{sonst.} \end{cases}$$

(a) Zeige erst, dass φ eine Dichtefunktion ist.
(b) Sei X eine stetige Zufallsvariable mit der Dichtefunktion φ. Berechne den Erwartungswert $\mathrm{E}(X)$.

7.5   Die Varianz und die Standardabweichung einer stetigen Zufallsvariable

Die Varianz einer diskreten Zufallsvariablen X ist der Erwartungswert des Quadrats des Abstandes zum Erwartungswert:

$$V(X) = E\left([\,X - E(X)\,]^2 \right).$$

Wir übersetzen dies für stetige Zufallsvariablen wie folgt:

Begriffsbildung 7.3 *Ist X eine stetige Zufallsvariable mit der Dichtefunktion φ, so ist die **Varianz** $V(X)$ definiert durch*

$$V(X) = \int_{-\infty}^{\infty} (t - E(X))^2 \cdot \varphi(t)dt.$$

*Die **Standardabweichung** $\sigma(X)$ ist definiert als*

$$\sigma(X) = \sqrt{V(X)}.$$

Als Erstes zeigen wir, dass wir die Varianz analog zum Satz 2.1 berechnen können.

Satz 7.3 *Ist X eine stetige Zufallsvariable, so gilt*

$$V(X) = E(X^2) - E(X)^2.$$

Beweis. Sei φ die Dichtefunktion von X. Der Erwartungswert von X^2 ist

$$E(X^2) = \int_{-\infty}^{\infty} t^2 \cdot \varphi(t)dt.$$

Die folgende Umformung liefert den gewünschten Beweis:

$$V(X) = \int_{-\infty}^{\infty} (t - E(X))^2\, \varphi(t)dt$$

{nach der binomischen Formel}

$$= \int_{-\infty}^{\infty} \left(t^2 \varphi(t) - 2t\, \mathrm{E}(X)\varphi(t) + \mathrm{E}(X)^2 \varphi(t) \right) \mathrm{d}t$$

{nach einem Integrationsgesetz}

$$= \underbrace{\int_{-\infty}^{\infty} t^2 \varphi(t)\mathrm{d}t}_{=\mathrm{E}(X^2)} - 2\,\mathrm{E}(X) \underbrace{\int_{-\infty}^{\infty} t\varphi(t)\mathrm{d}t}_{=\mathrm{E}(X)} + \mathrm{E}(X)^2 \underbrace{\int_{-\infty}^{\infty} \varphi(t)\mathrm{d}t}_{=1}$$

$$= \mathrm{E}(X^2) - 2\,\mathrm{E}(X)^2 + \mathrm{E}(X)^2$$

$$= \mathrm{E}(X^2) - \mathrm{E}(X)^2.$$

$\square$

Beispiel 7.6 Als Erstes soll die Varianz und die Standardabweichung bei der exponentiell verteilten Zufallsvariablen X berechnet werden. Zuerst berechnen wir $\mathrm{E}(X^2)$:

$$\mathrm{E}(X^2) = \int_{-\infty}^{\infty} t^2 \varphi(t)\mathrm{d}t$$

$$\left\{ \text{da } \varphi(t) = 0 \text{ für } t < 0 \text{ und } \varphi(t) = \lambda \mathrm{e}^{-\lambda t} \text{ für } t > 0 \right\}$$

$$= \int_{0}^{\infty} t^2 \lambda \mathrm{e}^{-\lambda t}\mathrm{d}t.$$

Wir benutzen hier wieder die Technik der partiellen Integration, siehe Satz 7.2, mit $f(t) = t^2,\, g(t) = \lambda \mathrm{e}^{-\lambda t}$ und der Stammfunktion $G(t) = -\mathrm{e}^{-\frac{t^2}{2}}$:

$$\int_{0}^{\infty} t^2 \lambda \mathrm{e}^{-\lambda t}\mathrm{d}t = \left[t^2 \left(-\mathrm{e}^{-\lambda t} \right) \right]_{t=0}^{t=\infty} - \int_{0}^{\infty} 2t \left(-\mathrm{e}^{-\lambda t} \right) \mathrm{d}t$$

$$\left\{ \text{der erste Summand ist 0, beim zweiten wurde ein Faktor } \frac{\lambda}{\lambda} \text{ eingefügt.} \right\}$$

$$= \frac{2}{\lambda} \underbrace{\int_{0}^{\infty} t\lambda \mathrm{e}^{-\lambda t}\mathrm{d}t}_{=\mathrm{E}(X)}$$

$$\left\{ \text{da } \mathrm{E}(X) = \frac{1}{\lambda} \right\}$$

$$= \frac{2}{\lambda^2}.$$

Somit folgt mit Satz 7.3

$$V(X) = E(X^2) - E(X)^2 = \frac{2}{\lambda^2} - \left(\frac{1}{\lambda}\right)^2 = \frac{1}{\lambda^2}.$$

Schließlich erhalten wir, dass die Standardabweichung $\sigma(X) = \frac{1}{\lambda}$ gleich groß ist wie der Erwartungswert. ◇

Beispiel 7.7 Sei X eine standardisiert normalverteilte Zufallsvariable. Wir sollen zeigen, dass $\sigma(X) = 1$ gilt.

Wir beginnen damit $E(X^2)$ zu berechnen.

$$E(X^2) = \int_{-\infty}^{\infty} t^2 \varphi_{0,1}(t)dt = \int_{-\infty}^{\infty} t^2 \frac{1}{\sqrt{2\pi}} e^{-\frac{t^2}{2}} dt$$

$$= \int_{-\infty}^{\infty} t \cdot \frac{1}{\sqrt{2\pi}} t e^{-\frac{t^2}{2}} dt.$$

Wir verwenden wiederum die partielle Integration mit $f(t) = t$, $g(t) = \frac{1}{\sqrt{2\pi}} t e^{-\frac{t^2}{2}}$ und der Stammfunktion $G = -\frac{1}{\sqrt{2\pi}} e^{-\frac{t^2}{2}}$:

$$E(X^2) = \int_{-\infty}^{\infty} t \cdot \frac{1}{\sqrt{2\pi}} t e^{-\frac{t^2}{2}} dt = \left[-\frac{t}{\sqrt{2\pi}} e^{-\frac{t^2}{2}} \right]_{t=-\infty}^{t=\infty} - \int_{-\infty}^{\infty} \left(-\frac{1}{\sqrt{2\pi}} e^{-\frac{t^2}{2}} \right) dt$$

{der erste Summand ist 0}

$$= \int_{-\infty}^{\infty} \frac{1}{\sqrt{2\pi}} e^{-\frac{t^2}{2}} dt$$

$$= \int_{-\infty}^{\infty} \varphi_{0,1}(t)dt$$

{da $\varphi_{0,1}$ eine Dichtefunktion ist}

$$= 1.$$

Somit folgt $V(X) = E(X^2) - E(X)^2 = 1 - 0^2 = 1$ und damit auch $\sigma(X) = 1$.

Dies erklärt die Subindizes $\{0, 1\}$ bei der Dichtefunktion $\varphi_{0,1}$ und der kumulativen Verteilungsfunktion $\Phi_{0,1}$; der erste Index gibt den Erwartungwert an, der zweite Index die Standardabweichung. $\diamond$

Aufgabe 7.13 Zeige, dass die Varianz bei einer auf [a, b] uniform verteilten Zufallsvariablen X gleich $V(X) = \frac{(b-a)^2}{12}$ ist. Daraus folgt dann $\sigma(X) = \frac{b-a}{2\sqrt{3}}$.

Aufgabe 7.14 Die Funktion φ sei gegeben durch:

$$\varphi(t) = \begin{cases} 2t, & \text{falls } 0 \leq t \leq 1, \\ 0, & \text{sonst.} \end{cases}$$

(a) Zeige zuerst, dass φ eine Dichtefunktion ist.
(b) Sei X eine stetige Zufallsvariable mit der Dichtefunktion φ. Berechne den Erwartungswert $E(X)$ und die Standardabweichung $\sigma(X)$.

7.6   Lineare Transformationen von Zufallsvariablen

Hinweis für die Lehrperson.
Sollte aus Zeitgründen etwas eingespart werden, so kann dieser Abschnitt fast ganz übersprungen werden. Man sollte lediglich auf Satz 7.4 hinweisen oder aber die Aufgabe 7.15 sorgfältig lösen.

Ziel dieses Abschnitts ist es, aus der Vorgabe einer Zufallsvariablen eine ganze Familie zu kreieren. Dies erleichtert es, in einer realen Situation eine gewisse beobachtete Größe adäquat durch eine Zufallsvariable zu beschreiben.

Wir gehen davon aus, dass eine stetige Zufallsvariable X mit Dichtefunktion φ_X gegeben ist. Nun bauen wir uns eine neue Zufallsvariable Y durch

$$Y = a \cdot X + b,$$

wobei b eine beliebige und a eine positive reelle Zahl ist.

Wir wollen nun die kumulativen Verteilungsfunktionen Φ_X und Φ_Y miteinander in Beziehung setzen:

$$\Phi_Y(t) = P(Y \leq t) = P(aX + b \leq t) = P(aX \leq t - b).$$

Nun verwenden wir, dass a positiv ist, denn dann gilt

$$aX \leq t - b \qquad \Leftrightarrow \qquad X \leq \frac{t-b}{a}.$$

Somit erhalten wir

$$\Phi_Y(t) = P\left(X \le \tfrac{t-b}{a}\right) = \Phi_X\left(\tfrac{t-b}{a}\right). \tag{7.5}$$

Durch Ableiten nach t erhalten wir eine Beziehung zwischen den Dichtefunktionen, wobei wir die Kettenregel verwenden müssen bei der Ableitung von $\Phi_X(\tfrac{t-b}{a})$ nach t:

$$\varphi_Y(t) = \frac{\mathrm{d}}{\mathrm{d}t}\Phi_Y(t) = \frac{\mathrm{d}}{\mathrm{d}t}\left(\Phi_X(\tfrac{t-b}{a})\right) = \tfrac{1}{a}\varphi_X(\tfrac{t-b}{a}). \tag{7.6}$$

Damit sind die Grundlagen geschaffen, um nun die Erwartungswerte $E(X)$ und $E(Y)$ sowie die Standardabweichungen $\sigma(X)$ und $\sigma(Y)$ miteinander zu vergleichen.

$$E(Y) = \int_{-\infty}^{\infty} t\varphi_Y(t)\mathrm{d}t = \int_{-\infty}^{\infty} t\tfrac{1}{a}\varphi_X(\tfrac{t-b}{a})\mathrm{d}t$$

$$\left\{\text{Variablensubstitution: } s = \tfrac{t-b}{a}, t = sa + b \text{ und } \mathrm{d}t = a\mathrm{d}s\right\}$$

$$= \int_{-\infty}^{\infty} (as+b)\tfrac{1}{a}\varphi_X(s)a\mathrm{d}s = \int_{-\infty}^{\infty} (as+b)\varphi_X(s)\mathrm{d}s$$

$$\{\text{nach einem Integrationsgesetz}\}$$

$$= a\underbrace{\int_{-\infty}^{\infty} s\varphi_X(s)\mathrm{d}s}_{=E(X)} + b\underbrace{\int_{-\infty}^{\infty} \varphi_X(s)\mathrm{d}s}_{=1}$$

$$= a\,E(X) + b$$

Ebenso vergleichen wir die Varianzen, benutzen jedoch die ursprüngliche Definition, siehe die Begriffsbildung 7.3.

$$V(Y) = \int_{-\infty}^{\infty} (t - E(Y))^2 \varphi_Y(t)\mathrm{d}t$$

$$\{\text{wir verwenden, was soeben bewiesen wurde: } E(Y) = a\,E(X) + b\}$$

$$= \int_{-\infty}^{\infty} (t - a\,E(X) - b)^2 \tfrac{1}{a}\varphi_X(\tfrac{t-b}{a})\mathrm{d}t$$

$$\left\{\text{Variablensubstitution: } s = \tfrac{t-b}{a}, t = sa + b \text{ und } \mathrm{d}t = a\mathrm{d}s\right\}$$

$$= \int_{-\infty}^{\infty} (as + b - a\,\mathrm{E}(X) - b)^2 \, \tfrac{1}{a}\varphi_X(s)a\,\mathrm{d}s$$

$$= \int_{-\infty}^{\infty} (as - a\,\mathrm{E}(X))^2 \, \varphi_X(s)\mathrm{d}s = \int_{-\infty}^{\infty} a^2 \, (s - \mathrm{E}(X))^2 \, \varphi_X(s)\mathrm{d}s$$

$$= a^2 \underbrace{\int_{-\infty}^{\infty} (s - \mathrm{E}(X))^2 \, \varphi_X(s)\mathrm{d}s}_{=\mathrm{V}(X)}$$

$$= a^2 \, \mathrm{V}(X)$$

Durch Ziehen der Quadratwurzel erhalten wir somit eine Beziehung zwischen den Standardabweichungen:

$$\sigma(Y) = a \cdot \sigma(X).$$

Wir fassen dies nochmals zusammen:

Satz 7.4 *Ist X eine Zufallsvariable und sind a, b beliebige Zahlen, wobei $a > 0$, so gilt für die Zufallsvariable $Y = aX + b$:*

$$\mathrm{E}(Y) = a \cdot \mathrm{E}(X) + b \qquad und \qquad \sigma(Y) = a \cdot \sigma(X).$$

7.7   Die allgemeine Normalverteilung

Die Standard-Normalverteilung zeigt folgendes Verhalten: Werte um 0 sind am wahrscheinlichsten. Je größer der Abstand zu 0 ist, desto unwahrscheinlicher werden die Werte. Außerdem ist die Standardabweichung 1. Diese Verteilung soll nun zu einer Familie ausgebaut werden, die zu gegebenem Erwartungswert m und gegebener Standardabweichung s eine Verteilung angibt, bei denen die wahrscheinlichsten Werte sich um m gruppieren und bei wachsendem Abstand zu m unwahrscheinlicher werden. Außerdem soll die Standardabweichung s sein.

Wir nehmen daher an, dass X standardisiert normalverteilt ist. Dann gilt nach Aufgabe 7.11, dass $\mathrm{E}(X) = 0$ und Beispiel 7.6 zeigt $\sigma(X) = 1$. Nun setzen wir

$$Y = sX + m.$$

Nach Satz 7.4 gilt dann

$$\mathrm{E}(Y) = s \cdot \mathrm{E}(X) + m = s \cdot 0 + m = m \quad \text{und} \quad \sigma(Y) = s \cdot \sigma(X) = s \cdot 1 = s.$$

Gemäß (7.6) folgt nun

$$\varphi_Y(t) = \tfrac{1}{s}\varphi_X\left(\tfrac{t-m}{s}\right) = \tfrac{1}{s}\varphi_{0,1}\left(\tfrac{t-m}{s}\right) = \tfrac{1}{s}\cdot\frac{1}{\sqrt{2\pi}}e^{-\frac{(t-m)^2}{2s^2}} = \frac{1}{s\sqrt{2\pi}}e^{-\frac{(t-m)^2}{2s^2}}.$$

Wir fassen dies zusammen:

Begriffsbildung 7.4 *Eine Zufallsvariable Y heißt* **normalverteilt mit Erwartungswert μ und Standardabweichung σ**, *wenn sie die Dichtefunktion*

$$\varphi_{\mu,\sigma}(t) = \frac{1}{\sigma\sqrt{2\pi}}e^{-\frac{(t-\mu)^2}{2\sigma^2}}$$

hat. Die Sprechweise ist nicht leer: Eine so verteilte Zufallsvariable hat tatsächlich Erwartungswert μ und Standardabweichung σ.

Aufgabe 7.15 Weise durch eine direkte Rechnung nach, dass eine Zufallsvariable X mit Dichtefunktion $\varphi_{\mu,\sigma}$ den Erwartungswert $E(X) = \mu$ und die Standardabweichung $\sigma(X) = \sigma$ hat.

Die Abb. 7.18 zeigt den Graphen der Dichtefunktion $\varphi_{1,1}$ mit derselben Standardabweichung $\sigma = 1$, aber dem Erwartungswert $\mu = 1$ im Vergleich zur Dichtefunktion $\varphi_{0,1}$ der Standard-Normalverteilung.

   Die Abb. 7.19 zeigt den Graphen der Dichtefunktion $\varphi_{0,0.5}$ im Vergleich zur Dichtefunktion $\varphi_{0,2}$. Beide haben denselben Erwartungswert $\mu = 0$, aber eine unterschiedliche Standardabweichung σ.

   Wir wollen diese Kenntnisse nun anwenden und die zu Beginn des Kapitels angegebenen Daten über die Fichtenzapfen mit einer Normalverteilung modellieren. Das Gewicht der feuchten Fichtenzapfen wies einen Mittelwert von $\mu = 39.2\,\text{g}$ auf und eine Standardabweichung von $\sigma = 8.5\,\text{g}$. Wir modellieren die Daten daher mit der Dichtefunktion $\varphi_{\mu,\sigma} = \varphi_{39.2,8.5}$. Die Abb. 7.20 zeigt die gemessenen relativen Häufigkeiten im Vergleich zur Dichtefunktion $\varphi_{39.2,8.5}$.

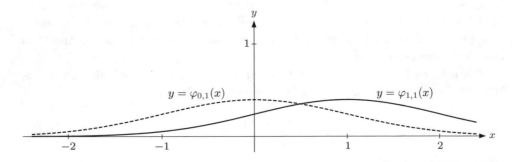

Abb. 7.18 Der Graph der Dichtefunktion $\varphi_{1,1}$ (ausgezogen) im Vergleich zu jenem von $\varphi_{0,1}$ (gestrichelt)

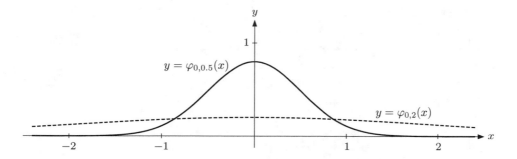

Abb. 7.19 Der Graph der Dichtefunktion $\varphi_{0,0.5}$ (ausgezogen) im Vergleich zu jenem von $\varphi_{0,2}$ (gestrichelt)

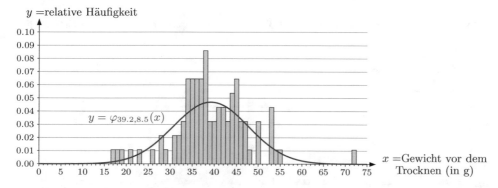

Abb. 7.20 Die relativen Häufigkeiten der feuchten Fichtenzapfen, pro Gewicht (in Gramm) und die Dichtefunktion $\varphi_{39.2,8.5}$

Beim Trockengewicht war der Mittelwert $\mu = 27.0$ g und die Standardabweichung $\sigma = 5.5$ g. Wir modellieren die Daten daher mit der Dichtefunktion $\varphi_{27,5.5}$. Die Abb. 7.21 zeigt die relativen Häufigkeiten der Trockengewichte im Vergleich zu dieser Dichtefunktion.

Schließlich betrachten wir noch die Länge der Fichtenzapfen. Diese hatte einen Mittelwert von $\mu = 132.0$ mm und eine Standardabweichung von $\sigma = 15.1$ mm. Die entsprechende Normalverteilung ist $\varphi_{132,15.1}$. Die Abb. 7.22 zeigt die relativen Häufigkeiten im Vergleich zur Dichtefunktion $\varphi_{132,15.1}$.

Die Modellierung mit einer Normalverteilung ermöglicht es nun, Wahrscheinlichkeiten für einzelne Bereiche auszurechnen. Dies wollen wir nun tun. Wir wollen bestimmen, wie viele Fichtenzapfen gemäß dem Modell mit einer Länge zwischen 117.5 und 122.5 cm zu erwarten sind. Wir nennen diese Wahrscheinlichkeit q_{120}, weil es die Wahrscheinlichkeit für den Zapfen angibt, in einem Intervall der Größe 5 mm um den Wert 120 mm zu liegen. Gemäß unserem Modell, also der Dichtefunktion $\varphi_{132,\,15.1}$, ist diese Wahrscheinlichkeit gleich

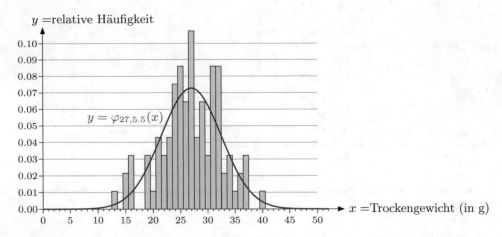

Abb. 7.21 Die relativen Häufigkeiten der trockenen Fichtenzapfen, pro Gewicht (in Gramm) und die Dichtefunktion $\varphi_{27,5.5}$

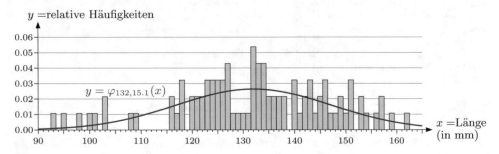

Abb. 7.22 Die relativen Häufigkeiten der verschiedenen Längen der Fichtenzapfen und die Dichtefunktion $\varphi_{132,15.1}$

$$q_{120} = \int_{117.5}^{122.5} \varphi_{132,\,15.1}(t)\mathrm{d}t = \Phi_{132,\,15.1}(117.5) - \Phi_{132,\,15.1}(122.5).$$

Diese Wahrscheinlichkeit lässt sich berechnen durch die Umrechnung (7.5). So gilt etwa:

$$\Phi_{132,\,15.1}(117.5) = \Phi_{0,1}\left(\tfrac{117.5-132}{15.1}\right)$$

$$= \Phi_{0,1}(-0.96026)$$

{gemäß dem Satz 6.2}

$$= 1 - \Phi_{0,1}(0.96)$$

{Ablesen in der Tab. 6.1}

$$= 1 - 0.831472$$

$$= 0.168528.$$

Ebenso findet man

$$\Phi_{132,\,15.1}(122.5) = 0.264347$$

und damit ist die Wahrscheinlichkeit

$$q_{120} = 0.264347 - 0.168528 = 0.095819.$$

Leichter ist die Berechnung, wenn ein guter Taschenrechner zur Verfügung steht. Meistens lautet der Funktionsaufruf so, wie es die rechte Seite der folgenden „Gleichung" angibt:

$$\int_{a}^{b} \varphi_{\mu,\sigma}(t)\,\mathrm{d}t = \mathrm{normCdf}(a, b, \mu, \sigma).$$

So können wir q_{125} einfach berechnen durch

$$q_{125} = \mathrm{normCdf}(122.5,\ 127.5,\ 132,\ 15.1) = 0.118218.$$

Ähnlich einfach ist es mit einem Tabellenkalkulationsprogramm. Dort berechnet man die linke Seite mit dem rechts stehenden Funktionsaufruf in der folgenden „Gleichung":

$$\int_{-\infty}^{b} \varphi_{\mu,\sigma}(t)\,\mathrm{d}t = \mathrm{NORM.VERT}(b, \mu, \sigma, \mathrm{WAHR}).$$

Somit können wir q_{130} wie folgt berechnen:

$$q_{130} = \mathrm{NORM.VERT}(132.5,\ 132,\ 15.1,\ \mathrm{WAHR}) - \mathrm{NORM.VERT}(127.5,\ 132,\ 15.1,\ \mathrm{WAHR})$$

$$= 0.130361.$$

Aufgabe 7.16 Berechne die Wahrscheinlichkeit q_{135}, dass ein zufällig gefundener Fichtenzapfen gemäß dem Modell der Normalverteilung $\varphi_{132,15.1}$ zwischen 132.5 cm und 137.5 cm lang ist. Verwende dazu die Tab. 6.1 oder – sofern dir eines dieser Hilfsmittel zur Verfügung steht – einen guten Taschenrechner oder ein Tabellenkalkulationsprogramm.

Aufgabe 7.17 Berechne die Wahrscheinlichkeit gemäß dem Modell $\varphi_{27,5.5}$, dass ein zufällig gefundener Fichtenzapfen ein Trockengewicht zwischen 22.5 g und 27.5 g hat. Vergleiche diese Wahrscheinlichkeit mit der relativen Häufigkeit von 37.6% unserer Fichtenzapfensammlung, siehe Abb. 7.5.

Aufgabe 7.18 Die Geburtsgröße von neugeborenen Jungen (gemessen in cm) sei angenähert normalverteilt mit $\mu = 49.6$ cm und $\sigma = 2.1$ cm. Mit welcher Wahrscheinlichkeit weicht die Geburtsgröße um höchstens 1 cm von μ ab?

Um das Umrechnen zwischen $\Phi_{0,1}$ und $\Phi_{\mu,\sigma}$ zu erleichtern, stellen wir die Folgerung von (7.5) für Normalverteilungen nochmals übersichtlich dar.

Satz 7.5 *Es gilt die folgende Umrechnungsformel:*

$$\Phi_{\mu,\sigma}(u) = \Phi_{0,1}(t) \quad \text{falls } t = \frac{u - \mu}{\sigma}.$$

Manchmal bekommt man anstatt der Angaben von Klassen auch die Angaben von sogenannten *Perzentilen*.

Begriffsbildung 7.5 *Ist das **q-Perzentil** einer Zufallsvariable X gleich t, so gilt*

$$P(X \leq t) = q.$$

Der Anteil der Werte, die kleiner sind als t, ist also gerade q. Die Abb. 7.23 veranschaulicht dies.

Beispiel 7.8 Bei Knaben ist das 5%-Perzentil des Geburtsgewichts gleich 2.6 kg und das 95%-Perzentil liegt bei 4.1 kg. Man soll aus diesen Daten ein normalverteiltes Modell für das Geburtsgewicht erstellen.

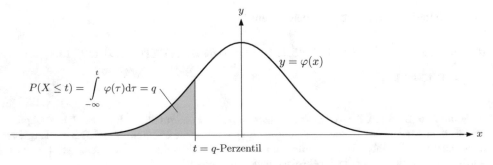

Abb. 7.23 Schematische Darstellung eines q-Perzentils: Es ist die Schranke t so, dass $P(X \leq t) = q$ gilt

Da ein normalverteiltes Modell bezüglich dem Erwartungswert symmetrisch ist, muss dieser hier gleich $\mu = \frac{2.6+4.1}{2} = 3.35$ sein. Es gilt noch die Standardabweichung σ zu bestimmen. Dazu lesen wir aus der Tab. 6.1 ab, dass

$$\Phi_{0,1}(1.64485) = 0.95.$$

Mit anderen Worten: Das 95%-Perzentil ist gleich 1.64485. Aus Satz 7.5 folgt somit

$$\frac{4.1 - 3.35}{\sigma} = 1.64485,$$

woraus sich $\sigma = \frac{4.1-3.35}{1.64485} = 0.456$ ergibt. Somit haben wir unser Modell gefunden: $\varphi_{3.35,0.456}$. $\diamond$

Aufgabe 7.19 Bestimme ein normalverteiltes Modell für das Geburtsgewicht von Mädchen aus den Daten: Das 5%-Perzentil liegt bei 2.5 kg, das 95%-Perzentil bei 4.0 kg.

Aufgabe 7.20 Berechne das 5%-Perzentil und das 95%-Perzentil für die Geburtsgröße von Jungen, wenn dieses als normalverteilt mit $\mu = 49.6$ cm und $\sigma = 2.1$ cm angenommen wird, siehe Aufgabe 7.18.

Aufgabe 7.21 Eine Hochbegabung ist eine weit über dem Durchschnitt liegende Intelligenz eines Menschen. Die Definition setzt implizit voraus, dass die Intelligenz gemessen (durch einen Intelligenztest) werden kann und dann anhand einer Skala der sogenannte *Intelligenzquotient* (kurz IQ) angegeben werden kann.

Dabei wird ein zuvor festgelegter Test an einer zufälligen Stichprobe ausprobiert und die Testresultate werden so skaliert, dass der Erwartungswert $\mu = 100$ und die Standardabweichung $\sigma = 15$ misst. In diesem engeren Sinne gilt dann jemand als hochbegabt, wenn er mindestens um zwei Standardabweichungen über dem Durchschnitt liegt, also einen IQ von mindestens 130 hat.

(a) Wie groß ist der Anteil der Hochbegabten gemäß diesen recht willkürlichen Festlegungen?
(b) Immer noch gemäß diesem Modell: Wie groß ist der Anteil der Menschen, die einen IQ von mindestens 110 haben?

Aufgabe 7.22 Die Abb. 7.24 zeigt den Mechanismus einer Abfüllanlage.

Aber auch bei dieser recht präzisen Methode variiert das Abfüllvolumen. Wir nehmen an, dass das Füllvolumen X (in Milliliter) beim Abfüllen von Farbe angenähert normalverteilt ist mit $\mu = 500$ ml und $\sigma = 4$ ml.

(a) Wie viel Prozent Ausschuss sind zu erwarten, wenn das Füllvolumen um höchstens 10 ml vom Sollwert 500 ml abweichen darf?
(b) Wie muss man die Toleranzgrenzen 500 ml $- c$ und 500 ml $+ c$ wählen, damit man höchstens 1% Ausschuss erhält?

Aufgabe 7.23 Die Länge von Stahlstiften sei angenähert normalverteilt mit $\mu = 18$ mm. Ermittle die Standardabweichung, wenn 98% der Stahlstifte zwischen 17 und 19 mm lang sind.

Abb. 7.24 Schematische Darstellung einer Abfüllanlage. Zuerst saugt ein sich hebender Kolben das abzufüllende Material an. Durch Ablesen des Kolbenstands erkennt die Maschine, wann das gewünschte Volumen erreicht ist und schaltet das Ventil unten um. Dann presst der Kolben das Material in die Verpackung

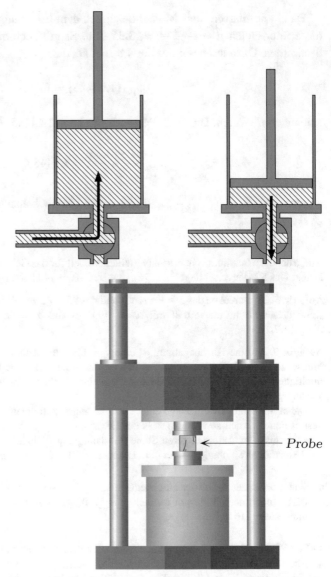

Abb. 7.25 Ansicht einer Festigkeitsprüfanlage, in der ein Betonwürfel auf seine Druckfestigkeit geprüft wird

Probe

Beispiel 7.9 Bei Beton spielt die *Druckfestigkeit* für die Stabilität eine wichtige Rolle. Gemessen wird die Druckfestigkeit im Labor: Man belastet einen Betonwürfel mit gewissen Abmessungen in einer Presse so lange, bis er zerbricht. Die Abb. 7.25 zeigt eine solche Festigkeitsprüfanlage. Die Druckfestigkeit ist dann die minimale Kraft pro mm^2, die notwendig ist, um den Betonwürfel zu zerstören. Sie wird gemessen in N/mm^2.

Die Druckfestigkeit schwankt jedoch von Würfel zu Würfel. Es wird angenommen, dass die Druckfestigkeit näherungsweise normalverteilt ist.

Bei Beton B40/30 geben die zwei Zahlen 40 und 30 Folgendes an: Bei 50% der Testwürfel ist die Druckfestigkeit mindestens $40\,N/mm^2$; bei 98% der Testwürfel ist sie mindestens $30\,N/mm^2$.

(a) Man soll aus diesen Angaben den Erwartungswert μ sowie die Standardabweichung σ der Druckfestigkeit von Beton B40/30 berechnen.

(b) Man soll die Wahrscheinlichkeit berechnen, dass ein Betonwürfel B40/30 eine Druckfestigkeit von höchstens $25\,N/mm^2$ hat.

(a) Sei X die Zufallsvariable, die die Druckfestigkeit eines Betonwürfels vom Typ B40/30 angibt. Da die Wahrscheinlichkeit eines Testwürfels vor $40\,N/mm$ zu zerbersten bei 50% liegt, so gilt $\mu = 40$ (in der Einheit N/mm). Um die Standardabweichung σ zu bestimmen, beachten wir, dass $P(X \geq 30) = 0.98$, also $\Phi_{40,\sigma}(30) = P(X \leq 30) = 0.02$. Damit gilt $\Phi_{0,1}(\frac{30-40}{\sigma}) = 0.02 = 1 - 0.98$. In der Tab. 6.1 finden wir $\Phi_{0,1}(2.05375) = 0.98$ und somit gilt $\frac{30-40}{\sigma} = -2.05375$, woraus $\sigma = 4.87$ resultiert.

(b) Es gilt nun $\Phi_{40,4.87}(25)$ zu bestimmen. Dies berechnen wir mit Hilfe von Satz 7.5 und der Tab. 6.1:

$$\Phi_{40,4.87}(25) = \Phi_{0,1}(\tfrac{25-40}{4.87}) = \Phi_{0,1}(-3.08) = 1 - \Phi_{0,1}(3.08) \approx 1 - 0.999 = 0.1\%.$$

$$\Diamond$$

Aufgabe 7.24 Die Zugfestigkeit X einer Stahldrahtsorte wird als angenähert $\varphi_{\mu,\sigma}$-verteilt angenommen. Zur Ermittlung von μ und σ wurde festgestellt, dass 5% der Proben bei einer Belastung von weniger als $188\,N$ und 91% der Proben bei einer Belastung von weniger als $206\,N$ rissen. Berechne μ und σ.

7.8 Q-Q-Plots

In vielen Anwendungen setzt man voraus, dass die Daten normalverteilt sind. Dabei ist es nicht immer klar, ob diese Voraussetzung überhaupt gültig ist. Daher stellt sich die Frage, ob es eine Möglichkeit gibt, dies zu prüfen.

Die Methode, die wir vorstellen werden, beruht auf dem Prinzip, die Verteilung der gemessenen Daten mit der theoretischen Normalverteilung graphisch zu vergleichen. Um das Prinzip zu erklären, starten wir jedoch mit einem einfacheren Beispiel. Wir betrachten Pseudozufallszahlen. Diese sollten bei einem guten Pseudozufallsgenerator uniform verteilt sein. Wir wollen prüfen, ob dies tatsächlich so ist. Wir betrachten folgende $n = 20$ Zahlen, die ein Pseudozufallsgenerator erzeugt hat:

0.0830, 0.4088, 0.5153, 0.3969, 0.2227, 0.2923, 0.5841, 0.4909, 0.9230, 0.2798,

0.7717, 0.8569, 0.7581, 0.8503, 0.4093, 0.0550, 0.5781, 0.7451, 0.8863, 0.0308.

Wir werden diese Daten graphisch darstellen. Liefert der Pseudozufallsgenerator tatsächlich uniform verteilte Daten, so können wir erwarten, dass $\frac{1}{20}$ der Daten, das ist genau eine der Pseudozufallszahlen, in das Intervall $\left[0, \frac{1}{20}\right]$ fällt, eine der Zufallszahlen in das Intervall $\left[\frac{1}{20}, \frac{2}{20}\right]$ und so weiter.

Wir sortieren daher die gegebenen Pseudozufallszahlen:

0.0308, 0.0550, 0.0830, 0.2227, 0.2798, 0.2923, 0.3969, 0.4088, 0.4093, 0.4909,

0.5153, 0.5781, 0.5841, 0.7451, 0.7581, 0.7717, 0.8503, 0.8569, 0.8863, 0.9230.

In der graphischen Darstellung zeichnen wir $n = 20$ Punkte. Den ersten Punkt zeichnen wir an der Stelle $(x_1, y_1) = (0.025, 0.0308)$, denn $x_1 = 0.025 = \frac{1}{40}$ ist die Mitte des ersten Intervalls $\left[0, \frac{1}{20}\right]$ und $y_1 = 0.0308$ ist die kleinste der Pseudozufallszahlen. Den zweiten Punkt zeichnen wir an der Stelle $(x_2, y_2) = (0.075, 0.0550)$, denn $x_2 = 0.075 = \frac{3}{40} = \frac{1}{20} + \frac{1}{40}$ ist die Mitte des zweiten Intervalls $\left[\frac{1}{20}, \frac{2}{20}\right]$ und $y_2 = 0.0550$ ist die zweitkleinste Pseudozufallszahl. Dies setzen wir fort und erhalten so das Streudiagramm der Abb. 7.26. Die Werte $x_1, x_2, \ldots, x_{20}$ nennen wir Stützstellen der uniformen Verteilung. Welche Eigenschaften muss das so erhaltene Streudiagramm immer erfüllen? Sowohl die Werte x_i wie auch die Werte y_i nehmen immer zu: $x_1 < x_2 < \ldots < x_{20}$ und $y_1 \leq y_2 \leq \ldots \leq y_{20}$. Daher liegt jeder weitere Punkt rechts oberhalb des vorangehenden Punkts. Sind die Daten, die wir untersuchen, ungefähr gleich über das Intervall verteilt, so werden die Sprünge in vertikaler Richtung etwa gleich groß sein. Das Resultat ist dann, dass die Punkte ungefähr auf einer geraden Linie liegen, die von links unten nach rechts oben aufsteigt.

Abb. 7.26 Graphische Darstellung der $n = 20$ Pseudozufallszahlen im Vergleich zu den Stützstellen der uniformen Verteilung

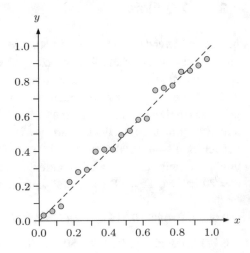

Abb. 7.27 Graphische
Darstellung der $n = 20$ normal
verteilten Pseudozufallszahlen
im Vergleich zu den
Stützstellen der uniformen
Verteilung

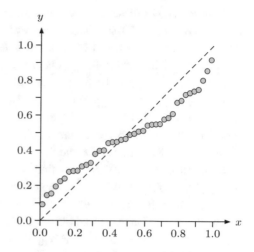

Aufgabe 7.25 Man soll $n = 8$ Stützstellen $x_1, \ldots, x_8$ finden, die in der Mitte von 8 gleich großen Intervallen liegen.

Aufgabe 7.26 Gegeben sind die folgenden 5 Daten:

$$19.40, \ 37.75, \ 47.63, \ 74.68, \ 86.51.$$

Erstelle eine Graphik um zu entscheiden, ob es realistisch ist anzunehmen, dass diese Daten einer uniformen Verteilung im Intervall [0, 100] entstammen könnten.

Folgende $n = 40$ Zahlen wurden ebenfalls pseudozufällig erstellt. Jedoch wurden sie noch manipuliert, sodass sie nicht mehr uniform, sondern normalverteilt sind. Sie werden bereits sortiert wiedergegeben:

$$0.0921, \ 0.1441, \ 0.1537, \ 0.1942, \ 0.2241, \ 0.2394, \ 0.2782, \ 0.2828,$$

$$0.2845, \ 0.3092, \ 0.3181, \ 0.3295, \ 0.3807, \ 0.3987, \ 0.4014, \ 0.4427,$$

$$0.4488, \ 0.4500, \ 0.4623, \ 0.4672, \ 0.4906, \ 0.4969, \ 0.5096, \ 0.5137,$$

$$0.5443, \ 0.5493, \ 0.5512, \ 0.5531, \ 0.5796, \ 0.5879, \ 0.6110, \ 0.6751,$$

$$0.6861, \ 0.7197, \ 0.7295, \ 0.7397, \ 0.7488, \ 0.8018, \ 0.8564, \ 0.9189. \tag{7.7}$$

Das diesen Daten entsprechende Streudiagramm ist in Abb. 7.27 wiedergegeben. Hier sieht man, dass die Datenpunkte nicht der Diagonalen folgen, sondern entlang einer s-förmigen Kurve verlaufen. Dies ist so, weil es wenig kleine und wenig große Daten gibt, aber viele in der Mitte. Die Punkte steigen daher zu Beginn schnell an, da die x-Koordinate von x_i zu x_{i+1} immer nur um $\frac{1}{40}$ zunimmt, es aber grössere Sprünge gibt von einem y_i zum nächsten. Die Sprünge werden jedoch zunehmend kleiner, da es in der Mitte viele Daten gibt.

Nun wollen wir diese Methode so erweitern, dass wir normalverteilte Daten erkennen können. Wenn wir 10 standard-normalverteilte Daten erhalten, so können wir ebenso Stützstellen $x_1, \ldots, x_{10}$ festlegen. Dazu unterteilen wir die Wahrscheinlichkeit 1 in 10 gleich große Teile der Größe $\frac{1}{10}$. Dann suchen wir Stellen $k_0 < k_1 < k_2 < \ldots k_{10}$ so, dass $\Phi_{0,1}(k_i) = \frac{i}{10}$ gilt. Ist X eine standard-normalverteilte Zufallsvariable, so gilt dann $P(k_{i-1} \leq X \leq k_i) = \frac{1}{10}$. Wir haben also gleich wahrscheinliche Intervalle $[k_{i-1}, k_i]$ gebildet. Da X jeden Wert annehmen kann, muss $k_0 = -\infty$ gelten und $k_{10} = +\infty$. Wie groß ist k_9? Der Tab. 6.1 entnehmen wir, dass $\Phi_{0,1}(1.28155) = 0.9 = \frac{9}{10}$ gilt. Somit muss $k_9 = 1.28155$ gelten. Da die Standard-Normalverteilung symmetrisch ist bezüglich $x = 0$, gilt $k_1 = -1.28155$. Wir finden weiter $k_8 = 0.841621$ und $k_2 = -0.841621$, da $\Phi_{0,1}(0.841621) = 0.8 = \frac{8}{10}$. Ebenso findet man die restlichen Werte. Nun soll jedes dieser gleich wahrscheinlichen Intervalle nochmals in zwei gleich wahrscheinliche Teile unterteilt werden. Da $\Phi_{0,1}(1.64485) = 0.95$, setzen wir $x_{10} = 1.64485$. Dann gilt nämlich $P(k_9 \leq X \leq x_{10}) = 0.05 = P(x_{10} \leq X \leq k_{10})$. Ebenso findet man $x_9 = 1.03643$, da $\Phi_{0,1}(1.03643) = 0.85$. Die Stützstellen $x_1, \ldots, x_{10}$ lassen sich wie in Abb. 7.28 visualisieren.

Mit einem guten Taschenrechner kann die Stützstelle x_{10} mit der Funktion `invNorm` bestimmt werden:

$$\texttt{invNorm}(0.95) = 1.64485.$$

Aufgabe 7.27 Berechne mit dem Taschenrechner 6 Stützstellen, welche die „Mitten" von 6 gleich wahrscheinlichen Intervallen bei der Standard-Normalverteilung sind. Dabei ist mit „Mitte" jene Stelle gemeint, die das entsprechende Intervall in zwei gleich wahrscheinliche Bereiche unterteilt.

Wenn wir dies mit den 40 Daten (7.7) durchführen, die ein Pseudozufallsgenerator gemäß einer Normalverteilung erzeugt hat, so erhalten wir das Streudiagramm 7.29. Dieses zeigt, dass die Punkte in guter Näherung entlang einer Geraden verlaufen. Was bedeutet dies? Man beachte jedoch, dass die Gerade nicht diagonal wie $y = x$ verläuft. Die Steigung

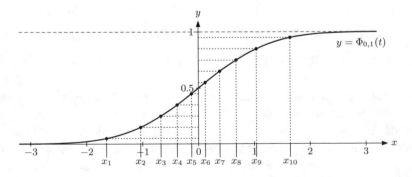

Abb. 7.28 Die 10 Stützstellen $x_1, \ldots, x_{10}$ für die Standard-Normalverteilung

ist geringer und der y-Achsenabschnitt ist nicht 0. Dass die Punkte näherungsweise auf einer Geraden liegen, bedeutet, dass es zwischen den Stützstellen x_i und den gemessenen Werten y_i ungefähr einen linearen Zusammenhang gibt: $y_i \approx a \cdot x_i + b$. Ist X eine standard-normalverteilte Zufallsvariable, dann ist $Y = a \cdot X + b$ wieder eine normalverteilte Variable. Nach Satz 7.4 ist der Erwartungswert von Y gleich $E(Y) = b$ und die Standardabweichung ist $\sigma(Y) = a$. Die Abb. 7.29 zeigt daher, dass die Werte y_i näherungsweise normalverteilt sind mit einem Erwartungswert ≈ 0.5 und einer Standardabweichung von ≈ 0.25.

Begriffsbildung 7.6 *Stellt man n Daten $y_1, \ldots, y_n$ in einem Streudiagramm als Punkte mit den Koordinaten $(x_1, y_1), \ldots, (x_n, y_n)$ dar, wobei $x_1, \ldots, x_n$ die Stützstellen einer gewissen Verteilung sind, so spricht man von einem **Q-Q-Plot**.*

*Der Buchstabe „Q" im Namen steht abkürzend für **Quantil**, ein anderes Wort für Perzentil. Man vergleicht daher die Quantile einer empirischen Messung (den Daten) mit den Quantilen einer theoretischen Verteilung.*

Liegen die Punkte im Streudiagramm näherungsweise auf einer Geraden, so ist dies ein guter Hinweis darauf, dass die Daten bis auf eine lineare Transformation der theoretischen Verteilung entsprechen, mit der man die Stützstellen berechnet hat.

Wir wollen dieses Werkzeug nun einsetzen und unsere Daten der Fichtenzapfen daraufhin überprüfen, ob sie einer Normalverteilung folgen, das heißt, ob es sinnvoll ist, die Daten mit einer Normalverteilung zu modellieren.

Die Abb. 7.30 zeigt den Q-Q-Plot des Gewichts der feuchten Fichtenzapfen. Außer den Enden liegen die Punkte in sehr guter Näherung auf einer Geraden. Für die Darstellung der Geraden durch eine Gleichung benutzen wir wieder den Mittelwert $\mu = 39.2\,\mathrm{g}$ und die Standardabweichung $\sigma = 8.5\,\mathrm{g}$ und erhalten so die Geradengleichung $y = 8.5x + 39.2$. Die Gerade scheint zwar flach, aber das liegt an der unterschiedlichen Skalierung der zwei Achsen.

Die Abb. 7.31 zeigt den Q-Q-Plot des Gewichts der trockenen Fichtenzapfen. Hier ist die Übereinstimmung noch viel besser.

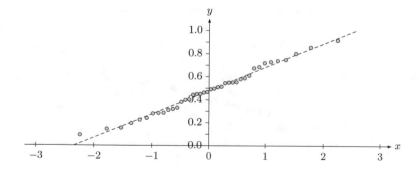

Abb. 7.29 Die 40 Daten (7.7) im Vergleich zur Standard-Normalverteilung

Die Abb. 7.32 zeigt den Q-Q-Plot des Gewichts des den Fichtenzapfen entwichenen Wassers. Auch hier liegt eine gute Übereinstimmung mit einer Geraden vor. Man beachte auch wieder den Ausreißer, der sich rechts oben bemerkbar macht.

Schließlich betrachten wir noch den Q-Q-Plot der Länge der Fichtenzapfen, siehe die Abb. 7.33. Auch hier zeigt sich eine sehr gute Übereinstimmung mit der Geraden $y = \sigma \cdot x + \mu = 15.1x + 132$, bis auf die Enden, die leicht von der Geraden abweichen.

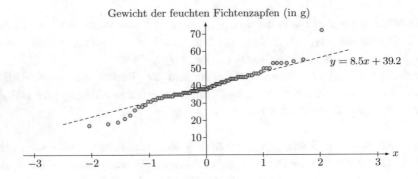

Abb. 7.30 Der Q-Q-Plot des Gewichts der feuchten Fichtenzapfen

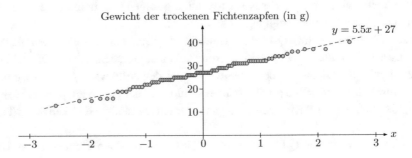

Abb. 7.31 Der Q-Q-Plot des Gewichts der trockenen Fichtenzapfen

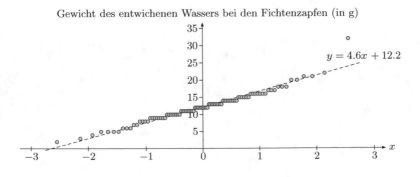

Abb. 7.32 Der Q-Q-Plot des Gewichts des den Fichtenzapfen entwichenen Wassers

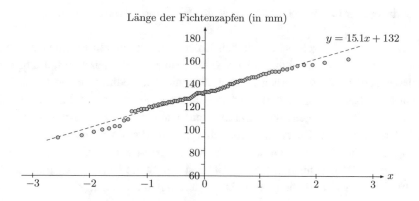

Länge der Fichtenzapfen (in mm)

$y = 15.1x + 132$

Abb. 7.33 Der Q-Q-Plot der Länge der Fichtenzapfen

Abb. 7.34 Der Q-Q-Plot von
100 Daten

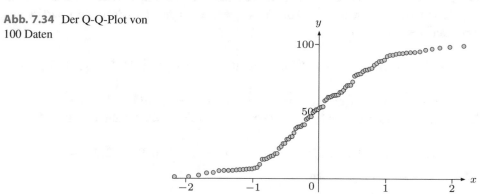

Wir schließen aus diesen Q-Q-Plots, dass es sehr sinnvoll ist, die vier Variablen das Gewicht feuchter Fichtenzapfen, das Gewicht trockener Fichtenzapfen, das Gewicht, das ein feuchter Fichtenzapfen abgeben kann, sowie die Länge von Fichtenzapfen, jeweils durch eine Normalverteilung zu modellieren.

Beispiel 7.10 Es wurden 100 Daten auf Normalverteiltheit hin geprüft. Die Abb. 7.34 zeigt den Q-Q-Plot der Daten, wobei die Stützstellen einer Standard-Normalverteilung entsprechen.

Wir sollen entscheiden, ob diese Daten einer Normalverteilung entsprechen können. Die Daten liegen nicht näherungsweise auf einer Geraden, sondern beschreiben eine s-förmige Kurve, die viel eher dem Graphen der Verteilungsfunktion $\Phi_{0,1}$ entspricht. Es gibt für normalverteilte Daten zu viele Werte, die relativ klein sind, was dazu führt, dass die Kurve links sehr flach beginnt (die x-Koordinate nimmt relativ stark zu, die y-Koordinate hingegen nicht). Genauso verhält es sich am rechten Ende des Diagramms: Es gibt für normalverteilte Daten zu viele relativ große Werte (wiederum beschreiben die Punkte einen zu flachen Anstieg).

Es ist daher sehr unwahrscheinlich, dass die Daten normalverteilt sind.   ◊

Für viele Anwendungen ist es nützlich Datensätze simulieren zu können, die einer gewissen theoretischen Verteilung folgen. Diese Datensätze sollen also mit einem Pseudozufallsgenerator erzeugt werden können, aber nicht unbedingt uniform sein, wie sie der Pseudozufallsgenerator erzeugt, sondern einer vorgegebenen Verteilung, zum Beispiel der Normalverteilung, folgen. Wie kann man einen solchen Datensatz erzeugen? Dies ist in der Tat recht einfach: Zuerst erzeugen wir mit dem Pseudozufallsgenerator n Zahlen $q_1, \ldots, q_n$ zwischen 0 und 1. Diese Zahlen interpretieren wir als Wahrscheinlichkeiten. Mit der inversen Verteilungsfunktion bestimmen wir Stellen $k_1, \ldots, k_n$ mit der Eigenschaft $\Phi(k) = q_k$, wobei Φ die gewünschte Verteilungsfunktion ist.

Beispiel 7.11 Wir sollen 10 zufällige Daten erzeugen, die normalverteilt sind mit Mittelwert 2 und Standardabweichung 0.5. Wir benutzen also einen Pseudozufallsgenerator und erzeugen $n = 10$ Zahlen q_i:

  0.7677, 0.4447, 0.8126, 0.4189, 0.4999, 0.4729, 0.9368, 0.2456, 0.1281, 0.5651.

Nun werden zuerst die Werte k_i' bestimmt, die $\Phi_{0,1}(k_i') = q_i$ erfüllen. Dies kann auf einem Taschenrechner zum Beispiel mit `invNorm` erfolgen. Wir erhalten die folgenden Werte:

  0.7314, -0.1390, 0.8875, -0.2048, -0.0002, -0.0679, 1.5282, -0.6885,

  -1.1355, 0.1639.

Diese Daten werden nun noch transformiert zu $k_i = 0.5 \cdot k_i' + 2$. Wir erhalten:

  2.3657, 1.9305, 2.4438, 1.8976, 1.9999, 1.9661, 2.7641, 1.6558, 1.4322, 2.0819.

Diese Daten könnten bei einer normalverteilten Zufallsvariablen auftreten. Die Abb. 7.35 zeigt den entsprechenden Q-Q-Plot. In derselben Abbildung wurde auch die Gerade $y = 0.5x + 2$ eingezeichnet. Die Daten zeigen eine leichte Abweichung von der Geraden, was aber bei kleinen Datensätzen durchaus zu erwarten ist.   ◊

Aufgabe 7.28 Erzeuge einen Datensatz mit 5 Daten, die einer Normalverteilung mit dem Erwartungswert 100 und der Standardabweichung 10 entstammen könnten. Zeichne danach den entsprechenden Q-Q-Plot.

Abb. 7.35 Der Q-Q-Plot der
10 pseudozufällig erzeugten
normalverteilten Daten, die
einer Verteilung mit Mittelwert
2 und der Standardabweichung
0.5 entsprechen

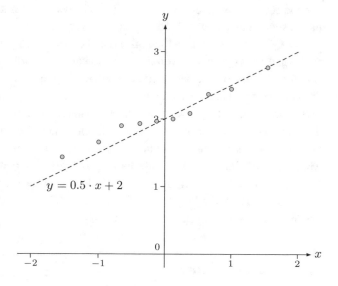

7.9   Zusammenfassung

Die Standard-Normalverteilung zeigt folgendes Verhalten: Werte um den Erwartungswert
0 sind am wahrscheinlichsten. Je größer der Abstand zu 0 ist, desto unwahrscheinlicher
werden die Werte, und zwar gleichmäßig in beide Richtungen. Der Graph der Dichtefunktion sieht aus wie ein symmetrischer Berg mit einem flachen Gipfel (Abb. 7.18). Diese
Standard-Normalverteilung ist detailliert untersucht worden, die Daten ihrer Verteilung
ist in Form einer Tabelle zugänglich. Wir wissen, dass es eine riesige Anzahl von
Situationen gibt, bei denen die Dichtefunktion ähnlich wie in Abb. 7.18 aussieht, wo
aber der Berg steiler oder flacher und nicht bei 0, sondern irgendwo auf der x-Achse
verschoben ist. In diesem Kapitel haben wir gezeigt, wie man unser Wissen über die
Standard-Normalverteilung auch zur Erforschung von Experimenten mit allgemeiner
Normalverteilung verwenden kann.

Wenn X eine standardisiert normalverteilte Zufallsvariable ist, kann man eine neue
Zufallsvariable $Y = aX + b$ definieren. Der Parameter b verschiebt den Erwartungswert
und somit die Bergspitze nach b. Der Parameter a vergrößert a-fach die Standardabweichung. Mit $a < 1$ wird der Berg steiler und höher und mit $a > 1$ wird er flacher. Das
Ganze zeigt aber auch, dass man mit einer linearen Transformation, also mit $aX + b$,
eine beliebige Normalverteilung auf die Standard-Normalverteilung zurückspielen kann.
Somit erhalten wir ein Forschungsinstrument für alle Experimente, die näherungsweise
normalverteilt sind. Aus den gemessenen Daten schätzen wir die Parameter Erwartungswert und Standardabweichung einer Normalverteilung, die unser Experiment modellieren
soll. Durch die Transformation auf die Standard-Normalverteilung können wir aus der

Tabelle für die Standard-Normalverteilung die Wahrscheinlichkeitswerte ablesen, die uns interessieren und so unser Modell gezielt einsetzen.

Der Q-Q-Plot bietet die Möglichkeit zu überprüfen, ob gegebene Daten ähnlich verteilt sind wie eine vorgegebene Verteilung φ. So kann man prüfen, ob in der Natur gemessene Daten wahrscheinlich einer Normalverteilung folgen. Bei einem Q-Q-Plot zeichnet man die gemessenen Daten als Punkte in einem zweidimensionalen Koordinatensystem ein. Dazu sortiert man die gemessenen Daten aufsteigend, dies liefert dann die y-Koordinaten der Punkte. Für die x-Koordinaten teilt man den Wertebereich, den eine gemäß φ verteilte Zufallsvariable annehmen kann, in gleich wahrscheinliche Intervalle auf und wählt in jedem Intervall eine Stützstelle so, dass das Intervall noch einmal in zwei gleich wahrscheinliche Teile zerfällt. Die so erhaltenen Stützstellen liefern die x-Koordinaten der Punkte. Liegen die Punkte ungefähr auf einer Geraden, so ist es sinnvoll, die gebenen Daten mit der Verteilung φ zu modellieren.

7.10 Kontrollfragen

1. Wie definiert man den Erwartungswert einer stetigen Zufallsvariable? Was ist das gemeinsame Konzept mit den Erwartungswerten von diskreten Zufallsvariablen?
2. Wie definiert und berechnet man die Varianz und die Standardabweichung einer stetigen Zufallsvariable?
3. Wie sieht die Standard-Normalverteilung aus?
4. Wie kann man die Standard-Normalverteilung zu einer allgemeinen Normalverteilung so transformieren, dass man beliebige Erwartungswerte und Standardabweichungen erreichen kann?
5. Welche Dichtefunktion hat eine normalverteilte Zufallsvariable mit Erwartungswert μ und Standardabweichung σ?
6. Wie kann man bei gesammelten Daten erkennen, ob man sie mit einer Normalverteilung gut annährend modellieren kann?
7. Was zeigt ein Q-Q-Plot?
8. Wie wird ein Q-Q-Plot erstellt?
9. In einem Q-Q-Plot werden gemessene Daten gegenüber der Standard-Normalverteilung aufgezeichnet. Was kann man aus dem Bild schließen, wenn die Punkte eine stark s-förmige Kurve bilden? Was kann man schließen, wenn sie sich ungefähr entlang einer Geraden aufreihen?

7.11 Lösungen zu ausgewählten Aufgaben

Aufgabe 7.7 Durch das Strecken ergibt sich die Funktion g, die durch $g(x) = \frac{1}{3}f(\frac{x}{3}) = \frac{1}{9}x$ definiert ist. Durch das Verschieben ergibt sich die Funktion h, die durch $h(x) = g(x-2) = \frac{1}{9}(x-2) = \frac{1}{9}x - \frac{2}{9}$ definiert wird.

Aufgabe 7.8 Für $-1 \leq x \leq 1$ gilt $0 \leq x^2 \leq 1$ und damit gilt $-1 \leq -x^2 \leq 0$ und somit $0 \leq 1 - x^2 \leq 1$. Daraus folgt, dass $f(x) \geq 0$ gilt, für alle Werte x zwischen -1 und 1. Für alle anderen x gilt jedoch sowieso $f(x) = 0$ und somit folgt $f(x) \geq 0$ für alle x.

Weiter gilt

$$\int\limits_{-\infty}^{\infty} f(x)\mathrm{d}x = \int\limits_{-1}^{1} \frac{3}{4}(1-x^2)\mathrm{d}x = \frac{3}{4}\cdot\int\limits_{-1}^{1}(1-x^2)\mathrm{d}x$$

$$= \frac{3}{4}\cdot\left(x-\frac{1}{3}x^3\right)\Big|_{x=-1}^{x=1} = \frac{3}{4}\left(\frac{2}{3}-\left(-\frac{2}{3}\right)\right) = 1.$$

Aufgabe 7.9 Da die mittlere Lebensdauer $\frac{1}{\ln(2)}T = 8\,\mathrm{J}$ ist, so gilt $\lambda = \frac{1}{8\,\mathrm{J}}$. Es sei X die Zufallsvariable, die angibt, wann ein solches Teil kaputtgeht. Wir sollen $P(X \leq 6)$ bestimmen. Aus

$$P(X \leq 6\,\mathrm{J}) = 1 - \mathrm{e}^{-\lambda 6\,\mathrm{J}} = 1 - \mathrm{e}^{-\frac{1}{8\,\mathrm{J}}6\,\mathrm{J}} = 1 - \mathrm{e}^{-0.75} = 0.5276.$$

Die Wahrscheinlichkeit, dass das Teil in den ersten 6 Jahren kaputtgeht, liegt also bei 52.76%. Dies passt zur Halbwertszeit $T = \ln(2)\cdot 8\,\mathrm{J} = 5.55\,\mathrm{J}$, welche etwas unter 50% liegt.

Aufgabe 7.10 Sei φ die zugehörige Dichtefunktion. Da $\varphi(t) = 0$ für alle $t < a$ und alle $t > b$, so gilt

$$E(X) = \int\limits_{a}^{b} t\cdot\varphi(t)\mathrm{d}t = \int\limits_{a}^{b} t\cdot\frac{1}{b-a}\mathrm{d}t = \left[\frac{1}{b-a}\cdot\frac{1}{2}t^2\right]_{t=a}^{t=b} = \frac{b^2-a^2}{2(b-a)} = \frac{b+a}{2}.$$

Aufgabe 7.11 Die Dichtefunktion $\varphi_{0,1}$ von X erfüllt $\varphi_{0,1}(t) = \frac{1}{\sqrt{2\pi}}\mathrm{e}^{-\frac{t^2}{2}}$ und daher ist

$$E(X) = \int\limits_{-\infty}^{\infty} t\cdot\frac{1}{\sqrt{2\pi}}\mathrm{e}^{-\frac{t^2}{2}}\mathrm{d}t = \frac{1}{\sqrt{2\pi}}\left[-\mathrm{e}^{-\frac{t^2}{2}}\right]_{t=-\infty}^{t=\infty} = 0 - 0 = 0.$$

Aufgabe 7.13 Wir berechnen erst $E(X^2)$:

$$E(X^2) = \int\limits_{a}^{b} \frac{1}{b-a}t^2\mathrm{d}t = \left[\frac{1}{3}\cdot\frac{t^3}{b-a}\right]_{t=a}^{t=b} = \frac{1}{3}\cdot\frac{b^3-a^3}{b-a} = \frac{b^2+ab+a^2}{3}.$$

Somit folgt

$$V(X) = E(X^2) - E(X)^2 = \frac{b^2+ab+a^2}{3} - \left(\frac{a+b}{2}\right)^2$$

$$= \frac{4b^2+4ab+4a^2-3a^2-6ab-3b^2}{12} = \frac{b^2-2ab+a^2}{12}$$

$$= \frac{(b-a)^2}{12}.$$

Die Standardabweichung ist somit $\sigma(X) = \frac{b-a}{\sqrt{12}} = \frac{b-a}{2\sqrt{3}}$.

Aufgabe 7.15 Es gilt

$$E(X) = \int_{-\infty}^{\infty} t\varphi_{\mu,\sigma}(t)dt = \int_{-\infty}^{\infty} t\frac{1}{\sigma\sqrt{2\pi}}e^{-\frac{(t-\mu)^2}{2\sigma^2}}\,dt.$$

Wir führen eine Variablentransformation durch und setzen $s = \frac{t-\mu}{\sigma}$. Dann gilt $t = \sigma s + \mu$ und $dt = \sigma ds$. Somit erhalten wir

$$E(X) = \int_{-\infty}^{\infty} (\sigma s + \mu)\frac{1}{\sigma\sqrt{2\pi}}e^{-\frac{s^2}{2}}\,\sigma ds$$

$$= \sigma \underbrace{\int_{-\infty}^{\infty} s\cdot\frac{1}{\sqrt{2\pi}}e^{-\frac{s^2}{2\sigma^2}}\,ds}_{=E(Z)=0} + \mu \underbrace{\int_{-\infty}^{\infty} \frac{1}{\sqrt{2\pi}}e^{-\frac{s^2}{2\sigma^2}}\,ds}_{=1}$$

{hier ist Z eine standardisiert normalverteilte Zufallsvariable}

$$= \mu.$$

Berechnen wir nun die Varianz

$$V(X) = \int_{-\infty}^{\infty} (t - E(X))^2\varphi_{\mu,\sigma}(t)dt = \int_{-\infty}^{\infty} (t-\mu)^2\frac{1}{\sigma\sqrt{2\pi}}e^{-\frac{(t-\mu)^2}{2\sigma^2}}\,dt.$$

Wir nehmen wieder dieselbe Variablentransformation vor $s = \frac{t-\mu}{\sigma}$, womit $(t-\mu)^2 = \sigma^2 s^2$ und $dt = \sigma ds$ gilt. Somit erhalten wir

$$V(X) = \int_{-\infty}^{\infty} \sigma^2 s^2\frac{1}{\sigma\sqrt{2\pi}}e^{-\frac{s^2}{2}}\,\sigma ds$$

{wiederum ist Z eine standardisiert normalverteilte Zufallsvariable, $E(Z) = 0$}

$$= \sigma^2 \underbrace{\int_{-\infty}^{\infty} (s - E(Z))^2\frac{1}{\sqrt{2\pi}}e^{-\frac{s^2}{2}}\,ds}_{V(Z)=1}$$

$$= \sigma^2,$$

womit dann $\sigma(X) = \sqrt{V(X)} = \sqrt{\sigma^2} = \sigma$ folgt.

Aufgabe 7.17 Mit einem Taschenrechner findet man, dass diese Wahrscheinlichkeit gleich

$$\texttt{normCdf}(22.5,\ 27.5,\ 27,\ 5.5) = 0.3296 = 32.96\%$$

ist. Die Vorhersage des Modells liegt also wiederum etwas unter der relativen Häufigkeit dieser Gewichtsklasse unserer Fichtenzapfen.

Aufgabe 7.18 Wir betrachten die Obergrenze der Geburtsgröße X (in cm) $u = 49.6 + 1 = 50.6$ und erhalten die Umrechnung $t = \frac{u-\mu}{\sigma} = \frac{50.6-49.6}{2.1} = \frac{1}{2.1} \approx 0.476$. Die Tab. 6.1 liefert $\Phi(0.48) = 0.684386$. Daher gilt $P(X \leq 50.6) = 68.4\%$. Andererseits gilt $P(X \leq 49.6) = 50\%$ und daher $P(49.6 \leq X \leq 50.6) = 68.4\% - 50\% = 18.4\%$. Genau gleich wahrscheinlich ist aber – gemäß dem Modell der Normalverteilung – die Wahrscheinlichkeit $P(48.6 \leq X \leq 49.6) = 18.4\%$. Daher gilt $P(|X - 49.6| \leq 1) = P(48.6 \leq X \leq 49.6) + P(49.6 \leq X \leq 50.6) = 18.4\% + 18.4\% = 36.8\%$.

Aufgabe 7.20 Um das 95%-Perzentil zu berechnen, lesen wir erst $\Phi_{0,1}(1.64485) = 0.95$ aus der Tab. 6.1 und rechnen sodann um: $\frac{u-\mu}{\sigma} = 1.64485$ liefert $u = 53.1$. Dies ist das 95%-Perzentil. Aus Symmetriegründen gilt $\Phi_{0,1}(-1.64485) = 0.05$ und daher folgt aus $\frac{u-\mu}{\sigma} = -1.64485$, dass $u = 46.1$, dies ist das 5%-Perzentil.

Aufgabe 7.21 Sei X die Zufallsvariable, die einen IQ, gemessen mit dem vorgegebenen Test, angibt.

(a) Es soll $P(X \geq 130)$ berechnet werden. Wir bestimmen dies mit Hilfe der Gegenwahrscheinlichkeit

$$P(X \geq 130) = 1 - P(X \leq 130) = 1 - \Phi_{100,15}(130).$$

Jetzt können wir in die Standard-Normalverteilung umrechnen:

$$\Phi_{100,15}(130) = \Phi_{0,1}(\tfrac{130-100}{15}) = \Phi_{0,1}(2) = 0.977250,$$

wobei der letzte Wert der Tab. 6.1 entnommen wurde. Somit

$$P(X \geq 130) = 1 - 0.977250 = 0.02275 \approx 2.3\%.$$

(b) Die Rechnung ist ganz ähnlich wie bei (a):

$$P(X \geq 110) = 1 - \Phi_{0,1}(\tfrac{110-100}{15}) = 1 - \Phi_{0,1}(0.67) = 1 - 0.748571 = 0.251429 \approx 25.1\%.$$

Aufgabe 7.22

(a) Wir betrachten dazu die Obergrenze für das noch tolerierbare Füllvolumen (in ml): $u = 500 + 10$. Dann ist $t = \frac{u-\mu}{\sigma} = 2.5$ und aus der Tab. 6.1 entnimmt man $\Phi_{\mu,\sigma}(u) = \Phi_{0,1}(2.5) = 0.993790$. Somit gilt $P(X \geq 510) = 1 - 0.993790 = 0.00621$. Aus Symmetriegründen gilt ebenso $P(X \leq 490) = 0.00621$. Somit gilt $P(|X - 500| \geq 10) = 2 \cdot 0.00621 = 0.01242$.

(b) Damit der Ausschuss höchstens 1% beträgt, muss $P(X \geq 500 + c) = 0.5\%$ sein, also $P(X \leq 500 + c) = 0.995$. Aus der Tab. 6.1 entnimmt man $\Phi(2.57583) = 0.995$. Daher muss $2.57583 = \frac{500+c-\mu}{\sigma} = \frac{c}{4}$ nach u aufgelöst werden. Dies ergibt $c = 10.30332 \approx 10.3$.

Aufgabe 7.24 Es gilt $\Phi_{\mu,\sigma}(188) = 0.05$ und $\Phi_{\mu,\sigma}(206) = 0.91$. Aus der Tab. 6.1 lesen wir ab, dass $\Phi_{0,1}(1.64485) = 0.95$ und $\Phi_{0,1}(1.34076) = 0.91$. Aus Ersterem folgt $\Phi_{0,1}(-1.64485) = 1 - 0.95 = 0.05$. Somit erhalten wir ein Gleichungssystem

$$\frac{188 - \mu}{\sigma} = -1.64485$$

Abb. 7.36 Die Graphik zeigt
die 5 Punkte, deren
x-Koordinaten $x_1, \ldots, x_5$ die
Stützstellen einer uniformen
Verteilung und die
y-Koordinaten die 5 Daten der
Aufgabe 7.26 sind

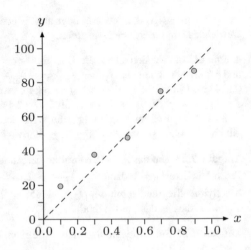

$$\frac{206 - \mu}{\sigma} = 1.34076.$$

Multiplizieren wir beide Gleichungen mit σ und subtrahieren die erste von der zweiten, so erhalten wir

$$206 - 188 = 1.34076\sigma - (-1.64485)\sigma = 2.98561\sigma,$$

also $\sigma = 0.166$. Nun kann auch μ bestimmt werden:

$$\mu = 206 - 1.34076\sigma = 206 - 1.34076 \cdot 1.66 = 203.8.$$

Aufgabe 7.25 Die 8 Intervalle sind $\left[0, \frac{1}{8}\right]$, $\left[\frac{1}{8}, \frac{2}{8}\right]$, ..., $\left[\frac{7}{8}, 1\right]$. Deren Mitten sind $x_1 = \frac{1}{16} =$ 0.0625, $x_2 = \frac{1}{8} + \frac{1}{16} = 0.1875$. Genauso findet man $x_3 = 0.3125$, $x_4 = 0.4375$, $x_5 = 0.5625$, $x_6 = 0.6875$, $x_7 = 0.8125$ und $x_7 = 0.9375$.

Aufgabe 7.26 Die Stützstellen sind $x_1 = 0.1$, $x_2 = 0.3$, $x_3 = 0.5$, $x_4 = 0.7$ und $x_5 = 0.9$. Die entsprechende Graphik ist in der Abb. 7.36 dargestellt. Die Abbildung zeigt, dass die Punkte in guter Näherung auf einer Geraden liegen. Es ist daher realistisch anzunehmen, dass diese Daten einer uniformen Verteilung im Intervall [0, 100] entstammen.

Aufgabe 7.27 Man berechnet die folgenden Werte:

invNorm(1/12) = −1.3830   invNorm(3/12) = −0.6745   invNorm(5/12) = −0.2104

invNorm(7/12) = 0.2104   invNorm(9/12) = 0.6745   invNorm(11/12) = 1.3830.

Der zentrale Grenzwertsatz 8

8.1 Zielsetzung

In diesem Kapitel werden wir sehen, dass die Familie der Normalverteilungen eine herausragende Rolle innerhalb aller Verteilungen spielt. Betrachtet man ein Produkt von Zufallsvariablen, so kann man damit den Einfluss verschiedener Faktoren modellieren. Die Behandlung von Produkten von Zufallsvariablen ist jedoch technisch sehr schwierig. Daher linearisieren wir zuerst und können uns so auf die Betrachtung von Summen von Zufallsvariablen zurückziehen. Dabei werden wir heuristisch, also durch Betrachtung gewisser Beispiele, feststellen, dass unter relativ milden Voraussetzungen die Summe dieser Zufallsvariablen normalverteilt ist. Die genaue Formulierung dieser Aussage ist im zentralen Grenzwertsatz enthalten. Schließlich betrachten wir Summen von stetigen Zufallsvariablen. Insbesondere interessiert uns die Summe von unabhängigen und normalverteilten Zufallsvariablen. Wir werden sehen, dass diese Summe von stetigen Zufallsvariablen wieder normalverteilt ist. Am Ende werden wir verstehen, warum wir für die Schätzung der Standardabweichung einer unbekannten Verteilung, die als normalverteilt vorausgesetzt wird, besser die sogenannte Stichproben-Standardabweichung verwenden.

Hinweis für die Lehrperson.
Dieser Abschnitt hat einen vorwiegend theoretischen Charakter. Für das tiefere Verständnis der zentralen Rolle der Normalverteilung ist er unerlässlich, aber er bietet kaum Chancen der eigenen Praxis. Konkrete Aufgabenstellungen fehlen meist deshalb, weil diese in Anbetracht der Tragweite des Resultats und der Schwierigkeit, die Aussage korrekt zu verstehen, klar in den Hintergrund treten müssen.

© Der/die Herausgeber bzw. der/die Autor(en), exklusiv lizenziert durch
Springer Nature Switzerland AG 2020
M. Barot, J. Hromkovič, *Stochastik 2*, Grundstudium Mathematik,
https://doi.org/10.1007/978-3-030-45553-8_8

8.2   Von Einflussfaktoren zu Summen

Die Fichtenzapfen aus Kap. 7 unterscheiden sich bezüglich Trockengewicht und Länge. Die Gründe dafür können vielfältig sein. Bäume stehen im Wald in einem Konkurrenzkampf um Licht, Wasser und Mineralstoffe. Die eine Fichte bekommt vielleicht mehr Licht ab und kann daher größere Zapfen wachsen lassen, eine andere hat eher Zugang zu Wasser, wieder eine andere einen besseren symbiotischen Austausch mit Pilzen, die eine ist älter und stärker als die andere. Aber auch die Position innerhalb desselben Baums kann eine Rolle spielen: Der eine Zapfen hängt höher im Baum, der andere mehr auf der Sonne zugewandten Seite. Und schließlich kann auch einfach das genetische Material Einfluss nehmen, indem es bei einem Baum breitere Zapfen wachsen lässt, bei einem anderen längere, bei einem dritten breitere und längere, also größere.

In der Physik werden viele Abhängigkeiten durch Formeln ausgedrückt. In diesen Formeln kommen aber hauptsächlich die Operationen der Multiplikation und der Division vor oder manchmal auch der Potenz, wie zum Beispiel in $E = mc^2$, bei dem ausgedrückt wird, dass die Masse m in die Energie E umgewandelt werden kann, wobei die Proportionalitätskonstante das Quadrat der Lichtgeschwindigkeit c^2 ist. Ein anderes Gesetz lautet $d = vt$, wobei v die Durchschnittsgeschwindigkeit ist, die ein bewegtes Objekt während der Zeit t innehat, um die Distanz d zurückzulegen.

In der Situation, die wir hier studieren wollen, sind uns die maßgebenden Abhängigkeiten weitgehend unbekannt und wir können nicht erwarten, sie durch einfache Gesetze beschreiben zu können. Wir nehmen an, dass sich die einzelnen Einflussfaktoren durch eine Zufallsvariable modellieren lassen: Wir betrachten also Zufallsvariablen $X_1, \ldots, X_n$ und uns interessiert das Produkt

$$Z = X_1 \cdot X_2 \cdot \ldots \cdot X_n, \tag{8.1}$$

das wieder eine Zufallsvariable ist. Es ist jedoch eine Eigenheit der Stochastik, dass Produkte von Zufallsvariablen viel schwieriger zu behandeln sind als Summen. Wir *linearisieren* daher die Gl. 8.1. Dies geschieht wie folgt. Wir schreiben jede Zufallsvariable X_i in der folgenden Form:

$$X_i = \mu_i(1 + Y_i), \quad \text{wobei } \mu_i = \mathrm{E}(X_i).$$

Die Zufallsvariablen Y_i haben dann alle den Erwartungswert 0, denn aus

$$\mu_i = \mathrm{E}(X_i) = \mu_i(1 + \mathrm{E}(Y_i))$$

folgt sofort, dass $\mathrm{E}(Y_i) = 0$.

Nun ergibt sich aus (8.1)

$$Z = \mu_1(1 + Y_1) \cdot \mu_2(1 + Y_2) \cdot \ldots \cdot \mu_n(1 + Y_n)$$

$$= \mu_1\mu_2 \cdots \mu_n \cdot (1 + Y_1)(1 + Y_2) \cdot \ldots \cdot (1 + Y_n)$$

$$= \mu_1\mu_2 \cdots \mu_n \cdot \big(1 + (Y_1 + Y_2 + \ldots + Y_n) + R\big),$$

wobei R eine Summe von Produkten der Zufallsvariablen Y_i ist, bei der jeder Summand mindestens zwei Faktoren hat. Wenn $n = 2$, so ist $R = Y_1Y_2$, ist $n = 3$, so gilt $R = Y_1Y_2 + Y_1Y_3 + Y_2Y_3 + Y_1Y_2Y_3$.

Auf den ersten Blick haben wir gar nichts gewonnen – im Gegenteil, die Darstellung ist viel komplizierter geworden. Aber jetzt berücksichtigen wir, dass $E(Y_i) = 0$. Wenn wir zum Beispiel an eine normalverteilte Zufallsvariable X_i denken, so ist Y_i wieder normalverteilt. Da $E(Y_i) = 0$, ist Y_i mit großer Wahrscheinlichkeit nahe bei 0. Deswegen liegt ein Produkt wie zum Beispiel Y_1Y_2 mit großer Wahrscheinlichkeit sehr, sehr nahe bei 0 und erst recht ein Produkt mit drei Faktoren wie zum Beispiel $Y_1Y_4Y_5$. Daher ersetzen wir an dieser Stelle den Wert von Z durch die folgende Näherung:

$$Z \approx \mu(1 + Y_1 + Y_2 + \ldots + Y_n), \quad \text{mit } \mu = \mu_1\mu_2 \cdots \mu_n. \qquad (8.2)$$

Wir sind uns bewusst, dass wir einen Fehler in Kauf nehmen, da wir den Summanden R weggelassen haben. Auf der anderen Seite haben wir viel gewonnen, da die Behandlung der Summe $Y_1 + Y_2 + \ldots + Y_n$ wesentlich einfacher ist als das Produkt (8.1). Das ist in der Wissenschaft ein üblicher Vorgang. Wenn wir ein realitätstreues Modell erhalten, das wir wegen seiner Komplexität nicht überschauen und nicht analysieren können, dann vereinfachen wir das Modell und bezahlen diese Vereinfachung mit gewisser Ungenauigkeit, möglicherweise einer Realitätsuntreue. Falls die Ungenauigkeit klein ist, war unser Einsatz erfolgreich. Unsere Hoffnung hier ist, dass der Fehler (die Abweichung zwischen den zwei Seiten von (8.2)) nicht zu groß ist.

Jetzt wollen wir zuerst erklären, warum es vorteilhaft ist, Summen von Zufallsvariablen zu betrachten. Wir schauen uns dazu nochmals die Sammlung der Fichtenzapfen an. Die tatsächliche Verteilung der Längen von ausgewachsenen Fichtenzapfen ist uns unbekannt. Jeder einzelne gesammelte Fichtenzapfen definiert einen Wert X_i. Wenn wir in unserer Sammlung den Durchschnittswert ermitteln, so berechnen wir

$$\overline{X} = \frac{X_1 + X_2 + \ldots + X_n}{n}.$$

Dabei ist $\overline{X}$ selbst wieder eine Zufallsvariable. Wir wollen hier der Frage nachgehen, ob man etwas über die Verteilung von $\overline{X}$ aussagen kann, wenn jedes X_i normalverteilt ist mit demselben Mittelwert und derselben Standardabweichung. Auch hier benötigen wir wieder die Betrachtung von Summen von Zufallsvariablen.

8.3   Ein Studienbeispiel

Wir werden nun eine Summe von **diskreten** Zufallsvariablen betrachten: Dies sind Zufallsvariablen, die einzelne isolierte Werte annehmen können und bei denen diese einzelnen
Werte positive Wahrscheinlichkeiten haben können. Die Summe solcher Zufallsvariablen
möchten wir dann mit einer stetigen Verteilung vergleichen. Dabei stoßen wir auf ein
Problem: Diskrete und stetige Zufallsvariablen sind anders definiert. Um sie zu vergleichen
können wir jedoch die kumulative Verteilungsfunktion benutzen. Diese haben wir im
diskreten Fall nie benutzt, da dies nie nötig war, nun wird sie sich aber als nützlich
erweisen.

Beispiel 8.1 Wir betrachten das einfache Würfeln und wollen erkunden, wie die kumulative Verteilung beim einfachen Würfeln aussieht. Sei X die Zufallsvariable, die die
Augenzahl beim einfachen Würfeln angibt. In der Abb. 8.1 ist links der Graph der Funktion
$f : t \mapsto f(t) = P(X = t)$ abgebildet. Rechts in derselben Abbildung ist die kumulative
Verteilungsfunktion $F : t \mapsto F(t) = P(X \leq t)$ gezeigt. Man beachte, dass zum Beispiel
$f(2.4) = 0$, aber $F(2.4) = \frac{2}{6}$.

Beide Funktionen haben Sprungstellen, die durch Punktepaare in der Abb. 8.1 markiert
sind. Der Wert an dieser Stelle wird vom ausgefüllten Punkt angegeben.   ◇

Beispiel 8.2 Beim wiederholten Einkauf im Bäckerladen stellt Ottokar fest, dass sein
Lieblingsgebäck, ein Schokoladenküchlein, manchmal trockener und manchmal feuchter
ist. Er überlegt sich daher, welche Umstände einen Einfluss auf die Feuchtigkeit der
Küchlein nehmen könnten. Nach einem Gespräch mit dem Bäcker formuliert er die
folgenden 6 Einflussfaktoren: 1. der Wassergehalt des Mehls; 2. der Fettgehalt der

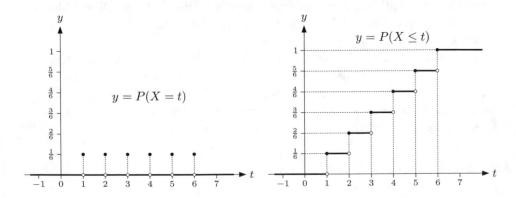

Abb. 8.1 Links ist der Graph der Verteilung $f(t) = P(X = t)$ und rechts der Graph der
kumulativen Verteilungsfunktion $F(t) = P(X \leq t)$, wobei X die Augenzahl beim einfachen
Würfeln anzeigt. Ausgefüllte Kreise geben den Funktionswert bei den Sprungstellen an

Schokolade; 3. die Zusammensetzung, also das Verhältnis von Mehl zu Schokolade; 4. die Backzeit; 5. der Ort im Ofen während des Backens und 6. das Gewicht.

Um diese verschiedenen Einflussfaktoren vergleichen zu können, wurden sie quantifiziert. Man misst den Einfluss in einer Skala von Punkten. Eine positive Punktezahl bedeutet, dass ein Küchlein durch diesen Einfluss eher trocken wird; eine negative Punktezahl bedeutet, dass es eher feucht wird. Der Absolutbetrag der Punktezahl gibt die Größe des Einflusses an.

In der Folge werden diese 6 Einflussfaktoren einzeln diskutiert.

1. *Wassergehalt des Mehls*. Der Bäcker bezieht sein Mehl von drei verschiedenen Herstellern. Dabei hat er festgestellt, dass die Feuchtigkeit des Mehls zwischen den Herstellern leicht variiert.

   Die Variable X_1 widerspiegelt diesen Einfluss. Da diese selbst aber nur gering variiert, hat sie nur einen geringen Einfluss auf die Feuchtigkeit der Küchlein. Die möglichen Werte sind daher klein: -0.8, -0.3 und 0.6, die Wahrscheinlichkeiten entsprechen der Häufigkeit, mit der der Bäcker bei den verschiedenen Lieferanten einkauft. Die Tab. 8.1 gibt die Wahrscheinlichkeiten in der ersten Spalte wieder.

2. *Fettgehalt der Schokolade*. Je größer der Fettanteil, desto feuchter werden die Küchlein. Der Bäcker hat auch hier drei verschiedene Zulieferer, die Schokolade mit unterschiedlichem Kakao- und Fettgehalt liefern. Der Bäcker schätzt dies als eine der Hauptquellen für die Variation in der Feuchtigkeit der Küchlein ein.

   Die Zufallsvariable X_2 gibt den Einfluss des Fettgehalts wieder. Der Absolutbetrag der Werte ist hier deutlich größer als beim Mehl, siehe die zweite Spalte der Tab. 8.1.

3. *Zusammensetzung*. Der Bäcker arbeitet zwar mit Waagen. Trotzdem passieren manchmal Messfehler oder Ablesefehler. Dies kann in relativ seltenen Fällen dazu führen, dass das Verhältnis zwischen Mehl und Schokolade variiert.

   Die Zufallsvariable X_3 gibt den Einfluss der Zusammensetzung auf die Trockenheit an. Diese wurde in 7 Stufen aufgeteilt: Meist trifft der Bäcker das Verhältnis sehr gut. Der Einfluss ist in diesem Falle gleich Null. Daher hat der Wert 0 die größte Wahrscheinlichkeit.

4. *Backzeit*. Die Backzeit hat einen entscheidenden Einfluss auf die Trockenheit. Backt man zu lange, so werden die Küchlein sehr trocken. Daher kann es auch aus diesem Grunde zu Abweichungen in der Feuchtigkeit kommen.

   Die Zufallsvariable X_4 modelliert diesen Einfluss.

5. *Ort im Ofen*. Die Küchlein werden zu je $30 = 5 \times 6$ Stück auf ein Blech gelegt und dann in den Ofen geschoben. Die vier in den Ecken bekommen tendenziell zu viel Hitze ab, die 14 am Rande fallen leicht trockener aus und die 12 in der Mitte eher etwas feuchter.

   Dies erklärt die Werte und Wahrscheinlichkeiten von X_5, die in Tab. 8.1 angegeben wurden.

6. *Gewicht*. Der Teig wird zwar pro Blech abgewogen, aber die Verteilung auf die 30 Küchlein geschieht nach Augenmaß des Bäckers. Da kann es schon einmal vorkommen,

Tab. 8.1 Die Verteilungen der 6 Zufallsvariablen $X_1 \ldots X_6$, die einen Einfluss auf die Trockenheit der Küchlein haben

X_1		X_2		X_3		X_4		X_5		X_6	
k	w	k	w	k	w	k	w	k	w	k	w
−0.8	0.3	−5	0.14	−3	0.02	−2	0.01	−1.25	$\frac{12}{30}$	−3	0.02
−0.3	0.2	0	0.16	−2	0.08	−0.5	0.09	0.5	$\frac{14}{30}$	−2	0.08
0.6	0.5	1	0.7	−1	0.1	0	0.8	2	$\frac{4}{30}$	−1	0.2
				0	0.6	0.5	0.09			0	0.4
				1	0.1	2	0.01			1	0.2
				2	0.08					1	0.08
				3	0.02					3	0.02

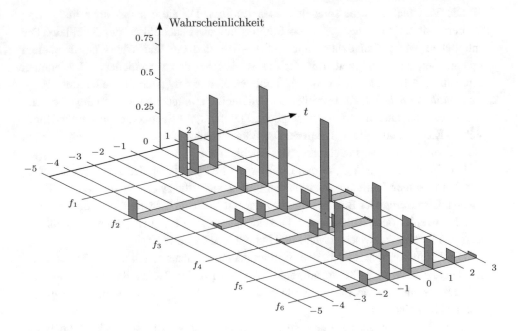

Abb. 8.2 Die Verteilungsfunktionen $f_i(t) = P(X_i = t)$ der 6 Variablen $X_1 \ldots X_6$, die einen Einfluss auf die Feuchtigkeit der Schokoladenküchlein haben können

dass eines etwas leichter ist und daher auch etwas trockener, ein anderes aber etwas schwerer und daher etwas feuchter ausfällt.

Die Zufallsvariable X_6 ist ähnlich wie X_3, unterscheidet sich jedoch bei den Werten $-1, 0, 1$.

Die Abb. 8.2 gibt die Verteilungen dieser 6 Zufallsvariablen graphisch wieder.

Man beachte, dass diese 6 Variablen voneinander unabhängig sind: So hat zum Beispiel der Mehllieferant keinen Einfluss auf die Platzierung auf dem Blech, die Backzeit ist unabhängig von der Zusammensetzung und das Gewicht eines einzelnen Küchleins hat keinen Einfluss auf den Fettgehalt der Schokolade.

Außerdem haben alle 6 Zufallsvariablen den Erwartungswert Null. Es gilt also $E(X_i) = 0$. Die Zufallsvariablen wurden ja so gewählt, dass sie eine Abweichung vom normal üblichen Fall und nicht Absolutwerte angeben. Da die Feuchtigkeit eines Küchleins aber von allen sechs Variablen abhängt, kann es durchaus sein, dass die Wirkung der einen Variable durch die einer anderen kompensiert wird. So kann es zum Beispiel vorkommen, dass eine zu lange Backzeit durch einen höheren Fettanteil der Schokolade oder ein höheres Gewicht kompensiert wird. Wir betrachten daher die Summe der einzelnen Zufallsvariablen $X_1 + X_2 + \ldots + X_6$. Wie wir in den nächsten Abschnitten noch sehen werden, ist es aus bestimmten Gründen besser, diese Summe mit dem Faktor $\frac{1}{\sqrt{6}}$ zu gewichten, siehe insbesondere den Satz 8.9. Wir betrachten also $S_6 = \frac{1}{\sqrt{6}}(X_1 + X_2 + \ldots + X_6)$.

Um einen besseren Eindruck zu erhalten, können wir die einzelnen Variablen nach und nach zusammenzählen. Wir betrachten daher

$$S_n = \frac{1}{\sqrt{n}}(X_1 + \ldots + X_n)$$

für $n = 1, \ldots, 6$.

Als Erstes berechnen wir die Verteilung von S_2 von Hand. Da X_1 und X_2 je 3 Werte annehmen können, so sind für S_2 insgesamt 9 Werte möglich. Ist $X_1 = -0.8$ und $X_2 = 1$, so gilt $\frac{1}{\sqrt{2}}(X_1 + X_2) = \frac{0.2}{\sqrt{2}}$. Die Wahrscheinlichkeit, dass $X_1 = -0.8$ und $X_2 = 1$ eintritt, ist wegen der Unabhängigkeit der Zufallsvariablen gleich

$$P(X_1 = -0.8 \text{ und } X_2 = 1) = P(X_1 = -0.8) \cdot P(X_2 = 1) = 0.3 \cdot 0.7 = 0.21.$$

Somit erhalten wir die Tab. 8.2, in der die möglichen Werte von S_2 und deren Wahrscheinlichkeiten abgebildet sind.

Die weitere Berechnung wird recht aufwendig. Jedoch wäre es ein Fehler zu denken, dass die Zufallsvariable S_6 genau $3 \cdot 3 \cdot 7 \cdot 5 \cdot 3 \cdot 7 = 6615$ verschiedene Werte annehmen kann, da ja X_1 genau 3, X_2 genau 3, X_3 genau 7, ..., X_6 genau 7 Werte annehmen kann. Dies wäre ein Trugschluss, denn insgesamt kann S_6 nur 184 verschiedene Werte annehmen. Der Grund liegt darin, dass es sehr wohl möglich ist, dieselbe Summe für verschiedene Kombinationen der Werte der einzelnen Variablen zu erhalten. Dies macht die Berechnung der Verteilung von S_6 zu einem recht anspruchsvollen Problem, das besser mit einem Computer als von Hand gelöst wird.

Tab. 8.2 Die möglichen Werte von S_2 und deren Wahrscheinlichkeiten

Wert von S_2	$\frac{-5.8}{\sqrt{2}}$	$\frac{-0.8}{\sqrt{2}}$	$\frac{0.2}{\sqrt{2}}$	$\frac{-5.3}{\sqrt{2}}$	$\frac{-0.3}{\sqrt{2}}$	$\frac{0.7}{\sqrt{2}}$	$\frac{-4.5}{\sqrt{2}}$	$\frac{0.5}{\sqrt{2}}$	$\frac{1.5}{\sqrt{2}}$
Wahrscheinlichkeit	0.042	0.048	0.21	0.028	0.032	0.14	0.07	0.08	0.35

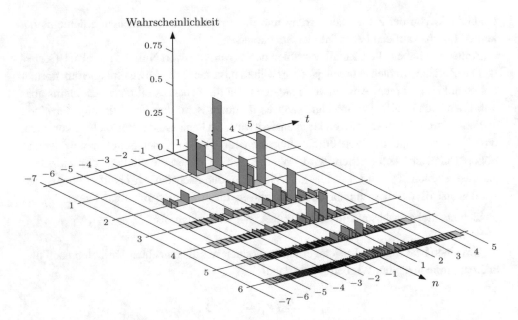

Abb. 8.3 Die Verteilungsfunktion der 6 sukzessive aufsummierten Zufallsvariablen $S_1 \ldots S_6$ im Beispiel der Feuchtigkeit der Küchlein

Die Abb. 8.3 zeigt die Entwicklung der Verteilungen von $S_1 \ldots S_6$.

In Abb. 8.4 ist die kumulative Verteilungsfunktion von jeder der 6 Zufallsvariablen $S_1 \ldots S_6$ abgebildet.

Erstaunlich ist, dass die kumulative Verteilung der Zufallsvariablen S_5 und erst recht von S_6 sehr genau der kumulativen Verteilungsfunktion einer Normalverteilung, also $\Phi_{0,\sigma}$ folgt, wobei das σ noch zu bestimmen wäre. $\diamond$

Die gute Approximation von S_6 durch die Normalverteilung ermöglicht uns auch die Wichtigkeit der einzelnen 6 Parameter, die durch die 6 Zufallsvariablen $X_1, X_2 \ldots X_6$ gemessen werden, einzeln zu untersuchen. Zum Beispiel: Wie groß ist der Einfluss einer statistisch größeren Fehlschätzung des Bäckers auf die Verteilung des Teiges auf annähernd gleich große Küchlein und die Abweichung von der gewünschten Feuchtigkeit des Produktes? Oder was passiert, wenn der Bäcker statistisch ungenauer wiegt (die Zufallsvariable X_3) und mit größeren Wahrscheinlichkeiten die richtige Proportion zwischen Teig und Schokolade nicht trifft?

Wir haben in Beispiel 8.2 aus 6 diskreten Zufallsvariablen, die nur wenige verschiedene Werte annehmen können, durch Aufsummieren eine Zufallsvariable erhalten, die recht gut durch eine Normalverteilung angenähert werden kann. Dies zeigt, dass oft schon wenige

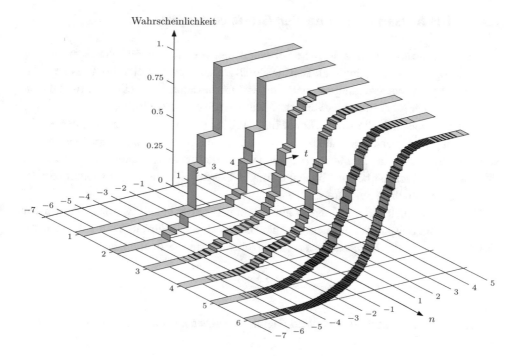

Abb. 8.4 Die kumulative Verteilungsfunktion der aufsummierten Zufallsvariablen $S_1 \ldots S_6$ im Beispiel der Schokoladenküchlein

unabhängige Zufallsvariablen genügen, um in der Summe zu einer Normalverteilung zu führen.

Die Normierung durch den Faktor $\frac{1}{\sqrt{n}}$ dient dazu, dass die Verteilung nicht zerfließt. Die Zufallsvariable $S = X_1 + \ldots + X_6$ kann ebenfalls 184 verschiedene Werte annehmen, aber diese reichen von -15.05 bis zu 11.6. Dass $\sqrt{n}$ eine gute Wahl für den Faktor einer Summe aus n Zufallsvariablen darstellt, wird sich weiter unten noch klären.

In der Wirklichkeit ist es meist so, dass eine „Zielvariable" Z durch viele verschiedene mehr oder weniger unabhängige „Faktoren" X_i beeinflusst wird, die in ihrer Summe auf Z einwirken. Betrachtet man nur die Abweichung vom Mittel oder besser gesagt vom Erwartungswert, so liefert die Summe $X_1 + \ldots + X_n$ in sehr vielen Fällen eine näherungsweise normalverteilte Zufallsvariable.

Das Studienbeispiel 8.2 veranschaulicht dies gut und zeigt auch, dass nicht etwa hunderttausende Zufallsvariablen nötig sind, sondern dass nur wenige Zufallsvariablen reichen können, um in ihrer Summe eine näherungsweise normalverteilte Zufallsvariable zu erhalten.

8.4   Die Aussage des zentralen Grenzwertsatzes

Es scheint augenfällig, dass in sehr verschiedenen Situationen die Normalverteilung herbeigezogen wird, um eine realitätsnahe Zufallsvariable zu modellieren. Dies ist nicht zufällig. Die Normalverteilungen spielen unter allen bekannten Verteilungen (und davon gibt es weit mehr, als bisher hier vorgestellt wurden) eine zentrale Rolle.

Betrachte nochmals die Abb. 5.12 auf Seite 138. Sie zeigt die Entwicklung der durchschnittlich geworfenen Augenzahl bei $n = 1, 2 \ldots 10$ Würfen eines fairen Spielwürfels. Es sollte ins Auge stechen, dass bei $n = 10$ eine klare Glockenkurve erkennbar ist. Auch bei diesem Beispiel scheint bei zunehmender Anzahl Würfe die Verteilung des Durchschnitts einer Normalverteilung zuzustreben.

Dieses Phänomen soll nun genauer untersucht und besser geklärt werden. Bleiben wir daher noch bei Beispiel 5.7 des Durchschnitts beim n-fachen Würfeln. Dort haben wir die Zufallsvariable r_n des Durchschnitts beim n-fachen Würfeln betrachtet, also

$$r_n = \frac{X_1 + X_2 + \ldots + X_n}{n},$$

wobei X_i die Augenzahl im i-ten Wurf angibt. Wir haben auch gesehen, dass die Varianz von r_n

$$V(r_n) = \frac{1}{n} V(X)$$

durch die Varianz $V(X)$ der Augenzahl beim einfachen Würfeln ausgedrückt werden kann. Dies führte zur Konsequenz, dass

$$\lim_{n \to \infty} V(r_n) = 0,$$

was für den Beweis des Gesetzes der großen Zahlen das wichtige Argument war. Nun aber verhindert genau dies, dass r_n gegen eine feste Verteilung strebt. Wegen Satz 2.8 wissen wir, dass die Zufallsvariable

$$S_n = X_1 + X_2 + \ldots + X_n$$

die Varianz

$$V(S_N) = n \, V(X)$$

hat, wobei X die Zufallsvariable ist, die die Augenzahl beim einfachen Würfeln angibt. Daher gilt

$$\lim_{n \to \infty} V(S_n) = \infty.$$

Es scheint daher angebracht, die Zufallsvariable

$$Z_n = \frac{X_1 + X_2 + \ldots + X_n}{\sqrt{n}}$$

zu betrachten, denn dann gilt

$$V(Z_n) = V(\tfrac{1}{\sqrt{n}} X_1) + V(\tfrac{1}{\sqrt{n}} X_2) + \ldots + V(\tfrac{1}{\sqrt{n}} X_n)$$

$$= \tfrac{1}{n} V(X_1) + \tfrac{1}{n} V(X_2) + \ldots + \tfrac{1}{n} V(X_n)$$

$$= \tfrac{1}{n} (V(X) + V(X) + \ldots + V(X))$$

$$= V(X).$$

Aufgabe 8.1 Betrachte den n-fachen Münzwurf. Sei X_i die Zufallsvariable, die angibt, ob die Münze im i-ten Wurf Kopf gezeigt hat. Es gilt also $X_i = 0$, wenn im i-ten Wurf Zahl erscheint und $x_i = 1$, wenn Kopf erscheint. Die Zufallsvariablen X_i sind voneinander unabhängig. Es gilt $E(X_i) = \tfrac{1}{2}$ und $V(X_i) = \tfrac{1}{4}$.

(a) Sei $S_n = X_1 + \ldots + X_n$. Berechne den Erwartungswert $E(S_n)$ und die Varianz $V(S_n)$. Konvergieren diese Werte?

(b) Sei $Z_n = \tfrac{1}{\sqrt{n}}(X_1 + \ldots + X_n)$. Berechne den Erwartungswert $E(Z_n)$ und die Varianz $V(Z_n)$. Konvergieren diese Werte?

Mit dem Faktor $\tfrac{1}{\sqrt{n}}$ haben wir erreicht, dass die Folge $Z_1, Z_2, Z_3 \ldots$ von Zufallsvariablen eine konstante Varianz und damit eine konstante Standardabweichung hat. Nun aber haben wir ein neues Problem: Der Erwartungswert wird divergieren (nicht konvergieren) und damit haben wir wieder keine Hoffnung, dass die Folge $Z_1, Z_2, Z_3 \ldots$ gegen eine bekannte Verteilung strebt. Aber auch dieses Problem lässt sich beheben. Wir betrachten anstatt X_i immer

$$Y_i = X_i - E(X_i).$$

Dann gilt $E(Y_i) = 0$ und damit, also mit

$$Z_n = \frac{Y_1 + Y_2 + \ldots + Y_n}{\sqrt{n}},$$

gilt dann

$$E(Z_n) = 0 \quad \text{und} \quad V(Z_n) = V(Y) = V(X) = \sigma^2.$$

Die Abb. 8.5 zeigt die Entwicklung der Verteilung der Zufallsvariablen Z_n für $n = 1, 2 \ldots 10$. Man bemerke, dass sich hier, im Gegensatz zu r_n, der „Berg" nicht mehr „zusammenzieht". Der Berg zeigt eine etwa immer gleich große Breite, er ist nur immer feiner strukturiert.

Damit sind nun alle Hindernisse eliminiert für einen Konvergenzprozess zu einer Normalverteilung. Der folgende Satz drückt die Konvergenz präzise aus.

Satz 8.1 (zentraler Grenzwertsatz) *Sei $Y_1, Y_2, Y_3 \ldots$ eine unendliche Folge von unabhängigen Zufallsvariablen mit Erwartungswert Null, $E(Y_i) = 0$, und konstanter Varianz, $V(Y_i) = \sigma^2$. Dann gilt: Die Folge der Zufallsvariablen $Z_1, Z_2, Z_3 \ldots$ mit*

$$Z_n = \frac{Y_1 + Y_2 + \ldots + Y_n}{\sqrt{n}}$$

strebt gegen die Normalverteilung mit kumulativer Verteilungsfunktion $\Phi_{0,\sigma}$, das heißt, für alle t gilt:

$$\lim_{n \to \infty} P(Z_n \leq t) = \Phi_{0,\sigma}(t).$$

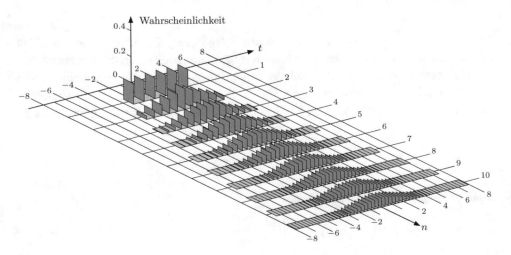

Abb. 8.5 Die Verteilungen der Zufallsvariablen $Z_n = \frac{1}{\sqrt{n}}(Y_1 + Y_2 + \ldots + Y_n)$ für $n = 1, 2 \ldots 10$, wobei X_i die Augenzahl beim i-ten Würfeln angibt und $Y_i = X_i - E(X_i)$

Der Beweis dieses Satzes sprengt leider den Rahmen dieses Lehrmittels und wir müssen uns mit einigen Beispielen und Folgerungen begnügen. Satz 8.1 macht eine Aussage über die Entwicklung der kumulativen Häufigkeiten.

Beispiel 8.3 Wir betrachten das mehrfache Würfeln. Wir haben n Zufallsvariablen $X_1, \ldots, X_n$ und jede einzelne nimmt die Werte $1, 2, 3, 4, 5, 6$ jeweils mit der Wahrscheinlichkeit $\frac{1}{6}$ an.

Die Abb. 8.6 zeigt die kumulative Verteilungsfunktion beim n-fachen Würfeln für $n = 1, 2 \ldots 10$, also die Funktionen $F(t) = P(Z_n \leq t)$, wobei $Z_n = \frac{1}{\sqrt{n}}(Y_1 + Y_2 + \ldots + Y_n)$ und $Y_i = X_i - \mathrm{E}(X_i)$. Der besseren Lesbarkeit halber wurden die Graphen als Bänder dargestellt, die an den Sprungstellen vertikale Stücke enthalten.

Man vergleiche die kumulative Verteilungsfunktion für $n = 10$, also $P(Z_{10} \leq t)$ mit derjenigen der Normalverteilung, siehe Abb. 6.8. Die Ähnlichkeit ist frappierend! $\diamond$

Aufgabe 8.2 Bei einem Glücksspiel kann man die Gewinne 6, 1 oder den Verlust 4 erzielen. Die Gewinnwahrscheinlichkeit der 6 ist $\frac{1}{5}$, die anderen beiden Möglichkeiten (1 und -4) haben beide die Wahrscheinlichkeit $\frac{2}{5}$. Nun wird das Glücksspiel zweimal ausgeführt. Es sei X_1 bzw. X_2 die Zufallsvariable, die den Gewinn angibt, der im ersten bzw. zweiten Durchgang erzielt wird.

Berechne die Verteilung der Zufallsvariablen $Z_2 = \frac{1}{\sqrt{2}}(X_1 + X_2)$.

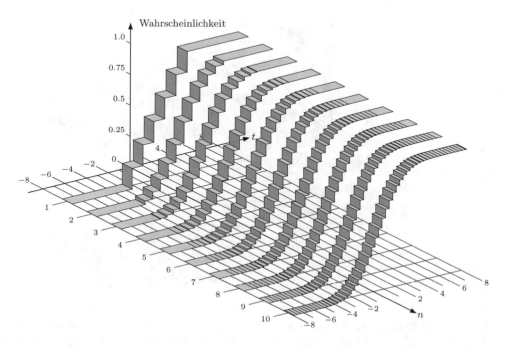

Abb. 8.6 Die Entwicklung der kumulativen Verteilungsfunktion der Zufallsvariablen $Z_n = \frac{1}{\sqrt{n}}(Y_1 + Y_2 + \ldots + Y_n)$ für $n = 1, 2 \ldots 10$ beim wiederholten Würfeln, wobei X_i die Augenzahl beim i-ten Wurf angibt und $Y_i = X_i - \mathrm{E}(X_i)$

Beispiel 8.4 Betrachten wir nun den wiederholten Münzwurf. Sei X_i die Zufallsvariable, die angibt, ob im i-ten Wurf Zahl ($X_i = 0$) fällt oder Kopf ($X_i = 1$). Die Abb. 5.10 auf Seite 134 zeigt, wie sich r_n für $n = 1, 2 \ldots 10$ entwickelt. Die Abb. 8.7 zeigt die Entwicklung der kumulativen Verteilungen $Z_n = \frac{1}{\sqrt{n}}(Y_1 + Y_2 + \ldots + Y_n)$ für $n = 1, 2 \ldots 10$, wobei $Y_i = X_i - \mathrm{E}(X_i) = X_i - 0.5$.

Man erkennt gut, dass hier mehr Iterationen nötig sind als beim wiederholten Würfeln, denn auch die kumulative Verteilungsfunktion $F(t) = P(Z_{10} \leq t)$ hat noch wenige und sehr hohe Stufen. Um zu einer guten Annäherung an $\Phi_{0,\sigma}$ zu kommen, bedarf es also eines größeren n.   ◇

Man beachte, dass im Satz 8.1 nichts über die Natur der Zufallsvariablen Y_i ausgesagt wird. Diese können stetig oder diskret sein. Sie müssen nur alle den Erwartungswert 0 und die Standardabweichung σ haben. Aber sie müssen nicht gleich verteilt sein. Mehr noch, es gelten viel allgemeinere Fassungen des zentralen Grenzwertsatzes.

Wir wollen diese Eigenschaften auf die Probe stellen. Da es recht schwer ist, bei einem realen Beispiel die Einflüsse verschiedener Variablen auf andere zu messen, haben wir ein Studienbeispiel konstruiert, das zu Illustrationszwecken bestens geeignet ist, und die allgemeine Idee und die Tragweite des zentralen Grenzwertsatzes offenbaren sollte.

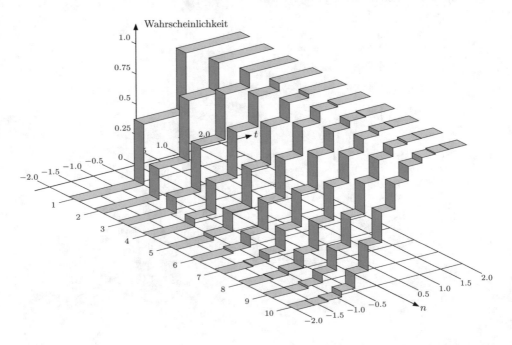

Abb. 8.7 Die Entwicklung der kumulativen Verteilungsfunktionen der Zufallsvariablen $Z_n = \frac{1}{\sqrt{n}}(Y_1 + Y_2 + \ldots + Y_n)$ für $n = 1, 2 \ldots 10$ beim wiederholten Münzwurf, wobei X_i angibt, ob im i-ten Wurf „Zahl" ($X_i = 0$) fällt oder „Kopf" ($X_i = 1$) und $Y_i = X_i - \mathrm{E}(X_i)$

Auszug aus der Geschichte   Der Name **zentraler Grenzwertsatz** stammt von *Georg Pólya* (1887–1985). Es gibt verschiedene Versionen des zentralen Grenzwertsatzes, da nach und nach immer mehr Voraussetzungen fallen gelassen werden konnten und der Satz eine immer größere Tragweite erlangte.

Pierre Simon Laplace zeigte, dass die Binomialverteilung sich der Normalverteilung annähert. Fasst man die bei der Binomialverteilung auftretende Zufallsvariable X auf als Summe $X = X_1 + X_2 + \ldots + X_n$, wobei $X_i = 1$ (beziehungsweise $X_i = 0$) angibt, dass im i-ten Versuch ein Erfolg (beziehungsweise ein Misserfolg) erzielt wurde, so kann man *Laplace* als den ersten Wissenschaftler ansehen, der eine Version des zentralen Grenzwertsatzes bewies.

Einer der ersten allgemeineren Versionen stammt von *Pafnuti Tschebyschow* (1821–1894), eine weitere von dessen Schüler *Andrei Andrejewitsch Markow* (1856–1922), eine noch allgemeinere von *Alexander Michailowitsch Ljapunow* (1857–1918) und die allgemeinste gelang 1922 *Jarl Waldemar Lindeberg* (1876–1932). Schließlich konnte 1935 *William Feller* (1906–1970) zeigen, dass die von *Lindeberg* formulierten Voraussetzungen notwendig sind, um die Aussage des zentralen Grenzwertsatzes zu beweisen.

8.5   Anwendungen der Näherung durch die Normalverteilung

Die Annäherung einer Summe von Zufallsvariablen an eine Normalverteilung, die im zentralen Grenzwertsatz (Satz 8.1) präzise formuliert wird, soll nun praktisch ausgenutzt werden.

In der Praxis hat man nie eine unendliche Folge von unabhängigen Zufallsvariablen $X_1, X_2 \ldots$, häufig jedoch eine gewisse endliche Anzahl $X_1, \ldots, X_n$ und man betrachtet deren Summe $S_n = X_1 + \ldots + X_n$.

Wir betrachten zuerst ein Bernoulli-Experiment mit der Erfolgswahrscheinlichkeit p. Es gibt nur zwei Ergebnisse: 1, was „Erfolg" und 0, was „Misserfolg" bedeutet. Wiederholen wir das Zufallsexperiment n-mal, so erhalten wir einen Bernoulli-Prozess. Sei X_i die Zufallsvariable, die den Erfolg bei der i-ten Wiederholung angibt, es gilt also $X_i = 1$, wenn im i-ten Versuch ein Erfolg erzielt wurde und $X_i = 0$ sonst.

Der Erwartungswert von X_i ist $\mathrm{E}(X_i) = p \cdot 1 + (1 - p) \cdot 0 = p$ und die Varianz ist

$$\mathrm{V}(X_i) = p \cdot (1 - p)^2 + (1 - p) \cdot (0 - p)^2 = p(1 - p)^2 + p^2(1 - p) = p(1 - p).$$

Wir wollen den zentralen Grenzwertsatz, Satz 8.1, nutzen, um die Zufallsvariable

$$S_n = X_1 + \ldots + X_n$$

durch eine stetige und normalverteilte Zufallsvariable anzunähern.

Dazu sei $Y_i = X_i - p$, denn diese Zufallsvariable erfüllt $\mathrm{E}(Y_i) = 0$, was ja bei Satz 8.1 vorausgesetzt wird. Weiter definieren wir σ so, dass $\sigma^2 = \mathrm{V}(Y_i)$. Es gilt dann $\sigma = \sqrt{p(1 - p)}$, da $\mathrm{V}(Y_i) = \mathrm{V}(X_i) = p(1 - p)$. Mit $Z_n = \frac{1}{\sqrt{n}}(Y_1 + \ldots + Y_n)$ folgt nun aus dem zentralen Grenzwertsatz, dass

$$\lim_{n\to\infty} P(Z_n \le t) = \Phi_{0,\sigma}(t).$$

Dies bedeutet

$$P(Z_n \le t) \approx \Phi_{0,\sigma}(t), \qquad\qquad (8.3)$$

wobei wir aber keine Information haben, wie gut die Approximation ist. Wir wissen nur, dass sie immer besser wird, je größer n ist.

Nun soll die linke Seite so umgeschrieben werden, dass wir eine Abschätzung für S_n erhalten:

$$P(Z_n \le t) = P\left(\tfrac{1}{\sqrt{n}}(Y_1 + \ldots + Y_n) \le t \right)$$
$$= P\left(Y_1 + \ldots + Y_n \le \sqrt{n}\,t \right)$$
$$= P\left(X_1 + \ldots + X_n - np \le \sqrt{n}\,t \right)$$
$$= P\left(S_n \le np + \sqrt{n}\,t \right).$$

Wir substituieren $k = np + \sqrt{n}\,t$ und daher $t = \frac{k-np}{\sqrt{n}}$. Somit können wir die Approximation (8.3) wie folgt ausdrücken

$$P(S_n \le k) \approx \Phi_{0,\sigma}(\tfrac{k-np}{\sqrt{n}}) = \Phi_{0,1}(\tfrac{k-np}{\sqrt{n}\,\sigma}) = \Phi_{np,\,\sqrt{n}\,\sigma}(k),$$

wobei die letzten zwei Umformungen aus Satz 7.5 folgen.

Satz 8.2 *Sei X die Zufallsvariable, die zählt, wie viele Erfolge in einem Bernoulli-Prozess mit n Versuchen und Erfolgswahrscheinlichkeit p erzielt werden. Dann gilt für alle $k = 0, 1 \ldots n$ die folgende Approximation:*

$$P(X \le k) \approx \Phi_{0,1}\left(\tfrac{k-np}{\sqrt{np(1-p)}} \right).$$

Dass es sich um einen Bernoulli-Prozess handelt, ist jedoch nicht wesentlich. Genauso gut könnten wir unabhängige Zufallsvariablen $X_1, \ldots, X_n$ betrachten mit dem Erwartungswert μ und der Standardabweichung σ. Die Zufallsvariable $S_n = X_1 + \ldots + X_n$ hat dann den Erwartungswert $n\mu$ und die Standardabweichung $\sqrt{n}\,\sigma$.

Wir fassen dies in einem Satz zusammen.

Satz 8.3 *Es seien $X_1, \ldots, X_n$ unabhängige Zufallsvariablen mit demselben Erwartungswert $E(X_i) = \mu$ und derselben Standardabweichung $\sigma(X_i) = \sigma$. Dann gilt*

$$P(X_1 + \ldots + X_n \le k) \approx \Phi_{0,1}(\tfrac{k-n\mu}{\sqrt{n}\,\sigma}). \qquad\qquad (8.4)$$

Bemerkung Dieser Satz ist praktisch nützlich, solange man sich nicht fragt, wie gut denn die Approximation (8.4) eigentlich sei, denn darüber macht der Satz keine Aussage. Man kann hoffen, eine gute Abschätzung zu erhalten, wenn n „ausreichend groß" ist, aber was denn genau „ausreichend groß" sein soll, bleibt ungewiss.

Beispiel 8.5 Obwohl von allen Kohlenstoffatomen in unserer Umwelt nur gerade etwa $0.000\,0000\,000\,12\%$ radioaktive ^{14}C-Atome sind, gibt es in einem Gramm Kohlenstoff doch $6 \cdot 10^{10}$ von diesen radioaktiven Isotopen.

Etwa die Hälfte, also $3 \cdot 10^{10}$ davon, werden nach der Halbwertszeit $T = 5730\,\mathrm{J}$ zerfallen sein. Wir sollen berechnen, wie wahrscheinlich es ist, dass die Anzahl der Atome, die tatsächlich zerfallen, im Bereich $3 \cdot 10^{10} \pm 10^6$ liegt.

Wir modellieren dies als Bernoulli-Prozess mit $n = 6 \cdot 10^{10}$ und $p = 0.5$. Die Zufallsvariable S_n gibt dann die Anzahl der in der ersten Halbwertszeit zerfallenen Atome an. Wir sollten

$$q = P(29999 \cdot 10^6 \leq S_n \leq 30001 \cdot 10^6)$$

berechnen. Die meisten Taschenrechner und Tabellenkalkulationsprogramme versagen jedoch bei der Berechnung mit so großen Zahlen. Wir verwenden daher die Approximation (8.4).

Es gilt $np = 3 \cdot 10^{10}$ und $\sqrt{n}\,\sigma = 58\,787.75$. Somit gilt nach (8.4)

$$q \approx \Phi_{0,1}\left(\tfrac{30001 \cdot 10^6 - 3 \cdot 10^{10}}{58\,787.75}\right) - \Phi_{0,1}\left(\tfrac{29999 \cdot 10^6 - 3 \cdot 10^{10}}{58\,787.75}\right)$$
$$= \Phi_{0,1}(17.01) - \Phi_{0,1}(-17.01).$$

Ein Blick auf die Tab. 6.1 zeigt, dass die rechte Seite größer als 0.999999 ist.

Mit besseren Programmen kann diese Wahrscheinlichkeit genauer bestimmt werden:

$$q \approx 1 - 1.48 \cdot 10^{-65} = 0.\underbrace{999\ldots999}_{64 \text{ Stellen}}852.$$

Vorausgesetzt, dass die Approximation wirklich gut ist, so zeigt dies, dass die Wahrscheinlichkeit enorm hoch ist, dass die tatsächliche Anzahl Atome, die zerfallen, nicht mehr als eine Million vom Erwartungswert abweicht.   ◇

Aufgabe 8.3 Betrachte die Situation des Beispiels 8.5, bei dem ein Gramm Kohlenstoff betrachtet wird, in dem sich $n = 6 \cdot 10^{10}$ radioaktive ^{14}C-Isotope befinden. Es sei S_n die Zufallsvariable, die angibt, wie viele dieser Isotope während der Dauer einer Halbwertszeit $T = 5730\,\mathrm{J}$ zerfallen.

Schätze die Wahrscheinlichkeit ab, dass zwischen $3 \cdot 10^{10} \pm 10^5$ der anfänglich vorhandenen Atome zerfallen werden.

Aufgabe 8.4 In Aufgabe 6.4 wurde die Wahrscheinlichkeit berechnet, dass ein radioaktives ^{14}C-Isotop schon im ersten Jahr zerfällt. Diese Wahrscheinlichkeit beträgt etwa $p = 0.000121$. Von den $n = 6 \cdot 10^{10}$ radioaktiven ^{14}C-Isotopen in einem Gramm Kohlenstoff zerfallen daher etwa $np = 7\,260\,000$. Wir betrachten die Zufallsvariable Z, die angibt, wie viele von diesen Isotopen tatsächlich im ersten Jahr zerfallen.

Man berechne eine Schranke c so, dass die Wahrscheinlichkeit $P(np - c \leq Z \leq np + c)$ genau 0.9 beträgt.

Aufgabe 8.5 Ein heikles elektronisches Bauteil habe die mittlere Lebensdauer von 120 Tagen. Die Lebensdauer werde durch eine exponentiell verteilte Zufallsvariable modelliert. Sobald es kaputtgeht, wird es ausgetauscht.

Nun sollen diese Bauteile für die Betriebsdauer von 10 Jahren im Voraus eingekauft werden. Wie viele Bauteile müssen eingekauft werden, um mit 90% Sicherheit genügend Bauteile für diesen Zeitraum zur Verfügung zu haben?

Der Satz 8.3 hat etwas Unbefriedigendes: Er gibt keine Angabe über die Güte der Approximation (8.4). Daher wollen wir den Satz in einer Situation überprüfen, bei der wir die Möglichkeit haben, die Berechnung auch explizit durchzuführen.

Beispiel 8.6 Wir betrachten ein Bernoulli-Experiment mit $n = 50$ und $p = 0.5$. Dann gilt $np = 25$. Wir sollen ein Intervall der Form $[25 - c, 25 + c]$ so berechnen, dass die Wahrscheinlichkeit 0.9 beträgt, dass die Anzahl Erfolge zwischen $25 - c$ und $25 + c$ liegt.

Dazu bezeichnen wir mit Z die Zufallsvariable, die die Anzahl Erfolge angibt. Wir wissen, dass $Z = X_1 + \ldots + X_{50}$, wobei X_i angibt, ob beim i-ten Versuch ein Erfolg (dann gilt $X_i = 1$) oder ein Misserfolg (dann gilt $X_i = 0$) erzielt wurde. Die Standardabweichung von X_i ist $\sigma = \sigma(X_i) = p \cdot (1 - p) = \sqrt{0.25} = 0.5$.

Wir berechnen die Schranke c zuerst mit Hilfe des Satzes 8.3. Wir wissen, dass

$$P(25 - c \leq Z \leq 25 + c) = P(Z \leq 25 + c) - P(Z < 25 - c)$$

$$\approx \Phi_{0,1}\left(\tfrac{c}{\sqrt{50}\cdot 0.5}\right) - \Phi_{0,1}\left(\tfrac{-c}{\sqrt{50}\cdot 0.5}\right)$$

$$= 2\Phi_{0,1}\left(\tfrac{c}{\sqrt{50}\cdot 0.5}\right) - 1.$$

Die linke Seite soll 0.9 betragen, damit muss

$$\Phi_{0,1}\left(\tfrac{c}{\sqrt{50}\cdot 0.5}\right) = 0.95$$

gelten, was nach Tab. 6.1 für $\dfrac{c}{\sqrt{50} \cdot 0.5} = 1.64485$ der Fall ist. Es folgt $c = 1.64485 \cdot \sqrt{50} \cdot 0.5 = 5.82$. Somit ist $25 - c = 19.18$ und $25 + c = 30.82$.

Nun können wir $P(19.18 \leq Z \leq 30.82)$ direkt berechnen, zum Beispiel mit einem guten Taschenrechner:

$$\texttt{binomCdf}(50,\ 0.5,\ 19.18,\ 30.82) = 0.88108.$$

Hätten wir jedoch 5.82 aufgerundet auf $c' = 6$, so hätten wir

$$\texttt{binomCdf}(50,\ 0.5,\ 19,\ 31) = 0.93509$$

erhalten. Die Approximation, die uns Satz 8.3 liefert, ist also durchaus brauchbar.   ◇

Wir sollten uns aber nicht so schnell zufriedenstellen. Wir suchen daher nach Stellen k, bei denen die Differenz aus den zwei Seiten von (8.4) bei $n = 50$ und $p = 0.5$

$$\delta_{50,\,0.5}(k) = P(X_1 + \ldots + X_{50} \leq k) \ - \ \Phi_{0,1}(\tfrac{k-25}{\sqrt{50\cdot 0.5}})$$

besonders groß ist. Die Abb. 8.8 zeigt den Graphen der Funktion $k \mapsto \delta_{50,\,0.5}(k)$.

Man sieht in dieser Abbildung sehr schön, dass die Abweichung bei $np = 25$ am größten ist. Berechnen wir diesen Wert explizit. Ist $k = 25$, so ist $P(Z_n \leq 25) = 0.5561$, aber $\Phi_{0,1}(0) = 0.5$, womit

$$\delta_{50,\,0.5}(25) = 0.0561 = 5.61\%$$

immerhin gut 5% Unterschied ausmacht.

Wählen wir aber einen Wert, der ganz wenig unter 25 liegt, etwa $k = 24.99999$, so wird $\Phi_{0,1}(\tfrac{-0.00001}{\sqrt{50\cdot 0.5}}) = 0.49999$, was sich kaum von 0.5 unterscheidet. Aber der Wert von $P(Z_n \leq k)$ wird sich drastisch ändern, da $P(Z_n \leq 24.99999) = P(Z_n \leq 24)$, da Z_n nur ganze Werte annehmen kann. Es gilt $P(Z_n \leq 24) = 0.4439$, womit $\delta_{50,\,0.5}(24.99999) = -0.0561$ folgt.

Dies erklärt, warum der Graph der Funktion $\delta_{50,\,0.5}$ immer bei ganzen Zahlen von negativen zu positiven Werten springt.

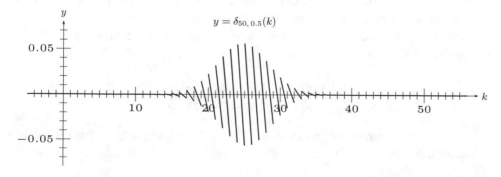

Abb. 8.8 Die Differenz der kumulativen Binomialverteilung und der kumulativen Normalverteilung

In vielen Lehrbüchern kann man die folgende *Faustregel* antreffen:

Satz 8.4 (Faustregel von Laplace) *Sei Z_n die Zufallsvariable, die die Anzahl Erfolge bei einem Bernoulli-Prozess mit Erfolgswahrscheinlichkeit p und n Versuchen angibt.*
  Ist

$$np(1 - p) > 9,$$

so ist die Approximation 8.4 von der Binomialverteilung $P(Z_n \leq k)$ durch die Normalverteilung $\Phi_{0,1}\left(\frac{k-np}{\sqrt{np(1-p)}}\right)$ „ausreichend gut".

Man bemerke jedoch: Unsere Berechnung bei $n = 50$ und $p = 0.5$ erfüllt die Voraussetzung der Laplaceschen Faustregel, da $np(1 - p) = 50 \cdot 0.5 \cdot 0.5 = 12.5 > 9$. Man darf sich daher fragen, ob 5.6% „ausreichend gut" sei. Da diese Situation weiterhin unbefriedigend ist, haben sich viele Mathematiker darum bemüht, eine Abschätzung der Differenz

$$\delta_{n,p}(k) = P(Z_n \leq k) - \Phi_{0,1}\left(\frac{k-np}{\sqrt{np(1-p)}}\right) \tag{8.5}$$

herzuleiten. Erst 1997 wurde folgende Aussage schließlich bewiesen.

Satz 8.5 (Satz von Berry-Esseen-Chistyakov) *Sei Z_n die Zufallsvariable, die die Anzahl Erfolge bei einem Bernoulli-Prozess mit Erfolgswahrscheinlichkeit p und n Versuchen angibt. Weiter sei $\delta_{n,p}(k)$ definiert wie in (8.5).*
  Dann gilt für alle k, dass

$$\left|\delta_{n,p}(k)\right| \leq \frac{1}{\sqrt{2\pi}} \cdot \frac{p^2 + (1 - p)^2}{\sqrt{np(1 - p)}}.$$

Auch hier, wie beim zentralen Grenzwertsatz (Satz 8.1), liegt der Beweis jenseits dessen, was wir im Rahmen dieses Buches erörtern können.

Zur Illustration berechnen wir die angegebene Schranke in unserem Beispiel mit $n{=}50$ und $p{=}0.5$. Es gilt dann

$$\frac{1}{\sqrt{2\pi}} \cdot \frac{p^2 + (1 - p)^2}{\sqrt{np(1 - p)}} = \frac{1}{\sqrt{2\pi}} \cdot \frac{0.25 + 0.25}{\sqrt{50 \cdot 0.5 \cdot 0.5}} \approx 0.05642.$$

Wir sind also bei unserem Beispiel mit $\delta_{50,\,0.5}(25) = 0.0561$ sehr nahe an diese Schranke gekommen. Dies bedeutet, dass die Schranke sehr gut ist, da sie die maximale Abweichung sehr gut approximiert.

Begriffsbildung 8.1 *Man nennt die Zahl*

$$\frac{1}{\sqrt{2\pi}} \cdot \frac{p^2 + (1-p)^2}{\sqrt{np(1-p)}}$$

*die **Schranke von Berry-Esseen**.*

Aufgabe 8.6 Berechne die Schranke von Berry-Esseen für die Situation, bei der $n = 6 \cdot 10^{10}$ radioaktive ^{14}C-Isotope vorgegeben sind und man die Dauer einer Halbwertszeit $T = 5730$ J abwartet um zu sehen, wie viele von ihnen zerfallen.

Aufgabe 8.7 Es sei $n = 1000$ und $p = 0.6$. Weiter bezeichnet X die Zufallsvariable, die die Anzahl Erfolge beim Bernoulli-Prozess mit n Versuchen und Erfolgswahrscheinlichkeit p angibt.

Der Unterschied $\delta_{1000,\,0.6}(k)$ ist für $k = np = 600$ am größten. Berechne $\delta_{1000,\,0.6}(600)$ mit Hilfe eines Taschenrechners oder eines Tabellenkalkulationsprogramms.

Vergleiche die Abweichung $\delta_{1000,\,0.6}(600)$ mit der Schranke von Berry-Esseen.

Auszug aus der Geschichte   Im Jahr 1941 publizierte *Andrew Campbell Berry* (1906–1998) eine Arbeit, in der er die maximale Abweichung der Binomialverteilung von der Normalverteilung abschätzte. Unabhängig von ihm erreichte 1945 *Carl-Gustav Esseen* (1918–2001) ein ähnliches Resultat. Wie so oft in der Mathematik wird eine erste Abschätzung mit der Zeit verbessert, das heißt hier, die gefundene obere Schranke wird verkleinert. Im Jahr 1953 stellte Andreij Nikolaevič Kolmogorow die Vermutung für eine optimale Schranke auf. Erst im Jahr 1997 konnte die Vermutung von *G.P. Chistyakov* bewiesen werden.

8.6   Die Summe unabhängiger stetiger Zufallsvariablen

Wir wollen noch eine zweite Situation betrachten, bei der Zufallsvariablen addiert werden. Im Unterschied zur zuvor behandelten Situation sollen die betrachteten Zufallsvariablen nun stetig sein.

Wir betrachten zuerst nur zwei stetige Zufallsvariablen X und Y mit ihren Dichtefunktionen φ_X beziehungsweise φ_Y. Mit P bezeichnen wir die Wahrscheinlichkeitsfunktion, die angibt, wie wahrscheinlich einzelne Ereignisse, wie zum Beispiel $a \leq X \leq b$ oder $c \leq Y \leq d$, sind. Ebenso können wir auch das Ereignis betrachten, dass gleichzeitig $a \leq X \leq b$ und $c \leq Y \leq d$ gelten.

Nun betrachten wir den Fall, dass X und Y unabhängig sind. Die Unabhängigkeit besagt, dass für $a < b$ und $c < d$ die Wahrscheinlichkeit, dass gleichzeitig $a \leq X \leq b$ und $c \leq Y \leq d$ gelten, gleich dem Produkt der einzelnen Wahrscheinlichkeiten ist. Es gilt also

$$P(a \leq X \leq b \text{ und } c \leq Y \leq d) = P(a \leq X \leq b) \cdot P(c \leq Y \leq d).$$

Die Wahrscheinlichkeit $P(a \leq X \leq b)$ wird mit der Dichtefunktion φ_X gemäß der Formel

$$P(a \leq X \leq b) = \int_a^b \varphi_X(s)\mathrm{d}s$$

berechnet. Daraus folgt für unabhängige X und Y die Formel

$$P(a \leq X \leq b \text{ und } c \leq Y \leq d) = \left(\int_a^b \varphi_X(s)\mathrm{d}s\right) \cdot \left(\int_c^d \varphi_y(t)\mathrm{d}t\right)$$

$$= \int_a^b \int_c^d \varphi_X(s)\varphi_Y(t)\mathrm{d}s\,\mathrm{d}t.$$

Integriert wird also jetzt über ein Rechteck, siehe die Abb. 8.9.

Beispiel 8.7 Wir betrachten zwei uniform verteilte Zufallsvariablen. Es sollen also unabhängig voneinander zwei zufällige Zahlen $0 \leq X \leq 1$ und $0 \leq Y \leq 1$ bestimmt werden. Die Dichtefunktionen φ_X und φ_Y stimmen daher überein und lauten wie folgt:

$$\varphi_X(s) = \begin{cases} 0, & \text{falls } s < 0 \\ 1, & \text{falls } 0 < s < 1 \\ 0, & \text{falls } s > 1. \end{cases} \qquad \varphi_Y(t) = \begin{cases} 0, & \text{falls } t < 0 \\ 1, & \text{falls } 0 < t < 1 \\ 0, & \text{falls } t > 1. \end{cases}$$

Wir sollen die folgenden Wahrscheinlichkeiten bestimmen:

(a) $P(\frac{1}{3} \leq X \leq \frac{2}{3}$ und $\frac{1}{2} \leq Y \leq 1)$,

(b) $P(X \leq \frac{2}{3}$ und $Y \leq \frac{1}{2})$.

Abb. 8.9 Der rechteckige Bereich, über den das Produkt der Dichtefunktionen $\varphi_X(s)\varphi_Y(t)$ integriert werden muss, um die Wahrscheinlichkeit $P(a \leq X \leq b$ und $c \leq Y \leq d)$ zu bestimmen

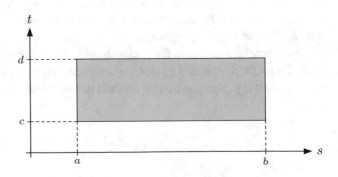

Wir beginnen mit (a). Es gilt $\varphi_X(s)\varphi_Y(t) = 1$ für alle x, y mit $\frac{1}{3} \leq X \leq \frac{2}{3}$ und $\frac{1}{2} \leq Y \leq 1$. Das Integral entspricht daher der Fläche des Rechtecks der Abb. 8.10. Die Fläche des dunklen Rechtecks ist $\frac{1}{3} \cdot \frac{1}{2} = \frac{1}{6}$. Diese Fläche entspricht der Wahrscheinlichkeit $P(\frac{1}{3} \leq X \leq \frac{2}{3}$ und $\frac{1}{2} \leq Y \leq 1)$, wie wir ganz formal nachrechnen können:

$$P(\tfrac{1}{3} \leq X \leq \tfrac{2}{3} \text{ und } \tfrac{1}{2} \leq Y \leq 1) = \left(\int_{\frac{1}{3}}^{\frac{2}{3}} ds \right) \cdot \left(\int_{\frac{1}{2}}^{1} dt \right)$$

$$= \left(s \Big|_{s=\frac{1}{3}}^{s=\frac{2}{3}} 1 \right) \cdot \left(t \Big|_{t=\frac{1}{2}}^{t=1} 1 \right)$$

$$= \left(\frac{2}{3} - \frac{1}{3} \right) \cdot \left(1 - \frac{1}{2} \right)$$

$$= \frac{1}{3} \cdot \frac{1}{2}$$

$$= \frac{1}{6}.$$

Nun zu (b). Wenn $s < 0$ oder $t < 0$, so ist $\varphi_X(s)\varphi_Y(t) = 0$. Daher gilt

$$P(X \leq \frac{2}{3} \text{ und } Y \leq \frac{1}{2}) = \left(\int_{-\infty}^{\frac{2}{3}} ds \right) \cdot \left(\int_{-\infty}^{\frac{1}{2}} dt \right)$$

$$= \left(\int_{0}^{\frac{2}{3}} ds \right) \cdot \left(\int_{0}^{\frac{1}{2}} dt \right)$$

Abb. 8.10 Hellgrau dargestellt ist der Bereich, in dem $\varphi_X(s)\varphi_Y(t) = 1$ gilt. Außerhalb ist das Produkt Null. Der dunkle rechteckige Bereich stellt die Wahrscheinlichkeit $P(\frac{1}{3} \leq X \leq \frac{2}{3}$ und $\frac{1}{2} \leq Y \leq 1)$ dar

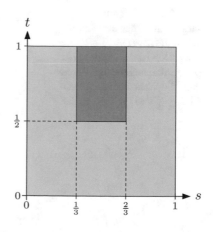

$$= \frac{2}{3} \cdot \frac{1}{2}$$

$$= \frac{1}{3}.$$

Vergleiche dazu die Abb. 8.11. Daher ist die gesuchte Wahrscheinlichkeit gleich $\frac{1}{3}$.   ◇

Aufgabe 8.8 Weiterhin seien X und Y unabhängig und uniform verteilt im Intervall $[0, 1]$. Bestimme die folgenden Wahrscheinlichkeiten.

(a) $P(X \leq 0.5 \text{ und } Y \geq 0.5)$
(b) $P(X < 2 \text{ und } Y \leq \frac{1}{3})$
(c) $P(X = 0.5 \text{ und } Y \leq 1)$
(d) $P(0.1 \leq X \text{ und } Y \leq 0.1)$

Nun sind wir bereit und können die Summe von zwei stetigen, unabhängigen Zufallsvariablen X und Y untersuchen. Wir bezeichnen mit $S = X + Y$ die Summe der zwei Zufallsvariablen. Damit ist S wieder eine Zufallsvariable. Eine wichtige Frage in diesem Zusammenhang ist, wie man die Dichtefunktion von S aus den Dichtefunktionen φ_X und φ_Y erhalten kann.

Beispiel 8.8 Betrachten wir den einfachen Fall, bei dem X und Y unabhängige und uniform auf $[0, 1]$ verteilte Zufallsvariablen sind. Zuerst soll die Wahrscheinlichkeit $P(S \leq k)$ bestimmt werden. Wir können diese Wahrscheinlichkeit umschreiben zu

$$P(S \leq k) = P(X \leq s \text{ und } Y \leq k - s).$$

Dies bedeutet, dass wir nun über einen schief berandeten Bereich integrieren, siehe die Abb. 8.12.

Abb. 8.11 Hellgrau dargestellt ist der Bereich, in dem $\varphi_X(s)\varphi_Y(t) = 1$ gilt. Außerhalb ist das Produkt Null. Der dunkle rechteckige Bereich stellt die Wahrscheinlichkeit $P(X \leq \frac{2}{3} \text{ und } \leq Y \leq \frac{1}{2})$ dar

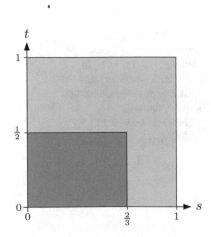

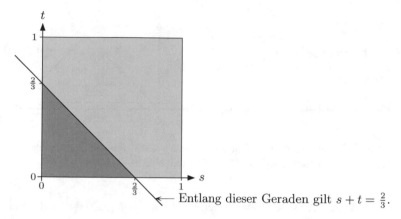

Abb. 8.12 Hellgrau dargestellt ist der Bereich, in dem $\varphi_X(s)\varphi_Y(t) = 1$ gilt. Außerhalb ist das Produkt Null. Der dunkle rechteckige Bereich stellt die Wahrscheinlichkeit $P(X + Y \leq \frac{2}{3})$ dar

Da die Wahrscheinlichkeit $P(X + Y \leq \frac{2}{3})$ als Flächeninhalt des grauen Dreiecks in der Abb. 8.12 berechnet werden kann, gilt

$$P(X + Y \leq \tfrac{2}{3}) = \tfrac{1}{2} \cdot \left(\tfrac{2}{3}\right)^2 = \tfrac{2}{9}.$$

Allgemeiner, ist $k < 0$, so gilt $P(X + Y \leq k) = 0$ und für $0 \leq k \leq 1$ gilt $P(X + Y \leq k) = \frac{1}{2}k^2$.

Die Berechnung von $P(X + Y \leq k)$ im Falle $1 \leq k \leq 2$ kann als Differenz des ganzen Quadrats mit Flächeninhalt 1 und dem oberen rechtwinklig-gleichschenkligen Dreieck mit den Katheten $2 - k$ erfolgen. Insgesamt erhalten wir so die kumulative Verteilungsfunktion Φ_S:

$$\Phi_S(k) = P(S \leq k) = \begin{cases} 0, & \text{falls } k < 0 \\ \frac{1}{2}k^2, & \text{falls } 0 \leq k \leq 1 \\ 1 - \frac{1}{2}(2 - k)^2, & \text{falls } 1 \leq k \leq 2 \\ 1, & \text{falls } 2 < k. \end{cases}$$

Die Dichtefunktion φ_S erhalten wir als Ableitung der kumulativen Verteilungsfunktion Φ_S:

$$\varphi_S(k) = \begin{cases} 0, & \text{falls } k < 0 \\ k, & \text{falls } 0 \leq k \leq 1 \\ 2 - k, & \text{falls } 1 \leq k \leq 2 \\ 0, & \text{falls } 2 < k. \end{cases}$$

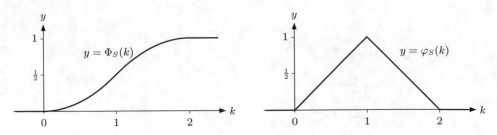

Abb. 8.13 Links die kumulative Verteilungsfunktion Φ_S und rechts die Dichtefunktion φ_S, wenn $S = X + Y$, wobei X, Y unabhängig und uniform verteilt sind in $[0, 1]$

Die Abb. 8.13 zeigt die kumulative Verteilungsfunktion Φ_S und die Dichtefunktion φ_S der Summe $S = X + Y$. $\diamond$

Im Beispiel 8.8 hatten wir das Glück, dass bei den uniform verteilten Zufallsvariablen X und Y das Produkt der Dichtefunktionen $\varphi_X(s)\varphi_Y(t)$ im Quadrat mit den Ecken $(0, 0)$, $(1, 0)$, $(1, 1)$ und $(0, 1)$ konstant gleich 1 und außerhalb desselben konstant gleich 0 ist. Wie aber geht man vor, wenn eine derart spezielle Situation nicht vorliegt?

Wir betrachten nun also die Situation, in der X und Y zwei unabhängige stetige Zufallsvariablen sind mit ihren Dichtefunktionen φ_X und φ_Y. Um $P(X + Y \leq k)$ zu berechnen, müssen diese Dichtefunktionen multipliziert werden und über den Bereich $\{(s, t) \mid s + t \leq k\}$ integriert werden:

$$P(X + Y \leq k) = \int\limits_{\{(s,t)\mid s+t\leq k\}} \varphi_X(s)\varphi_Y(t)\mathrm{d}s\,\mathrm{d}t.$$

Die Integration kann dadurch erfolgen, dass wir eine Variable, zum Beispiel s, frei wählen und die andere daran anpassen: Es muss dann $t \leq k - s$ gelten. Somit erhalten wir

$$P(X + Y \leq k) = \int\limits_{-\infty}^{\infty} \left(\int\limits_{-\infty}^{k-s} \varphi_X(s)\varphi_Y(t)\mathrm{d}t \right)\mathrm{d}s. \tag{8.6}$$

Wir benutzen die Darstellung (8.6) und weisen folgendes Resultat nach, gemäß dem die Dichtefunktion von $X + Y$ direkt berechnet werden kann.

Satz 8.6 *Seien X und Y zwei unabhängige stetige Zufallsvariablen mit den Dichtefunktionen φ_X und φ_Y. Dann hat die Summe $S = X + Y$ die Dichtefunktion φ_S, die wie folgt berechnet werden kann:*

$$\varphi_S(k) = \int\limits_{-\infty}^{\infty} \varphi_X(s)\varphi_Y(k - s)\mathrm{d}s. \tag{8.7}$$

Beweis. Wir zeigen, dass die kumulative Verteilungsfunktion Φ_S mit (8.6) übereinstimmt. Wir berechnen daher

$$\Phi_S(k) = \int\limits_{-\infty}^{k} \varphi_S(\tau)\mathrm{d}\tau.$$

Gemäß (8.7) gilt also

$$\Phi_S(k) = \int\limits_{-\infty}^{k} \left(\int\limits_{-\infty}^{\infty} \varphi_X(s)\varphi_Y(\tau - s)\mathrm{d}s \right)\mathrm{d}\tau$$

{Wechsel der Reihenfolge der Integrationen}

$$= \int\limits_{-\infty}^{\infty} \left(\int\limits_{-\infty}^{k} \varphi_X(s)\varphi_Y(\tau - s)\mathrm{d}\tau \right)\mathrm{d}s$$

$$\left\{\text{Substitution: } t(\tau) = \tau - s, t'(\tau) = 1 \text{ und } t(k) = k - s\right\}$$

$$= \int\limits_{-\infty}^{\infty} \left(\int\limits_{-\infty}^{k-s} \varphi_X(s)\varphi_Y(t)\mathrm{d}t \right)\mathrm{d}s.$$

Damit ist gezeigt, dass die kumulative Verteilungsfunktion der Dichtefunktion (8.7) gleich der kumulativen Verteilungsfunktion (8.6) ist. Folglich hat $S = X + Y$ die angegebene Dichtefunktion φ_S. □

Wir wenden dieses Resultat nun an auf den Fall zweier unabhängiger Zufallsvariablen X_1 und X_2, die beide normalverteilt sind. Die Dichtefunktionen sind also

$$\varphi_{\mu_1,\sigma_1}(s) = \frac{1}{\sqrt{2\pi}\sigma_1}\mathrm{e}^{-\frac{(s-\mu_1)^2}{2\sigma_1^2}} \qquad \text{beziehungsweise} \qquad \varphi_{\mu_2,\sigma_2}(t) = \frac{1}{\sqrt{2\pi}\sigma_2}\mathrm{e}^{-\frac{(t-\mu_2)^2}{2\sigma_2^2}}.$$

Nun berechnen wir die Dichtefunktion φ_S der Summe $S = X_1 + X_2$ gemäß (8.7). Die Rechnung ist leider recht technisch. Sie kann daher auch übersprungen werden.

$$\varphi_S(k) = \int\limits_{-\infty}^{\infty} \varphi_1(s)\varphi_2(k - s)\mathrm{d}s$$

$$= \int\limits_{-\infty}^{\infty} \frac{1}{\sqrt{2\pi}\sigma_1}\mathrm{e}^{-\frac{(s-\mu_1)^2}{2\sigma_1^2}} \frac{1}{\sqrt{2\pi}\sigma_2}\mathrm{e}^{-\frac{((k-s)-\mu_2)^2}{2\sigma_2^2}} \mathrm{d}s$$

$$= \frac{1}{2\pi\sigma_1\sigma_2} \int\limits_{-\infty}^{\infty} e^{-\frac{1}{2}\left(\frac{(s-\mu_1)^2}{\sigma_1^2} + \frac{((k-s)-\mu_2)^2}{\sigma_2^2}\right)} ds$$

$$\left\{\text{Substitution } t(s) = s - \mu_1, t'(s) = 1, s = t + \mu_1\right\}$$

$$= \frac{1}{2\pi\sigma_1\sigma_2} \int\limits_{-\infty}^{\infty} e^{-\frac{1}{2}\left(\frac{t^2}{\sigma_1^2} + \frac{(k-t-\mu_1-\mu_2)^2}{\sigma_2^2}\right)} dt$$

Nun fokussieren wir uns auf den Exponenten, genauer auf den Ausdruck G in der Klammer im Exponenten. Den Ausdruck $k - t - \mu_1 - \mu_2$ betrachten wir als Differenz $(k - \mu_1 - \mu_2) - t$:

$$G = \frac{t^2}{\sigma_1^2} + \frac{((k-\mu_1-\mu_2)-t)^2}{\sigma_2^2} = \frac{t^2}{\sigma_1^2} + \frac{(k-\mu_1-\mu_2)^2 - 2(k-\mu_1-\mu_2)t + t^2}{\sigma_2^2}$$

$$= \frac{t^2\sigma_2^2 + t^2\sigma_1^2 + (k-\mu_1-\mu_2)^2\sigma_1^2 - 2(k-\mu_1-\mu_2)t\sigma_1^2}{\sigma_1^2\sigma_2^2}$$

$$= \frac{\sigma_1^2 + \sigma_2^2}{\sigma_1^2\sigma_2^2}\left(t^2 + \frac{(k-\mu_1-\mu_2)^2}{\sigma_1^2+\sigma_2^2}\sigma_1^2 - 2\frac{(k-\mu_1-\mu_2)t}{\sigma_1^2+\sigma_2^2}\sigma_1^2\right).$$

Wir betrachten $t^2 - 2\frac{(k-\mu_1-\mu_2)t}{\sigma_1^2+\sigma_2^2}\sigma_1^2$ als Teil eines Binoms:

$$\left(t - \frac{(k-\mu_1-\mu_2)t}{\sigma_1^2+\sigma_2^2}\sigma_1^2\right)^2 = t^2 - 2\frac{(k-\mu_1-\mu_2)t}{\sigma_1^2+\sigma_2^2}\sigma_1^2 + \frac{(k-\mu_1-\mu_2)^2}{(\sigma_1^2+\sigma_2^2)^2}\sigma_1^4.$$

Somit erhalten wir den Ausdruck

$$G = \frac{t^2}{\sigma_1^2} + \frac{((k-\mu_1-\mu_2)-t)^2}{\sigma_2^2}$$

$$= \frac{\sigma_1^2 + \sigma_2^2}{\sigma_1^2\sigma_2^2}\left(t - \frac{(k-\mu_1-\mu_2)t}{\sigma_1^2+\sigma_2^2}\sigma_1^2\right)^2 +$$

$$+ \frac{\sigma_1^2 + \sigma_2^2}{\sigma_1^2\sigma_2^2}\left(\frac{(k-\mu_1-\mu_2)^2}{\sigma_1^2+\sigma_2^2}\sigma_1^2 - \frac{(k-\mu_1-\mu_2)^2}{(\sigma_1^2+\sigma_2^2)^2}\sigma_1^4\right).$$

Der zweite Summand hängt nicht mehr von t ab. Außerdem lässt er sich erheblich vereinfachen:

$$\frac{\sigma_1^2 + \sigma_2^2}{\sigma_1^2\sigma_2^2}\left(\frac{(k-\mu_1-\mu_2)^2}{\sigma_1^2+\sigma_2^2}\sigma_1^2 - \frac{(k-\mu_1-\mu_2)^2}{(\sigma_1^2+\sigma_2^2)^2}\sigma_1^4\right) =$$

$$= (k - \mu_1 - \mu_2)^2 \left(\frac{1}{\sigma_2^2} - \frac{\sigma_1^2}{(\sigma_1^2 + \sigma_2^2)\sigma_2^2} \right)$$

$$= (k - \mu_1 - \mu_2)^2 \frac{\sigma_1^2 + \sigma_2^2 - \sigma_1^2}{(\sigma_1^2 + \sigma_2^2)\sigma_2^2}$$

$$= \frac{(k - \mu_1 - \mu_2)^2}{\sigma_1^2 + \sigma_2^2}.$$

Somit ist G:

$$G = \frac{t^2}{\sigma_1^2} + \frac{((k - \mu_1 - \mu_2) - t)^2}{\sigma_2^2}$$

$$= \frac{\sigma_1^2 + \sigma_2^2}{\sigma_1^2 \sigma_2^2} \left(t - \frac{(k - \mu_1 - \mu_2)t}{\sigma_1^2 + \sigma_2^2} \sigma_1^2 \right)^2 + \frac{(k - \mu_1 - \mu_2)^2}{\sigma_1^2 + \sigma_2^2}.$$

Jetzt ersetzen wir den Ausdruck G im Exponenten:

$$\varphi_S(k) = \frac{1}{2\pi \sigma_1 \sigma_2} \int_{-\infty}^{\infty} e^{-\frac{1}{2} \left(\frac{\sigma_1^2 + \sigma_2^2}{\sigma_1^2 \sigma_2^2} \left(t - \frac{(k - \mu_1 - \mu_2)t}{\sigma_1^2 + \sigma_2^2} \sigma_1^2 \right)^2 + \frac{(k - \mu_1 - \mu_2)^2}{\sigma_1^2 + \sigma_2^2} \right)} \, dt$$

$$\left\{ \begin{array}{l} \text{Substitution } s(t) = \frac{\sqrt{\sigma_1^2 + \sigma_2^2}}{\sigma_1 \sigma_2} \left(t - \frac{(k - \mu_1 - \mu_2)t}{\sigma_1^2 + \sigma_2^2} \sigma_1^2 \right), \\[3mm] s'(t) = \frac{\sqrt{\sigma_1^2 + \sigma_2^2}}{\sigma_1 \sigma_2} \end{array} \right\}$$

$$= \frac{1}{2\pi \sigma_1 \sigma_2} \int_{-\infty}^{\infty} e^{-\frac{1}{2} \left(s^2 + \frac{(k - \mu_1 - \mu_2)^2}{\sigma_1^2 + \sigma_2^2} \right)} \frac{\sigma_1 \sigma_2}{\sqrt{\sigma_1^2 + \sigma_2^2}} \, ds$$

$$= \frac{1}{2\pi \sqrt{\sigma_1^2 + \sigma_2^2}} \int_{-\infty}^{\infty} e^{-\frac{1}{2} s^2} e^{\frac{(k - \mu_1 - \mu_2)^2}{\sigma_1^2 + \sigma_2^2}} \, ds$$

$$= \frac{1}{2\pi \sqrt{\sigma_1^2 + \sigma_2^2}} e^{-\frac{(k - \mu_1 - \mu_2)^2}{2(\sigma_1^2 + \sigma_2^2)}} \int_{-\infty}^{\infty} e^{-\frac{1}{2} s^2} \, ds.$$

Das Integral liefert $\sqrt{2\pi}$, weil $\varphi_{0,1}(x) = \frac{1}{\sqrt{2\pi}} e^{-\frac{x^2}{2}}$ die Dichtefunktion der standardisierten Normalverteilung ist. Somit haben wir nachgewiesen, dass

$$\varphi_S(k) = \frac{1}{\sqrt{2\pi}\sqrt{\sigma_1{}^2 + \sigma_2{}^2}} e^{-\frac{(k-\mu_1-\mu_2)^2}{2(\sigma_1{}^2+\sigma_2{}^2)}}.$$

Dies ist die Dichtefunktion der Normalverteilung mit Erwartungswert $\mu_1 + \mu_2$ und der Standardabweichung $\sqrt{\sigma_1{}^2 + \sigma_2{}^2}$. Man merke sich: Addiert man zwei unabhängige, normalverteilte Zufallsvariablen, so erhält man wieder eine normalverteilte Zufallsvariable. Dabei werden die Erwartungswerte und die Varianzen addiert. Letzteres gilt, da $\sigma_S{}^2 = \sigma_1{}^2 + \sigma_2{}^2$.

Wir fassen dies in einem Resultat zusammen.

Satz 8.7 *Sind X_1 und X_2 unabhängige, normalverteilte Zufallsvariablen, so ist auch $X_1 + X_2$ normalverteilt. Sind φ_{μ_1,σ_1} und φ_{μ_2,σ_2} die Dichtefunktionen von X_1 beziehungsweise X_2, so ist die Dichtefuntion von $X_1 + X_2$ gleich $\varphi_{\mu_1+\mu_2,\sqrt{\sigma_1{}^2+\sigma_2{}^2}}$.*

Beispiel 8.9 Werden Kartoffeln in Beuteln à 1 kg abgepackt, so ist zu erwarten, dass das Gewicht variiert, da man nicht immer genau 1000 Gramm abfüllen kann. Nach dem Gesetz sollten die Packungen mit der Aufschrift 1 kg im Mittel mindestens 1000 Gramm und nie weniger als 985 Gramm enthalten.

Ein Verkäufer, der dem Gesetz entsprechen will, wird daher dazu tendieren, eher zu viel als zu wenig abzupacken. Wir gehen davon aus, dass das Füllgewicht normalverteilt ist mit Mittelwert $\mu_1 = 1025$ Gramm und Standardabweichung 15 Gramm.

Mit welcher Wahrscheinlichkeit hat man beim Kauf zweier solcher Packungen mehr als 2 kg Kartoffeln gekauft?

Wir bezeichnen mit X_1 und X_2 das Gewicht der zwei einzelnen Packungen und mit $S = X_1 + X_2$ das Gesamtgewicht. Das Gewicht der zwei Packungen zusammen hat den Mittelwert $2 \cdot \mu_1 = 2 \cdot 1025\,\mathrm{g} = 2050\,\mathrm{g}$. Die Standardabweichung ist $\sigma = \sqrt{(15\,\mathrm{g})^2 + (15\,\mathrm{g})^2} \approx 21.21\,\mathrm{g}$. Die Wahrscheinlichkeit $P(S > 2000)$ lässt sich auf Grund der Symmetrie der Normalverteilung auch wie folgt berechnen:

$$P(S > 2000\,\mathrm{g}) = P(S > \mu - 50\,\mathrm{g}) = P(S < \mu + 50\,\mathrm{g}).$$

Die Abweichung 50 g entspricht $\frac{50\,\mathrm{g}}{\sigma} = 2.357$-mal die Standardweichung. Gemäß der Tab. 6.1 ist die Wahrscheinlichkeit $P(S < \mu + 50\,\mathrm{g}) = 0.990863$. Die Wahrscheinlichkeit, mehr als 2 kg gekauft zu haben, ist also 99.08%.   ◇

Aufgabe 8.9 Es werden zwei 500g-Beutel Karotten gekauft.

Man nehme an, das Gewicht der Karottenbeutel sei normalverteilt mit Mittelwert 505 g und Standardverteilung 5 g.

Wie wahrscheinlich ist es, dass die beiden Beutel zusammen weniger als 1 kg wiegen?

Wir betrachten nun mehrere Zufallsvariablen $X_1, X_2, \ldots, X_n$, die voneinander unabhängig und alle normalverteilt mit Mittelwert μ und Standardabweichung σ sind.

Die Summe $S = X_1 + X_2 + \ldots + X_n$ ist dann normalverteilt mit dem Mittelwert $E(S) = n\mu$, sie hat die Varianz $V(S) = n\sigma^2$ und daher die Standardabweichung $\sigma(S) = \sqrt{n}\sigma$.

Damit können wir nun ein Resultat über den Durchschnitt $\overline{X} = \frac{X_1 + X_2 + \ldots + X_n}{n}$ nachweisen.

Satz 8.8 *Seien $X_1, \ldots, X_n$ unabhängige Zufallsvariablen, die alle normalverteilt sind mit dem Mittelwert μ und der Standardabweichung σ. Dann ist der Durchschnitt $\overline{X} = \frac{X_1 + X_2 + \ldots + X_n}{n}$ wieder eine normalverteilte Zufallsvariable mit Mittelwert μ und Standardabweichung $\frac{1}{\sqrt{n}}\sigma$.*

Beweis. Der Durchschnitt $\overline{X} = \frac{S}{n}$ hat den Mittelwert $E(\overline{X}) = \frac{n\mu}{n} = \mu$, die Varianz $V(\overline{X}) = \frac{V(S)}{n^2} = \frac{n\sigma^2}{n^2} = \frac{1}{n}\sigma^2$ (siehe Aufgabe 2.9) und daher die Standardabweichung $\sigma(\overline{X}) = \frac{1}{\sqrt{n}}\sigma$. $\square$

Wir betrachten noch eine weitere Folgerung, die erklärt, warum der Faktor $\frac{1}{\sqrt{n}}$ bei einer Summe von n unabhängigen Zufallsvariablen eine gute Wahl ist.

Satz 8.9 *Seien $X_1, \ldots, X_n$ unabhängige Zufallsvariablen, die alle normalverteilt sind mit dem Mittelwert 0 und der Standardabweichung σ. Dann ist die Zufallsvariable $S_n = \frac{1}{\sqrt{n}}(X_1 + X_2 + \ldots + X_n)$ wieder normalverteilt mit Mittelwert 0 und Standardabeichung σ.*

Beweis. Da der Erwartungswert linear ist, gilt $E(S_n) = \frac{1}{\sqrt{n}}(E(X_1) + \ldots E(X_n))$. Da nach Voraussetzung $E(X_i) = 0$ gilt, so folgt $E(S_n) = 0$. Da für unabhängige Zufallsvariablen die Varianz additiv ist, haben wir $V(S_n) = \frac{1}{\sqrt{n}^2}(n\sigma^2) = \sigma^2$ (siehe Aufgabe 2.9) und daher die Standardabweichung $\sigma(S_n) = \sigma$. $\square$

8.7   Die Erwartungstreue

Wir untersuchen die Situation, in der eine Stichprobe genommen wird und dabei der Wert einer kontinuierlichen Variablen wie zum Beispiel die Körpergröße notiert wird.

Es wird dabei angenommen, dass die Variable normalverteilt ist mit dem Mittelwert μ und der Standardabweichung σ. Dabei muss man sich nicht unbedingt eine fest definierte Grundgesamtheit vorstellen: Bei einer medizinischen Studie wird eine Auswahl von Patienten einbezogen, die sich zum Zeitpunkt der Studie gerade in einem gewissen Stadium einer Krankheit befindet. Sie stehen dabei stellvertretend für alle möglichen Patienten, die in der Zukunft auch an derselben Krankheit erkranken werden, denn dafür wird das Medikament schließlich entwickelt. Die Situation ist ähnlich wie bei den vier Variablen im Zusammenhang mit Fichtenzapfen, die wir im vorangehenden Kapitel untersucht haben.

Wird die Auswahl der untersuchten Personen zufällig vorgenommen, so erhalten wir unabhängige und normalverteilte Zufallsvariablen $X_1, \ldots, X_n$ mit dem Mittelwert μ und der Standardabweichung σ. In den allermeisten Situationen sind jedoch weder μ noch σ bekannt, sondern sie sollen durch die Stichprobe bestimmt werden. Auf Grund von Satz 8.8 wissen wir bereits, dass $\overline{X}$, also der Durchschnitt der gemessenen Werte, ein guter Schätzwert ist für μ, da $E(\overline{X}) = \mu$. Wie steht es aber mit der Standardabweichung?

Im Folgenden verwenden wir das Symbol $\tilde{\sigma}$ für die Standardabweichung, die wir aus gemessenen Werten berechnen. Der Grund $\tilde{\sigma}$ anstatt σ zu verwenden, liegt darin, dass wir später noch eine kleine Änderung vornehmen müssen. Die übliche Berechnung der Varianz liefert:

$$\tilde{\sigma}^2 = \frac{1}{n}\sum_{i=1}^{n}(X_i - \overline{X})^2.$$

Da sich bei wiederholter Stichprobenentnahme die Werte $X_1, \ldots, X_n$ ändern können, ist $\tilde{\sigma}$ selbst auch wieder eine Zufallsvariable. Wir berechnen nun den Erwartungswert $E(\tilde{\sigma})$. Dazu formen wir die Summe in $\tilde{\sigma}^2$ zuerst um:

$$\tilde{\sigma}^2 = \frac{1}{n}\sum_{i=1}^{n}(X_i - \overline{X})^2$$

$$= \frac{1}{n}\sum_{i=1}^{n}(X_i^2 - 2X_i\overline{X} + \overline{X}^2)$$

$$= \frac{1}{n}\sum_{i=1}^{n}X_i^2 - 2\frac{1}{n}\sum_{i=1}^{n}X_i\overline{X} - \overline{X}^2$$

$$= \frac{1}{n}\sum_{i=1}^{n}X_i^2 - 2\overline{X}\underbrace{\frac{1}{n}\sum_{i=1}^{n}X_i}_{\overline{X}} + \overline{X}^2$$

$$= \frac{1}{n}\sum_{i=1}^{n}X_i^2 - \overline{X}^2.$$

Außerdem beachten wir, dass sich die Standardabweichung nicht ändert, wenn die Zufallsvariable um eine additive Konstante verschoben wird. Setzen wir $Y_i = X_i - \mu$, so erhalten wir unabhängige Zufallsvariablen, die normalverteilt sind mit Mittelwert 0 und Standardabweichung σ. Wir bestimmen nun

$$E(\tilde{\sigma}^2) = \frac{1}{n} \sum_{i=1}^{n} E(Y_i{}^2) - E(\overline{Y}^2).$$

Es wäre ein Fehler zu denken, dass $\overline{Y}$ gleich 0 ist, denn bei einer Stichprobe von normalverteilten Zufallsvariablen mit Mittelwert 0 kann es durchaus vorkommen, dass der Mittelwert der gemessenen Werte von 0 abweicht. Es gilt gemäß Satz 8.8:

$$\sigma(\overline{X})^2 = \sigma(\overline{Y})^2 = \frac{1}{\sqrt{n}}\sigma^2.$$

Außerdem gilt

$$\sigma^2 = V(Y_i) = E(Y_i{}^2) - E(Y_i)^2 = E(Y_i{}^2).$$

Daher erhalten wir

$$E(\tilde{\sigma}^2) = \frac{1}{n} \sum_{i=1}^{n} E(Y_i{}^2) - E(\overline{Y}^2) = \frac{1}{n}n\sigma^2 - E\left(\frac{1}{\sqrt{n}}\sigma\right)^2 = \left(1 - \frac{1}{n}\right)\sigma^2 = \frac{n-1}{n}\sigma^2.$$

Der Erwartungswert von $\tilde{\sigma}^2$ ist also nicht, wie vielleicht erwartet, gleich σ^2, sondern gleich $\frac{n-1}{n}\sigma^2$. Daher wird für eine Stichprobe die Varianz definiert als

$$\hat{\sigma}^2 = \frac{1}{n-1} \sum_{i=1}^{n} (X_i - \overline{X})^2.$$

Begriffsbildung 8.2 *Sind $X_1, \ldots, X_n$ unabhängige Zufallsvariablen, die normalverteilt mit Erwartungswert μ und Standardabweichung σ sind, so wird die **Stichprobenvarianz** $\hat{\sigma}^2$ definiert durch*

$$\hat{\sigma}^2 = \frac{1}{n-1} \sum_{i=1}^{n} (X_i - \overline{X})^2.$$

*Mit dieser Definition erhalten wir eine Größe, die **erwartungstreu** ist, denn es gilt*

$$E(\hat{\sigma}^2) = \sigma^2.$$

*Die **Stichproben-Standardabweichung** wird definiert als*

$$\hat{\sigma} = \sqrt{\frac{1}{n-1} \sum_{i=1}^{n} \left(X_i - \overline{X}\right)^2}.$$

Die zu erwartende Stichproben-Standardvarianz entspricht der Varianz der Normalverteilung aus der die Stichprobe entnommen wurde. Daher liefert die Stichproben-Standardabweichung die adäquatere Schätzung der unbekannten Standardabweichung σ.

Aufgabe 8.10 Gemessen wurden folgende Daten:

i	1	2	3	4	5	6	7	8	9	10
X_i	6.7	2.8	7.3	6.2	4.6	9.3	3.6	3.7	7.7	8.1

Es werde angenommen, dass diese Daten von einer normalverteilten (mit Erwartungswert μ und Standardabweichung σ) Grundgesamtheit stammen. Welche Schätzungen erhält man auf Grund der Daten von μ und σ?

Aufgabe 8.11 Wiederum seien $X_1, \ldots, X_n$ eine Stichprobe einer normalverteilten Grundgesamtheit. Erkläre, warum der Durchschnitt $\overline{X}$ erwartungstreu ist.

8.8 Zusammenfassung

In diesem Kapitel haben wir gezeigt, dass man die Standard-Normalverteilung in vielen Situationen verwenden kann, um annähernd die Wahrscheinlichkeiten von unterschiedlichen Ereignissen abzuschätzen. In der Praxis werden solche Abschätzungen so oft verwendet, dass man praktisch nicht alle Anwendungen auflisten kann. Mathematisch steht dafür im Vordergrund der zentrale Grenzwertsatz. Dieser besagt, dass die normierte Summe von unabhängigen Zufallsvariablen mit dem Erwartungswert $\mu = 0$ und derselben Standardabweichung σ sich einer Normalverteilung nähert.

Wir betrachten die Situation, bei der wir in unserem Experiment n unabhängige Zufallsvariablen $X_1, X_2, \ldots, X_n$ haben und uns letztendlich ihre Summe $X_1 + X_2 + \ldots + X_n$ interessiert, weil sie eine für uns interessante Eigenschaft des betrachteten Zufallsexperiments bestimmt. Wir haben gezeigt, dass wir auch hier auf die Standard-Normalverteilung zurückgreifen können. Mit $Y_i = X_i - \mathrm{E}(X_i)$ erhält man für alle i eine Zufallsvariable mit Erwartungswert 0. Dann besagt der zentrale Grenzwertsatz, dass die Zufallsvariable

$$Z = \frac{1}{\sqrt{n}}(Y_1 + Y_2 + \ldots + Y_n)$$

mit wachsendem n gegen eine Normalverteilung mit dem Erwartungswert 0 strebt, wobei die Standardabweichung δ ist, wenn alle Zufallsvariablen Y_i die Standardabweichung δ haben. Mit dem zentralen Grenzwertsatz kann man bereits für kleine n eine gute Annäherung der untersuchten Wahrscheinlichkeitsverteilung an die Normalverteilung erhalten.

Wenn man die Summe von zwei stetigen, unabhängigen Zufallsvariablen betrachtet, so kann man die Dichtefunktion der Summe durch eine Integration aus den Dichtefunktionen der einzelnen Zufallsvariablen bestimmen und dies geschieht mit der Formel (8.7).

Für die Anwendung besonders nützlich erweist sich die Betrachtung von n Zufallsvariablen, die voneinander unabhängig sind, jedoch alle normalverteilt sind und denselben Mittelwert μ und dieselbe Standardabweichung σ haben. Der Durchschnitt dieser n Zufallsvariablen ist selbst wieder eine Zufallsvariable $\overline{X}$, die wieder normalverteilt ist mit dem Mittelwert μ, aber eine um den Faktor $\frac{1}{\sqrt{n}}$ verkleinerte Standardabweichung hat, das heißt, es gilt $\sigma(\overline{X}) = \frac{1}{\sqrt{n}}\sigma$.

Die Stichproben-Standardabweichung erhält man, indem man die Differenzen der normalverteilten Zufallsvariablen X_i und deren Durchschnitt $\overline{X}$ quadriert und aufsummiert und die so erhaltene Summe durch $n-1$ teilt und schließlich die Wurzel zieht. Die Stichproben-Standardabweichung ist auch wieder eine Zufallsvariable, die mit $\hat{\sigma}$ bezeichnet wird. Ihr Erwartungswert ist gleich der Standardabweichung der Zufallsvariablen X_i, es gilt also $\mathrm{E}(\hat{\sigma}) = \sigma$. Man spricht daher von einer erwartungstreuen Zufallsvariablen. Die Stichproben-Standardabweichung $\hat{\sigma}$ liefert daher eine gute Schätzung für die unbekannte Standardabweichung σ.

8.9 Kontrollfragen

1. Wann nennt man eine Zufallsvariable diskret?
2. Wie kann man stetige und diskrete Zufallsvariablen vergleichen?
3. Was sagt der zentrale Grenzwertsatz aus? Erkläre eine Anwendung, in dem man diesen Satz verwendet, um die Realität zu untersuchen.
4. Im zentralen Grenzwertsatz betrachtet man eine Folge von Summen von Zufallsvariablen mit zunehmend mehr Summanden. Warum fordert man von allen involvierten Zufallsvariablen, dass sie den Erwartungswert 0 haben?
5. Wenn $X_1, \ldots, X_n$ unabhängige Zufallsvariablen sind, warum betrachtet man $\frac{1}{\sqrt{n}}(X_1 + \ldots + X_n)$ eher als $X_1 + \ldots + X_n$?
6. Bildet man den Durchschnitt von n unabhängigen Zufallsvariablen, die normalverteilt mit dem Mittelwert μ und der Standardabweichung σ sind, was kann man dann über den Durchschnitt $\overline{X}$ aussagen? Ist dieser wieder normalverteilt? Wie groß ist der Erwartungswert $\mathrm{E}(\overline{X})$ und wie groß die Standardabweichung $\sigma(\overline{X})$?
7. Wie definiert man die Stichproben-Standardabweichung? Warum wird sie anders definiert als die Standardabweichung?
8. Was drückt der Begriff Erwartungstreue aus?

8.10   Lösungen zu ausgewählten Aufgaben

Aufgabe 8.1

(a) Es gilt $E(S_n) = E(X_1) + \ldots + E(X_n) = \frac{n}{2}$ und $V(S_n) = V(X_1) + \ldots + V(X_n) = \frac{n}{4}$. Diese Werte konvergieren nicht.

(b) Es gilt $E(Z_n) = \frac{1}{\sqrt{n}}(E(X_1) + \ldots + E(X_n)) = \frac{n}{2\sqrt{n}} = \frac{\sqrt{n}}{2}$ und $V(Z_n) = \left(\frac{1}{\sqrt{n}}\right)^2 V(S_n) = \frac{1}{n} \cdot \frac{n}{4} = \frac{1}{4}$. Die Folge der Erwartungswerte divergiert (konvergiert nicht), aber die Folge der Varianzen ist konstant und konvergiert daher.

Aufgabe 8.2 In der Tab. 8.3 wurden links die möglichen Resultate $k + \ell$ zusammengetragen und rechts die Wahrscheinlichkeiten $P(X_1 = k) \cdot P(X_2 = \ell)$ eingetragen.

Tab. 8.3 Links sieht man die möglichen Werte von $X_1 + X_2$ beim Glücksspiel aus Aufgabe 8.2, rechts die Wahrscheinlichkeiten $P(X_1 = k) \cdot P(X_2 = \ell)$ für jede Tabellenposition links.

		X_2				$P(X_2 = \ell)$		
		6	1	-4		$\frac{1}{5}$	$\frac{2}{5}$	$\frac{2}{5}$
X_1	6	12	7	2	$P(X_1 = k)$	$\frac{1}{5}$	$\frac{1}{25}$	$\frac{2}{25}$	$\frac{2}{25}$
	1	7	2	-3		$\frac{2}{5}$	$\frac{2}{25}$	$\frac{4}{25}$	$\frac{4}{25}$
	-4	2	-3	-8		$\frac{2}{5}$	$\frac{2}{25}$	$\frac{4}{25}$	$\frac{4}{25}$

Daraus schließen wir, dass die möglichen Werte von $Z_2 = X_1 + X_2$ die folgenden sind:

$$\frac{1}{\sqrt{2}}12, \ \frac{1}{\sqrt{2}}7, \ \frac{1}{\sqrt{2}}2, \ -\frac{1}{\sqrt{2}}3, \ -\frac{1}{\sqrt{2}}8.$$

Deren Wahrscheinlichkeiten sind: $P(Z_2 = \frac{1}{\sqrt{2}}12) = \frac{1}{25}$, $P(Z_2 = \frac{1}{\sqrt{2}}7) = \frac{4}{25}$, $P(Z_2 = \frac{1}{\sqrt{2}}2) = \frac{8}{25}$, $P(Z_2 = -\frac{1}{\sqrt{2}}3) = \frac{8}{25}$ und $P(Z_2 = -\frac{1}{\sqrt{2}}8) = \frac{4}{25}$.

Aufgabe 8.4 Wir können Z als Summe $Z = X_1 + \ldots + X_n$ betrachten, wobei X_i angibt, ob das i-te Isotop zerfällt, genauer: entweder $X_i = 1$ mit der Wahrscheinlichkeit p oder $X_i = 0$ mit der Wahrscheinlichkeit $1 - p$. Die Zufallsvariablen X_i sind unabhängig und haben die Standardabweichung $\sigma = \sqrt{p(1 - p)}$.

Wir verwenden nun Satz 8.3 und schließen

$$P(np - c \leq X \leq np + c) = P(X \leq np + c) - P(X \leq np - c)$$

$$= \Phi_{0,1}\left(\frac{c}{\sqrt{n}\sigma}\right) - \Phi_{0,1}\left(\frac{-c}{\sqrt{n}\sigma}\right)$$

$$= \Phi_{0,1}(t) - \Phi_{0,1}(-t),$$

wobei wir $t = \frac{c}{\sqrt{n}\sigma}$ gesetzt haben.

Aus Symmetriegründen, siehe Satz 6.2, gilt $\Phi_{0,1}(-t) = 1 - \Phi_{0,1}(t)$, womit wir weiter umformen können:

$$0.9 = P(np - c \leq X \leq np + c) = 2\Phi_{0,1}(t) - 1$$

und daher $\Phi_{0,1}(t) = 0.95$. Der Tab. 6.1 entnehmen wir $t = 1.64485$, also $\frac{c}{\sqrt{np(1-p)}} = 1.64485$ und somit $c = 1.64485\sqrt{np(1-p)} = 4431.7$. Damit ist die gesuchte Schranke c gefunden. Das Intervall ist daher $[7\,255\,568, \ 7\,264\,432]$.

Aufgabe 8.5 Wir modellieren die Lebensdauer des i-ten Bauteils mit der Zufallsvariablen X_i und nehmen an, dass diese Zufallsvariablen unabhängig voneinander und exponentiell verteilt sind mit $E(X_i) = \frac{1}{\lambda} = \frac{T}{\ln(T)} = 120\,\mathrm{d}$ und Standardabweichung $\sigma(X_i) = 120\,\mathrm{d}$.

Die gesamte Lebensdauer von n dieser Teile wird dann von der Zufallsvariablen $S_n = X_1 + \ldots + X_n$ angegeben. Mit Satz 8.3 können wir $P(S_n \leq 10\,\mathrm{J})$ abschätzen:

$$P(S_n \leq 10\,\mathrm{J}) \approx \Phi_{0,1}\left(\frac{10\,\mathrm{J} - n \cdot 120\,\mathrm{d}}{\sqrt{n} \cdot 120\,\mathrm{d}}\right).$$

Nun soll $P(S_n \geq 10\,\mathrm{J}) \geq 0.9$ gelten, also $P(S_n \leq 10\,\mathrm{J}) \leq 0.1$. Der Tab. 6.1 entnimmt man, dass $\Phi_{0,1}(1.28155) = 0.9$. Aus der Symmetrie der standardisierten Normalverteilung folgt nun $\Phi_{0,1}(-1.28155) = 0.1$. Somit soll also $\frac{10\,\mathrm{J} - n \cdot 120\,\mathrm{d}}{\sqrt{n} \cdot 120\,\mathrm{d}} = -1.28155$ gelten. Dies ergibt die folgende quadratische Gleichung in der Unbekannten $x = \sqrt{n}$:

$$3650 - 120x^2 = -1.28155 \cdot 120x,$$

also

$$120x^2 - 153.786x - 3650 = 0.$$

Die Lösungsformel für die quadratische Gleichung liefert die Lösungen

$$x = \frac{153.786 \pm \sqrt{(-153.786)^2 - 4 \cdot 120 \cdot (-3650)}}{2 \cdot 120} = \begin{cases} 6.193, & \text{bei positivem Vorzeichen,} \\ -4.911, & \text{bei negativem Vorzeichen.} \end{cases}$$

Da $x = \sqrt{n} > 0$ gelten muss, so finden wir für n nur die Lösung $n = 6.193^2 = 38.35$. Je mehr Bauteile wir haben, desto größer wird die Wahrscheinlichkeit, dass sie für die Dauer von 10 Jahren ausreichen. Man solte daher 38.35 aufrunden und 39 Bauteile besorgen.

Aufgabe 8.6 Es gilt $n = 6 \cdot 10^{10}$ und $p = 0.5$. Somit folgt

$$\frac{1}{\sqrt{2\pi}} \cdot \frac{p^2 + (1-p)^2}{\sqrt{np(1-p)}} = \frac{1}{\sqrt{2\pi}} \cdot \frac{0.25 + 0.25}{\sqrt{6 \cdot 10^{10} \cdot 0.5 \cdot 0.5)}} \approx 1.62868 \cdot 10^{-6}.$$

Die kumulative Binomialverteilung wird daher sehr genau durch die Normalverteilung angenähert.

Aufgabe 8.7 Mit einem Taschenrechner:

```
binomCdf(1000, 0.6, 0, 600) − 0.5 = 0.0120.
```

Mit der Tabellenkalkulation:

```
BINOM.VERT(600, 1000, 0.6, WAHR) − 0.5 = 0.0120.
```

Der Vergleich mit der Schranke von Berry-Esseen:

$$\frac{1}{\sqrt{2\pi}} \cdot \frac{p^2 + (1-p)^2}{\sqrt{np(1-p)}} = \frac{1}{\sqrt{2\pi}} \cdot \frac{0.6^2 + 0.4^2}{\sqrt{1000 \cdot 0.6 \cdot 0.4}} = 0.0133.$$

Die Schranke ist also sehr genau erreicht bei $k = np$.

Aufgabe 8.8

(a) $P(X \leq 0.5 \text{ und } Y \geq 0,5) = P(X \leq 0.5) \cdot P(Y \geq 0.5) = \frac{1}{2} \cdot \frac{1}{2} = \frac{1}{4}$.

(b) $P(X < 2 \text{ und } Y \leq \frac{1}{3}) = P(X < 2) \cdot P(Y \leq \frac{1}{3}) = 1 \cdot \frac{1}{3} = \frac{1}{3}$.

(c) $P(X = 0.5 \text{ und } Y \leq 1) = P(X = 0.5) \cdot P(Y \leq 1) = 0 \cdot 1 = 0$.

(d) $P(0.1 \leq X \text{ und } Y \leq 0.1) = P(0.1 \leq X) \cdot P(Y \leq 0.1) = 0.9 \cdot 0.1 = 0.09$.

Aufgabe 8.10 Der Mittelwert der Daten ist $\widehat{\mu} = 6.0$. Die Stichproben-Varianz ist $\hat{\sigma}^2 = 4.85$. Daher erhalten wir aufgrund der Werte der Stichprobe die Schätzungen $\mu = 6.0$ und $\sigma = 2.2$.

Aufgabe 8.11 Es gilt $\mathrm{E}(X_i) = \mu$ und ebenso $\mathrm{E}(\overline{X}) = \mu$.

Modellierung von Umfragen

9

9.1 Zielsetzung

Stellen wir uns einmal vor, wir wollen feststellen, wie viele Schülerinnen und Schüler zum Beispiel in der Schweiz das Fach Mathematik mögen. Eine Möglichkeit dies zu beantworten, wäre alle Schülerinnen und Schüler – mehr als eine Million – einzeln zu befragen. Eine solche Befragung mit entsprechender Auswertung würde derart hohe Kosten verursachen, dass man es oft lieber gar nicht versucht. Daher stellt sich die Frage: Ist es möglich, nur einige Hundert oder Tausend zufällig ausgewählte Schülerinnen oder Schüler zu befragen und aus dieser kleinen Auswahl mit wahrscheinlichkeitstheoretischen Überlegungen relativ zuverlässige Schlüsse über die Einstellung zur Mathematik in der ganzen Gesellschaft zu ziehen? Solche Umfragen macht man oft, wenn man zum Beispiel versucht Wahlergebnisse vorauszusagen.

Daher betrachten wir in diesem Kapitel Umfragen. Eine Umfrage von n Personen ist nichts anderes als die Durchführung eines n-fachen Zufallsexperiments mit dem Ziel, aus dem Resultat des Zufallsexperiments etwas über die unbekannte Wahrscheinlichkeitsverteilung des Zufallsexperiments zu lernen. Natürlich hat die Realität mit der quantitativen Verteilung der Bevölkerung bezüglich ihrer Meinung oder anderer Eigenschaften nichts mit dem Zufall zu tun. Wir nutzen jedoch die Konzepte des Zufalls, um mit kleinem Aufwand eine gute Schätzung über die Größen der Anteile in der Bevölkerung zu erhalten. Dies ist daher möglich, weil die Wahrscheinlichkeit in einem Zufallsexperiment eine Proportion ausdrückt. Die Wahrscheinlichkeit, eine Person aus einer Gruppe zu erhalten, ist gleich der Anzahl der Personen in dieser Gruppe geteilt durch die Anzahl aller Personen. Voraussetzung dafür ist natürlich, dass jede Person die gleiche Wahrscheinlichkeit hat, befragt zu werden. Dies ist in der Praxis gar nicht so einfach zu realisieren. Wenn wir also mit zufälligem Ziehen von Personen eine gute Schätzung für die Wahrscheinlichkeitsverteilung erhalten würden, hätten wir auch eine gute Schätzung für die Größen der Gruppen in der Bevölkerung.

Bei einer Umfrage wird meist nur eine kleine Auswahl einer Bevölkerung befragt. Die Wahrscheinlichkeitstheorie erlaubt es dann, Rückschlüsse aus der Umfrage auf die ganze Bevölkerung zu ziehen. Eine Voraussetzung für das erfolgreiche Modellieren einer Umfrage ist, dass die Auswahl der befragten Personen ganz zufällig geschieht. Wir werden zwei Modelle diskutieren und deren Vor- und Nachteile kennenlernen. Ziel ist es, eine möglichst gute Vorhersage über die ganze Bevölkerung machen zu können, auch dann, wenn nur ein kleiner Teil davon wirklich befragt wird.

Dies ist das erste Kapitel, das sich der *beurteilenden Statistik* widmet, in der es darum geht, aus einer gewissen Teilinformation Rückschlüsse zu ziehen. Die Rückschlüsse haben dabei notwendigerweise wahrscheinlichkeitstheoretischen Charakter. Die Kunst dabei ist es, die Größe der Umfrage gut zu wählen. Je größer die Umfrage, desto teurer wird diese, aber andererseits erhöht sich auch die Wahrscheinlichkeit, eine zuverlässige und genaue Schätzung zu erhalten.

9.2   Das Grundproblem

Bei einer Umfrage wählt man aus einer *Bevölkerung* mit N Personen zufällig n aus und befragt diese. Ziel der Umfrage ist es, mit möglichst wenigen Befragungen einen möglichst guten Überblick über die gesamte Bevölkerung zu gewinnen.

Wir wollen dabei nur den einfachsten Fall studieren, bei der die Befragung nur eine Eigenschaft betrifft, die verneinend oder bejahend beantwortet werden kann, etwa ob die Person zur Zeit raucht oder ob sie in der nächsten Abstimmung ihre Stimme einer gewissen Partei geben wird. Dann teilt sich die Bevölkerung und die Befragten in wenige Gruppen, die wir zusammenfassen und nur jeweils deren Anzahl angeben:

Innerhalb der Bevölkerung sind dies:

$$N = \text{Anzahl insgesamt}$$

$$K = \text{Anzahl Personen mit der Eigenschaft}$$

$$N - K = \text{Anzahl Personen ohne die Eigenschaft}$$

Innerhalb der befragten Personen:

$$n = \text{Anzahl insgesamt}$$

$$k = \text{Anzahl Personen mit der Eigenschaft}$$

$$n - k = \text{Anzahl Personen ohne die Eigenschaft}$$

Die Abb. 9.1 zeigt diese Teilmengen schematisch.

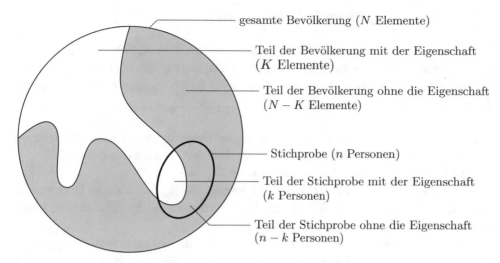

gesamte Bevölkerung (N Elemente)

Teil der Bevölkerung mit der Eigenschaft (K Elemente)

Teil der Bevölkerung ohne die Eigenschaft ($N - K$ Elemente)

Stichprobe (n Personen)

Teil der Stichprobe mit der Eigenschaft (k Personen)

Teil der Stichprobe ohne die Eigenschaft ($n - k$ Personen)

Abb. 9.1 Schematische Darstellung der Teilmengen, die bei einer Umfrage entstehen, bei der die Personen eingeteilt werden je nach dem, ob sie eine bestimmte Eigenschaft haben oder nicht haben

Begriffsbildung 9.1 *Die befragten Personen bilden die **Stichprobe**. Die Anzahl Personen n, die befragt werden, nennt man **Stichprobengröße** oder **Stichprobenumfang**.*

Bekannt sind die Bevölkerungsgröße N, der Stichprobenumfang n sowie k, die Anzahl der Personen der Stichprobe, auf welche die Eigenschaft E zutrifft. Damit einhergehend ist auch die *relative Häufigkeit* $r = \frac{k}{n}$ bekannt.

Unbekannt hingegen ist K, die Anzahl der Personen der Bevölkerung mit der Eigenschaft E beziehungsweise die relative Häufigkeit $p = \frac{K}{N}$. Unser Ziel ist es zu untersuchen, wie gut die gemessene relative Häufigkeit r die unbekannte relative Häufigkeit p abschätzt.

Um diese vielen Begriffe besser verstehen zu können betrachten wir ein Beispiel.

Beispiel 9.1 Am 28.06.2017 führte das Meinungsforschungsinstitut forsa in Deutschland eine Umfrage zur Bundestagswahl durch und befragte 2502 Personen. Sie stellten die Frage: „Wenn am nächsten Sonntag Bundestagswahl wäre, für welche Partei würden Sie ihre Stimme abgeben?" Bei dieser Umfrage gaben 1001 Personen an, für die CDU/CSU zu stimmen.

Hier ist also $n = 2502$ und $k = 1001$ und daher $r = \frac{1001}{2502} \approx 40.0\%$.

Die Wahl im September 2017 ergab, dass 32.9% für die CDU/CSU stimmten. Die Umfrage gab also einen deutlich höheren Wert an, als den, der sich dann tatsächlich bei der Wahl manifestierte. $\diamond$

9.3   Die hypergeometrische Verteilung

Wir modellieren eine Umfrage als Ziehung aus einer Urne. Da man nicht zweimal dieselbe Person befragt, sollte man die Ziehung *ohne* Zurücklegung wählen. Wir betrachten, um die Zahlen klein zu halten, zuerst Beispiele, bei denen die Bevölkerungsgröße bzw. die Anzahl Kugeln in der Urne N klein ist.

Beispiel 9.2 In einer Urne befinden sich 10 Kugeln, einige davon sind dunkel, die anderen hell. Nun entnimmt man der Urne 3 Kugeln und stellt fest, dass 2 davon dunkel sind.

Es gilt also $N = 10$, $n = 3$, $k = 2$ und daher $r = \frac{k}{n} = \frac{2}{3}$.

Wie groß war wohl p, der Anteil dunkler Kugeln, die zu Beginn in der Urne waren? Wir wissen $p \geq \frac{2}{10}$ und $p \leq \frac{9}{10}$, da ja mindestens 2 dunkle Kugeln und eine helle Kugel in der Urne waren.

Mit K bezeichnen wir die Anzahl dunkler Kugeln, die zu Beginn in der Urne waren. Wir wollen nun für verschiedene Werte von K berechnen, wie wahrscheinlich es ist, von drei Kugeln zwei dunkle zu ziehen.

Es sei zum Beispiel $K = 5$. Die gleichzeitige Ziehung von 3 Kugeln werden wir modellieren als ein dreistufiges Zufallsexperiment. Für die erste gezogene Kugel ist die Wahrscheinlichkeit $\frac{5}{10}$ dunkel zu sein und ebenso $\frac{5}{10}$ hell zu sein. Danach verändern sich aber die Wahrscheinlichkeiten. War die erste Kugel dunkel, so ist die Wahrscheinlichkeit, dass die zweite auch dunkel ist, gleich $\frac{4}{9}$, da sich nunmehr eine dunkle Kugel weniger, aber auch insgesamt eine Kugel weniger in der Urne befinden.

Sei A das Ereignis, dass beim dreifachen Ziehen zwei dunkle Kugeln und eine helle Kugel gezogen werden. Die Abb. 9.2 zeigt das zugehörige Baumdiagramm. Es gibt drei Pfade, die dazu führen, dass man zwei dunkle Kugeln und eine helle Kugel zieht und diese haben die Wahrscheinlichkeiten $\frac{5}{10} \cdot \frac{4}{9} \cdot \frac{5}{8}$ bzw. $\frac{5}{10} \cdot \frac{5}{9} \cdot \frac{4}{8}$ bzw. $\frac{5}{10} \cdot \frac{5}{9} \cdot \frac{4}{8}$.

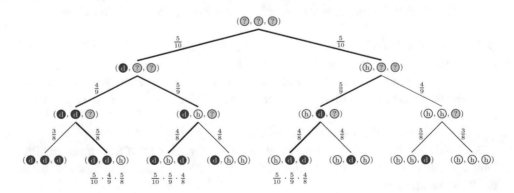

Abb. 9.2 Baumdiagramm, das die Wahrscheinlichkeiten angibt 3 Kugeln aus einer Urne mit 5 dunklen und 5 hellen Kugeln zu ziehen

Insgesamt ist die Wahrscheinlichkeit, 2 dunkle Kugeln und eine helle Kugel zu ziehen, wenn zu Beginn $K = 5$ dunkle und $N - K = 5$ helle in der Urne waren, gleich

$$\frac{5}{10} \cdot \frac{4}{9} \cdot \frac{5}{8} + \frac{5}{10} \cdot \frac{5}{9} \cdot \frac{4}{8} + \frac{5}{10} \cdot \frac{5}{9} \cdot \frac{4}{8} = \frac{15}{36} \approx 41.7\%.$$

Nun betrachten wir $K = 6$. Dann gibt es ebenso drei Pfade und diese haben die Wahrscheinlichkeiten $\frac{6}{10} \cdot \frac{5}{9} \cdot \frac{4}{8}$ bzw. $\frac{6}{10} \cdot \frac{4}{9} \cdot \frac{5}{8}$ bzw. $\frac{4}{10} \cdot \frac{6}{9} \cdot \frac{5}{8}$.

Insgesamt ist die Wahrscheinlichkeit 2 dunkle Kugeln und eine helle Kugel zu ziehen, wenn zu Beginn $K = 6$ dunkle und $N - K = 4$ helle in der Urne waren, gleich

$$\frac{6}{10} \cdot \frac{5}{9} \cdot \frac{4}{8} + \frac{6}{10} \cdot \frac{4}{9} \cdot \frac{5}{8} + \frac{4}{10} \cdot \frac{6}{9} \cdot \frac{5}{8} = \frac{1}{2} = 50.0\%.$$

Es sollte auffallen, dass bei $K = 5$ und $K = 6$ die drei Pfade immer dieselbe Wahrscheinlichkeit haben. Der Nenner ist immer $10 \cdot 9 \cdot 8$ und der Zähler ist gleich $5 \cdot 4 \cdot 5$ beziehungsweise $6 \cdot 5 \cdot 4$, allein die Reihenfolge der Faktoren ist eine andere. Dies ist kein Zufall und gilt für jedes K, denn im Zähler steht $K \cdot (K-1) \cdot (10-K)$, da dies die jeweilige Anzahl von dunklen beziehungsweise hellen Kugeln ist, die man in den drei Stufen noch aus der Urne ziehen kann.

Die Formel für die Wahrscheinlichkeit 2 dunkle Kugeln und eine helle Kugel zu ziehen, wenn zu Beginn K dunkle und $10 - K$ helle in der Urne waren, ist gleich

$$3 \cdot \frac{K \cdot (K-1) \cdot (10-K)}{10 \cdot 9 \cdot 8}.$$

Die Abb. 9.3 zeigt den Graphen der Funktion $f(x) = \frac{3x(x-1)(10-x)}{720}$. In dieser Abbildung beobachten wir zuerst, dass die Schätzung $k = 7$ die wahrscheinlichste ist.

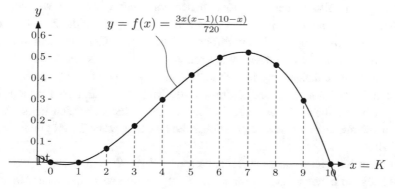

Abb. 9.3 Graph der Funktion f, wobei $f(x) = \frac{3x(x-1)(10-x)}{720}$. Für ganzzahlige $x = K$ gibt diese Funktion an, wie wahrscheinlich es ist, 2 dunkle und eine helle Kugeln aus einer Urne mit x dunklen und $10 - x$ hellen Kugeln zu ziehen

Wir sind aber weit davon entfernt, $k = 7$ als sichere Vorhersage einzuschätzen, weil $k = 6$ und $k = 8$ nur gering schwächere Kandidaten sind. Genauer formuliert: Wenn $k = 6$ oder $k = 8$, so erhalten wir das Resultat „zwei dunkle Kugeln und eine helle Kugel" auch mit hoher Wahrscheinlichkeit von ungefähr 0.5. $\diamond$

Man muss vorsichtig sein mit der Interpretation des Graphen in Abb. 9.3. Es ist keine Wahrscheinlichkeitsverteilung. Hier beobachten wir gleichzeitig verschiedene Experimente des gleichzeitigen Ziehens von drei Kugeln aus einer Urne, aber bei verschiedener Zusammensetzung des Inhalts der Urne. Wir vergleichen also unterschiedliche Wahrscheinlichkeitsräume:

$$(S_{N,K,n}, P_{N,K,n}),$$

wobei aus einem Topf mit N Kugeln, wovon K dunkel und $N - K$ hell sind, gleichzeitig n Kugeln gezogen werden. Hier betrachten wir $N = 10$ und $n = 3$ für alle möglichen Werte von K. Für alle Räume $(S_{10,K,3}, P_{10,K,3})$ für $K = 0, \dots, 10$ definieren wir die Zufallsvariable $X_{10,K,3}$, die die Anzahl der gezogenen dunklen Kugeln zählt (das heißt $0 \le X_{10,K,3} \le 3$). Jetzt betrachten wir ein Resultat des Experiments mit $X_{10,K,3} = 2$ für verschiedene K. Somit beschreibt die Abb. 9.3 die Wahrscheinlichkeit von $X_{10,K,3} = 2$ in allen Räumen $(S_{10,K,3}, P_{10,K,3})$ für $K = 0, \dots 10$. Es folgen einige Beispiele für konkrete Werte von K:

$$P_{10,0,3}(X_{10,0,3} = 2) = P_{10,1,3}(X_{10,1,3} = 2) = P_{10,10,3}(X_{10,10,3} = 2) = 0$$

$$P_{10,5,3}(X_{10,5,3} = 2) = \tfrac{15}{36}, \quad P_{10,6,3}(X_{10,6,3} = 2) = \tfrac{1}{2},$$

$$P_{10,7,3}(X_{10,7,3} = 2) = \frac{21}{40}, \quad P_{10,8,3}(X_{10,8,3} = 2) = \frac{7}{15}.$$

Wir befinden uns also in der Situation, in der wir nicht wissen, in welchem der 11 Wahrscheinlichkeitsräume $(S_{10,K,3}, P_{10,0,3})$ für $K = 0, \dots, 10$ wir das Zufallsexperiment des Ziehens von $n = 3$ Kugeln durchführen. Aber wir wollen aus dem Resultat des Experiments versuchen zu schätzen, wie groß K sein kann, das heißt, wie die Realität (unser Wahrscheinlichkeitsraum) aussieht. Die Zahl K ist somit fest, aber unbekannt. Wir können den Wert von K erfahren, indem wir alle Kugeln aus dem Topf ziehen. Dies ist uns aber zu viel Arbeit – insbesondere, wenn N im Millionenbereich liegt. Deswegen versuchen wir, aus einer viel kleineren Stichprobe eine Schätzung für mögliche Werte von K zu erhalten.

In unserem Beispiel müssen wir eigentlich die Werte $K = 3, 4, \dots, 9$ weiterhin als ernsthaft möglich betrachten, weil für jeden dieser Werte von K die Wahrscheinlichkeit $P_{10,K,3}(X_{10,K,3} = 2)$ so hoch ist, dass das Resultat „zwei dunkle Kugeln und eine helle Kugel" als relativ oft vorkommend in $(S_{10,K,3}, P_{10,K,3})$ einzustufen ist. Die Fälle $K = 0, 1, 10$ sind hingegen ausgeschlossen. Offen bleibt, ob wir den Fall $K = 2$ als einen guten Kandidaten beurteilen sollen, da das Resultat „zwei dunkle Kugeln und eine helle Kugel" relativ unwahrscheinlich in $(S_{10,S,3}, P_{10,2,3})$ ist.

Unsere Hoffnung ist, dass wir bei großem N und somit auch großem n Resultate erhalten, die uns ermöglichen, kleinere Intervalle für die möglichen Werte von K als Schätzung zu betrachten.

Aufgabe 9.1 In einer Urne befinden sich 12 Kugeln, einige davon sind rot, die anderen blau. Nun werden mit verschlossenen Augen 4 davon gezogen und es stellt sich heraus, dass zwei rot und zwei blau sind.

(a) Welche Werte haben N, n, k und r?
(b) Welche Werte sind möglich für K?
(c) Es sei $K = 8$. Erstelle ein unvollständiges Baumdiagramm, indem nur jene Pfade auftreten, die zum Ereignis führen, dass von den 4 gezogenen Kugeln 2 rot und 2 blau sind.
    Wie viele Pfade hat dieser unvollständige Baum?
(d) Bestimme die Wahrscheinlichkeit 2 rote und 2 blaue Kugeln zu ziehen, wenn $K = 8$.
(e) Bestimme die Wahrscheinlichkeit 2 rote und 2 blaue Kugeln zu ziehen, wenn $K = 9$.
(f) Erstelle eine allgemeine Formel $f(K)$ in Abhängigkeit von K, die angibt, wie wahrscheinlich es ist, bei 4 gezogenen Kugeln genau 2 rote und 2 blaue zu ziehen, wenn zu Beginn K Kugeln rot waren.
(g) Skizziere den Graphen der Funktion $y = f(x)$ der Funktion f, die du in der obigen Teilaufgabe definiert hast.

Aufgabe 9.2 Aus einer Schachtel mit 25 Nägeln werden 4 herausgenommen und gemessen. Einer ist kürzer als auf der Verpackung angegeben. Nun fragt man sich, wie viele der 25 Nägel wohl zu kurz sind?

(a) Es werde angenommen, dass der zu kurze Nagel, der gezogen wurde, der einzige in der Schachtel ist, der zu kurz ist. Sei also $K = 1$. Berechne die Wahrscheinlichkeit, dass unter dieser Voraussetzung von den vier gezogenen Nägeln der zu kurze darunter ist.
(b) Berechne eine allgemeine Formel $f(K)$ in Abhängigkeit der Anzahl K der 25 Nägel, die zu kurz sind.
(c) Skizziere den Graphen von f.

Wir gehen nun daran eine allgemeine Formel mit den vier Variablen N, K, n, k zu erarbeiten. Die Formel sollte die Wahrscheinlichkeit $P_{N,K,n}(X_{N,K,n} = k)$ bestimmen, beim Ziehen von n Kugeln aus einer Urne mit N Kugeln, von denen K schwarz und $N - K$ weiß sind, genau k schwarze und $n - k$ weiße zu ziehen.

Zuerst berechnen wir die Anzahl Wege im Baumdiagramm: Diese ist gleich der Anzahl Arten, wie man k aus n auswählen kann, also $\binom{n}{k}$. Nun berechnen wir die Wahrscheinlichkeit eines Pfades. Dieser ist das Produkt der Wahrscheinlichkeiten entlang eines solchen Pfades. Die einzelnen Faktoren sind von der Form

$$\frac{\text{Anzahl der Kugeln der Farbe, die gezogen wird, in der Urne bei der Ziehung}}{\text{Anzahl der Kugeln in der Urne bei der Ziehung}}.$$

Im Nenner entsteht so immer das Produkt

$$N(N - 1)(N - 2) \cdots (N - n + 2)(N - n + 1) = \frac{N!}{(N - n)!}.$$

Im Zähler haben wir einerseits das Produkt für die Anzahl der schwarzen Kugeln, von denen K in der Urne sind und k gezogen werden:

$$K(K - 1)(K - 2) \cdots (K - k + 2)(K - k + 1) = \frac{K!}{(K - k)!}.$$

Andererseits erhalten wir folgendes Produkt für die Anzahl der weißen Kugeln:

$$(N - K)(N - K - 1) \cdots (N - K - n + k + 2)(N - K - n + k + 1) = \frac{(N - K)!}{(N - K - k + n)!}.$$

So erhalten wir die Wahrscheinlichkeit $P(X = k)$ bei der Ziehung von n Kugeln aus einer Urne mit K schwarzen und $N - K$ weißen Kugeln, genau k schwarze zu ziehen:

$$P_{N,K,n}(X_{N,K,n} = k) = \binom{n}{k} \frac{\frac{K!}{(K-k)!} \cdot \frac{(N-K)!}{(N-K-k+n)!}}{\frac{N!}{(N-n)!}}.$$

Wir formen diesen komplizierten Term noch um mit dem Ziel, eine handlichere Formel zu erhalten:

$$P(X = k) = \binom{n}{k} \frac{\frac{K!}{(K-k)!} \cdot \frac{(N-K)!}{(N-K-k+n)!}}{\frac{N!}{(N-n)!}}$$

$$\left\{ \text{Definition von } \binom{n}{k} = \frac{n!}{k!(n-k)!} \right\}$$

$$= \frac{n!}{k!(n - k)!} \cdot \frac{\frac{K!}{(K-k)!} \cdot \frac{(N-K)!}{(N-K-k+n)!}}{\frac{N!}{(N-n)!}}$$

$$\{\text{die drei Faktoren } n!, k! \text{ und } (n - k)! \text{ werden verteilt}\}$$

$$= \frac{\frac{K!}{k!(K-k)!} \cdot \frac{(N-K)!}{(n-k)!(N-K-k+n)!}}{\frac{N!}{n!(N-n)!}}$$

$$\{\text{die Brüche werden als Binomialzahlen geschrieben}\}$$

$$= \frac{\binom{K}{k} \cdot \binom{N-K}{n-k}}{\binom{N}{n}}$$

Zusammengefasst erhalten wir die folgende Aussage:

Satz 9.1 *In einer Urne liegen N Kugeln, wovon K schwarz und N − K weiß sind. Davon werden nun n Kugeln ohne Zurücklegen gezogen. Die Zufallsvariable $X_{N,K,n}$ gebe an, wie viele von den n gezogenen Kugeln schwarz sind. Dann gilt*

$$P(X_{N,K,n} = k) = \frac{\binom{K}{k} \cdot \binom{N-K}{n-k}}{\binom{N}{n}}. \tag{9.1}$$

Die Zufallsvariable $X_{N,K,n}$ zählt also die Anzahl „Erfolge" beim Ziehen *ohne* Zurücklegen. Die Verteilung von $X_{N,K,n}$ hat einen ganz bestimmten Namen. Vorsicht! Die Abb. 9.3 war kein Beispiel der Verteilung von $X_{N,K,n}$. In Abb. 9.3 war der Wert von k (der Anzahl der gezogenen dunklen Kugeln) fest und wir schauten die Wahrscheinlichkeiten $P_{N,K,n}(X_{N,K,n} = k)$ für unterschiedliche Werte von K an. Die Abb. 9.4 zeigt diese Wahrscheinlichkeiten für $N = 30$, $K = 20$ und $n = 10$.

Begriffsbildung 9.2 *Ist X eine Zufallsvariable und gilt* (9.1) *für alle k, so sagt man, dass X **hypergeometrisch** verteilt sei, oder auch: Die Verteilung von X ist die **hypergeometrische** Verteilung zu den Parametern N, K und n.*

Aufgabe 9.3 Sei $N = 50$, $K = 10$ und $n = 3$. Berechne die hypergeometrische Verteilung einer nach diesen Parametern verteilten Zufallsvariablen X. Mit anderen Worten: Bestimme die Wahrscheinlichkeiten $P(X = k)$ für alle möglichen Werte von k.

Aufgabe 9.4 Ein Verein besteht aus 7 Männern und 4 Frauen. Nun wird durch Auslosen eine Delegation von 5 Personen bestimmt. Wie wahrscheinlich ist es, dass die Delegation aus 3 Männern und 2 Frauen besteht?

Die hypergeometrische Verteilung soll nun noch etwas eingehender studiert werden. Wir vereinfachen dazu die Bezeichnungen und schreiben kurz

Abb. 9.4 Histogramm der Wahrscheinlichkeiten $P(X = k)$, also von $n = 10$ genau k schwarze Kugeln zu ziehen, wenn $N = 30$, $K = 20$. Hier ist $X = X_{30,20,10}$

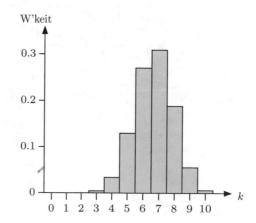

$$h_k = P(X_{N,K,n} = k) = \frac{\binom{K}{k} \cdot \binom{N-K}{n-k}}{\binom{N}{n}},$$

wenn an der Wahl von N, K und n keine Zweifel bestehen.

Satz 9.2 *Seien N, K und n so gegeben, dass $0 < K < N$, $n \le K$ und $n \le N - K$. Dann gilt:*

$$h(k - 1) < h(k), \qquad \text{für alle } k \text{ mit } k < k_{re} = \frac{(K+1)(n+1)}{N+2},$$

$$h(k) > h(k + 1), \qquad \text{für alle } k \text{ mit } k > k_{li} = \frac{(K+1)(n+1)}{N+2} - 1.$$

Das heißt, der Graph steigt von links nach rechts an, erreicht zwischen k_{li} und $k_{re} = k_{li}+1$ sein Maximum und fällt danach wieder ab.

Beweis. Wir berechnen den Quotienten $\frac{h_{k-1}}{h_k}$ und vereinfachen ihn:

$$\frac{h_{k-1}}{h_k} = \frac{\frac{\binom{K}{k-1} \cdot \binom{N-K}{n-k+1}}{\binom{N}{n}}}{\frac{\binom{K}{k} \cdot \binom{N-K}{n-k}}{\binom{N}{n}}}$$

$$= \frac{\binom{K}{k-1} \cdot \binom{N-K}{n-k+1}}{\binom{K}{k} \cdot \binom{N-K}{n-k}}$$

$$= \frac{\frac{K!}{(k-1)!\cdot(K-k+1)!} \cdot \frac{(N-K)!}{(n-k+1)!\cdot(N-K-n+k-1)!}}{\frac{K!}{k!(K-k)!} \cdot \frac{(N-K)!}{(n-k)!\cdot(N-K-n+k)!}}$$

$$= \frac{k!(K-k)! \cdot (n-k)! \cdot (N-K-n+k)!}{(k-1)! \cdot (K-k+1)! \cdot (n-k+1)! \cdot (N-K-n+k-1)!}$$

$$= k \cdot \frac{1}{K-k+1} \cdot \frac{1}{n-k+1}(N-K-n+k)$$

$$= \frac{k \cdot (N-K-n+k)}{(K-k+1)(n-k+1)}.$$

So erhalten wir folgende zueinander äquivalente Ungleichungen:

$$h(k-1) < h(k) \iff \frac{k \cdot (N-K-n+k)}{(K-k+1)(n-k+1)} < 1$$

$$\iff k \cdot (N-K-n+k) < (K-k+1)(n-k+1)$$

$$\iff k \cdot (N-K-n+k) < (K+1)(n-k+1) - k(n-k+1)$$

$$\{\text{der Summand } k(n-k) \text{ wird addiert}\}$$

$$\iff Nk - Kk < Kn - Kk + K + n - k + 1 - k$$

$$\iff Nk < Kn + K + n - 2k + 1$$

$$\iff (N+2)k < Kn + K + n + 1$$

$$\iff k < \frac{(K+1)(n+1)}{N+2}.$$

Dies zeigt die erste der zwei Aussagen. Ebenso erhält man

$$h(k-1) > h(k) \iff k > \frac{(K+1)(n+1)}{N+2}.$$

Ersetzt man darin k durch $k+1$ und daher $k-1$ durch k, so erhält man

$$h(k) > h(k+1) \iff k+1 > \frac{(K+1)(n+1)}{N+2} \iff k > \frac{(K+1)(n+1)}{N+2} - 1.$$

Damit ist alles gezeigt. □

Bemerkung Da die Werte k_{li} und k_{re} den Abstand 1 haben, gibt es mindestens immer eine ganze Zahl dazwischen. Die Werte liegen in guter Nähe von pn, wenn $p = \frac{K}{N}$, denn es gilt:

$$k_{\mathrm{li}} < pn < k_{\mathrm{re}}.$$

Dies kann man wie folgt nachvollziehen: Da $N > K, n$ folgt $\frac{1}{N} < \frac{1}{K}, \frac{1}{n}$ und damit

$$\left(1 + \frac{1}{K}\right)\left(1 + \frac{1}{n}\right) > \left(1 + \frac{1}{N}\right)\left(1 + \frac{1}{N}\right) > \left(1 + \frac{1}{N}\right)\left(1 + \frac{1}{N}\right) - \frac{1}{N^2}$$

$$\frac{K+1}{K} \cdot \frac{n+1}{n} > \frac{N+2}{N}$$

$$\frac{(K+1)(n+1)}{N+2} > \frac{K}{N}n,$$

womit $k_{re} > pn$ gezeigt ist. Für $k_{li} < pn$ beachtet man folgende Umformungen:

$$k_{li} < pn \iff \frac{(K+1)(n+1)}{N+2} - 1 < \frac{K}{N}n$$

$$\iff \frac{(K+1)(n+1) - N - 2}{N+2} < \frac{K}{N}n$$

$$\iff \big((K+1)(n+1) - N - 2\big)N < Kn(N+2)$$

$$\iff (Kn + K + n + 1 - N - 2)N < KNn + 2Kn$$

$$\left\{ \text{man addiert } N^2 - KNn \right\}$$

$$\iff (K + n - 1)N < 2Kn + N^2.$$

Da $n < N - K$ ist $K + n - 1 < N$ und damit ist die linke Seite kleiner als N^2, was wiederum kleiner ist als die rechte Seite. Damit ist $k_{li} < pn$ nachgewiesen.

9.4   Kompatible Schätzungen

Kommen wir erneut zurück zu Beispiel 9.2, bei dem in einer Urne von $N = 10$ Kugeln von dunklen und hellen Kugeln $n = 3$ gezogen werden und davon $k = 2$ dunkel sind.

Der Wert für K, bei dem das erhaltene Resultat am wahrscheinlichsten ist, ist $K = 7$, d. h. $p = \frac{K}{N} = 0.7 \approx 0.67 = \frac{k}{n} = r$. Dies sollte nicht erstaunen: Liegt der Anteil p weit weg von der gemessenen relativen Häufigkeit, so ist das gemessene Resultat sehr unwahrscheinlich.

Nun vergleichen wir diese Resultate mit der Situation, bei der wir die Größen N, n und k verdreifachen und also $N = 30$, $n = 9$, $k = 6$ betrachten. Es zeigt sich dann erwartungsgemäß, dass der Wert K, für den die Messung $k = 6$ am wahrscheinlichsten ist, genau $K = 20$ ist, womit dann $p = r$ gilt. Die Berechnung der Wahrscheinlichkeit

$$P(X_{30,20,9} = 6) = \frac{\binom{20}{6} \cdot \binom{10}{3}}{\binom{30}{9}} \approx 32.5\%$$

zeigt jedoch, dass $k = 6$ in weit weniger als 50% aller Fälle eintritt. Das Problem ist, dass, sobald n etwas größer ist, sich die 100% auf viele Fälle aufteilen und daher jeder einzelne Fall unwahrscheinlicher wird. Es ist daher besser Intervalle zu betrachten, die zu gegebenem K eine gewisse Wahrscheinlichkeit ausmachen. Wir werden also zu gegebenen N, K und n berechnen, welches die wahrscheinlichsten Werte sind, mit anderen Worten, wir werden ein **Konfidenzintervall** zu einer gewissen vorgegebenen Wahrscheinlichkeit bestimmen.

Beispiel 9.3 Betrachten wir dazu den Fall $N = 30$, $n = 9$ und $k = 6$. Wir berechnen nun für verscheidene Werte von K die Wahrscheinlichkeitsverteilungen von $X_{30,K,9}$.

Wir beginnen mit $K = 20$: Dann erhalten wir die Wahrscheinlichkeiten $P(X = k)$ wie sie in Tab. 9.1 gezeigt werden.

Der Tab. 9.1 entnimmt man das 95%-Konfidenzintervall: Es ist [4, 8], denn die Werte 0, 1, 2, 3 machen etwa 1.9% < 2.5% aus und der Wert 9 hat die Wahrscheinlichkeit 1.2% < 2.5%. Der Wert $k = 6$ fällt in dieses Konfidenzintervall.

Nun betrachten wir den Fall $K = 8$. Die Wahrscheinlichkeiten $P(X_{30,8,9} = k)$ wurden in der Tab. 9.2 wiedergegeben.

Nun ist das 95%-Konfidenzintervall [0, 5]. Der Wert $k = 6$ fällt hier nicht in das Konfidenzintervall. Somit schließen wir, dass – vorausgesetzt $K = 8$ gelte tatsächlich – der Wert $k = 6$ zu unwahrscheinlich ist, er gehört zur Gruppe der unwahrscheinlichsten Werte, die insgesamt höchstens 5% ausmachen. Wir schließen daher $K = 8$ und natürlich alle kleineren Werte aus.

Die Abb. 9.5 zeigt die 95%-Konfidenzintervalle für alle $K = 0, 1, 2, \ldots, 29, 30$. Wir haben zu dieser Berechnung ein Tabellenkalkulationsprogramm verwendet mit dem Befehl:

$$P(X = k) = \text{HYPGEOM.VERT}(\text{k}, 9, \text{K}, 30).$$

Wie in der Abb. 9.5 gezeigt führen die Werte $K = 11, 12, \ldots, 25$ dazu, dass $k = 6$ im 95%-Konfidenzintervall liegt und es sind daher diese Werte, die für eine hohe Plausibilität sprechen.   ◇

Allgemein gehen wir wie folgt vor. Wir machen ein Experiment und erhalten somit den Wert von k auf der x-Achse der Abb. 9.5. Wenn wir die vertikale Linie zum Wert $k = 6$ verfolgen, sehen wir die Konfidenzintervalle, die sie schneidet. Die entsprechenden Werte von K auf der y-Achse sind dann unsere Schätzungen für den unbekannten Wert von K.

Tab. 9.1 Die Wahrscheinlichkeiten $P(X = k)$, also von $n = 9$ genau k schwarze Kugeln zu ziehen, wenn $N = 30$, $K = 20$. Hier ist $X = X_{30,20,9}$

k	0	1	2	3	4	5	6	7	8	9
$P(X = k)$	0.0%	0.0%	0.2%	1.7%	8.5%	22.8%	32.5%	24.4%	8.8%	1.2%

Tab. 9.2 Die Wahrscheinlichkeiten $P(X = k)$, also von $n = 9$ genau k schwarze Kugeln zu ziehen, wenn $N = 30$, $K = 8$. Hier ist $X = X_{30,8,9}$

k	0	1	2	3	4	5	6	7	8	9
$P(X = k)$	3.5%	17.9%	33.4%	29.2%	12.9%	2.9%	0.3%	0.0%	0.0%	0.0%

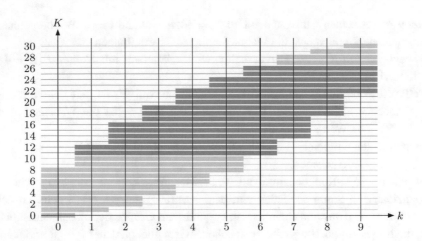

Abb. 9.5 Die 95%-Konfidenzintervalle für verschiedene K bei $N = 30$ und $n = 9$ als horizontale Balken dargestellt. Die dunklen Balken entsprechen den Werten K, für die der Wert $k = 6$ im Konfidenzintervall liegt

Das vorangehende Beispiel 9.3 legt folgende Begriffsbildung nahe:

Begriffsbildung 9.3 *Festgelegt sei eine gewisse Wahrscheinlichkeit $\gamma > 0$, das **Konfidenzniveau**.*

Bei einer Umfrage in einer Bevölkerung mit N Personen wird eine zufällige Stichprobe des Umfangs n genommen. Nun geben k der befragten Personen an, eine gewisse Eigenschaft zu besitzen. Die tatsächliche Anzahl K der Personen der Bevölkerung mit dieser Eigenschaft ist unbekannt.

*Jeden Wert K, für den k im γ-Konfidenzintervall liegt, nennt man **kompatibel** mit der Beobachtung k **auf dem Konfidenzniveau γ**. Ebenso sagt man: Jeder Wert $p = \frac{K}{N}$, für den $r = \frac{k}{n}$ im γ-Konfidenzintervall liegt, ist **kompatibel** mit der Beobachtung r auf dem Konfidenzniveau γ.*

Bemerkung In der Literatur trifft man häufig folgenden Sprachgebrauch an: „Mit der Wahrscheinlichkeit γ liegt $p = \frac{K}{N}$ im Konfidenzintervall $[a, b]$." Dies wäre zwar prägnanter und auch eleganter, aber leider ist dies unsinnig und somit falsch! Denn p hat einen festen, wenn auch unbekannten Wert. Wir können also nicht von der Wahrscheinlichkeit sprechen, dass p irgendeinen Wert annimmt, denn p ist fest vorgegeben.

Umgekehrt geht dies sehr wohl: Bei bekanntem Wert p können wir die Wahrscheinlichkeit berechnen, dass die Beobachtung r innerhalb eines gewissen Intervalls liegt. Die Sprechweise, die diesen Sachverhalt korrekt wiedergibt, ist daher: „die Werte p, die kompatibel sind mit der Beobachtung r", wobei mit „kompatibel" gemeint ist: die Beobachtung r liegt im γ-Konfidenzintervall von p.

Im Beispiel 9.3 ist das Konfidenzniveau 95%. Für $N = 30$, $n = 9$, $K = 20$ haben wir das Konfidenzintervall berechnet: Es ist [4, 8]. Dies bedeutet, dass in mindestens 95% aller Fälle, wenn eine Stichprobe mit $n = 9$ genommen wird, die beobachtete Anzahl „Erfolge" im Konfidenzintervall liegt.

Beispiel 9.4 In einer Urne befinden sich $N = 80$ Kugeln, eine unbekannte Anzahl K davon ist blau, die andere weiß. Beim gleichzeitigen Ziehen von $n = 6$ Kugeln stellt man fest, dass $k = 4$ davon blau sind.

Wir müssen die Werte für K bestimmen, die auf dem Konfidenzniveau von $\gamma = 90\%$ kompatibel sind mit der Beobachtung.

Ein Konfidenzintervall $[a, b]$ auf dem Konfidenzniveau 90% erfüllt:

(i) $P(X < a) \leq 5\%$ und $P(X \leq a) > 5\%$,
   {man kann a nicht nach $a + 1$ verschieben}

(ii) $P(X > b) \leq 5\%$ und $P(X \geq b) > 5\%$.
   {man kann b nicht nach $b - 1$ verschieben}

Wenn $k = 4$ im Konfidenzintervall $[a, b]$ liegt, also $a \leq 4 \leq b$ gilt, so folgt

$$P(X \leq 4) > 5\%   \text{ und }   P(X \geq 4) > 5\%.$$

Wir bestimmen daher diese Wahrscheinlichkeiten für verschiedene Werte von K. Mit einem Tabellenkalkulationsprogramm ist dies einfacher, von Hand aufwändiger.

Wir probieren es mit $K = 20$. Dann ergibt sich

$$P(X \leq 4) \approx 99.7\%   \text{ und }   P(X \geq 4) \approx 3.2\%.$$

Dies zeigt, dass $K = 20$ nicht kompatibel ist mit der Beobachtung $k = 4$, weil $k \geq b$ gilt und somit k rechts vom Konfidenzintervall liegt. Wir versuchen es mit $K = 30$. Dann gilt

$$P(X \leq 4) \approx 97.4\%   \text{ und }   P(X \geq 4) \approx 13.7\%,$$

was zeigt, dass $K = 30$ kompatibel ist. $P(X \leq 4) \approx 97.4\% > 5\%$ zeigt, dass $a \leq k$ gilt. $P(X \geq 4) \approx 13.7\% > 5\%$ zeigt, dass $b \geq k$ gilt. Jetzt versuchen wir es mit dem Zwischenwert $K = 25$. Dann zeigt sich, dass

$$P(X \leq 4) \approx 99.0\%   \text{ und }   P(X \geq 4) \approx 7.3\%.$$

Also ist $K = 25$ ebenfalls kompatibel. Versuchen wir es noch mit $K = 22$. Dann gilt

$$P(X \leq 4) \approx 99.5\%   \text{ und }   P(X \geq 4) \approx 4.6\%.$$

Also ist $K = 22$ nicht kompatibel, weil $b \leq k$ gilt. Für $K = 23$ zeigt sich

$$P(X \leq 4) \approx 99.3\% \quad \text{und} \quad P(X \geq 4) \approx 5.4\%.$$

Somit haben wir die untere Grenze der kompatiblen Werte K bestimmt und es bleibt noch, den größtmöglichen Wert zu bestimmen, der kompatibel mit der Beobachtung ist. Hier zeigt sich, dass $K = 74$ kompatibel ist, $K = 75$ aber nicht mehr. Somit sind alle Werte

$$K = 23, 24, 25, \ldots, 72, 73, 74$$

kompatibel mit der Beobachtung.   ◇

Aufgabe 9.5 In einer Urne liegen $N = 25$ Kugeln, einige davon sind grün, die restlichen gelb. Bei der gleichzeitigen Ziehung von 7 Kugeln sind 2 grün. Die Anzahl K der grünen Kugeln, die zu Beginn in der Urne waren, ist unbekannt. Bestimme alle Werte für K, die mit der Beobachtung $k = 2$ kompatibel sind auf dem Konfidenzniveau 90%.

Wer das Beispiel 9.4 gut studiert und die Aufgabe 9.5 bewältigt hat, muss wohl zu dem Schluss kommen, dass die Berechnung der zur Beobachtung kompatiblen Werte K ein sehr aufwändiges Problem darstellt. Man stelle sich vor, man macht eine Umfrage in der Schweiz oder in Deutschland und befragt dabei gleich 1000 Personen. Der Rechenaufwand, um die zur Beobachtung kompatiblen Werte mit der Formel (9.1) für $P_{N,K,n}(X_{N,K,n} = k)$ zu finden, ist dann relativ hoch. Es geht nicht nur darum mehrere Tausend Multiplikationen durchzuführen, was für heutige Computer kein großes Problem darstellt. Es geht auch darum, dass während der Rechnung durch die vielen Multiplikationen riesige Zahlen entstehen können und diese nicht einfach zu handhaben sind. Wenn zum Beispiel $N = 1$ Mio, wie groß ist dann $N \cdot (N-1) \cdot (N-2) \cdot \ldots \cdot (N-1000)$ und wie viel Speicherplatz wäre nötig, um diese Zahl genau abzuspeichern?

Wenn solch große Zahlen entstehen, kann man nicht für die Ausführung der Operationen über solch große Operationen den gleichen Aufwand zuordnen, wie für Operationen über kleine Zahlen, die man auf dem Prozessor des Computers direkt ausführen kann. Operationen über große Zahlen werden dann als Folge von Operationen über kleine Zahlen umgesetzt. Die kleinen Zahlen haben eine Länge, die durch die Hardware des Prozessors festgelegt ist. Die Anzahl der Operationen mit kleinen Zahlen wächst mindestens linear (zum Beispiel bei der Addition) mit der Länge der Darstellung der Operanden. Im Fall des in der Schule praktizierten Multiplikationsalgorithmus ist die durchgeführte Anzahl der Einzelschritte sogar quadratisch in der Länge der Operanden.

Wir werden daher nach Alternativen suchen, wie wir eine akzeptable Aussage ohne den großen Rechenaufwand erhalten können.

9.5   Erwartungswert und Standardabweichung der hypergeometrischen Verteilung

Wir haben viele Beispiele gesehen, bei denen es sehr nützlich ist, den Erwartungswert und die Standardabweichung von Zufallsvariablen zu kennen. Dies ist auch bei hypergeometrisch verteilten Zufallsvariablen nicht anders. In diesem Abschnitt werden wir diese Maße ausrechnen, möchten den Leser aber vorwarnen: Die Berechnungen sind recht technisch und eher umfänglich. Dies sollte nicht erstaunen, ist doch die Definition der Wahrscheinlichkeiten, die in der hypergeometrischen Verteilung auftreten, auch recht kompliziert. Für die Anwendungen muss man die folgenden Herleitungen nicht detailliert studieren. Es reicht, die Resultate zur Kenntnis zu nehmen und richtig zu interpretieren.

Sei nun also $X = X_{N,K,n}$ eine zu den Parametern N, K und n verteilte Zufallsvariable. Diese Zufallsvariable kann man sich vorstellen als die Anzahl Erfolge bei einer Ziehung ohne Zurücklegen von n Kugeln aus einer Urne mit N Kugeln, von denen K als „Erfolgskugeln" markiert sind.

Wir setzen noch $p = \frac{K}{N}$, dies ist die Erfolgswahrscheinlichkeit zu Beginn. Nun möchten wir den Erwartungswert $E(X)$ und die Varianz $V(X)$ berechnen. Diese Berechnungen verlaufen ganz ähnlich wie jene des Erwartungswertes und der Varianz bei binomial verteilten Zufallsvariablen, siehe den Beweis von Satz 2.4. Wir werden bewusst zuerst alle Beweise durchführen und erst dann Beispiele betrachten und Aufgaben stellen.

Satz 9.3 *Sei X eine hypergeometrisch verteilte Zufallsvariable zu den Parametern N, K und n. Weiter sei $p = \frac{K}{N}$. Dann gilt*

$$E(X) = np.$$

Beweis. Der Beweis besteht in einer mehrschrittigen Umformung. Das Kernstück des Beweises ist eine geschickte Substitution. Wir beginnen mit den ersten Schritten und unterbrechen dann die Umformung.

Wir starten mit der Definition des Erwartungswertes einer Zufallsvariablen:

$$E(X) = \sum_{k=0}^{n} k P(X = k)$$

{die Wahrscheinlichkeiten $P(X = k)$ werden ersetzt}

$$= \sum_{k=0}^{n} k \frac{\binom{K}{k} \cdot \binom{N-K}{n-k}}{\binom{N}{n}}$$

{die Binomialkoeffizienten werden ausgeschrieben}

$$= \sum_{k=0}^{n} k \frac{\frac{K!}{k! \cdot (K-k)!} \cdot \frac{(N-K)!}{(n-k)! \cdot (N-K-(n-k))!}}{\frac{N!}{n! \cdot (N-n)!}}$$

{Auflösen des Doppelbruchs}

$$= \sum_{k=0}^{n} k \frac{K! \cdot (N-K)! \cdot n! \cdot (N-n)!}{k! \cdot (K-k)! \cdot (n-k)! \cdot (N-K-(n-k))! \cdot N!}$$

{der Summand für $k = 0$ kann weggelassen werden, da er Null ist}

$$= \sum_{k=1}^{n} k \frac{K! \cdot (N-K)! \cdot n! \cdot (N-n)!}{k! \cdot (K-k)! \cdot (n-k)! \cdot (N-K-(n-k))! \cdot N!}$$

$\left\{\text{der Quotient } \frac{k}{k!} \text{ wird zu } \frac{1}{(k-1)!} \text{ gekürzt}\right\}$

$$= \sum_{k=1}^{n} \frac{K! \cdot (N-K)! \cdot n! \cdot (N-n)!}{(k-1)! \cdot (K-k)! \cdot (n-k)! \cdot (N-K-(n-k))! \cdot N!}$$

Nun kommt die Schlüsselidee: Man ersetzt an dieser Stelle $N-1$, $K-1$, $n-1$ und $k-1$ durch neue Variablen:

$$N' = N-1, \quad K' = K-1, \quad n' = n-1 \quad \text{und} \quad k' = k-1. \tag{9.2}$$

Beachte, dass Differenzen zweier dieser Variablen mit oder ohne Strich gleich sind. So gilt zum Beispiel

$$N - K = N' - K', \quad \text{oder etwa} \quad N - n = N' - n'.$$

Weiter gilt für die Fakultäten

$$N! = N \cdot N'! \quad \text{oder} \quad n! = n \cdot n'!.$$

Die Summation erfolgt anstatt über k von 1 bis n nun über k' von 0 bis n'. Dies alles setzen wir nun ein, wiederholen aber nocheinmal den zuletzt erhaltenen Ausdruck:

$$E(X) = \sum_{k=1}^{n} \frac{K! \cdot (N-K)! \cdot n! \cdot (N-n)!}{(k-1)! \cdot (K-k)! \cdot (n-k)! \cdot (N-K-(n-k))! \cdot N!}$$

{nun erfolgt die zuvor besprochene Substitution}

$$= \sum_{k'=0}^{n'} \frac{K \cdot K'! \cdot (N'-K')! \cdot n \cdot n'! \cdot (N'-n')!}{k'! \cdot (K'-k')! \cdot (n'-k')! \cdot (N'-K'-(n'-k'))! \cdot N \cdot N'!}$$

$\left\{\text{der Faktor } \frac{nK}{N} \text{ wird ausgeklammert, das Produkt strukturiert}\right\}$

$$= \frac{nK}{N} \sum_{k'=0}^{n'} \frac{K'!}{k'! \cdot (K' - k')!} \cdot \frac{(N' - K')!}{(n' - k')! \cdot (N' - K' - (n' - k'))!} \cdot \frac{n'! \cdot (N' - n')!}{N'!}$$

{die Faktoren werden als Binomialkoeffizienten geschrieben}

$$= \frac{nK}{N} \sum_{k'=0}^{n'} \binom{K'}{k'} \cdot \binom{N' - K'}{n' - k'} \cdot \frac{1}{\binom{N'}{n'}}.$$

Wir sind fast fertig. Wir können die einzelnen Summanden in der Summe auffassen als die Wahrscheinlichkeit $P(X' = k')$, wobei X' eine zu den Parametern N', K' und n' hypergeometrisch verteilte Zufallsvariable ist. Die Summe ist dann 1, da X' einen und nur einen der Werte $k' = 0, 1, \ldots, n'$ annehmen muss. Also schließen wir:

$$\mathrm{E}(X) = \frac{nK}{N} \sum_{k'=0}^{n'} P(X' = k') = n\frac{K}{N} = np.$$

Damit ist der Satz bewiesen.   □

Satz 9.4 *Sei X eine hypergeometrisch verteilte Zufallsvariable zu den Parametern N, K und n. Weiter sei $p = \frac{K}{N}$. Dann gilt*

$$\mathrm{V}(X) = np\,(1 - p) \cdot \frac{N - n}{N - 1}.$$

Beweis. Wir werden die Formel $\mathrm{V}(X) = \mathrm{E}(X^2) - \mathrm{E}(X)^2$ aus Satz 2.1 benutzen und daher zuerst $\mathrm{E}(X^2)$ berechnen. Dabei werden wir wieder dieselbe Substitution 9.2 vornehmen. Auch werden wir wieder eine nach den Parametern N', K' und n' hypergeometrisch verteilte Zufallsvariable X' verwenden.

Die ersten Schritte sind identisch mit jenen im Beweis von Satz 9.3, wir werden sie daher nicht kommentieren.

$$\mathrm{E}(X^2) = \sum_{k=0}^{n} k^2 P(X = k)$$

$$= \sum_{k=0}^{n} k^2 \frac{\binom{K}{k} \cdot \binom{N-K}{n-k}}{\binom{N}{n}}$$

$$= \sum_{k=0}^{n} k^2 \frac{\dfrac{K!}{k! \cdot (K-k)!} \cdot \dfrac{(N-K)!}{(n-k)! \cdot (N-K-(n-k))!}}{\dfrac{N!}{n! \cdot (N-n)!}}$$

$$= \sum_{k=0}^{n} k^2 \frac{K! \cdot (N-K)! \cdot n! \cdot (N-n)!}{k! \cdot (K-k)! \cdot (n-k)! \cdot (N-K-(n-k))! \cdot N!}$$

$$= \sum_{k=1}^{n} k^2 \frac{K! \cdot (N-K)! \cdot n! \cdot (N-n)!}{k! \cdot (K-k)! \cdot (n-k)! \cdot (N-K-(n-k))! \cdot N!}$$

$$\left\{ \text{der Quotient } \tfrac{k^2}{k!} \text{ wird zu } \tfrac{k}{(k-1)!} \text{ gekürzt} \right\}$$

$$= \sum_{k=1}^{n} k \frac{K! \cdot (N-K)! \cdot n! \cdot (N-n)!}{(k-1)! \cdot (K-k)! \cdot (n-k)! \cdot (N-K-(n-k))! \cdot N!}$$

Nun erfolgt wieder die Substitution 9.2. Wir beachten dabei, dass $k = k' + 1$:

$$\mathrm{E}(X^2) = \sum_{k'=0}^{n'} (k'+1) \frac{K \cdot K'! \cdot (N'-K')! \cdot n \cdot n'! \cdot (N'-n')!}{k'! \cdot (K'-k')! \cdot (n'-k')! \cdot (N'-K'-(n'-k'))! \cdot N \cdot N'!}$$

$$\left\{ \text{der Faktor } \tfrac{nK}{N} \text{ wird ausgeklammert} \right\}$$

$$= \frac{nK}{N} \sum_{k'=0}^{n'} (k'+1) \frac{K'! \cdot (N'-K')! \cdot n'! \cdot (N'-n')!}{k'! \cdot (K'-k')! \cdot (n'-k')! \cdot (N'-K'-(n'-k'))! \cdot N'!}$$

$$\{ \text{der Quotient wird durch Binomialkoeffzienten ausgedrückt} \}$$

$$= \frac{nK}{N} \sum_{k'=0}^{n'} (k'+1) \frac{\binom{K'}{k'} \cdot \binom{N'-K'}{n'-k'}}{\binom{N'}{n'}}$$

Dies ist die zweite interessante Stelle: Die Quotienten rechts werden als Wahrscheinlich-keiten $P(X' = k')$ geschrieben. Dabei ist X' eine nach den Parametern N', K' und n' hypergeometrisch verteilte Zufallsvariable. Damit erhalten wir

$$\mathrm{E}(X^2) = \frac{nK}{N} \sum_{k'=0}^{n'} (k'+1) \cdot P(X' = k')$$

$$\{ \text{das Produkt wird ausmultipliziert, die Summanden anders addiert} \}$$

$$= \frac{nK}{N} \sum_{k'=0}^{n'} k' \cdot P(X' = k') + \frac{nK}{N} \sum_{k'=0}^{n'} P(X' = k')$$

$$\left\{ \text{die Summe links ist } \mathrm{E}(X'), \text{ die rechts ist } 1 \right\}$$

$$= \frac{nK}{N} \, \mathrm{E}(X') + \frac{nK}{N}$$

$$\{ \text{gemäß Satz 9.3} \}$$

$$= \frac{nK}{N} \cdot \frac{n'K'}{N'} + \frac{nK}{N}$$

$\{N', K' \text{ und } n' \text{ werden wieder ersetzt durch } N-1, K-1 \text{ bzw. } n-1\}$

$$= \frac{nK}{N} \cdot \frac{(n-1)(K-1)}{(N-1)} + \frac{nK}{N}.$$

Damit ist die schwierigste Arbeit erledigt. Wir können nun $V(X)$ berechnen:

$$V(X) = E(X^2) - E(X)^2$$

$$= \frac{n(n-1)K(K-1)}{N(N-1)} + \frac{nK}{N} - \left(\frac{nK}{N}\right)^2$$

$\{\text{der Faktor } \frac{nK}{N} \text{ wird ausgeklammert}\}$

$$= \frac{nK}{N} \cdot \left(\frac{(n-1)(K-1)}{N-1} + 1 - \frac{nK}{N}\right)$$

$\{\text{die Summanden in der Klammer werden zusammengefasst}\}$

$$= \frac{nK}{N} \cdot \frac{(n-1)(K-1)N + N(N-1) - nK(N-1)}{N(N-1)}$$

$\{\text{der Zähler wird ausmultipliziert}\}$

$$= \frac{nK}{N} \cdot \frac{nKN - nN - KN + N + N^2 - N - nKN + nK}{N(N-1)}$$

$\{\text{der Zähler wird vereinfacht}\}$

$$= \frac{nK}{N} \cdot \frac{N^2 - KN - nN + nK}{N(N-1)}$$

$\{\text{der Zähler wird faktorisiert}\}$

$$= \frac{nK}{N} \cdot \frac{(N-K)(N-n)}{N(N-1)}.$$

Schließlich verwenden wir noch $p = \frac{K}{N}$ und $1 - p = 1 - \frac{K}{N} = \frac{N-K}{N}$. So erhalten wir schließlich

$$V(X) = np\,(1-p) \cdot \frac{N-n}{N-1}.$$

Damit haben wir den Satz bewiesen.   □

Als Konsequenz erhalten wir nun auch gleich die Standardabweichung $\sigma(X) = \sqrt{V(X)}$ einer hypergeometrisch verteilten Zufallsvariablen X.

Satz 9.5 *Sei X eine hypergeometrisch verteilte Zufallsvariable zu den Parametern N, K und n. Weiter sei* $p = \frac{K}{N}$. *Dann gilt*

$$\sigma(X) = \sqrt{np\,(1-p) \cdot \frac{N-n}{N-1}}.$$

Betrachtet man die Formel für E(X), so sollte einem auffallen, dass der Erwartungswert identisch mit jenem für die Binomialverteilung ist, und die Formel für die Standardabweichung $\sigma(X)$ sehr ähnlich mit jener für die Standardabweichung bei der Binomialverteilung ist. Wir werden uns im übernächsten Abschnitt näher mit dem Zusammenhang zwischen der hypergeometrischen Verteilung und der Binomialverteilung befassen.

Beispiel 9.5 Von den 10 000 Einwohnern einer Stadt haben bei der letzten Wahl 52.4% für den aktuellen Bürgermeister gestimmt. Nun werden bei einer Umfrage 200 Personen befragt, ob sie für den aktuellen Bürgermeister gestimmt haben.

Die Aufgabe besteht darin zu bestimmen, wie viele der Befragten die Frage wohl in etwa bejahen werden. Hier ist Vorsicht geboten, denn dies ist eine andere Aufgabenstellung als bisher. Jetzt kennen wir $p = \frac{K}{N}$ und wollen nur herausfinden, welche Resultate bei einer Umfrage von 200 zufällig ausgewählten Personen zu erwarten sind.

Sei X die Zufallsvariable, die misst, wie viele der befragten Personen angeben, für den aktuellen Bürgermeister gestimmt zu haben.

Wir können die Tschebyschowsche Ungleichung anwenden, um abzuschätzen, wie groß der Bereich $[\mu - a, \mu + a]$ ist, in dem X mindestens mit der Wahrscheinlichkeit 75% liegt. Dabei bezeichnet $\mu = E(X)$ den Erwartungswert der Zufallsvariablen X.

Die anfängliche Erfolgswahrscheinlichkeit $p = \frac{K}{N}$ ist gemäß den Angaben gleich $p = 0.524$. Die Zufallsvariable X hat daher den Erwartungswert $E(X) = np = 104.8$. Man kann daher erwarten, dass um die 105 Personen die gestellte Frage bejahen werden.

Das Intervall $[\mu - a, \mu + a]$ soll die Wahrscheinlichkeit 0.75 haben. Dies bedeutet, dass $P(\mu - a \leq X \leq \mu + a) = P(|X - \mu| \leq a) \geq 0.75$ und daher $P(X < \mu - a$ oder $X > \mu + a) = P(|X - \mu| > a) \leq 0.25$ gelten soll. Gemäß der Tschebyschowschen Ungleichung gilt

$$P(|X - \mu| > a) \leq \frac{\sigma(X)^2}{a^2}.$$

Damit die Schranke rechts gleich 0.25 ist, muss $a = 2\sigma(X)$ gelten. Die Standardabweichung $\sigma(X)$ berechnet sich nach Satz 9.5 wie folgt:

$$\sigma(X) = \sqrt{np\,(1-p)\frac{N-n}{N-1}} = \sqrt{200 \cdot 0.524 \cdot 0.476 \cdot \frac{9800}{9999}} \approx 7.0.$$

Somit gilt $a \approx 14.0$. Das Intervall ist daher $[91, 119]$. Somit gilt: Mit der Wahrscheinlichkeit $\gamma = 75\%$ liegt bei einer Umfrage von 200 Personen die Anzahl der Befragten, die angeben würden, für den Bürgermeister zu stimmen, zwischen 91 und 119.

Was sagt das Resultat? Wenn wir diese Umfrage vor der Wahl durchgeführt hätten und tatsächlich die Stimmenzahl zwischen 91 und 119 gelegen hätte, würde $p = 0.524$ zu den möglichen Kandidaten gehören im Konfidenzintervall. Läge hingegen die Stimmenzahl außerhalb des Intervalls $[91, 119]$, so würde man $p = 0.524$ nicht als Ausgang der kommenden Wahlen vorhersagen. $\diamond$

Aufgabe 9.6 In einer Gemeinde haben 38% der 12 000 Personen für die Partei A gestimmt. Nun wird angenommen, dass man eine Umfrage vom Umfang 250 Personen erhebt.

Man bezeichne mit X die Zufallsvariable, die angibt, wie viele der befragten Personen für die Partei A gestimmt haben.

(a) Bestimme den Erwartungswert und die Standardabweichung von X.
(b) Benutze die Tschebyschowsche Ungleichung, um ein Konfidenzintervall $[\mathrm{E}(X) - a, \mathrm{E}(X) + a]$ zu bestimmen, das mindestens die Wahrscheinlichkeit 75% hat.

Aufgabe 9.7 Beantworte die Fragen (a) und (b) von Aufgabe 9.6, für den Fall, dass die Umfrage auf 2500 Personen ausgedehnt wird.

Aufgabe 9.8 Im Jahr 1971 wurde über das Frauenstimmrecht in der Schweiz abgestimmt. Die Auszählung der Stimmzettel ergab, dass 621 109 dafür stimmten und 323 882 dagegen. Wenn man kurz vor der Abstimmung 500 zufällig ausgewählte stimmberechtigte Personen befragt hätte, welcher Anteil der Befragten hätte dann angegeben, für das Frauenstimmrecht zu stimmen.

Bestimme ein Konfidenzintervall zum Konfidenzniveau 95%.

9.6   Abschätzung der kompatiblen Werte

Wir kommen nun zurück zum Grundproblem der Umfrage: Wie kann man von einer Stichprobe auf die ganze Bevölkerung schließen? Wir könnten natürlich einfach Dreiviertel der ganzen Bevölkerung befragen, aber das wäre oft sehr kostspielig. Wenn wir zum Beispiel eine Gemeinde mit 10 000 Einwohnern haben, so müssten wir 7500 davon befragen. Aus Kostengründen ist es oft nötig, die Umfrage möglichst klein zu halten. Andererseits soll die Umfrage aber doch so groß sein, dass eine vernünftige Aussage über die Bevölkerung noch möglich ist. Was können wir aussagen über die Gemeinde mit 10 000 Einwohnern, wenn wir nur 100 davon befragen? Wir werden dies in Beispiel 9.6 genauer betrachten. Erstaunlicherweise und entgegen unserer Intuition ist es durchaus möglich, noch eine recht gute Abschätzung über die Proportion $p = \frac{K}{N}$ zu machen, auch wenn wir nur 100 von 10 000, also nur 1% der Bevölkerung befragen.

Wir verwenden für die Abschätzung die Tschebyschowsche Ungleichung 4.4. Wir modellieren die Umfrage als Ziehung aus einer Urne ohne Zurücklegen. Personen mit der Eigenschaft werden als rote Kugeln, solche ohne die Eigenschaft als blaue Kugeln modelliert. Die Zufallsvariable X, die angibt, wie viele der gezogenen Kugeln rot sind, ist dann hypergeometrisch verteilt zu den Parametern N, K und n. Ihren Erwartungswert und ihre Standardabweichung, welche ja in der Tschebyschowschen Ungleichung vorkommen, wurden im vorangehenden Abschnitt berechnet und können nun eingesetzt werden. Wir erhalten:

$$P(|X - np| > a) \leq \frac{np\,(1 - p) \cdot \frac{N-n}{N-1}}{a^2}. \tag{9.3}$$

Wir formen diese Gleichung noch etwas um. Im ersten Schritt teilen wir die Ungleichung $|X - np| > a$ durch n und erhalten die dazu äquivalente Ungleichung $|r - p| > \varepsilon$, wobei $r = \frac{X}{n}$ die relative Häufigkeit und $\varepsilon = \frac{a}{n}$ eine positive Schranke ist. Somit gilt

$$P(|X - np| > a) = P(|r - p| > \varepsilon).$$

Ersetzen wir a noch durch $a = n\varepsilon$ auf der rechten Seite von (9.3) und kürzen mit n, so erhalten wir folgende Abschätzung:

$$P(|r - p| > \varepsilon) \leq \frac{p\,(1 - p)}{n\varepsilon^2} \cdot \frac{N - n}{N - 1},$$

wobei $r = \frac{X}{n}$ die relative Häufigkeit in der Stichprobe angibt. Die linke Seite dieser Ungleichung gibt also an, wie unwahrscheinlich es ist, dass bei gegebener Erfolgswahrscheinlichkeit p die relative Häufigkeit r mehr als ε von p abweicht. Wir fassen dies nochmals zusammen.

Satz 9.6 *Sei X hypergeometrisch verteilt zu den Parametern N, K und n. Weiter sei $p = \frac{K}{N}$ und $r = \frac{X}{n}$ die relative Häufigkeit in der Stichprobe. Dann gilt für jede positive Zahl $\varepsilon > 0$ folgende Abschätzung:*

$$P(|r - p| > \varepsilon) \leq \frac{p\,(1 - p)}{n\varepsilon^2} \cdot \frac{N - n}{N - 1}. \tag{9.4}$$

Damit haben wir ein handliches Werkzeug erarbeitet, das wir einsetzen können, um die Aussagekraft einer Umfrage abzuschätzen. Wir legen dazu ein Konfidenzniveau γ fest und suchen alle Werte p, die mit der Beobachtung r kompatibel sind auf dem Konfidenzniveau γ. Wir suchen also Werte p, für die die Beobachtung r mit mindestens der Wahrscheinlichkeit γ zwischen $p-\varepsilon$ und $p+\varepsilon$ liegt. Gesucht ist daher die Abweichung ε so, dass $P(|r - p| \leq \varepsilon) \geq \gamma$ gilt. Die Gegenwahrscheinlichkeit $P(|r - p| > \varepsilon)$ muss dann

$$P(|r - p| > \varepsilon) \leq 1 - \gamma \tag{9.5}$$

erfüllen. Wenn wir die Ungleichungen (9.5) und (9.4) miteinander vergleichen, so sehen wir, dass wir (9.5) erfüllen, wenn wir die beiden rechten Seiten gleichsetzen. Wir müssen also die Gleichung

$$1 - \gamma = \frac{p\,(1-p)}{n\varepsilon^2} \cdot \frac{N-n}{N-1}$$

nach ε auflösen. Eine einfache Umformung ergibt

$$\varepsilon(p) = \sqrt{\frac{p\,(1-p)}{n(1-\gamma)} \cdot \frac{N-n}{N-1}}.$$

Dies fassen wir zusammen:

Satz 9.7 *In einer Urne befinden sich N Kugeln, einige davon sind rot, die anderen blau. Nun werden ohne Zurücklegen n Kugeln gezogen. Sei X die Zufallsvariable, die angibt, wie viele der gezogenen Kugeln rot sind.*

Dann gilt, dass r mindestens mit der Wahrscheinlichkeit γ zwischen den folgenden Grenzen liegt:

$$p - \varepsilon(p) \quad und \quad p + \varepsilon(p),$$

wobei

$$\varepsilon(p) = \sqrt{\frac{p\,(1-p)}{n(1-\gamma)} \cdot \frac{N-n}{N-1}}. \tag{9.6}$$

Mit anderen Worten: Wenn p kompatibel mit der Beobachtung r ist, dann gilt

$$p - \varepsilon(p) \leq r \leq p + \varepsilon(p). \tag{9.7}$$

Bemerkung Die Umkehrung der zweiten Aussage des Satzes ist jedoch nicht richtig: Erfüllt p die Ungleichungen (9.7), so bedeutet dies nicht notwendigerweise, dass p kompatibel ist mit der Beobachtung r. Denn es kann sein, dass $P(|X - np| \leq \varepsilon(p)) \geq \gamma$ gilt, aber r nicht im γ-Konfidenzintervall liegt. Wir werden dies später in Beispiel 9.9 noch konkreter sehen.

Satz 9.7 gibt eine Einschränkung an, die jedoch nicht strikt ist. Wir werden später sehen, wie wir zu besseren Einschränkungen kommen können.

Beispiel 9.6 In einer Gemeinde mit 10 000 stimmberechtigten Einwohnern wird eine Umfrage unter 100 Personen abgehalten. Es stellt sich heraus, dass 42% der Befragten eine Erhöhung der Aufnahmekriterien an Schweizer Gymnasien befürworten würden.

Wir gehen nun daran auf einem Konfidenzniveau von $\gamma = 90\%$ zu ermitteln, welche Anteile p der ganzen Gemeinde für eine Erhöhung der Aufnahmekriterien stimmen würden. Genauer gefragt: Welche Werte auf diesem Konfidenzniveau können höchstens kompatibel sein mit der Beobachtung $r = 0.42$?

Dazu zeichnen wir die Graphen der Funktionen

$$f_+ : \qquad f_+(p) = p + \varepsilon(p),$$

$$f_- : \qquad f_-(p) = p - \varepsilon(p),$$

zu den Werten $N = 10,000$, $n = 100$ und $\gamma = 0.9$, siehe die Abb. 9.6.

Eingezeichnet wurde auch eine horizontale Linie $y = 0.42$, da ja $r = 42\%$. Damit p kompatibel ist, muss $f_-(p) \leq r \leq f_+(p)$ gelten. Der Abbildung entnimmt man, dass dies etwa die Werte p sind, die $0.28 \leq p \leq 0.57$ erfüllen. Wir schließen daher: Ist ein Wert p kompatibel auf dem Konfidenzniveau $\gamma = 90\%$ mit der Beobachtung $r = 0.42$, so liegt p zwischen 0.28 und 0.57. $\diamond$

Aufgabe 9.9 Wiederum sei $N = 10,000$ und $n = 100$. Welche Werte p könnten kompatibel auf dem Konfidenzniveau $\gamma = 90\%$ sein mit der Beobachtung $r = 0.8$?

Im Beispiel 9.6 sowie in der Aufgabe 9.9 haben wir eine graphische Methode verwendet. Wir müssten daher für jede Kombination der Variablen N, n und γ eine separate Graphik zeichnen, um die Werte ablesen zu können.

Abb. 9.6 Die Graphen der Funktionen f_+ und f_-

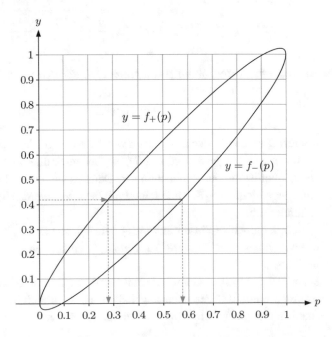

Es ist daher von Vorteil, eine rechnerische Lösung zu suchen, um die Grenzen zu ermitteln, zwischen denen die Werte p liegen, die für die kompatiblen Werte in Frage kommen. Nach einigen Umformungen werden wir dabei auf eine quadratische Gleichung stoßen, die wir exakt lösen können.

Der besseren Übersichtlichkeit halber schreiben wir zuerst (9.6) um zu:

$$\varepsilon = \sqrt{\lambda} \cdot \sqrt{p\,(1-p)}, \qquad \text{wobei} \quad \lambda = \frac{N-n}{(N-1) \cdot n \cdot (1-\gamma)}.$$

Wir haben p so zu bestimmen, dass $r = p \pm \sqrt{\lambda} \cdot \sqrt{p\,(1-p)}$ gilt. Diese Gleichung formen wir wie folgt um

$$r = p \pm \sqrt{\lambda} \cdot \sqrt{p\,(1-p)}$$
$$r - p = \pm\sqrt{\lambda} \cdot \sqrt{p\,(1-p)}$$
$$\{\text{quadrieren}\}$$
$$(r-p)^2 = \lambda\, p\,(1-p).$$

Dies ist eine quadratische Gleichung. Wir bringen sie auf Normalform, indem wir zuerst ausmultiplizieren, dann die rechte Seite subtrahieren und schließlich zusammenfassen:

$$(1+\lambda)p^2 - (2r+\lambda)p + r^2 = 0. \tag{9.8}$$

Diese Gleichung kann nun mit der Lösungsformel gelöst werden.

Beispiel 9.7 Wir führen die Berechnung beim Beispiel 9.6 durch. Es gilt also N = 10 000, $n = 100$, $\gamma = 0.9$ und daher

$$\lambda = \frac{9900}{9999 \cdot 100 \cdot 0.1} \approx 0.09901.$$

Die quadratische Gleichung lautet daher

$$1.09901\,p^2 - 0.93901\,p + 0.1764 = 0.$$

Die Lösungsformel liefert die Lösungen

$$p = 0.2789 \qquad \text{oder} \qquad p = 0.5755.$$

Man sieht, dass die Ablesung aus dem Graphen recht gut mit der Berechnung überein-stimmt. ◇

Wir fassen dies zusammen.

Satz 9.8 *Gegeben sei eine Bevölkerung mit N Personen, von denen K eine gewisse Eigenschaft haben. Entnimmt man dieser Bevölkerung eine Stichprobe der Größe n und findet darin k Befragte mit einer gewissen Eigenschaft und somit die relative Häufigkeit $r = \frac{k}{n}$, so liegen die mit r kompatiblen Werte $p = \frac{K}{N}$ zwischen den zwei Lösungen der Gleichung*

$$(1 + \lambda)p^2 - (2r + \lambda)p + r^2 = 0, \tag{9.9}$$

wobei

$$\lambda = \frac{N - n}{(N - 1) \cdot n \cdot (1 - \gamma)}. \tag{9.10}$$

Aufgabe 9.10 Es sei N = 10 000, $n = 100$ und $r = 0.8$. Berechne die Grenzen der Werte, die möglicherweise noch mit r auf dem Konfidenzniveau $\gamma = 0.9$ kompatibel sind.

Vergleiche diese Werte mit der Ablesung aus Aufgabe 9.9.

Aufgabe 9.11 Wiederum sei N = 10 000. Die Anzahl der Befragten wurde jedoch erhöht auf $n = 400$. Nun zeigt sich, dass 44% der Befragten eine Erhöhung der Aufnahmekriterien an Schweizer Gymnasien befürworten.

Berechne: Zwischen welchen Grenzen müssen die mit dieser Beobachtung kompatiblen Werte p mit Sicherheit liegen?

9.7   Ein einfacheres Modell

Das Modell des Ziehens aus einer Urne ohne Zurücklegen erlaubt, falls die Stichprobengröße nicht zu groß ist, eine genaue Berechnung der zur Beobachtung kompatiblen Werte p. Zusätzlich ermöglicht sie auch eine Abschätzung dieser Werte mit deutlich weniger Rechenaufwand.

Wir wollen jetzt eine noch bessere Abschätzung erreichen, die ebenfalls rechnerisch wenig aufwändig ist. Dazu vereinfachen wir das Modell des Ziehens aus einer Urne ohne Zurücklegen: Wir betrachten eine Umfrage als eine Ziehung *mit* Zurücklegen. Zuerst wollen wir uns anhand einiger Beispiele überlegen, dass diese Vereinfachung zulässig ist. Danach werden wir unter Verwendung der Normalverteilung eine gute Näherung erhalten und damit ein Rechenrezept, wie wir die Werte p, die mit der Beobachtung kompatibel sind, einfach berechnen können.

Ist die Bevölkerung groß (N ist groß) und die Umfragengröße n relativ klein zu N, so kann eine Umfrage auch durch Ziehung aus einer Urne mit Zurücklegen modelliert werden, da es sehr unwahrscheinlich ist, zweimal dieselbe Kugel zu ziehen. Doch ist diese Vereinfachung tatsächlich legitim?

Beispiel 9.8 Wie wahrscheinlich ist es, bei einer 10-fachen Ziehung mit Zurücklegen aus einer Urne mit $N = 6000$ Kugeln mindestens eine Kugel mehrfach zu ziehen?

Um diese Frage zu beantworten, betrachten wir das Gegenereignis: Alle gezogenen Kugeln sind verschieden. Wir können uns vorstellen, dass wir nacheinander die gezogenen Kugeln mit Farbe markieren und dann zurücklegen.

Die erste Kugel ist mit der Wahrscheinlichkeit 1 unmarkiert. Danach befinden sich in der Urne eine markierte Kugel und 5999 unmarkierte Kugeln. Die zweite Kugel ist mit der Wahrscheinlichkeit $\frac{5999}{6000}$ unmarkiert. Fährt man so fort, erhält man die Wahrscheinlichkeit

$$\frac{6000}{6000} \cdot \frac{5999}{6000} \cdot \frac{5998}{6000} \cdot \frac{5997}{6000} \cdot \frac{5996}{6000} \cdot \frac{5995}{6000} \cdot \frac{5994}{6000} \cdot \frac{5993}{6000} \cdot \frac{5992}{6000} \cdot \frac{5991}{6000} \approx 0.9925$$

dafür, dass alle Kugeln verschieden sind. Die Wahrscheinlichkeit, dass mindestens eine mehrfach gezogen wurde, ist daher $1 - 0.9925 = 0.0075 = 0.75\%$.   ◇

Aufgabe 9.12 Wie groß ist die Wahrscheinlichkeit beim Ziehen mit Zurücklegen von 20 Kugeln aus einer Urne mit 100 000 Kugeln mindestens einmal eine Kugel mehrfach zu ziehen?

Die Vereinfachung ist jedoch kaum zulässig, wenn N klein ist. In der Abb. 9.7 kann man den Unterschied zwischen der hypergeometrischen Verteilung (Ziehen ohne Zurücklegen) und der Binomialverteilung (Ziehen mit Zurücklegen) im Falle $N = 100, n = 20$ und $p = 0.5$ betrachten. Die hypergeometrische Verteilung ist in der Nähe des Erwartungswerts $np = 10$ höher, aber weiter davon entfernt kleiner als die Binomialverteilung. Wir vergleichen dabei die Wahrscheinlichkeiten $P(X_{\text{hyp}} = k)$ mit $P(X_{\text{bin}} = k)$ für verschiedene Werte von k, wobei X_{hyp} die zugehörige hypergeometrisch verteilte Zufallsvariable ist und X_{bin} die zugehörige binomial verteilte.

Das vereinfachte Modell des Ziehens mit Zurücklegen hat gewisse Vorteile, die wir nun ausnutzen wollen. Wir nehmen also an, dass in der Urne insgesamt N Kugeln liegen und K davon rot sind, die restlichen sind weiß. Sei dazu X die Zufallsvariable X, die angibt, wie viele der gezogenen Kugeln rot sind. Dann gilt $E(X) = np$ und $\sigma(X) = \sqrt{np(1-p)}$.

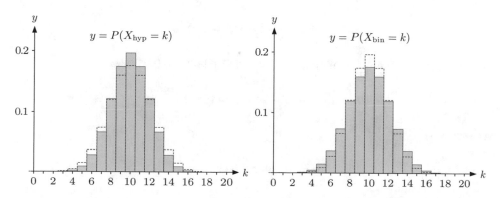

Abb. 9.7 Vergleich für $N = 100, n = 20, p = 0.5$ der hypergeometrischen Verteilung (Ziehen ohne Zurücklegen), links grau eingefärbt, und der Binomialverteilung (Ziehen mit Zurücklegen), rechts grau eingefärbt

Der Erwartungswert stimmt also mit jenem des Modells ohne Zurücklegen überein, aber die Standardabweichung hängt nicht mehr von N ab.

Die Ergebnisse der einzelnen Ziehungen einer Kugel sind voneinander unabhängig. Dies ist beim Ziehen ohne Zurücklegen ja nicht der Fall, denn die Wahrscheinlichkeiten für die zweite Kugel hängen vom Ergebnis der ersten gezogenen Kugel ab. Bei dem Ziehen mit Zurücklegen sind die Ziehungen jedoch unabhängig, was es uns erlaubt mit Hilfe des zentralen Grenzwertsatzes die Binomialverteilung durch die Normalverteilung zu approximieren.

Beispiel 9.9 Wir setzen das Beispiel 9.6 fort, bei dem in einer Gemeinde von 10 000 Personen eine Umfrage der Größe $n = 100$ mit dem Ergebnis durchgeführt wurde, dass 42% der Befragten eine Erhöhung der Aufnahmekriterien an Schweizer Gymnasien befürworten.

Gemäß Satz 8.2 gilt

$$P(X \leq k) \approx \Phi_{0,1}\left(\frac{k-np}{\sqrt{np\,(1-p)}}\right)$$

für alle $k = 0, 1, \ldots, n$. Wir müssen eine Grenze a so finden, dass

$$P(|X - \mathrm{E}(X)| \leq a) \geq \gamma = 0.9.$$

gilt. Die linke Seite können wir umschreiben:

$$P(X \leq np + a) - P(X \leq np - a) = 0.9$$

$$\Phi_{0,1}\left(\frac{a}{\sqrt{np\,(1-p)}}\right) - \Phi_{0,1}\left(\frac{-a}{\sqrt{np\,(1-p)}}\right) = 0.9$$

Aus der Symmetrie der Normalverteilung folgt, dass

$$\Phi_{0,1}\left(\frac{a}{\sqrt{np\,(1-p)}}\right) = 0.95$$

gelten muss. Der Tab. 6.1 entnimmt man, dass $\Phi(1.64485) = 0.95$, also

$$\frac{a}{\sqrt{np\,(1-p)}} = 1.64485.$$

Daraus folgt

$$a = 16.4485\sqrt{p\,(1-p)}.$$

Wir teilen diese Gleichung durch $n = 100$ und erhalten

$$\varepsilon = 0.164485\sqrt{p\,(1-p)}.$$

Nun können wir die Früchte ernten: Es können nur jene Werte p kompatibel sein mit der Beobachtung $r = 0.42$, welche

$$p - 0.164485\sqrt{p\,(1-p)} \le r \le p + 0.164485\sqrt{p\,(1-p)}$$

erfüllen. Die Graphen der Funktionen g_- und g_+:

$$g_-(p) = p - 0.164485\sqrt{p\,(1-p)}$$
$$g_+(p) = p + 0.164485\sqrt{p\,(1-p)}$$

sind in Abb. 9.8 abgebildet.

Dem Graphen entnimmt man, dass nur Werte p zwischen 3.4 und 5.1 kompatibel sein können mit der Beobachtung r. Wir können auch hier die Grenzen genau berechnen: Aus $r = p \pm 0.164485\sqrt{p\,(1-p)}$ folgt

$$r - p = \pm 0.164485\sqrt{p\,(1-p)}$$
$$(r - p)^2 = 0.027055p\,(1-p)$$
$$1.027055p^2 - 0.867055p + 0.1764 = 0.$$

Die quadratische Gleichung hat die Lösungen

$$p = 0.34197 \qquad \text{und} \qquad p = 0.502241.$$

Abb. 9.8 Die Graphen der Funktionen g_+ und g_-. Zum Vergleich: die grauen Graphen von f_- und f_+, die man durch die Abschätzung mit der Tschebyschowschen Ungleichung erhält

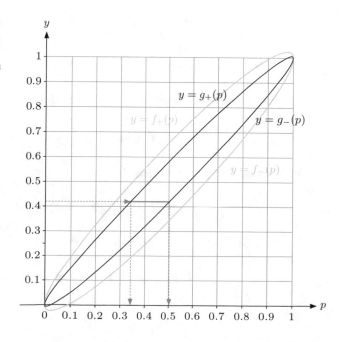

Im Vergleich zur Abschätzung vorher mit den Funktionen f_- und f_+ ist die Aussage viel präziser geworden.   ◇

Bemerkung Wenn wir die Tschebyschowsche Ungleichung direkt für die hypergeometrische Verteilung verwenden, erhalten wir die Aussage, dass alle kompatiblen Werte p zwischen 2.8 und 5.7 liegen müssen. Benutzen wir jedoch die Approximation via Binomial- und Normalverteilung, so erhalten wir eine bessere Einschränkung: Die kompatiblen Werte müssen zwischen 3.4 und 5.1 liegen.

Der relativ große Unterschied rührt daher, dass die Tschebyschowsche Ungleichung recht grob ist, die Approximation der Normalverteilung an die Binomialverteilung und diese an die hypergeometrische Verteilung hingegen ziemlich gut.

Mit viel Rechenaufwand oder einem guten Computer kann man berechnen, dass die kompatiblen Werte K genau $3463, 3464, \ldots, 4965, 4966$ sind. Dies bedeutet, dass die kompatiblen Werte für p zwischen 0.3463 und 0.4966 liegen.

Dies zeigt, dass die Approximation über die Binomial- und Normalverteilung erstaunlich gut ist – zumindest in diesem Beispiel.

Wir fassen auch hier das allgemeine Vorgehen nochmals zusammen.

Satz 9.9 *Einer Bevölkerung werde eine Stichprobe entnommen. Die Bevölkerung habe die Größe N, die Stichprobe die Größe n. In der Stichprobe gebe es k Personen mit einer gewissen Eigenschaft. Die relative Häufigkeit ist somit $r = \frac{k}{n}$.*

Die mit dieser Beobachtung r auf dem Konfidenzniveau γ kompatiblen Werte $p = \frac{K}{N}$ liegen zwischen zwei Werten, die die Lösungen der folgenden quadratischen Gleichung sind

$$\left(1 + \frac{\kappa^2}{n}\right) p^2 - \left(2r + \frac{\kappa^2}{n}\right) p + r^2 = 0, \tag{9.11}$$

wobei κ jener Wert ist, der $\Phi_{0,1}(\kappa) = \frac{1+\gamma}{2}$ erfüllt.

Beweis. Wir folgen dem Beispiel 9.9 und starten mit der Abschätzung

$$P(X \le k) \approx \Phi_{0,1}\left(\frac{k-np}{\sqrt{np\,(1-p)}}\right).$$

Wir müssen eine Grenze a so finden, dass

$$P(|X - \mathrm{E}(X)| \le a) \ge \gamma$$

gilt. Die linke Seite wird nun umgeschrieben zu:

$$P(X \le np + a) - P(X \le np - a) = \gamma,$$

$$\Phi_{0,1}\left(\frac{a}{\sqrt{np\,(1-p)}}\right) - \Phi_{0,1}\left(\frac{-a}{\sqrt{np\,(1-p)}}\right) = \gamma.$$

Die Hälfte von $1 - \gamma$, also $\frac{1-\gamma}{2}$, soll je rechts und links des zentrierten Konfidenzintervall verteilt werden. Somit folgt aus der Symmetrie des Graphen von $\Phi_{0,1}$, dass

$$\Phi_{0,1}\left(\frac{a}{\sqrt{np\,(1-p)}}\right) = 1 - \frac{1-\gamma}{2} = \frac{1+\gamma}{2}.$$

Sei κ der Wert, der $\Phi_{0,1}(\kappa) = \frac{1+\gamma}{2}$ erfüllt. Daraus folgt nun

$$\frac{a}{\sqrt{np\,(1-p)}} = \kappa$$

$$a = \sqrt{np\,(1-p)} \cdot \kappa$$

$$\varepsilon = \frac{a}{n} = \frac{\sqrt{p\,(1-p)}}{\sqrt{n}}\kappa.$$

Daraus folgt nun

$$r - p = \pm\frac{\sqrt{p\,(1-p)}}{\sqrt{n}}\kappa.$$

Wir quadrieren diese Gleichung und formen um:

$$(r-p)^2 = \frac{p\,(1-p)}{n}\kappa^2$$

$$r^2 - 2rp + p^2 = \frac{\kappa^2}{n}p - \frac{\kappa^2}{n}p^2$$

$$\left(1 + \frac{\kappa^2}{n}\right)p^2 - \left(2r + \frac{\kappa^2}{n}\right)p + r^2 = 0.$$

Damit ist die Aussage bewiesen.

Aufgabe 9.13 In einer Gemeinde mit 12 000 Erwerbstätigen wird eine Umfrage gestartet. Von 400 befragten Personen geben nur 35% an, dass sie zufrieden sind mit ihrer Arbeit.

Mit wie vielen Unzufriedenen muss man rechnen auf einem Konfidenzniveau von 90%?

Aufgabe 9.14 Bei einer Lieferung von Tomaten werden 50 Kisten auf ihren Inhalt geprüft. Darunter wurden 2 Kisten mit angefaulten Tomaten gefunden. Bestimme, wie viele von den 2000 Kisten wohl auch noch faule Tomaten enthalten. Gib ein Konfidenzintervall auf dem Konfidenzniveau 95% an.

Das vereinfachte Modell hat einen weiteren Vorteil, den wir bis jetzt noch nicht wirklich ausgenutzt haben: Die Standardabweichung $\sigma(X)$ ist unabhängig von der Bevölkerungsgröße. Wir können dies ausnutzen, um ausgehend vom Konfidenzniveau γ den Stichprobenumfang n zu planen. Bekannt ist also N und γ, unbekannt hingegen n und natürlich auch p.

Wir betrachten dazu noch einmal die Tschebyschowsche Ungleichung, jetzt allerdings im Falle der Binomialverteilung:

$$P(|r - p| > \varepsilon) = P(|X - np| > a) \leq \frac{np(1-p)}{a^2} = \frac{p(1-p)}{n\varepsilon^2}, \tag{9.12}$$

wobei $a = n\varepsilon$ benutzt wurde.

Leider ist die rechte Seite von (9.12) noch abhängig von der unbekannten Erfolgswahrscheinlichkeit p. Wir betrachten daher den Ausdruck $p(1-p)$ etwas genauer. Sei f die Funktion, die durch $f(x) = x(1-x)$ definiert ist. Dann gilt $f(0) = 0$ und $f(1) = 0$. Die Funktion f ist quadratisch, da $f(x) = -x^2 + x$. Daher ist der Graph von f eine Parabel. Der Öffnungsquotient ist -1, also negativ. Daraus schließen wir, dass die Parabel nach unten geöffnet ist, siehe die Abb. 9.9. Somit hat f in $x = 0.5$ ein Maximum und es gilt $f(\frac{1}{2}) = \frac{1}{4}$.

Es gilt also

$$p(1-p) \leq \tfrac{1}{4}$$

für alle p. Damit können wir die rechte Seite der Ungleichung (9.12) noch abschätzen:

$$P(|r - p| > \varepsilon) \leq \frac{p(1-p)}{n\varepsilon^2} \leq \frac{1}{4n\varepsilon^2}.$$

Wenn wir

$$1 - \gamma = \frac{1}{4n\varepsilon^2}$$

voraussetzen, so können wir schließen, dass

$$P(|r - p| \leq \varepsilon) \geq \gamma.$$

Abb. 9.9 Der Graph der Funktion f, welche durch $f(x) = x(1-x)$ defniert ist

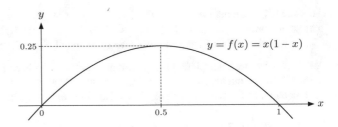

Dies können wir benutzen, um eine von p unabhängige Stichprobengröße n zu vorgegebenem Konfidenzniveau γ und vorgegebenem ε zu bestimmen. Wir lösen daher diese Gleichung nach n auf und fassen alles zusammen.

Satz 9.10 *Ist N ausreichend groß, sodass die hypergeometrische Verteilung durch die Binomialverteilung angenähert werden kann, so lässt sich die maximale Stichprobengröße n aus dem Konfidenzniveau γ und dem maximalen Fehler ε wie folgt bestimmen:*

$$n = \frac{1}{4(1-\gamma)\varepsilon^2}.$$

Die maximale Abweichung ε ist die maximale Abweichung, die man gewillt ist hinzunehmen beim gegebenen Konfidenzniveau.

Beispiel 9.10 Eine Umfrage wird geplant auf dem Konfidenzniveau $\gamma = 95\%$, bei der der wahre Wert p bis auf den maximalen Fehler $\varepsilon = 2.5\%$ bestimmt werden kann. Wie viele Personen müssen befragt werden?

Dies ist einfach, denn gemäß Satz 9.10 ist

$$n = \frac{1}{4(1-0.95) \cdot 0.025^2} = 8000.$$

Die Stichprobe muss also die Größe $n = 8000$ haben.

Wir sehen, dass diese Schätzung von n als Mindestgröße der Umfrage unabhängig von N ist. Das bedeutet, dass eine Umfrage von $n = 8000$ Personen auch für Länder mit sehr hohen Einwohnerzahlen eine gute Schätzung liefert. Dafür muss sie für eine Kleinstadt als nicht sehr effizient betrachtet werden. $\diamond$

Bemerkung Es ist möglich, dass eine kleinere Stichprobe auch zum Ziel führt, dann nämlich, wenn p nicht in der Nähe von 0.5 ist. Für Werte in der Nähe von 0.5 wird jedoch ein Stichprobenumfang von $n = 8000$ benötigt.

Wählt man die Stichprobe noch größer, so kann das Konfidenzniveau γ oder der maximale Fehler ε gesenkt werden.

Aufgabe 9.15 Die Stichprobengröße $n = 8000$ ist dem Auftraggeber zu groß (die Umfrage würde zu teuer). Welche Stichprobengröße muss man erwarten, wenn

(a) das Konfidenzniveau auf 90% gesenkt wird, jedoch der maximale Fehler bei $\varepsilon = 2.5\%$ belassen wird;
(b) der maximale Fehler auf $\varepsilon = 5\%$ erhöht wird, jedoch das Konfidenzniveau bei 95% belassen wird?

Aufgabe 9.16 Das Forschungsinstitut Vimentis hat 2016 in der Schweiz eine großangelegte Umfrage an n = 20 000 Personen durchgeführt. Welchen maximalen Fehler ε darf sie erwarten, wenn das Konfidenzniveau auf $\gamma = 95\%$ festgelegt wurde?

9.8   Die Wichtigkeit der Zufälligkeit bei der Auswahl der Befragten

Grundvoraussetzung bei unserem Modell einer Umfrage ist, dass die Personen zufällig aus der Bevölkerung ausgewählt wurden. Jede Person soll also dieselbe Wahrscheinlichkeit haben ausgewählt zu werden. Diese Voraussetzung ist jedoch in der Realität fast unmöglich einzuhalten. Das Problem ist vielschichtig, wir geben hier eine unvollständige Liste einiger wichtiger Überlegungen an.

Ideal für die Zufälligkeit der Stichprobe wäre es, eine vollständige Liste aller Personen der betrachteten Bevölkerung zu haben, daraus zufällig die gewünschte Anzahl auszuwählen und diese dann zu kontaktieren. Dies scheitert meist aber schon am ersten Punkt: Oft hat man keine vollständige Liste. Als Ersatz benutzt man manchmal das Telefonbuch.

Viele Umfragen werden telefonisch durchgeführt, da dies relativ preiswert ist. Jedoch besitzen nicht alle Personen einen eigenen Telefonanschluss oder sie haben zwar einen Festnetzanschluss, sind aber nicht im Telefonbuch eingetragen. Andererseits sind nicht alle Personen zur Zeit der Umfrage erreichbar, da sie vielleicht gerade arbeiten oder verreist sind. Zusätzlich muss die telefonisch erreichte Person bereit sein, die Fragen zu beantworten.

Andere Umfragen werden per Internet gestartet. Solche Umfragen haben den Nachteil, dass sie sehr unpersönlich sind. Viele Personen brechen frühzeitig ab oder sind gar nicht gewillt daran teilzunehmen.

Direkte Befragungen auf der Straße, zum Beispiel vor Einkaufszentren oder öffentlichen Plätzen, haben ebenfalls Nachteile, da nicht alle Personen gleich oft auf der Straße anzutreffen sind. Es werden also jene Personen vermehrt gefragt, die oft und typischerweise zur Zeit der Umfrage einkaufen, ins Kino oder ins Café gehen.

Es gibt immer Personen, die sich einer Umfrage verweigern, andere hingegen gehen erfreut auf eine solche Anfrage ein. Personen im Gefängnis oder Spital sind häufig gar nicht zu kontaktieren.

Es gibt eine ganze Reihe von Versuchen, diesen Schwierigkeiten entgegenzuwirken. So werden Umfragen häufig geschichtet: Man schaut, dass das Verhältnis der befragten Männer zu den befragten Frauen etwa gleich ist wie in der Bevölkerung. Genauso kann man auf andere bekannte Strukuren achten wie zum Beispiel die Altersstruktur.

Man sagt eine Umfrage sei *repräsentativ*, wenn die Verhältnisse der Befragten den Verhältnissen der Bevölkerung entsprechen. Wir fassen also zusammen: Eine repräsentative Umfrage zu gestalten ist eine sehr schwierige Aufgabe.

9.9 Zusammenfassung

In diesem Kapitel haben wir versucht, aus einer Ausführung eines Zufallsexperiments mit unbekannter Wahrscheinlichkeitsverteilung Schlüsse über die Wahrscheinlichkeitsverteilung zu ziehen, oder besser gesagt, gewisse Schätzungen zu machen. Wir haben uns hier auf Zufallsexperimente mit nur zwei elementaren Ereignissen beschränkt.

Somit ging es darum, den Wert $p = \frac{K}{N}$ durch zufälliges Ziehen von n Elementen aus N Objekten zu schätzen, wobei n relativ klein sein soll gegenüber N. Die Strategie war, das Resultat $r = \frac{k}{n}$ des durchgeführten Experiments zu nehmen und uns zu überlegen, für welche Werte von p (oder von K) das Resultat r (oder k) eher wahrscheinlich und für welche Werte von p das Resultat eher unwahrscheinlich (überraschend) ist. Um es genau zu formulieren, haben wir den Begriff des Konfidenzintervalls eingeführt.

Wir haben insgesamt die folgenden drei Methoden betrachtet, um die Werte p, die mit einer Beobachtung auf einem gewissen Konfidenzniveau γ kompatibel sind, zu bestimmen:

- *Die direkte Berechnung.* Es wird direkt bestimmt, welche Werte p kompatibel sind mit der Beobachtung. Verwendet wird die hypergeometrische Verteilung. Diese Methode ist rechenintensiv, aber sie ist genau.
- *Abschätzung mit der Tschebyschowschen Ungleichung.* Man verwendet die hypergeometrische Verteilung, schätzt die möglichen kompatiblen Werte jedoch ab mit der Tschebyschowschen Ungleichung. Die Rechnung ist einfach und erfolgt gemäß Satz 9.8.
- *Abschätzung mit Hilfe der Normalverteilung.* Die hypergeometrische Verteilung wird zuerst durch die Binomialverteilung und diese noch durch die Normalverteilung approximiert. Die Berechnung erfolgt gemäß Satz 9.9.

Die Abb. 9.10 zeigt die durch diese Methoden errechneten Bereiche im Fall $N = 1000$, $n = 100$ und $\gamma = 0.9$.

Erhöht man das Konfidenzniveau γ von 0.9 auf 0.95, so werden die Konfidenzintervalle vergrößert. Dies ist die Folge davon, dass man für weniger Werte von $p = \frac{K}{N}$ den Ausgang unseres Experiments als unwahrscheinlich betrachten wird. Dazu vergleiche man die Abb. 9.10 zum Konfidenzniveau 0.9 mit der Abb. 9.11 zum Konfidenzniveau 0.95.

9.10 Kontrollfragen

1. Welche Gründe gibt es, die verhindern könnten, die Grundgesamtheit vollständig zu befragen?
2. Was ist ein Konfidenzniveau? Was ist ein Konfidenzintervall?
3. Was wird berechnet, wenn man die hypergeometrische Verteilung betrachtet?
4. Wie berechnet man die hypergeometrische Verteilung?
5. Welchen Vorteil verschafft man sich dadurch, dass man die hypergeometrische Verteilung durch die Binomialverteilung annähert?

Abb. 9.10 Zur Illustration wurden $N = 1000$, $n = 100$ und $\gamma = 0.9$ gewählt. Die graue Fläche gibt die exakten Werte p an, die mit der Beobachtung r kompatibel sind. Die gestrichelte Ellipse gibt den Bereich an, den man durch die Abschätzung via die Binomial- und Normalverteilung erhält, die gepunktete Ellipse die Abschätzung, die man mit der Tschebyschowschen Ungleichung erhält

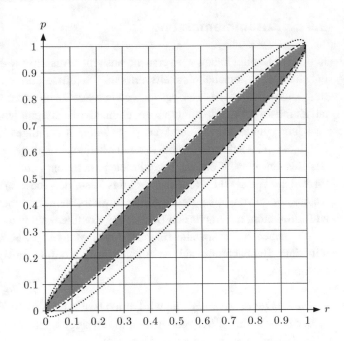

Abb. 9.11 Illustration für $\gamma = 0.95$. Für Erklärungen, siehe die Abb. 9.10

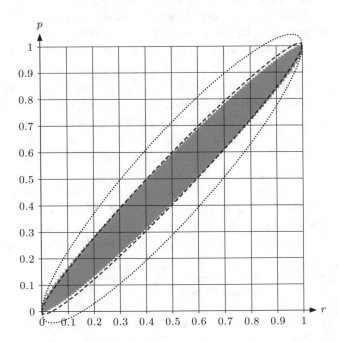

6. Warum kann man bei einer großen Grundgesamtheit die hypergeometrische Verteilung in guter Näherung durch die Binomialverteilung ersetzen? Wie kann dann die Binomialverteilung erneut approximiert werden?
7. Welche drei Methoden gibt es, um die Werte p, die mit einer Beobachtung auf einem gewissen Konfidenzniveau γ kompatibel sind, zu bestimmen?
8. Werden die Konfidenzintervalle vergrößert oder verkleinert, wenn das Konfidenzniveau erhöht wird?

9.11 Lösungen zu ausgewählten Aufgaben

Aufgabe 9.1

(a) Es gilt $N = 12$, $n = 4$, $k = 2$ und $r = \frac{2}{4} = 50\%$.
(b) Es muss $2 \leq K \leq 10$ gelten.
(c) Das Baumdiagramm ist in Abb. 9.12 gezeigt.
   Es gibt $\binom{4}{2} = 6$ Pfade.
(d) Die Wahrscheinlichkeit 2 rote und 2 blaue Kugeln zu ziehen, wenn $K = 8$, beträgt $6 \cdot \frac{8 \cdot 7 \cdot 4 \cdot 3}{12 \cdot 11 \cdot 10 \cdot 9} = \frac{56}{165} \approx 33.9\%$.
(e) Die Wahrscheinlichkeit 2 rote und 2 blaue Kugeln zu ziehen, wenn $K = 9$, beträgt $6 \cdot \frac{9 \cdot 8 \cdot 3 \cdot 2}{12 \cdot 11 \cdot 10 \cdot 9} = \frac{12}{55} \approx 21.8\%$.
(f) Die allgemeine Formel lautet

$$f(K) = 6 \cdot \frac{K(K-1)(12-K)(11-K)}{12 \cdot 11 \cdot 10 \cdot 9}.$$

(g) Der Graph von f ist in Abb. 9.13 gezeigt.

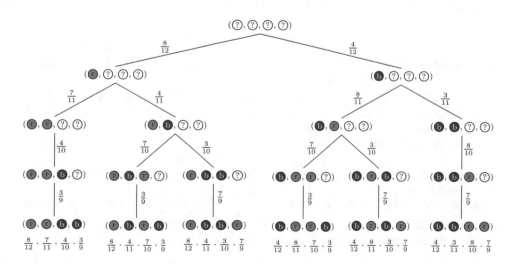

Abb. 9.12 Ein Teil des Baumdiagramms, der die Wahrscheinlichkeiten für alle Möglichkeiten angibt aus einer Urne mit 8 roten und 4 blauen Kugeln beim Ziehen von 4 Kugeln 2 rote und 2 blaue zu ziehen

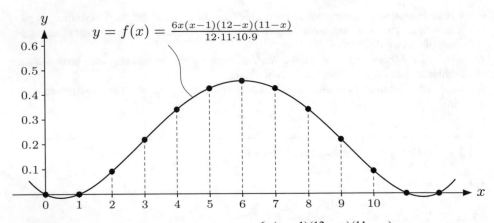

Abb. 9.13 Graph der Funktion f, wobei $f(x) = \dfrac{6x(x-1)(12-x)(11-x)}{12 \cdot 11 \cdot 10 \cdot 9}$. Für ganzzahlige x gibt diese Funktion an, wie wahrscheinlich es ist, 2 rote und 2 blaue Kugeln aus einer Urne mit x roten und $12 - x$ blauen Kugeln zu ziehen

Aufgabe 9.3 Es gilt

$$P(X=0) = \frac{\binom{10}{0} \cdot \binom{40}{3}}{\binom{40}{3}} = \frac{247}{490} \approx 50.4\% \qquad P(X=2) = \frac{\binom{10}{1} \cdot \binom{40}{2}}{\binom{40}{3}} = \frac{45}{490} \approx 9.2\%$$

$$P(X=1) = \frac{\binom{10}{2} \cdot \binom{40}{1}}{\binom{40}{3}} = \frac{195}{490} \approx 39.8\% \qquad P(X=3) = \frac{\binom{10}{3} \cdot \binom{40}{0}}{\binom{40}{3}} = \frac{3}{490} \approx 0.6\%$$

Aufgabe 9.5 Kompatibel sind $K = 2, 3, 4, \ldots, 13, 14, 15$.

Aufgabe 9.6

(a) Es gilt $N = 12\,000$, $n = 250$ und $p = 0.38$. Somit folgt $E(X) = np = 95$ und $\sigma(X) = \sqrt{V(X)} = \sqrt{np\,(1-p)\,\frac{N-n}{N-1}} \approx 7.6$.

(b) Es soll $P(|X - E(X)| \le a) \ge 0.75$ gelten, also $P(|X - E(X)| > a) \le 0.25$. Gemäß der Tschebyschowschen Ungleichung ist dies für $a = 2\sigma(X) \approx 15.2$ erfüllt. Somit erhalten wir das Konfidenzintervall $[95 - 15.2, 95 + 15.2]$. Wir können dabei noch auf- bzw. abrunden: das Konfidenzintervall ist $[80, 110]$.

Aufgabe 9.8 Es gilt $N = 621\,109 + 323\,882 = 944\,991$, $K = 621\,109$ und $n = 500$. Somit ist $p = \frac{K}{N} \approx 0.657$.

Sei X die Zufallsvariable, die angibt, wie viele der Befragten für das Frauenstimmrecht stimmen würden. Es gilt $E(X) = n\frac{K}{N} \approx 328.63$ und $\sigma(X) = \sqrt{np\,(1-p)\,\frac{N-n}{N-1}} \approx 10.61$.

Wir benutzen wieder die Tschebyschowsche Ungleichung und suchen a so, dass

$$P(|X - np| \le a) \le 0.95$$

gilt. Wir müssen also $0.95 = \frac{\sigma(X)^2}{a^2}$ nach a lösen:

$$a = \sqrt{\frac{10.61^2}{0.95}} \approx 10.88.$$

Das Vertrauensintervall ist somit $[317.75, 339.52]$ oder gerundet $[317, 340]$.

Aufgabe 9.9 Man entnimmt direkt der Abb. 9.6, dass p etwa zwischen 6.5 und 8.9 liegen muss, damit p kompatibel mit der Beobachtung $r = 0.8$ sein kann.

Aufgabe 9.10 Der Wert von λ hat sich nicht geändert:

$$\lambda = \frac{N - n}{(N - 1) \cdot n \cdot (1 - \gamma)} \approx 0.09901.$$

Die Gleichung (9.8) lautet dann

$$1.09901 p^2 - 1.69901 p + 0.64 = 0$$

und deren Lösungen sind $p = 0.6499$ und $p = 0.8960$, was wiederum recht gut mit der Beobachtung aus Aufgabe 9.9 übereinstimmt. Die mit der Beobachtung übereinstimmenden Werte p müssen also zwischen 0.6499 und 0.8960 liegen, das heißt, für Werte p aus diesem Intervall ist unsere Beobachtung ausreichend wahrscheinlich.

Aufgabe 9.11 Der Wert p muss zwischen 0.365396 und 0.517417 liegen.

Aufgabe 9.12 Wie Wahrscheinlichkeit ist 0.9981.

Aufgabe 9.13 Das Konfidenzniveau ist $\gamma = 0.9$. Nun berechnen wir a aus

$$\frac{a}{\sqrt{np\,(1-p)}} = 1.64485.$$

Der Wert 1.64485 stammt wiederum aus der Tab. 6.1. Die Auflösung nach a liefert $a = 1.64485\sqrt{np\,(1-p)} = 32.897\sqrt{p(1-p)}$. Teilen wir durch $n = 400$, so erhalten wir den Wert $\varepsilon \approx 0.08224\sqrt{p(1-p)}$. Es können also nur jene Werte p kompatibel sein mit der Beobachtung $r = 0.44$, welche $p - \varepsilon \leq r \leq p + \varepsilon$ erfüllen, also

$$(p - r)^2 \leq \varepsilon^2 = 0.006764 p(1 - p).$$

An den Grenzen erhalten wir Gleichheit. Wir haben dann also die quadratische Gleichung

$$1.006764 p^2 - 0.706764 p + 0.1225 = 0$$

zu lösen. Die Lösungsformel liefert

$$p = 0.31190 \qquad \text{oder} \qquad p = 0.39012.$$

Ist p kompatibel mit der Beobachtung $r = 0.35$ auf dem Konfidenzniveau $\gamma = 0.9$, so muss p zwischen 0.31190 und 0.39012 liegen.

Aufgabe 9.14 Die Lieferung wird zwischen 22 und 269 Kisten mit angefaulten Tomaten enthalten.

Aufgabe 9.15

(a) Dann wird $n = 4000$, denn $n = \dfrac{1}{4(1-0.9)\cdot 0.025^2} = 4000$.

(b) In diesem Falle ist $n = 2000$.

Aufgabe 9.16 Man löst die Beziehung $n = \dfrac{1}{4(1-\gamma)\varepsilon^2}$ nach ε auf und erhält nach dem Einsetzen

von n = 20 000 und $\gamma = 0.9$ folgende Lösung: $\varepsilon = \sqrt{\dfrac{1}{4(1-\gamma)n}} \approx 0.0158$.

Hypothesentests

10

10.1 Zielsetzung

Die Zielsetzung besteht wie auch in Kap. 9 darin, dass wir durch eine zufällige Stichprobe etwas über die Realität lernen wollen. Dazu treffen wir am Anfang eine Annahme, die sogenannte Hypothese, über die unbekannte Wahrscheinlichkeitsverteilung. Zeigt dann eine zufällige Stichprobe ein Resultat, das unter der getroffenen Hypothese sehr unwahrscheinlich ist, so wird man die Annahme als unrealistisch betrachten. Man schließt dann auf das Gegenteil der Annahme. Die Annahme, die formuliert wird, besagt also das Gegenteil dessen, was man schließt.

Die Verfahrensweise lässt sich wie folgt beschreiben: Ist ein Resultat unserer zufälligen Stichprobe unter einer Annahme über die Wahrscheinlichkeitsverteilung der betrachteten Zufallsvariablen sehr unwahrscheinlich, so kann die Annahme verworfen werfen. Man geht dabei allerdings das Risiko ein, sich zu irren. Das Gute daran ist: Die Irrtumswahrscheinlichkeit kann vorher bestimmt werden. Das Verfahren ähnelt daher einem klassischen Widerspruchsbeweis, sodass man bei dem hier besprochenen Verfahren von einem „stochastischen" Widerspruchsbeweis reden kann. Man stellt als Hypothese das auf, was man ausschließen will und durch ein Experiment erhält man mit hoher Wahrscheinlichkeit eine „Bestätigung", dass man es tatsächlich ausschließen darf.

Die Methode, die hier vorgestellt wird, ist in der Wissenschaft weit verbreitet: Sie wird als Forschungsinstrument vor allem in der Biologie und der Medizin häufig eingesetzt.

© Der/die Herausgeber bzw. der/die Autor(en), exklusiv lizenziert durch
Springer Nature Switzerland AG 2020
M. Barot, J. Hromkovič, *Stochastik 2*, Grundstudium Mathematik,
https://doi.org/10.1007/978-3-030-45553-8_10

10.2   Der Binomialtest

Wir starten mit einem Beispiel, an dem die ersten wesentlichen Schritte erkennbar sind. Danach werden wir die Methode ausbauen und zunehmend mehr Aspekte kennen lernen.

Beispiel 10.1 In gewissen Spielwarengeschäften werden Spielwürfel angeboten, die angeblich „gezinkt" seien und die die Sechs häufiger als normal anzeigen. Wir haben uns einen solchen Würfel gekauft und fragen uns nun, ob es einen Weg gibt, nachzuweisen, dass wir nicht für teures Geld einen ganz gewöhnlichen fairen Spielwürfel, sondern einen außerordentlichen – weil gezinkten – Würfel gekauft haben.

Sei p die Wahrscheinlichkeit, dass der Würfel eine Sechs zeigt. Diese Wahrscheinlichkeit ist uns nicht bekannt. Wäre der Würfel gezinkt, dann müsste die Wahrscheinlichkeit p größer als $\frac{1}{6}$ sein. Wäre der Würfel jedoch fair, so müsste $p = \frac{1}{6}$ gelten. Wir haben es hier mit zwei verschiedenen *Hypothesen* zu tun:

Hypothese H_0:   Der Würfel zeigt die Sechs mit der Wahrscheinlichkeit $p = \frac{1}{6}$, wie ein Laplace-Würfel das tut.

Hypothese H_1:   Die Wahrscheinlichkeit, dass der Würfel eine Sechs zeigt, ist größer als $\frac{1}{6}$, d. h. $p > \frac{1}{6}$.

Wir können nun den Würfel „befragen", indem wir ihn mehrfach werfen. Dies haben wir getan: Wir haben ihn fünfzigmal geworfen und es hat sich gezeigt, dass fünfzehnmal die Sechs erschien. Was sagt uns dies?

Nun, vorausgesetzt der Spielwürfel zeige die Sechs mit der Wahrscheinlichkeit $\frac{1}{6}$, also unter der Annahme die Hypothese H_0 treffe zu, so ist dies nicht ein sehr wahrscheinliches Resultat. Aber unmöglich ist es nicht. Denn es ist ja auch möglich, dass in 50 Versuchen fünfzigmal die Sechs erscheint. Möglich ist dies, aber es ist eben doch sehr unwahrscheinlich. Wir können die Wahrscheinlichkeit berechnen, dass, falls $p = \frac{1}{6}$, beim 50-fachen Wurf 15 oder sogar noch mehr Sechser geworfen werden.

Das 50-fache Werfen ist ein Bernoulli-Prozess. Sei X die Zufallsvariable, die die Anzahl Sechser, die „Erfolge", zählt. Wir wollen also $P(X \geq 15)$ berechnen. Trifft H_0 zu, so ist die Erfolgswahrscheinlichkeit gleich $p = \frac{1}{6}$. Mit einem guten Taschenrechner erhält man

$$P(X \geq 15) \;=\; \mathtt{binomCdf}(50, 1/6, 15, 50) = 0.013839.$$

Mit einem Tabellenkalkulationsprogramm kann man dieselbe Wahrscheinlichkeit auch durch

$$P(X \geq 15) \;=\; 1 - \mathtt{BINOM.VERT}(14, 50, 1/6, \mathtt{WAHR}) = 0.013839$$

berechnen. Wir sehen, dass diese Wahrscheinlichkeit sehr klein ist, nur etwa 1.4%.

Wir schließen daraus, dass es unwahrscheinlich ist, dass es sich um einen fairen Würfel handelt. Wir *verwerfen die Hypothese H_0 und nehmen die Hypothese H_1 an*: Der Würfel ist wahrscheinlich gezinkt. Wir können uns aber irren mit dieser Aussage, denn es ist ja möglich, dass es sich um einen fairen Würfel handelt, wir aber zufällig sehr viele Sechser geworfen haben. Wir können sogar die Wahrscheinlichkeit abschätzen, mit unserer Aussage einen Fehler zu begehen: Es ist dies genau $P(X \geq 15) = 1.4\%$. Das ist deswegen so, weil wir im Fall der Gültigkeit von H_0 mit der Wahrscheinlichkeit $P(X \geq 15)$ die Hypothese nach unserer Vorgehensweise verwerfen werden. $\Diamond$

Analysieren wir die einzelnen Schritte:

1. Zuerst haben wir zwei Hypothesen formuliert. Die Hypothese H_0, dass der Würfel fair sei, und die Hypothese H_1, dass der Würfel gezinkt sei.
2. Wir haben ein Experiment angestellt und dabei festgestellt, dass recht viele Sechser erschienen sind.
3. Wir haben die Wahrscheinlichkeit berechnet, dass – *unter der Annahme der Hypothese H_0* – das beobachtete Resultat *oder ein noch extremeres* erscheint.
4. Wir haben auf Grund der geringen Wahrscheinlichkeit der Beobachtung *unter der Annahme der Hypothese H_0* diese Hypothese verworfen und H_1 angenommen.
5. Wir haben die Wahrscheinlichkeit berechnet, uns bei diesem Urteil zu irren.

Wir werden in einem späteren Abschnitt die Vorgehensweise noch allgemeiner zusammenfassen. Vorerst wollen wir uns damit begnügen.

Wären beim 50-fachen Würfeln 11 Sechser erschienen, so könnten wir weniger sicher sein, die Nullhypothese zu verwerfen, denn für einen fairen Würfel gilt $P(X \geq 11) = 20.14\%$. Wenn wir dann die Hypothese verwerfen würden, dann nähmen wir ein Risiko von 20% in Kauf nehmen uns zu irren.

Wie risikobereit sollen wir sein? Es gehört zur wissenschaftlichen Redlichkeit, diese Risikobereitschaft vorab zu klären, um sich nicht durch das Resultat eines Experiments beeinflussen zu lassen. Diese Risikobereitschaft, also die Wahrscheinlichkeit, sich möglicherweise zu irren, hat einen eigenen Namen.

Begriffsbildung 10.1 *Die Risikobereitschaft, also die Wahrscheinlichkeit, sich bei einem Urteil zu irren, nennt man* **Irrtumswahrscheinlichkeit** *oder* **Signifikanzniveau***.*

Bemerkung Meist legt man die Irrtumswahrscheinlichkeit bei 5%, manchmal aber auch bei 1% fest.

Oft kann man diese Irrtumswahrscheinlichkeit (also das Signifikanzniveau) nicht selber wählen. So ist sie bei vielen medizinischen Studien vorgeschrieben.

Abb. 10.1 Die zwei
möglichen Positionen „oben"
und „unten" nach dem Wurf
eines Reißnagels

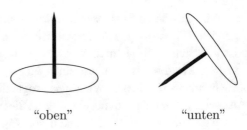

"oben"   "unten"

Beispiel 10.2 Wirft man einen Reißnagel, so gibt es zwei mögliche Positionen: die Spitze
nach oben oder die Spitze nach unten. Wir nennen diese Positionen kurz „oben" bzw.
„unten", siehe die Abb. 10.1.

Die Wahrscheinlichkeit p, dass der Reißnagel in der Position „oben" liegen wird, ist
jedoch unbekannt. Es gibt keinen stichhaltigen Grund anzunehmen, dass $p = 0.5$ exakt
gilt. Wir formulieren daher folgende zwei Hypothesen:

Hypothese H_0:   Der Reißnagel fällt in die zwei Positionen mit derselben Wahrscheinlichkeit $p = \frac{1}{2}$.

Hypothese H_1:   Die Wahrscheinlichkeit, dass der Reißnagel nach „oben" zeigt, ist
verschieden von $\frac{1}{2}$. Es gilt also $p \neq \frac{1}{2}$.

Die Irrtumswahrscheinlichkeit werde als $\alpha = 5\%$ festgelegt. Wir werden 100 Reißnägel
vom gleichen Bautyp gleichzeitig werfen. Wir berechnen aber vorerst ein Konfidenzintervall zur Wahrscheinlichkeit 95% *unter der Annahme, es gelte* $p = \frac{1}{2}$.

Das Werfen der 100 Reißnägel kann wiederum als Bernoulli-Prozess modelliert
werden, wobei die Zufallsvariable X angibt, wie viele der geworfenen Reißnägel nach
oben zeigen. Unter der Annahme, dass die Nullhypothese zutrifft, können wir das
Konfidenzintervall bestimmen. Wir suchen also $[a, b]$ so, dass $P(a \leq X \leq b) \geq 95\%$
und $P(X < a) < 2.5\%$ und $P(X > b) < 2.5\%$.

Im Unterschied zu Beispiel 10.1 ist das Konfidenzintervall hier zentriert um den
Mittelwert. Dies ist so, weil wir nicht wissen, ob $p > 0.5$ oder $p < 0.5$ gilt. Wir wollen in
unserem Experiment beide Fälle gleichzeitig als möglich einschließen.

Mit einem Taschenrechner oder Tabellenkalkulationsprogramm finden wir $a = 40$ und
$b = 60$. Nun gibt es zwei Fälle:

Fall (1):   *Die Anzahl der Reißnägel in der Position „oben" liegt nicht zwischen a und
b.* Dann werden wir die Hypothese H_0 verwerfen, da sie die Beobachtung sehr
unwahrscheinlich (weniger als 0.05) macht. Wir verwerfen H_0 und nehmen
H_1 an.

Fall (2):   *Die Anzahl der Reißnägel in der Position „oben" liegt zwischen a und b.* Dann
werden wir die Hypothese H_0 nicht verwerfen. Aber auch H_1 werden wir nicht
verwerfen.

Tab. 10.1 Die Anzahl
Reißnägel mit der Position
„oben" in 7 Versuchen

Versuch	1.	2.	3.	4.	5.	6.	7.
„oben"	45	43	46	48	48	45	42

Damit sind alle Vorbereitungen getroffen und das Experiment kann nun durchgeführt werden.

Die 100 Reißnägel wurden geworfen und die Auszählung hat ergeben, dass 45 Reißnägel in der Position „oben" lagen. Daher befinden wir uns im Fall (2). Wir verwerfen die Hypothese H_0 nicht, aber wir können auch H_1 nicht verwerfen.   ◊

Bemerkung Im Fall (2) hat der Test, den wir durchgeführt haben, kein wirklich handfestes Resultat geliefert. Dies mag enttäuschend wirken. Der ganze Aufwand war vergeblich. Aber gerade hier sollte man vorsichtig sein. In der wissenschaftlichen Forschung – und um diese geht es in vielen Fällen, bei denen man diese Methode anwendet – sollte man sich nicht von der eigenen Erwartung oder von den Emotionen leiten lassen.

Aufgabe 10.1 Beispiel 10.2 zeigte, dass beim Wurf von 100 Reißnägeln 45 in der Position „oben" lagen.

Wir haben den Wurf von 100 Reißnägeln sechs weitere Male wiederholt. Die Tab. 10.1 gibt an, wie viele der 100 Reißnägel in der Position „oben" lagen.

(a) Zeige: Keiner der sieben Versuche führt – für sich allein genommen – dazu, die Hypothese H_0 aus Beispiel 10.2 zu verwerfen.
(b) Nun nehme man alle sieben Versuche zusammen und betrachte sie als den gemeinsamen Wurf von 700 Reißnägeln.
   Formuliere die Hypothesen H_0 und H_1.
   Bestimme nun das Konfidenzintervall.
   Zeige: Alle Beobachtungen zusammen führen dazu, dass die Hypothese H_0 verworfen werden kann.
(c) Wie groß ist die Wahrscheinlichkeit sich zu irren, wenn man H_0 verwirft?

Aufgabe 10.2 Betrachte erneut Beispiel 10.1, bei dem das Werfen eines gezinkten Spielwürfels untersucht wurde. Die Irrtumswahrscheinlichkeit werde auf 5% festgelegt.
   Berechne ein Konfidenzintervall für diesen Fall. Hier ist also wieder $n = 50$.
   Beachte: Das Konfidenzintervall kann einseitig gewählt werden, es ist also von der Form $[a, 50]$.

Aufgabe 10.3 In einem anderen Spielwarengeschäft wird ein Spielwürfel angeboten, der angeblich die Sechs oder die Fünf deutlich häufiger als normal anzeigen soll.
   Der Würfel wird nun einem Test unterworfen, bei dem er 100-mal geworfen wird. Die Irrtumswahrscheinlichkeit werde auf $\alpha = 5\%$ festgelegt.

(a) Formuliere die Hypothesen H_0 und H_1.
(b) Bestimme ein Konfidenzintervall für diese Situation.
(c) Was könnte man schließen, wenn in den 100 Würfen genau 42-mal die Sechs oder die Fünf geworfen wurde?
(d) Für welche Beobachtungen könnte man die Hypothese H_0 verwerfen und für welche nicht?

Nach diesen Beispielen sollten die folgenden Begriffsbildungen nicht mehr schwerfallen.

Begriffsbildung 10.2 *Bei einem **Binomialtest** formuliert man zu einem Bernoulli-Prozess zwei Hypothesen H_0, die **Nullhypothese**, und H_1, die **Alternativhypothese**. Dabei gibt H_0 einen präzisen Wert vor für die Erfolgswahrscheinlichkeit p, während H_1 eine Abweichung davon behauptet (entweder größer, kleiner oder ungleich).*

*Zu gegebener Irrtumswahrscheinlichkeit α und Größe n der Stichprobe berechnet man dann ein Konfidenzintervall für die Werte der betrachteten Zufallsvariablen. Alle Werte, die nicht in das Konfidenzintervall fallen, bilden den **Verwerfungsbereich**.*

Bei dem Beispiel 10.2 ist das Konfidenzintervall $[40, 60]$ und daher der Verwerfungsbereich $[0, 39] \cup [61, 100]$.

Aufgabe 10.4 In einer medizinischen Studie soll ein neues Medikament mit einem älteren verglichen werden. Vereinfachend nehmen wir an, dass in jeder Anwendung eindeutig entschieden werden kann, ob das Medikament erfolgreich war oder nicht. Vom älteren Medikament ist aus vielen Studien bekannt, dass es bei 46% der Patienten erfolgreich ist. Wir nehmen somit an, dass $p_0 = 0.46$ die Erfolgswahrscheinlichkeit des alten Medikaments ist und betrachten es als bekannte Tatsache und nicht als Resultat eines Experiments. Nun werden 88 Patienten mit dem neuen Medikament behandelt mit dem Ergebnis, dass mehr als die Hälfte, nämlich 45 Patienten, erfolgreich darauf ansprachen. Kann man daraus schließen, dass das neuere Medikament *erfolgreicher* ist als das ältere?

Formuliere die Nullhypothese und die Alternativhypothese, gib den Verwerfungsbereich an und teste die Hypothesen mit der Irrtumswahrscheinlichkeit $\alpha = 5\%$. Zeige, dass diese medizinische Studie die Schlussfolgerung, dass das neuere Medikament erfolgreicher ist, nicht bestätigt (aber auch nicht widerlegt).

Aufgabe 10.5 Da die Studie von Aufgabe 10.4 keine Schlussfolgerung zuließ, finanziert der Medikamentenhersteller des neueren Medikaments eine Studie mit 500 Patienten. Jetzt zeigt sich, dass 259 Patienten erfolgreich darauf ansprechen. Was zeigt sich aus dem Hypothesentest?

10.3 Einseitiger oder zweiseitiger Test?

In allen betrachteten Beispielen und Aufgaben war die Nullhypothese wie folgt abgefasst:

Nullhypothese H_0: $p = p_0$, wobei p_0 eine feste vorgegebene Zahl ist.

Aber wir haben verschiedene Alternativhypothesen angetroffen:

Alternativhypothese H_1: $p > p_0$ (**rechtsseitig**). Diese Alternativhypothese wird gewählt, falls aus der Situation klare Indizien vorliegen, dass man eigentlich $p > p_0$ erwartet.

Alternativhypothese H_1: $p < p_0$ (**linksseitig**). Diese Alternativhypothese wird gewählt, falls aus der Situation klare Indizien vorliegen, dass man eigentlich $p < p_0$ erwartet.

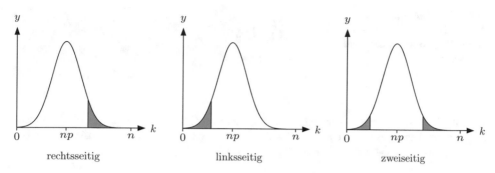

Abb. 10.2 Dargestellt sind die drei Typen von Verwerfungsbereichen, welche den drei Typen von Alternativhypothesen entsprechen. Die Glockenkurve symbolisiert die Binomialverteilung, die grauen Flächen die Verwerfungsbereiche

Alternativhypothese H_1: $p \neq p_0$ (**zweiseitig**). Diese Alternativhypothese wird gewählt, falls man keine klaren Indizien für die Richtung der Abweichung hat, beide Abweichungen für möglich hält und auf beidehin prüfen möchte.

Entsprechend der Alternativhypothese werden – bei gegebener Irrtumswahrscheinlichkeit – das Konfidenzintervall und der Verwerfungsbereich gewählt. Die Abb. 10.2 zeigt die Verwerfungsbereiche schematisch und erklärt auch die folgende Begriffsbildung.

Begriffsbildung 10.3 *Benutzt man in einem Test eine rechts- oder linksseitige Alternativhypothese, so spricht man von einem **einseitigen** Test. Ist die Alternativhypothese zentriert, so spricht man von einem **zweiseitigen** Test.*

Bei einem einseitigen Test konzentriert sich die Irrtumswahrscheinlichkeit α auf eine Seite der Verteilung: Der Verwerfungsbereich befindet sich an einem der zwei Enden der Skala. Beim zweiseitigen Test verteilt sich die Irrtumswahrscheinlichkeit auf beide Seiten. Es ist daher schwieriger mit einem zweiseitigen Test eine Hypothese zu verwerfen.

Wann soll man einen einseitigen und wann einen zweiseitigen Test benutzen? Man sollte sich dazu Folgendes merken: Mit einem zweiseitigen Test kann man nichts falsch machen, man ist auf der sicheren Seite, nachteilig ist jedoch, dass man die Nullhypothese weniger leicht verwerfen kann. Beim einseitigen Test hat man für das Verwerfen von H_0 bessere Chancen, da der Verwerfungsbereich auf der einen Seite größer ist (aber auf der anderen Seite gar nicht mehr existiert). Dies birgt die Gefahr, dass man eine eventuelle Abweichung in die andere als die erwartete Richtung nicht testen kann. Man sollte daher nur dann einen einseitigen Test verwenden, wenn es sich von der Situation her so aufdrängt, wenn man eine klare Vermutung hat, in welche Richtung eine Abweichung stattfindet.

Tab. 10.2 Die Null- und
Alternativhypothesen in den
drei Fällen: rechts-, links- und
zweiseitig

	Nullhypothese H_0	Alternativhypothese H_1
rechtsseitig	$p \le p_0$	$p > p_0$
linksseitig	$p \ge p_0$	$p < p_0$
zweiseitig	$p = p_0$	$p \ne p_0$

Aufgabe 10.6 Angegeben sind verschiedene Situationen, bei denen ein Hypothesentest eine Klärung bringen könnte. Bestimme in jeder Situation, um welche Art Test es sich handelt. Als Antwort sollte „rechts-", „links-" oder „zweiseitig" gewählt werden.

(a) Von einer Münze wird vermutet, dass sie gezinkt ist und somit „Kopf" und „Zahl" nicht mit derselben Wahrscheinlichkeit anzeigt.
(b) In einer Urne gibt es schwarze und weiße Kugeln. Max hat durch Ziehen mit Zurücklegen folgende Vermutung aufgestellt: Es gibt mehr schwarze als weiße Kugeln in der Urne.
(c) Die Partei A erzielte bei der letzten Umfrage eine Zustimmung von 24.6%. Sie möchte wissen, ob die Zustimmung sich verändert hat. Zur Entscheidung sollen zufällig 100 Personen befragt werden.
(d) Ein Schlafmittel soll getestet werden. Ziel ist es zu zeigen, dass es besser wirkt als das Placebo (ein Scheinmedikament, äußerlich gleich dem Medikament, aber ohne Wirkstoff), welches immerhin einen Wirkungsgrad von 56% hat.
(e) Fink und Philippa spielen oft Dart. Fink bezweifelt jedoch, dass Philippa eine so gute Spielerin ist, wie sie selber sagt, und in 90% aller Versuche ins Schwarze trifft. Er verabredet daher, sie einem Test zu unterziehen und sie dabei 40-mal werfen zu lassen.

Die Nullhypothese war bisher nicht immer das logische Gegenteil von der Alternativhypothese. Wenn wir $p = p_0$ verwerfen, so müssten wir eigentlich auf $p \ne p_0$ schließen. Warum aber können wir auf $p > p_0$ schließen, wie wir dies im Beispiel 10.1 gemacht haben? Schauen wir uns daher dieses Beispiel noch einmal genauer an. In diesem Beispiel haben wir den 50-fachen Wurf eines Würfels betrachtet. Die Nullhypothese lautete $p = p_0 = \frac{1}{6}$. Angenommen, der wahre Wert p sei noch kleiner als $\frac{1}{6}$, dann wäre das beobachtete Resultat $k = 15$ oder sogar $k > 15$, also $P_{p < \frac{1}{6}}(X \ge 15)$, noch unwahrscheinlicher. Wir haben also

$$P_{p < \frac{1}{6}}(X \ge 15) \;\le\; P_{p = \frac{1}{6}}(X \ge 15).$$

Daher würden wir die Nullhypothese H_0 nicht nur bei $p = p_0$, sondern auch in jedem Fall $p < p_0$ verwerfen. Dies zeigt: Es genügt, die Berechnung für den Grenzfall $p = p_0$ durchzuführen. Der Klarheit halber sollten wir aber die Nullhypothese als logische Verneinung der Alternativhypothese formulieren. Also H_0: $p \le \frac{1}{6}$ im Beispiel 10.1. Die Tab. 10.2 zeigt die korrekte Formulierung der Null- und Alternativhypothese in den drei Fällen.

Aufgabe 10.7 Gib in jeder der Teilaufgaben von Aufgabe 10.6 die Null- und die Alternativhypothese an.

Aufgabe 10.8 Berechne die Verwerfungsbereiche für die Teilaufgaben 10.6 (c), (d) und (e).

Aufgabe 10.9 Nehmen wir an, die Nullhypothese in einem Bernoulli-Experiment ist $p = p_0 = \frac{1}{3}$ und die Alternativhypothese ist rechtsseitig: $p > p_0$.

Eine zufällige Stichprobe der Größe $n = 100$ ergibt das Resultat $X = 25$. Somit gilt $\frac{X}{n} = 0.25 < p_0 = \frac{1}{3}$.

(a) Was schließen wir daraus nach unserem Verfahren?
(b) Warum ist die Schlussfolgerung die richtige?
(c) Falls tatsächlich p größer als p_0 ist, wie groß ist dann die Wahrscheinlichkeit des von uns erhaltenen Resultats höchstens?
(d) Warum ist die Tatsache $\frac{X}{n} < p_0$ überraschend?
(e) Wenn du nach diesem Resultat $\frac{X}{n} < p_0$ ein weiteres Experiment planen wirst, wie würdest du vorgehen, das heißt, was wirst du in Bezug auf die bisherige Stichprobe ändern?

10.4 Fehler der 1. und 2. Art

Beim Testen von Hypothesen gibt es die vier Möglichkeiten: Die Nullhypothese wird richtigerweise oder fälschlicherweise verworfen oder die Nullhypothese wird richtigerweise oder fälschlicherweise *nicht* verworfen. Diese vier Möglichkeiten wurden in Tab. 10.3 anschaulich zusammengestellt.

Es gibt daher prinzipiell zwei verschiedene Arten, einen Fehler zu begehen: Die Nullhypothese ist richtig, sie wird aber fälschlicherweise verworfen oder aber sie ist falsch, wird aber nicht verworfen. Um diese zwei Fehler voneinander zu unterscheiden, hat sich folgende Sprechweise etabliert.

Begriffsbildung 10.4 *Wird in einem Hypothesentest eine richtige Nullhypothese fälschlicherweise verworfen, so spricht man von einem **Fehler 1. Art**.*

*Wird in einem Hypothesentest eine falsche Nullhypothese fälschlicherweise nicht verworfen, so spricht man von einem **Fehler 2. Art**.*

Tab. 10.3 Die vier möglichen Fälle beim Testen von Hypothesen

	In Wirklichkeit trifft die Alternativhypothese zu.	In Wirklichkeit trifft die Nullhypothese zu.
Das Stichprobenergebnis liegt im Verwerfungsbereich.	Die Nullhypothese wird richtigerweise verworfen.	Die Nullhypothese wird fälschlicherweise verworfen. Man begeht einen **Fehler 1. Art**.
Das Stichprobenergebnis liegt im Annahmebereich.	Die Nullhypothese wird fälschlicherweise nicht verworfen. Man begeht einen **Fehler 2. Art**.	Die Nullhypothese wird richtigerweise nicht verworfen.

Der große Unterschied zwischen dem Fehler der 1. Art und dem Fehler der 2. Art liegt in der Abschätzung der Wahrscheinlichkeit, einen Fehler dieser Art zu begehen. Die Wahrscheinlichkeit, einen Fehler der 1. Art zu begehen, ist bekannt: Es ist dies genau die Irrtumswahrscheinlichkeit. Bei einem Fehler der 2. Art liegt die Sache anders: Wenn in Wirklichkeit die Alternativhypothese zutrifft, dann ist die Erfolgswahrscheinlichkeit p nicht exakt bekannt. Wir wissen dann nur, dass p größer als p_0 (linksseitig) oder kleiner als p_0 (rechtsseitig) oder p ungleich p_0 (zweiseitig) ist. Da wir keinen genauen Wert für p haben, kann auch keine genaue Bestimmung der Fehlerwahrscheinlichkeit stattfinden.

Beispiel 10.3 Um diese möglichen Fehler noch klarer darzustellen, wird ein hypothetisches Beispiel[1] betrachtet.

Eine Firma möchte, dass ihr Produkt in der Bevölkerung einen Bekanntheitsgrad von mindestens 70% hat. Der tatsächliche Bekanntheitsgrad p ist unbekannt. Innerhalb der Firma gibt es diesbezüglich zwei Positionen:

- Die Werbeabteilung möchte eine tolle Werbekampagne starten, nach ihr liegt p unter 70%.
  Hypothese H_1: $p < 0.7$.
- Die Finanzabteilung möchte tolle schwarze Zahlen schreiben und daher kein Geld für Werbekampagnen ausgeben. Nach ihr liegt p über 70%.
  Hypothese H_2: $p > 0.7$.

In einer Umfrage soll der Bekanntheitsgrad erhoben werden. Die Werbeabteilung wird sich nur von ihrer Meinung abbringen lassen, falls die Umfrage zeigt, dass *deutlich mehr* als 70% der befragten Personen das Produkt bereits kennen. Die Finanzabteilung lässt sich hingegen nur von ihrer Meinung abbringen, wenn *deutlich weniger* als 70% der befragten Personen das Produkt nicht kennen. Die Nullhypothesen der Werbeabteilung H_0^W und der Finanzabteilung H_0^F lauten:

Nullhypothesen: H_0^W: $p \geq 0.7$ bzw. H_0^F: $p \leq 0.7$.

Beide arbeiten jedoch mit $p = 0.7$. Die oben formulierten Hypothesen H_1 bzw. H_2 sind ihre jeweiligen Alternativhypothesen. Wir können nun die möglichen Fehler aus dem Blickwinkel der zwei Abteilungen betrachten.

Aus der Perspektive der Werbeabteilung haben die zwei Fehler folgende Bedeutung:

Fehler 1. Art: Tatsächlich kennen mehr als 70% der Bevölkerung das Produkt; in der Umfrage werden allerdings zufällig extrem wenige Personen angetroffen, denen das Produkt bekannt ist. Die Mitarbeiter der Werbeabteilung sehen

---

[1]Dieses Beispiel sowie die Formulierung der Fehler unten stammen aus Heinz Klaus Strick: *Einführung in die Beurteilende Statistik*, Schroedel Verlag, 1998.

sich in ihrer Meinung bestätigt; eine Werbekampagne wird gestartet, die nicht notwendig ist.

Fehler 2. Art: Das Ergebnis der Stichprobe ist verträglich mit $p > 0.7$, obwohl der Bekanntheitsgrad tatsächlich höchstens 70% beträgt; die Mitarbeiter der Werbeabteilung können daher ihre Meinung nicht mehr durchsetzen. Eine notwendige Werbekampagne unterbleibt.

Ausgehend vom Standpunkt der Finanzabteilung haben die zwei möglichen Fehler folgende Bedeutung:

Fehler 1. Art: Tatsächlich kennen höchstens 70% der Bevölkerung das Produkt; in der Stichprobe werden zufällig extrem viele Personen erfasst, die das Produkt kennen. Die Mitarbeiter der Finanzabteilung sehen ihre Ansicht bestätigt, dass eine Werbekampagne überflüssig ist; wegen des Stichprobenergebnisses wird die notwendige Aktion nicht durchgeführt.

Fehler 2. Art: Der Bekanntheitsgrad des Produkts liegt bei über 70%; Das Ergebniss der Stichprobe ist aber verträglich mit $p \leq 0.7$. Die Mitarbeiter der Finanzabteilung müssen daher ihre Meinung aufgeben; eine überflüssige Werbekampagne wird gestartet. $\Diamond$

Aufgabe 10.10 Kunigunde behauptet hellseherische Fähigkeiten zu besitzen. Sie behauptet, dass ihre Fähigkeiten zwar nicht so stark sind, dass sie immer das Richtige vorhersagen kann, aber dass sie helfen, deutlich besser zu sein als jemand, der zufällig rät. Fink zweifelt jedoch daran und wird mit ihr einen Test machen. Er deckt nacheinander zufällig 12 Karten auf, die entweder rot oder schwarz sind, und Kunigunde muss die Farbe mit verbundenen Augen erraten. Sei p die Wahrscheinlichkeit, dass Kunigunde eine Karte richtig errät. Die Nullhypothese entspricht der Aussage „Kunigunde kann nicht hellsehen".

(a) Formuliere die Null- und die Alternativhypothese.
(b) Es sei das Signifikanzniveau $\alpha = 5\%$ festgelegt. Wie viele Karten muss Kunigunde korrekt vorhersagen, damit Fink H_0 ablehnt und sich von ihren hellseherischen Fähigkeiten überzeugen lässt?
(c) Welche Bedeutungen hat in dieser Situation ein Fehler der 1. oder 2. Art?

10.5 Die Macht eines Tests

Wir kommen noch einmal zurück auf das Beispiel 10.1, bei dem wir einen angeblich gezinkten Spielwürfel betrachtet haben. Auf der Verpackung des Würfels wird angegeben, dass der Würfel die Sechs in ungefähr einem Drittel aller Fälle anzeigt. Wäre er so gezinkt, wie es auf der Verpackung steht, dann müsste $p = \frac{1}{3}$ gelten.

Wir können diesen Wert, also $p = \frac{1}{3}$, verwenden, um herauszufinden, mit welcher Wahrscheinlichkeit wir den Würfel bei einem Hypothesentest als gezinkt entdecken werden, wenn wir bei der Nullhypothese annehmen, er sei fair. Die Sachlage kann etwas verwirrend wirken, da wir gleich mehrere Wahrscheinlichkeiten betrachten, diese aber verschiedene Rollen spielen. Einerseits haben wir die vom Hersteller behauptete Wahrscheinlichkeit $p_1 = \frac{1}{3}$, dass der Spielwürfel eine Sechs zeigt. Andererseits haben wir $p_0 = \frac{1}{6}$, die in der Nullhypothese angenommene Wahrscheinlichkeit.

Wir betrachten also zwei verschiedene Bernoulli-Prozesse: beide mit $n = 50$ Versuchen, einer aber mit der Erfolgswahrscheinlichkeit $p_1 = \frac{1}{3}$, der andere mit der Erfolgswahrscheinlichkeit $p_0 = \frac{1}{6}$. Die zugehörigen Zufallsvariablen bezeichnen wir mit X_1 bzw. X_0 und die Wahrscheinlichkeitsfunktionen mit $P_{p=\frac{1}{6}}$ bzw. $P_{p=\frac{1}{3}}$.

In Beispiel 10.1 und Aufgabe 10.2 haben wir die Nullhypothese $p = p_0 = \frac{1}{6}$ und X_0 betrachtet. Dort wurde der Verwerfungsbereich [14, 50] berechnet. Deren Wahrscheinlichkeit unter der Annahme $p = p_0 = \frac{1}{6}$ ist $P_{p=\frac{1}{6}}(X_0 \geq 14) = 0.0307$. Wir werden also die Nullhypothese $p = p_0$ immer dann verwerfen, wenn $X_0 \geq 14$ gilt.

Wie steht es damit nun, wenn in Wirklichkeit die wahre Wahrscheinlichkeit p dafür, dass der Würfel eine Sechs zeigt, bei $p = p_1 = \frac{1}{3}$ liegt? Wie groß ist die Wahrscheinlichkeit $P_{p=\frac{1}{3}}(X_1 \geq 14)$? Dies berechnet man wie immer mit der Funktion `binomCdf` oder `BINOM.VERT`: Sie ist

$$P_{p=\frac{1}{3}}(X_1 \geq 14) = 0.8285.$$

Dies bedeutet: Gilt tatsächlich $p = p_1 = \frac{1}{3}$, so werden wir die Nullhypothese $p = p_0$ mit der Wahrscheinlichkeit 82.9% verwerfen können.

Begriffsbildung 10.5 *Die **Macht** eines Tests ist die Wahrscheinlichkeit, mit der wir die Nullhypothese verwerfen können. Um die Macht angeben zu können, müssen wir eine Erfolgswahrscheinlichkeit, die sogenannte **Alternativwahrscheinlichkeit**, annehmen, die mit der Alternativhypothese kompatibel ist.*

Die Abb. 10.3 zeigt die Irrtumswahrscheinlichkeit und die Macht schematisch in der obigen Situation.

Aufgabe 10.11 Von einer Münze wird vermutet, sie sei gezinkt und zeige zu oft „Kopf". Sei p die Wahrscheinlichkeit der Münze „Kopf" zu zeigen. Nun soll ein Test auf dem Signifikanzniveau $\alpha = 90\%$ durchgeführt werden, um dies zu verifizieren. Die Münze soll dabei $n = 80$-mal geworfen werden. Die Nullhypothese lautet $p = \frac{1}{2}$.

Die Alternativwahrscheinlichkeit sei $p_1 = 0.65$. Wie groß ist die Macht dieses Tests?

Aufgabe 10.12 Ein Medikament gegen Kopfweh soll wirksamer sein als das Placebo (ein Scheinarzneimittel), das immerhin eine Erfolgswahrscheinlichkeit von $p_0 = 0.58$ hat. Dazu soll ein Test an 65 Personen auf dem Signifikanzniveau 95% durchgeführt werden. Wie groß ist die Macht dieses Tests, wenn das Medikament bei 70% aller Personen wirkt?

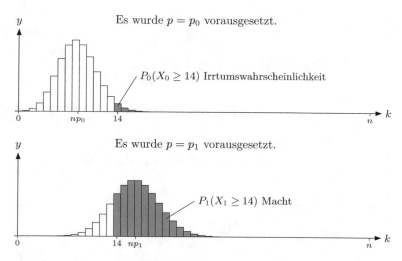

Abb. 10.3 Vergleich der Irrtumswahrscheinlichkeit bei $p_0 = \frac{1}{6}$ und der Macht bei $p_1 = \frac{1}{3}$ für $n = 50$

Die Gegenwahrscheinlichkeit der Macht eines Tests ist gleich der Wahrscheinlichkeit β für einen Fehler 2. Art. Denn dieser entsteht ja, wenn man die falsche Nullhypothese fälschlicherweise nicht verwirft, siehe die Abb. 10.4. Wenn tatsächlich $p = p_1$ gilt, so ist es doch möglich, dass die Beobachtung nicht in den Verwerfungsbereich fällt: Dies ist genau die Gegenwahrscheinlichkeit der Macht. Wir weisen hier erneut darauf hin, dass die Bestimmung von β davon abhängt, von welcher Alternativwahrscheinlichkeit p_1 ausgegangen wird.

Aufgabe 10.13 Nun soll der Würfel aus dem Spielwarengeschäft von Beispiel 10.1 durch $n = 100$ Würfe untersucht werden. Weiterhin sei p die unbekannte Wahrscheinlichkeit des Würfels eine Sechs zu zeigen und es gelte $p_0 = \frac{1}{6}$ (ein fairer Würfel) und $p_1 = \frac{1}{3}$ (wie vom Hersteller angegeben). Auch sei $\alpha = 5\%$ weiterhin die Irrtumswahrscheinlichkeit.

(a) Bestimme den Verwerfungsbereich für die Nullhypothese $H_0 : p = p_0$.
(b) Bestimme die Macht und außerdem die Wahrscheinlichkeit für einen Fehler der 2. Art für $p = p_1$.

Wir können die theoretischen Erörterungen noch einen Schritt weiterführen. Wir benutzen nun die Angabe einer Alternativwahrscheinlichkeit p_1, um auszurechnen, wie viele Versuche angestellt werden müssen, um die Wahrscheinlichkeit β für einen Fehler 2. Art unter einer Schranke zu halten.

Beispiel 10.4 Einmal mehr betrachten wir den Spielwürfel aus Beispiel 10.1, der gemäß den Angaben des Herstellers die Sechs mit der Wahrscheinlichkeit $p_1 = \frac{1}{3}$ anzeigt.

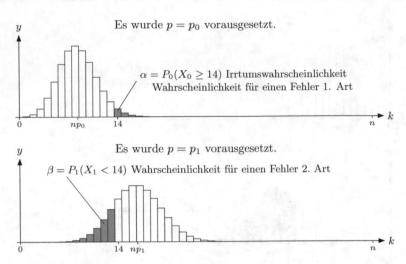

Abb. 10.4 Vergleich der Irrtumswahrscheinlichkeit α bei $p_0 = \frac{1}{6}$ und der Wahrscheinlichkeit β einen Fehler 2. Art zu begehen bei $p_1 = \frac{1}{3}$ für $n = 50$

Wir suchen die Anzahl n der Würfe, die nötig sind, um bei einer Irrtumswahrscheinlichkeit $\alpha = 5\%$ auch die Wahrscheinlichkeit β für einen Fehler 2. Art auf höchstens 5% zu begrenzen.

Wer die Aufgabe 10.13 ausgeführt hat, sollte wissen, dass $n < 100$ genügen sollte. Wir werden es mit verschiedenen Werten von n versuchen.

Wir starten mit $n = 70$. Dann ist der Verwerfungsbereich $[18, 70]$ und $\beta = P_{p_1 = \frac{1}{3}}(X_1 < 18) = 0.06687$. Daher ist $n = 70$ noch zu niedrig.

Nun probieren wir es mit $n = 80$. Dann ist der Verwerfungsbereich $[20, 80]$ und $\beta = P_{p_1 = \frac{1}{3}}(X_1 < 20) = 0.041767$. Daher ist $n = 80$ richtig oder sogar noch zu groß.

Wir testen nun den Wert in der Mitte $n = 75$. Dann ist der Verwerfungsbereich $[19, 75]$ und $\beta = P_{p_1 = \frac{1}{3}}(X_1 < 19) = 0.05284$. Daher ist $n = 75$ auch zu niedrig. Es muss also ein Wert zwischen 75 und 80 sein.

Wir probieren es mit $n = 77$. Dann ist der Verwerfungsbereich $[19, 77]$ und $\beta = P_{p_1 = \frac{1}{3}}(X_1 < 19) = 0.04664$. Daher ist $n = 77$ richtig oder zu hoch. Es muss also ein Wert zwischen 75 und 77 sein.

Wir müssen daher nur noch $n = 76$ ausprobieren. Dann ist der Verwerfungsbereich $[19, 76]$ und $\beta = P_{p_1 = \frac{1}{3}}(X_1 < 19) = 0.04529$. Daher ist $n = 76$ richtig, denn kleiner darf n nicht sein. $\Diamond$

Das Beispiel zeigt, dass man auf Grund einer Annahme über den wahren Wert, also einer Alternativwahrscheinlichkeit p_1, die Anzahl n der notwendigen Versuche für eine Schranke für die Fehlerwahrscheinlichkeit der zweiten Art bestimmen kann.

Aufgabe 10.14 Bei der Aufgabe 10.12 wurde die Situation betrachtet, bei der ein Medikament gegen Kopfweh auf dem Signifikanzniveau 95% getestet wird. Es soll dabei besser als ein Placebo wirken, das eine „Heilwirkung" von 58% hat. Die Anzahl Personen soll soweit erhöht werden, dass die Macht mindestens 90% ist. Wie viele Personen müssen an der Studie teilnehmen?

10.6   Die allgemeine Vorgehensweise

Wir fassen die Vorgehensweise bei einem Hypothesentest noch einmal Schritt für Schritt zusammen.

1. Zuerst wird die Zufallsvariable X zur Messung des Resultats des Experiments (der Stichprobe) festgelegt: zum Beispiel „Die Anzahl Sechser beim n-fachen Würfeln". Dabei kann jedoch n vorerst noch unbestimmt gelassen werden.
2. Man stellt die Nullhypothese H_0 auf.

    Ebenfalls wird die Alternativhypothese H_1 formuliert.

    Der beste Ausgang eines Testes ist, die Nullhypothese zu verwerfen und die Alternativhypothese anzunehmen.

    Die beiden Hypothesen legen fest, ob es sich um einen einseitigen (rechts- oder linksseitg) oder einen zweiseitigen Test handelt.
3. Das Signifikanzniveau α wird festgelegt (sofern es nicht schon vorgegeben wurde).
4. Es wird die Anzahl n der Wiederholungen des Experiments festgelegt.

    Ist eine Alternativwahrscheinlichkeit p_1 bekannt, so kann die Macht des Tests berechnet werden oder p_1 benutzt werden, um n bei vorgegebener Macht zu bestimmen.
5. Man berechnet den Verwerfungsbereich.
6. Der Test wird durchgeführt.
7. Der Test wird ausgewertet.

    Liegt die Testgröße im Verwerfungsbereich, so wird H_0 verworfen und H_1 angenommen.

    Liegt die Testgröße nicht im Verwerfungsbereich, so kann nichts geschlossen werden. Es gibt keine Hinweise darauf, dass das beobachtete Resultat unwahrscheinlich ist unter der Annahme H_0.

Ein Hypothesentest gleicht einem Widerspruchsbeweis: H_0 entspricht der Annahme, die widerlegt werden soll, und H_1 der Negation der Annahme, die bewiesen werden soll. Der Unterschied liegt im wahrscheinlichkeitstheoretischen Charakter: Ein Widerspruchsbeweis ist sicher, bei einen Hypothesentest kann man sich jedoch irren im Urteil H_0 zu verwerfen: Diese Irrtumswahrscheinlichkeit ist das Signifikanzniveau.

Die folgenden zwei Aufgaben sollen zeigen, wie die Schlussfolgerung manipuliert werden kann. Es sind dies zwar fiktive, aber doch lehrreiche Beispiele, wie man mit der Statistik *nicht* umgehen sollte.

Aufgabe 10.15 Eine politische Partei A hat bei den letzten Wahlen 31% aller Stimmen erhalten. Die Tageszeitung X vermutet aber, dass sie seither an Popularität verloren habe und lässt daher in einer Telefonumfrage 800 Personen befragen, ob sie die Partei *A* heute noch wählen würden. Die Umfrage zeigt, dass 228 Personen diese Partei heute noch wählen würden. Die Tageszeitung *X* titelt „Partei *A* hat signifikant an Popularität verloren (Signifikanzniveau 6.8%)".

Welchen Fehler begeht die Tageszeitung?

Aufgabe 10.16 Die Parteispitze liest die Umfrage aus Aufgabe 10.15 und will natürlich die Nachricht bestreiten.

Sie lässt eine Anzeige publizieren mit folgendem Titel: „Studie der Tageszeitung *X* belegt, dass die Partei *A* nicht an Popularität verloren hat (Signifikanzniveau 5.4%)".

Die Parteispitze begeht dabei zwei Fehler. Welche sind das?

10.7 Der P-Wert

Ein Hypothesentest, so wichtig er ist, hat einen wesentlichen Nachteil. Im Falle, dass die Nullhypothese verworfen werden kann, wird keine Aussage darüber gemacht, wie klar die Entscheidung fiel. Schauen wir uns dazu ein Beispiel an.

Beispiel 10.5 Ein Radiergummi hat in Zentimetern die Abmessungen $6.1 \times 2.3 \times 1.0$. Dieser Radiergummi soll nun mit einer Drehung aus der Hand auf den Boden geworfen werden. Es gibt drei mögliche Positionen, wie er nach dem Aufprall liegen bleiben kann, die wir mit „flach", „liegend" und „stehend" abkürzen, oder noch kürzer als f, l beziehungsweise s, siehe die Abb. 10.5. Wir ignorieren die theoretischen Möglichkeiten, dass der Gummi auf einer der Spitzen (nulldimensionaler Punkt) oder einer eindimensionalen Kante verharrt. Die Wahrscheinlichkeiten p_f, p_l und p_s für die drei Positionen sind jedoch unbekannt.

Wir betrachten nun ein einfaches Modell, diese Wahrscheinlichkeiten abzuschätzen. Aus der Erfahrung wissen wir jedoch, dass die Lage „flach" stabiler ist als die Lage „liegend" und diese wiederum stabiler als die „stehende" Lage ist. Wir erwarten daher, dass $p_f > p_l > p_s$ gilt. Wir beobachten nun die Größe der Auflagefläche (in Quadratzentimeteren) in den drei Positionen:

$$F_f = 6.1 \cdot 2.3 = 14.03$$

$$F_l = 6.1 \cdot 1.0 = 6.1$$

$$F_s = 2.3 \cdot 1.0 = 2.3.$$

Abb. 10.5 Die drei möglichen Positionen, wei ein Radiergummi auf dem Boden landen kann

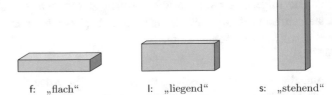

f: „flach"   l: „liegend"   s: „stehend"

In unserem einfachen Modell nehmen wir an, die unbekannten Wahrscheinlichkeiten seien proportional zur Auflagefläche. Da $p_f + p_l + p_s = 1$ gelten muss, finden wir

$$p_{0,f} = \frac{14.03}{14.03 + 6.1 + 2.3} \approx 0.6255,$$

$$p_{0,l} = \frac{6.1}{14.03 + 6.1 + 2.3} \approx 0.2720,$$

$$p_{0,s} = \frac{2.3}{14.03 + 6.1 + 2.3} \approx 0.1025.$$

Dieses Modell soll nun einem Test unterworfen werden. Aber hier stoßen wir auf ein erstes Problem: Unser Basisexperiment des einfachen Radiergummiwurfs erlaubt drei mögliche Ausgänge. Wir haben bisher aber nur Bernoulli-Experimente als Basisexperimente betrachtet. Wir behelfen uns hier damit, dass wir gleich drei Tests durchführen. Einen ersten Test für „flach" gegenüber „nicht flach", dann „liegend" gegenüber „nicht liegend" und schließlich „stehend" gegenüber „nicht stehend".

Das Experiment müssen wir dazu aber nicht dreimal durchführen. Wir können die Daten einer Versuchsreihe gleich für alle drei Tests verwenden. Das Signifikanzniveau wird für alle drei Tests auf $\alpha = 5\%$ festgelegt.

Wir beabsichtigen den Radiergummi $n = 50$-mal zu werfen. Im ersten Test lautet die Nullhypothese $p_f = p_{0,f}$ und die Alternativhypothese $p_f \neq p_{0,f}$. Wir haben also eine zweiseitige Testsituation. Man findet den Verwerfungsbereich $V_f = \{0, 1, \ldots, 25\} \cup \{38, \ldots, 50\}$. Im zweiten Test betrachten wir die Nullhypothese $p_l = p_{0,l}$ und die Alternativhypothese $p_l \neq p_{0,l}$. Der Verwerfungsbereich ist $V_l = \{0, 1, \ldots, 8\} \cup \{20, \ldots, 50\}$. Im dritten Test lautet die Nullhypothese $p_s = p_{0,s}$ und die Alternativhypothese $p_s \neq p_{0,s}$ und der Verwerfungsbereich ist $V_s = \{0, 1\} \cup \{10, \ldots, 50\}$.

Jetzt sind die Vorbereitungen abgeschlossen. Wir haben den Radiergummi $n = 50$-mal geworfen und folgende Versuchsreihe erhalten.

fflflfffff ffffflflff ffffffflfff ffffffffff lfffffffff

Die Abstände unterteilen die Daten in Blöcke von je 10 Messwerten und dienen der besseren Lesbarkeit. Der Radiergummi lag also 44-mal in der Position „flach", 6-mal in der Position „liegend" und keinmal in der Position „stehend". Alle drei Tests führen dazu, dass wir die Nullhypothesen verwerfen, denn die Zahl 44 liegt in V_f, die Zahl 6 liegt in V_l und die Zahl 0 liegt in V_s. Unser Modell wird daher stochastisch gleich mehrfach falsifiziert. Es ist wohl kein gutes Modell.

Da uns mehrere Tests vorliegen, können wir diese vergleichen. Wir können uns fragen, ob wir die Nullhypothese auch bei einem geringeren Signifikanzniveau hätten verwerfen können. Probieren wir dies aus mit $\alpha = 1\%$. Die Verwerfungsbereiche sind nun neu

$$V_f = \{0, \ldots, 22\} \cup \{40, \ldots, 100\},$$

$$V_l = \{0, \ldots, 6\} \cup \{22, \ldots, 100\},$$

$$V_s = \{0\} \cup \{12, \ldots, 100\}.$$

Wir hätten also auch auf das Signifikanzniveau $\alpha = 1\%$ bei allen drei Tests die Nullhypothese verwerfen können. Damit haben wir die Irrtumswahrscheinlichkeit von 5% auf 1% senken können.

Wir probieren es noch mit $\alpha = 0.1\%$. Dann erhalten wir die Verwerfungsbereiche

$$V_f = \{0, \ldots, 19\} \cup \{42, \ldots, 100\},$$

$$V_l = \{0, \ldots, 4\} \cup \{25, \ldots, 100\},$$

$$V_s = \{14, \ldots, 100\}.$$

Jetzt können wir nur noch mit dem ersten Test die Nullhypothese verwerfen.

Der erste Test ist daher besser geeignet zu zeigen, dass unser einfaches Modell die Wahrscheinlichkeiten p_f, p_l und p_s wahrscheinlich nicht korrekt erklärt.

Wir versuchen nun herauszufinden, bei welchem Signifikanzniveau α wir die Nullhypothese gerade noch verwerfen könnten. Wir betrachten dazu den ersten Test. Der Wert $k_f = 44$ liegt über dem erwarteten $n \cdot p_{0,f} = 31.275$. Wir berechnen die Wahrscheinlichkeit $P(X_f \geq 44)$, wobei die Zufallsvariable X_f zählt, wie oft der Radiergummi in der Position „flach" liegen bleibt:

$$\texttt{binomCdf(50, 0.6255, 44, 50)} = 0.0000128 = 0.00128\%.$$

Wenn also $\alpha = 2 \cdot 0.00128\% = 0.00256\%$, dann müssten wir dieses Signifikanzniveau auf die beiden Seiten verteilen. Die Hälfte, also $\frac{1}{2} \cdot 0.00256\% = 0.00128\%$ entfiele auf die unwahrscheinlich niedrigen Werte, die andere auf die unwahrscheinlich hohen Werte. Damit würden wir mit diesem Signifikanzniveau einen Verwerfungsbereich der Form

$$\{0, \ldots, k\} \cup \{44, \ldots, 50\}$$

erhalten, wobei k eine für uns unwichtige Schranke ist. Die Nullhypothese $p_f = p_{0,f}$ kann trotzdem gerade noch verworfen werden auf diesem Signifikanzniveau. Die Irrtumswahrscheinlichkeit, uns mit unserer Schlussfolgerung „die Nullhypothese kann verworfen werden" zu irren, kann also höchstens auf $\alpha = 0.00256\%$ gesenkt werden. $\Diamond$

Begriffsbildung 10.6 *Das minimale Signifikanzniveau, mit dem ein Test gerade noch verworfen werden kann, wird als **P-Wert** bezeichnet.*

Die Angabe des P-Werts ermöglicht dann eine bessere Einschätzung der Irrtums-wahrscheinlichkeit. Kann die Nullhypothese nicht verworfen werden, so gibt der P-Wert mindestens einen Anhaltspunkt, wie überraschend die Beobachtung unter Vorausset-

zung der Nullhypothese ist. Kann die Nullhypothese bei einem vor der Durchführung vorgeschriebenen Signifikanzniveau α *verworfen werden, so sagt man dann, dass die Nullhypothese auf diesem Signifikanzniveau verworfen werden kann. Die Angabe des P-Werts präzisiert, wie unwahrscheinlich die gemachte Beobachtung unter Voraussetzung der Nullypothese ist. Das ursprüngliche Signifikanzniveau sollte nachträglich nicht gesenkt werden.*

Der P-Wert des ersten Tests in Beispiel 10.5 ist 0.00256%.

Aufgabe 10.17 Berechne den P-Wert beim zweiten Test in Beispiel 10.5. Beachte hierbei, dass der beobachtete Wert $k_1 = 6$ unter dem erwarteten Wert $n \cdot p_{0,1}$ liegt und daher die linke Seite der Verteilung, also die unwahrscheinlich niedrigen Werte, betrachtet werden sollte.

Aufgabe 10.18 Berechne den P-Wert beim dritten Test in Beispiel 10.5.

Beispiel 10.6 Bei einem einfachen Glücksspiel wird behauptet, dass man mit der Wahrscheinlichket von 50% eine gewisse günstige Konstellation von Spielkarten verteilt erhält.

Nach einigen Spielen, in denen dies nicht der Fall war, hat man daher Grund, an dieser Aussage zu zweifeln. Es soll ein Hypothesentest auf dem Signifikanzniveau $\alpha = 5\%$ durchgeführt werden. In den nächsten $n = 40$ Spielen soll dazu notiert werden, wie oft man diese günstige Kartenkonstellation erhalten hat.

Die Nullhypthese lautet $p \geq 0.5$, wobei p die wahre, uns unbekannte Wahrscheinlichkeit darstellt, die günstige Konstellation zu erhalten. Die Alternativhypothese lautet $p < 0.5$. Es handelt sich also um einen linksseitigen Test. Der Verwerfungsbereich berechnet sich als $V = \{0, \ldots, 15\}$.

Der weitere Spielverlauf zeigt, dass wir nur in $k = 12$ Fällen eine günstige Kartenkonstellation erhalten haben. Wir können daher die Nullhypothese verwerfen und den zugehörigen P-Wert ermitteln. Die Berechnung liefert

$$\texttt{binomCdf}(40, 0.5, 0, 12) = 0.0082945 = 0.829\%.$$

Nun müssen wir diesen Wert nicht mehr verdoppeln, da wir ja einen einseitigen Test durchführen. Der P-Wert ist daher 0.829%. $\diamond$

Aufgabe 10.19 2017 wurden in der Schweiz 87 381 Neugeburten registriert, wovon 44 873 männlich und 42 508 weiblich waren. Es wurden also deutlich mehr Jungen als Mädchen geboren. Sei p die unbekannte Wahrscheinlichkeit, dass ein Neugeborenes das weibliche Geschlecht hat.

(a) Mit einem Hypothesentest kann gezeigt werden, dass bei einer Geburt in der Schweiz das männliche Geschlecht häufiger auftritt als das weibliche. Berechne den zugehörigen P-Wert.
(b) Lässt sich auf einem Signifikanzniveau von $\alpha = 5\%$ zeigen, dass $p < 4.9\%$ gilt? Berechne den zugehörigen P-Wert.

(c) Lässt sich auf einem Signifikanzniveau von $\alpha = 5\%$ zeigen, dass $p < 4.89\%$ gilt? Berechne den zugehörigen P-Wert.

Aufgabe 10.20 Im Jahr 2014 wurde in Deutschland die 5-Jahre-Überlebenschance bei diagnostiziertem Lungenkrebs mit 15% angegeben, das bedeutet, dass nur 15% der Personen, die an Lungenkrebs erkrankt waren, die nächsten 5 Jahre nach der Diagnose überlebten.

Nun betrachten wir die Situation, in der ein neues Medikament gegen Lungenkrebs getestet wird. Dazu werden $n = 150$ an Lungenkrebs erkrankte Patienten mit diesem Medikament therapiert und es stellt sich heraus, dass $k = 33$ die nächsten 5 Jahre überleben.

Das Verhältnis $\frac{33}{150} = 22\%$ deutet auf eine bessere Überlebenschance hin als 15%. Ein Hypothesentest auf dem bei klinischen Studien üblichen strengen Signifikanzniveau von $\alpha = 1\%$ zeigt jedoch, dass die Nullhypothese „das Medikament wirkt besser als bisherige Methoden" nicht verworfen werden kann.

Berechne den P-Wert dieser Studie.

Aufgabe 10.21 Ein Hypothesentest auf dem Signifikanzniveau α habe den P-Wert u. Was kann man dann aus der folgenden Ungleichung schließen?

(a) $\alpha < u$,

(b) $\alpha > u$.

P-Werte werden gerade dann gerne angegeben, wenn die Hypothese nicht verworfen werden konnte, wie in zum Beispiel in Aufgabe 10.20.

Auszug aus der Geschichte Die Berechnung der P-Werte beginnt im 18. Jahrhundert, als John Arbuthnot das Verhältnis von männlichen zu weiblichen Neugeborenen betrachtete. Er untersuchte dies 1710 und fand heraus, dass in London in jedem der vergangenen 82 Jahre mehr männliche als weibliche Neugeborene registriert worden waren. Wäre das Verhältnis der Geschlechter ausgeglichen, wäre diese Beobachtung extrem unwahrscheinlich. Der P-Wert unter der Annahme, dass bei einer Geburt die beiden Geschlechter gleich wahrscheinlich sind, ist $0.5^{82} \approx 2 \cdot 10^{-25}$.

10.8   Der exakte Test nach Fisher

Bis jetzt haben wir alle Überlegungen am Binomialtest erläutert. Es wäre jedoch falsch zu denken, dass dies der einzige Hypothesentest sei. Es gibt eine Vielzahl solcher Tests, aber die involvierte Mathematik ist oft sehr anspruchsvoll und übersteigt meist die Möglichkeiten, die im Rahmen dieses Buchs besprochen werden können.

Zum Abschluss dieses Kapitels wollen wir aber noch einen anderen Test betrachten, den sogenannten exakten Test nach Fisher. Benannt ist er nach Ronald Aylmer Fisher (1890–1962).

Betrachtet wird dabei die Situation von zwei dichotomen Zufallsvariablen, also zwei Zufallsvariablen, die lediglich zwei verschiedene Werte annehmen können. Der exakte Test nach Fisher überprüft, ob die beiden Zufallsvariablen unabhängig sind.

Tab. 10.4 Die Tabelle zum Versuch mit den Streifen-Backenhörnchen

	nah des Baus	fern des Baus	Total
trillerte	16	3	19
trillerte nicht	8	18	26
Total	24	21	45

Tab. 10.5 Die Tabelle zum Versuch mit den Streifen-Backenhörnchen

	nah des Baus	fern des Baus	Total
trillerte			19
trillerte nicht			26
Total	24	21	45

Beispiel 10.7 Bei einer bestimmten Art von Hörnchen, den sogenannten *Streifen-Backenhörnchen*, trillert das Weibchen, wenn es von einem Raubtier verfolgt wird. Es wird vermutet, dass dies ein Warnruf für die Artgenossen sei. Daher werden diese Hörnchen in einem Versuch einmal nahe des Baus (etwa 10 Meter) und einmal in gutem Abstand (etwa 100 Meter) losgelassen und dann verfolgt. Es stellt sich heraus, dass von 24 Hörnchen, die man nahe des Baus losließ, 16 trillerten und 8 nicht. Von den 21, die man fern vom Bau verfolgt, trillerten nur 3, die anderen 18 hingegen nicht.

Die Daten sind in der Tab. 10.4 zusammengefasst. Wir betrachten also die zwei dichotomen Zufallsvariablen T und D, wobei T nur die zwei Werte „trillerte" und „trillerte nicht" annehmen kann und die Zufallsvariable D die Werte „nahe" und „fern". Wenn wir eines der Hörnchen zufällig aus den 45 auswählen, dann hat es mit der Wahrscheinlichkeit $p_{\text{trillert}} = \frac{19}{45} \approx 0.422$ getrillert und mit der Wahrscheinlichkeit $p_{\text{nahe}} = \frac{24}{45} \approx 0.533$ wurde es nahe des Baus verfolgt.

Wäre das Trillern unabhängig von der Distanz zum Bau der Hörnchen, so würden wir mit der Wahrscheinlichkeit $p_{\text{trillert}} \cdot p_{\text{nahe}} \approx 0.422 \cdot 0.533 = 0.225$ beide Eigenschaften feststellen: das Trillern und nahe des Baus verfolgt werden. Wir würden also $p_{\text{trillert}} \cdot p_{\text{nahe}} \cdot 45 \approx 10.1$ solcher Fälle zählen. Da scheint die angegebene Zahl von 16 doch deutlich höher. Aber reicht diese Abweichung? Könnte eine solche Abweichung nicht zufällig zu Stande kommen?

Was nicht in Frage gestellt wird, sind die Verteilungen der einzelnen Variablen, also die Angabe, wie viele Hörnchen nahe oder fern des Baus verfolgt wurden, noch wieviele insgesamt trillerten und wie viele nicht. Man nennt diese Werte **Randsummen**. Die Tab. 10.5 gibt diese Angaben wieder. Nun stellen wir uns vor, dass die 19 Hörnchen, die trillerten, ganz zufällig auf die beiden Distanzen verteilt werden. Dabei müssen wir jedoch beachten, dass von den 45 Hörnchen 24 nahe und der Rest fern des Baus verfolgt wurden.

Wir stellen uns nun vor, wir hätten eine Urne mit $N = 45$ Kugeln, von denen $K = 24$ weiß sind und $N - K = 45 - 24 = 21$ schwarz. Nun ziehen wir aus dieser Urne $n = 19$ Kugeln, ohne diese wieder zurückzulegen. Damit können wir bestimmen, wie wahrscheinlich es ist, dass wir zufällig $X = 16$ oder sogar noch mehr weiße Kugeln ziehen. Die Wahrscheinlichkeit $P_{N,K,n}(X = k)$, dass wir $X = k$ weiße Kugeln ziehen, berechnet sich mit der hypergeometrischen Verteilung, siehe Satz 9.1:

$$P_{N,K,n}(X = k) = \frac{\binom{K}{k}\binom{N-K}{n-k}}{\binom{N}{n}}$$

Die Wahrscheinlichkeit, die uns interessiert, ist $P_{N,K,n}(X \geq k)$. Die Wahrscheinlichkeit $P_{45,24,19}(X = 16)$ berechnet sich wie folgt:

$$P_{45,24,19}(X = 16) = \frac{\binom{24}{16} \cdot \binom{21}{3}}{\binom{45}{19}} \approx 0.000401.$$

Wir berechnen nun auch noch die Wahrscheinlichkeit aller Fälle, die noch extremer sind:

$$P_{45,24,19}(X \geq 16) = P_{45,24,19}(X = 16) + P_{45,24,19}(X = 17) + P_{45,24,19}(X = 18) +$$

$$+ P_{45,24,19}(X = 19)$$

$$\approx 0.000401 + 0.000030 + 0.000001 + 0.000000$$

$$= 0.000432.$$

Die beobachtete Verteilung ist also unter der Annahme, dass das Trillern unabhängig von der Distanz zum Bau sei, sehr unwahrscheinlich. Wir verwerfen die Nullhypothese und schließen, dass verfolgte Hörnchen nahe des Baus häufiger trillern. Ob dies jedoch geschieht, um Artgenossen zu warnen, ist nicht sofort klar. Es könnte ja auch andere Gründe geben.

Dass die Randsummen nicht hinterfragt werden, kann man auch so interpretieren: Die tatsächliche Wahrscheinlichkeit p_{trillert}, dass ein Hörnchen trillert, wenn es verfolgt wird, wird durch die in der Stichprobe gemessene relative Häufigkeit $\frac{19}{45}$ abgeschätzt. Es wird also vorausgesetzt, dass $p_{\text{trillert}} = \frac{19}{45}$ korrekt ist. Dass $p_{\text{nahe}} = \frac{24}{45}$ erfüllt ist, müssen wir nicht voraussetzen, da wir diese Variable durch den Versuchsaufbau direkt steuern können. $\diamond$

Begriffsbildung 10.7 *Gibt es bei einer Eigenschaft nur zwei mögliche Werte, so spricht man von einer **dichotomen** Eigenschaft.*

*Hat man von N Individuen zwei dichotome Eigenschaften A und B, so lässt sich eine **Vierfeldertafel** (auch **Kontingenztafel** genannt) erstellen, wie sie in Tab. 10.6 gezeigt wird. Die Werte $n_A = a + c$, $n_{\overline{A}} = b + d$, $n_B = a + b$, $n_{\overline{B}} = c + d$ und $N = n_A + n_{\overline{A}}$ heißen **Randsummen**.*

Die wahre (aber meist unbekannte) Wahrscheinlichkeit in der Grundgesamtheit die Eigenschaft A beziehungsweise B anzutreffen werde mit p_A beziehungsweise p_B bezeichnet.

Tab. 10.6 Eine Vierfeldertafel

	A	nicht A	Total
B	a	b	n_B
nicht B	c	d	$n_{\overline{B}}$
Total	n_A	$n_{\overline{A}}$	N

Tab. 10.7 Die 2201 Personen an Bord der Titanic 1912 nach Geschlecht und Überlebensstatus

	weiblich	männlich	Total
hat überlebt	344	367	711
hat nicht überlebt	126	1364	1490
Total	470	1731	2201

*Der **exakte Test nach Fisher** prüft die Nullhypothese, dass die zwei Variablen A und B unabhängig sind. Dies geschieht unter der Voraussetzung, dass $p_A = \frac{n_A}{N}$ und $p_B = \frac{n_B}{N}$. Dieser Test kann einseitig oder zweiseitig vorgenommen werden.*

Anders als beim Binomialtest kann das Konfidenzintervall nicht im Voraus, das heißt vor Durchführung des Experiments, berechnet werden. Der Grund ist: Zur Berechnung des Konfidenzintervalls benötigt man die Werte n_A, n_B und N. Diese erhält man aber erst, wenn der Versuch durchgeführt wurde. Die Berechnung im Beispiel 10.7 liefert hingegen sofort den P-Wert, nämlich die berechnete Wahrscheinlichkeit 0.000432.

Beispiel 10.8 Als der Ozeandampfer Titanic 1912 im Atlantik sank, waren 2201 Personen an Bord. Die Tab. 10.7 zeigt die Verteilung dieser Personen gemäß Geschlecht und Überlebensstatuts.

Wir betrachten daher die zwei dichotomen Eigenschaften „Geschlecht" G und „Überlebensstatus" U. Wir wissen, wie viele Personen überlebt und wie viele beim Unglück gestorben sind. Ebenso wissen wir, wie viele der Personen weiblich und wie viele männlich waren. Wenn wir eine der 2201 Person zufällig auswählen, so ist sie mit der Wahrscheinlichkeit $p_w = \frac{470}{2201} \approx 0.2135$ weiblich und hat mit der Wahrscheinlichkeit $p_{ja} = \frac{711}{2201} \approx 0.3230$ überlebt. Wären G und U unabhängig, dann wäre eine Person mit der Wahrscheinlichkeit $p_w \cdot p_{ja} = 0.06897$ weiblich *und* hätte überlebt. Wir würden also etwa $p_w \cdot p_{ja} \cdot 2201 \approx 151.8$ Frauen zählen, die überlebt haben. In diese Kategorie fallen aber mehr als doppelt so viele, nämlich 344. Dies deutet darauf hin, dass bei der Rettung Frauen bevorzugt behandelt wurden. Aber ist dieses Resultat hinreichend ausschlaggebend? Könnte es nicht sein, dass das Ungleichgewicht rein zufällig zustande kam?

Wir sollen einen exakten Test nach Fisher durchführen und damit prüfen, ob es nicht eine Bevorzugung der Frauen gegenüber den Männern gab bei der Rettung. Die Nullhypothese lautet, dass der Überlebensstatus unabhängig vom Geschlecht ist, die Alternativhypothese besagt, dass die Frauen bei der Rettung bevorzugt wurden.

Hier haben wir $N = 2201$, $n_G = 470$, $n_U = 711$ und $k = 344$. Wir müssen daher die Wahrscheinlichkeit

$$P_{2201,\,470,\,711}(X \geq 344) = \sum_{i=344}^{711} \frac{\binom{470}{i} \cdot \binom{1731}{711-i}}{\binom{2201}{711}}$$

berechnen. Diesen Rechenaufwand bewältigen wir besser mit einem guten Taschenrechner. Die Funktion $\text{nCr}(\text{n},\text{k})$ berechnet dabei die Binomialzahl $\binom{n}{k}$. Wir definieren die hypergeometrische Verteilung mit der folgenden Zeile.

```
hypgeomPdf(nn, kk, n, k) := ncr(kk, k) · ncr(nn − kk, n − k)/ncr(nn, n)
```

Dabei steht nn für N und kk für K. Nun können wir die gesuchte Wahrscheinlichkeit $P_{2201,\,470,\,711}(X \geq 344)$ als Summe berechnen:

$$\Sigma(\text{hypergeomPdf}(2201,\ 470,\ 711,\ \text{i}),\ \text{i},\ 344,\ 711) \approx 2.7 \cdot 10^{-96}.$$

Das Summenzeichen Σ steht für die Summe, das erste Argument ist der Summand, das zweite Argument die Summationsvariable i, das dritte und vierte Argument die untere beziehungsweise obere Grenze der Summation.

Die enorm kleine Wahrscheinlichkeit $P_{2201,\,470,\,711}(X \geq 344) \approx 2.7 \cdot 10^{-96}$ ist der P-Wert. Wir verwerfen daher die Nullhypothese, dass bei der Rettung das Geschlecht nicht berücksichtigt wurde.   ◊

Aufgabe 10.22 Im Jahre 2004 machte der Medizinstudent Steven Nurkin am New York Hospital in Queens die Beobachtung, dass Ärzte oft nach dem Desinfizieren der Hände als Nächstes die Krawatte zurechtzogen und dabei möglicherweise die Hände wieder mit Krankheitserregern kontaminierten. Er untersuchte daher die Krawatten und fand auf 20 von 42 untersuchten Ärztekrawatten Krankheitserreger. Unter ihnen befand sich auch *Staphylococcus aureus*. Dieser Erreger ist gegen die meisten Antibiotika resistent. Die von ihm ausgelösten Infektionen sind daher schwer zu bekämpfen und können zum Tod führen. Zum Vergleich wurde beim Sicherheitspersonal, die keinen Kontakt mit den Patienten haben, nur auf einer von 10 Krawatten Krankheitserreger gefunden.

(a) Stelle eine Vierfeldertafel zu den zwei Variablen $A=$„Der Träger hat Patientenkontakt" und $B=$„Hat Krankheitserreger" der Krawatten auf.
(b) Wie viele Ärztekrawatten mit Krankheitserregern sind zu erwarten, wenn die beiden Variablen A und B unabhängig sind?
(c) Führe einen exakten Test nach Fisher durch und ermittle so auf einem Signifikanzniveau von $\alpha = 5\%$, ob dieser Unterschied rein zufällig zu Stande kommen konnte.

Aufgabe 10.23 Ist eine Frau HIV-positiv, so ist die Chance, dass sie eigene Kinder während der Schwangerschaft oder bei der Geburt infiziert, etwa bei 20%. Der Stoff *Zidovudine* (auch *Azidothymidin*, kurz *AZT*) hemmt die Vermehrung des Virus im Körper. In einer Studie, die im April 1991 begann, wurden HIV-positiven Schwangeren von der 14. bis zur 35. Schwangerschaftswoche regelmäßig AZT verabreicht. Die Studie war als Doppelblindstudie angelegt, das heißt, dass weder

Tab. 10.8 Die Vierfeldertafel
zur Vorbeugung von Erkältung
mit Vitamin C

	Vitamin C	Placebo	Total
erkältet	17	31	48
nicht erkältet	122	109	231
Total	139	140	279

die Patientin selbst noch der betreuende Arzt weiß, wer das Medikament erhält und wer ein Scheinmedikament (ein Placebo) bekommt und dass die Zuteilung auf die Gruppen zufällig geschah.

Während der Studienzeit bis zum Dezember 1993 gebaren 409 Frauen insgesamt 415 Babies. Von 363 der Babies war der Ansteckungsstatus bekannt. Von 180 Babies, deren Müttern AZT verabreicht worden war, wurden 13 HIV-positiv getestet. Von den 183 Babies, deren Mütter in der Placebo-Gruppe waren, wurden 40 HIV-positiv getestet.

(a) Erstelle eine Vierfeldertafel mit den Informationen.
(b) Führe einen einseitigen exakten Test nach Fisher durch. Das Signifikanzniveau soll dabei auf das bei klinischen Studien übliche 1% festgelegt werden.

Bemerkung Wie in der Aufgabe 10.23 bemerkt, werden viele Studien als randomisierte Doppelblindstudien durchgeführt. Die Patienten wissen dabei nicht, ob sie das Medikament oder ein Placebo verabreicht erhalten. Die Begründung dafür lautet, dass allein das Wissen, dass ein Medikament verabreicht wird, bereits einen messbaren Einfluss haben kann. Ebensowenig wissen dies die behandelnden Ärzte, denn auch sie könnten einen Einfluss auf die Einstellung der Patienten haben. Medikament und Placebo müssen daher äußerlich gleich aussehen. Identifiziert werden sie nur über einen Code. Nur die Personen, die die Studie durchführen, haben diese genauen Informationen. Sie selbst haben aber keinen Kontakt mit den Patienten. Die Zuordnung der Patienten auf die beiden Gruppen erfolgt zufällig, damit auch die Zuteilung nicht einen beabsichtigten Einfluss ausüben kann.

Aufgabe 10.24 Im Jahre 1961 untersuchte der Schweizer Arzt G. Ritzel die Fragestellung, ob Vitamin C einen Einfluss bei der Vorbeugung gegen eine gewöhnliche Erkältung hat. Er führte eine randomisierte Doppelblindstudie durch und erhielt die Resultate, die in Tab. 10.8 zusammengestellt sind.

(a) Führe einen exakten Test nach Fisher durch um zu überprüfen, ob die Einnahme von Vitamin C gegen Erkältung auf dem Signifikanzniveau $\alpha = 1\%$ hilft.
(b) Was lässt sich auf dem Signifikanzniveau 5% aussagen?

Aufgabe 10.25 Die *Campylobacter* sind eine Gattung von Bakterien. Einige davon können vom Tier auf den Menschen übertragen werden und dann zu entzündlichen Durchfallerkrankungen führen. Besonders beim Hühnerfleisch ist Vorsicht geboten. Die Bakterien werden durch gutes Durchgaren abgetötet.

Im Dezember 2012 berichtete das schweizerische Konsumentenmagazin *K-Tipp*, dass solche Bakterien bei 14 von 50 in verschiedenen schweizer Städten eingekauften Hühnerfleischproben festgestellt wurden. Besonders betroffen waren Produkte aus biologischer Züchtung (Bio, Freiland, IP-Suisse), denn 5 von 11 Bioprodukten waren kontaminiert.

Untersuche mit einem exakten Test nach Fisher auf dem Signifikanzniveau von 5%, ob Hühnerfleisch aus Bioproduktion signifikant mehr kontaminiert ist als konventionell gezüchtetes Hühnerfleisch.

Der exakte Test nach Fisher untersucht also, ob zwei dichotome Zufallsvariablen unabhängig sind. Er ist wie auch der Binomialtest ein Hypothesentest, bei dem auf Grund einer Hypothese eine gemachte Beobachtung auf ihre Wahrscheinlichkeit beurteilt wird. Es gibt eine Vielzahl verschiedener Hypothesentests, die wir aber auf Grund des begrenzten Rahmens dieses Buches nicht alle besprechen können. Wir müssen hier auf die Literatur verweisen. Eine sehr ausführliche Darstellung liefert das Buch von Lothar Sachs *Angewandte Statistik, Anwendungen statistischer Methoden*, Springer-Verlag 1999.

10.9   Test auf Zufälligkeit

Die Betrachtung verschiedener Pseudozufallsgeneratoren hat gezeigt, dass es in der Nachahmung des echten Zufalls Unterschiede in der Güte geben kann. Dies wirft eine fundamentale Frage auf: Kann man feststellen, ob eine Zufallsfolge zufällig entstanden ist? Wir werden dieser Frage in diesem Abschnitt nachgehen.

Wirft man eine Münze wiederholt und notiert das Resultat jeweils als 0 oder 1, je nachdem, ob Zahl oder Kopf gefallen ist, so erhält man eine Zufallsfolge. Kann man eine solche Sequenz von Nullen und Einsen nachahmen? Das ist eine schwierige Frage. Einfacher ist die Frage: Kann man von einer gegebenen Sequenz herausfinden, ob sie zufällig entstand, von einem Pseudozufallsgenerator erzeugt wurde oder gar von einem Menschen erfunden wurde? Machen wir dazu ein Experiment!

Aufgabe 10.26 Schreibe eine Folge von 0 und 1 (eine Bitfolge), die deiner Ansicht nach ebenso gut durch Zufall hätte enstanden sein können. Es soll dabei nicht erlaubt sein, ein echtes Zufallsexperiment, wie zum Beispiel ein Münzwurf, zu verwenden. Die Folge soll durch deine Einschätzung entstehen, wie eine zufällige Bitfolge aussehen könnte.

Wir werden diese Folge später untersuchen und schauen, ob sie unseren Tests, die wir entwerfen werden, auch standhält.

Von einem Pseudozufallsgenerator ganzer Zahlen von 1 bis 6 wird man erwarten, dass er diese ungefähr mit derselben relativen Häufigkeit erzeugt. Bei einer Folge von Nullen und Einsen, einer Bitfolge, werden wir erwarten, dass etwa die Hälfte der Zahlen eine Null sind und der Rest die Eins. Dies liefert uns einen ersten Test: einen zweiseitigen Binomialtest. Mit dem Taschenrechner finden wir, dass

`binomCdf(100, 0.5, 0, 39)`=0.0176 und `binomCdf(100, 0.5, 0, 40)`=0.0284.

Aus Symmetriegründen gilt dann

$$\texttt{binomCdf(100, 0.5, 61, 100)} = 0.0176 \quad \text{und}$$

$$\texttt{binomCdf(100, 0.5, 60, 100)} = 0.0284.$$

Der Verwerfungsbereich auf einem Signifikanzniveau von $\alpha = 5\%$ ist daher $\{0, 1 \dots, 39\} \cup \{61, 62, \dots, 100\}$.

Aufgabe 10.27 Bestimme den Verwerfungsbereich für Bitfolgen der Länge $n = 1000$ auf dem Signifikanzniveau $\alpha = 5\%$, wobei die Nullhypothese wieder der Annahme entspricht, dass die Null und die Eins gleich häufig auftreten.

In der Folge wollen wir den Pseudozufallsgenerator aus Beispiel 5.12 verwenden, um eine Bitfolge der Länge 100 zu erzeugen. Wir erhalten dadurch die Bitfolge L:

L :   01111 10100 01000 01100 10001 01111 11100 11110 10110 10011

   10000 01011 10111 10011 01110 10000 00011 00001 01001 01100

In Aufgabe 5.27 wurde festgestellt, dass die Null und die Eins je genau 50 Mal vorkommt. Dieser Zufallsgenerator besteht also den ersten Test.

Betrachte nun folgende Sequenz:

S_0 :   00000 00000 01111 11111 11111 11111 11111 11000 00000 00000

   00000 00001 11111 11111 11111 11111 11100 00000 00000 00000

In der Sequenz S_0 gibt es genau 50 Nullen und 50 Einer. Trotzdem scheint sie kaum zufällig. Wie aber kann man wissenschaftlich argumentieren, um zu zeigen, dass sie *höchstwahrscheinlich* nicht vom Zufall erzeugt wurde? Man bedenke: Jede Sequenz ist im Prinzip möglich. Mehr noch: Jede einzelne Sequenz ist genau gleich unwahrscheinlich wie jede andere. Es sollte auffallen, dass es sehr lange Läufe gibt, das heißt, dass es selten Wechsel von 0 auf 1 oder von 1 auf 0 gibt.

Wie viele Wechsel sollten wir erwarten? Es gibt insgesamt 99 mögliche Momente, wo die Wechsel stattfinden könnten. Die Wahrscheinlichkeit, dass nach einem Wurf im nächsten Wurf wieder dieselbe Seite oben erscheint, ist 0.5. Wir sollten daher erwarten, dass es im Mittel $99 \cdot 0.5 = 49.5$ Wechsel gibt. Wieder kann man mit einem Binomialtest entscheiden, dass S_0 extrem unwahrscheinlich durch echten Zufall entstanden ist: Der Verwerfungsbereich auf einem Signifikanzniveu von $\alpha = 5\%$ ist $\{0, 1, \dots, 39\} \cup \{60, \dots, 99\}$. Das Intervall $\{60, \dots, 99\}$ gibt die Anzahl Wechsel an, die unwahrscheinlich sind, weil es zu viele davon gibt. Wie viele Wechsel hat die von dir erzeugte Folge?

Weiter kann man die Folge auch in 50 Zweiergruppen aufspalten. Jede der vier Möglichkeiten, 00, 01, 10 und 11, sollte etwa gleich häufig auftreten, also $\frac{50}{4} = 12.5$ Mal.

Aufgabe 10.28 Gegeben ist eine Bitfolge der Länge 100, die in 50 Paare aufgespalten wird. Bestimme den Verwerfungsbereich auf einem Signifikanzniveau $\alpha = 5\%$ für die Anzahl der Paare, die 00 sind. Der Test soll zweiseitig durchgeführt werden.

Aufgabe 10.29 Gegeben sind fünf Bitfolgen. Sie sollen 100 Würfe von Münzen simulieren. Eine von diesen Sequenzen wurde mit einem Pseudozufallsgenerator erzeugt, eine andere durch echten Zufall (Werfen von Münzen), die anderen drei wurden von Hand hingeschrieben. Finde heraus, welche der Sequenzen von Hand erzeugt wurden.

$$S_1 : \quad 11101\ 10111\ 10111\ 01101\ 10101\ 11011\ 11101\ 10111\ 01101\ 10101$$
$$01101\ 01101\ 11011\ 01110\ 10110\ 10110\ 01111\ 01001\ 01101\ 01011$$

$$S_2 : \quad 11110\ 00000\ 01111\ 11100\ 00000\ 01111\ 11100\ 00000\ 01111\ 11100$$
$$00000\ 00111\ 10000\ 01111\ 10000\ 11110\ 00011\ 11000\ 00111\ 11000$$

$$S_3 : \quad 11111\ 01000\ 01001\ 00111\ 01011\ 00100\ 00010\ 01000\ 00101\ 10001$$
$$10110\ 11001\ 11011\ 11000\ 10111\ 01101\ 10010\ 11111\ 11111\ 11100$$

$$S_4 : \quad 10011\ 10110\ 11110\ 10000\ 01001\ 01110\ 11101\ 00011\ 00110\ 01001$$
$$10011\ 01100\ 10001\ 00001\ 10010\ 11110\ 00010\ 00001\ 10000\ 01000$$

$$S_5 : \quad 10011\ 01010\ 01100\ 11001\ 11001\ 01011\ 01101\ 00110\ 01010\ 11001$$
$$10011\ 00101\ 00011\ 01001\ 10000\ 11010\ 01011\ 01001\ 10100\ 11001$$

Damit nicht alles von Hand ausgezählt werden muss, sind in der Tab. 10.9 einige statistische Daten der Sequenzen angegeben.

Testen wir noch die Bitfolge L, die uns die lineare Kongruenzmethode aus Beispiel 5.12 bei der Restbildung modulo 2 liefert, auf ihre Güte mit den neu gefunden Tests. Es gibt 46

Tab. 10.9 Die statistischen Daten der fünf Sequenzen $S_1, \dots, S_5$. Dabei bedeutet: #0 die Anzahl der Nullen, #1 die Anzahl der Einsen, #W die Anzahl der Wechsel und #xy gibt die Anzahl Paare xy an, wenn die 100 Zahlen in 50 Zweierpaare getrennt werden

	#0	#1	#W	#00	#01	#10	#11
S_1	66	34	64	0	17	17	16
S_2	52	48	17	20	6	6	18
S_3	45	55	45	10	13	12	15
S_4	55	45	47	14	13	14	9
S_5	51	49	62	2	24	23	1

Wechsel und daher besteht L diesen Test. Die Paare 00 und 11 kommen je 15 Mal vor, die Paare 01 und 10 je 10 Mal. Diese Tests besteht L also auch.

Wir wollen noch eine weitere Überlegung anstellen, um Folgen auf ihre Zufälligkeit zu prüfen. Wir betrachten dazu die Länge der Läufe: Ein **Lauf der Länge** n ist das Auftreten von n gleichen Symbolen zwischen zwei Wechseln. So beginnt die Folge S_3 zum Beispiel mit 11111, das heißt mit einem Lauf der Länge 5. Wie wahrscheinlich sind die Läufe verschiedener Länge?

Nehmen wir dazu an, dass beim Münzwerfen zuerst Kopf fällt, was wir durch eine 1 andeuten. Die Wahrscheinlichkeit, dass danach Zahl fällt, ist 0.5. Mit der Wahrscheinlichkeit $\frac{1}{2}$ haben wir also einen Lauf der Länge 1. Die Wahrscheinlichkeit, dass wir nach der ersten 1 wieder eine 1 und danach aber eine 0 notieren, ist $\frac{1}{4}$. Wir erhalten also mit der Wahrscheinlichkeit $\frac{1}{4}$ einen Lauf der Länge 2. Allgemein erhalten wir einen Lauf der Länge k mit der Wahrscheinlichkeit $\frac{1}{2^k}$.

Welche mittlere Lauflänge können wir erwarten? Wir betrachten dazu die Zufallsvariable X, die angibt, welche Lauflänge wir erhalten. Um deren Erwartungsert zu berechnen, müssen wir die verschiedenen Längen mit der Wahrscheinlichkeit, dass sie auftreten, multiplizieren. Wir haben also

$$\mathrm{E}(X) = \sum_{k=1}^{\infty} \frac{k}{2^k}$$

zu bestimmen. Wir behelfen uns hier mit einem Kniff: Wir betrachten die (formale) Potenzreihe

$$f(x) = \sum_{k=1}^{\infty} \frac{k}{2^k} x^{k-1}$$

und beachten, dass $\mathrm{E}(X) = f(1)$. Wir können $f(x)$ als summandenweise Ableitung von

$$F(x) = \sum_{k=1}^{\infty} \frac{1}{2^k} x^k = \sum_{k=1}^{\infty} \left(\frac{x}{2}\right)^k$$

betrachten. Nun ist $F(x)$ eine geometrische Reihe, die für $\left|\frac{x}{2}\right| < 1$ konvergiert und dann gleich

$$F(x) = \frac{1}{1 - \frac{x}{2}}$$

ist. Da $f(x) = F'(x)$, so erhalten wir

$$f(x) = \frac{1}{2\left(1 - \frac{x}{2}\right)^2}.$$

Nun gilt

$$E(X) = f(1) = \frac{1}{2\left(1 - \frac{1}{2}\right)^2} = 2.$$

Wenn wir n Läufe haben, so werden wir also eine Länge der ganzen Sequenz von $2n$ erwarten. Dies heisst: Bei einer Länge von 100 können wir 50 Läufe erwarten. Dies entspricht recht genau der Anzahl erwarteter Wechsel, die gleich 49.5 ist.

Aufgabe 10.30 Aus der Länge der Läufe soll ein Test erstellt werden. Wir betrachten dazu die Wahrscheinlichkeit p_k, dass ein Lauf eine Länge hat, die größer als k ist. Die Wahrscheinlichkeit, dass keiner der 50 zu erwarteten Läufe eine Länge hat, die größer ist als k, ist daher $q_k = (1 - p_k)^{50}$.

(a) Mit wachsendem k wird p_k kleiner und daher q_k größer.
    Finde das größtmögliche k, damit $q_k < 5\%$.
(b) Der Test besteht dann darin, zu schauen, ob es einen Lauf mit einer Länge größer als k gibt. Ist dies nicht der Fall, so besteht die Bitfolge diesen Test nicht.
    Besteht die Folge L diesen Test?

Aufgabe 10.31 Teste die Bitfolge, die du zu Beginn erstellt hast, mit allen bisher betrachteten Tests. Wenn deine Bitfolge alle Tests besteht, so konntest du den Zufall gut nachahmen.

Es gibt mittlerweile eine Vielzahl von Tests um Folgen auf ihre Zufälligkeit hin zu prüfen. Viele dieser Tests beruhen auf statistischen Methoden, die den Umfang dieses Buches übersteigen. Wir halten aber fest: Es gibt keine Möglichkeit innerhalb der Mathematik, mit der man mit Sicherheit überprüfen kann, ob eine Folge zufällig entstanden ist oder nicht.

10.10   Zusammenfassung

Dieses Kapitel stellt ein Instrument zur Erforschung der Verhältnisse gewisser Charakteristiken großer Populationen mit einem vernünftigen Aufwand vor. Den ersparten Aufwand gegenüber der vollständigen Untersuchung der ganzen Population bezahlt man mit einer gewissen Wahrscheinlichkeit, falsche Schlüsse über die Realität zu ziehen. Hier beschränken wir uns nur auf eine einfache Version, in der es darum geht, ob die Elemente der untersuchten Menge, zum Beispiel einer Population, ein gewisses Merkmal haben oder nicht. Man will etwas über die Proportion über den Besitz des Merkmals in der Menge erfahren. Diese Proportion ist nichts anderes als die Wahrscheinlichkeit aus dieser Menge zufällig ein Objekt mit diesem Merkmal zu ziehen.

Als Strategie wird verfolgt: Man hat gewisse Vorstellungen, die man als Hypothese formuliert (zum Beispiel $p \neq \frac{1}{2}$, oder $p \geq \frac{1}{3}$). Als das Gegenteil formuliert man eine sogenannte Nullhypothese von der Form $p = p_0$ oder $p \leq p_0$. Man versucht stochastisch die Nullhypothese zu widerlegen und somit die eigene Hypothese stochastisch zu untermauern. Dies macht man so, dass man die Gültigkeit der Nullhypothese annimmt. Diese Annahme über die vorhandene unbekannte Wahrscheinlichkeitsverteilung (zum Beispiel $p = \frac{1}{2}$) ermöglicht uns, die Wahrscheinlichkeit aller möglichen Resultate eines Bernoulli-Experiments zu berechnen. Also führen wir ein Zufallsexperiment n-fach aus. Wenn das Resultat in einen sehr unwahrscheinlichen Bereich aus Sicht des angenommenen Wertes von p (der Nullhypothese) fällt, zweifeln wir an der Gültigkeit der Nullhypothese. Wenn diese Wahrscheinlichkeit kleiner ist als ein vor dem Experiment vereinbarter Wert, verwerfen wir die Nullhypothese und nehmen unsere ursprüngliche Hypothese (das Gegenteil der Nullhypothese) an. Die Wahrscheinlichkeit, dabei eine falsche Entscheidung zu treffen, wird Irrtumswahrscheinlichkeit genannt. Sie ist die Wahrscheinlichkeit des Ereignisses, das alle Resultate des Experiments beinhaltet, bei der wir die Nullhypothese verwerfen.

Falls das Resultat des n-fachen Experiments nicht in den unwahrscheinlichen Bereich fällt, können wir keine Schlussfolgerung ziehen. Wir könnten unsere Hypothese ändern und ein neues Experiment entwerfen oder wir können die Stichprobengröße n vergrößern und sodann erneut unter der ursprünglichen Nullhypothese ein n-faches Zufallsexperiment durchführen.

Der Bereich der Resultate, für den wir die Nullhypothese nicht verwerfen können, entspricht dem Konfidenzintervall für die Annahme der Wahrscheinlichkeitsverteilung durch die Nullhypothese. Den komplementären Bereich nennt man den Verwerfungsbereich, weil für die Resultate in diesem Bereich die Nullhypothese verworfen wird.

Die Regel ist, das Konfidenzniveau vor der Durchführung des Experiments festzulegen. Die ganze Untersuchung beginnt aber mit der Modellierung und der Wahl der Zufallsvariablen, deren Wert als das endgültige Resultat des Experiments angesehen wird.

Im Zusammenhang mit dieser Vorgehensweise sprechen wir von Fehlern der 1. und der 2. Art. Der Fehler der ersten Art passiert, wenn wir eine korrekte und realitätstreue Nullhypothese verwerfen, weil wir zufällig ein seltenes Resultat erhalten haben. Die entsprechende Irrtumswahrscheinlichkeit ist die Wahrscheinlichkeit des Verwerfungsbereichs.

Der Fehler der zweiten Art passiert, wenn wir die Nullhypothese nicht verwerfen, obwohl sie wirklichkeitsfremd ist. Diese Wahrscheinlichkeit können wir nicht bestimmen. Wir können die Wahrscheinlichkeit des Fehlers der 2. Art nur unter der Annahme berechnen, dass die Alternative zur Nullhypothese nicht beliebig ist, sondern einer anderen konkreten Wahrscheinlichkeitsverteilung entspricht.

Der P-Wert gibt an, wie unwahrscheinlich die gemachte Beobachtung unter Annahme der Nullhyothese ist. Anders ausgedrückt ist der P-Wert das kleinste Signifikanzniveau, auf dem die Nullhypothese gerade noch verworfen werden kann. Kann die Nullhypothese bei vorgeschriebenem Signifikanzniveau verworfen werden, so gibt der P-Wert zusätzliche Information, wie unwahrscheinlich die gemachte Beobachtung ist. Kann die Nullhypothese nicht verworfen werden, so gibt der P-Wert eine Angabe, wie weit entfernt von der Verwerfung die Beobachtung tatsächlich war.

Der exakte Test nach Fisher stellt einen zweiten Hypothesentest dar. Dabei wird überprüft, ob zwei dichotome Variablen, das sind Variablen, die nur zwei Werte annehmen können, unabhängig voneinander sind. Die Nullhypothese lautet dabei immer, dass die zwei Zufallsvariablen unabhängig sind. Meist wird beim exakten Test nach Fisher der P-Wert berechnet und mit dem Signifikanzniveau verglichen. Bei diesem Test wird vorausgesetzt, dass die tatsächlichen relativen Häufigkeiten in der Grundgesamtheit durch die Randsummen in der Stichprobe korrekt vorhergesagt werden.

Man kann Folgen von Nullen und Einsen auf ihre Zufälligkeit hin prüfen. Dazu betrachtet man nicht nur die relativen Häufigkeiten der zwei Symbole, sondern zum Beispiel auch die Anzahl Wechsel. Ebenso kann man die Symbole in Paare gruppieren und sich dann die relative Häufigkeit von jedem möglichen Paar anschauen. Bei einer zufälligen Folge sollte jedes Paar etwa gleich oft auftreten. Eine weitere Möglichkeit eine Folge auf ihre Zufälligkeit hin zu testen, ist die Länge des längsten Laufs zu bestimmen. Ist dieser zu tief (oder zu hoch), so spricht dies gegen eine völlig zufälligen Ursprung der Folge.

10.11 Kontrollfragen

1. Was ist der Binomialtest und was kann man mit diesem Test modellieren?
2. Was bedeutet es, stochastisch eine Hypothese zu widerlegen?
3. Wie bezeichnet man die Hypothese, die wir beabsichtigen anzunehmen?
4. Was ist die Nullhypothese und in welcher Beziehung steht sie zur Alternativhypothese?
5. Warum bezeichnet man die vorgestellte Methode als „stochastischen Widerspruchsbeweis"? Was hat diese Methode mit Konfidenzintervallen zu tun?
6. Was ist der Verwerfungsbereich einer Nullhypothese?
7. Wann nennen wir einen Test einseitig und wann zweiseitig? Wie entscheiden wir, welche Option die angemessenste ist?
8. Was ist der Fehler der 1. Art? Kann man seine Wahrscheinlichkeit bestimmen?
9. Was ist der Fehler der 2. Art? Kann man seine Wahrscheinlichkeit bestimmen?
10. Was ist die Macht eines Tests? Was benötigt man, um sie bestimmen zu können?
11. Welche Reihenfolge muss man bei der Untersuchung der Realität mit dem vorgestellten Test einhalten?
12. Was kann beim Hypothesentest gefolgert werden, wenn der P-Wert kleiner ist als das Signifikanzniveau?
13. Was bedeutet ein P-Wert von 1%?
14. Was ist eine Vierfeldertafel?
15. Wie lautet die Nullhypothese bei einem exakten Test nach Fisher?
16. Warum wird bei einer Doppelblindstudie die wesentliche Information (ob das Medikament oder ein Placebo verabreicht wird) sowohl den Patienten als auch den Ärzten vorenthalten?

17. Was unterscheidet den Binomialtest vom exakten Test nach Fisher?
18. Wozu dienen Tests der Zufälligkeit?
19. Wie kann eine Bitfolge auf ihre Zufälligkeit hin getetstet werden?

10.12 Lösungen zu ausgewählten Aufgaben

Aufgabe 10.1

(a) In allen sieben Versuchen liegt die Anzahl der Reißnägel in der Position „oben" zwischen 40 und 60. In jedem einzelnen Versuch sind wir im Fall (2).
(b) Die Hypothesen H_0 und H_1 sind genau gleich wie im Beispiel 10.2 .
    Das Konfidenzintervall ist [324, 376].
    Die Beobachtungen ergeben zusammen:

$$45 + 43 + 46 + 48 + 48 + 45 + 42 = 317.$$

Die Beobachtung liegt nicht im Konfidenzintervall. Daher sind wir im Fall (1). Wir können die Hypothese H_0 verwerfen und H_1 annehmen.
(c) Die Irrtumswahrscheinlichkeit wurde auf 5% festgelegt. Daran hat sich nichts geändert.

Aufgabe 10.2 Das Konfidenzintervall ist [14, 50].

Aufgabe 10.3

(a) Es ist H_0: $p = \frac{2}{6} = \frac{1}{3}$ und H_1: $p > \frac{1}{3}$.
(b) Das Konfidenzintervall ist [0, 40].
(c) Man könnte die Hypothese H_0 verwerfen und annehmen, dass H_1 gilt (mit einer Irrtumswahrscheinlichkeit von 5%).
(d) Für alle Werte größer als 40 könnte man H_0 verwerfen, für Werte kleiner oder gleich 40 jedoch nicht.

Aufgabe 10.4 Die Nullhypothese lautet: H_0: $p = 0.46$. Die Alternativhypothese lautet H_1: $p > 0.46$.
    Das Konfidenzintervall ist [0, 47], der Verwerfungsbereich [48, 88].
    Der Wert 45 fällt nicht in den Verwerfungsbereich, daher kann die Nullhypothese nicht verworfen werden.

Aufgabe 10.5 Die Nullhypothese und Alternativhypothese sind genau gleich wie in der Aufgabe 10.4.
    Das Konfidenzintervall ist [0, 247] und der Verwerfungsbereich ist daher gleich [248, 500]. Nun fällt die Beobachtung 259 in den Verwerfungsbereich. Die Nullhypothese kann verworfen werden und man schließt, dass das neue Medikament besser ist als das alte. Die Irrtumswahrscheinlichkeit ist 5%.

Aufgabe 10.6 (a) zweiseitig; (b) rechtsseitig (falls man sich für die Anzahl schwarzer Kugeln interessiert); (c) zweiseitig; (d) rechtsseitig; (e) linksseitig.

Aufgabe 10.7

(a) $H_0 : p = \frac{1}{2}$, $H_1 : p \neq \frac{1}{2}$.
(b) $H_0 : p = \frac{1}{2}$, $H_1 : p > \frac{1}{2}$.

(c) $H_0 : p = 0.246, \quad H_1 : p \neq 0.246$.

(d) $H_0 : p = 0.56, \quad H_1 : p > 0.56$.

(e) $H_0 : p = 0.9, \quad H_1 : p < 0.9$.

Aufgabe 10.9

(a) Die Beobachtung ist kompatibel mit der Nullhypothese, die eigentlich $p \leq p_0 = \frac{1}{3}$ lauten sollte. Die Nullhypothese kann nicht verworfen werden.

(b) Unter der Annahme der Nullhypothese ist die Beobachtung nicht überraschend. Daher ist es richtig die Nullhypothese nicht zu verwerfen.

(c) Diese Wahrscheinlichkeit $P_{p=\frac{1}{3}}(X \leq 25)$ berechnet sich als

$$\texttt{binomCdf(100, 1/3, 25)} = 0.0458.$$

(d) Mit der Alternativhypothese $p > p_0 = \frac{1}{3}$ erwartet man ein Resultat $X > \frac{1}{3} \cdot 100 = 33.3$. Daher ist die Beobachtung $X = 25 < 33.3$ und mithin $\frac{X}{n} < p_0$ überraschend.

(e) Man könnte die Stichprobengröße erhöhen.

Aufgabe 10.10

(a) Die Wahrscheinlichkeit beim zufälligen Raten die Farbe korrekt zu bestimmen ist $p = \frac{1}{2}$. Wir setzen daher
$$H_0 : p \leq \frac{1}{2} \text{ und } H_1 : p > \frac{1}{2}.$$

(b) Das Konfidenzintervall ist $[0, 9]$, der Verwerfungsbereich ist $\{10, 11, 12\}$. Kunigunde muss also mindestens die Farbe von 10 der 12 Karten korrekt angeben.

(c) Beim Fehler der 1. Art ist die Nullhypothese wahr, sie wird aber fälschlicherweise abgelehnt. Dies bedeutet: Kundigunde kann nicht hellsehen, aber sie hatte zufälligerweise Glück und hat ausgesprochen viele Karten richtig erraten. Der Fehler ist also: Man glaubt nun an die hellseherischen Fähigkeiten von Kunigunde, obwohl sie diese nicht hat.

Beim Fehler der 2. Art ist die Nullhypothese falsch, aber sie wird fälschlicherweise nicht verworfen. Dies bedeutet hier: Kunigunde hat tatsächlich gewisse hellseherische Fähigkeiten, aber bei diesem Versuch hatte sie Pech und hat zu wenig Karten korrekt vorhergesagt. Der Fehler ist also: Man hat ihre hellseherischen Fähigkeiten fälschlicherweise nicht erkannt.

Aufgabe 10.11 Der Verwerfungsbereich beim Test ist $[48, 80]$. Um die Macht zu $p_1 = 0.65$ zu bestimmen, betrachten wir einen Bernoulli-Prozess mit $n = 80$ Versuchen und Erfolgswahrscheinlichkeit p_1. Die Zufallsvariable X_1, die die Anzahl Erfolge angibt, erfüllt $P_1(X_1 \geq 48) = 0.854$.

Aufgabe 10.12 Die Macht ist 61.3%.

Aufgabe 10.13

(a) Der Verwerfungsbereich ist gleich $[24, 100]$.

(b) Die Macht ist $P_1(X_1 \geq 24) = 0.9836$ und die Wahrscheinlichkeit für einen Fehler der 2. Art ist $P_1(X_1 < 24) = 1 - P_1(X_1 \geq 24) = 0.0164$.

Aufgabe 10.14 Die Studie muss mindestens 141 Personen umfassen.

Aufgabe 10.15 Das Signifikanzniveau $\alpha = 6.8\%$ wurde so angepasst, dass das Ergebis „228 von 800" gerade noch im Verwerfungsbereich liegt. Man hat also die Schritte 2. und 4. vertauscht. Das Signifikanzniveau muss vor der Durchführung des Experiments festgelegt werden.

Aufgabe 10.16 Das Signifkanzniveau wurde so angesetzt, dass das Ergebnis „228 von 800" gerade nicht mehr im Verwerfungsbereich liegt. Dann kann die Nullhypothese $H_0 : p \geq 0.31$ nicht mehr verworfen werden.

Es wurden also wiederum die Schritte 2. und 4. vertauscht.

Die Parteispitze begeht aber noch einen weiteren Fehler: Aus der Tatsache, dass die Nullhypothese nicht verworfen werden kann, folgt *nicht*, dass die Nullhypothese bestätigt wird.

Aufgabe 10.17 Hier liegt der erwartete Wert $k_1 = 6$ unter dem erwarteten Wert $n \cdot p_{0,1} = 13.598$. Wir berechnen daher die Wahrscheinlichkeit

$$\texttt{binomCdf(50, 0.2720, 0, 6)} = 0.008240 = 0.824\%.$$

Der P-Wert ist daher $2 \cdot 0.824\% = 1.648\%$.

Aufgabe 10.18 Der P-Wert ist 0.895%.

Aufgabe 10.19

(a) Die Nullhypothese lautet dann $p \geq p_0 = 0.5$ und die Alternativhypothese lautet $p < p_0 = 0.5$. Es handelt sich um einen linksseitigen Test. Mit

$$\texttt{binomCdf(87381, 0.5, 42508)} = 6.33 \cdot 10^{-16}$$

wird der P-Wert berechnet: $6.33 \cdot 10^{-16}$. Es ist also extrem unwahrscheinlich, dass eine zufällige Schwankung zu so einer großen Differenz führt.
(b) Ja, denn die Nullhypothese $p \geq 4.9\%$ kann verworfen werden. Der P-Wert ist 1.85%.
(c) Nein, denn die Nullhypothese $p \geq 4.89\%$ kann nicht verworfen werden. Der P-Wert ist 6.75%.

Aufgabe 10.20 Der P-Wert beträgt 1.41%.

Aufgabe 10.21

(a) Bei $\alpha < u$ kann die Nullhypothese nicht verworfen werden.
(b) Bei $\alpha > u$ kann die Nullhypothese verworfen werden.

Aufgabe 10.22

(a) Die Vierfeldertafel ist in der Tab. 10.10 abgebildet.
(b) Fischt man eine der $N = 55$ Krawatten zufällig heraus, so stammt diese mit der Wahrscheinlichkeit $p_A = \frac{42}{52} \approx 0.808$ von einem Arzt und trägt mit der Wahrscheinlichkeit $p_B = \frac{21}{52} = \approx 0.404$ Krankheitserreger. Wären die beiden Variablen unabhängig, so würden wir $p_A \cdot p_B \cdot N = 17.0$ Ärztekrawatten mit Erregern erwarten.
(c) Wir ziehen nun 21 Krawatten zufällig aus einer Urne mit 42 Ärztekrawatten und 10 Krawatten des Sicherheitspersonals. Sei X die Zufallsvariable, die angibt, wie viele davon Ärztekrawatten sind. Die Wahrscheinlichkeit, dass $X \geq 20$, berechnet sich als

Tab. 10.10 Die Vierfeldertafel zu den Krawatten im New York Hospital Queens

	A	nicht A	Total
B	20	1	21
nicht B	22	9	31
Total	42	10	52

Tab. 10.11 Die
Vierfeldertafel zur Studie der
Übertragung von HIV von
Müttern auf ihre Babies

	Medikament	Placebo	Total
HIV-positiv	13	40	53
nicht infiziert	167	143	310
Total	180	183	363

$$P_{52,42,21}(X \geq 20) = P(X = 20) + P(X = 21)$$

$$= \frac{\binom{42}{20} \cdot \binom{10}{1}}{\binom{52}{21}} + \frac{\binom{42}{21} \cdot \binom{10}{0}}{\binom{52}{21}}$$

$$= 0.0268 + 0.0028$$

$$= 0.0296.$$

Da der P-Wert $P(X \geq 20)$ kleiner als das Signifikanzniveau ist, kann die Nullhypothese verworfen werden. Wir schließen, dass es auf Ärztekrawatten mehr Krankheitserreger gibt, als bei Personen, die keinen Patientenkontakt haben.

Aufgabe 10.23
(a) Die Vierfeldertafel ist in der Tab. 10.11 abgebildet.
(b) Wir haben $P_{363,180,53}(X \leq 13)$ zu berechnen. Wir tun dies mit einem Taschenrechner und berechnen

$$\Sigma(\text{hypgeomPdf}(363, 180, 52, \text{i})\,\text{i}, 0, 13) \approx 0.0000902.$$

Da dieser Wert deutlich unter dem Signifikanzniveau von 1% $= 0.01$ liegt, kann die Nullhypothese verworfen werden. Das Medikament ist wirksamer als das Placebo.

Aufgabe 10.24
(a) Der P-Wert ist 0.0205. Die Nullhypothese kann daher auf dem strengen Signifikanzniveau nicht verworfen werden.
(b) Auf dem Signifikanzniveau von 5% lässt sich die Nullhypthese, dass die Einnahme von Vitamin C keinen Einfluss auf die Anfälligkeit auf Erkältung hat, verwerfen.

Aufgabe 10.25 Die Vierfeldertafel der Daten ist in Tab. 10.12 abgebildet. Die Wahrscheinlichkeit, eine so hohe Anzahl kontaminierter Hühnerfleischproben aus Bioproduktion festzustellen, berechnet sich durch

$$\Sigma(\text{hypgeomPdf}(50, 11, 14, \text{i}), \text{i}, 5, 14) \approx 0.141.$$

Die Wahrscheinlichkeit liegt über dem Signifikanzniveau von 5%. Die Nullhypothese, dass Hühnerfleisch aus der Bioproduktion stärker kontaminiert ist, kann daher nicht verworfen werden.

Aufgabe 10.27 Der Verwerfungsbereich ist $\{0, 1, \ldots, 473\} \cup \{527, \ldots, 1000\}$.

Aufgabe 10.28 Der Verwefungsbereich ist $\{0, \ldots, 7\} \cup \{19, \ldots, 50\}$.

Tab. 10.12 Die Vierfeldertafel zur Kontamination von Hühnerfleisch mit Campylobacter-Bakterien

	bio	konventionell	Total
kontaminiert	5	9	14
nicht kontaminiert	6	30	36
Total	11	39	50

Aufgabe 10.29 Von Hand sind: S_1 (es hat zu viele 1 und zu viele Wechsel), S_2 (zu wenig Wechsel), und S_5 (zu viele Wechsel, zu wenige 00, 11, zu viele 01, 10). $S3$ wurde mit dem 20-fachen Werfen von 5 Münzen erzielt (mit den Werten 5, 10, 20, 50, 100 Rappen), $S4$ mit einem Pseudozufallsgenerator.

Aufgabe 10.30

(a) Die Wahrscheinlichkeit, dass ein Lauf eine Länge hat, die größer ist als 3, ist gleich $p_3 = 1 - \frac{1}{2} - \frac{1}{4} - \frac{1}{8} = \frac{1}{8}$. Allgemeiner gilt

$$p_k = 1 - \frac{1}{2} - \frac{1}{4} - \ldots - \frac{1}{2^k} = \frac{1}{2^k}.$$

Es soll $(1 - \frac{1}{2^k})^{50} < 0.05$ gelten. Dies bedeutet $1 - \frac{1}{2^k} < \sqrt[50]{0.05} \approx 0.941845$ und damit $0.5^k = \frac{1}{2^k} > 1 - 0.941845 = 0.058155$. Die Gleichheit $0.5^k = 0.058155$ lösen wir durch Logarithmieren: $k = \log_{0.5}(0.058155) \approx 4.104$. Somit ist $k = 4$ die größtmögliche Lösung. Man findet $q_k = (1 - \frac{1}{16})^{50} \approx 0.397$.

(b) Der längeste Lauf in L hat die Länge 7. Daher besteht L auch diesen Test.

Experimentieren mit dem Computer

11

Manche Situationen sind sehr komplex und eine theoretische Modellierung mit entsprechender Berechnung äußerst schwierig und aufwändig. Wenn man sich mit einer guten Abschätzung zufriedengeben kann, so hat man die Möglichkeit, die gegebene Situation mit einer Computersimulation zu analysieren. Durch eine mehrfache Wiederholung der Computersimulation kann man sich so eine Vorstellung verschaffen, welche Ausgänge möglich sind und wie häufig sie vorkommen. Zum Beispiel kann der Durchschnittswert der in den einzelnen Simulationen erzielten Ergebnisse als Schätzung des Erwartungswertes herangezogen werden. Wir betrachten dazu konkrete Problemstellungen und entwickeln eine Methode, die man Monte Carlo Methode nennt und die mit hoher Wahrscheinlichkeit gute Schätzungen der angestrebten Charakteristiken (zum Beispiel eines Erwartungswertes) liefert. Wir programmieren dabei in der Sprache Python, die mit der Bibliothek `random` zwei wichtige Pseudozufallsgeneratoren zur Verfügung stellt:

> `random()` liefert eine pseudozufällige (reelle) Zahl zwischen 0 und 1.
> `randint(a,b)` liefert eine pseudozufällige ganze Zahl zwischen a und b.

Danach betrachten wir verschiedene Anwendungen, die die vielseitige Einsatzmöglichkeit und daher das große Potenzial der Monte Carlo Methode veranschaulichen. Am Schluss geben wir noch eine ansprechende Form der Anwendung, wie man mit Hilfe des Zufalls verschiedene Figuren zeichnen kann, denen nichts Zufälliges anhaftet.

© Der/die Herausgeber bzw. der/die Autor(en), exklusiv lizenziert durch
Springer Nature Switzerland AG 2020
M. Barot, J. Hromkovič, *Stochastik 2*, Grundstudium Mathematik,
https://doi.org/10.1007/978-3-030-45553-8_11

11.1   Die Monte Carlo Methode

Wir beginnen mit einem anschaulichen Beispiel eines Zufallsexperimentes, bei dem eine exakte Berechnung des Erwartungswertes einerseits analytisch (kombinatorisch) anspruchsvoll ist und andererseits aufwändig aus den hergeleiteten Formeln zu berechnen ist.

Beispiel 11.1 Wir betrachten hier eine fiktive, aber lehrreiche und interessante Problemstellung: 10 Jäger schießen gleichzeitig auf 10 Enten. Beim gemeinsamen Schuss fliegen die nicht erlegten Enten weg. Die Jäger sind perfekte Schützen und treffen eine angepeilte Ente mit absoluter Sicherheit. Jedoch können sich die Jäger nicht absprechen, wer auf welche Enten zielt.

Wir sollen bestimmen, mit wie vielen erlegten Enten die Jäger rechnen können.

Die Aufgabenstellung entspricht der Berechnung eines Erwartungswerts. Dessen genaue Berechnung ist nicht unmöglich, jedoch aufwändig.

Die Jäger erlegen mindestens eine Ente. Sie tun dies, wenn alle zufällig auf dieselbe Ente schießen. Für die Wahl der erlegten Ente gibt es 10 Möglichkeiten. Die Wahrscheinlichkeit, dass dann alle Jäger auf genau diese Ente zielen, ist $\left(\frac{1}{10}\right)^{10}$. Somit ist die Wahrscheinlichkeit, dass die Jäger genau eine Ente erlegen, gleich $p_1 = 10 \cdot \left(\frac{1}{10}\right)^{10} = \left(\frac{1}{10}\right)^{9}$.

Wie wahrscheinlich ist es, dass sie genau zwei Enten erlegen? Dies ist schon schwieriger. Es gibt $\binom{10}{2} = 45$ Möglichkeiten zwei der 10 Enten auszuwählen. Die Wahrscheinlichkeit, dass danach alle Jäger auf eine der zwei ausgewählten Enten schießen, liegt bei $\left(\frac{2}{10}\right)^{10}$. Bei dieser Rechnung wird jedoch mitgezählt, dass alle Jäger nur auf eine der zwei ausgewählten Enten schießen. Diese Wahrscheinlichkeit liegt bei $2 \cdot \left(\frac{1}{10}\right)^{10}$ und muss abgezogen werden. Damit erhalten wir die Wahrscheinlichkeit, dass die Jäger genau zwei Enten erlegen, als

$$p_2 = \binom{10}{2} \cdot \left(\left(\frac{2}{10}\right)^{10} - \binom{2}{1} \cdot \left(\frac{1}{10}\right)^{10}\right) = 4.599 \cdot 10^{-6}.$$

Wir können so fortfahren, müssen jedoch bei jedem Schritt beachten, dass wir nur Fälle zählen, bei denen genau k Enten erlegt wurden und nicht weniger. Die Wahrscheinlichkeit p_3 genau $k = 3$ Enten zu erlegen, ist wiederum schwieriger zu berechnen. Es gibt $\binom{10}{3} = 120$ Möglichkeiten 3 der 10 Enten auszuwählen. Die Wahrscheinlichkeit, dass alle Jäger eine dieser drei Enten treffen, ist $\left(\frac{3}{10}\right)^{10}$. Damit ist aber mitgezählt, dass sie nur zwei oder nur eine der drei Enten erlegen. Es gibt $\binom{3}{2} = 3$ Möglichkeiten aus den drei ausgewählten Enten nochmals zwei auszuwählen. Dass die Jäger genau diese beiden treffen, geschieht mit der Wahrscheinlichkeit $\left(\frac{2}{10}\right)^{10} - 2 \cdot \left(\frac{1}{10}\right)^{10}$. Wir erhalten somit für p_3 die komplizierte Formel

$$p_3 = \binom{10}{3} \cdot \left[\left(\frac{3}{10}\right)^{10} - \binom{3}{2} \cdot \left\{\left(\frac{2}{10}\right)^{10} - \binom{2}{1} \cdot \left(\frac{1}{10}\right)^{10}\right\} - \binom{3}{1} \cdot \left(\frac{1}{10}\right)^{10}\right]$$

$$\approx 6.718 \cdot 10^{-4}.$$

Die Berechnung wird mit jedem weiteren Schritt komplizierter.

Wir wollen daher in diesem Beispiel einen anderen Weg beschreiten, um abzuschätzen, mit wie vielen erlegten Enten die Jäger rechnen können. Wir könnten das Erlegen der Enten in einem Experiment simulieren. Wir könnten zum Beispiel 10 Kugeln in eine Urne legen und danach 10-mal eine Kugel mit Zurücklegen ziehen. Jede gezogene Kugel wird markiert, sofern sie nicht schon markiert ist, dann wieder zurückgelegt und die Urne wird gut durchmischt. Am Ende müssten wir dann die Anzahl markierter Kugeln zählen. Bei einer einmaligen Durchführung könnte es passieren, dass wir zufälligerweise extrem wenige oder gar alle Kugeln als markiert zählen. Wir könnten dieses Experiment jedoch wiederholen und den Durchschnittswert der Anzahl markierter Kugeln feststellen.

Ein solches Experiment tatsächlich durchzuführen, wäre sehr zeitaufwendig, weil wir für eine gute Schätzung viele Wiederholungen brauchen. Besser wäre es, wenn wir es vollautomatisch ablaufen lassen könnten. Dies ist in der Tat möglich: Wir wollen den angestrebten Erwartungswert durch eine Simulation mit einem Computerprogramm näherungsweise bestimmen. Dazu verwenden wir die Programmiersprache Python.

Wir verfolgen dabei die folgende Idee: Zuerst werden alle Enten als lebend markiert. Dann wählt jeder Jäger zufällig eine der Enten. Diese Ente wird als tot markiert. Am Schluss wird gezählt, wie viele Enten erlegt wurden. Diese Zählung liefert eine Anzahl Entenbraten bei einer zufälligen Durchführung des Experiments. Dieses Experiment wird rechnerisch nun oft wiederholt und der Mittelwert über die Anzahl erlegter Enten wird ermittelt.

Die Abb. 11.1 zeigt eine Möglichkeit, wie die Berechnung mit Python durchgeführt werden kann. Definiert werden zwei Funktionen `erlegen()` und `mcm_entenjaeger(n)`. Die erste Funktion berechnet die Anzahl erlegter Enten bei einem einmaligen zufälligen Versuch. Die Funktion `mcm_entenjaeger(n)` wiederholt das Erlegen n-mal und ermittelt den Mittelwert der Anzahl erlegter Enten in den n Zufallsexperimenten.

Der Rückgabewert bei 100000 Wiederholungen ist etwa 6.5. Die Jäger dürfen also mit durchschnittlich 6.5 Entenbraten rechnen. Der tatsächliche Wert ist 6.513215599.   ◇

Die Tab. 11.1 zeigt, wie oft bei den $n = 100000$ Versuchen j Enten erlegt wurden. Wir bezeichnen mit M_j die Anzahl der Versuche, bei denen j Enten erlegt wurden. Es gilt dann $M_0 + M_1 + \ldots + M_{10} = n$. Die Abb. 11.2 zeigt eine grafische Darstellung der relativen Häufigkeiten $h_j = \frac{M_j}{n}$. Man beachte die typische Glockenkurve mit der Spitze um 6.5.

```
from random import *


def erlegen():
    # Eine Liste mit 10 lebenden Enten wird erstellt
    e=[]  # Leere Liste
    for i in range(10):
        e.append(0)  # 0 bedeutet: die Ente lebt
    # Nun wird zufällig 10-mal eine Ente ausgesucht und erlegt
    for i in range(10):
        j=randint(0,9)  # Zufällige Wahl einer Ente
        e[j]=1  # Die j-te Ente wird als tot markiert
    # Die erlegten Enten werden gezählt
    z=0  # Zähler wird auf Null gesetzt
    for i in range(10):
        z=z+e[i]  # Zähler wird erhöht
    return z  # Anzahl erlegter Enten wird als Rückgabewert festgelegt


def mcm_entenjaeger(n):
    s=0  # Startwert auf Null setzen
    for i in range(n):  # Das Erlegen wird k-mal simluiert
        s=s+erlegen()
    return s/n


# Die Simulation wird 100 000 mal durchgeführt
print mcm_entenjaeger(100000)
```
```
6.51469
```

Abb. 11.1 Im oberen Rechteck steht das Programm zur Monte Carlo Simulation der Entenjagd. In der unteren Zeile ist der Wert angegeben, den das Programm lieferte. Dieser Wert kann natürlich abweichen, sollte aber in der Nähe von 6.5 sein

Tab. 11.1 Die Zahlen M_j für $j = 0, \ldots, 10$ geben an, wie oft j Enten erlegt wurden in der 100000-fachen Simulation mit dem Computer

j	0	1	2	3	4	5	6	7	8	9	10
M_j	0	11	357	3751	16791	33684	30362	12703	2217	123	1

Wir betrachten nun, welche Durchschnittswerte $\overline{j}$ wir erhalten, wenn wir $k = 10$ Entenjagden simulieren und dabei jeweils die durchschnittliche Anzahl erlegter Enten ermitteln. Es gilt also bei einer 10-fachen Simulation einer Entenjagd

$$\overline{j} = \frac{j_1 + j_2 + \ldots + j_{10}}{10},$$

wenn $j_1, j_2, \ldots, j_{10}$ die Anzahl erlegter Enten in den 10 Simulationen angeben. Nun wird die 10-fache Entenjagd selbst mehrfach wiederholt, nämlich n-Mal mit $n = 10000$. Wir bezeichnen mit $M_{\overline{j}}$ die Anzahl der Simulationen, bei denen wir den Durchschnitt $\overline{j}$ festgestellt haben und mit $h_{\overline{j}} = \frac{M_{\overline{j}}}{n}$ die entsprechende relative Häufigkeit. Die Abb. 11.3

Abb. 11.2 Die relativen Häufigkeiten $h_k = \frac{M_k}{n}$ bei der 100000-fachen Simulation der Entenjagd

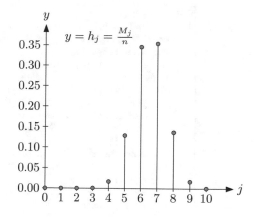

Abb. 11.3 Die relativen Häufigkeiten $h_{\bar{j}}$ bei der 10000-fachen Simulation der 10-fachen Entenjagd

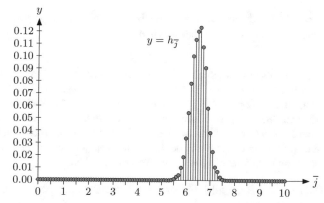

zeigt, welche Durchschnittswerte $\bar{j}$ mit welcher Häufigkeit $h_{\bar{j}}$ auftraten. Der beobachtete Effekt sollte uns nicht unbekannt sein. Wir beobachten das Gesetz der großen Zahlen: Werte um 6.5 sind sehr häufig und Werte, die weiter weg liegen, treten deutlich weniger häufig auf. Gemäß dem Gesetz der großen Zahlen gilt, dass Werte, die weiter weg vom Erwartungswert liegen, bei steigender Anzahl Wiederholungen unwahrscheinlicher werden.

Begriffsbildung 11.1 *Manche Situationsanalysen sind schwierig oder zu aufwändig, um sie exakt durchzuführen. Manchmal kann man in einer solchen Problemstellung mit Hilfe der Simulation eines Zufallsprozesses die Analyse vereinfachen und schauen, was in konkreten Durchführungen passieren könnte. Wiederholt man die Simulation oft, so erhält man ein realistischeres Bild. Dies ist die sogenannte **Monte Carlo Methode**.*

Sie verwendet das Gesetz der großen Zahlen, denn durch die Durchschnittsbildung über die verschiedenen Wiederholungen wird es immer unwahrscheinlicher, dass der ermittelte Wert stärker als eine vorgegebene positive Zahl vom tatsächlichen Wert abweicht.

```
def erlegen():
    # Eine Liste mit 10 lebenden Enten wird erstellt
    e=[] # Leere Liste
    for i in range(10):
        e.append(0) # 0 bedeutet: die Ente lebt
    # Nun werden zufällig 10-mal eine Ente ausgesucht und erlegt
    for i in range(10):
        j=randint(0,9) # Zufällige Wahl einer Ente
        z=random() # Zufällige Zahl zwischen 0 und 1
        if z<0.8: # Getroffen wird nur in 80% aller Fälle
            e[j]=1 # Die j-te Ente wird als tot markiert
    # Die erlegten Enten werden gezählt
    z=0 # Zähler wird auf Null gesetzt
    for i in range(10):
        z=z+e[i] # Zähler wird erhöht
    return z # Anzahl erlegter Enten wird als Rückgabewert festgelegt
```

Abb. 11.4 Abgebildet ist die modifizierte Funktion `erlegen()` für den Fall, dass die Jäger nur mit der Wahrscheinlichkeit 0.8 treffen

Auszug aus der Geschichte Zum ersten Mal wurde die Monte Carlo Methode von Stanislaw Ulam (1909–1984) eingesetzt, um schwierige Berechnungen im *Los Alamos Projekt* durchzuführen, ein Projekt der Vereinigten Staaten von Amerika, dessen Ziel der Bau von Atombomben für den Zweiten Weltkrieg war. Benannt wurde die Methode von Nicholas Metropolis (1915–1999) nach dem Monte Carlo Casino, wo Ulams Onkel oft spielte. John von Neumann (1903–1957) erkannte die Bedeutung dieser Methode. Er war auch derjenige, der sich wohl als Erster Gedanken machte, wie man Pseudozufallsgeneratoren konstruieren könnte.

Wir wollen Beispiel 11.1 noch etwas realistischer gestalten.

Beispiel 11.2 Die Jäger seien nun nicht perfekte Schützen und treffen nur mit der Wahrscheinlichkeit 0.8. Wir sollen das Programm so modifizieren, dass die Anzahl erlegter Enten unter dieser zusätzlichen Bedingung abschätzt.

Eine recht einfache Modifikation der Funktion `erlegen()` führt zum Ziel, siehe die Abb. 11.4. Die Simulation zeigt, dass die unpräzisen Jäger nur noch durchschnittlich ungefähr 5.7 erlegte Enten erwarten dürfen.   ◇

Eine einfache Modifikation reicht aus, um die Anpassung in der Simulation durchzuführen. Bei einer exakten Modellierung mit entsprechender Berechnung wäre der Schwierigkeitsgrad jedoch enorm angestiegen.

Aufgabe 11.1 Das Beispiel 11.2 soll weiter modifiziert werden. Die Treffsicherheit der Jäger soll von Person zu Person variieren. Der beste Jäger trifft mit der Wahrscheinlichkeit 0.98, der schlechteste gerade nur noch mit der Wahrscheinlichkeit 0.32. Die Treffsicherheiten der einzelnen Jäger sind in der folgenden Liste wiedergegeben.

$$p = [0.9, 0.82, 0.98, 0.65, 0.77, 0.82, 0.32, 0.88, 0.74, 0.69]$$

Schätze auch hier die erwartete Anzahl erlegter Enten ab.

Eine Verallgemeinerung der Problemstellung der Entenjäger ergibt sich in der folgenden Situation: Gegeben ist eine Menge M mit m Elementen. Nun werden zufällig k Teilmengen $T_1, \ldots, T_k$ ausgewählt, wobei jede einzelne Teilmenge T_i genau t Elemente haben soll. Wie viele Elemente hat dann die Vereinigungsmenge $T_1 \cup T_2 \cup \ldots \cup T_k$? Es ist möglich, eine Formel anzugeben, jedoch ist diese weder einfach in der Beschreibung noch einfach herzuleiten. Mit der Monte Carlo Methode kann man ohne anspruchsvolle und aufwändige Analyse für alle konkreten Werte von m, t und k die Antwort gut abschätzen.

11.2   Die Monte Carlo Methode zur Flächeninhalts- und Volumenbestimmung

Wir wollen noch weitere Anwendungen der Monte Carlo Methode betrachten und beginnen mit einer Berechnung von π, welche sich des Zufalls bedient.

Beispiel 11.3 In dieser Simulation soll die Kreiszahl π abgeschätzt werden. Wir wissen, dass der Flächeninhalt eines Kreises mit Radius r die Zahl πr^2 und somit der Flächeinhalt eines Viertelkreises $\frac{1}{4}\pi r^2$ ist. Die Fläche des Quadrats, das den Viertelkreis beinhaltet, siehe die Abb. 11.5, ist genau r^2. Wenn man jetzt zufällig einen Punkt des Quadrates wählen würde, so ist die Wahrscheinlichkeit, dass der Punkt im Viertelkreis liegt, gleich dem Verhältnis der Flächeninhalte, das heißt $\frac{\frac{1}{4}\pi r^2}{r^2} = \frac{1}{4}\pi$. Die zufällige Wahl vieler Punkte liefert uns das Verhältnis der Anzahl Punkte im Viertelkreis zur Anzahl aller Punkte als gute Schätzung für $\frac{1}{4}\pi$ und somit für π.

In der Simulation werden wiederholt zwei zufällige Zahlen x, y zwischen 0 und 1 erzeugt. Diese werden als die Koordinaten eines Punktes im Einheitsquadrat angesehen. Dann wird geprüft, ob $x^2 + y^2 \leq 1$ gilt. Falls ja, wird der Zähler z um 1 erhöht. Nach n Wiederholungen der zufälligen Punktwahl ist $4\frac{z}{n}$ eine Schätzung von π.

Die Abb. 11.5 zeigt eine Simulation mit $n = 100$ Punkten. Hier sind $z = 80$ Punkte innerhalb des Kreissektors. Damit erhalten wir die Abschätzung $\pi \approx 4 \cdot \frac{80}{100} = 3.2$.

Erhöht man n, so darf man erwarten, dass die Abschätzung besser wird. Bei der Abschätzung von π muss man n jedoch sehr hoch setzen, selbst dann, wenn man sich mit einer Abschätzung von π auf nur zwei Stellen Genauigkeit begnügt.   ◇

Aufgabe 11.2 Schätze das Volumen einer Kugel mit Hilfe der Monte Carlo Methode ab: Erzeuge dazu 3 zufällige Zahlen x_0, x_1, x_2 mit $0 \leq x_i \leq 1$ und prüfe, ob $x_0^2 + x_1^2 + x_2^2 < 1$ gilt. Beachte, dass dadurch $\frac{1}{8}$ des Kugelvolumens abgeschätzt wird.

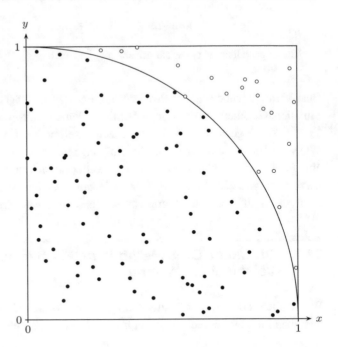

Abb. 11.5 Visualisierung von 100 Zufallspunkten im Einheitsquadrat; jene innerhalb des Einheitskreises sind als ausgefüllte Kreise dargestellt

Aufgabe 11.3 Bestimme das Volumen einer 10-dimensionalen Kugel mit Hilfe der Monte Carlo Methode. Hier müssen also 10 zufällige Zahlen $x_0, x_1, \ldots, x_9$ mit $0 \le x_i \le 1$ erzeugt werden und danach soll geprüft werden, ob $x_0^2 + x_1^2 + \ldots + x_9^2 < 1$ gilt. Beachte auch, dass damit nur der $\frac{1}{2^{10}}$-te Teil des Volumens abgeschätzt wird.

Aufgabe 11.4 Die Abb. 11.6 zeigt die Fläche, die durch die Ungleichung

$$x^4 + y^4 - x^2 - y^2 < -0.2$$

beschrieben wird.

Schätze den Flächeninhalt dieser Fläche durch eine Monte Carlo Simulation ab. Benutze dazu, dass die Fläche sich vollständig innerhalb des Quadrats mit Zentrum $(0, 0)$ und Seitenlänge 3 befindet.

Aufgabe 11.5 Der Körper aus Abb. 11.7 entsteht als Durchdringung zweier liegender Zylinder mit Radius 1, die die x-Achse beziehungsweise die y-Achse als Symmetrieachse haben. Der Körper ist daher vollständig im Würfel mit dem Zentrum $(0, 0, 0)$ und der Kantenlänge 2 enthalten. Schätze das Volumen mit Hilfe der Monte Carlo Methode ab.

Aufgabe 11.6 Der Körper aus Aufgabe 11.5 wird noch weiter bearbeitet. Es sollen zwei Möglichkeiten untersucht werden. Bei beiden soll das entstehende Volumen mit der Monte Carlo Methode geschätzt werden.

(a) Es soll ein äußerer Rand abgeschnitten werden, der durch den Zylinder mit dem Radius 1 und der z-Achse als Symmetrieachse definiert wird.
(b) Es soll ein kreisrundes Loch mit Radius 0.5 entlang der z-Achse gebohrt werden.

Abb. 11.6 Die Abbildung zeigt die Fläche, die durch $x^4 + y^4 - x^2 - y^2 < -0.2$ beschrieben wird

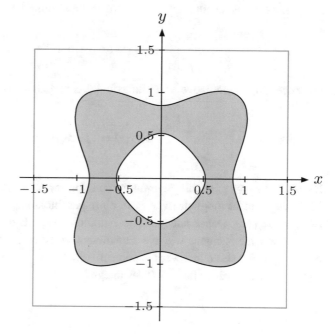

Abb. 11.7 Schnittkörper zweier solider Kreiszylinder

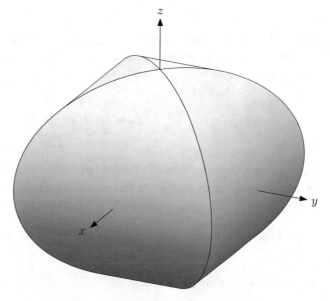

11.3 Die Monte Carlo Integration

Wir besprechen nun eine weitere Anwendungsmöglichkeit der Monte Carlo Methode, dies erfolgt wieder anhand eines Beispiels.

Beispiel 11.4 Die Dichtefunktion der Normalverteilung ist

$$\varphi_{0,1}(x) = \frac{1}{\sqrt{2\pi}}\, e^{-\frac{x^2}{2}}.$$

Die zugehörige kumulative Verteilungsfunktion berechnet sich als uneigentliches Integral

$$\Phi_{0,1}(z) = \int\limits_{-\infty}^{z} \varphi_{0,1}(x)\mathrm{d}x.$$

Die Funktion $\Phi_{0,1}$ ist eine Stammfunktion von $\varphi_{0,1}$, sie ist jedoch nicht elementar, das heißt, es ist nicht möglich $\Phi_{0,1}(z)$ in einer geschlossenen Formel anzugeben, wie zum Beispiel $\varphi_{0,1}(x)$. Daher hat man die Funktion $\Phi_{0,1}$ auch tabelliert, siehe die Tab. 6.1. Wir wollen hier zeigen, wie die Funktionswerte durch eine Monte Carlo Simulation näherungsweise berechnet werden können.

Wir betrachten dazu für $z > 0$ das Integral

$$\int\limits_{0}^{z} \varphi_{0,1}(x)\mathrm{d}x.$$

In Abb. 11.8 wurde $S(z)$ als Fläche dargestellt. Wenn wir den durchschnittlichen Wert D_z von $\varphi_{0,1}(x)$ zwischen den Grenzen 0 und z berechnen, so könnten wir ihn wie folgt berechnen:

$$D_z = \frac{1}{z} \cdot \int\limits_{0}^{z} \varphi_{0,1}(x)\mathrm{d}x.$$

Nun können wir andererseits den durchschnittlichen Wert durch eine Monte Carlo Simulation näherungsweise berechnen, indem wir die Funktion $\varphi_{0,1}$ an n zufällig gewählten Stellen $x_0, x_1 \ldots, x_{n-1}$ auswerten und die erhaltenen Funktionswerte mitteln:

$$D_z \approx \frac{\varphi_{0,1}(x_0) + \varphi_{0,1}(x_1) + \ldots + \varphi_{0,1}(x_{n-1})}{n}.$$

Somit erhalten wir die Abschätzung

$$\int\limits_{0}^{z} \varphi_{0,1}(x)\mathrm{d}x \approx z \cdot \frac{\varphi_{0,1}(x_0) + \varphi_{0,1}(x_1) + \ldots + \varphi_{0,1}(x_{n-1})}{n}.$$

Abb. 11.8 Das Integral
$\int_0^z \varphi_{0,1}(x)\mathrm{d}x$ als Fläche

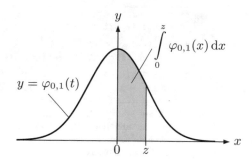

```
form random import *
form math import *

def phi(x):  # Berechnet phi
    return 1/sqrt(2*pi)*exp(-0.5*x*x)

def mcm_Phi(z,n)
    # Das Argument n gibt die Anzahl Zufallswerte an
    s=0  # In s werden die Werte aufsummiert
    if z==0:# Falls z=0,
        return 0.5  # so ist der Funktionswert bekannt
    z0=abs(z)  # z0 speichert den Betrag von z
    for i in range(n):
        x=random()*z0  # Zufällige Zahl zwischen 0 und z0
        s=s+phi(x)  # s wird um den Funktionswert erhöht
    return 0.5+z*s/n

mcm_Phi(2,1000000)
```
```
0.9771750291636854
```

Abb. 11.9 Die Funktion mcm_Phi(z,n) berechnet näherungsweise den Funktionswert $\Phi_{0,1}(z)$ mit der Monte Carlo Methode

für das gesuchte Integral. Die Abb. 11.9 zeigt ein Programm, das die Funktion $\Phi_{0,1}$ mit dieser Methode abschätzt. Die Bibliothek math stellt die Konstante pi sowie die Funktionen sqrt und exp, die Wurzelfunktion und die Exponentialfunktion zur Basis e zur Verfügung. Die Berechnung benutzt den bekannten Wert $\Phi_{0,1}(0) = 0.5$ und berechnet in allen anderen Fällen den Funktionswert näherungsweise. Vergleiche das in der Abb. 11.9 gegebene Beispiel $\Phi_{0,1}(2) \approx 0.9773845358913607$ mit dem in der Tab. 6.1 gegebenen Wert $\Phi_{0,1}(2) = 0.977250$.   ◇

Bemerkung Man nennt die im Beispiel 11.4 vorgestellte Methode die **Monte Carlo Integration**. Die übliche Integrationsmethode, bei der das Integral durch die Berechnung von Obersummen und Untersummen abgeschätzt wird, ist der Monte Carlo Integration in diesem Beispiel nicht nur in der Genauigkeit überlegen, sondern hat außerdem noch den Vorteil, dass der Fehler abgeschätzt werden kann.

```
form random import *
form math import *

def phi(x): # Berechnet phi
    return 1/sqrt(2*pi)*exp(-0.5*x*x)

def int_Phi(z,n)
    # Das Argument n gibt die Anzahl Zufallswerte an
    s=0 # In s werden die Werte aufsummiert
    if z==0: # Falls z=0,
        return 0.5 # so ist der Funktionswert bekannt
    z0=abs(z) # z0 speichert den Betrag von z
    for i in range(n):
        x=(i+0.5)*z0/n # Stützstellen haben gleiche Abstände untereinander
        s=s+phi(x) # s wird um den Funktionswert erhöht
    return 0.5+z*s/n

int_Phi(2,1000)
```

```
0.9772498860488072
```

Abb. 11.10 Die Funktion `int_Phi(z,n)` berechnet näherungsweise den Funktionswert $\Phi_{0,1}(z)$ mit n Stützstellen, die voneinander denselben Abstand haben

Die Abb. 11.10 zeigt die klassische Methode im Einsatz. Mit 1000 Stützstellen hat man bereits die Genauigkeit der Tab. 6.1 erreicht. Muss man jedoch über sehr viele Variablen integrieren – solche Aufgabenstellungen kommen tatsächlich manchmal in der Forschung vor – so wird die Abschätzung schwierig. Muss man über k Variablen integrieren, und jede soll durch 1000 Stellen abgetastet werden, so sind 1000^k Stützstellen nötig. Dies ist nicht mehr praktikabel, wenn $k > 7$. Die Monte Carlo Integration lässt sich aber in diesen Fällen immer noch durchführen!

Aufgabe 11.7 Die Funktion $f(x) = \sin(x^2)$ ist zwischen den Nullstellen 0 und $\sqrt{\pi}$ positiv. Die Stammfunktion von f ist jedoch nicht elementar. Daher ist es uns verwehrt, das Integral

$$\int_0^{\sqrt{\pi}} \sin(x^2)\mathrm{d}x$$

via den Fundamentalsatz zu bestimmen. Benutze eine Monte Carlo Integration, um dieses bestimmte Integral abzuschätzen.

11.4   Weitere geometrische Problemstellungen

Beispiel 11.5 Auf einer Kreislinie werden $k \geq 2$ Punkte zufällig ausgewählt. Wie wahrscheinlich ist es, dass diese auf einer Halbkreislinie liegen?

Die Abb. 11.11 zeigt drei verschiedene Situationen, in zwei davon ist dies der Fall, in der dritten nicht.

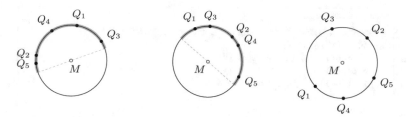

Abb. 11.11 Zwei Situationen von $k = 5$ Punkten, die auf einer Halbkreislinie liegen und eine Situation, in der dies nicht der Fall ist

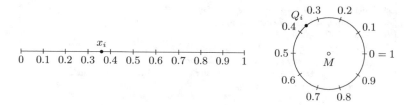

Abb. 11.12 Ein Punkt Q_i auf der Kreislinie wird durch eine Zahl x_i mit $0 \leq x_i \leq 1$ festgelegt

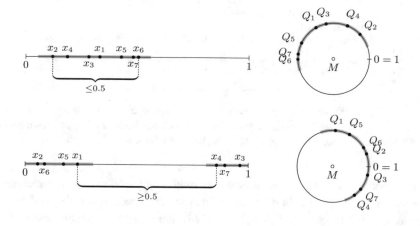

Abb. 11.13 Wie Halbkreise verschiedenen Regionen des Intervalls $[0, 1]$ entsprechen können

Wir setzen einen Punkt Q_i zufällig auf den Kreis, indem wir eine zufällige Zahl x_i aus dem Intervall $[0, 1]$ auswählen. Die Abb. 11.12 zeigt, wie das Intervall auf die Kreislinie abgebildet werden kann.

Nun können wir untersuchen, wie sich die Bedingung, dass die Punkte auf einer Halbkreislinie liegen, in eine Bedingung der Zufallszahlen im Intervall $[0, 1]$ übersetzt. Da wir die Kreislinie zum Intervall $[0, 1]$ aufgeschnitten haben, müssen wir nun zwei Fälle unterscheiden: Entweder beinhaltet die Halbkreislinie den Punkt, der der 0 und der 1 des Intervalls entspricht, oder eben nicht. Die Abb. 11.13 zeigt die zwei Möglichkeiten.

```
from random import *

# Funktion, die True liefert, wenn die Zahlen in l auf Halbkreis liegen
def AufHalbkreis(l):
    l.sort()  # Die Liste wird sortiert
    n=len(l)
    if l[n-1]-l[0]<=0.5:  # Der erste Fall
        return True
    else:
        for i in range(n-1):
            if l[i+1]-l[i]>0.5:  # Der zweite Fall
                return True
    return False  # Keiner der zwei Fälle: Punkte liegen nicht auf Halbkreis

# Funktion, die die Wahrscheinlichkeit abschätzt
def mcm_PunkteAufHalbkreis(k,n):
    h=0  # Zähler wird auf 0 gesetzt
    for i in range(n):  # Anzahl Wiederholungen
        x=[]  # Liste wird als leer initialisiert
        for j in range(k):  # Liste der Zufallszahlen wird aufgebaut
            x.append(random())
        if AufHalbkreis(x):  # Falls die Punkte auf Halbkreis liegen,
            h=h+1  # so wird der Zähler erhöht
    return h/n  # Durchschnittswert wird zurückgegeben

# Die Werte werden berechnet und in einer Liste gespeichert
l=[]  # Liste wird als leer initialisiert
for i in range(2,11):
    l.append(mcm_PunkteAufHalbkreis(i,100000))  # Die Liste wird erweitert
l  # Die Liste wird ausgegeben
```

```
[1.0, 0.74991, 0.49986, 0.31242, 0.18493, 0.10971, 0.06160, 0.03447,
0.01995]
```

Abb. 11.14 Der obere Kasten zeigt ein Python-Programm, das die Wahrscheinlichkeit berechnet, mit der k zufällig auf einer Kreislinie liegende Punkte auf einem Halbkreis liegen. Unten abgebildet ist das Resultat: eine Liste mit den relativen Häufigkeiten h_k für $k = 2, 3, \ldots 10$

In der oberen Situation ist der Abstand zwischen der größten und der kleinsten der Zufallszahlen höchstens 0.5. In der unteren Situation entsprechen der Halbkreislinie zwei Intervalle, nämlich $[0, p] \cup [0.5 + p, 1]$. Daher ist der Abstand zwischen zwei – in ihrer Größe – aufeinanderfolgenden Zufallszahlen mindestens 0.5. Wir können diese zwei Fälle einfach prüfen, wenn wir die Zufallszahlen erst erzeugen und dann noch sortieren.

Die Abb. 11.14 zeigt ein Programm, das die Wahrscheinlichkeit berechnet, dass $k = 2, 3, \ldots, 10$ zufällige Punkte der Kreislinie auf einem Halbkreis liegen.

In der Abb. 11.15 sind diese Werte grafisch dargestellt.

Die Wahrscheinlichkeit p_k, dass k zufällig gewählte Punkte auf einer Kreislinie tatsächlich auf einer Halbkreislinie liegen, lässt sich exakt berechnen. Dazu definieren wir $H(Q)$ als den Halbkreis, der im Punkt Q beginnt und sich von da an entgegen dem Uhrzeigersinn fortsetzt, siehe die Abb. 11.16.

Liegen k Punkte $Q_1, \ldots, Q_k$ auf einem Halbkreis, so gibt es ein i mit der Eigenschaft, dass alle Punkte in $H(Q_i)$ liegen. Man beachte, dass dieses i eindeutig bestimmt ist, wenn

Abb. 11.15 Die relativen Häufigkeiten h_k, die bei einer Monte Carlo Simulation mit $n = 100000$ Versuchen gemessen wurden, wobei gezählt wurde, wie oft sich k zufällige Punkte auf einer Kreislinie innerhalb einer Halbkreislinie befinden

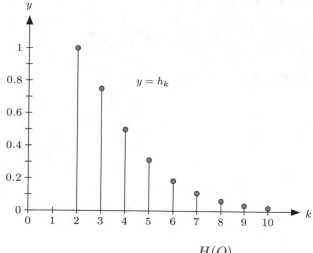

Abb. 11.16 Der Halbkreis $H(Q)$ wird durch Q begrenzt und setzt sich von da an entgegen dem Uhrzeigersinn fort

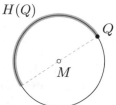

alle Punkte paarweise verschieden sind. Der Fall, dass $Q_i = Q_j$ mit $i \neq j$, hat die Wahrscheinlichkeit Null. Daher können wir solche Fälle außer Acht lassen, da sie für die Berechnung von Wahrscheinlichkeiten keine Rolle spielen. In der Abb. 11.11 ist $i = 3$ in der linken Situation und $i = 5$ in der Mitte.

Wir können daher das Ereignis E, dass $Q_1, \ldots, Q_k$ auf einem Halbkreis liegen, in disjunkte Teilmengen E_i zerlegen, wobei E_i das Ereignis ist, dass $\{Q_1, \ldots, Q_k\} \subset H(Q_i)$ erfüllt ist. Dies hat den Vorteil, dass wir die Wahrscheinlichkeit $\mathrm{Prob}(E)$ als Summe bestimmen können:

$$\mathrm{Prob}(E) = \mathrm{Prob}(E_1) + \mathrm{Prob}(E_2) + \ldots + \mathrm{Prob}(E_k).$$

Die einzelnen Wahrscheinlichkeiten $\mathrm{Prob}(E_i)$ sind nicht schwierig zu berechnen, da für jeden Punkt Q_j mit $j \neq i$ die Wahrscheinlichkeit für $Q_j \in H(Q_i)$ exakt gleich $\frac{1}{2}$ ist. Somit hat das Ereignis E_i die Wahrscheinlichkeit

$$\mathrm{Prob}(E_i) = \frac{1}{2^{k-1}}$$

und folglich

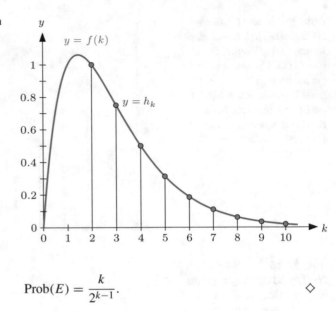

Abb. 11.17 In Blau der Graph der Funktion $f(k) = \frac{k}{2^{k-1}}$; in Rot die relativen Häufigkeiten h_k, die bei einer Monte Carlo Simulation mit $n = 100000$ Versuchen gemessen wurden

$$\text{Prob}(E) = \frac{k}{2^{k-1}}. \qquad \diamond$$

Die Abb. 11.17 zeigt den Graphen der Funktion $f(k) = \frac{k}{2^{k-1}}$ sowie die relativen Häufigkeiten $h(k)$, die mit der Monte Carlo Methode berechnet wurden im Vergleich.

Bemerkung Das Beispiel 11.5 gewinnt an Bedeutung, wenn man beachtet, dass die Bedingung, dass die k Punkte $P_1, \ldots, P_k$ auf einer Halbkreislinie liegen, gleichbedeutend ist mit der Bedingung, dass das überkreuzungsfreie Polygon $P_1 P_2 \ldots P_k$ den Kreismittelpunkt nicht enthält.

Aufgabe 11.8 Es werden k Punkte $Q_1, \ldots, Q_k$ zufällig auf einer Kreisscheibe mit Mittelpunkt M ausgewählt. Zu bestimmen ist das Minimum der Abstände $Q_i M$. Benutze die Monte Carlo Methode, um den erwarteten minimalen Abstand abzuschätzen.

11.5 Die Brownsche Bewegung

Im Jahr 1827 beobachtete der Botaniker Robert Brown (1773–1858) unter dem Mikroskop, dass sich Pollenpartikel im Wasser von selbst bewegten. Die Bewegung ist jedoch nicht eine gerichtete, sondern eine unregelmässig zuckende, mit dem Effekt, dass das Pollenkorn sich langsam entlang einer unsteten, unvorhersehbaren Bahn bewegt. Er variierte die Beschaffenheit der mikroskopischen Partikel geschickt und konnte so verschiedene mögliche Ursachen ausschließen. So widerlegte er die Möglichkeit, dass sich die Pollenkörner als Lebewesen aus eigener Kraft fortbewegten durch den Vergleich mit Staubpartikeln: Diese zeigten dieselbe Bewegungsart. Er publizierte eine Arbeit darüber im Jahr 1828. Dies führte zu Spekulationen über die mögliche Ursache.

Es war Albert Einstein, der durch eine raffinierte Überlegung plausibel machen konnte, dass als Ursache die thermische Bewegung der umgebenden Flüssigkeitsmoleküle

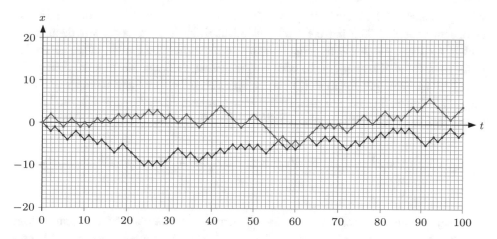

Abb. 11.18 Zwei mögliche Verläufe bei der symmetrichen Irrfahrt. Horizontal ist die Zeitachse t. Der Punkt bewegt sich vertikal auf- und abwärts

verantwortlich zu machen sind. Die mikroskopischen Partikel werden durch die Bewegung der Wassermoleküle umhergeschubst. Da zeitlich die Stösse aus den verschiedenen Richtungen nicht alle aufheben und zufälligerweise in einem Moment aus einer Richtung mehr Stösse erfolgen, wird das Partikel in diese Richtung beschleunigt. Zu Ehren seines Entdeckers wird eine solche Bewegung **Brownsche Bewegung** genannt.

Wir möchten eine solche Bewegung simulieren. Dazu konstruieren wir ein zunehmend komplexeres Modell. Wir beginnen mit einem einfachen Modell und betrachten zuerst nur eine Dimension. Das Partikel – oder im mathematichen Modell der Punkt – bewegt sich also entlang einer Geraden. Außerdem legen wir die Schrittlänge auf eine Einheit fest. Man nennt dieses sehr vereinfachte Modell auch eine **symmetrische Irrfahrt**. Ein Punkt bewegt sich also entlang einer Geraden g hin und her. Zum Zeitpunkt $t = 0$ ist der Punkt bei $x = 0$. Dann wird er in immer gleichen Zeitabständen mit der gleichen Wahrscheinlichkeit einen Schritt in die eine oder andere Richtung springen. Wir fragen uns, wie weit der Punkt nach n Zeiteinheiten vom Ursprungsort entfernt ist. Dies definiert eine Familie von Zufallsvariablen X_n.

Wir können einen solche Reise grafisch darstellen, indem wir die Zeitachse horizontal legen und die Gerade g vertikal. Die Abb. 11.18 zeigt zwei solcher Irrfahrten mit $n = 100$.

Wie wahrscheinlich ist die Position x (auf der vertikalen Achse) nach n Schritten? Möglich sind nach n Schritten nur Positionen zwischen $-n$ und n. Die zwei extremen Positionen haben je die Wahrscheinlichkeit $\frac{1}{2^n}$, da sich der Punkt n-mal in dieselbe Richtung bewegen muss. Die Bewegung gleicht dem Herunterfallen einer Kugel in einem Galton Brett, siehe die Aufgabe 7.60 aus Band 1, mit dem Unterschied, dass sich der Punkt in der Grafik nach rechts bewegt. Die möglichen Endpositionen nach n Schritten sind: $-n, -n+2, -n+4, \ldots, n-2, n$. Ist n gerade, so sind die möglichen Endpositionen auch alle gerade. Ist hingegen n ungerade, so sind auch alle Endpositionen ungerade. Wir können daher die Wahrscheinlichkeit $p_n(x)$, dass der Punkt nach n Schritten in der Postion

x ist, gut angeben. Die Anzahl Wege von 0 nach x ist sicherlich eine Binomialzahl oder Null. Jeder einzelne Weg hat die Wahrscheinlichkeit $\frac{1}{2^n}$. Null erhalten wir dann, wenn x nicht zwischen $-n$ und n liegt oder wenn x, n nicht dieselbe Parität haben, das heißt, wenn sie nicht gleichzeitig gerade oder ungerade sind. Nehmen wir nun an, dass $p_n(x)$ nicht Null ist. Dann gilt $p_n(x) = \binom{n}{h} \cdot \frac{1}{2^n}$ für ein noch zu bestimmendes h. Ist $x = -n$, so soll $h = 0$ gelten, ist $x = -n + 2$, so soll $h = 1$ gelten, ist $x = -n + 4$, so soll $h = 2$ gelten, und so weiter. Wir finden so, dass $h = \frac{x+n}{2}$ gelten muss. Daher haben wir:

$$p_n(x) = \begin{cases} \binom{n}{\frac{n+x}{2}} \cdot \frac{1}{2^n}, & \text{wenn } -n \leq x \leq n \text{ und } x, n \text{ dieselbe Parität haben,} \\ 0 & \text{sonst.} \end{cases}$$

Eine andere einfache Überlegung zur Begründung dieser Formel ist die folgende: Man kann die Bewegung, die in 0 startet, durch eine Folge von Symbolen o und u der Länge n beschreiben. Das Symbol o bedeutet einen Schritt nach oben und u einen Schritt nach unten. Wenn man in der Position x landet, bedeutet dies, dass die Folge um x mehr Symbole o als u enthält. Aus den Gleichungen

$$\text{Anzahl(o)} + \text{Anzahl(u)} = n$$

$$\text{Anzahl(o)} - \text{Anzahl(u)} = x$$

erhalten wir Anzahl(o) $= \frac{n+x}{2}$. Die Anzahl aller Folgen der Länge n und genau $\frac{n+x}{2}$ Symbolen o ist $\binom{n}{\frac{n+x}{2}}$.

Wir können so den Erwartungswert der Distanz $|x|$ zum Ausgangspunkt der Reise für kleine n direkt ausrechnen. Ist $n = 1$, so sind die Positionen $-1, 1$ möglich, und beide haben die Wahrscheinlichkeit $\frac{1}{2}$. Somit erhalten wir $E(|X_1|) = \frac{1}{2}|-1| + \frac{1}{2}|1| = 1$. Ist $n = 2$, so sind die möglichen Positionen $-2, 0, 2$, und diese haben (in dieser Reihenfolge) die Wahrscheinlichkeiten $\frac{1}{4}, \frac{2}{4}, \frac{1}{4}$. Damit erhalten wir $E(|X_2|) = \frac{1}{4}|-2| + \frac{2}{4}|0| + \frac{1}{4}|2| = 1$.

Aufgabe 11.9 Berechne die Erwartungswerte $E(|X_3|)$ und $E(|X_4|)$.

Es sollte auffallen, dass $E(|X_1|) = E(|X_2|)$ und $E(|X_3|) = E(|X_4|)$. Dies legt die Vermutung $E(|X_{2m-1}|) = E(|X_{2m}|)$ nahe. Gibt es Gründe dafür? Nehmen wir an, der Punkt habe den Abstand $d \neq 0$ von der Null nach $n = 2m - 1$ Schritten. Im nächsten Schritt ist der Abstand $d + 1$ oder $d - 1$ und im Mittel $\frac{1}{2}(d + 1) + \frac{1}{2}(d - 1) = d$ liegt der Punkt wieder gleich weit weg nach $n + 1 = 2m$ Schritten. Die Abb. 11.19 zeigt dies in der linken Figur. Anders ist dies, wenn ein Punkt in der Position $x = 0$ sitzt, denn dann wird die zu erwartende Distanz ansteigen. Dies kann nur passieren, wenn n gerade ist, also $n = 2m$ gilt. Die Wahrscheinlichkeit, dass der Punkt dahin gelangt ist, ist $\binom{n}{\frac{n}{2}} \cdot \frac{1}{2^n}$. Wir fassen dies als Resultat zusammen.

Abb. 11.19 Links abgebildet ist die Veränderung der Distanz von einem Punkt unterhalb der Null. Rechts abgebildet ist die Veränderung der Distanz von einem Punkt auf der Null

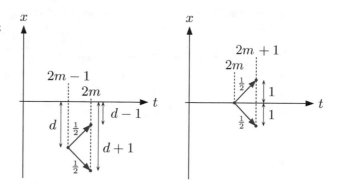

Satz 11.1 *Für den Erwartungswert der Distanz $|X_n|$ gilt folgendes rekursive Bildungsgesetz:*

$$
E(|X_{n+1}|) = \begin{cases} E(|X_n|), & \text{wenn } n \text{ ungerade ist,} \\ E(|X_n|) + \binom{n}{n/2} \cdot \frac{1}{2^n}, & \text{wenn } n \text{ gerade ist.} \end{cases}
$$

Beweis. Im Allgemeinen gilt für alle $n \geq 0$ und alle y:

$$
p_{n+1}(y) = \tfrac{1}{2} p_n(y-1) + \tfrac{1}{2} p_n(y+1).
$$

Der Erwartungswert $E(|X_{n+1}|)$ kann daher wie folgt umgeformt werden:

$$
E(|X_{n+1}|) = \sum_{y=-n-1}^{n+1} p_{n+1}(y)|y| = \sum_{y=-n-1}^{n+1} \left(\tfrac{1}{2} p_n(y-1) + \tfrac{1}{2} p_n(y+1) \right)|y|.
$$

Nun summieren wir um und bilden zwei Summen:

$$
E(|X_{n+1}|) = \sum_{y=-n-1}^{n+1} \tfrac{1}{2} p_n(y-1)|y| + \sum_{y=-n-1}^{n+1} \tfrac{1}{2} p_n(y+1)|y|.
$$

In der linken Summe ist $p_n(-n-2) = 0$, rechts ist $p_n(n+2) = 0$. Daher können wir die Summationsgrenzen verschieben (beachte die Änderung in rot):

$$
E(|X_{n+1}|) = \sum_{y=-n+1}^{n+1} \tfrac{1}{2} p_n(y-1)|y| + \sum_{y=-n-1}^{n-1} \tfrac{1}{2} p_n(y+1)|y|.
$$

In der linken Summe substituieren wir y durch $x+1$, damit ist $x = y-1$, was von $x = -n$ bis n summiert werden muss. In der rechten Summe substituieren wir y durch $x-1$, womit

$x = y + 1$ gilt und ebenfalls von $-n$ bis n summiert werden muss. Somit erhalten wir

$$E(|X_{n+1}|) = \sum_{x=-n}^{n} \tfrac{1}{2} p_n(x)|x+1| + \sum_{x=-n}^{n} \tfrac{1}{2} p_n(x)|x-1|$$

$$= \sum_{x=-n}^{n} p_n(x)\left(\tfrac{1}{2}|x+1| + \tfrac{1}{2}|x-1|\right)$$

$$= \sum_{x=-n}^{n} p_n(x) w_n(x),$$

wobei wir $w_n(x) = \tfrac{1}{2}|x+1| + \tfrac{1}{2}|x-1|$ gesetzt haben. Ist $x > 0$ (das heißt, die ganze Zahl x erfüllt $x \geq 1$), so ist $x-1, x+1 \geq 0$ und damit $w_n(x) = \tfrac{1}{2}(x+1) + \tfrac{1}{2}(x-1) = x = |x|$. Ist $x < 0$ (das heißt $x \leq -1$), so gilt $x-1, x+1 \leq 0$, und daher ist $w_n(x) = \tfrac{1}{2}(-x-1) + \tfrac{1}{2}(-x+1) = -x = |x|$. Im verbleibenden Fall $x = 0$ gilt $w_n = \tfrac{1}{2}|1| + \tfrac{1}{2}|-1| = 1 \neq |0|$.

Ist daher n ungerade und damit $p_n(x) = 0$ für jedes gerade x, so gilt für alle verbleibenden x, dass $w_n(x) = |x|$. Dies erklärt

$$E(|X_{n+1}|) = \sum_{x=-n}^{n} p_n(x)|x| = E(|X_n|),$$

wenn n ungerade ist. Ist nun n gerade, so erhalten wir

$$E(|X_{n+1}|) = \sum_{x<0} p_n(x) w_n(x) + p_n(x) w_n(0) + \sum_{x>0} p_n(x) w_n(x)$$

$$= \sum_{x<0} p_n(x)|x| + p_n(0) \cdot 1 + \sum_{x>0} p_n(x)|x|$$

$$= E(|X_n|) + p_n(0).$$

Die Aussage ergibt sich nun aus der Tatsache, dass für n gerade $p_n(0) = \binom{n}{n/2} \cdot \tfrac{1}{2^n}$ gilt.   □

Wir haben in Kap. 2 gesehen, dass es ebenso interessant sein kann, die Standardabweichung $\sigma(X_n)$ anstatt nur den Erwartungswert $E(|X_n|)$ zu betrachten. Das wollen wir hier nachholen. Wir werden sehen, dass die Bestimmung von $\sigma(X_n)$ viel einfacher ist. Die Variable X_n kann als Summe unabhängiger Variablen betrachtet werden. Wir definieren dazu die Zufallsvariable Z_i, die die Werte ± 1 annimmt, je nachdem, ob im Schritt i der Punkt um Einheit in positiver oder negativer Richtung gewandert ist. Es gilt dann $X_n = Z_1 + Z_2 + \ldots + Z_n$. Die Zufallsvariablen $Z_1, \ldots, Z_n$ sind unabhängig, haben alle den Erwartungswert $E(Z_i) = 0$ und die Varianz $V(Z_i) = 1$. Somit folgt nach dem Satz 2.8, dass $V(X_n) = V(Z_1) + \ldots + V(Z_n) = n$. So ergibt sich $\sigma(X_n) = \sqrt{n}$.

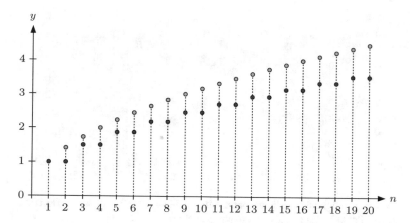

Abb. 11.20 Die Werte $E(|X_n|)$ (in rot) und $\sigma(X_n)$ (in blau) für $n = 1, \ldots, 20$

Satz 11.2 *Ist X_n die Zufallsvariable, die bei der symmetrischen Irrfahrt die Position nach n Schritten angibt und folglich $|X_n|$ die Zufallsvariable, die die Distanz zum Ausgangspunkt der Reise angibt, so gilt $E(|X_n|) \leq \sigma(X_n) = \sqrt{n}$. Für alle $n > 1$ gilt die strikte Ungleichung $E(|X_n|) < \sigma(X_n)$.*

Beweis. Wir wissen: $E(|X_1|) = 1 = \sqrt{1} = \sigma(X_1)$. Ist $n > 1$, so kann $|X_n|$ verschiedene Werte annehmen und daher gilt $V(|X_n|) > 0$. Weil $E(X_n) = 0$, folgt aus Satz 2.3 sofort die Aussage. □

Die Abb. 11.20 zeigt die Werte von $E(|X_n|)$ und $\sigma(X_n)$ für $n = 1, \ldots, 20$.

Bemerkung Satz 11.2 vergleicht $E(|X_n - E(X_n)|)$ mit $\sigma(X_n) = \sqrt{E((X_n - E(X_n))^2)}$. Da jedoch $E(X_n) = 0$, so vereinfacht sich dies zum Vergleich von $E(|X_n|)$ mit $\sigma(X_n) = \sqrt{E(X_n^2)}$. Man sollte daher von letzterem nicht vom zu erwartenden Abstand zum Ausgangspunkt der Reise sprechen, da dies genauer durch den ersten Ausdruck beschrieben wird, sondern von der Wurzel des zu erwartenden Abstandsquadrates. Diese sprachliche Präzision wird in der Literatur leider selten erreicht.

Nun soll das eindimensionale Modell etwas realistischer gestaltet werden. Wir betrachten dazu Zufallsvariablen Z_i, die voneinander unabhängig sind und allesamt normalverteilt sind mit Erwartungswert 0 und Standardabweichung 1. Diese Zufallsvariablen geben an, um wie viel sich die Position x im i-ten Schritt verändert. Es gilt also $X_{i+1} = X_i + Z_{i+1}$, wenn wiederum X_i die Position nach i Schritten angibt. Man beachte, dass X_n nun nicht mehr ganzzahlig sein muss. Die Abb. 11.21 zeigt zwei mögliche solcher Zufallsreisen.

Wiederum stellt sich die Frage nach der zu erwartenden Distanz nach n Schritten. Wir werden dieser Frage jedoch ausweichen und die wesentlich einfachere Frage betrachten,

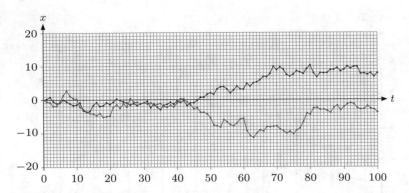

Abb. 11.21 Zwei mögliche Verläufe beim eindimensionalen Zufallsweg. Horizontal ist die Zeitachse t. Der Punkt bewegt sich vertikal auf- und abwärts

wie groß die Wurzel des erwarteten Distanzquadrates ist, mit anderen Worten $\sigma(X_n)$. Auch hier ist die Antwort einfach, denn $X_n = Z_1 + \ldots + Z_n$.

Satz 11.3 *Es seien $Z_1, \ldots, Z_n$ voneinander unabhängige standardisiert normalverteilte Zufallsvariablen. Die Zufallsvariable Z_i legt die Schrittweite und mit dem Vorzeichen die Schrittrichtung einer eindimensionalen Zufallsreise fest. Dann gilt für die Zufallsvariable X_n, die die Endposition nach den n Schritten angibt: $\sigma(X_n) = \sqrt{n}$.*

Beweis. Da $V(Z_i) = 1$ für alle i und $X_n = Z_1 + \ldots + Z_n$, so folgt aus der Unabhängigkeit der $Z_1, \ldots, Z_n$, dass $V(X_n) = V(X_1) + \ldots + V(Z_n) = n$. Daher gilt $\sigma(X_n) = \sqrt{V(X_n)} = \sqrt{n}$. $\qquad\square$

Nun sind wir bereit, die Dimension zu erhöhen. Vorerst betrachten wir zwei Dimensionen. Wir könnten hier verschiedene vereinfachende Modelle betrachten: zum Beispiel eines, bei dem mit fester Schrittweite entweder in positiver oder negativer x- oder y-Richtung geschritten wird (es gäbe 4 mögliche Richtungen, die alle gleich wahrscheinlich sind), oder ein Modell, bei dem wir entweder in x- oder in y-Richtung schreiten mit einer Schrittweite (und Schrittrichtung), die durch eine standardisiert normalverteilte Zufallsvariable gegeben wird. Wir wollen hier aber gleich den allgemeinen Fall meistern. Wir legen in jedem Schritt eine zufällige Schrittrichtung fest und schreiten dann mit einer standardisiert normalverteilten Zufallsvariablen als Schrittlänge in diese Richtung. Die Abb. 11.22 gibt 2 mögliche solcher Zufallswege an.

Sei Q_n die Zufallsvariable, die das Abstandsquadrat des Punktes zum Ausgangspunkt der Reise nach n Schritten angibt. Sind X_n die x-Koordinate und Y_n die y-Koordinate nach n Schritten, so gilt $Q_n = X_n^2 + Y_n^2$. Wir zeigen, dass auch hier $\sqrt{E(Q_n)} = \sqrt{n}$ gilt, dass also wiederum der Erwartungswert des zu erwartenden Abstandsquadrats gleich n ist.

Abb. 11.22 Zwei mögliche
Verläufe bei einer
zweidimensionalen
Zufallsreise, bei der die
Richtung zufällig und die
Schrittlänge jeweils
standardisiert normalverteilt ist

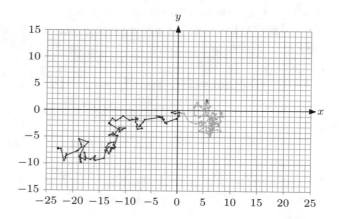

Abb. 11.23 Die letzten zwei
Punkte P_n und P_{n+1} eines
Weges der Länge $n + 1$, der in
$P_0 = (0, 0)$ startet

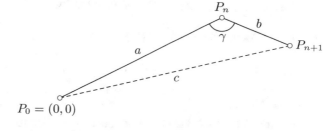

Satz 11.4 *In der zwei- und dreidimensionalen Zufallsreise mit einer standardisiert normalverteilten Schrittlänge gilt für das Abstandquadrat Q_n:*

$$\sqrt{\mathrm{E}(Q_n)} = \sqrt{n}.$$

Beweis. Wir zeigen diese Aussage zuerst in der Ebene durch vollständige Induktion nach n. Sicherlich gilt $\mathrm{E}(Q_1) = 1$, da die Schrittlänge standardisiert normalverteilt mit Erwartungswert 0 und Standardabweichung 1 ist. Nun nehmen wir an, dass $\mathrm{E}(Q_n) = n$ gilt und folgern daraus, dass $\mathrm{E}(Q_{n+1}) = n+1$ gilt. Wir betrachten dazu die Situation nach $n+1$ Schritten. Nach n Schritten sei der Punkt P_n erreicht und nach einem weiteren Schritt der Punkt P_{n+1}. Ausgegangen ist der Weg vom Punkt $P_0 = (0, 0)$. Sei $a = P_0 P_n, b = P_n P_{n+1}$ und $c = P_0 P_{n+1}$. Weiter definieren wir $\gamma = \angle P_0 P_n P_{n+1}$, siehe die Abb. 11.23.

Nach dem Cosinussatz gilt für die Distanz c nach $n + 1$ Schritten:

$$c^2 = a^2 + b^2 - 2ab \cos(\gamma).$$

Nun schauen wir uns die zugehörigen Zufallsvariablen an. Es gilt

$$Q_{n+1} = Q_n + S_{n+1}^2 - 2\sqrt{Q_n} S_{n+1} \cos(\Gamma).$$

Dabei ist Q_n das Quadrat der Distanz nach n Schritten, S_{n+1} ist standardisiert normalverteilt und der Drehwinkel Γ ist uniform verteilt im Intervall $[0°, 180°]$. Jetzt betrachten wir den Erwartungswert:

$$E(Q_{n+1}) = E(Q_n) + E(S_{n+1}^2) - 2\,E\left(\sqrt{Q_n}\,S_{n+1}\cos(\Gamma)\right)$$

$$\{\text{Da } Q_n, S_{n+1}, \Gamma \text{ unabhängig sind}\}$$

$$= E(Q_n) + E(S_{n+1}^2) - 2\,E\left(\sqrt{Q_n}\right) E(S_{n+1})\,E(\cos(\Gamma)).$$

Da Γ uniform verteilt ist im Intervall $[0°, 180°]$, so gilt $E(\cos(\Gamma)) = 0$, da $\cos(\gamma) = -\cos(180° - \gamma)$. Weiter gilt $\sigma(S_{n+1}) = 1$ und $E(S_{n+1}) = 0$. Somit folgt

$$1 = V(S_{n+1}) = E(S_{n+1}^2) - E(S_{n+1})^2 = E(S_{n+1}^2).$$

Gemäß der Voraussetzung gilt $E(Q_n) = n$. Daher können wir nun

$$E(Q_{n+1}) = n + 1$$

schließen.

Im Raum gilt jedoch dasselbe. Wir haben ja von den Koordinaten gar keinen Gebrauch gemacht und können obiges Argument wiederholen, indem wir die Ebene betrachten, die jeweils durch die drei Punkte P_0, P_n, P_{n+1} verläuft.   □

11.6   Zufallsstreckungen

Wir geben hier noch eine weitere Anwendung an, bei der der Zufall genutzt werden kann, um ein festgelegtes Objekt zu beschreiben, bei dem der Zufall gar keine Rolle spielt. Gezeichnet wird die Figur durch eine Folge vieler Punkte P_i. Wir betrachten dazu ein gleichseitiges Dreieck mit den Ecken A, B, C und setzten P_0 beliebig im Innern des Dreiecks ABC. Nun wird eine der drei Ecken $E_1 \in \{A, B, C\}$ zufällig ausgewählt und P_1 als Mittelpunkt der Strecke $P_0 E_1$ gesetzt. Jetzt stellt sich die Frage, wo P_1 liegen kann. Die Abb. 11.24 zeigt die drei möglichen Lagen von P_1.

Iterativ wird dies fortgesetzt: Hat man P_k gezeichnet, so wählt man eine Ecke $E_{k+1} \in \{A, B, C\}$ zufällig und setzt P_{k+1} als Mittelpunkt der Strecke $P_k E_{k+1}$.

Im Programm, das in Abb. 11.25 abgebildet ist, sind in den Listen x und y die x- beziehungsweise die y-Koordinaten dieser drei Punkte so gewählt, dass $(0, 0)$ der Mittelpunkt des Dreiecks ist. Außerdem wird P_0 als Mittelpunkt der Seite AB gestartet.

Aufgabe 11.10 Tippe das Programm von Abb. 11.25 ab und probiere es aus.

Abb. 11.24 Die drei möglichen Lagen für den Punkt P_1 sind $P_1^{(A)}$, $P_1^{(B)}$ und $P_1^{(C)}$ bei gegebenem P_0 innerhalb des Dreiecks ABC

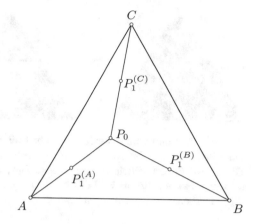

```
from gturtle import *  # Die Bibliothek gturtle wird geladen
from random import *  # Die Bibliothek random wird geladen

x=[-200,200,0]  # Die x-Koordinaten der drei Ecken
y=[-100,-100,246.41]  # Die y-Koordinaten der drei Ecken

xp=0  # Die x-Koordinate des Startpunkts
yp=-100  # Die y-Koordinate des Startpunkts
makeTurtle()  # Erstellt das Fenster mit der Turtle
hideTurtle()  # Damit das Zeichnen schneller erfolgt
penUp()  # Gezeichnet werden nur Punkte
for i in range(100000):
    dot(1)  # Ein Punkt wird gezeichnet
    i=randint(0,2)  # Zufällige Wahl einer Ecke
    xp=(xp+x[i])/2  # Die Koordinaten des neuen Punktes
    yp=(yp+y[i])/2  # werden neu ermittelt
    setPos(xp,yp)  # Die Position wird neu gesetzt
```

Abb. 11.25 Das Programm mit dem man das Sierpiński Dreieck mit Hilfe des Zufalls zeichnen kann

Die Figur, die man mit Hilfe des Programms aus Abb. 11.25 zeichnet, nennt man Sierpiński-Dreieck. Benannt ist es nach Waclaw Sierpiński (1882–1969), einem polnischen Mathematiker. Wir wollen uns überlegen, warum das Programm das Sierpiński Dreieck erscheinen lässt, indem immer mehr Punkte gezeichnet werden. Sei dazu P_0 ein beliebiger Punkt des Dreiecks. Für den Ort von P_0 kommt die ganze schwarze Fläche des Dreiecks in Frage, siehe die Abb. 11.26 links. Sei nun P_1 der Mittelpunkt von P_0A, P_0B oder P_0C. Jetzt muss P_1 in einer der drei kleineren Dreiecke liegen. Wir können die Mittelpunktsbildung auch als Streckung mit dem Streckungsfaktor $\frac{1}{2}$ mit einer der drei Ecken als Streckungszentrum ansehen. Für den möglichen Aufenthaltsort des Punktes P_1 kommt also nur noch die Fläche in Betracht, die in Abb. 11.26 in der Mitte gezeigt wird. Was passiert, wenn wir nun wieder mit einem der drei Ecken als Zentrum strecken? Nun kommt für P_2 nur noch die schwarze Fläche in Betracht, die in der Abb. 11.26 rechts dargestellt ist. Das Sierpiński-Dreieck ist die Figur, die man erhält,

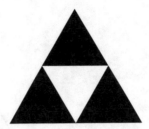

Abb. 11.26 Links wird das mögliche Gebiet für P_0, ein beliebiger Punkt im Dreieck, gezeigt. Da jeder Punkt möglich ist, ist das gesamte Dreieck schwarz eingefärbt. In der Mitte ist das mögliche Gebiet, wo P_1, der Mittelpunkt der Strecke P_0A, P_0B oder P_0C, noch liegen kann (wiederum als schwarze Fläche). Rechts wird das mögliche Gebiet gezeigt, wo P_2, der Mittelpunkt der Strecke P_1A, P_1B oder P_1C, noch liegen kann

wenn man diesen Prozess unendlich fortsetzt. Es ist also die Figur, die am Ende dieser unendlichen Folge von Bildern steht, bei denen man immer wieder von den schwarzen Dreiecken das Mittelpunktsdreieck entfernt. Da das Programm mit einem Punkt startet, der sicherlich zum Gebiet gehört, das schwarz bleibt, so erhalten wir ausschließlich Punkte des Sierpiński-Dreiecks.

Aufgabe 11.11 In einem Quadrat $ABCD$ seien M_a, M_b, M_c und M_d die Seitenmitten. Betrachte diese 8 Punkte als die Zentren von Streckungen mit dem Streckungsfaktor $\frac{1}{3}$. Ist $Q(u, v)$ einer dieser 8 Punkte und $P_0(x_0, y_0)$ der Startpunkt, so erhält man die Koordinaten von $P_1(x_1, y_1)$, dies ist des Bildpunkt von P_0 bei der Streckung mit Zentrum Q und Streckungsfaktor $\frac{1}{3}$ mit Hilfe der Formeln

$$x_1 = \tfrac{1}{3}x_0 + \tfrac{2}{3}u, \quad y_1 = \tfrac{1}{3}y_0 + \tfrac{2}{3}v.$$

Welches Bild erhält man, wenn dieser Prozess mit einem beliebigen Startpunkt im Innern des Quadrats eine Million Mal durchgeführt wird?

Aufgabe 11.12 Sei M die Mitte des Quadrats $ABCD$. Betrachte die 5 Punkte A, B, C, D und M als die möglichen Zentren einer Streckung mit Streckungsfaktor $\frac{1}{3}$. Der Startpunkt P_0 sei beliebig im Quadrat und jeder nachfolgende Punkt P_k sei der Bildpunkt bei einer solchen Streckung. Welches Bild entsteht, wenn viele Punkte gezeichnet werden?

11.7   Zusammenfassung

Mit der Monte Carlo Methode können mit Einsatz eines Computers und der Verwendung eines Pseudozufallsgenerators Prozesse simuliert werden und Problemstellungen untersucht werden, bei denen eine theoretische Berechnung eines Erwartungswerts sehr schwierig oder aufwändig ist. Mit den Simulationen kann durch eine Durchschnittsbildung abgeschätzt werden, wie groß der Erwartungswert ist. Erhöht man die Anzahl der Simulationen, so sinkt die Wahrscheinlichkeit, dass man den Erwartungswert stark unter- oder überschätzt. Dazu bedient man sich des Gesetzes der großen Zahlen.

Die Monte Carlo Methode ist sehr vielseitig einsetzbar. Man kann damit zum Beispiel Flächeninhalte oder Volumina bestimmen, die durch Ungleichungen beschrieben werden, oder aber auch Integrale, zu denen die Stammfunktion nicht explizit angegeben werden kann, weil diese nicht elementar ist. Auch gibt es geometrische Situationen, bei denen die Monte Carlo Simulation mit Erfolg zu Einsatz kommt. Manchmal lassen sich jedoch auch theoretische Berechnungen durchführen. In diesen Fällen kann die Güte der Monte Carlo Methode im Nachhinein überprüft werden.

Die Brownsche Bewegung tritt dann auf, wenn sich mikroskopische Partikel in einer Flüssigkeit befinden. Beobachtbar ist sie unter dem Mikroskop. Verursacht wird die Bewegung durch die thermische Bewegung der Moleküle der Flüssigkeit. Mathematisch kann die Brownsche Bewegung dadurch simuliert werden, dass man schrittweise einen Punkt bewegt. Dazu wählt man eine beliebige Richtung und eine Schrittweite, die standardisiert normalverteilt ist. Interessanterweise spielt die Dimension keine Rolle bei der Frage, wie weit der Punkt sich in n Schritten fortbewegt, wenn man darunter die Wurzel des zu erwartenden Distanzquadrats versteht.

Interessante Figuren lassen sich durch Zufall punktweise zeichnen. Dazu legt man gewisse Punkte als mögliche Streckungszentren fest. Man geht dann aus von einem Startpunkt und erhält eine Punktfolge, indem man eines der Zentren zufällig wählt und den zuletzt berechneten Punkt mit diesem Zentrum streckt, um den nächsten Punkt der Folge zu erhalten.

11.8 Kontrollfragen

1. Worin besteht die Monte Carlo Methode?
2. Warum bedient man sich mit der Monte Carlo Methode des Gesetzes der großen Zahlen?
3. Wie kann ein Flächeninhalt mit der Monte Carlo Methode abgeschätzt werden?
4. Was unterscheidet die Monte Carlo Integration von der Integration, bei der eine Stammfunktion bekannt ist?
5. Worin besteht die Brownsche Bewegung?
6. Wie wird die Brownsche Bewegung mathematisch modelliert?
7. Wie geht man vor, wenn man durch Angabe von möglichen Streckungszentren Bilder punktweise zeichnet?

11.9 Lösungen zu ausgewählten Aufgaben

Aufgabe 11.1 Die Funktion `erlegen()` muss umgeschrieben werden. Die Abb. 11.27 zeigt eine Möglichkeit, dies durchzuführen. Die erwartete Anzahl erlegter Enten liegt bei circa 5.37508.

Aufgabe 11.2 Eine Monte Carlo Simulation mit $n = 100000$ Zufallspunkten liefert etwa den Wert 4.18896. Der exakte Wert ist $\frac{4}{3}\pi$.

Aufgabe 11.3 Eine Monte Carlo Simulation mit $n = 1000000$ Zufallspunkten liefert etwa den Wert 2.53952. Der exakte Wert ist $\frac{1}{120}\pi^5$.

```
def erlegen():
    e=[]  # e wird als leere Liste initialisiert
    for i in range(10):
        e.append(0)  # die Liste wird mit 0 gefüllt
    for i in range(10):
        j=randint(0,9)  # eine zufällige Ente wird ausgewählt
        z=random()  # eine zufällige Zahl zwischen 0 und 1
        if z<p[j]:  #  die  Ente  wird  nur  erlegt,  falls  z<p[i]
            e[j]=1
    # die erlegten Enten werden gezählt
    s=0;  # der Zähler wird auf 0 gesetzt
    for i in range(10):
        s+=e[i]
    return s
```

Abb. 11.27 Die modifizierte Version der Funktion `erlegen()`, wenn der `i`-te Jäger nur mit der Wahrscheinlichkeit `p[i]` trifft

```
from random import *

def mcm_inhalt(n):
    z=0  # Zähler wird auf 0 gesetzt
    for i in range(n):
        x=random()*3-1.5  # 1. zufällige Zahl zwischen -1.5 und 1.5
        y=random()*3-1.5  # 2. zufällige Zahl zwischen -1.5 und 1.5
        if x**4+y**4-x**2-y**2<-0.2:  # Bedingung wird geprüft
            z=z+1  # Zähler wird erhöht
    return 9*z/n

mcm_inhalt(1000000)
```
```
4.995396
```

Abb. 11.28 Das Programm, das den Inhalt der Fläche abschätzt, die durch die Ungleichung $x^4 + y^4 - x^2 - y^2 < -0.2$ beschrieben wird

Aufgabe 11.4 Das umgebende Quadrat hat einen Flächeninhalt von $3^2 = 9$. Mit der Monte Carlo Methode können n Zufallspunkte in dieses Quadrat gelegt werden. In der Simulaton werden wir die Anzahl z der Punkte $p(x, y)$ bestimmen, die die Gleichung $x^4 + y^4 - x^2 - y^2 < -0.2$ erfüllen. Für den gesuchten Flächeninhalt F gilt dann $\frac{F}{9} \approx \frac{z}{n}$, also $F \approx 9\frac{z}{n}$. Die Abb. 11.28 gibt das Programm an, mit dem wir diesen Flächeninhalt mit der Monte Carlo Methode abschätzen. Der Operator `**` steht in Python für das Potenzieren, so berechnet `x**4` für den Ausdruck x^4. Die Berechnung zeigt, dass der Flächeninhalt ungefähr 5 ist.

Aufgabe 11.5 Der eine solide Zylinder ist gegeben durch die Ungleichung $y^2 + z^2 \leq 1$, der andere durch $x^2 + z^2 \leq 1$. Für den Schnittkörper müssen beide Ungleichungen erfüllt sein. Wir bestimmen n zufällige Punkte (x_i, y_i, z_i) mit $-1 \leq x_1 \leq 1$, $-1 \leq y_i \leq 1$ und $-1 \leq z_i \leq 1$. Wir zählen mit der Variablen s die Anzahl der Punkte, die innerhalb des Schnittkörpers liegen. Wir erwarten $\frac{s}{n} \approx \frac{V}{8}$, wobei V das gesuchte Volumen und 8 das Würfelvolumen ist.

Die Abb. 11.29 zeigt das Programm, das das Volumen des Körpers abschätzt. Der exakte Wert lässt sich durch eine Integration ermitteln und ist $\frac{16}{3} = 5.\overline{3}$.

```
from random import *

def mcm_volumen(n):      s=0 # Zähler wird auf 0 gesetzt
    for i in range(n):
        x=random()*2-1 # Zufällige Zahl zwischen -1 und 1
        y=random()*2-1 # Zufällige Zahl zwischen -1 und 1
        z=random()*2-1 # Zufällige Zahl zwischen -1 und 1
        if y*y+z*z<=1 and x*x+z*z<=1: # Bedingung wird geprüft
            s=s+1 # Zähler wird erhöht
    return 8*s/n

mcm_koerper(1000000)
```
```
5.331976
```

Abb. 11.29 Die obere Box zeigt das Programm, mit dem das Volumen abgeschätzt wurde, die untere Zeile zeigt das Resultat

```
from random import *

def mcm_sin(n):
    s=0 # Die Summenvariable wird auf 0 gesetzt
    x0=sqrt(pi) # Die Obergrenze der Integration
    for i in range(n):
        x=random()*x0 # Eine zufällige Zahl zwischen 0 und x0
        s=s+sin(x*x) # In s werden die Funktionswerte aufsummiert
    return x0*s/n

mcm_sin(1000000)
```
```
0.8946567538693581
```

Abb. 11.30 Die Abbildung zeigt ein Programm, das das bestimmte Integral von Aufgabe 11.7 mit der Monte Carlo Integration abschätzt. In der letzten Zeile steht das Resultat der Berechnung

Aufgabe 11.6

(a) Die Zeile mit der Bedingung muss wie folgt abgeändert werden:

```
if y*y+z*z<=1 and x*x+z*z<=1 and x*x+y*y<=1: # Bedingung
```

Die Simulation sollte nun einen Wert um 4.685 liefern.

(b) Die Zeile mit der Bedingung muss wie folgt abgeändert werden:

```
if y*y+z*z<=1 and x*x+z*z<=1 and x*x+y*y>=0.25: # Bedingung
```

Die Simulation sollte nun einen Wert um 3.845 liefern.

Aufgabe 11.7 Die Abb. 11.30 zeigt ein Programm, das das gefragte Integral abschätzt.

Aufgabe 11.8 Die Abb. 11.31 zeigt eine Möglichkeit, die erwarteten minimalen Abstände abzuschätzen für verschiedene Werte von k.

```
from random import *
from math import *

# Berechnet das Minimum von k zufälligen Punkten der Kreisscheibe
def min_kreisscheibe(k):
    mi=1  # Das Minimum wird maximal angesetzt
    i=0   # Zähler für die Punkte innerhalb der Kreisscheibe
    while(i<k):
        x=random()*2-1  # Eine zufällige Zahl x zwischen -1 und 1
        y=random()*2-1  # Ebenso
        d=sqrt(x*x+y*y)  # Abstand zum Mittelpunkt
        if d<1:  # Nur falls innerhalb des Kreises
            i=i+1  # Zähler wird erhöht
            if d<mi:  # Falls kleiner als bisheriges Minimum,
                mi=d  # wird das Minimum angepasst
    return mi

def mcm_kreisscheibe(k,n):
    s=0;  # In s werden die minimalen Abstände aufsummiert
    for i in range(n):
        s=s+min_kreisscheibe(k)
    return s/n  # Die minimalen Abstände werden gemittelt

l=[]  # Liste wird als leer initialisiert
for i in range(1,6):
    l.append(mcm_kreisscheibe(i,100000))
```

[0.6669478, 0.5333786, 0.4568615, 0.4061104, 0.3695277, 0.3409271,
0.3182776, 0.2996595, 0.2839623, 0.2700979]

Abb. 11.31 Mit diesem Programm kann der minimale Abstand von k zufällig in einer Kreisscheibe gewählten Punkte zum Kreismittelpunkt abgeschätzt werden

Aufgabe 11.11 Die Abb. 11.32 zeigt, wie das Gebiet zunehmend verkleinert wird. Für P_0 ist noch das ganze Quadrat möglich, wie dies die linke Figur andeutet. Unterteilt man das Quadrat in 3×3 gleich große Teilquadrate, so ist für P_1 das mittlere Teilquadrat nicht mehr möglich. Der mögliche Bereich für P_1 ist in der Abb. 11.32 in der Mitte gezeigt. Rechts davon sieht man den möglichen Bereich von P_2. Die Figur, die man als Grenzwert erhält, nennt man Sierpiński-Teppich.

Aufgabe 11.12 Hier gibt die Abb. 11.33 Auskunft, wie sich das Gebiet für P_k verkleinert, wobei links $k = 0$, in der Mitte $k = 1$ und rechts $k = 2$ gilt.

Abb. 11.32 Die möglichen Gebiete sind links: für P_0 ein beliebiger Punkt des Quadrats; in der Mitte: für P_1, der Punkt den man aus P_0 durch Streckung mit Zentrum in Q und Streckungsfaktor $\frac{1}{3}$ erhält, wobei Q einer der 8 Streckungszentren sein kann; rechts: für P_2, der Punkt den man aus P_1 durch Streckung mit Zentrum in Q und Streckungsfaktor $\frac{1}{3}$ erhält, wobei wiederum Q einer der 8 Streckungszentren sein kann

Abb. 11.33 Die möglichen Gebiete sind links: für P_0 ein beliebiger Punkt des Quadrats; in der Mitte: für P_1, der Punkt den man aus P_0 durch Streckung mit Zentrum in Q und Streckungsfaktor $\frac{1}{3}$ erhält, wobei Q einer der 5 Streckungszentren sein kann; rechts: für P_2, der Punkt den man aus P_1 durch Streckung mit Zentrum in Q und Streckungsfaktor $\frac{1}{3}$ erhält, wobei wiederum Q einer der 5 Streckungszentren sein kann

Lineare Regression

12

12.1 Zielsetzung

In diesem letzten Kapitel untersuchen wir eine ganz neue Situation, bei der zwei Variablen, welche messbar sind, wie zum Beispiel das Alter, das Gewicht oder die Körpergröße einer Person betrachtet werden. Besonders von Interesse ist die Frage, ob die Werte einer gegebenen Variablen genutzt werden können, um die Werte der anderen annähernd vorhersagen zu können. Kann man auf Grund der Kenntnis der Größe einer Person auf ihr Gewicht schließen? Sicherlich geht dies nicht auf eine eindeutige Art und Weise. Was wir als Antwort erwarten können ist eine Gesetzmäßigkeit, von der es aber in konkreten Fällen Abweichungen geben kann.

Nachdem wir die genaue Problemstellung geklärt haben, werden wir zur Lösung des Problems übergehen. Zentral dabei ist der Begriff des Modells: Wir suchen nach möglichst guten Modellen, mit deren Hilfe wir einen derartigen Zusammenhang etablieren können. Dabei werden wir erst klären müssen, was denn genau unter „möglichst gut" gemeint sein könnte. Die Qualität von Modellen, die man fachsprachlich auch als Güte des Modells bezeichnet, wird uns am Ende des Kapitels nochmals beschäftigen.

12.2 Die Problemstellung

Auf Grund einiger Messungen zweier Variablen soll ein Modell erstellt werden, das sich möglichst gut an die Daten anpasst. Wir betrachten zuerst ein konkretes Beispiel und erörtern danach, was denn genau mit „möglichst gut" gemeint sein könnte.

© Der/die Herausgeber bzw. der/die Autor(en), exklusiv lizenziert durch
Springer Nature Switzerland AG 2020
M. Barot, J. Hromkovič, *Stochastik 2*, Grundstudium Mathematik,
https://doi.org/10.1007/978-3-030-45553-8_12

Beispiel 12.1 Schreiben wir verschiedene Temperaturen in den zwei Skalen Fahrenheit und Celsius auf, so erhalten wir Datenpaare (T_F, T_C) wie zum Beispiel:

$$(32, 0), \ (68, 20), \ (77, 25), \ (122, 50), \ (143.6, 62), \ (212, 100).$$

Wir sollen auf Grund dieser Daten eine Angabe machen, wie viel Grad Celsius denn der Temperatur 284 F° entsprechen.

Tragen wir diese Datenpaare als Punkte in ein Koordinatensystem ein, so sehen wir, dass sie alle auf einer Geraden liegen, siehe die Abb. 12.1.

Wir können die Gerade durch eine Gleichung beschreiben. Dazu nehmen wir uns zwei beliebige Datenpunkte heraus: (32, 0) und (212, 100). Die Steigung der Geraden ist somit

$$a = \frac{100 - 0}{212 - 32} = \frac{100}{180} = \frac{5}{9}.$$

Daher ist die Geradengleichung von der Form

$$T_C = \frac{5}{9} T_F + b,$$

wobei der Koeffizient b noch zu bestimmen ist. Diesen erhält man durch Einsetzen eines Punktes, zum Beispiel von (32, 0). Man erhält $b = -\frac{160}{9}$. Damit können wir die zu Beginn

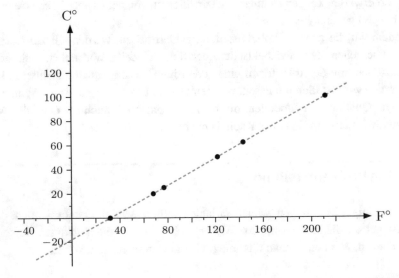

Abb. 12.1 Die Datenpunkte (T_F, T_C) zu Temperaturen gemessen in den Skalen Fahrenheit und Celsius liegen auf einer Geraden

gestellte Frage leicht beantworten: Wir setzen $284\,\mathrm{F}°$ ein und erhalten $\frac{5}{9}284 - \frac{160}{9} = 140$. Der Temperaturangabe $284\,\mathrm{F}°$ entspricht also $140\,\mathrm{C}°$.   ◇

Beispiel 12.1 ist ein Idealfall des Zusammenhangs von zwei Variablen, denn die Punkte liegen genau auf einer Geraden. Die Gerade können wir als Modell betrachten, das perfekt passt. Im folgenden Beispiel betrachten wir eine Situation, bei der die Punkte nicht mehr präzise auf einer Geraden liegen.

Beispiel 12.2 Bei einer Erhebung 1975 in den USA befragte man Frauen im Alter von 30 bis 39 Jahren nach ihrer Größe und ihrem Gewicht und ermittelte die Durchschnittswerte in gewissen Körpergrößenklassen. Da die Körpergröße in den USA mit Inch angegeben wird, fassen die Größenklassen jeweils 3 Inch zusammen. Wie man in Abb. 12.2 sieht, liegen die Datenpunkte recht genau, aber nicht mehr exakt auf einer Geraden.

Wiederum möchten wir ein Modell erstellen: eine Gerade mit der Gleichung

$$\text{Gewicht} = a \cdot \text{Größe} + b,$$

oder genauer: eine lineare Funktion f der Form $f(x) = ax + b$, deren Graph

$$y = ax + b$$

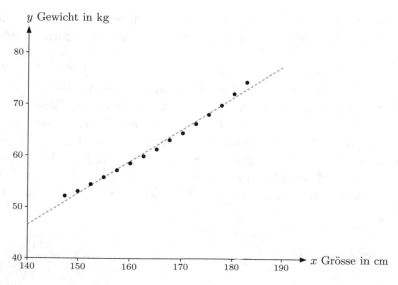

Abb. 12.2 Die Durchschnittswerte der Körpergewichte in Größenklassen der Köpergröße bei einer Erhebung 1975 in den USA

dann die besagte Gerade ist. Die Gerade soll sich „möglicht gut" an die Datenpunkte anpassen wie in Abb. 12.2 gezeigt.

Fassen wir die wichtigsten Punkte noch einmal zusammen: Gegeben sind Datenpaare (x_i, y_i) und wir suchen ein Modell, welches auf Grund der Kenntnis der x_i die y_i vorhersagen soll, also suchen wir eine Funktion f, die den Zusammenhang der Variablen x und y näherungsweise wiedergibt. Mit dem Modell f ist dann $f(x_i) = \widehat{y_i}$ der durch das Modell berechnete Schätzwert von y_i.

Begriffsbildung 12.1 *Gegeben seien n Datenpaare $(x_1, y_1), \ldots, (x_n, y_n)$. Für jede Funktion f nennt man den Wert $f(x_i) = \widehat{y_i}$ den* **durch das Modell f berechneten Schätzwert von y_i**.
Die Differenz $y_i - \widehat{y_i}$ nennt man **Residuum**. *Dies ist die Abweichung der tatsächlichen Werte y_i von der Vorhersage $\hat{y}_i$ des Modells.*

Zuerst wollen wir der Frage nachgehen, welche Art von Modellen, d. h. welche Art von Funktionen, wünschenswert wären. Dabei stehen sich zwei Gesichtspunkte gegenüber:

• Das Modell, das heißt die Funktion, soll möglichst einfach sein. Einfache Modelle lassen effizientere Berechnungen zu und sie sind besser verständlich.
• Das Modell (die Funktion) soll die gegebenen Werte möglichst genau vorhersagen. Im Allgemeinen gilt der Grundsatz: Je komplizierter das Modell, desto besser kann diese Forderung eingelöst werden.

Die beiden Punkte stehen in gegenseitigem Wettstreit und es wird unsere Aufgabe sein, zu entscheiden, wie einfach oder kompliziert das Modell gestaltet werden soll. Dazu betrachten wir ein Studienbeispiel.

Beispiel 12.3 Gegeben seien die 7 Datenpaare $(x_1, y_1), \ldots, (x_7, y_7)$ der Tab. 12.1.

Wir wollen nun verschiedene Modelle f betrachten und deren Güte untersuchen. Wir beginnen mit den Extremen und stellen ein möglichst einfaches Modell einem sehr komplexen entgegen. Einerseits betrachten wir eine konstante Funktion f_0. Es gilt dann $f_0(x) = c$, wobei c eine Konstante ist. Die Abb. 12.3 zeigt links den Graphen der konstanten Funktion $f_0(x) = 23$. Eingezeichnet wurden auch die Residuen. Andererseits betrachten wir eine polynomiale Funktion, welche durch alle 7 Punkte verläuft. Dies ist f_6, wobei gilt:

Tab. 12.1 Sieben Datenpaare

i	1	2	3	4	5	6	7
x_i	2	6	22	24	33	42	46
y_i	13	8	15	28	30	27	40

$$f_6(x) = -0.000003049x^6 + 0.0004717x^5 - 0.027619x^4 + 0.751358x^3 - 9.25346x^2 +$$
$$+ 41.6674x - 38.9049.$$

Der Graph von f_6 ist in der Abb. 12.3 rechts abgebildet.

Das Modell f_0 ist einfachst möglich, kann aber die Werte y_i schlecht vorhersagen. Das Modell f_6 ist sehr kompliziert, kann dafür die schon vorhandenen Werte y_i perfekt vorhersagen. Wie steht es aber mit Werten dazwischen? Für $x = 12$ gilt etwa $f_6(12) \approx -37.5$. Dies entspricht wohl kaum unserer Intuition. Wir werden daher ein einfacheres Modell suchen, einfacher als f_6, aber doch etwas komplexer als die konstante Funktion f_0. Da bieten sich die linearen Funktionen an. Doch bevor wir dies tun, verharren wir einen Moment bei der konstanten Funktion $f_0(x) = c$.

Welcher Wert c wird die beste Vorhersage machen über die y_i? Wir möchten die Residuen möglichst klein halten. Wir können daher versuchen, eine der folgenden Summen zu minimieren:

$$S_R(c) = \sum_{i=1}^{7} y_i - c, \qquad \text{die Summe der Residuen oder}$$

$$S_A(c) = \sum_{i=1}^{7} |y_i - c|, \qquad \text{die Summe der Absolutbeträge der Residuen oder}$$

$$S_Q(c) = \sum_{i=1}^{7} (y_i - c)^2, \qquad \text{die Summe der Quadrate der Residuen.}$$

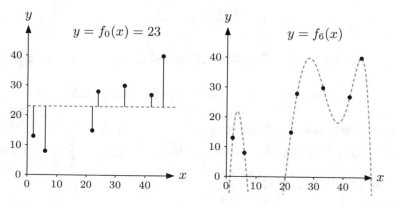

Abb. 12.3 Zwei extreme Modelle: links eine konstante Funktion f_0, rechts eine polynomiale Funktion f_6 sechsten Grades

Eine einfache Umformung von $S_R(c)$ ergibt $S_R(c) = -7c + \sum\limits_{i=1}^{7} y_i$, ein Ausdruck, den man beliebig klein machen kann (man muss nur c genügend groß machen). Wenn wir von der Summe $S_R(c)$ ein quantitatives Maß der Güte der Datenerklärung erwarten (je kleiner $S_R(c)$, desto geeigneter ist c), funktioniert $S_R(c)$ für diesen Zweck nicht. Zusätzlich kommt hinzu, dass die positiven Abweichungen die negativen Abweichungen ausgleichen können. Daher wäre auch der absolute Wert von $S_R(c)$ keine gute Idee für eine zu minimierende Größe, denn es wäre gut, dass $|S_R(c)| = 0$ gilt, selbst dann, wenn die einzelnen Residuen $y_i - c$ stark von 0 abweichen.

Betrachten wir nun $S_A(c)$, die Summe der Absolutbeträge. Betrachten wir zwei solcher Summanden, etwa $|y_1 - c| + |y_7 - c|$. Diese Summe ist konstant gleich $y_7 - y_1 = 26$ für alle Werte c zwischen y_1 und y_7 und größer als 26 für alle Werte, welche nicht zwischen y_1 und y_7 liegen. Führt man diese Überlegung weiter, so ergibt sich, dass $S_A(c)$ minimal ist für $c = y_6 = 27$, den Wert in der Mitte: $y_1, y_2, y_3 < y_6$ und $y_6 < y_4, y_5, y_7$.

Schließlich betrachten wir $S_Q(c)$. Die Funktion ist quadratisch, ihr Graph ist also eine Parabel, welche nach oben geöffnet ist. Hier können wir mit Hilfe der Differentialrechnung das Minimum bestimmen: Wir berechnen die Ableitung $S_Q'(c)$ und lösen $S_Q'(c) = 0$ nach c auf:

$$S_Q'(c) = \left[\sum_{i=1}^{7}(y_i - c)^2\right]' = \sum_{i=1}^{7}\left[(y_i - c)^2\right]' = \sum_{i=1}^{7}(-2)(y_i - c) = (-2)\sum_{i=1}^{7}(y_i - c).$$

Also müssen wir $(-2)\sum\limits_{i=1}^{7}(y_i - c) = 0$ nach c auflösen. Dies ergibt

$$c = \frac{y_1 + y_2 + \ldots + y_7}{7}.$$

Dies zeigt, dass der Mittelwert $\frac{y_1 + \ldots + y_7}{7} = 23$ die beste konstante Vorhersage abgibt.   ◇

Wir fassen allgemein zusammen, was wir in Beispiel 12.3 gefunden haben.

Satz 12.1 *Gegeben seien n Datenpaare $(x_1, y_1), \ldots, (x_n, y_n)$. Dann ist die einzige konstante Funktion, welche die Summe der Residuenquadrate $S_Q = \sum\limits_{i=1}^{n}(y_i - c)^2$ minimiert, jene, welche $f(x) = \frac{y_1 + \ldots + y_n}{n}$ erfüllt.*

Aufgabe 12.1 Gegeben sind die drei Datenpaare $(1, 4)$, $(5, 2)$ und $(7, 9)$. Berechne das „bestmögliche" konstante Modell $f_0(x) = c$, wobei „bestmöglich" heißen soll: „welches die Summe der Residuenquadrate minimiert".

Bestimme außerdem eine quadratische Funktion f_3, deren Graph durch alle drei Punkte verläuft.

Beispiel 12.4 Wir setzen nun das Beispiel 12.3 fort.

Betrachten wir nun lineare Funktionen, wie sie zum Beispiel in Abb. 12.4 gezeigt werden. Von den beiden linearen Modellen gibt die linke eine weit bessere Vorhersage für die vorhandenen Daten als die rechte, da die Residuen offensichtlich kleiner sind. Auch hier werden wir, ermutigt durch die Untersuchung zu den konstanten Modellen, versuchen die Summe

$$S_Q = \sum_{i=1}^{7} \left(y_i - f(x_i)\right)^2$$

zu minimieren. Wir werden die Lösung allgemein herleiten im nächsten Abschnitt.   ◇

Begriffsbildung 12.2 *Der Graph der „bestmöglichen" linearen Funktion heißt **Regressionsgerade**, wobei mit „bestmöglich" wiederum gemeint ist, dass die Summe der Residuenquadrate minimiert wird.*

Auszug aus der Geschichte Der Begriff „Regression" stammt aus dem Englischen „regression", der auch „Rückwärtsbewegung" bedeutet. Er stammt von Karl Pearson (1857–1936), der um 1900 die Beziehung zischen den Größen von Vater und Sohn betrachtete und feststellte, dass ein „regression to the mean", also eine „Rückwärtsbewegung zum Mittelwert" stattfindet, siehe die Abb. 12.5. In dieser Abbildung ist auch die Regressionsgerade eingezeichnet. Sie hat eine Steigung von etwa 0.51. Dies bedeutet: Väter die im Mittel größer sind, haben Söhne, die im Mittel auch größer sind als der Durchschnitt, aber nicht so sehr wie die Väter.

Aufgabe 12.2 Gegeben sind die 10 Datenpaare $(1, 1)$, $(1, 3)$, $(3, 2)$, $(3, 6)$, $(4, 4.5)$, $(4, 5.5)$, $(6, 6)$, $(6, 8)$, $(8, 7)$, $(8, 11)$.

Zeichne die Datenpunkte in ein Koordinatensystem und skizziere danach die Regressionsgerade. Lies danach aus der Skizze ein lineares Modell ab: $f(x) = ax + b$, d. h. schätze a und b aus der Zeichnung.

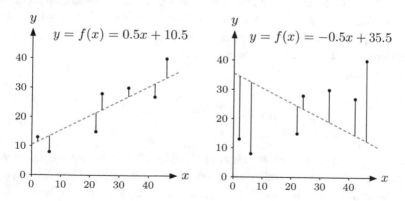

Abb. 12.4 Zwei lineare Modelle: links eines, welches die Werte besser vorhersagt, rechts eines mit schlechterer Vorhersage

Grösse des Sohnes

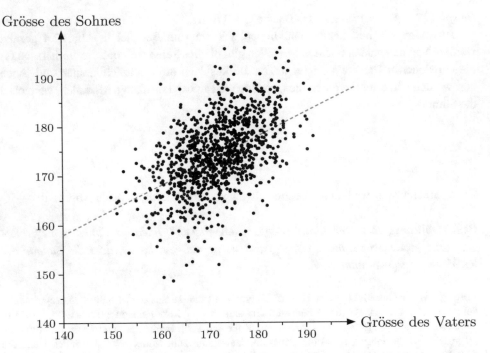

Abb. 12.5 Beziehung zwischen der Größe des Vaters und der Größe des Sohnes bei 1078 Messungen um 1900 in England

12.3   Die Lösung

Wir betrachten die Situation, bei der n Datenpaare $(x_1, y_1), \ldots, (x_n, y_n)$ vorgegeben sind. Die Variable x soll dabei als unabhängig angesehen werden und die Variable y als die von x abhängige. Gesucht ist eine Funktion $y = f(x)$, welche diese Daten bestmöglich voraussagt. Wie zuvor besprochen macht es Sinn nach einem bestmöglichen linearen Modell $y = f(x) = ax + b$ zu suchen. Es gilt dann $\widehat{y_i} = f(x_i) = ax_i + b$ und die Residuen sind von der Form $y_i - \widehat{y_i} = y_i - ax_i - b$.

Wir sollen daher

$$S_Q(a, b) = \sum_{i=1}^{n} (y_i - ax_i - b)^2$$

minimieren. Auch hier, wie zuvor schon in Beispiel 12.3, bedienen wir uns der Differentialrechnung. Wir werden weiter unten sehen, dass dieses Problem auch mit anderen Hilfsmitteln zu lösen ist. Wir leiten S_Q einerseits nach a, andererseits nach b ab. Beide Ableitungen sollten Null sein, wenn $S_Q(a, b)$ minimal ist.

Wir benutzen dazu folgende Abkürzungen:

$$X = \sum_{i=1}^{n} x_i, \quad X_2 = \sum_{i=1}^{n} x_i^2, \quad M = \sum_{i=1}^{n} x_i y_i, \quad n = \sum_{i=1}^{n} 1, \quad Y = \sum_{i=1}^{n} y_i, \quad Y_2 = \sum_{i=1}^{n} y_i^2.$$

Damit können wir S_Q umschreiben:

$$S_Q(a, b) = \sum_{i=1}^{n} (y_i^2 + a^2 x_i^2 + b^2 - 2a x_i y_i - 2b y_i + 2ab x_i)$$

$$= Y_2 + X_2 a^2 + nb^2 - 2Ma - 2Yb + 2Xab.$$

Nun betrachten wir die zwei Ableitungen:

$$\frac{d}{da} S_Q = 2X_2 a - 2M + 2Xb$$

$$\frac{d}{db} S_Q = 2nb - 2Y + 2Xa.$$

Wenn wir diese Null setzen, durch 2 teilen und leicht umformen, erhalten wir das folgende lineare Gleichungssystem:

$$X_2 a + Xb = M \tag{12.1}$$

$$Xa + nb = Y. \tag{12.2}$$

Berechnen wir zuerst a. Wir multiplizieren dazu (12.1) mit n und (12.2) mit X und bilden die Differenz:

$$nX_2 a - X^2 a = nM - XY$$

$$a = \frac{nM - XY}{nX_2 - X^2}. \tag{12.3}$$

Um b zu bestimmen, gehen wir ähnlich vor: Wir multiplizieren (12.1) mit X und (12.2) mit X_2 und bilden die Differenz:

$$nX_2 b - X^2 b = X_2 Y - XM$$

$$b = \frac{X_2 Y - XM}{nX_2 - X^2}. \tag{12.4}$$

Setzen wir die Definition von X, Y, X_2 und M wieder ein, so erhalten wir die Formeln

$$a = \frac{n \sum\limits_{i=1}^{n} x_i y_i - \left(\sum\limits_{i=1}^{n} x_i\right)\left(\sum\limits_{i=1}^{n} y_i\right)}{n \sum\limits_{i=1}^{n} x_i^2 - \left(\sum\limits_{i=1}^{n} x_i\right)^2}, \quad b = \frac{\left(\sum\limits_{i=1}^{n} x_i^2\right)\left(\sum\limits_{i=1}^{n} y_i\right) - \left(\sum\limits_{i=1}^{n} x_i\right)\left(\sum\limits_{i=1}^{n} x_i y_i\right)}{n \sum\limits_{i=1}^{n} x_i^2 - \left(\sum\limits_{i=1}^{n} x_i\right)^2}.$$

Diese Formeln lassen sich jedoch noch besser schreiben. Dies formulieren wir als eigenständiges Resultat.

Satz 12.2 *Gegeben seien n Datenpaare* $(x_1, y_1), \ldots, (x_n, y_n)$. *Dann definieren wir die Durchschnitte*

$$\overline{x} = \frac{1}{n} \sum_{i=1}^{n} x_i \quad und \quad \overline{y} = \frac{1}{n} \sum_{i=1}^{n} y_i.$$

Die lineare Funktion $f(x) = ax + b$, *welche die Summe der Residuenquadrate minimiert, hat die Koeffizienten*

$$a = \frac{\sum\limits_{i=1}^{n} (x_i - \overline{x})(y_i - \overline{y})}{\sum\limits_{i=1}^{n} (x_i - \overline{x})^2}, \tag{12.5}$$

$$b = \overline{y} - a\overline{x}. \tag{12.6}$$

Beweis. Wir multiplizieren Zähler und Nenner von 12.5 aus und formen dann sukzessive um:

$$\frac{\sum\limits_{i=1}^{n} (x_i - \overline{x})(y_i - \overline{y})}{\sum\limits_{i=1}^{n} (x_i - \overline{x})^2} = \frac{\sum\limits_{i=1}^{n} (x_i y_i - \overline{x} y_i - x_i \overline{y} + \overline{x}\,\overline{y})}{\sum\limits_{i=1}^{n} \left(x_i^2 - 2\overline{x} x_i + \overline{x}^2\right)}$$

{Zähler und Nenner werden umsummiert}

$$= \frac{\sum\limits_{i=1}^{n} x_i y_i - \sum\limits_{i=1}^{n} \overline{x} y_i - \sum\limits_{i=1}^{n} x_i \overline{y} + \sum\limits_{i=1}^{n} \overline{x}\,\overline{y}}{\sum\limits_{i=1}^{n} x_i^2 - 2 \sum\limits_{i=1}^{n} \overline{x} x_i + \sum\limits_{i=1}^{n} \overline{x}^2}$$

{konstante Faktoren werden ausgeklammert}

$$= \frac{\displaystyle\sum_{i=1}^{n} x_i\, y_i - \overline{x} \sum_{i=1}^{n} y_i - \overline{y} \sum_{i=1}^{n} x_i + \overline{x}\,\overline{y} \sum_{i=1}^{n} 1}{\displaystyle\sum_{i=1}^{n} x_i^2 - 2\overline{x} \sum_{i=1}^{n} x_i + \overline{x}^2 \sum_{i=1}^{n} 1}$$

$$\left\{ \text{es gilt } \sum_{i=1}^{n} x_i = n\overline{x}, \quad \sum_{i=1}^{n} y_i = n\overline{y}, \quad \text{und} \quad \sum_{i=1}^{n} 1 = n \right\}$$

$$= \frac{\displaystyle\sum_{i=1}^{n} x_i\, y_i - n\overline{x}\,\overline{y} - n\overline{y}\,\overline{x} + n\overline{x}\,\overline{y}}{\displaystyle\sum_{i=1}^{n} x_i^2 - 2n\overline{x}\,\overline{x} + n\overline{x}^2}.$$

Nun können wir den Zähler zusammenfassen und mit n erweitern.
Dann erhalten wir

$$\frac{\displaystyle\sum_{i=1}^{n} (x_i - \overline{x})(y_i - \overline{y})}{\displaystyle\sum_{i=1}^{n} (x_i - \overline{x})^2} = \frac{n \displaystyle\sum_{i=1}^{n} x_i\, y_i - n\overline{x}\, n\overline{y}}{n \displaystyle\sum_{i=1}^{n} x_i^2 - (n\overline{x})^2}$$

$$\{\text{es gilt } n\overline{x} = X, \ n\overline{y} = Y \text{ und } M, X_2 \text{ werden verwendet}\}$$

$$= \frac{nM - XY}{nX_2 - X^2}.$$

Damit ist gezeigt, dass die angegebene Formel (12.5) für a mit (12.3) übereinstimmt. Nun formen wir noch (12.6) um:

$$\overline{y} - a\overline{x} = \overline{y} - \frac{nM - XY}{nX_2 - X^2}\overline{x} = \frac{n\overline{y}X_2 - \overline{y}X^2 - Mn\overline{x} + \overline{x}XY}{nX_2 - X^2} = \frac{YX_2 - MX}{nX_2 - X^2},$$

wobei wieder $n\overline{x} = X, n\overline{y} = Y$ verwendet wurde und außerdem $\overline{y}X^2 = \overline{x}XY$, denn:

$$\overline{y}X^2 = \tfrac{1}{n}YX^2 = (\tfrac{1}{n}X)XY = \overline{x}XY.$$

Damit ist bewiesen, dass auch (12.6) dasselbe ergibt wie (12.4).   □

Mit dem Satz 12.2 haben wir ein handliches Mittel, das wir auch wirklich gut einsetzen können. Wir werden dies gleich ausprobieren.

Beispiel 12.5 Wir betrachten die Daten aus Beispiel 12.2, bei denen Frauen im Alter von 30 bis 39 Jahren nach ihrer Größe und Körpergewicht befragt wurden. Die genauen Werte

Tab. 12.2 Die Daten geben das Durchschnittsgewicht von Frauen im Alter zwischen 30 und 39 an pro Körpergrößenklasse aus einer Erhebung in den USA im Jahre 1970

i	x_i	y_i	$x_i - \overline{x}$	$y_i - \overline{y}$	$(x_i - \overline{x})(y_i - \overline{y})$	$(x_i - \overline{x})^2$
1	147.32	52.16	−17.78	−9.86	175.28	316.13
2	149.86	53.07	−15.24	−8.95	136.41	232.26
3	152.40	54.43	−12.70	−7.59	96.39	161.29
4	154.94	55.79	−10.16	−6.23	63.29	103.23
5	157.48	57.15	−7.62	−4.87	37.10	58.06
6	160.02	58.51	−5.08	−3.51	17.82	25.81
7	162.56	59.87	−2.54	−2.15	5.45	6.45
8	165.10	61.23	0.00	−0.79	0.00	0.00
9	167.64	63.05	2.54	1.03	2.61	6.45
10	170.18	64.41	5.08	2.39	12.14	25.81
11	172.72	66.22	7.62	4.20	32.03	58.06
12	175.26	68.04	10.16	6.02	61.14	103.23
13	177.80	69.85	12.70	7.83	99.47	161.29
14	180.34	72.12	15.24	10.10	153.92	232.26
15	182.88	74.39	17.78	12.37	219.90	316.13
Summe	2476.50	930.32	0.00	0.00	1112.95	1806.45

für die Größe x_i und das zugehörige Durchschnittsgewicht y_i können der zweiten und dritten Spalte der Tab. 12.2 entnommen werden.

Die weiteren Spalten zeigen die Werte von $x_i - \overline{x}$, von $y_i - \overline{y}$, deren Produkt sowie das Quadrat des ersten. Der letzten Zeile entnehmen wir die Summen $\sum_{i=1}^{15}(x_i - \overline{x})(y_i - \overline{y}) =$

1112.95 und $\sum_{i=1}^{15}(x_i - \overline{x})^2 = 1806.45$, woraus sich dann der Koeffizient a ergibt:

$a = \frac{1112.95}{1806.45} = 0.616$. Der Koeffizient b berechnet sich daraus wie folgt:

$$b = \overline{y} - a\overline{x} = \frac{930.32}{15} - 0.616 \cdot \frac{2476.50}{15} = -39.68.$$

Somit hat die Regressionsgerade die Gleichung $y = 0.616x - 39.68$.   ◇

Aufgabe 12.3 Bestimme die Gleichung der Regressionsgeraden im Beispiel 12.3. Die Daten können der Tab. 12.1 auf Seite 388 entnommen werden.

Aufgabe 12.4 Bestimme die Gleichung der Regressionsgeraden zu den Daten der Aufgabe 12.2 und vergleiche das Resultat mit der intuitiven Abschätzung, welche damals vorgenommen wurde.

Aufgabe 12.5 Gegeben sind die drei Datenpaare $(-3, 1)$, $(0, -2)$, $(3, 1)$. Benutze eine Symmetrie-überlegung, um die Gleichung der Regressionsgeraden ohne Rechnung zu bestimmen. Zeige: Das beste lineare Modell ist konstant.

Aufgabe 12.6 Es gibt Fälle, in denen das beste lineare Modell konstant ist. Was ergibt sich aus der Formel (12.6) für den Koeffizienten b?

12.4 Ursprung der statistischen Schwankungen

Kommen wir noch einmal auf den Vergleich zwischen Körpergröße und Köpergewicht zu sprechen. Hätten wir konkrete Daten von 1000 Frauen, so würden natürlich die Punkte nicht annähernd auf einer Geraden liegen. Die Punkte würden eher eine Wolke bilden, so wie wir dies zum Beispiel in Abb. 12.5 sehen können. Wir wollen nun der Frage nachgehen, woher diese Schwankungen kommen könnten. Bei der Körpergröße und dem Gewicht gibt es sicher viele einflussreiche Faktoren wie zum Beispiel die genetische Veranlagung, die Essgewohnheiten oder die sportliche Aktivität.

Diese Schwankungen sollen nun besser verstanden werden. Dazu präsentieren wir hier ein zwar fiktives, aber dennoch lehrreiches Beispiel.

Beispiel 12.6 Betrachtet werden drei physikalische Größen x, y und z. Dabei gebe es eine Abhängigkeit, die sich in die Form

$$y = \alpha x + \beta z \tag{12.7}$$

bringen lasse. Nun werden verschiedene Messungen der drei Variablen vorgenommen. Wir erhalten also Tripel $(x_1, y_1, z_1), \ldots, (x_n, y_n, z_n)$. Weil der Zusammenhang (12.7) linear ist, liegen die Messpunkte (x_i, y_i, z_i) auf einer Ebene, siehe die Abb. 12.6.

Abb. 12.6 Die Punkte (x_i, y_i, z_i) auf einer Ebene $y = \alpha x + \beta z$

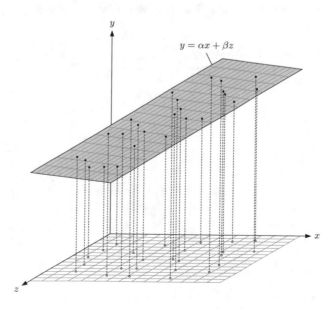

Lässt man nun die z-Koordinate weg, so erscheinen die Punkte verstreut in der xy-Koordinatenebene, siehe die Abb. 12.7.

Diese Streuung erscheint nun recht zufällig. Hätten wir mit der Abb. 12.7 begonnen, so hätten wir wohl kaum gedacht, dass die Daten ursprünglich einem Bildungsgesetz wie (12.7) entstammen. $\diamondsuit$

Das Beispiel 12.6 zeigt, wie eine Streuung gedeutet werden kann als fehlende Summanden eines Bildungsgesetzes. Denken wir an den Vergleich des Gewichts mit der Größe einer Person. Wir vermuten daher, dass es ein „wahres", aber unbekanntes Gesetz F gibt, wie das Gewicht y aus der Größe x berechnet werden kann, wenn noch weitere Variablen $z_1, z_2, \ldots, z_t$ bekannt wären, also eine Funktion $y = F(x, z_1, z_2, \ldots, z_t)$.

Nun nehmen wir zusätzlich an, dass die Variablen $x, z_1, \ldots, z_t$ voneinander unabhängig sind, den Erwartungswert 0 haben und der Einfluss der Variablen $z_1, \ldots, z_n$ relativ klein ist. Unter diesen Voraussetzungen macht es Sinn, folgenden Ansatz zu betrachten:

$$ y = F(x, z_1, \ldots, z_n) = f(x) + \underbrace{\beta_1 z_1 + \ldots + \beta_t z_t}_{=\varepsilon}. $$

Dabei ist $\varepsilon = \beta_1 z_1 + \ldots + \beta_t z_t$ die Abweichung vom gesuchten Modell $\widehat{y} = f(x)$. Die Differenz $y - \widehat{y} = \varepsilon$ sind dann die Residuen. Da diese Residuen eine Summe von unabhängigen Zufallsvariablen sind, so können wir gemäß dem zentralen Grenzwertsatz 8.1 schließen, dass die Residuen ε ungefähr normalverteilt sind.

Gerade dies ist eine häufige Voraussetzung: Man erwartet, dass die Residuen normalverteilt sind, unabhängig vom Wert x, genauer, dass sie normalverteilt sind mit Erwartungswert 0 und einer festen Standardabweichung σ.

Abb. 12.7 Die Punkte (x_i, y_i) erscheinen verstreut in der xy-Ebene

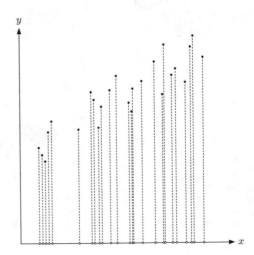

12.5   Lineare Regression für ein nichtlineares Modell

Betrachten wir noch einmal die Abb. 12.2 auf Seite 387. Es scheint, dass die Durchschnittswerte nicht wirklich entlang einer Geraden, sondern entlang einer leicht gekrümmten Kurve aufgereiht sind.

Wir wollen hier zeigen, dass mit den bisher besprochenen Methoden auch nichtlineare Modelle betrachtet werden können.

Beispiel 12.7 Wir suchen ein bestmögliches quadratisches Modell

$$\widehat{y} = g(x) = ax^2 + bx + c,$$

wobei „bestmöglich" wiederum bedeuten soll, dass die Summe der Residuenquadrate minimiert wird. Wir nennen diese Funktion g, um sie von der linearen Funktion f aus Beispiel 12.5 zu unterscheiden.

Die Summe dieser Residuenquadrate ist

$$S_Q(a, b, c) = \sum_{i=1}^{n} \left(y_i - (ax_i^2 + bx_i + c) \right)^2.$$

Wir leiten S_Q dreimal ab: einmal nach a, nach b und nach c. Alle drei Ableitungen sollen Null sein. Daraus wird sich ein lineares Gleichungssystem ergeben. Mit Hilfe der Kettenregel erhalten wir

$$\frac{\mathrm{d}}{\mathrm{d}a} S_Q(a, b, c) = \sum_{i=1}^{n} (-2) \cdot \left(y_i - (ax_i^2 + bx_i + c) \right) \cdot x_i^2$$

$$\frac{\mathrm{d}}{\mathrm{d}b} S_Q(a, b, c) = \sum_{i=1}^{n} (-2) \cdot \left(y_i - (ax_i^2 + bx_i + c) \right) \cdot x_i$$

$$\frac{\mathrm{d}}{\mathrm{d}c} S_Q(a, b, c) = \sum_{i=1}^{n} (-2) \cdot \left(y_i - (ax_i^2 + bx_i + c) \right) \cdot 1.$$

Setzen wir diese Terme gleich Null, teilen die erhaltenen Gleichungen durch 2 und formen leicht um, so erhalten wir mit den Abkürzungen

$$X = \sum_{i=1}^{n} x_i, \quad X_k = \sum_{i=1}^{n} x_i^k, \quad Y = \sum_{i=1}^{n} y_i, \quad M_k = \sum_{i=1}^{n} x_i^k y_i$$

folgendes lineares Gleichungssystem:

$$X_4 a + X_3 b + X_2 c = M_2,$$

$$X_3 a + X_2 b + X c = M_1,$$

$$X_2 a + X b + n c = Y.$$

In unserem Beispiel können wir alle Koeffizienten X, X_k, Y, M_k berechnen, siehe die Tab. 12.3.

Somit lautet das Gleichungssystem wie folgt:

$$11440816962.9a + 68399195.5b + 410676.6c = 25839153.7,$$

$$68399195.5a + 410676.6b + 2476.5c = 154708.4,$$

$$410676.6a + 2476.5b + 15c = 930.3.$$

Mit der Determinantenmethode kann dieses System gut gelöst werden: Die Hauptdeterminante D und die Nebendeterminanten D_a, D_b, D_c sind

$$D = 4.6528 \cdot 10^9, \quad D_a = 2.7172 \cdot 10^7, \quad D_b = -6.10563 \cdot 10^9, \quad D_c = 5.5268 \cdot 10^{11}.$$

Damit erhalten wir die Lösungen

Tab. 12.3 Die Daten und Auswertungen zu Aufgabe 12.7

i	x_i	y_i	x_i^2	x_i^3	x_i^4	$x_i y_i$	$x_i^2 y_i$
1	147.3	52.2	21703.2	3197312.8	471028126.3	7684.7	1132105.8
2	149.9	53.1	22458.0	3365558.8	504362644.4	7953.1	1191854.0
3	152.4	54.4	23225.8	3539605.8	539435927.6	8295.3	1264203.3
4	154.9	55.8	24006.4	3719552.2	576307413.8	8644.4	1339361.9
5	157.5	57.2	24800.0	3905496.2	615037539.8	9000.4	1417382.6
6	160.0	58.5	25606.4	4097536.2	655687741.4	9363.3	1498318.0
7	162.6	59.9	26425.8	4295770.5	698320453.3	9733.1	1582220.7
8	165.1	61.2	27258.0	4500297.5	742999109.2	10109.9	1669143.4
9	167.6	63.0	28103.2	4711215.4	789788141.6	10569.6	1771886.3
10	170.2	64.4	28961.2	4928622.5	838752982.1	10961.3	1865396.4
11	172.7	66.2	29832.2	5152617.3	889960061.4	11438.3	1975622.0
12	175.3	68.0	30716.1	5383298.0	943476808.8	11924.5	2089886.1
13	177.8	69.9	31612.8	5620763.0	999371652.9	12419.9	2208258.8
14	180.3	72.1	32522.5	5865110.5	1057714021.0	13006.3	2345562.4
15	182.9	74.4	33445.1	6116438.9	1118574339.4	13604.3	2487952.1
	X	Y	X_2	X_3	X_4	M_1	M_2
Summe	2476.5	930.3	410676.6	68399195.5	11440816962.9	154708.4	25839153.7

$$a = \frac{D_a}{D} = 0.005\,84, \quad b = \frac{D_b}{D} = -1.312\,26, \quad c = \frac{D_c}{D} = 118.786.$$

Das bestmögliche quadratische Modell ist somit $g(x) = 0.005\,84x^2 - 1.312\,26x + 118.786$. Die Abb. 12.8 zeigt den Graphen dieser Funktion. Diese Abbildung zeigt, dass dieses kompliziertere Modell g noch besser passt als das lineare f aus Beispiel 12.5.

Hier ist eine Bemerkung angebracht. Wenn wir vereinfacht annehmen, dass der Körper einer größeren Frau aus dem Körper einer kleineren Frau durch eine Streckung erhalten wird, so müssten wir erwarten, dass das Körpervolumen kubisch mit der Körpergröße anwächst. Die Oberfläche, das heißt die Haut, wird dabei jedoch quadratisch wachsen, da sie nicht dicker wird. Da die menschliche Haut immerhin ein Gewicht von 10 kg bis 14 kg hat, wird ein Teil des Gewichts quadratisch, ein anderer Teil linear und ein weiterer Teil kubisch wachsen, ja selbst ein konstanter Teil ist zu erwarten. Berechnet man jedoch das beste kubische Modell, so findet man die Funktion

$$f(x) = 0.000117801x^3 - 0.0525009x^2 + 8.29351x - 407.012.$$

Die Koeffizienten geben die Gewichtung der einzelnen Teile nicht an, da negative Koeffizienten keine reale Interpretation zulassen.   ◇

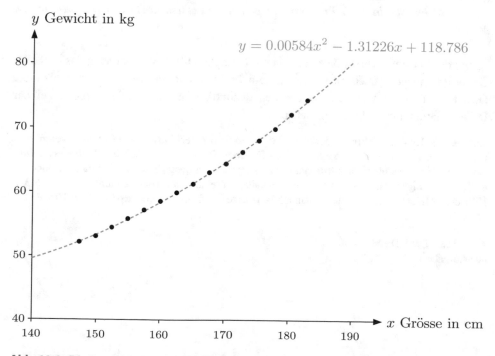

Abb. 12.8 Die Durchschnittswerte der Körpergewichte in Größenklassen bei einer Erhebung 1975 in den USA. Gestrichelt eingezeichnet ist das bestmögliche quadratische Modell

Aufgabe 12.7 Gegeben sind die folgenden 8 Datenpaare:

$(2.1, 1.0)$, $(2.5, 1.6)$, $(-1.2, 0.6)$, $(-2.3, 1.0)$, $(-2.0, 1.2)$, $(3.6, 3.3)$, $(-0.1, -0.1)$, $(0.4, 0.2)$.

Trägt man sie in einem Koordinatensystem auf, so sieht man, dass möglicherweise ein quadratisches Modell der Form $f(x) = ax^2$ am besten angepasst ist, siehe die Abb. 12.9.

Bestimme den Koeffizienten a so, dass unter allen diesen Modellen das bestmögliche ausgewählt wird, wobei „bestmöglich" wiederum heißen soll, dass die Summe der Residuenquadrate minimiert wird.

Beachte dabei: Es muss nur die Ableitung $\frac{d}{da} S_Q(a)$ bestimmt werden.

Zuvor haben wir vor allem lineare Modelle betrachtet, nun haben wir aber mit dem Beispiel 12.7 und der Aufgabe 12.7 auch nichtlineare Modelle kennen gelernt. Es ist ein häufiger Irrtum, zu denken, dass man nur bei linearen Modellen von *linearer Regression* spricht. Dies wollen wir hier richtigstellen. Wichtig für die Methode ist, dass die gesuchten Koeffizienten des Modells linear sind. Dazu muss das Modell selbst jedoch nicht unbedingt linear sein.

Begriffsbildung 12.3 *Bei der Regression sucht man innerhalb einer Familie von Modellen dasjenige, welches sich bestmöglich an die vorgegebenen Datenpunkte anpasst, genauer jenes, welches die Summe der Residuenquadrate minimiert.*

*Man spricht von **linearer Regression**, wenn die gesuchten Koeffizienten **linear** sind im Modell.*

Bei der linearen Regression kann man mit Hilfe der Differentialrechnung das Problem, das bestmögliche Modell zu finden, auf ein Problem der linearen Algebra reduzieren. Dies ist der große Vorteil, denn aus den quadratischen Summanden werden bei der Differentiation lineare Terme entstehen.

Auszug aus der Geschichte Die Methode, die Summe der Residuenquadrate zu minimieren, geht zurück auf den deutschen Mathematiker Carl Friedrich Gauß (1777–1855). Zu Beginn des Jahres 1801 entdeckte ein italienischer Astronom den Zwergplaneten Ceres. Er konnte ihn für die Dauer von 40 Tagen verfolgen, dann kam er der Sonne zu nahe, was eine weitere Beobachtung verhinderte. Mit Hilfe dieser Beobachtung konnte der damals 24-jährige Gauß vorhersagen, wo Ceres das Umfeld der

Abb. 12.9 Die 8 Datenpunkte aus Aufgabe 12.7

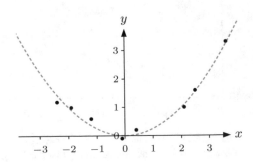

Tab. 12.4 Die durchschnittliche Ehedauer zur Zeit der Scheidung im angegebenen Jahr

Jahr	1970	1975	1980	1985	1990	1995	2000	2005	2010	2015
Ehedauer	11.6	11.2	11.5	11.6	11.9	12.3	13.1	14.3	14.5	14.9

Sonne wieder verlassen werde. Möglich war die genaue Prognose dank der Methode der kleinsten Quadrate, die Gauß zuvor entwickelte, jedoch nicht publizierte.

Der vorangehende Auszug aus der Geschichte eröffnet einen weiteren Aspekt von Modellen: Nebst der Tatsache, dass ein Modell ein gewisses Verständnis von Zusammenhängen liefern kann, ermöglicht es auch eine Vorhersage für unbekannte Werte der unabhängigen Variablen. So ermöglicht das Modell

$$f(x) = 0.005\,84x^2 - 1.312\,26x + 118.786$$

aus Beispiel 12.7 die Vorhersage für das Durchschnittsgewicht von Frauen (zwischen 30 und 39 Jahre alt, um 1970 in den USA) der Größe $x = 190\,\text{cm}$, nämlich

$$f(190) = 0.005\,84 \cdot 190^2 - 1.312\,26 \cdot 190 + 118.786 = 80.6,$$

also etwa 80.6 kg.

Aufgabe 12.8 Die Tab. 12.4 zeigt die durchschnittliche Ehedauer in der Schweiz zur Zeit der Scheidung für einige Jahre im Zeitraum von 1970 bis 2015.

Welche durchschnittliche Ehedauer wird im Jahre 2050 bei der Scheidung vorherzusehen sein, wenn der bisherige Trend weiter unverändert anhält?

Berechne dazu die Regressionsgerade und erstelle daraus eine Vorhersage für das Jahr 2050.

12.6 Ein Maß für die Güte des Modells

Die Regressionsgerade gibt einen Hinweis auf die Art des Zusammenhangs, aber keinerlei Hinweis auf die Güte des Zusammenhangs. Betrachten wir Abb. 12.10.

Offensichtlich bietet die Regressionsgerade ein gute Vorhersage für den rechts gezeigten Datensatz, aber eine sehr schlechte Vorhersage für den links gezeigten Datensatz. Wir können den Eindruck graphisch noch verstärken, wenn wir nicht die Residuen, sondern deren Quadrate als Flächen darstellen, siehe die Abb. 12.11.

Somit ist die Summe S_Q der Residuenquadrate ein mögliches Maß für die Güte der Approximation. Jedoch ist dieses Maß nicht skaleninvariant. Angenommen wir dividieren die Werte von x und y je durch 10 so verkleinert sich S_Q um den Faktor 100. Die so modifizierten Daten im linken Bild hätten dann den Wert $S_Q = 12.246$ und die rechts $S_Q = 0.130$. Die rohe Zahl S_Q hat daher keine gute Aussagekraft.

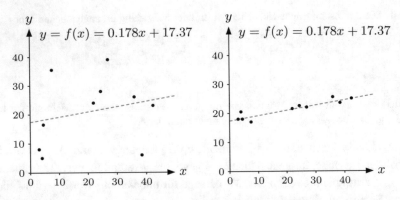

Abb. 12.10 Zwei Sätze von 10 Datenpaaren (x_i, y_i), welche beide dieselbe Regressionsgerade haben

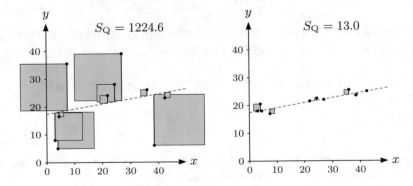

Abb. 12.11 Die Residuenquadrate sind als Fläche dargestellt

Wir können aber diese Zahl vergleichen mit der Summe der Residuenquadrate zum einfachst möglichen Modell: der konstanten Funktion. Diese Summe ist dann gemäß Satz 12.1 gleich

$$\sum_{i=1}^{n}(y_i - \overline{y})^2.$$

Um diese verschiedenen Summen von Residuenquadraten zu unterscheiden, werden wir folgende Bezeichnungen verwenden

$$S_{Q,0} = \sum_{i=1}^{n}(y_i - \overline{y})^2 \qquad\qquad \text{konstantes Modell}$$

$$S_{Q,f} = \sum_{i=1}^{n}(y_i - f(x_i))^2 \qquad\qquad \text{Modell } f.$$

Die Zahl $S_{Q,f}$ können wir beschreiben als den Anteil der Variation der Daten, den das Modell f nicht beschreiben kann. Ist $S_{Q,f} = 0$, so erklärt das Modell f die Daten perfekt.

Auf jeden Fall gilt $S_{Q,f} \leq S_{Q,0}$, denn ein konstantes Modell ist immer auch linear. Gleichheit gilt, falls das konstante Modell das beste aller linearen Modelle ist. In diesem Falle erklärt die Variable x gar nichts, sie geht nicht ein in die Berechnung von y. Der Quotient

$$\frac{S_{Q,f}}{S_{Q,0}} = \frac{\sum_{i=1}^{n} (y_i - f(x_i))^2}{\sum_{i=1}^{n} (y_i - \overline{y})^2}$$

ist daher sicherlich kleiner oder gleich 1. Andererseits ist dieser Quotient auch größer oder gleich 0, da sowohl Zähler wie Nenner als Summe von Quadraten nicht negativ sind.

Nun betrachtet man die Zahl

$$R^2 = 1 - \frac{S_{Q,f}}{S_{Q,0}}.$$

Auch diese Zahl liegt daher zwischen 0 und 1. Ist $R^2 = 1$, so bedeutet dies, dass $S_{Q,f} = 0$ und das Modell f perfekt passt. Gilt jedoch $R^2 = 0$, so muss $S_{Q,f} = S_{Q,0}$ gelten. Dies bedeutet, dass das lineare Modell keine bessere Erklärung der Daten liefert als das konstante Modell.

Beachte nun: Die Zahl R^2 ist skaleninvariant. Denn wenn wir x und y mit demselben Faktor λ multiplizieren, so wird sowohl der Zähler als auch der Nenner mit λ^2 multipliziert und der Quotient bleibt unverändert.

Die Abb. 12.12 zeigt $S_{Q,0}$ graphisch als Summe von Flächeninhalten in den beiden bisher betrachteten Fällen und gibt jeweils R^2 an.

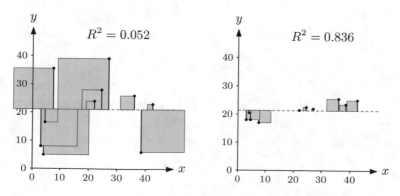

Abb. 12.12 Die Quadrate $(y_i - \overline{y})^2$ sind als Flächen dargestellt. Angegeben ist auch der Wert von $R^2 = 1 - \frac{S_{Q,f}}{S_{Q,0}}$ in beiden Fällen

Begriffsbildung 12.4 *Die Zahl*

$$R^2 = 1 - \frac{S_{Q,f}}{S_{Q,0}}$$

*heißt das **Bestimmtheitsmaß** von f.*

Aufgabe 12.9 In Aufgabe 12.5 wurden die drei Datenpaare $(-3, 1)$, $(0, -2)$, $(3, 1)$ betrachtet. Welches Bestimmtheitsmaß hat hier das bestmögliche lineare Modell?

Beispiel 12.8 In Beispiel 12.5 wurde aus den gegebenen Daten das bestmögliche lineare Modell f berechnet, welches das Gewicht aus der Körpergröße vorhersagt. Wir gehen nun daran, das Bestimmtheitsmaß dieses Modells zu berechnen. Wir wollen dieses Bestimmtheitsmaß auch vergleichen mit jenem für das quadratische Modell g, das in Beispiel 12.7 berechnet wurde.

Es gilt $f(x) = 0.616x - 39.68$ und $g(x) = 0.005\,84x^2 - 1.312\,26x + 118.786$. Damit können wir nun die Werte $\left(y_i - f(x_i)\right)^2$ und $(y_i - \overline{y})^2$ sowie auch $\left(y_i - g(x_i)\right)^2$ berechnen, siehe die Tab. 12.5.

Tab. 12.5 Die Zwischenrechnungen zur Bestimmung von R^2 im Beispiel 12.8

i	x_i	y_i	$\left(y_i - f(x_i)\right)^2$	$(y_i - \overline{y})^2$	$\left(y_i - g(x_i)\right)^2$
1	147.32	52.16	1.197	97.182	0.002
2	149.86	53.07	0.191	80.118	0.046
3	152.4	54.43	0.054	57.610	0.000
4	154.94	55.79	0.001	38.805	0.017
5	157.48	57.15	0.031	23.703	0.036
6	160.02	58.51	0.144	12.305	0.030
7	162.56	59.87	0.340	4.610	0.007
8	165.1	61.23	0.619	0.618	0.007
9	167.64	63.05	0.288	1.057	0.016
10	170.18	64.41	0.549	5.707	0.036
11	172.72	66.22	0.241	17.668	0.016
12	175.26	68.04	0.058	36.212	0.020
13	177.8	69.85	0.000	61.341	0.054
14	180.34	72.12	0.507	102.010	0.003
15	182.88	74.39	2.002	152.966	0.073
Summe	2476.5	930.32	6.220	691.910	0.364

Somit gilt

$$R_f^2 = 1 - \frac{S_{Q,f}}{S_{Q,0}} = 1 - \frac{6.220}{691.910} = 0.9910,$$

$$R_g^2 = 1 - \frac{S_{Q,f}}{S_{Q,0}} = 1 - \frac{0.364}{691.910} = 0.9995.$$

Beide Werte sind nahe bei 1, aber R_g^2 ist noch näher als R_f^2. Beide Modelle sind also sehr gut, aber das quadratische Modell g ist besser als das lineare f. Dies zeigt, was wir aus den Bildern bereits beobachtet haben. Die Werte R^2 geben uns aber konkrete Zahlen, die wir vergleichen können mit anderen Situationen. Dies ermöglicht einen Vergleich zwischen verschiedenen Situationen.   ◇

Aufgabe 12.10 In Aufgabe 12.2 wurden 10 Datenpaare angegeben und in Aufgabe 12.4 wurde gezeigt, dass die Regressionsgerade die Gleichung $y = x + 1$ hat.
   Bestimme nun den Bestimmtheitskoeffizienten dieses linearen Modells.

Aufgabe 12.11 In Abb. 12.13 sind 12 Streudiagramme von Datenpaaren zu sehen. In Tab. 12.6 sind die zugehörigen Werte der Steigung a der Regressionsgeraden sowie das Bestimmtheitsmaß R^2 nummeriert von 1 bis 12 angegeben, jedoch nicht in der richtigen Reihenfolge.
   Ordne die Diagramme A bis L den Wertepaaren 1 bis 12 zu.

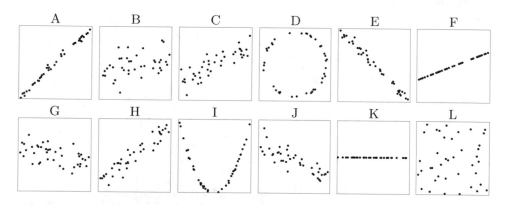

Abb. 12.13 12 Streudiagramme von Datenpaaren für die Aufgabe 12.11

Tab. 12.6 12 Paare von Angaben a (Steigung der Regressionsgeraden) und R^2 (das Bestimmtheitsmaß) für die Aufgabe 12.11

	1, 2, 3	4	5	6	7	8	9	10	11	12
a	0.0	0.3	-0.2	0.5	-0.5	0.7	-1	0.99	0.4	0
R^2	0.0	0.2	0.3	0.7	0.7	0.89	0.98	0.99	1	Undefiniert

12.7   Das Standardmodell

In diesem Kapitel haben wir wiederholt das Beispiel der Daten des Durchschnittsgewichts von Frauen aus den USA im Jahre 1975 gemäß der Körpergröße betrachtet. Nun wollen wir uns dieses Beispiel noch einmal vornehmen. Die Daten wurden durch eine Stichprobe und nicht durch eine Messung aller erwachsener Frauen in den USA 1975 erhoben. Die einzelnen Messdaten, die zur Messung geführt haben, sind leider nicht zugänglich. Aber wir können uns leicht vorstellen, dass diese wie in Abb. 12.14 ausgesehen haben könnten.

Die Messung der Körpergröße wurde hier auf 1 cm genau vorgenommen. Wenn wir die Messung auf eine Größe, zum Beispiel $x = 155$ cm oder $x = 170$ cm, einschränken, so ergibt sich eine Streuung, siehe die Abb. 12.15. Das Gewicht variiert und ist keineswegs eine Funktion der Körpergröße.

Begriffsbildung 12.5 *Beim* **Standardmodell** *trifft man die Annahme, dass die Variation für jedes feste x normalverteilt ist. Weiter nimmt man an, dass der theoretische Mittelwert* μ_x *von x abhängt, aber dass die Standardverteilung für alle x dieselbe ist.*

Ist das Modell linear, so nimmt man also an, dass

$$\mu_x = ax + b.$$

Abb. 12.14 Ein mögliches Bild der Messungen von Körpergröße und Gewicht von Frauen

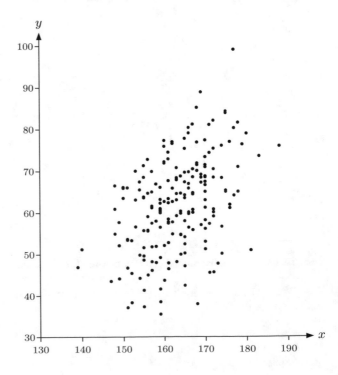

Abb. 12.15 Die Messungen des Gewichts bei Frauen der Körpergröße $x = 155\,\text{cm}$ und $x = 170\,\text{cm}$

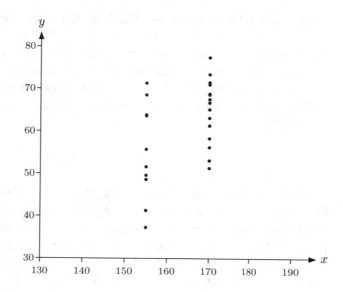

*Bei den gegebenen Messdaten (x_1, y_1), (x_2, y_2), ..., (x_n, y_n) wird die erste Variable als **unabhängig** betrachtet und die zweite als eine davon **abhängige** Zufallsvariable*

$$y_i = ax_i + b + \varepsilon_i,$$

wobei $\varepsilon_1, \ldots, \varepsilon_n$ die Abweichung vom Mittelwert $\mu_{x_i} = ax_i + b$ darstellt.

*Von den Abweichungen $\varepsilon_1, \ldots, \varepsilon_n$ nimmt man an, dass sie **voneinander unabhängige** Zufallsvariablen sind, die alle normalverteilt sind mit $\mu = 0$ und **derselben** Standardabweichung σ.*

Die Größen a, b und σ sind in den meisten konkreten Situationen nicht bekannt, sondern sollen auf Grund der Messdaten geschätzt werden. Die Schätzungen, die sich auf Grund der Messdaten ergeben, werden mit $\hat{a}$, $\hat{b}$ und $\hat{\sigma}$ bezeichnet. Nun kann es aber natürlich sein, dass wir bei der Messung des Gewichts von Frauen zufälligerweise eher leichtere als schwerere Frauen gemessen haben. Würde die Messung wiederholt, so würden wir daher andere Werte für $\hat{a}$, $\hat{b}$ und $\hat{\sigma}$ erhalten. Damit sind diese Größen selbst Zufallsvariablen.

Was wir in den restlichen Abschnitten dieses Kapitels nachweisen werden, ist die Eigenschaft, dass unter den Voraussetzungen des Standardmodells die Erwartungswerte von $\hat{a}$, $\hat{b}$ und $\hat{\sigma}$ genau den Werten a, b und σ entsprechen. Um dies jedoch einsehen zu können, müssen wir erst unser mathematisches Rüstzeug erweitern.

12.8   Erwartungstreue der Koeffizienten im Standardmodell

Die Koeffizienten a und b, die dem Standardmodell zugrunde liegen, sind uns meist unbekannt. Wir wollen nun aufzeigen, wie diese durch die gemessenen Daten geschätzt werden können und dass es sich dabei um erwartungstreue Schätzungen handelt.

Wir gehen also davon aus, dass unabhängige Daten $x_1, \ldots, x_n$ vorliegen und dazu abhängige Daten

$$Y_i = ax_i + b + \varepsilon_i$$

gemessen wurden, wobei ε_i Fehler sind, die als unabhängig und normalverteilt mit Erwartungswert 0 und Standardabweichung σ angenommen werden. Wir schreiben Y_i mit Großbuchstaben um anzudeuten, dass es sich um Zufallsvariablen handelt, während x_i mit Kleinbuchstaben notiert werden, da diese als fest und nicht zufällig angesehen werden.

Es gilt daher $E(Y_i) = ax_i + b + E(\varepsilon_i) = ax_i + b$, da $E(\varepsilon_i) = 0$.

Aufgrund der Datenpaare $(x_1, Y_1), \ldots, (x_n, Y_n)$ wird der Koeffizient $\hat{a}$ gemäß (12.5) berechnet:

$$\hat{a} = \frac{\sum\limits_{i=1}^{n}(Y_i - \overline{Y})(x_i - \overline{x})}{\sum\limits_{i=1}^{n}(x_i - \overline{x})^2}.$$

Wir führen folgende Abkürzungen ein:

$$q = \sum_{i=1}^{n}(x_i - \overline{x})^2 \qquad \text{und} \qquad \widetilde{x}_i = \frac{x_i - \overline{x}}{q}.$$

Es folgt

$$\sum_{i=1}^{n}\widetilde{x}_i = \frac{1}{q}\sum_{i=1}^{n}(x_i - \overline{x}) = \frac{1}{q}\sum_{i=1}^{n}x_i - \frac{1}{q}n\overline{x} = 0.$$

Daraus folgt nun

$$\hat{a} = \sum_{i=1}^{n}\widetilde{x}_i(Y_i - \overline{Y}) = \sum_{i=1}^{n}\widetilde{x}_iY_i - \sum_{i=1}^{n}\widetilde{x}_i\overline{Y} = \sum_{i=1}^{n}\widetilde{x}_iY_i - \overline{Y}\sum_{i=1}^{n}\widetilde{x}_i = \sum_{i=1}^{n}\widetilde{x}_iY_i.$$

Nun können wir den Erwartungswert $E(\hat{a})$ berechnen:

$$E(\hat{a}) = E\left(\sum_{i=1}^{n} \tilde{x}_i Y_i\right) = \sum_{i=1}^{n} \tilde{x}_i \, E(Y_i)$$

$$\{\text{es gilt } E(Y_i) = ax_i + b\}$$

$$= \sum_{i=1}^{n} \tilde{x}_i (ax_i + b)$$

$$= a \sum_{i=1}^{n} \tilde{x}_i x_i + b \sum_{i=1}^{n} \tilde{x}_i$$

$$\left\{ \text{da } \sum_{i=1}^{n} \tilde{x}_i = 0 \right\}$$

$$= a \sum_{i=1}^{n} \tilde{x}_i x_i .$$

Wir zeigen außerdem, dass $\sum_{i=1}^{n} \tilde{x}_i x_i = 1$. Daraus folgt dann die Erwartungstreue von $\hat{a}$, denn es gilt dann $E(\hat{a}) = a$. Da $\sum_{i=1}^{n} \tilde{x}_i = 0$ folgt

$$\sum_{i=1}^{n} \tilde{x}_i x_i = \sum_{i=1}^{n} \tilde{x}_i x_i - \overline{x} \sum_{i=1}^{n} \tilde{x}_i$$

$$= \sum_{i=1}^{n} \tilde{x}_i (x_i - \overline{x})$$

$$= \sum_{i=1}^{n} \frac{x_i - \overline{x}}{q} (x_i - \overline{x})$$

$$= \frac{\sum_{i=1}^{n} (x_i - \overline{x})^2}{q}$$

$$= \frac{q}{q}$$

$$= 1 .$$

Wir können über die Zufallsvariable $\hat{a}$ noch mehr aussagen, wie das folgende Resultat zeigt.

Satz 12.3 *Unter den Vorausetzungen des Standardmodells ist $\hat{a}$ eine normalverteilte Zufallsvariable mit dem Erwartungswert* $\mathrm{E}(\hat{a}) = a$ *($\hat{a}$ ist erwartungstreu) und der Standardabweichung* $\sigma(\hat{a}) = \frac{1}{\sqrt{q}}\sigma$.

Beweis. Da $\varepsilon_1, \ldots, \varepsilon_n$ als unabhängig vorausgesetzt wurden, sind auch $\widetilde{x}_1 Y_1, \ldots, \widetilde{x}_n Y_n$ unabhängig. Nun ist $\hat{a}$ die Summe dieser unabhängigen und normalverteilten Zufallsvariablen. Wir haben bereits gezeigt, dass $\mathrm{E}(\hat{a}) = a$. Weiter gilt

$$\mathrm{V}\left(\sum_{i=1}^{n} \widetilde{x}_i Y_i\right) = \sum_{i=1}^{n} \widetilde{x}_i^2 \,\mathrm{V}(Y_i) = \sum_{i=1}^{n} \widetilde{x}_i^2 \sigma^2 = \sigma^2 \sum_{i=1}^{n} \widetilde{x}_i^2 = \frac{\sigma^2}{q}.$$

Letztere Gleichung erhält man aus

$$\sum_{i=1}^{n} \widetilde{x}_i^2 = \sum_{i=1}^{n} \frac{(x_i - \overline{x})^2}{q^2} = \frac{\sum_{i=1}^{n}(x_i - \overline{x})^2}{q^2} = \frac{q}{q^2} = \frac{1}{q}.$$

Somit folgt $\sigma(\hat{a}) = \frac{1}{\sqrt{q}}\sigma$. $\square$

Mit deutlich mehr Aufwand (auf den wir hier verzichten) kann folgendes Resultat über den y-Achsenabschnitt $\hat{b}$ bewiesen werden.

Satz 12.4 *Unter den Vorausetzungen des Standardmodells ist $\hat{b}$ eine normalverteilte Zufallsvariable mit dem Erwartungswert* $\mathrm{E}\left(\hat{b}\right) = b$ *($\hat{b}$ ist erwartungstreu) und der Standardabweichung* $\sigma\left(\hat{b}\right) = \sqrt{\frac{1}{n} + \frac{\overline{x}^2}{q^2}} \cdot \sigma$.

Bemerkung Im Normalfall ist die Standardabweichung σ im Standardmodell unbekannt. Dann sind folglich auch die Verteilungen von $\hat{a}$ und $\hat{b}$ unbekannt. Die Standardabweichung σ kann jedoch durch die Stichproben-Standardabweichung

$$\hat{\sigma} = \frac{1}{n-2} \sum_{i=1}^{n} (Y_i - (\hat{a}x_i + \hat{b}))^2$$

abgeschätzt werden. Beachte hierbei, dass mit dem Faktor $\frac{1}{n-2}$ korrigiert werden muss. Will man zum Beispiel prüfen, ob $a \neq 0$ ist, das heißt ob es überhaupt eine Abhängigkeit zwischen den Variablen x und Y gibt, so betrachtet man die Testgröße

$$T = \frac{\hat{a}}{\frac{\hat{\sigma}}{\sqrt{q}}}.$$

Diese Testgröße ist jedoch nicht mehr normalverteilt. Sie folgt einer anderen Verteilung, die man **t-Verteilung mit** $n - 2$ **Freiheitsgraden** nennt. Doch dies geht über den Umfang dieses Buches hinaus.

12.9 Zusammenfassung

Der erste Teil dieses Kapitels hat keinen direkten Zugang zur Wahrscheinlichkeitstheorie, obwohl die vertiefte Regressionsanalyse einen starken Zusammenhang zur Stochastik aufweist. Es geht vorerst nur darum, aus gemessenen Daten so viel wie möglich zu lernen. Die einfachste hier betrachtete Situation ist, bei gegebenen Objekten zwei quantitative Variablen zu betrachten und zu versuchen festzustellen, ob zwischen diesen zwei Maßen ein Zusammenhang besteht. Wir sprechen von Regression, wenn wir versuchen die Abhängigkeit einer Variable von einer anderen Variable zu modellieren. Im Prinzip sucht man eine Funktion $y = f(x)$, die aus dem Wert eines Parameters den Wert des anderen Parameters bestimmen würde. Wenn man so eine Funktion gefunden hätte, könnte man aus einem Wert x den Wert y bestimmen, ohne y zu messen. Allgemein bestehen solche klaren Zusammenhänge selten und wir versuchen sie nur annähernd zu schätzen. Deswegen suchen wir eine möglichst einfache Funktion $y = f(x)$, die die gemessenen Werte gut approximiert.

Die Qualität unseres Datenmodells $f(x)$ messen wir als die Summe der Quadrate der Abweichungen der tatsächlich gemessenen y-Werte und den Schätzwerten $\widehat{y} = f(x)$. Die Differenz $y - \widehat{y}$ nennen wir auch Residuum. Meist versucht man die Funktion $f(x) = ax + b$ linear zu wählen. Die Werte a und b mit minimaler Summe der Quadrate der Residuen kann man immer ausrechnen und somit die geeignete lineare Funktion für die vorhandenen Daten bestimmen. Die beste lineare Funktion als Datenmodell bezeichnen wir als Regressionsgerade.

Im zweiten Teil des Kapitels betrachten wir ein Modell, bei dem eine Variable x als unabhängig angesehen wird und von der zweiten Variable y angenommen wird, dass bei vorgegebenem Wert x die Werte von y normalverteilt mit dem Mittelwert μ_x und der Standardabweichung σ sind. Dabei kann der Mittelwert μ_x von x abhängen, aber von der Standardabweichung σ wird angenommen, dass sie für alle x gleich groß ist. Dieses Modell nennt man Standardmodell. Meist betrachtet man die Situation, bei der vorausgesetzt wird, dass der Mittelwert linear von x abhängt, das heißt, es gilt die Abhängigkeit $\mu_x = ax + b$. Das Modell wird dann durch die Angabe von den drei Werten a, b, σ bestimmt. Die Parameter a und b der Regressionsgeraden sowie die Standardabweichung σ sind dabei oft unbekannt und sollen mit Hilfe von Messdaten geschätzt werden.

Um angeben zu können, wie man aus den Daten zu guten Schätzungen von a, b und σ kommen kann, musste zuerst untersucht werden, wie man die Summe von zwei unabhängigen stetigen Zufallsvariablen behandelt und wie der Erwartungswert einer solchen Summe berechnet werden kann.

Wir betrachten nun das Standardmodell, bei dem n Datenpaare (x_i, Y_i) vorliegen. Dabei werden die Messungen x_i als fest und Y_i als Zufallsvariablen angesehen, die bis auf einen normalverteilten Fehler ε_i linear von x_i abhängen, das heißt, es gilt $Y_i = ax_i + b + \varepsilon_i$. Dabei sind a, b die unbekannten Koeffizienten des Standardmodells und die Fehler ε_i sind voneinander unabhängig, normalverteilt mit Erwartungswert 0 und Standardabweichung σ. Berechnet man den Koeffizienten $\hat{a}$ für die Regressionsgerade für die n Datenpaare (x_i, Y_i) gemäß der im ersten Teil entwickelten Formel, so erhält man eine Zufallsvariable, welche erwartungstreu ist, das heißt, es gilt $E(\hat{a}) = a$. Wir erhalten also mit der Berechnung der Steigung der Regressionsgeraden auf Grund der Daten eine gute Schätzung für den unbekannten Koeffizienten a, der dem Modell zu Grunde liegt.

12.10 Kontrollfragen

1. Was verstehen wir unter einer Regressionsanalyse?
2. Sei f ein Modell für Datenpaare (x_i, y_i) wobei $i = 1, \ldots, n$. Wie bezeichnet man $y_i - f(x_i)$ und welche Bedeutung hat diese Differenz?
3. Wie misst man die Güte eines Modells f?
4. Warum ist die Summe der Residuen kein gutes Maß der Güte eines Modells?
5. Was ist eine Regressionsgerade?
6. Nehmen wir an, dass die Werte der Variablen y tatsächlich von den Werten der Variable x beeinflußt sind und unser Modell $y = f(x)$ diese Abhängigkeit korrekt ausdrückt. Wie können trotzdem auch größere Residuen auftreten?
7. Wann sprechen wir von einer linearen Regression?
8. Welche Annahmen trifft man beim Standardmodell?
9. Wie kommt man zu einer guten Schätzung der unbekannten Steigung a der Regressionsgeraden im Standardmodell?

12.11 Lösungen zu ausgewählten Aufgaben

Aufgabe 12.1 Damit die Summe der Residuenquadrate durch eine konstante Funktion $f(x) = c$ minimiert wird, muss $y = \frac{y_1 + y_2 + y_3}{3} = 5$ gelten.

Ein allgemeiner Ansatz für eine quadratische Funktion lautet $f(x) = ax^2 + bx + c$. Das Einsetzen der Datenpunkte liefert ein lineares Gleichungssystem

$$a + b + c = 4$$
$$25a + 5b + c = 2$$
$$49a + 7b + c = 9.$$

Dieses hat die Lösung $a = \frac{2}{3}$, $b = -\frac{9}{2}$ und $c = \frac{47}{6}$. Somit ist das beste quadratische Modell $f(x) = \frac{2}{3}x^2 - \frac{9}{2}x + \frac{47}{6}$.

Aufgabe 12.2 Die Skizze ist in Abb. 12.16 wiedergegeben.

Abb. 12.16 Die Datenpunkte aus Aufgabe 12.2

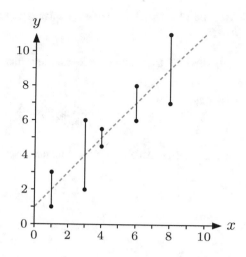

Die 10 Datenpaare bilden 5 Paare mit jeweils gleicher x-Koordinate. Bilden wir den Durchschnitt der jeweiligen y-Koordinaten, so liegen diese Durchschnitte auf einer Geraden. Diese Gerade ist die Regressionsgerade. Sie wird durch die Gleichung $y = x + 1$ beschrieben. Das beste lineare Modell ist daher $f(x) = x + 1$.

Aufgabe 12.3 Erstellen wir eine Tabelle mit den Angaben x_i, y_i sowie $x_i - \overline{x}$ und $y_i - \overline{y}$, deren Produkt und Quadrat des ersten, siehe die Tab. 12.7.

Tab. 12.7 Die Daten zu Aufgabe 12.3

i	x_i	y_i	$x_i - \overline{x}$	$y_i - \overline{y}$	$(x_i - \overline{x})(y_i - \overline{y})$	$(x_i - \overline{x})^2$
1	2.00	13.00	-22.71	-10.00	227.14	515.94
2	4.00	8.00	-20.71	-15.00	310.71	429.08
3	22.00	15.00	-2.71	-8.00	21.71	7.37
4	24.00	28.00	-0.71	5.00	-3.57	0.51
5	33.00	30.00	8.29	7.00	58.00	68.65
6	42.00	27.00	17.29	4.00	69.14	298.80
7	46.00	40.00	21.29	17.00	361.86	453.08
Summe	173.00	161.00	0.00	0.00	1045.00	1773.43

Damit erhalten wir $a = \frac{1045.00}{1773.43} = 0.589$ und $b = \frac{161}{7} - 0.589 \cdot \frac{173}{7} = 8.44$. Die Regressionsgerade hat somit die Gleichung $y = 0.589x + 8.44$.

Aufgabe 12.4 Die Gleichung der Regressionsgeraden lautet $y = x + 1$. Sie stimmt mit der intuitiven Vorhersage überein.

Aufgabe 12.5 Die Datenpunkte liegen symmetrisch zur y-Achse $x = 0$. Hätte das beste Modell eine positive Steigung a, so gäbe es ein dazu genau gleich gutes Modell mit Steigung $-a$. Dies kann jedoch nicht sein. Daher muss $a = 0$ gelten. Dann wird $b = \frac{1 + (-2) + 1}{3} = 0$. Das beste Modell ist also konstant: $f(x) = 0$.

Aufgabe 12.6 Damit $f(x) = ax + b$ konstant ist, muss $a = 0$ gelten. Dann folgt aus (12.6), dass $b = \overline{y}$.

Aufgabe 12.7 Die Summe der Residuenquadrate ist $S_Q(a) = \sum_{i=1}^{n}(y_i - ax_i^2)^2$. Deren Ableitung ist

$$\frac{\mathrm{d}}{\mathrm{d}a} S_Q(a) = \sum_{i=1}^{n}(-2)(y_i - ax_i^2)x_i^2.$$

Wir setzen diese Ableitung gleich Null und lösen nach a auf:

$$\sum_{i=1}^{n}(-2)(y_i - ax_i^2)x_i^2 = 0$$

$$\sum_{i=1}^{n}y_i x_i^2 - a\sum_{i=1}^{n}x_i^4 = 0$$

$$a = \frac{\sum_{i=1}^{n}y_i x_i^2}{\sum_{i=1}^{n}x_i^4}$$

In der Tab. 12.8 kann man die Berechnung von Zähler und Nenner von a entnehmen. Es ergibt sich $a = \frac{68.16}{272.56} = 0.2501$. Das bestmögliche unter den vorgeschlagenen Modellen ist somit $f(x) = 0.2501x^2$.

Tab. 12.8 Die Daten zu Aufgabe 12.7

i	x_i	y_i	$x_i^2 y_i$	x_i^4
1	2.10	1.00	4.41	19.4481
2	2.50	1.60	10.00	39.0625
3	−1.20	0.60	0.86	2.0736
4	−2.30	1.00	5.29	27.9841
5	−2.00	1.20	4.80	16.0000
6	3.60	3.30	42.77	167.9616
7	−0.10	−0.10	0.00	0.0001
8	0.40	0.20	0.03	0.0256
Summe	3.00	8.80	68.16	272.56

Aufgabe 12.9 Das Bestimmtheitsmaß ist Null, denn das beste lineare Modell ist konstant.

Aufgabe 12.11 1, 2, 3: D, I, L;   4: B;   5: G;   6: C;   7: J;   8: H;   9: E;   10: A;   11: F;   12: K.

Literaturverzeichnis

1. Alex Alder: *Kurze Einführung in die Statistik.* Manuskript 2017.
2. Arthur Engel: *Wahrscheinlichkeitsrechnung und Statsitik, Band 1.* Ernst Klett Verlag, 1973, ISBN 978-3-12983160-1.
3. Arthur Engel: *Wahrscheinlichkeitsrechnung und Statsitik, Band 2.* Ernst Klett Verlag, 1976, ISBN 978-3-12983170-0.
4. Heinz K. Strick: *Einführung in die Beurteilende Statistik*, Schroedel Verlag 1998.
5. Ivo Schneider (Hrsg.): *Die Entwicklung der Wahrscheinlichkeitstheorie von den Anfängen bis 1933.* Wissenschaftliche Buchgesellschaft, Darmstadt, 1988, ISBN 978-3-534-08759-3.
6. John A. Rice: *Mathematical Statistics and Data Analysis.* Brook/Cole, Belmont, Third Edition, 2007, ISBN 978-0-495-11868-8.
7. Juraj Hromkovič: *Berechenbarkeit: Logik, Argumentation, Rechner und Assembler, Unendlichkeit, Grenzen der Automatisierbarkeit.* Vieweg+Teubner, 2011, ISBN 978-3-8348-1509-5.
8. Juraj Hromkovič: *Einfach Informatik, Daten 7–9.* Klett und Balmer AG, Baar, 2018, ISBN 978-3-264-84466-5.
9. Lothar Sachs: *Angewandte Statistik, Anwendungen statistischer Methoden*, Springer-Verlag 1999.
10. Werner A. Stahel: *Statistische Datenanalyse, Eine Einführung für Naturwissenschaftler.* Vieweg+Teubner, Wiesbaden, 5., überarbeitete Auflage, 2009, ISBN 978-3-8348-0410-5.

© Der/die Herausgeber bzw. der/die Autor(en), exklusiv lizenziert durch
Springer Nature Switzerland AG 2020
M. Barot, J. Hromkovič, *Stochastik 2*, Grundstudium Mathematik,
https://doi.org/10.1007/978-3-030-45553-8

Stichwortverzeichnis

© Der/die Herausgeber bzw. der/die Autor(en), exklusiv lizenziert durch
Springer Nature Switzerland AG 2020
M. Barot, J. Hromkovič, *Stochastik 2*, Grundstudium Mathematik,
https://doi.org/10.1007/978-3-030-45553-8

Printed in the United States
By Bookmasters